书中精彩案例欣赏

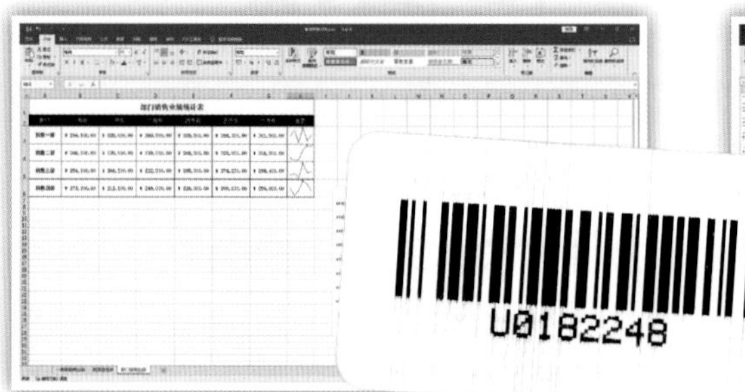

部门销售业绩

产品宣传海报

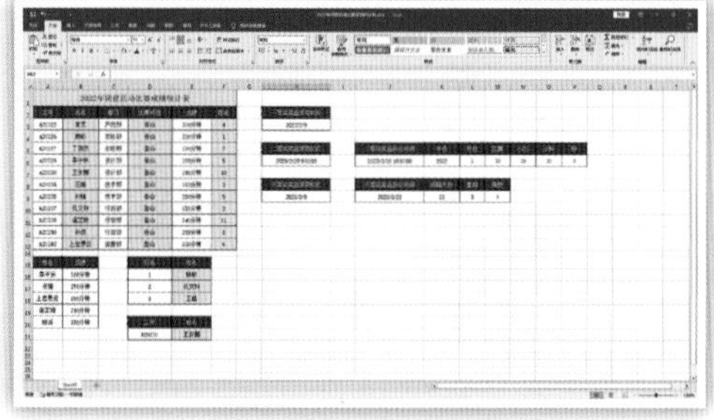

公司年终总结报告

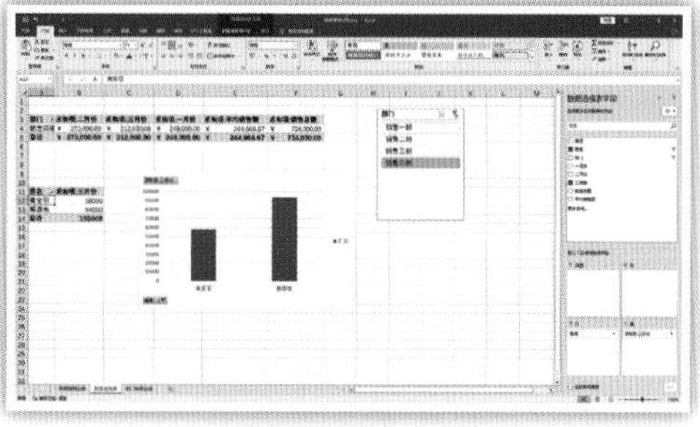

公司团建费用明细表

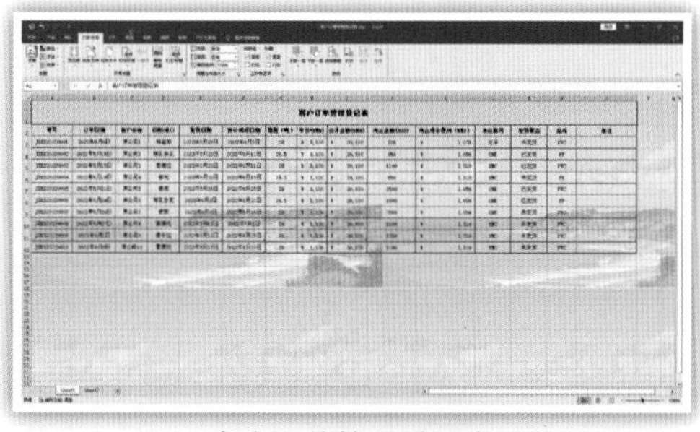

活动比赛成绩统计表

季度销售业绩统计表

客户订单管理登记表

劳动合同

年终晚会

企业宣传

人力资源部工作总结

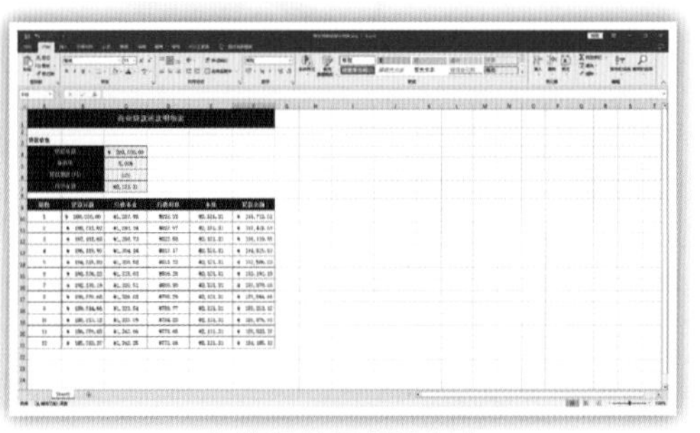

商业贷款还款计划表

商业项目计划书

图书馆规章制度

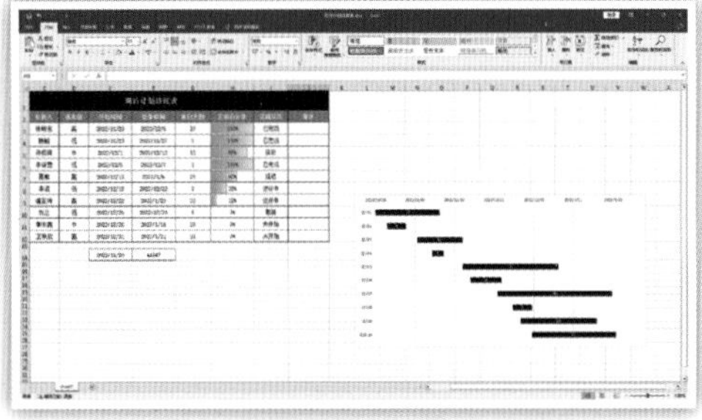

项目计划进度表

项目营销策划案

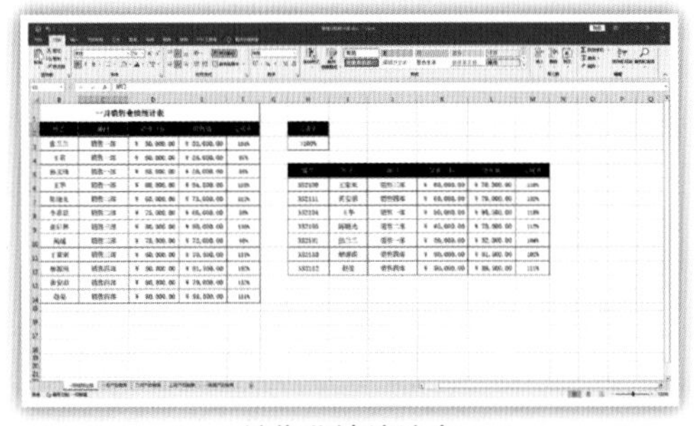

销售业绩统计表

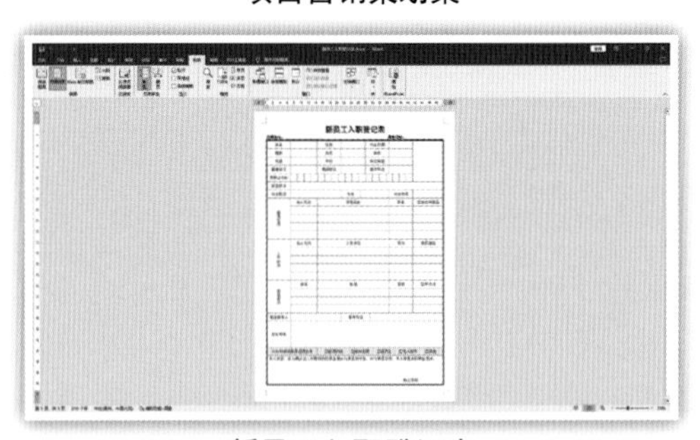

新员工入职登记表

预览打印效果

作文集

W X P 高效工作，强化技能，一本搞定！

同步视频教程 + 同步学习素材 + 学习典型案例，做办公高手

Word+Excel+PPT 2019 办公应用一本通

白祎花　徐茂艳　编　著

清华大学出版社
北京

内 容 简 介

本书以通俗易懂的语言、翔实生动的案例全面介绍了 Office 2019 软件的使用方法和技巧。全书共分 12 章，内容涵盖了 Office 快速入门，Word 办公文档图文混排，Word 文档高级排版，Word 文档表格与图表，Word 文档格式设置，Excel 表格的基础操作，Excel 表格数据的计算，Excel 表格数据的分析，PowerPoint 演示文稿的创建，PowerPoint 动画效果设置，PowerPoint 放映和发布，三组件融合办公等，力求为读者带来良好的学习体验。

本书全彩印刷，与书中内容同步的案例操作教学视频可供读者随时扫码学习。本书具有很强的实用性和可操作性，可以作为初学者的自学用书，也可作为人力资源管理人员、商务及财务办公人员的首选参考书，还可作为高等院校相关专业和会计电算化培训班的授课教材。

本书配套的电子课件、实例源文件可以到 http://www.tupwk.com.cn/downpage 网站下载，也可以通过扫描前言中的二维码获取。扫描前言中的视频二维码可以直接观看教学视频。

图书在版编目(CIP)数据

Word+Excel+PPT 2019办公应用一本通 / 白祎花，徐茂艳编著. —北京：清华大学出版社，2023.11
ISBN 978-7-302-64791-1

Ⅰ. ①W… Ⅱ. ①白… ②徐… Ⅲ. ①办公自动化－应用软件 Ⅳ. ①TP317.1

中国国家版本馆CIP数据核字(2023)第204802号

责任编辑：胡辰浩
封面设计：高娟妮
版式设计：妙思品位
责任校对：成凤进
责任印制：刘海龙

出版发行：清华大学出版社
网　　址：https://www.tup.com.cn，https://www.wqxuetang.com
地　　址：北京清华大学学研大厦 A 座　　邮　　编：100084
社 总 机：010-83470000　　邮　　购：010-62786544
投稿与读者服务：010-62776969，c-service@tup.tsinghua.edu.cn
质 量 反 馈：010-62772015，zhiliang@tup.tsinghua.edu.cn
印 装 者：三河市铭诚印务有限公司
经　　销：全国新华书店
开　　本：185mm×260mm　　印　　张：20.75　　插　页：1　　字　　数：517 千字
版　　次：2023 年 11 月第 1 版　　印　　次：2023 年 11 月第 1 次印刷
定　　价：98.00 元

产品编号：076412-01

前言 PREFACE

本书结合大量操作实例，详细介绍了 Office 2019 软件在办公应用方面的操作方法与技巧。书中内容结合当前办公领域的实际需求进行讲解，除了图文讲解以外，还通过详细的案例操作视频，帮助读者轻松掌握 Office 2019 软件的各种应用方法。

本书主要内容

第 1 章通过制作“劳动合同”“员工考勤表”和“企业宣传”等文档，介绍 Office 2019 的基础操作。

第 2 章通过制作“产品宣传海报”“公司组织结构图”和“新员工入职登记表”等文档，介绍在文档中进行图文混排和编辑表格的操作技巧。

第 3 章通过制作“公司年终总结报告”“春节慰问信”“人力资源部工作总结”和“图书馆规章制度”等文档，介绍在文档中应用样式和模板、邮件合并等高级排版的操作技巧。

第 4 章通过制作“季度销售业绩统计表”“销售业绩统计表”和“季度销售业绩图表”等文档，介绍在文档中绘制和编辑表格，以及制作图表的操作技巧。

第 5 章通过制作“作文集”和“散文”等文档，介绍在文档中设置页面格式、文本格式，以及文件的打印和输出等操作技巧。

第 6 章通过制作“选修课成绩登记表”和“客户订单管理登记表”等表格，介绍 Excel 中工作表、单元格和工作簿的基本操作，以及编辑数据的操作技巧。

第 7 章通过制作“公司团建费用明细表”“2022 年团建活动比赛成绩统计表”和“商业贷款还款明细表”等表格，介绍 Excel 中公式与函数的操作方法。

第 8 章通过制作“销售业绩统计表”“季度销售业绩统计表”“项目计划表”和“数据分析”等表格，介绍在 Excel 表格中分析数据、应用数据透视表和图表的操作方法。

第 9 章通过制作“商业项目计划书”演示文稿，介绍在演示文稿中制作和编辑幻灯片，以及添加音频和视频的操作技巧。

第 10 章通过设置“年终晚会”演示文稿，介绍在演示文稿中制作动画以及设置动画效果的操作技巧。

第 11 章通过设置“项目营销策划案”演示文稿，介绍演示文稿中幻灯片的交互设计、放映和发布的操作技巧。

第 12 章通过制作 Word、Excel 和 PowerPoint 三组件的综合实例，介绍 Word 与 Excel、Word 与 PowerPoint、PowerPoint 与 Excel 相互之间的融合办公技巧。

本书主要特色

❑ 图文并茂，案例精彩，实用性强

本书以大量实用案例贯穿全书，讲解了 Office 2019 中的 Word 文档、Excel 表格和 PowerPoint 演示文稿的各种知识，系统全面地讲解了 Office 2019 在实际工作中的常用操作命令及应用技巧。读者通过对本书的学习，能够在学会软件的同时快速掌握实际应用技巧。

❑ 内容结构合理，案例操作一扫即看

本书采用案例贯穿的模式编写，让读者学习与操作并行，每章最后还有“办公技巧”内容，补充读者在实际工作中可能遇到的问题。本书最后安排了三组件融合办公，让读者进行巩固练习，真正掌握实战技能。读者还可以使用手机扫描视频教学二维码进行观看，提高学习效率。

❑ 免费提供配套资源，全方位提升应用水平

本书免费提供电子课件和实例源文件，读者可以扫描下方的二维码获取，也可以进入本书信息支持网站 (http://www.tupwk.com.cn/downpage) 下载。扫描下方的视频二维码可以直接观看本书的教学视频进行学习。

扫一扫，看视频

扫码推送配套资源到邮箱

本书由白祎花（陕西财经职业技术学院）和徐茂艳合作编写，其中白祎花编写了第 1、3、5、8~12 章，徐茂艳编写了第 2、4、6、7 章。由于作者水平有限，本书难免有不足之处，欢迎广大读者批评指正。我们的邮箱是 992116@qq.com，电话是 010-62796045。

编　者

2023 年 9 月

目录 CONTENTS

第 4 章 Word 文档表格与图表

第 5 章 Word 文档格式设置

第 6 章 Excel 表格的基础操作

第 7 章 Excel 表格数据的计算

第 8 章 Excel 表格数据的分析

第 9 章 PowerPoint 演示文稿的创建

第 10 章 PowerPoint 动画效果设置

第 11 章 PowerPoint 放映和发布

第 12 章 三组件融合办公

第 1 章

Office 快速入门

本章导读

Microsoft Office 是 Microsoft 公司开发的一套办公软件套装。该软件被广泛应用于办公领域，是目前世界上较为流行的生产力工具之一。本章将通过案例使读者了解如何在 Office 中编辑文稿、制作表格和演示文稿，帮助读者快速入门。

1.1 Office 2019 概述

Office 2019 需要在 Windows 10 操作系统内使用，其中包含不同的套装，分别是 Word、Excel、PowerPoint、Outlook、Access、Publisher、OneNote、Visio 和 Skype for Business 等应用程序。Office 各个组件的操作界面组成基本相同，下面将主要讲解常用的 Word、Excel 和 PowerPoint 软件，如图 1-1 所示分别是三个软件的启动界面。

图 1-1　Word、Excel 和 PowerPointd 的启动界面

Word 是 Office 2019 套装中的办公软件之一，是一款文字处理软件，可以输入和编排文字、插入图形、图像、声音、超链接等。Excel 是一款电子表格制作软件，主要包括数据存储、数据分析、数据计算、创建图表等功能。PowerPoint 是一款演示文稿制作软件，用于制作文字、图片、声音和视频等多媒体对象为一体的演示文稿。

Office 2019 相较以往旧版本在功能上有了进一步的革新。在 Word 中，新增了横式翻页、沉浸式学习工具、语音朗读功能。在 Excel 中，新增了漏斗图、地图、多条件函数功能。在 PowerPoint 中，新增了平滑切换、缩放定位、3D 模型、SVG 图标功能。

下面将通过制作几个简单的办公文档，帮助用户快速掌握 Office 软件的使用方法。

1.2 使用 Word 制作劳动合同

在企业中劳动合同是较为基础的文件，企业在遵循法律法规的前提下，根据自身情况，可制定合理、合法、有效的劳动合同。本节将使用 Word 办公文档的录入与编排功能，讲解如何制作一份劳动合同类文档，如图 1-2 所示。

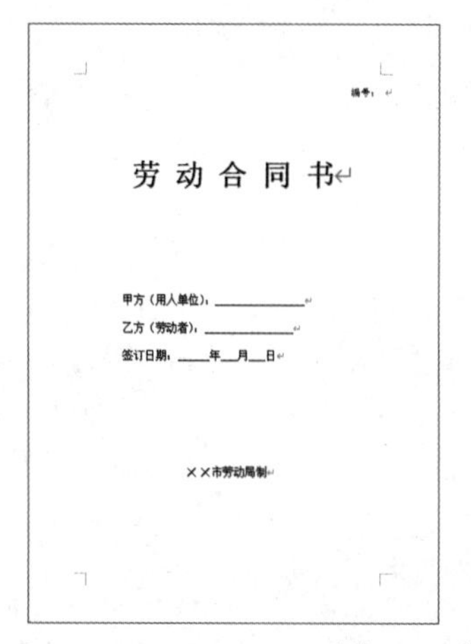

编号：

劳动合同书

甲方（用人单位）：___________

乙方（劳动者）：___________

签订日期：____年____月____日

××市劳动局制

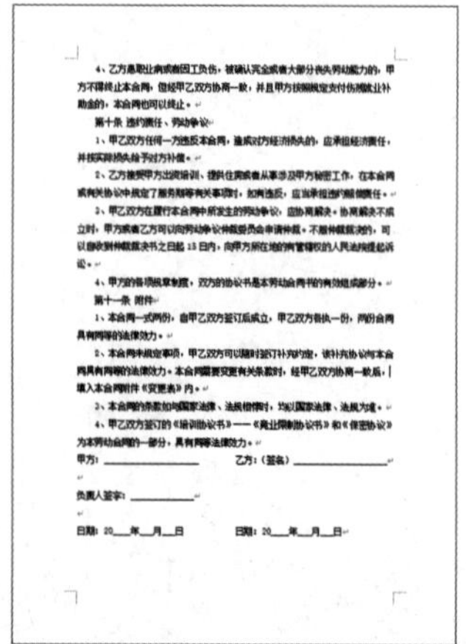

4、乙方患职业病或者因工负伤，被确认完全或者大部分丧失劳动能力的，甲方不得终止本合同，但经甲乙双方协商一致，并且甲方按照规定支付伤残就业补助金的，本合同也可以终止。

第十条 违约责任、劳动争议

1、甲乙双方任何一方违反本合同，造成对方经济损失的，应承担经济责任，并按实际损失给予对方补偿。

2、乙方接受甲方出资培训、提供住房或者从事涉及甲方秘密工作，在本合同或有关协议中规定了服务期等有关事项时，如有违反，应当承担违约赔偿责任。

3、甲乙双方在履行本合同中所发生的劳动争议，应协商解决。协商解决不成立时，甲方或者乙方可以向劳动争议仲裁委员会申请仲裁。不服仲裁裁决的，可以自收到仲裁裁决书之日起 15 日内，向甲方所在地的有管辖权的人民法院提起诉讼。

4、甲方的各项规章制度，双方的协议书是本劳动合同书的有效组成部分。

第十一条 附件

1、本合同一式两份，由甲乙双方签订后成立，甲乙双方各执一份，两份合同具有同等的法律效力。

2、本合同未规定事项，甲乙双方可以随时签订补充约定，该补充协议与本合同具有同等的法律效力。本合同需要变更有关条款时，经甲乙双方协商一致后，填入本合同附件《变更表》内。

3、本合同的条款如与国家法律、法规相悖时，均以国家法律、法规为准。

4、甲乙双方签订的《培训协议书》——《竞业限制协议书》和《保密协议》为本劳动合同的一部分，具有同等法律效力。

甲方：___________　　乙方：（签名）___________

负责人签字：___________

日期：20___年___月___日　　日期：20___年___月___日

图 1-2　劳动合同

1.2.1 创建空白文档

01 启动 Word 2019，选择“开始”选项卡，选择“空白文档”选项，如图 1-3 所示。

02 选择“布局”选项卡，单击“纸张大小”下拉按钮，在弹出的下拉列表中选择“A4”选项，如图 1-4 所示。

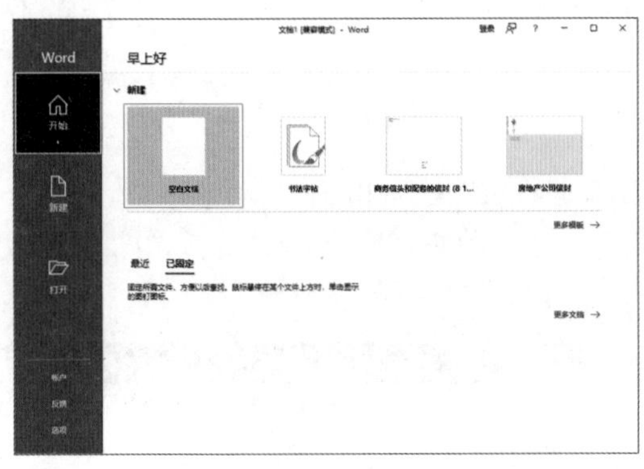

图 1-3 选择“空白文档”选项

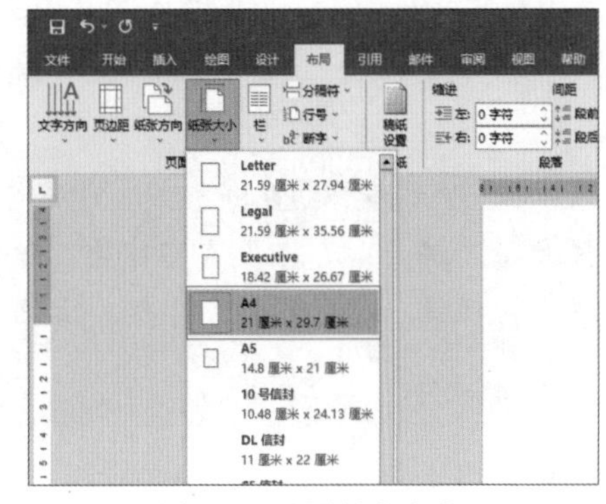

图 1-4 设置纸张大小

03 在“页面设置”组中单击“对话框启动器”按钮，打开“页面设置”对话框，设置“上”和“下”为“2.5 厘米”，“左”和“右”为“3 厘米”，然后单击“确定”按钮，如图 1-5 所示。

04 设置完成后即可创建一个空白文档，如图 1-6 所示。

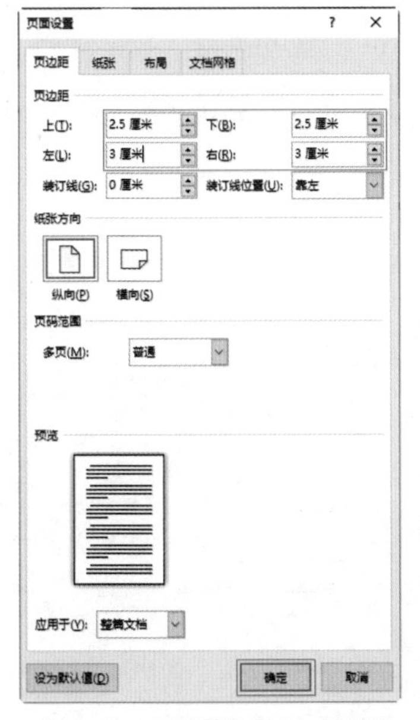

图 1-5 “页面设置”对话框

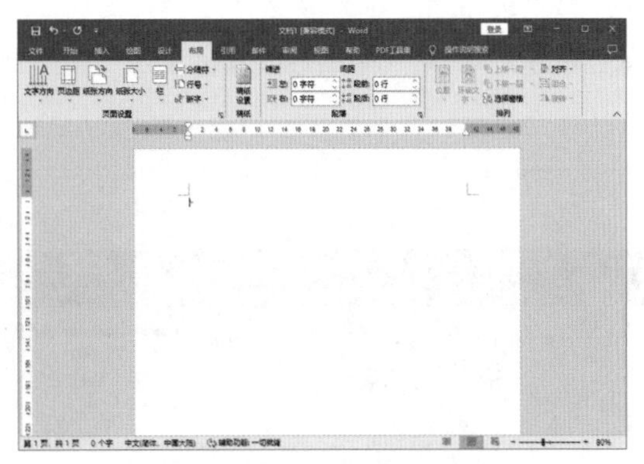

图 1-6 新建一个空白文档

1.2.2 制作合同首页

01 将光标定位在第一行并输入文字“编号：”，如图 1-7 所示。

02 按 Enter 键进行换行，继续输入第二行文字，如图 1-8 所示。

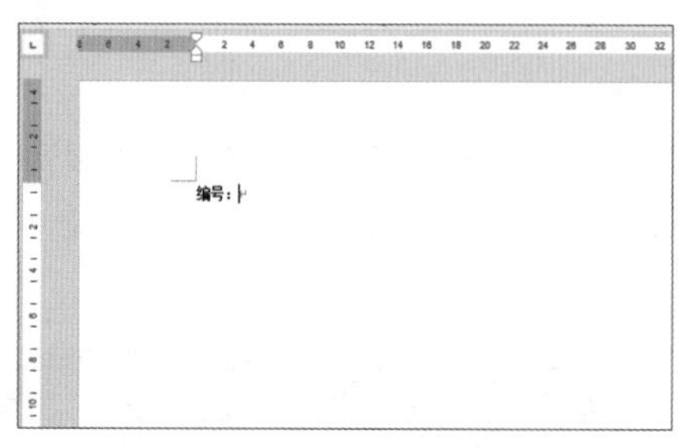

图 1-7　输入文字

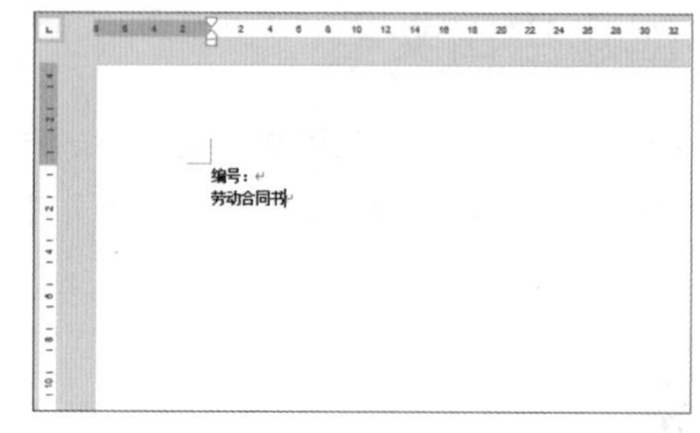

图 1-8　换行输入文字

03 按照步骤 **01** 到步骤 **02** 的方法，完成首页文字的输入，如图 1-9 所示。

04 选择文字“编号：”，设置字体为“仿宋”、字号为“四号”，然后在“段落”组中单击“右对齐”按钮，设置文本右对齐，结果如图 1-10 所示。

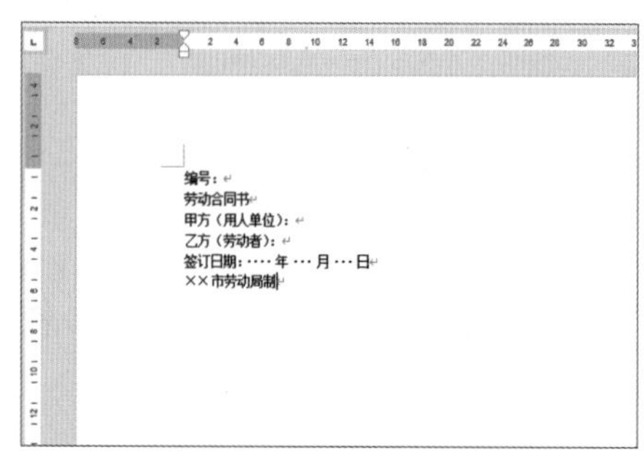

图 1-9　完成首页文字的输入

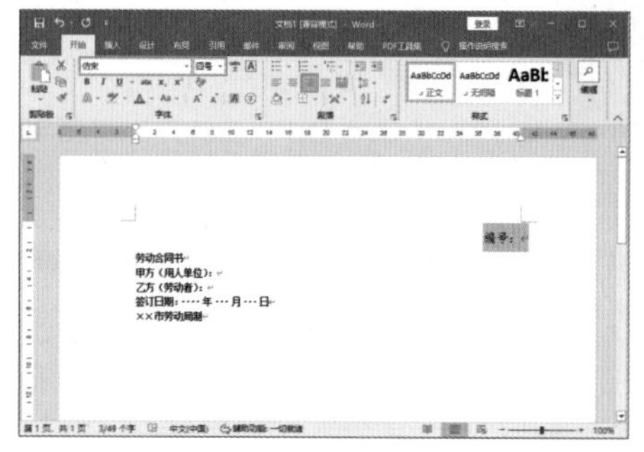

图 1-10　设置“编号：”文字格式

05 选择“开始”选项卡，在“段落”组中单击“行和段落间距”按钮，选择“3.0”选项，如图 1-11 所示。

06 选择文字“劳动合同书”，在“字体”组中单击“对话框启动器”按钮，打开“字体”对话框，单击“中文字体”下拉按钮，在弹出的下拉列表中选择“宋体”选项，在“字号”列表框中选择“初号”选项，如图 1-12 所示。

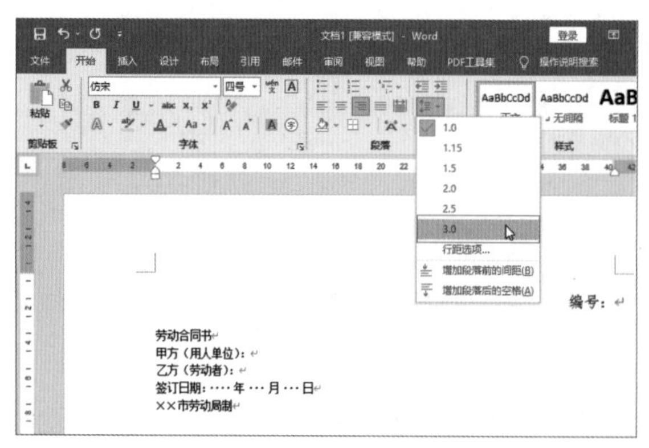

图 1-11　调整行距

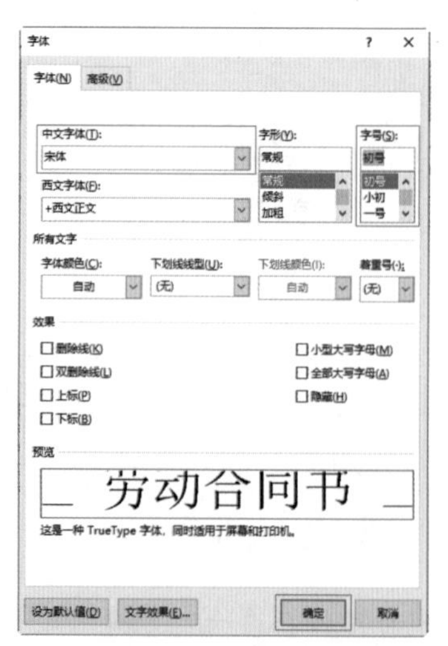

图 1-12　设置“劳动合同书”文字格式

07 在“字体”组中单击“加粗”按钮B，然后在“段落”组中单击“居中”按钮≡设置文本居中对齐，结果如图 1-13 所示。

08 选择“开始”选项卡，在“段落”组中单击“对话框启动器”按钮⧉，打开“段落”对话框，在“缩进和间距”选项卡中设置“段前”和“段后”为“4 行”，设置“行距”为“1.5 倍行距”，然后单击“确定”按钮，如图 1-14 所示。

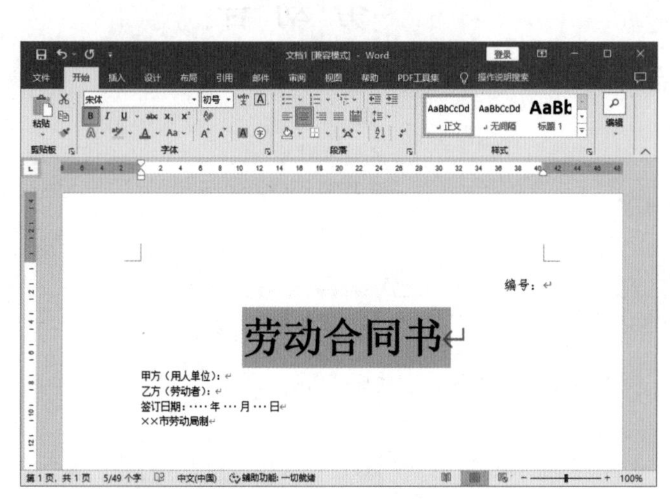

图 1-13　文字显示结果

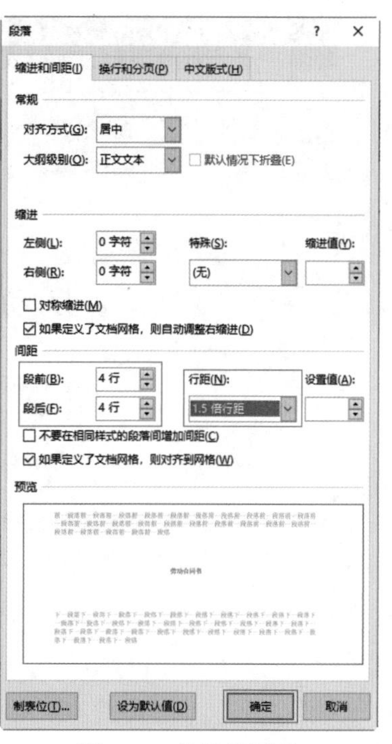

图 1-14　设置行间距

09 选择文字“劳动合同书”，然后选择“开始”选项卡，在“段落”组中单击“中文版式”按钮，在弹出的下拉列表中选择“调整宽度”命令，如图 1-15 所示。

10 打开“调整宽度”对话框，设置“新文字宽度”为“7 字符”，然后单击“确定”按钮，如图 1-16 所示。

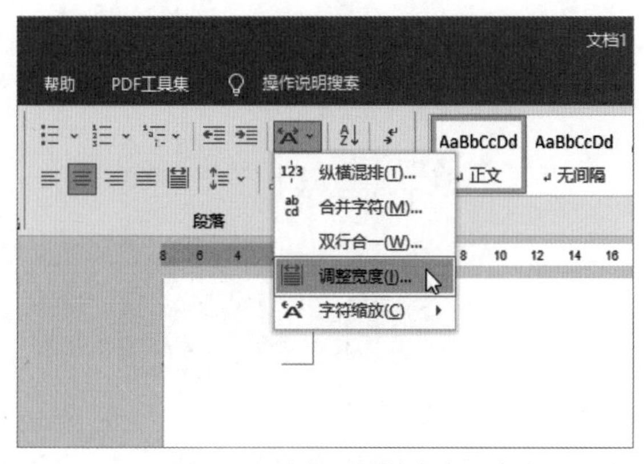

图 1-15　选择“调整宽度”命令

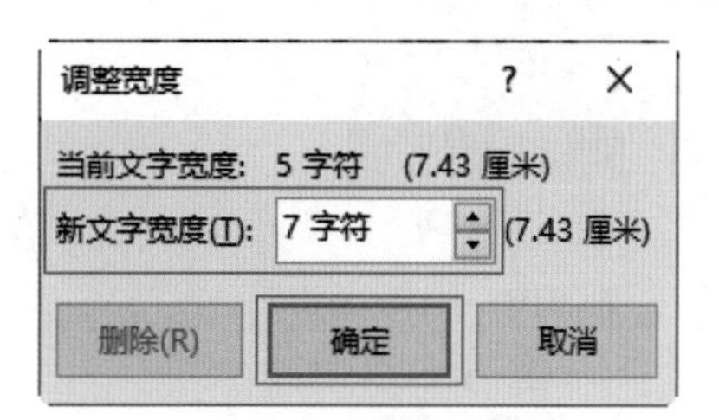

图 1-16　调整文字宽度

11 选择最后 4 段文字，设置字体为“宋体 (中文正文)”、字号为“三号”、加粗，然后在“段落”组中不断单击“增加缩进量”按钮，即可以一个字符为单位向右侧缩进至合适位置，结果如图 1-17 所示。

12 在“段落”组中单击“行和段落间距”按钮，在弹出的下拉列表中选择“2.5”选项，如图 1-18 所示，表示将行距设置为 2.5 倍行距。

图 1-17　设置最后 4 段文字格式

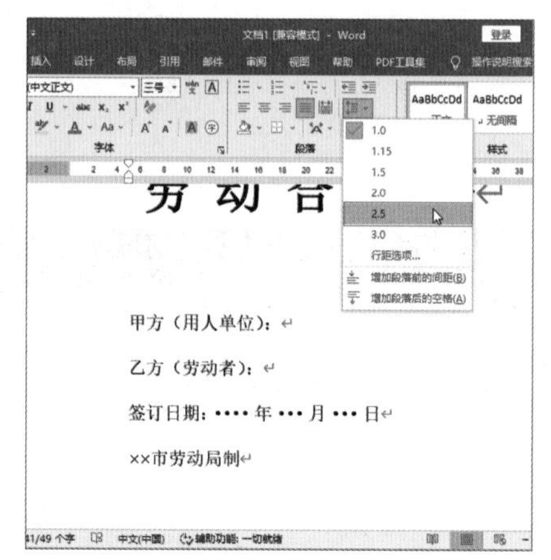

图 1-18　调整最后 4 段文字的行距

13 选择文字“甲方 (用人单位):”，然后选择“布局”选项卡，在“段落”组中设置“段前”为“8 行”，如图 1-19 所示。

14 选择第三段文本，然后在“布局”选项卡的“段落”组中设置“段后”为“8 行”，如图 1-20 所示。

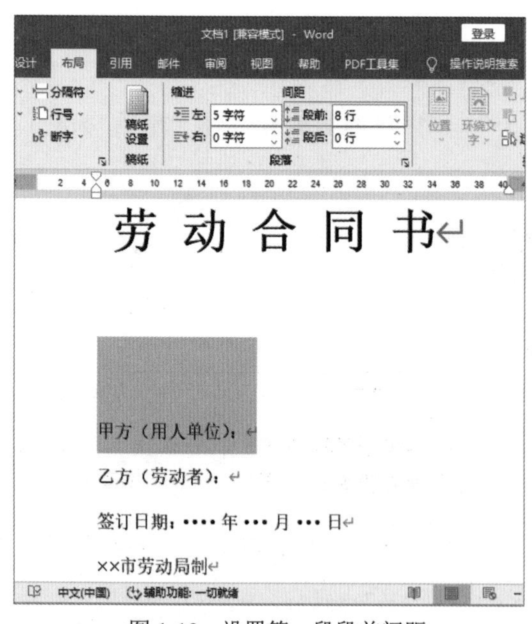

图 1-19　设置第一段段前间距

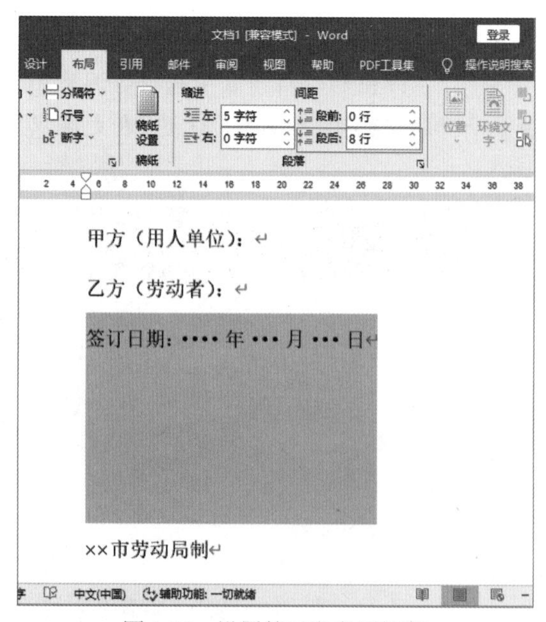

图 1-20　设置第三段段后间距

15 在文本“甲方（用人单位）:”和“乙方（劳动者）:”的右侧添加合适的空格，并选择右侧的空格，然后选择“开始”选项卡，在“字体”组中单击“下画线”按钮 U ，如图 1-21 所示，此时即可为选择的空格加上下画线。

16 选择最后一段文本，再选择“布局”选项卡，在“段落”组中设置“左缩进”为“0”，然后在“开始”选项卡的“段落”组中单击“居中”按钮 ≡，设置文本居中对齐，结果如图 1-22 所示。

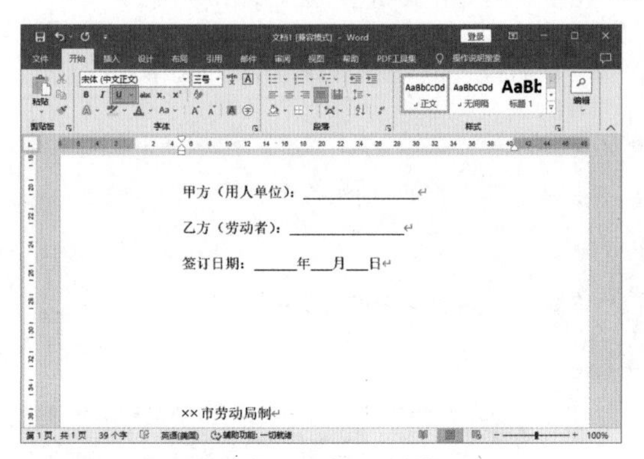

图 1-21　添加下画线

图 1-22　设置最后一段文字格式

17 将光标移到文本“×× 市劳动局制”后方，如图 1-23 所示。

18 选择“插入”选项卡，在“页面”组中单击“分页”下拉按钮，在弹出的下拉列表中单击“分页”按钮，插入分页符，结果如图 1-24 所示。

图 1-23　移动光标

图 1-24　插入分页符

1.2.3　编辑合同正文

01 在素材文本文件中按 Ctrl+A 快捷键全选文本内容，然后按 Ctrl+C 快捷键复制所选内容，如图 1-25 所示。

02 将光标定位到“劳动合同书”的第二页开头，按 Ctrl+V 快捷键粘贴内容到 Word 文档中，如图 1-26 所示。有时复制文本时会出现空格或空行，用户可以使用删除键删去多余的空格进行调整。

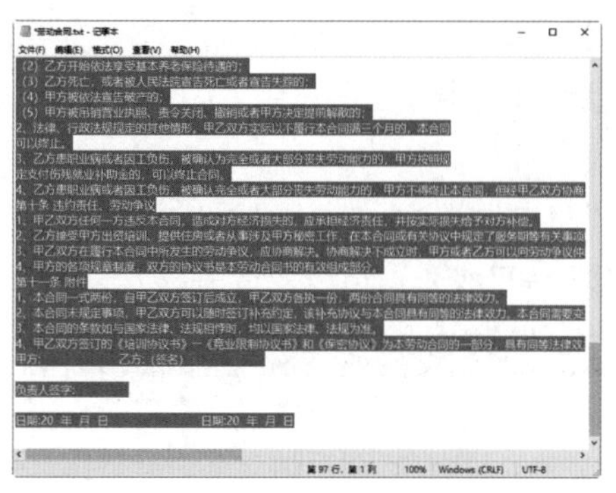

图 1-25　复制文本

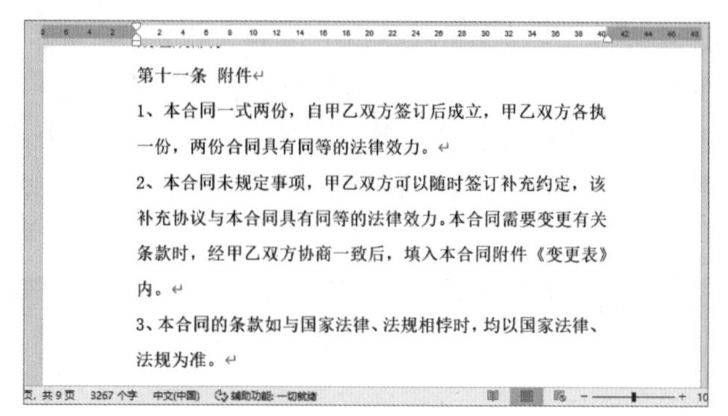

图 1-26　粘贴文本

03 选择需要替换的字符“:”，如图 1-27 所示。

04 选择“开始”选项卡，在“编辑”组中单击“替换”按钮，如图 1-28 所示。

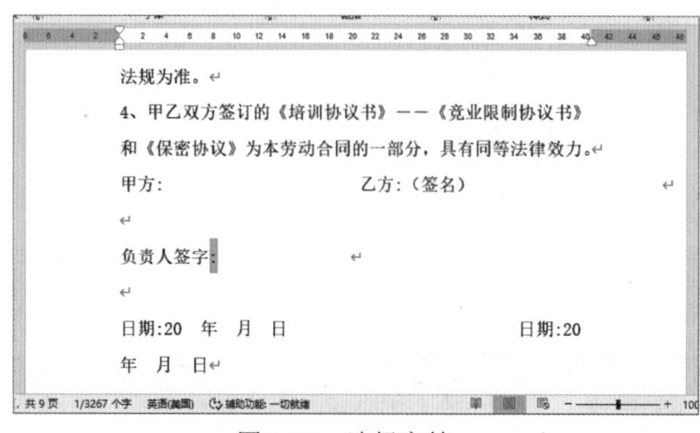

图 1-27　选择字符

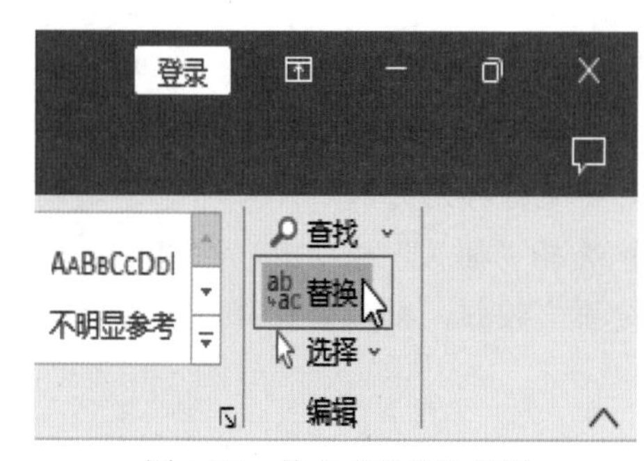

图 1-28　单击“替换”按钮

05 打开“查找和替换”对话框，在“查找内容”文本框中输入需要替换的字符，然后在“替换为”文本框中输入替换的字符，单击“全部替换”按钮，如图 1-29 所示，在弹出的提示对话框中单击“确定”按钮，全部替换完成后单击“确定”按钮。

06 选择正文内容，设置字体为“宋体 (中文正文)”、字号为“小四”，结果如图 1-30 所示。

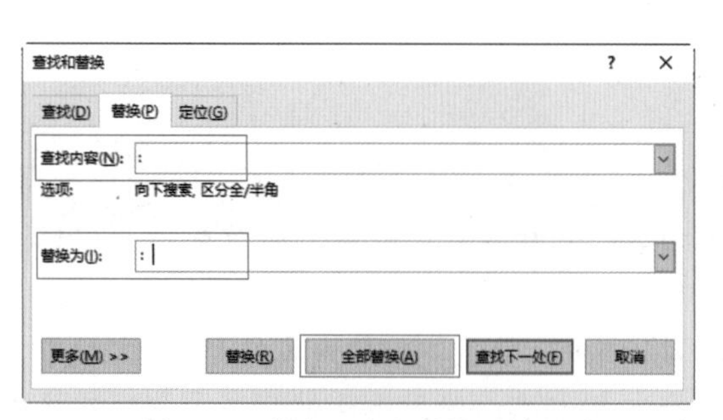

图 1-29　单击“全部替换”按钮

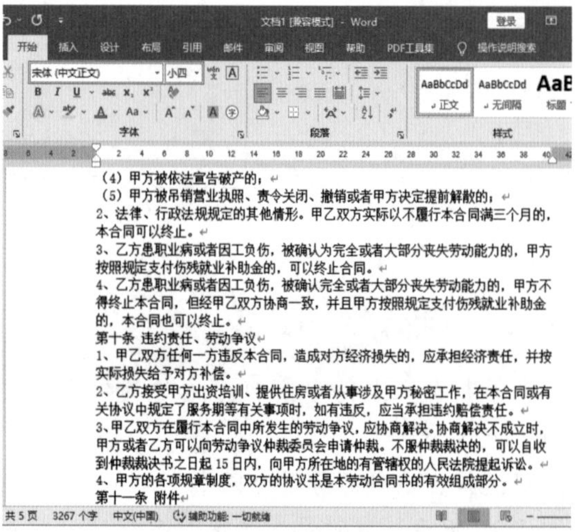

图 1-30　设置正文字体

07 选择正文内容，打开“段落”对话框，单击“行距”下拉按钮，选择“1.5 倍行距”选项，然后单击“确定”按钮，如图 1-31 所示。

08 选择需要首行缩进的文字内容，右击并从弹出的快捷菜单中选择“段落”命令，如图 1-32 所示。

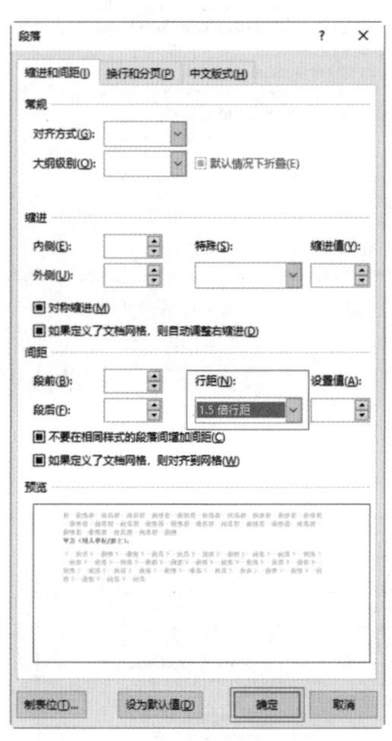

图 1-31 设置正文行距

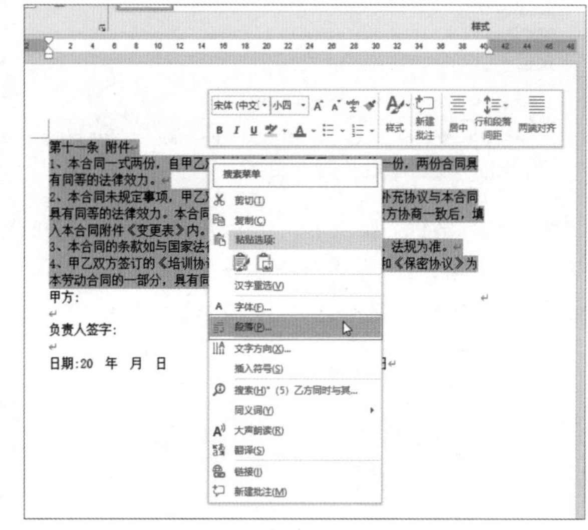

图 1-32 选择部分正文并选择“段落”命令

09 打开“段落”对话框，单击“特殊”下拉按钮，选择“首行”选项，设置“缩进值”为“2 字符”，然后单击“确定”按钮，如图 1-33 所示。

10 在水平标尺上单击，添加一个“左对齐制表符”符号 ⌞，如图 1-34 所示。

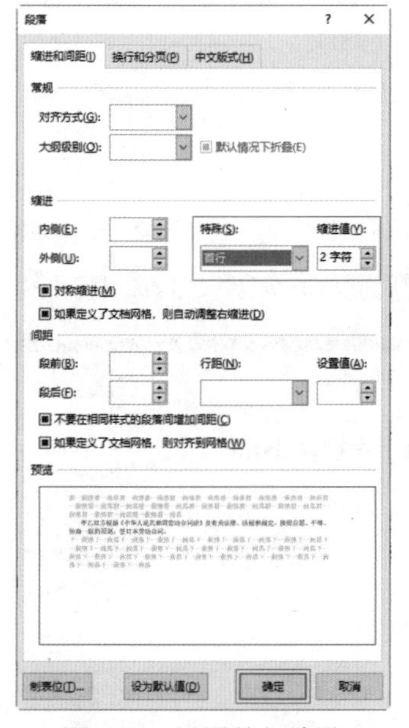

图 1-33 设置首行缩进

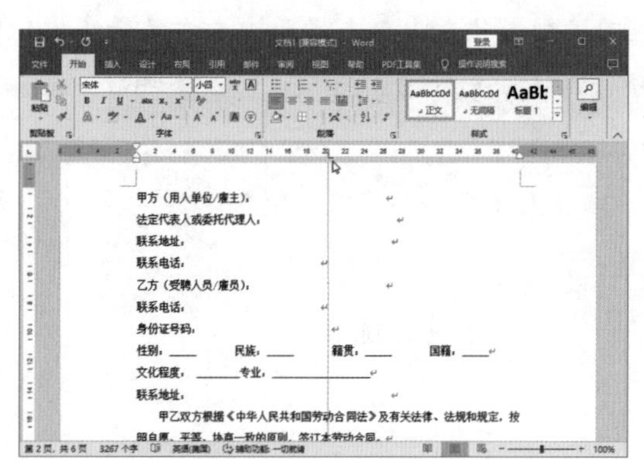

图 1-34 添加制表符

11 将光标移到文本“专业”之前，然后按 Tab 键，此时光标后的文本自动与制表符对齐，结果如图 1-35 所示。

12 按步骤 **10** 到步骤 **11** 的方法定位其余的文字，结果如图 1-36 所示。

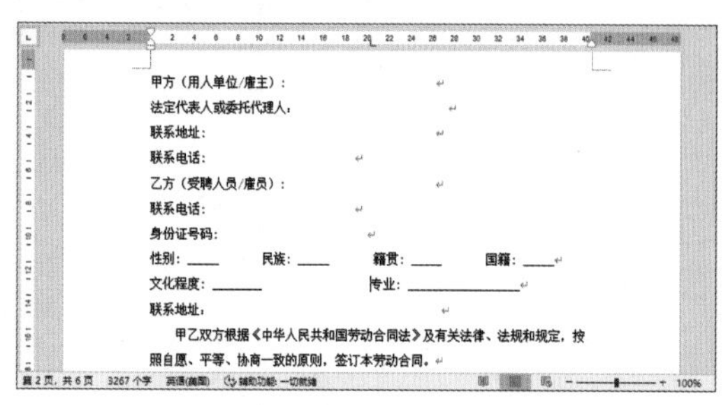

图 1-35　使用制表符对齐文字

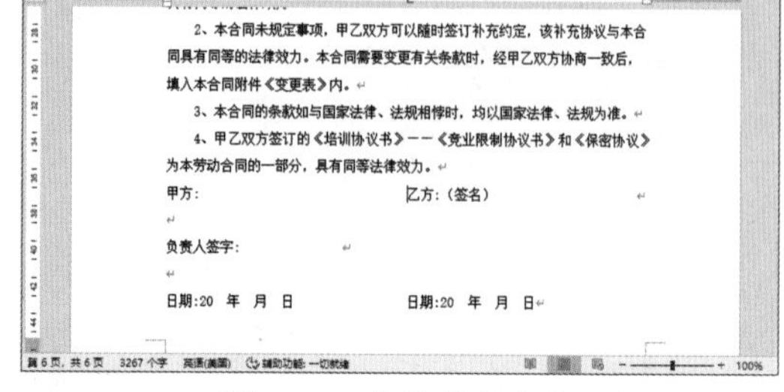

图 1-36　定位其余文字

13 在“甲方 (用人单位 / 雇主)：”“法定代表人或委托代理人：”等文本的右侧添加合适的空格，并选择这些空格，选择“开始”选项卡，在“字体”组中单击“下画线”按钮 U，为选择的空格添加下画线，结果如图 1-37 所示。

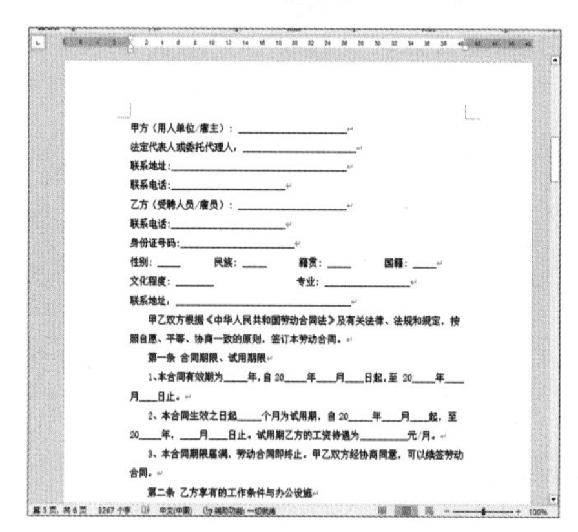

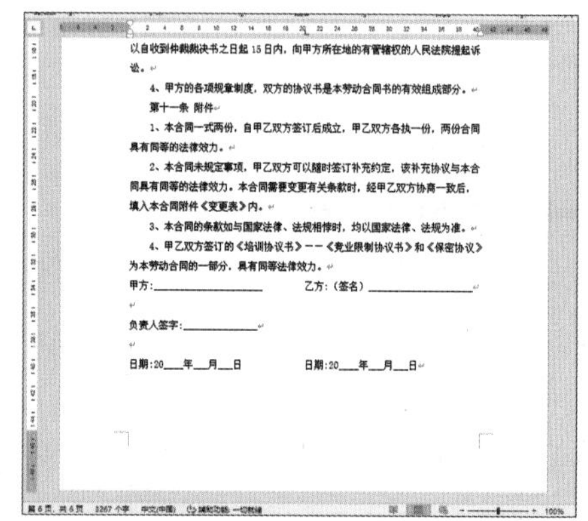

图 1-37　在正文中添加下画线

1.2.4　浏览合同

01 选择“视图”选项卡，单击“视图”组中的“阅读视图”按钮，如图 1-38 所示。

02 进入阅读视图状态，单击界面中左右的箭头按钮即可完成翻屏，如图 1-39 所示。

图 1-38　单击“阅读视图”按钮

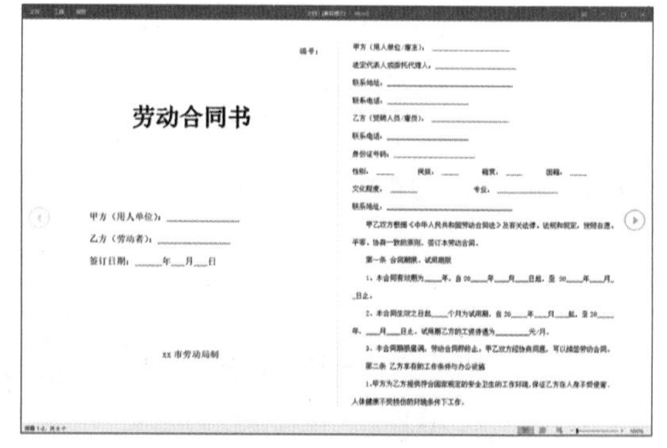

图 1-39　阅读视图状态

03 在“布局”选项卡的“页面背景”组中选择“页面颜色”|“褐色”选项，可调整页面颜色，结果如图 1-40 所示。

04 按 Esc 键退出阅读模式，选择“视图”选项卡，在“显示”组中选中“导航窗格”复选框，即可在文档左侧打开“导航”窗格，如图 1-41 所示。

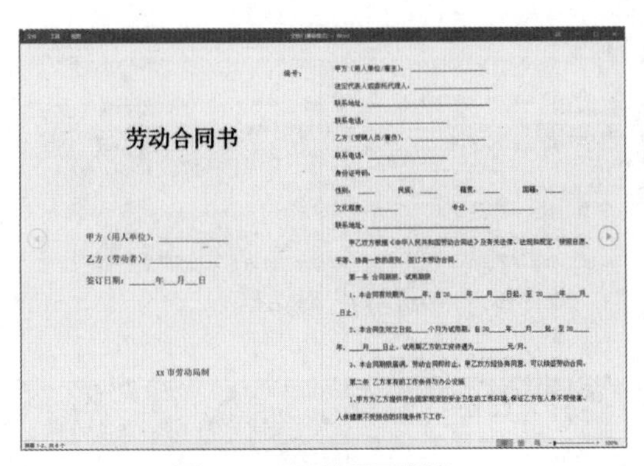

图 1-40　调整页面颜色

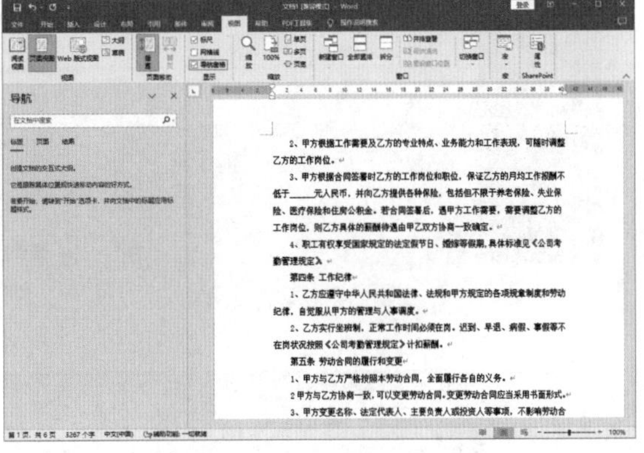

图 1-41　打开“导航”窗格

05 在“导航”窗格中选择“页面”选项卡，即可查看文档的页面缩略图，在查看缩略图时，可以拖曳右边的滑块查看文档，如图 1-42 所示。

06 选择“视图”选项卡，在“缩放”组中单击“缩放”按钮，打开“缩放”对话框，可以调整文档的显示比例，如图 1-43 所示。

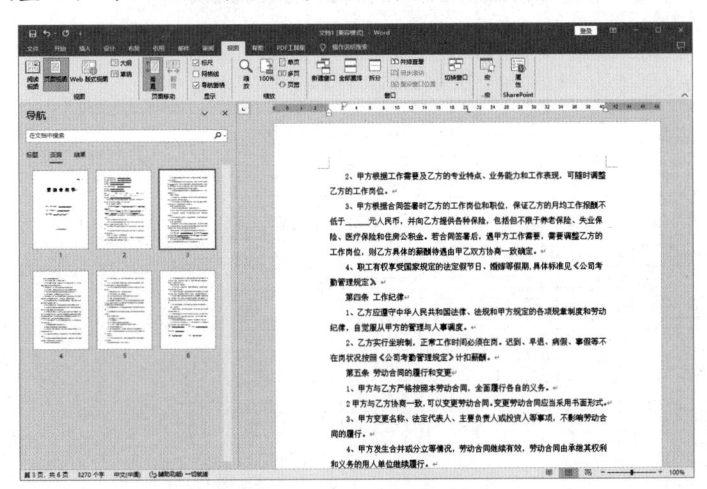

图 1-42　页面缩略图

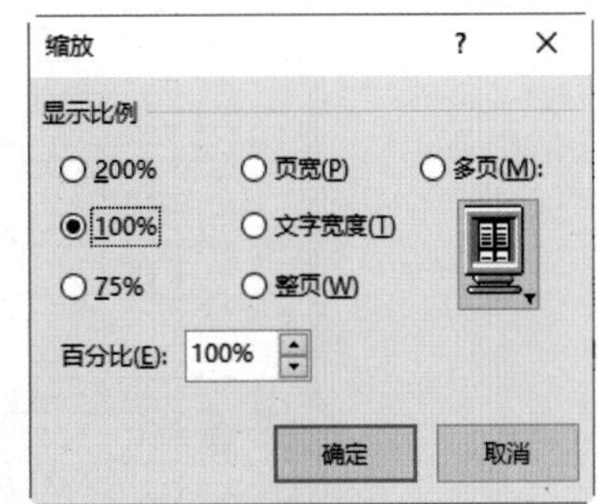

图 1-43　“缩放”对话框

1.2.5　保存文档

01 选择“文件”选项卡，从弹出的界面中选择“另存为”命令，在中间的“另存为”窗格中选择“浏览”选项，如图 1-44 所示。

02 打开“另存为”对话框，在“文件名”文本框中输入“劳动合同.docx”，设置保存路径，然后单击“保存”按钮，如图 1-45 所示，成功保存后，文档的文件名就更改为新的文件名。

图 1-44　选择“浏览”选项

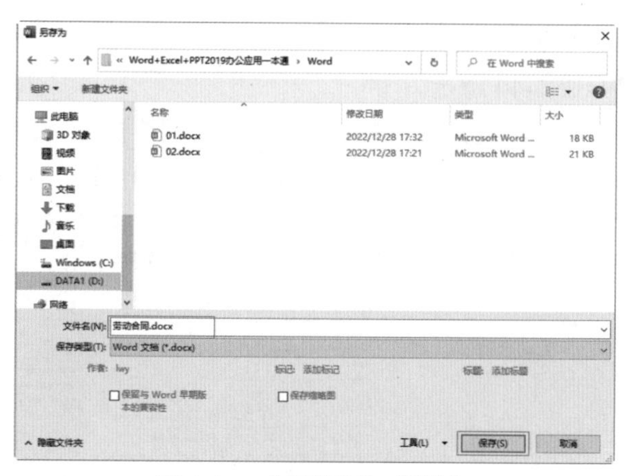

图 1-45　“另存为”对话框

1.3　使用 Excel 制作员工考勤表

员工考勤表是公司常用的一种 Excel 表格，反映着公司每位员工每天上下班的考勤数据。员工考勤表中包含姓名、日期、迟到、早退、旷工、病假、事假、休假等一系列信息，本节将使用办公表格编辑功能，讲解如何制作一份员工考勤表，如图 1-46 所示。

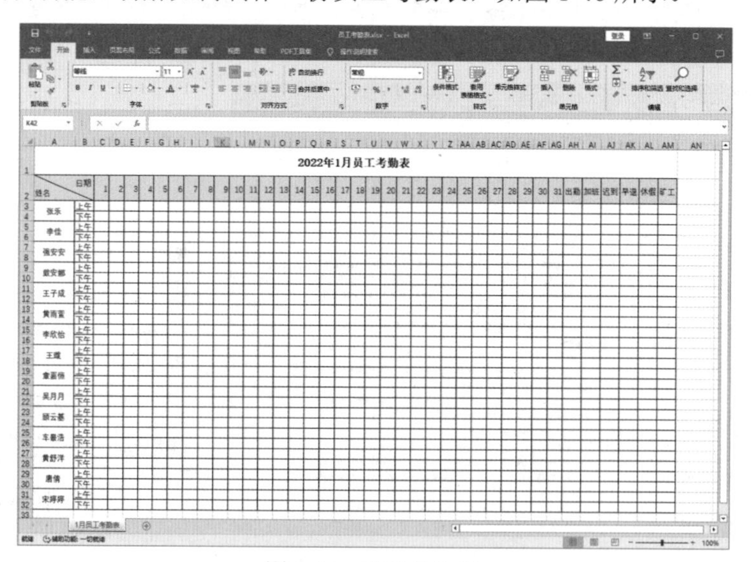

图 1-46　员工考勤表

1.3.1　创建 Excel 工作簿

01 启动 Excel 2019，选择“开始”选项卡，选择“空白工作簿”选项，如图 1-47 所示，将创建一个空白工作簿。

02 右击“Sheet1”工作表标签，从弹出的快捷菜单中选择“重命名”命令，如图 1-48 所示。

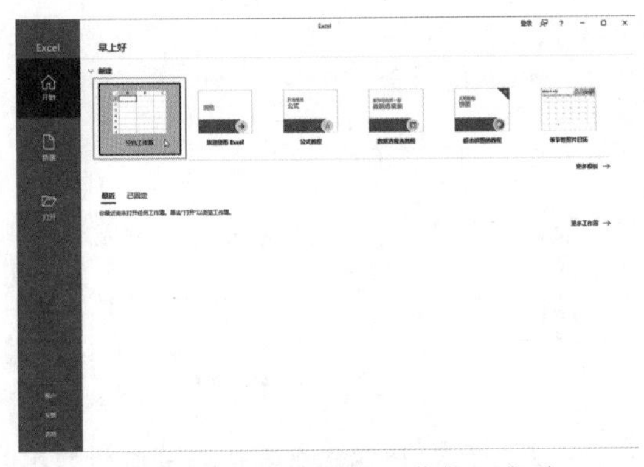

图 1-47　选择“空白工作簿”选项

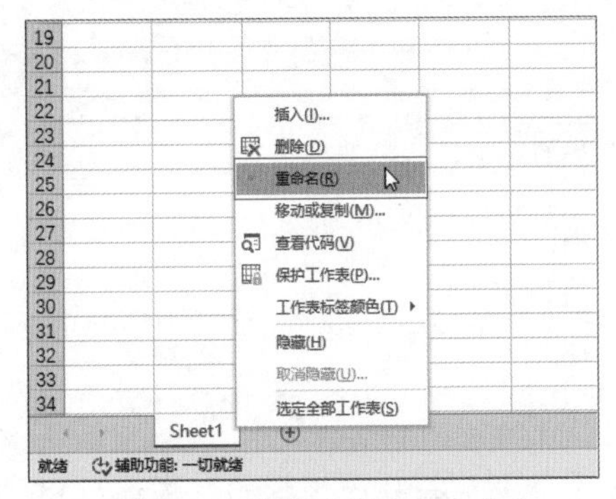

图 1-48　选择“重命名”命令

03 输入新名称“1 月员工考勤表”，如图 1-49 所示。

04 单击工作表标签右侧的⊕按钮即可新建一张工作表，如图 1-50 所示。若要删除工作表，右击工作表标签，在弹出的快捷菜单中选择“删除”命令即可。

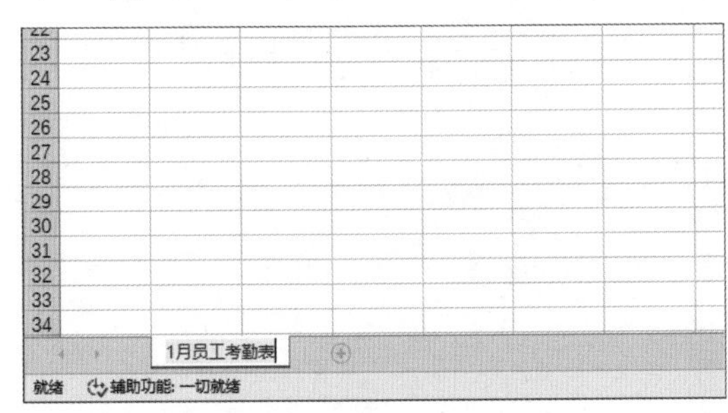

图 1-49　输入新名称

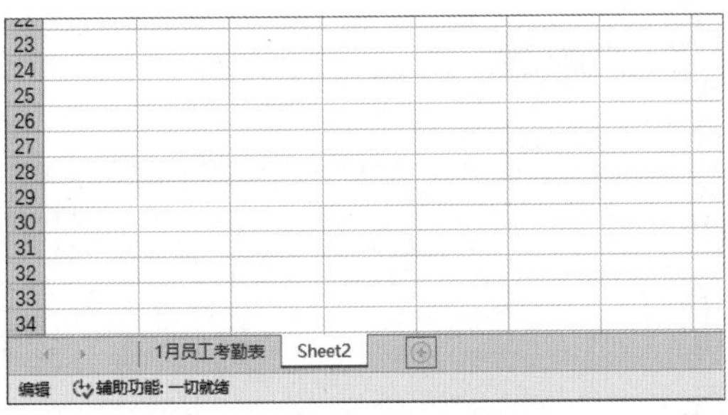

图 1-50　新建工作表

05 若工作簿中有多张工作表，用户可以更改工作表标签的颜色以进行区分。右击工作表标签，在弹出的快捷菜单中选择“工作表标签颜色”命令，在颜色级联菜单中选择一种颜色即可，如图 1-51 所示。

06 工作表标签的颜色显示结果如图 1-52 所示。

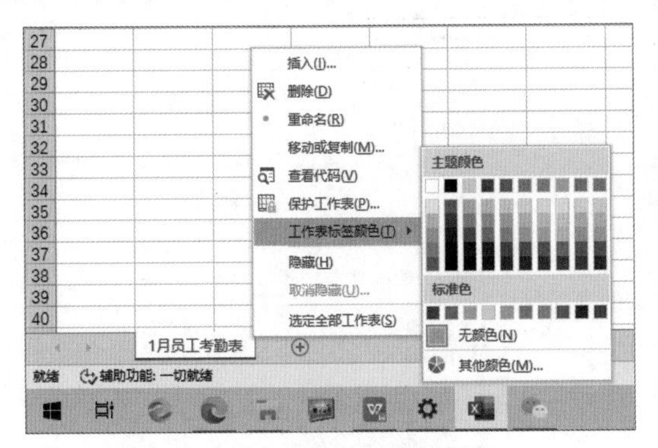

图 1-51　更改工作表标签的颜色

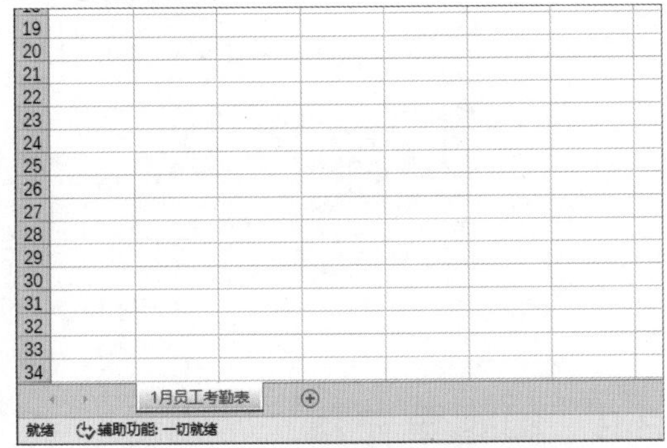

图 1-52　工作表标签的颜色显示结果

1.3.2　输入考勤内容

01 将光标放在第一个单元格中，输入“1”，如图 1-53 所示。

02 按 Tab 键跳到后方的单元格，输入“2”，如图 1-54 所示。

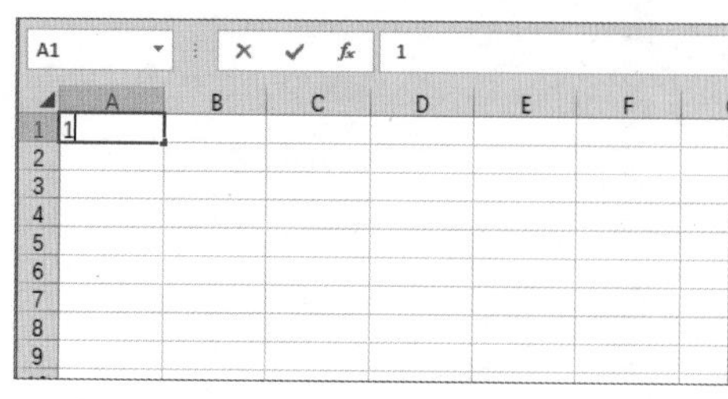

图 1-53　输入 1

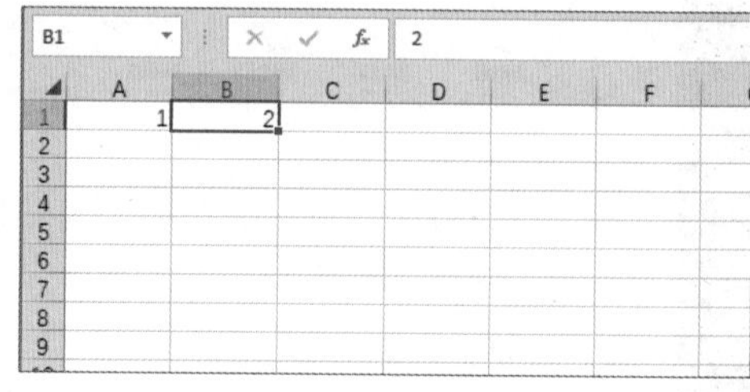

图 1-54　输入 2

03 由于日期是按顺序递增的，因此可以利用“填充序列”功能完成其他编号内容的填充。将光标放到第二个单元格右下方，当光标变成黑色十字形状时，按住左键不放，如图 1-55 所示，向右拖曳至第 AE 列。

04 此时编号完成数据填充，效果如图 1-56 所示。

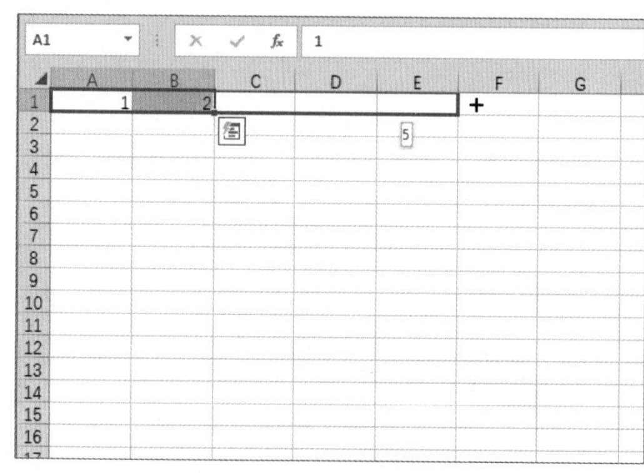

图 1-55　填充数据

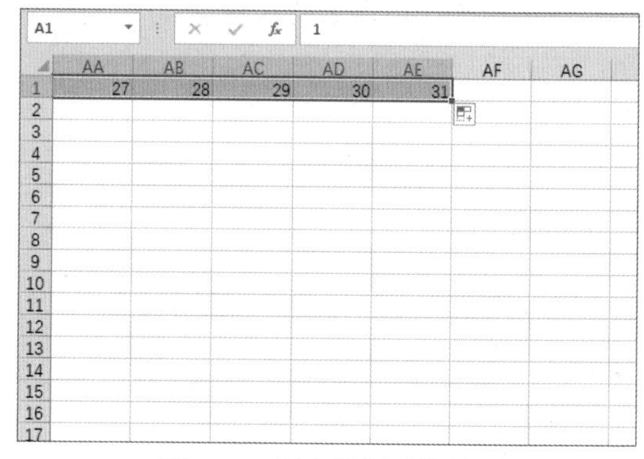

图 1-56　填充数据后的效果

05 继续在后方的单元格中输入数据，如图 1-57 所示。

	AC	AD	AE	AF	AG	AH	AI	AJ	AK	AL	AM
1	29	30	31	出勤	加班	迟到	早退	休假	旷工		

图 1-57　继续输入文本

1.3.3　编辑单元格

01 选择 A:AE 列，将光标放置在其中一列的边框线上，当光标变成黑色双向箭头时，单击并向左拖曳调整列宽，结果如图 1-58 所示。

02 按照步骤 **01** 的方法调整 AF:AK 列的列宽，结果如图 1-59 所示。

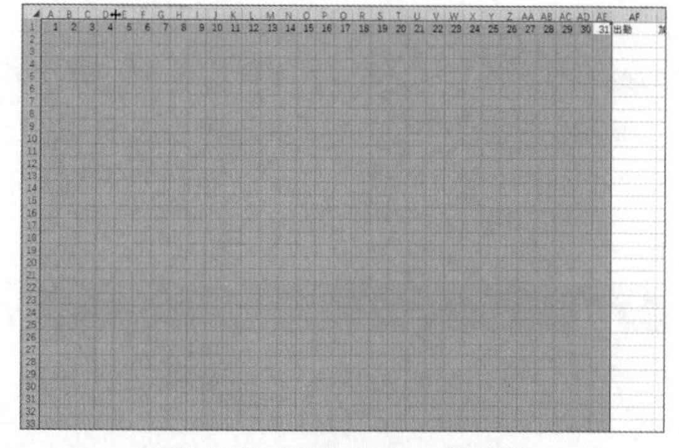

图 1-58　调整 A:AE 列的列宽

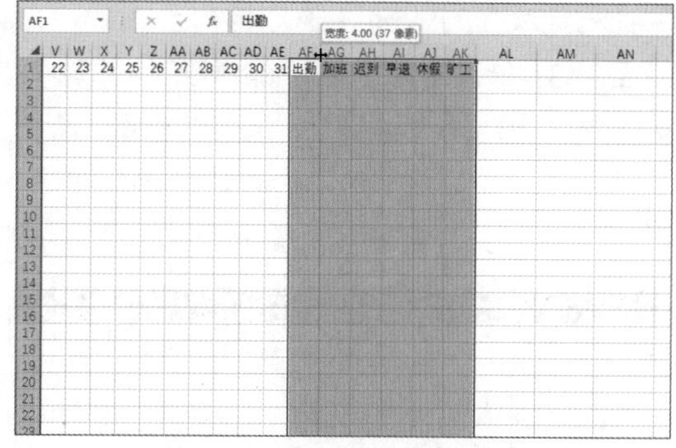

图 1-59　调整 AF:AK 列的列宽

03 选择 A:B 列，将光标放置在 B 列右方边框线上，当光标变成黑色双向箭头时向左拖曳，如图 1-60 所示。

04 右击并选择“插入”命令，如图 1-61 所示，此时选择的数据列左边便会新建两列空白数据列。

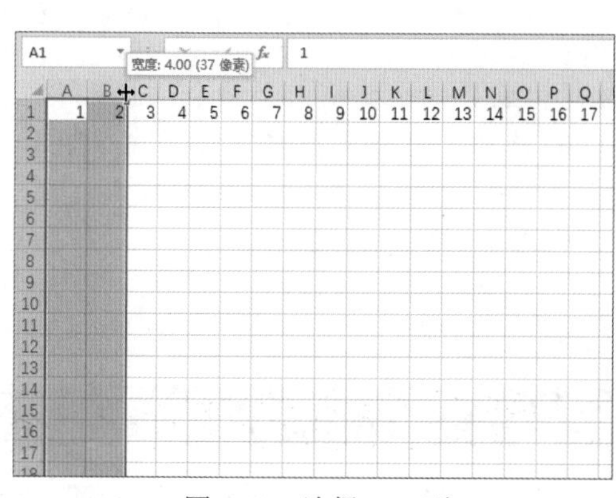

图 1-60　选择 A:B 列

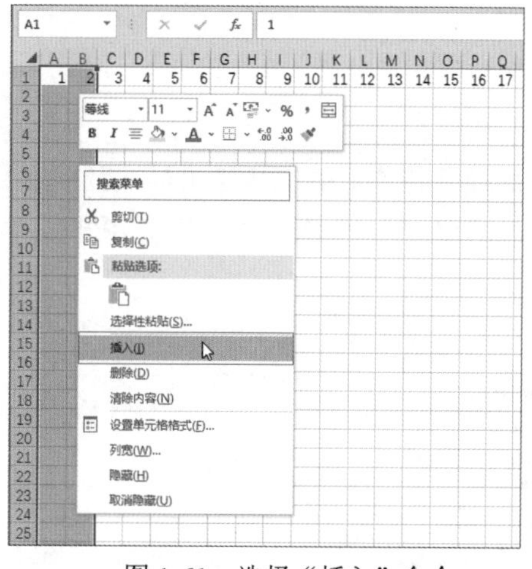

图 1-61　选择“插入”命令

05 选择 B2 单元格和 B3 单元格，在单元格中分别输入“上午”和“下午”，如图 1-62 所示。

06 选择 A2 单元格和 A3 单元格，选择“开始”选项卡，在“对齐方式”组中单击“合并后居中”按钮，结果如图 1-63 所示。

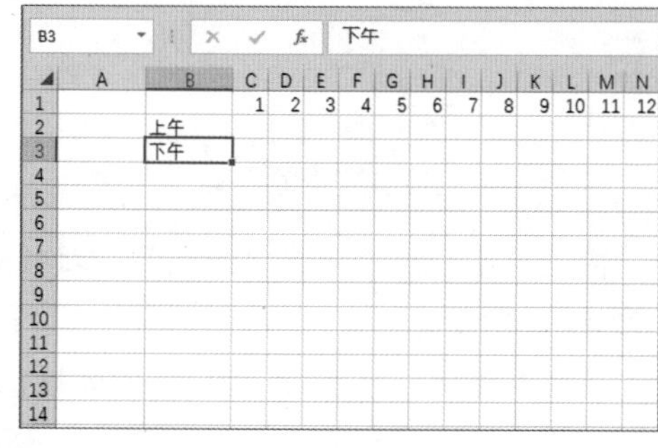

图 1-62　分别输入文字

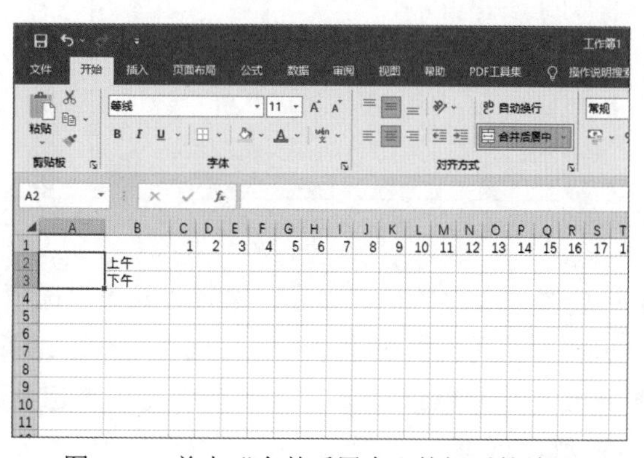

图 1-63　单击“合并后居中”按钮后的结果

07 将光标放置到 A2:B3 单元格的右下方，当光标变成黑色十字形状时，按住左键不放，向下拖曳至第 31 行，结果如图 1-64 所示，并调整 B 列的列宽。

08 选择 A1:B1 单元格区域，选择“开始”选项卡，在“对齐方式”组中单击“合并后居中”按钮，再单击“左对齐”按钮，在新建的单元格中输入“日期”，再按 Alt+Enter 快捷键进行换行，输入“姓名”，并调整其位置和行高如图 1-65 所示。

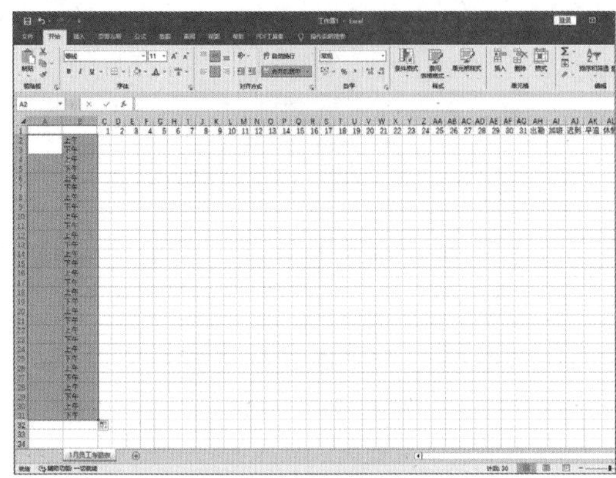

图 1-64 填充数据

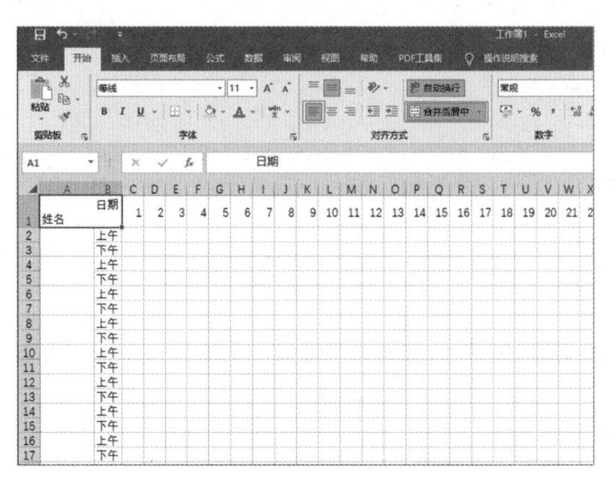

图 1-65 设置 A1 单元格和 B1 单元格格式

09 右击新建的单元格，从弹出的快捷菜单中选择“设置单元格格式”命令，打开“设置单元格格式”对话框，选择“边框”选项卡，单击“斜线框”按钮，然后单击“确定”按钮，如图 1-66 所示。

10 此时单元格的显示结果如图 1-67 所示。

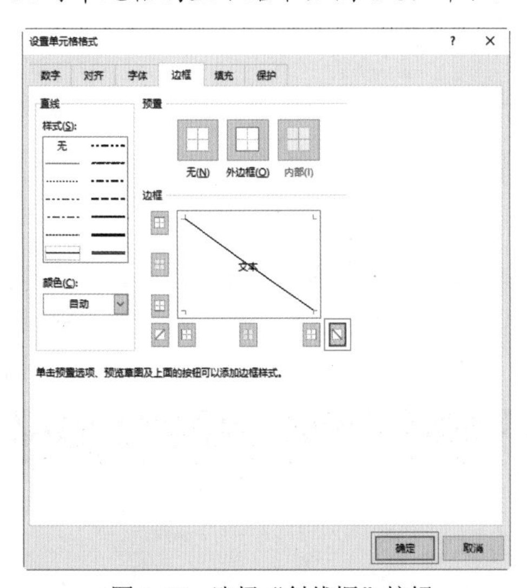

图 1-66 选择“斜线框”按钮

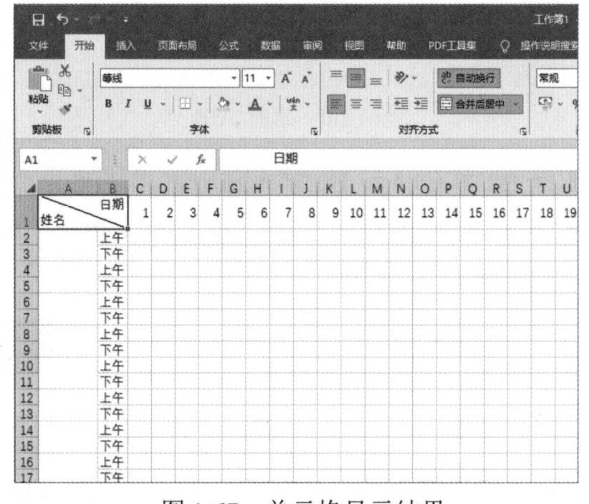

图 1-67 单元格显示结果

11 选择工作表中的所有内容，选择“开始”选项卡，在“字体”组中单击“边框”下拉按钮，在弹出的下拉列表中选择“所有框线”命令，结果如图 1-68 所示。

12 将光标放到数据行上方，当光标变成黑色箭头时，单击光标，表示选择这一行数据，如图 1-69 所示。

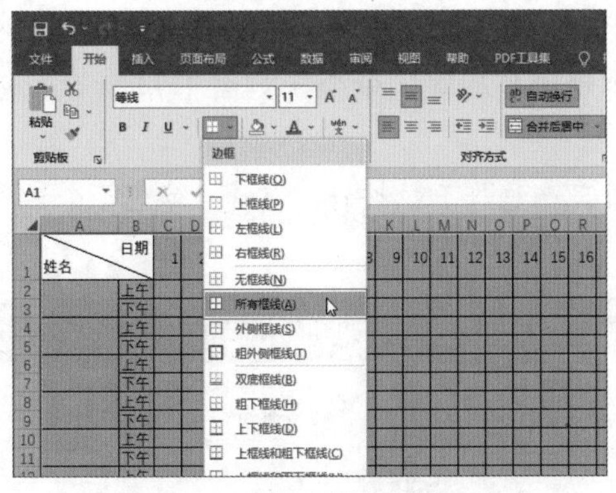

图 1-68　选择“所有框线”命令

图 1-69　选择行

13 右击并选择“插入”命令，在第 1 行上方插入新的一行，选择 A1:AM1 单元格区域，选择“开始”选项卡，在“对齐方式”组中单击“合并后居中”按钮，并调整行距，结果如图 1-70 所示。

14 输入标题文本内容，选择标题单元格，选择“开始”选项卡，在“字体”组中设置标题的字体为“宋体”、字号为“16”、加粗，如图 1-71 所示。

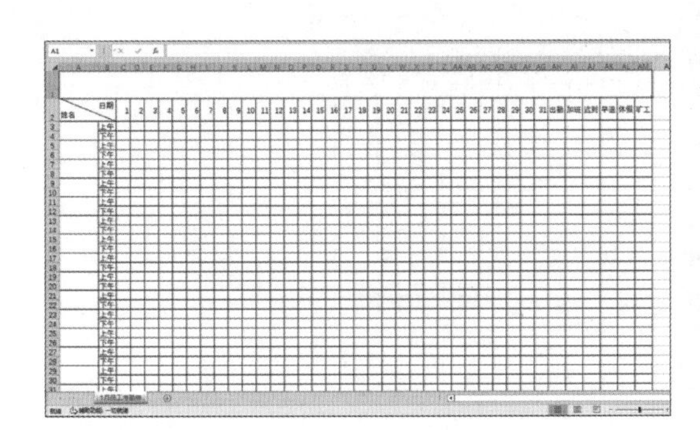

图 1-70　插入空白行

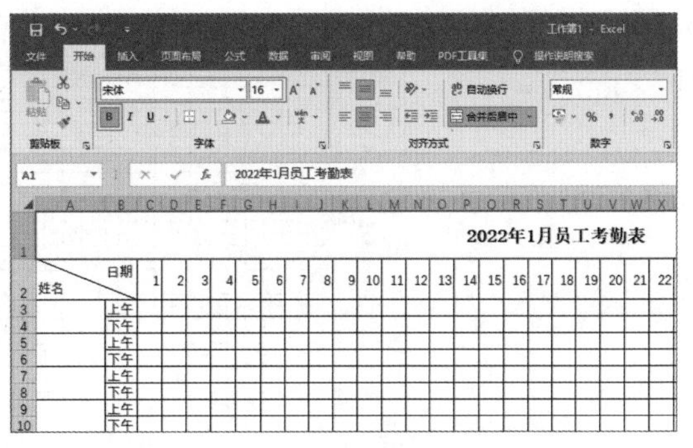

图 1-71　设置标题字体格式

15 选择标题行，在“开始”选项卡的“单元格”组中单击“格式”下拉按钮，在弹出的下拉列表中选择“行高”命令，如图 1-72 所示。

16 打开“行高”对话框，在“行高”文本框中输入 40，然后单击“确定”按钮，如图 1-73 所示，即可精确设置行高。

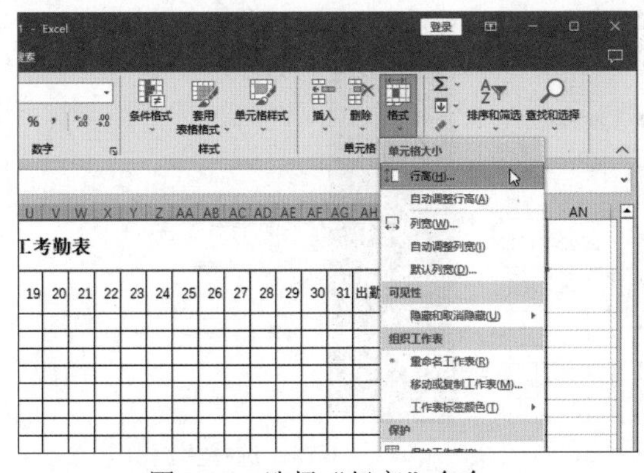

图 1-72　选择“行高”命令

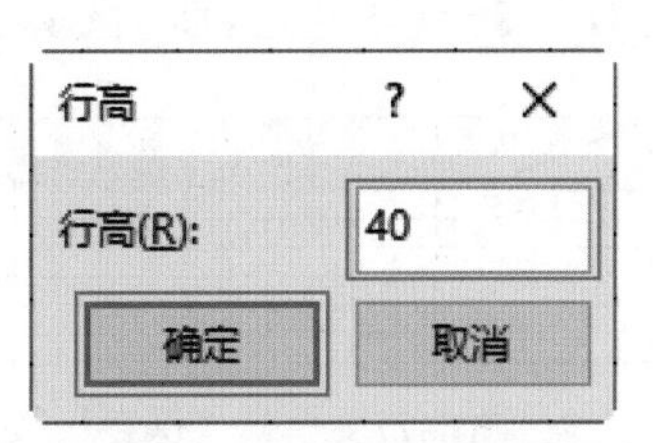

图 1-73　设置“行高”数值

17 选择 A1:AM32 单元格区域，在“开始”选项卡的“单元格”组中单击“格式”下拉按钮，在弹出的下拉列表中选择“自动调整行高”或“自动调整列宽”命令，如图 1-74 所示，Excel 将自动调整表格各行的行高或各列的列宽。

18 选择单元格 A2:AM2，在“字体”组中单击“填充颜色”下拉按钮，选择“绿色，个性色 6，淡色 80%”选项，如图 1-75 所示。

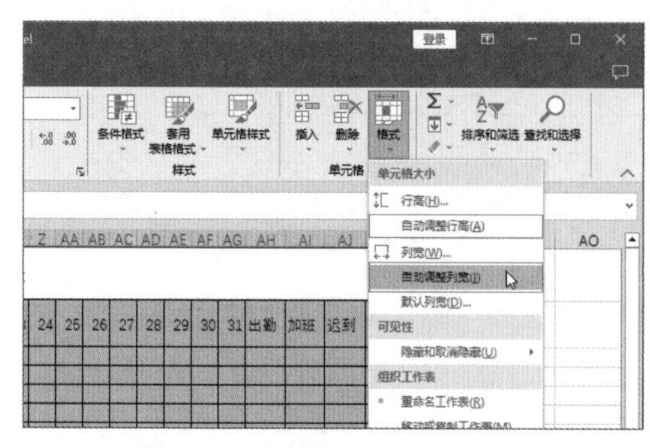

图 1-74　自动调整行高或列宽

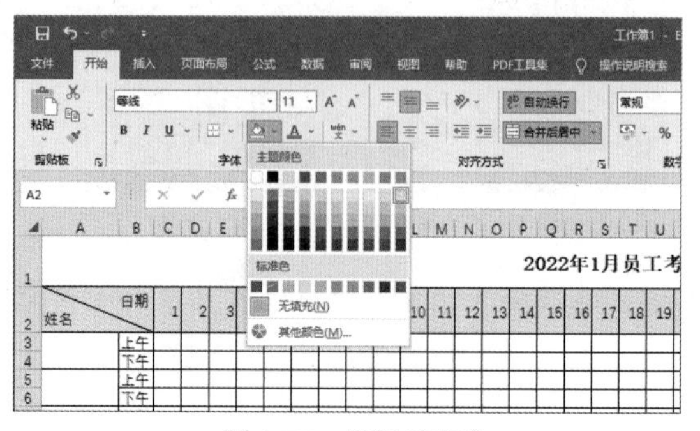

图 1-75　设置填充色

19 在 A3:A32 单元格区域将员工姓名输入空白单元格中，结果如图 1-76 所示。

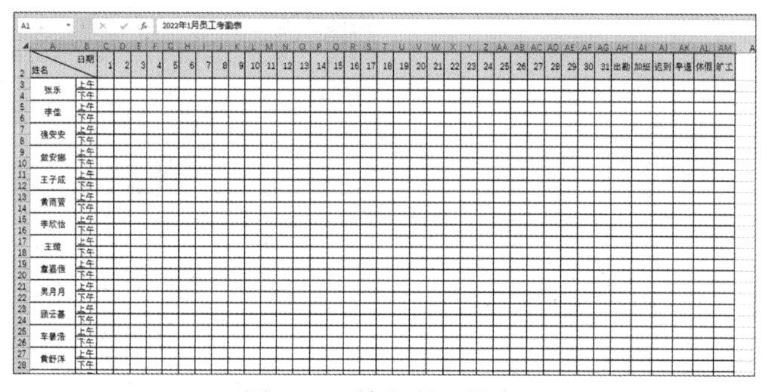

图 1-76　输入员工姓名

1.3.4　保存 Excel 工作簿

01 在快速访问工具栏中单击“保存”按钮，如图 1-77 所示。

02 在中间的“另存为”窗格中选择“浏览”选项，如图 1-78 所示。

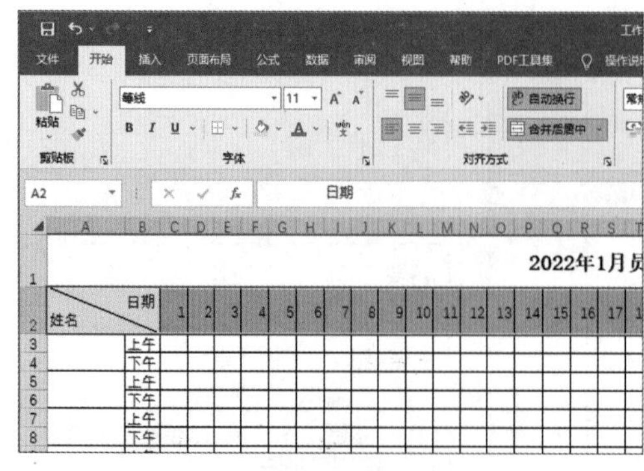

图 1-77　单击“保存”按钮

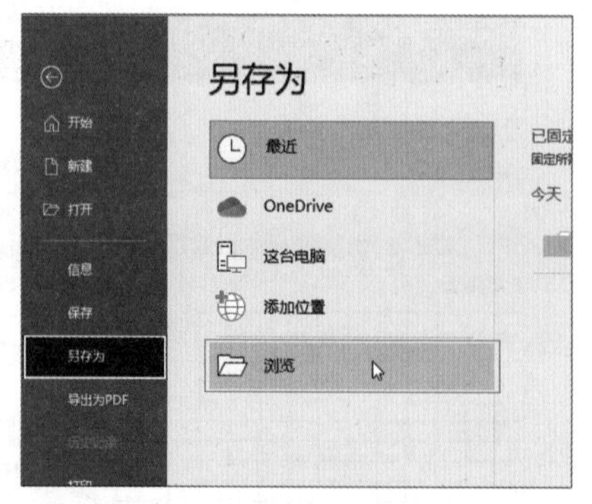

图 1-78　选择“浏览”选项

03 打开“另存为”对话框，选择文件的保存位置，输入文件名后，单击“保存”按钮，如图 1-79 所示。

04 成功保存后，工作簿的文件名就更改为新的文件名，如图 1-80 所示。

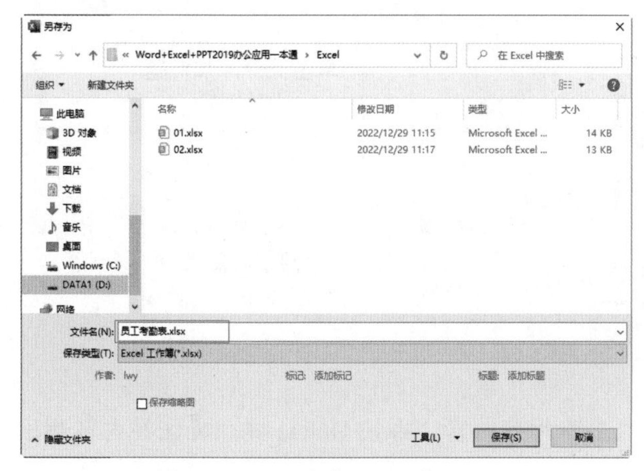

图 1-79　“另存为”对话框

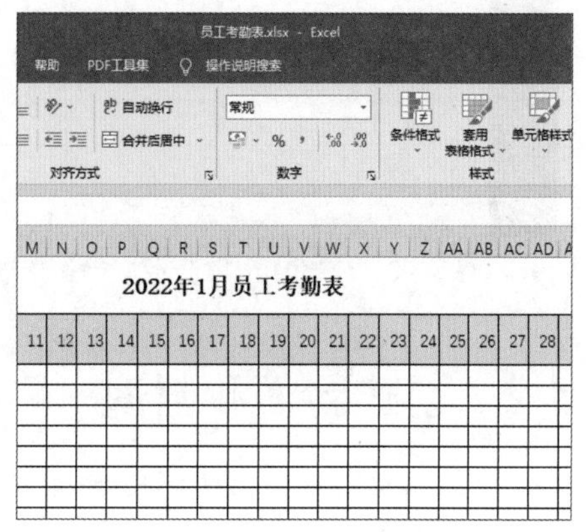

图 1-80　查看工作簿

1.4　使用 PowerPoint 制作企业宣传演示文稿

在一些活动中，企业需要以演示文稿的形式向公众进行企业宣传，这类演示文稿包括封面、首页、底页、目录、企业介绍等信息。本节将使用 PowerPoint 讲解如何制作一份企业宣传演示文稿，如图 1-81 所示。

图 1-81　企业宣传演示文稿

1.4.1　创建空白演示文稿

01 启动 PowerPoint 2019，选择“开始”选项卡，选择“空白演示文稿”选项，如图 1-82 所示。

02 此时创建名为“演示文稿 1”的空白演示文稿，默认插入一张幻灯片，如图 1-83 所示。

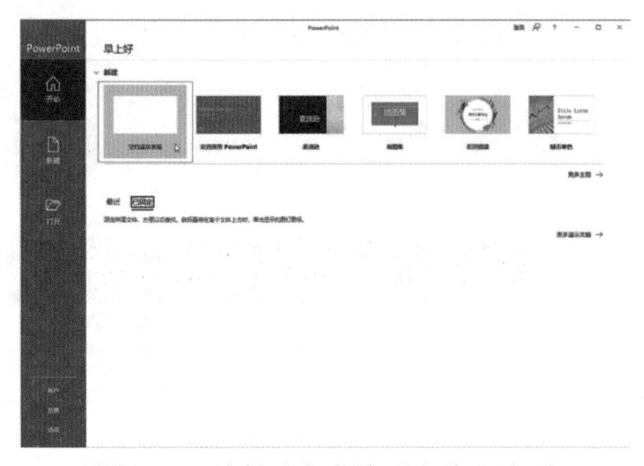

图 1-82　选择“空白演示文稿”选项

图 1-83　演示文稿 1

1.4.2　创建封面和封底

01 选择封面幻灯片，按 Ctrl+A 快捷键，选择所有内容，再按 Delete 键，将这些内容删除，结果如图 1-84 所示。

02 选择“插入”选项卡，在“图像”组中单击“图片”按钮，在弹出的下拉列表中选择“此设备”命令，如图 1-85 所示。

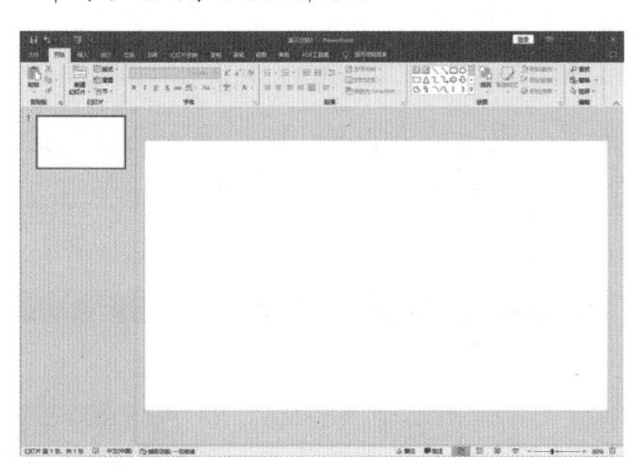

图 1-84　删除所有内容

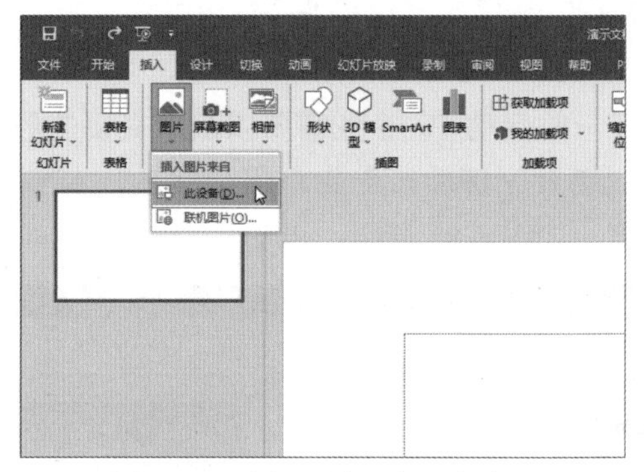

图 1-85　选择“此设备”命令

03 打开“插入图片”对话框，选择一张图片，然后单击“插入”按钮，如图 1-86 所示。

04 调整图片的位置和大小，然后选择“图片格式”选项卡，在“大小”组中单击“裁剪”按钮，通过调整图片上的裁剪框大小来裁剪图片，如图 1-87 所示。

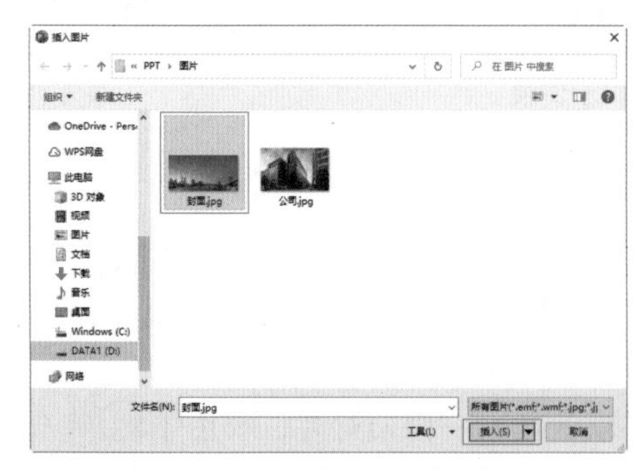

图 1-86　“插入图片”对话框

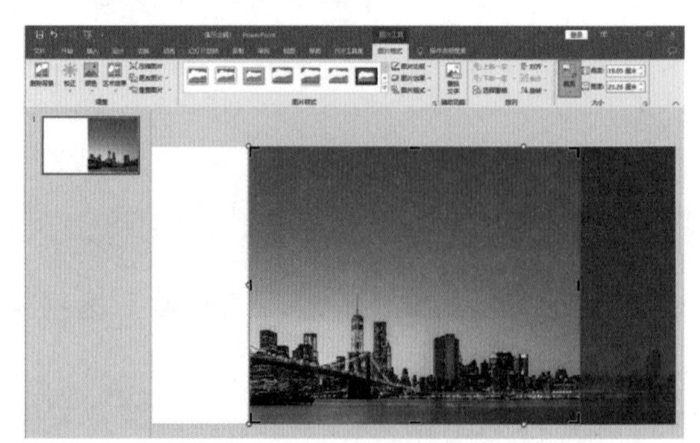

图 1-87　裁剪图片

05 单击“裁剪”下拉按钮，选择“裁剪为形状”|“平行四边形”选项，如图 1-88 所示。

06 此时显示裁剪后的图片形状，如图 1-89 所示。

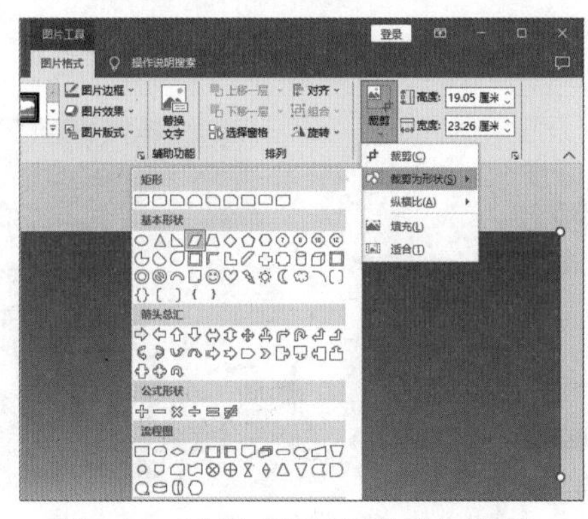

图 1-88　选择“平行四边形”选项

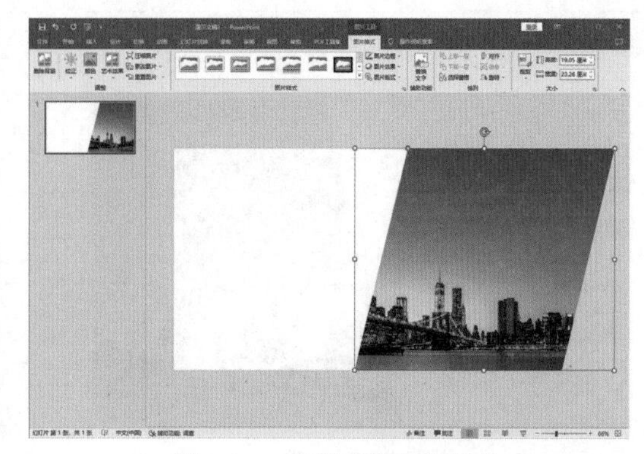

图 1-89　裁剪后的图片形状

07 选择“插入”选项卡，在“文本”组中单击“文本框”下拉按钮，在弹出的下拉列表中选择“绘制横排文本框”命令，如图 1-90 所示。

08 在幻灯片中绘制一个文本框，输入“2022”并设置文字格式，如图 1-91 所示。

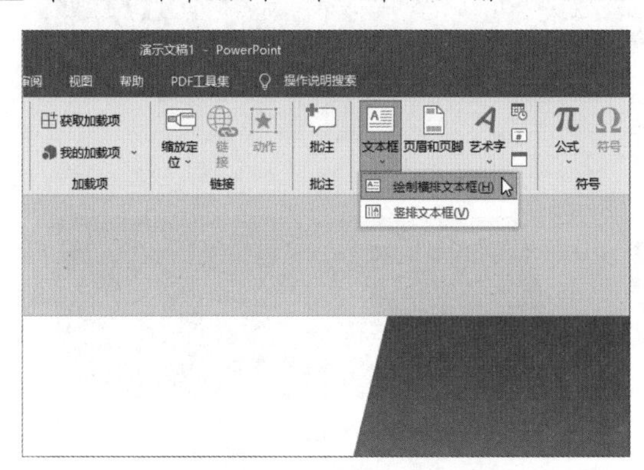

图 1-90　选择“绘制横排文本框”命令

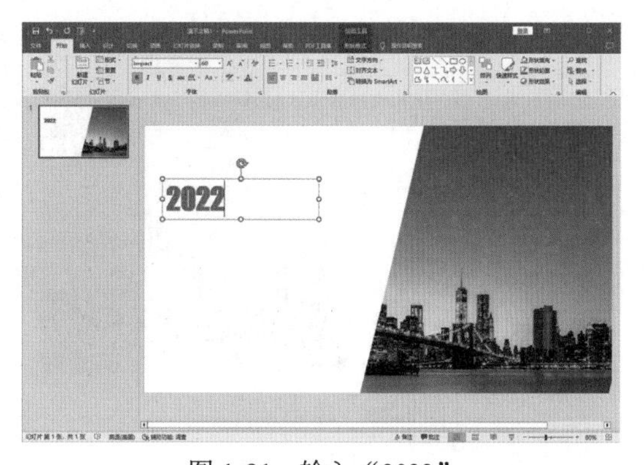

图 1-91　输入“2022”

09 按照步骤 **07** 和步骤 **08** 的方法，继续在幻灯片中添加横排文本框并输入文本，如图 1-92 所示。

10 选择“插入”选项卡，在“形状”下拉列表中单击“直线”按钮，如图 1-93 所示。

图 1-92　添加文字

图 1-93　单击“直线”按钮

11 在幻灯片中绘制一个直线形状，结果如图 1-94 所示。

12 按照同样的方法，继续在封面页绘制其他图形形状，结果如图 1-95 所示。

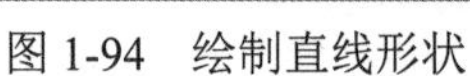

图 1-94　绘制直线形状

图 1-95　绘制其他图形形状

13 将光标移到文本“企业介绍”之前，如图 1-96 所示。

14 选择“插入”选项卡，在“符号”组中单击“符号”按钮，如图 1-97 所示。

图 1-96　移动光标

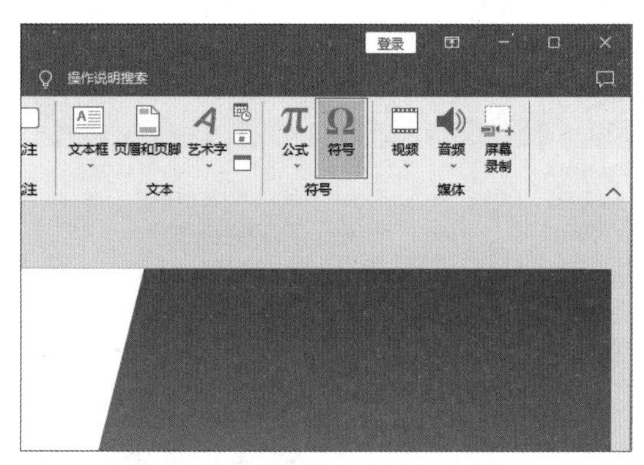

图 1-97　单击“符号”按钮

15 打开“符号”对话框，单击“子集”下拉按钮，在弹出的下拉列表中选择“几何图形符”选项，单击“黑色圆”按钮，然后单击“插入”按钮，如图 1-98 所示。

16 按照步骤 **15** 的方法，继续在幻灯片中添加其余的符号，如图 1-99 所示。

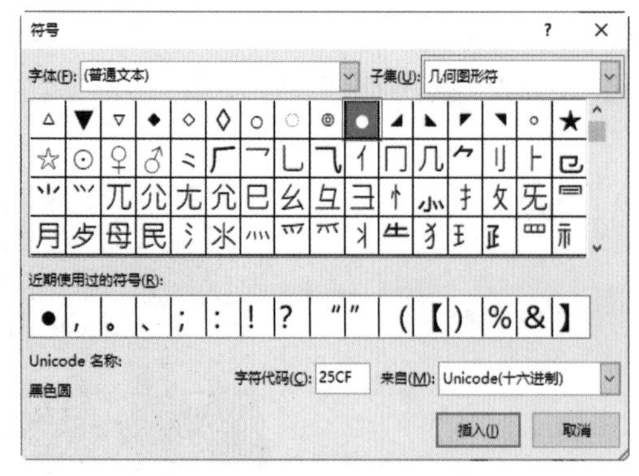

图 1-98　“符号”对话框

图 1-99　继续添加符号

17 按 Ctrl+A 快捷键，选择封面页中的所有内容，如图 1-100 所示，然后按 Ctrl+C 快捷键复制内容。

18 按 Ctrl+M 快捷键新建一页幻灯片作为封底页，选择封底页幻灯片，然后选择“开始”选项卡，在“剪贴板”组中，单击“粘贴”下拉按钮，选择“使用目标主题”选项，即可粘贴封面页内容，结果如图 1-101 所示。

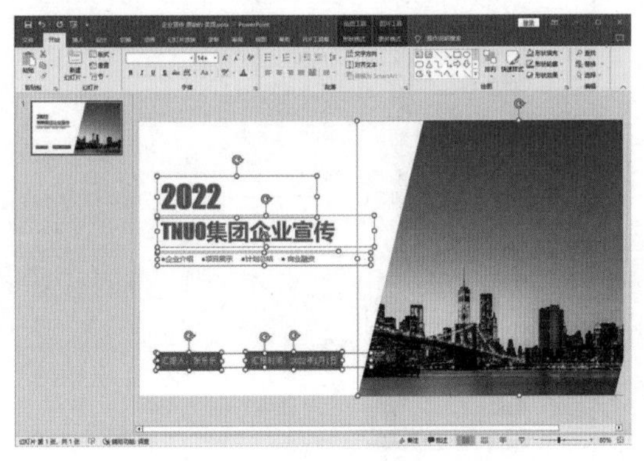

图 1-100　选择封面页所有内容

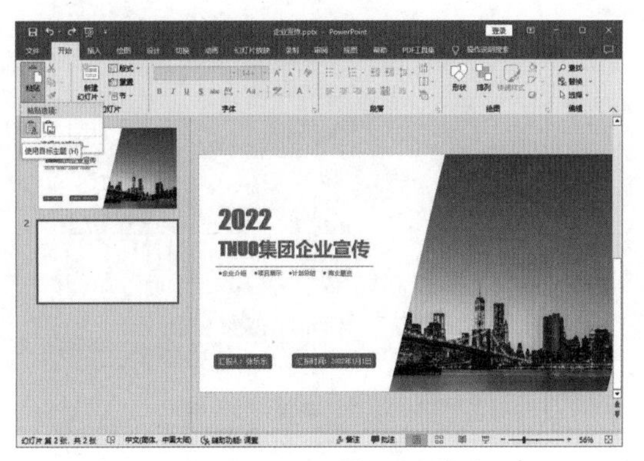

图 1-101　粘贴封面页内容

19 删除文本框中的文字，重新输入新的文字，然后设置文字格式，如图 1-102 所示。

20 在第一个文本框中输入“THANKS”，右击并选择“设置文字效果格式”命令，如图 1-103 所示。

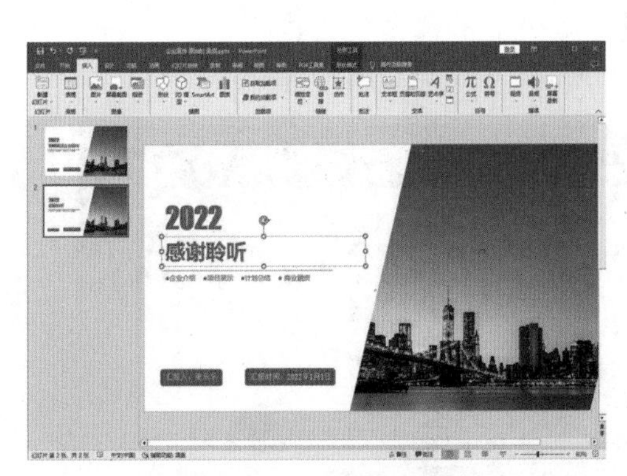

图 1-102　重新输入文字

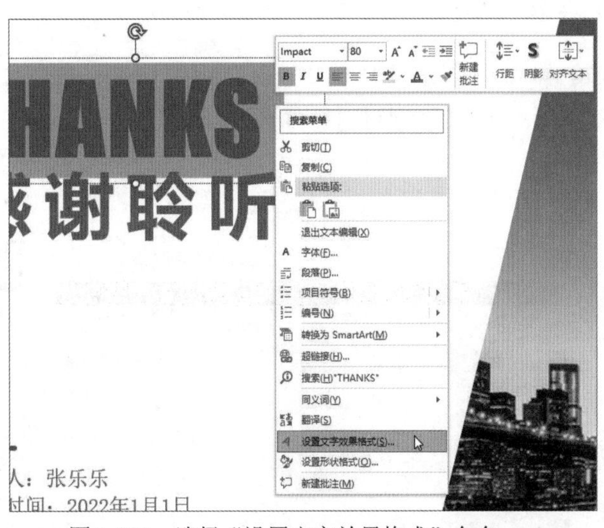

图 1-103　选择“设置文字效果格式”命令

21 打开“设置形状格式”窗格，展开“文本填充”选项组，选中“渐变填充”单选按钮，然后单击“方向”下拉按钮，选择“线性向下”选项，如图 1-104 所示。

22 单击“停止点 2”按钮，设置“颜色”属性，在“透明度”文本框中输入“60%”，在“亮度”文本框中输入“80%”，如图 1-105 所示。

23 此时文字效果如图 1-81 右图所示。

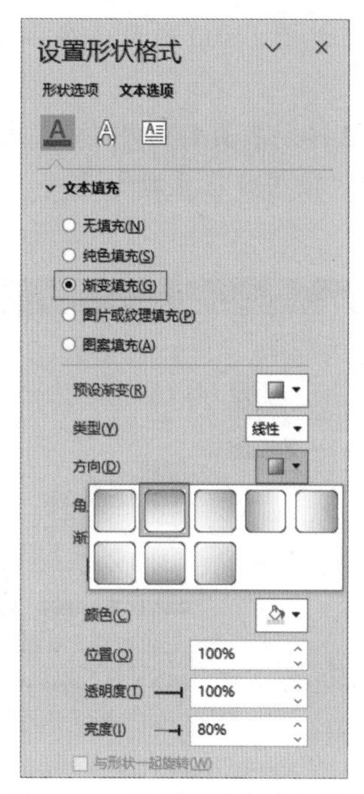

图 1-104　设置形状格式参数 1

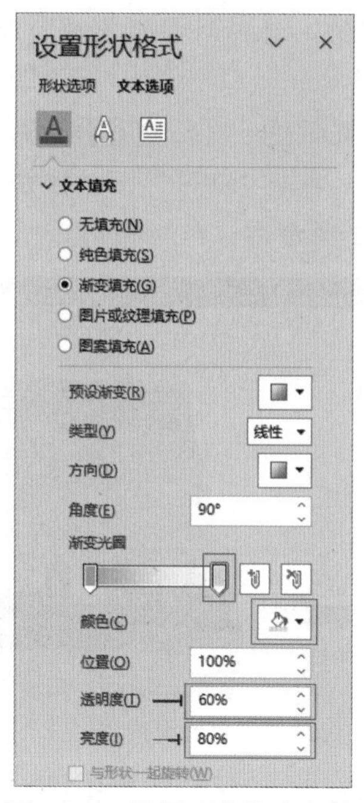

图 1-105　设置形状格式参数 2

1.4.3　设计目录

01 按 Ctrl+M 快捷键新建一页空白幻灯片，在幻灯片中绘制一个矩形形状，添加文本框后输入文字“目录 CONTENTS”并调整文字格式，结果如图 1-106 所示。

02 在幻灯片中绘制一个菱形形状，选择“形状格式”选项卡，在“形状填充”下拉列表中，选择“橙色，个性色 2，深色 25%”选项，如图 1-107 所示。

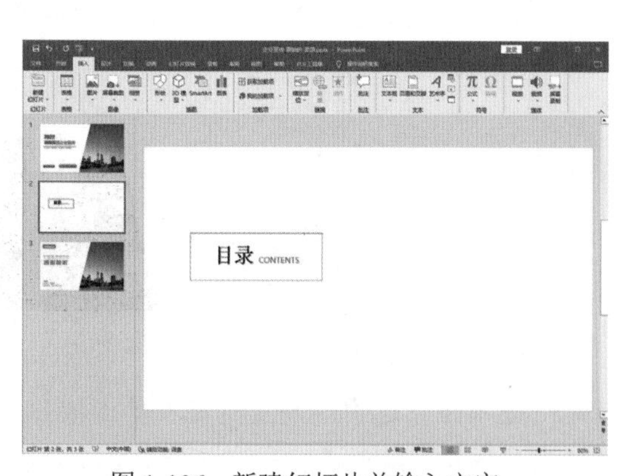

图 1-106　新建幻灯片并输入文字

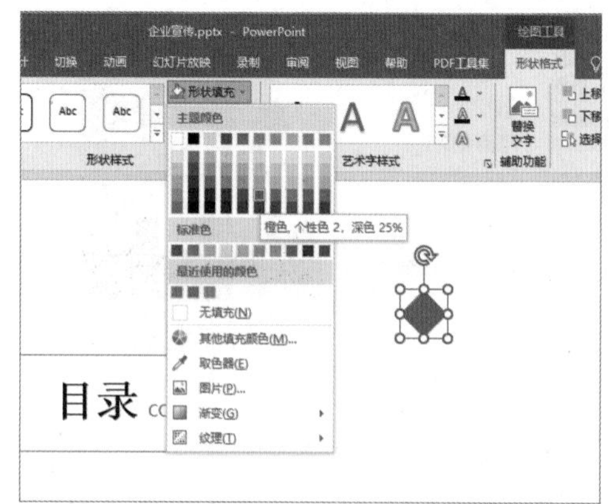

图 1-107　设置填充效果

03 选择“形状格式”选项卡，单击“形状轮廓”下拉按钮，选择“无轮廓”命令，如图 1-108 所示。

04 选择菱形形状并进行复制和粘贴，结果如图 1-109 所示。

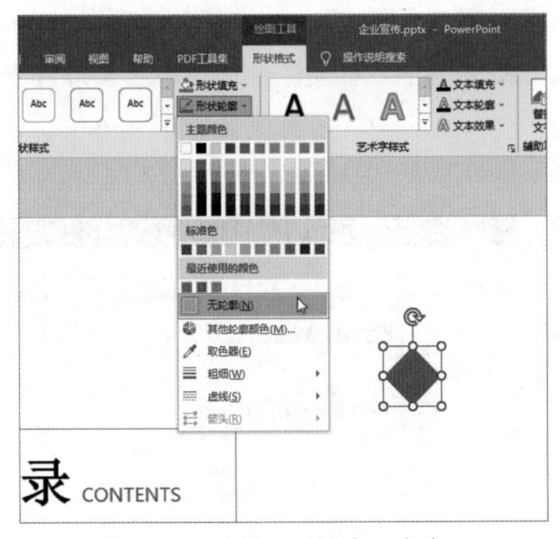

图 1-108　选择“无轮廓”命令

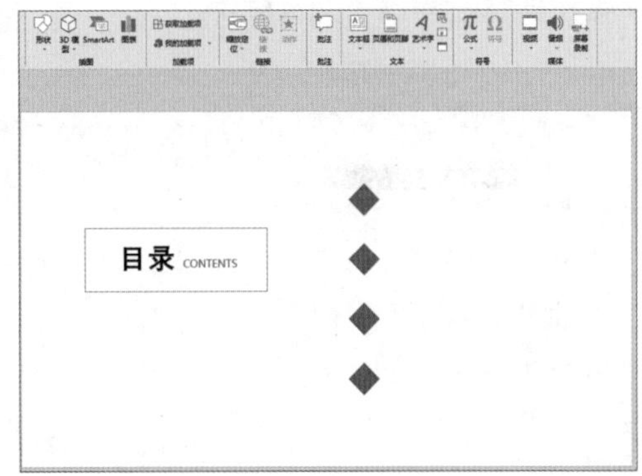

图 1-109　复制和粘贴菱形形状

05 在幻灯片中绘制文本框，输入文字并设置字体，然后添加直线形状，结果如图 1-110 所示。

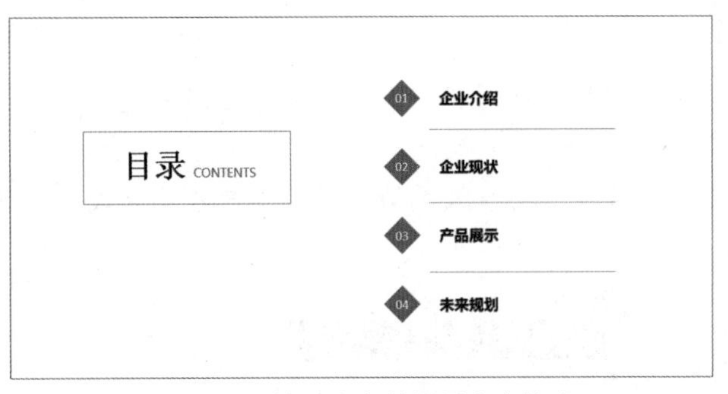

图 1-110　输入文字并设置文字格式

1.4.4　设计内容

01 选择“视图”选项卡，在“母版视图”组中单击“幻灯片母版”按钮，如图 1-111 所示，进入母版视图。

02 选择左侧还没有使用过的版式缩略图，如图 1-112 所示。

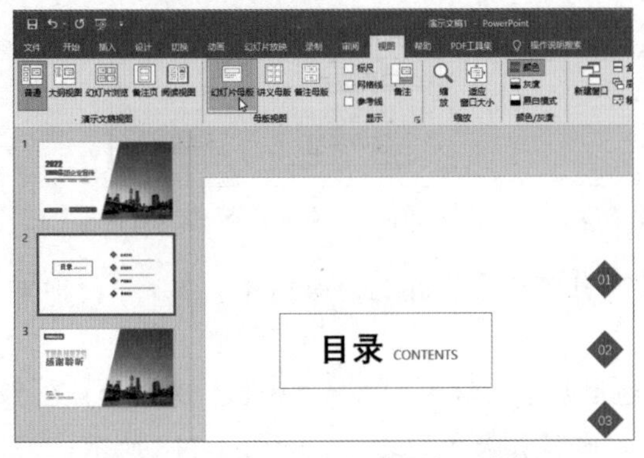

图 1-111　单击“幻灯片母版”按钮

图 1-112　选择版式缩略图

03 在版式中插入形状和文本框，并在文本框中输入文字“TNUO 集团”，如图 1-113 所示。

04 选择“幻灯片母版”选项卡，在“母版版式”组中选中“标题”复选框，在幻灯片中添加一个标题文本框，如图 1-114 所示。

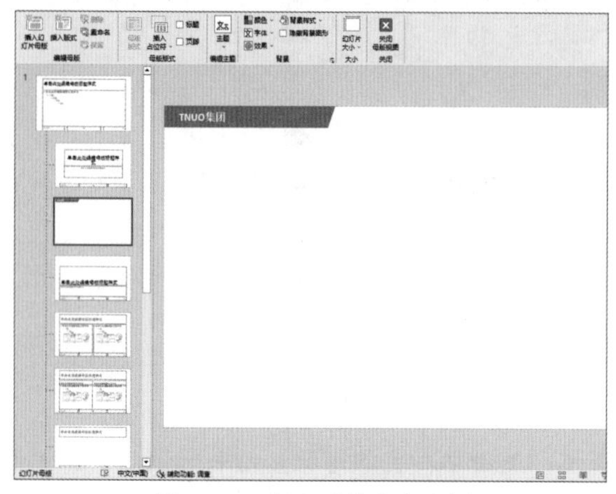

图 1-113　插入形状和文本框

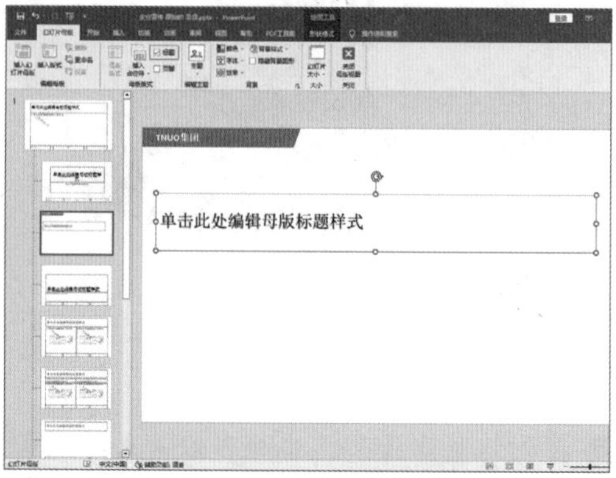

图 1-114　添加标题文本框

05 右击版式缩略图，从弹出的快捷菜单中选择“重命名版式”命令，如图 1-115 所示，为了避免版式混淆，需要为版式重命名。

06 打开“重命名版式”对话框，输入版式的新名称“内容页版式”，然后单击“重命名”按钮，如图 1-116 所示。

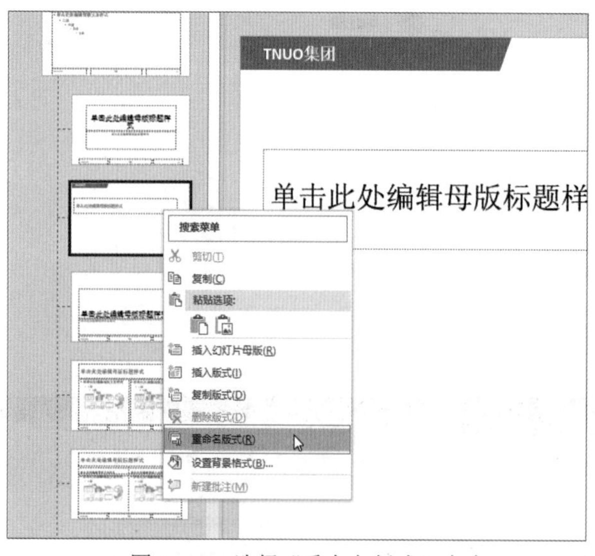

图 1-115　选择“重命名版式”命令

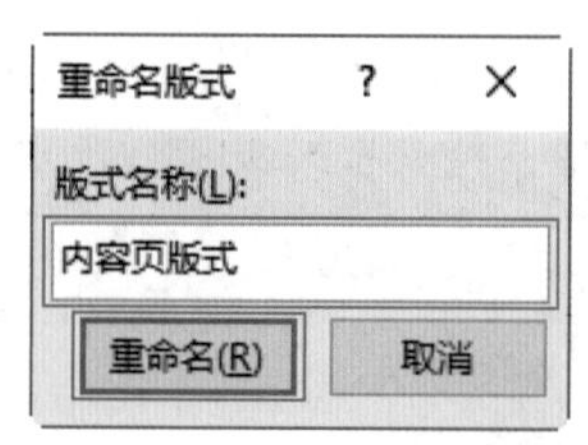

图 1-116　“重命名版式”对话框

07 完成版式设计后，在“关闭”组中单击“关闭母版视图”按钮，如图 1-117 所示，即可返回普通视图页面。

08 将光标定位在第 2 张幻灯片后面，表示要在这里新建幻灯片，选择“开始”选项卡，在“幻灯片”组中单击“新建幻灯片”下拉按钮，选择“内容页版式”选项，如图 1-118 所示。

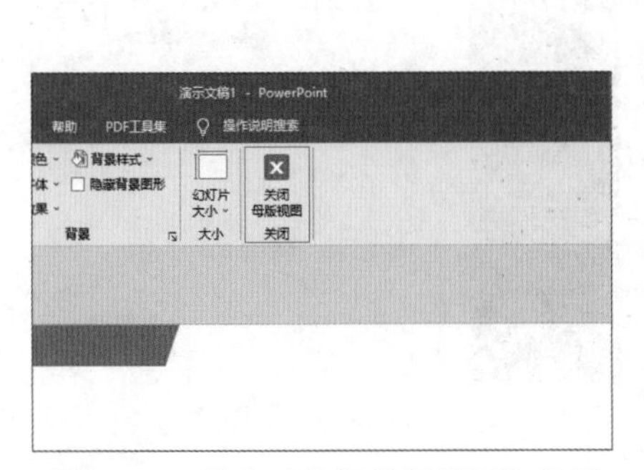

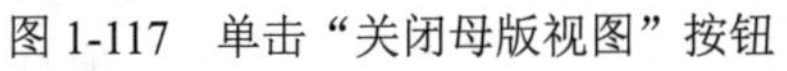
图 1-117　单击“关闭母版视图”按钮　　图 1-118　选择“内容页版式”选项

09 利用版式新建幻灯片后，幻灯片中会自动出现版式中所有的设计内容，如图 1-119 所示。

10 插入一张图片并输入文字，然后对其进行调整，结果如图 1-120 所示。

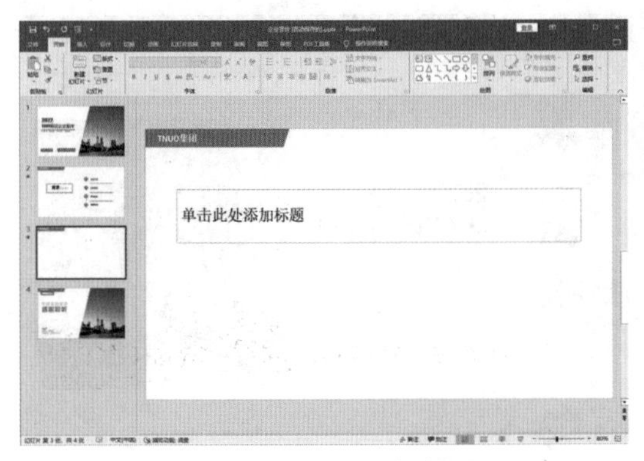

图 1-119　幻灯片效果

图 1-120　版式内容结果

11 按照步骤 **08** 到步骤 **10** 的方法，完成其他内容页的设计，如图 1-121 所示。

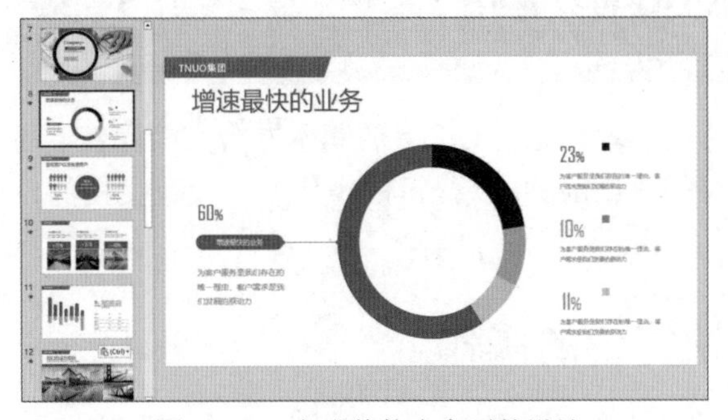

图 1-121　完成其他内容页的设计

1.4.5　保存演示文稿

01 在新建的演示文稿中，单击快速访问工具栏中的“保存”按钮，如图 1-122 所示。

02 在中间的“另存为”窗格中选择“浏览”选项，如图 1-123 所示。

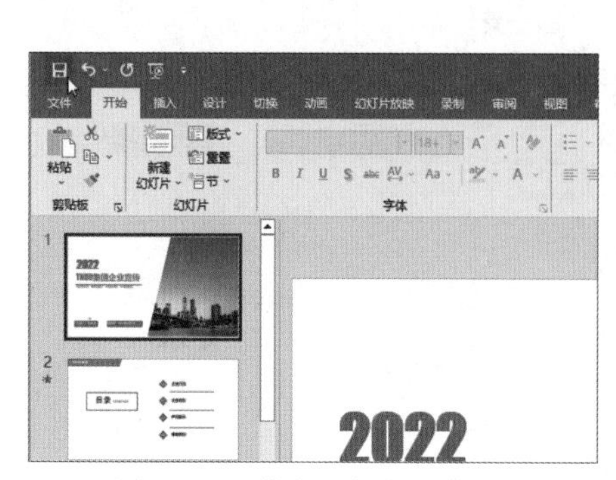

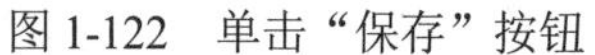
图 1-122　单击“保存”按钮

图 1-123　选择“浏览”选项

03 打开“另存为”对话框，设置文件的保存位置，输入文件名后，单击“确定”按钮，如图 1-124 所示。

04 成功保存后，演示文稿的文件名就更改为新的文件名，如图 1-125 所示。

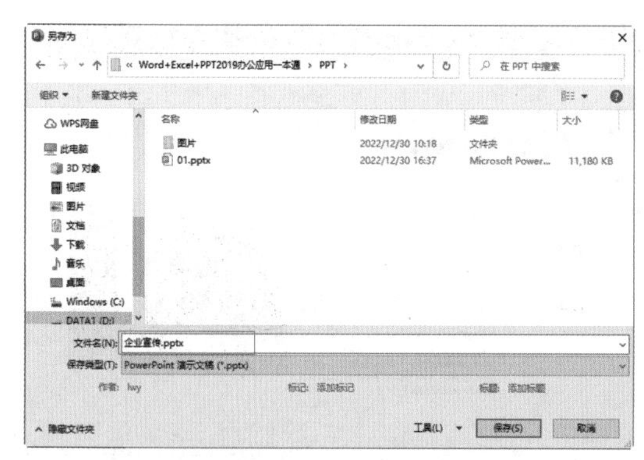

图 1-124　“另存为”对话框

图 1-125　查看 PPT

1.5　Office 办公技巧

通过以上案例的学习，读者熟悉了 Office 的基本办公文档操作，还需要掌握一些实用的办公技巧。下面将为读者讲解“Office 中快捷键的操作”“设置文档的自动恢复功能”和“使用格式刷工具”技巧。

1.5.1　Office 中快捷键的操作

在 Office 2019 中内置了大量的快捷键，在操作过程中使用快捷键能够提高办公效率。下面以 Word 2019 为例来介绍快捷键的操作方法。

在程序窗口中按 Alt 键，功能区中将显示打开各个选项卡对应的快捷键，同时也会显示快速访问工具栏中的命令按钮所对应的快捷键，如图 1-126 所示。比如在“开始”选项卡旁显示字母 H，表示只需要按 Alt+H 快捷键就可以打开“开始”选项卡。

按 Alt+H 快捷键，功能区将显示“开始”选项卡中各个命令按钮所对应的快捷键，如图 1-127 所示。此时只需要按命令按钮旁对应的按键，即可对选择对象应用该命令。

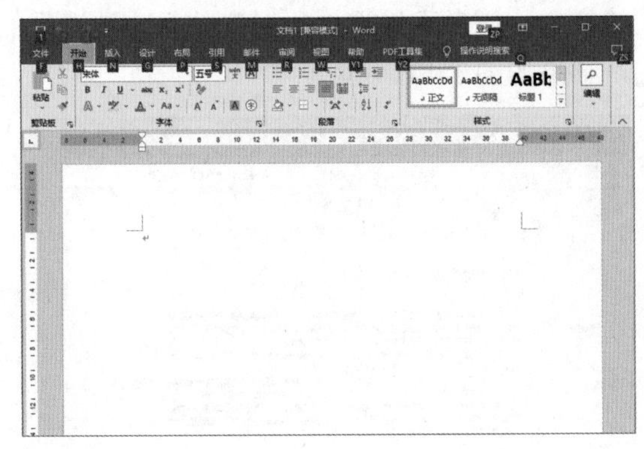

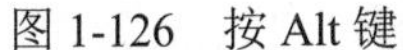

图 1-126　按 Alt 键

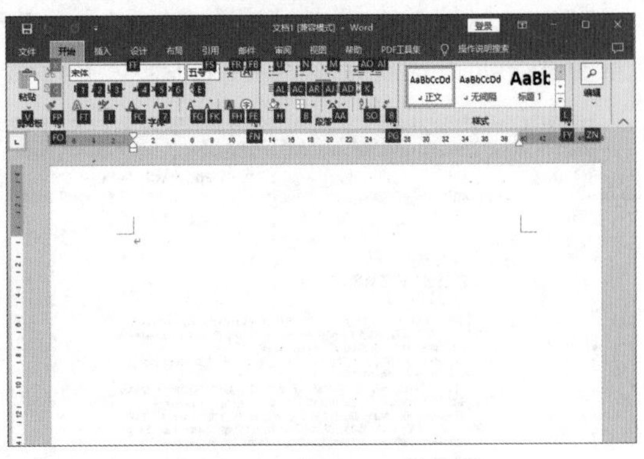

图 1-127　按 Alt+H 快捷键

1.5.2　设置文档的自动恢复功能

Word、Excel 和 PowerPoint 都提供了一种以自定义的时间间隔自动保存场景的方法。当遇到突发状况，如断电或程序崩溃等意外时，程序能够使用自动保存的文档来恢复未及时保存的文档，从而有效地避免文档丢失。在 Office 2019 中，用户可以根据需要对自动恢复功能进行设置，下面以 Word 2019 为例来介绍文档自动恢复功能的设置方法。

选择“文件”选项卡，然后选择“选项”命令，如图 1-128 所示，打开“Word 选项”对话框，在对话框左侧的列表中选择“保存”选项，在右侧的“保存文档”栏中选中“保存自动恢复信息时间间隔”复选框，即可开启自动保存文档功能。可在“保存自动恢复信息时间间隔”右侧的微调框中输入时间值，时间值以分钟为单位，单击“自动恢复文件位置”文本框右侧的“浏览”按钮，如图 1-129 所示，可打开“修改位置”对话框，用户可以在该对话框中选择文件的保存路径。

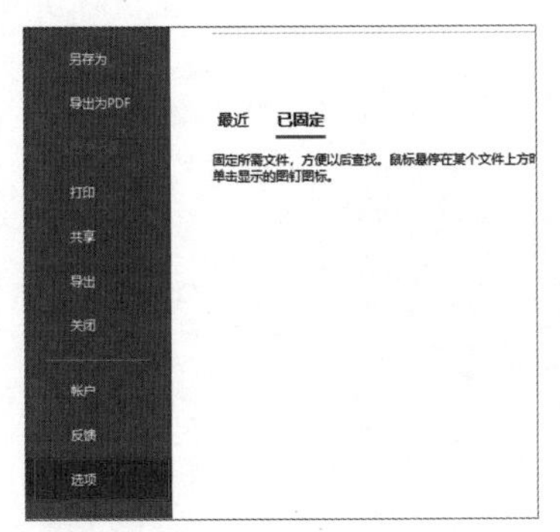

图 1-128　选择“选项”命令

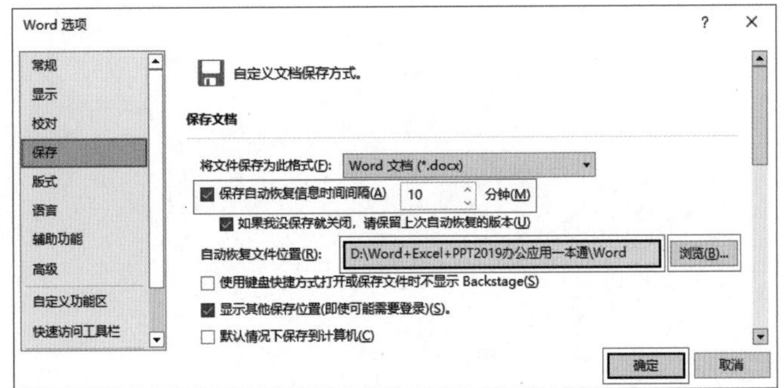

图 1-129　“Word 选项”对话框

1.5.3　使用格式刷工具

在对 Word 文档进行编辑时，使用格式刷工具可以将已经设置完成的格式快速复制于其他不同的文字或段落，使其具有相同的格式。下面以 Word 2019 为例来介绍如何使用格式刷工具。

将插入点光标放置到需要复制格式的段落中，选择“开始”选项卡，在“剪贴板”组中单击“格式刷”按钮将其激活，如图 1-130 所示。

拖曳光标使用格式刷工具选择需要设置格式的文本，或者直接选择所对应的行，被选择的文本或者行即可拥有复制格式的段落文本的格式，结果如图 1-131 所示。

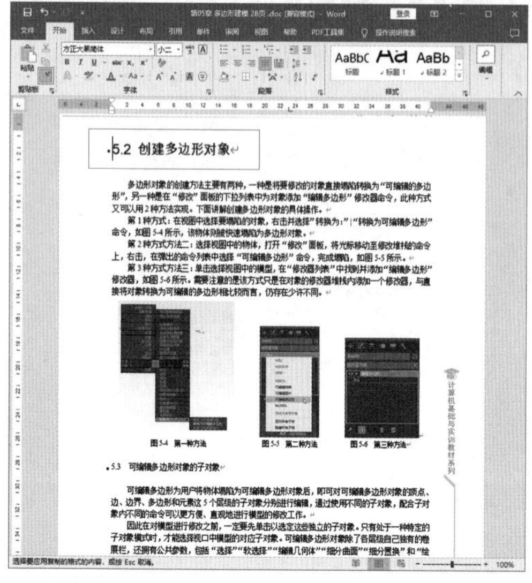

图 1-130　单击“格式刷”按钮

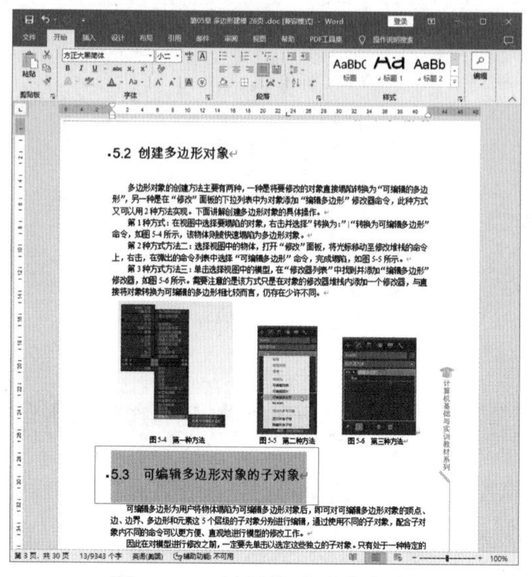

图 1-131　复制格式后的文本

第 2 章
Word 办公文档图文混排

本章导读

在 Word 文档中将图片、图形、文本、表格等进行结合，根据各自的特点进行排版，营造一个和谐、规律、具有美感的版面效果，能够更好地向读者表达主题。本章将通过制作“产品宣传海报”“公司组织结构图”和“新员工入职登记表”文档，为读者介绍如何使用 Word 2019 进行图文混排。

2.1 制作产品宣传海报

产品宣传海报用于向大众传达和展示自身产品，起到提高产品知名度的作用，海报不仅可以让大众更为直观地了解到产品信息，还能够起到较好的宣传效果。本节将讲解如何对图片、图形和文本框进行组合，制作出一份产品宣传海报，如图 2-1 所示。

图 2-1　产品宣传海报

2.1.1　设置页面背景

01 启动 Word 2019，新建名为“产品宣传海报.docx”的文档，选择“布局”选项卡，在“页面设置”组中单击“对话框启动器”按钮，打开“页面设置”对话框，选择“纸张”选项卡，单击“纸张大小”下拉按钮，选择“A4”选项，如图 2-2 所示。

02 选择“页边距”选项卡，设置“上”“下”“左”“右”为“0 厘米”，在“纸张方向”组中单击“横向”按钮，如图 2-3 所示，然后单击“确定”按钮。

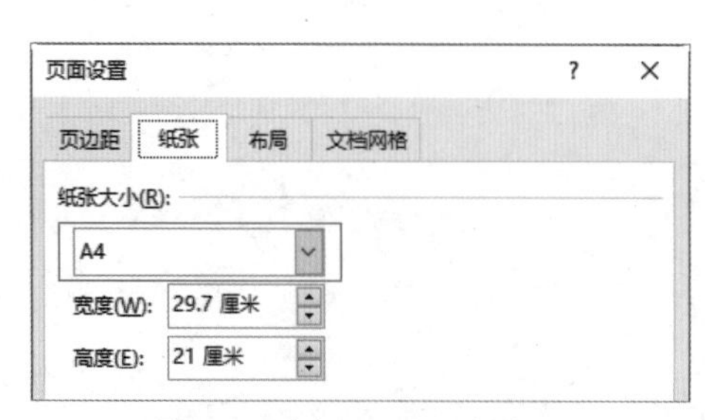

图 2-2　选择“A4”选项

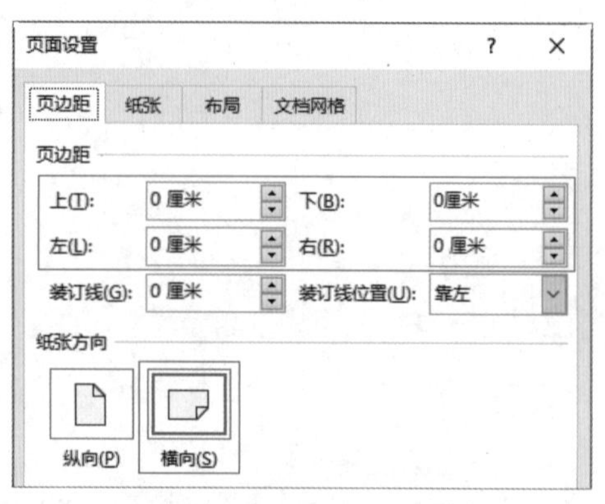

图 2-3　设置页边距

03 选择“插入”选项卡，在“插图”组中单击“图片”下拉按钮，在弹出的下拉列表中选择“插入图片来自”|“此设备”命令，如图 2-4 所示。

04 打开“插入图片”对话框，选择图片文件，然后单击“插入”按钮，如图 2-5 所示。

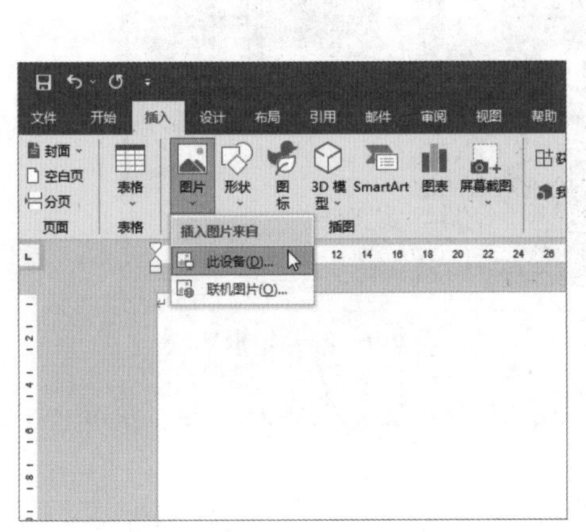

图 2-4 选择“此设备”命令

图 2-5 “插入图片”对话框

05 选择“图片格式”选项卡，在“排列”组中单击“环绕文字”下拉按钮，选择“衬于文字下方”命令，如图 2-6 所示。

06 在文档中调整图片的位置，如图 2-7 所示，完成后按 Esc 键取消图像的选择。

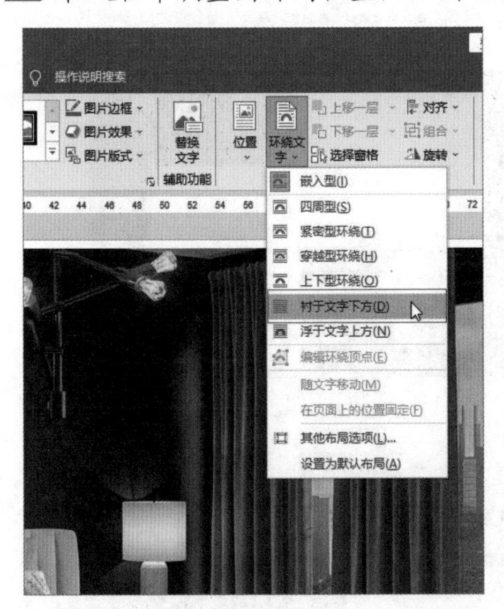

图 2-6 选择“衬于文字下方”命令

图 2-7 调整图片的位置

2.1.2 插入形状图形

01 选择“插入”选项卡，在“插图”组中单击“形状”下拉按钮，在弹出的下拉列表中选择“矩形”选项，如图 2-8 所示。

02 按住鼠标左键并拖曳，绘制一个矩形形状，如图 2-9 所示。

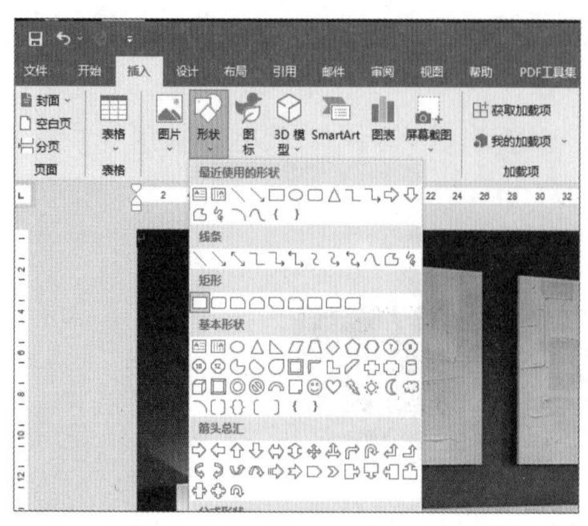

图 2-8　选择“矩形”选项

图 2-9　绘制矩形形状

03 选择“形状格式”选项卡，在“形状样式”组中单击“形状填充”下拉按钮，选择“无填充”命令，如图 2-10 所示。

04 单击“形状轮廓”下拉按钮，选择“白色，背景 1”选项，然后选择“粗细”|“1.5 磅”选项，如图 2-11 所示。

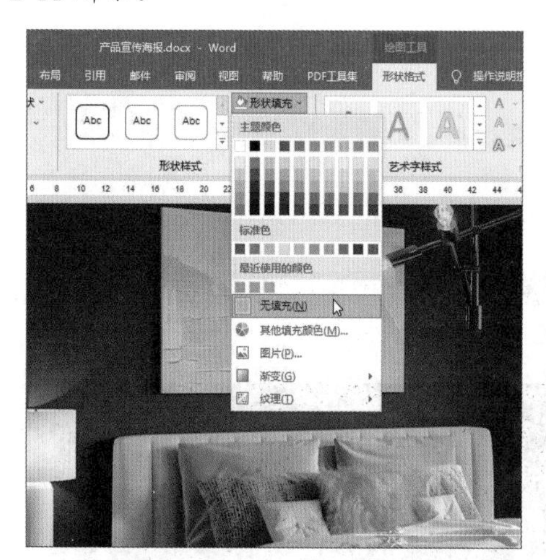

图 2-10　选择“无填充”命令

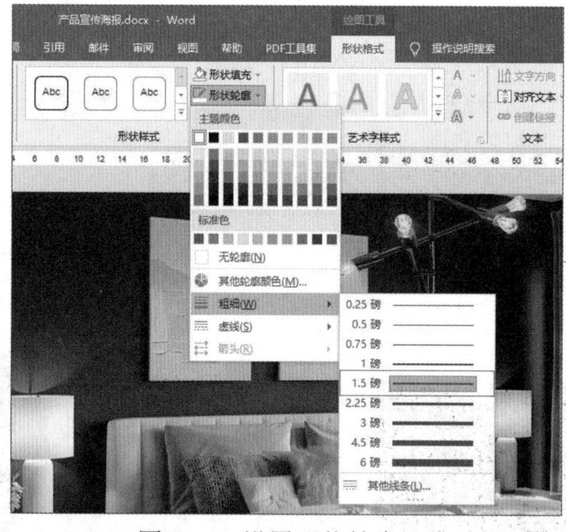

图 2-11　设置形状轮廓

05 调整矩形形状的大小与位置，结果如图 2-12 所示。

06 按照步骤 01 到步骤 04 的方法，在文档中按住 Shift 键绘制一个椭圆形状，如图 2-13 所示。

图 2-12　调整矩形形状

图 2-13　绘制一个椭圆形状

07 选择椭圆形状，然后选择“形状格式”选项卡，在“形状样式”组中单击“形状填充”下拉按钮，选择“其他填充颜色”命令，打开“颜色”对话框，设置“红色”微调框数值为“252”，设置“绿色”微调框数值为“149”，设置“蓝色”微调框数值为“12”，然后单击“确定”按钮，如图 2-14 所示。

08 单击“形状轮廓”下拉按钮，选择“无轮廓”命令，结果如图 2-15 所示。

图 2-14　打开“颜色”对话框

图 2-15　椭圆形状显示结果

09 选择椭圆形状，右击并选择“设置形状格式”命令，如图 2-16 所示。

10 在文档的右侧打开“设置形状格式”窗格，选择“效果”选项卡，在“发光”卷展栏中单击“颜色”下拉按钮，从弹出的颜色面板中选择“橙色，个性色 2，淡色 60%”选项，如图 2-17 所示。

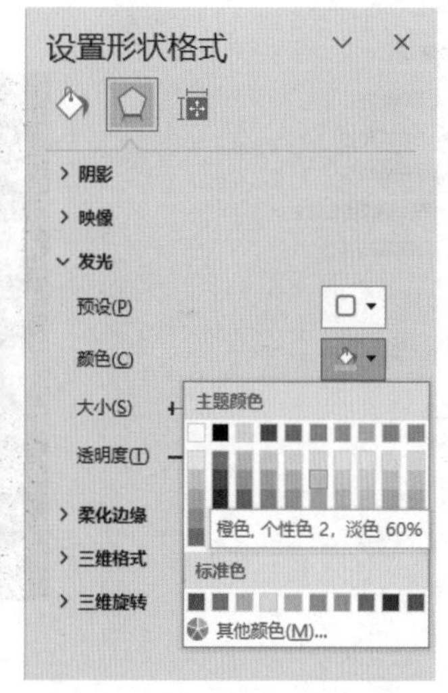

图 2-16　选择“设置形状格式”命令

图 2-17　设置形状的发光颜色

11 设置“大小”为“6 磅”，如图 2-18 所示，并调整椭圆形状的大小和位置。

12 继续在文档中绘制一个矩形形状，在“形状样式”组中单击“形状轮廓”下拉按钮，选择“无轮廓”命令，然后右击并选择“设置形状格式”命令，在“设置形状格式”窗格中选择“填充与线条”选项卡，选中“纯色填充”单选按钮，然后单击“颜色”下拉按钮，选择“黑色，文字 1”选项，如图 2-19 所示。

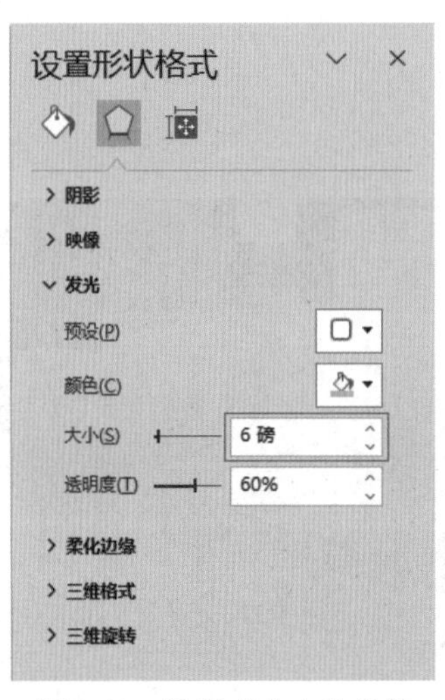

图 2-18　设置“大小”参数

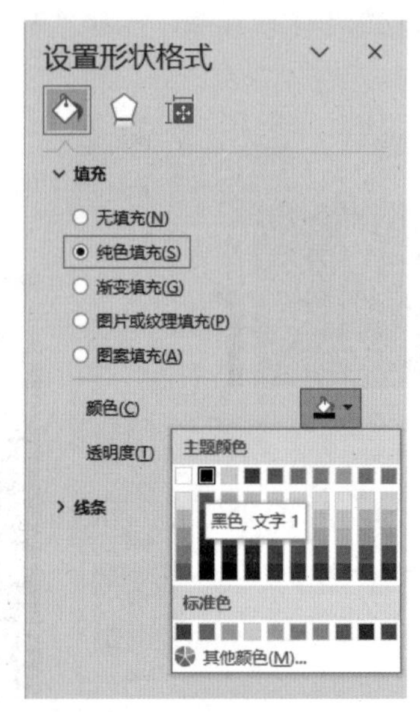

图 2-19　设置矩形形状格式

13 设置“透明度”为“70%”，如图 2-20 所示。

14 此时，矩形形状的显示结果如图 2-21 所示。

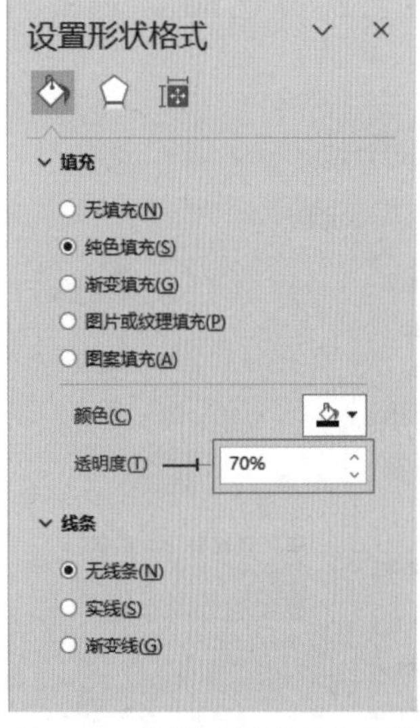

图 2-20　设置“透明度”参数

图 2-21　矩形形状的显示结果

15 按照步骤 **01** 到步骤 **02** 的方法，在文档中绘制一个“连接符：肘形”形状，在“形状样式”组中单击“形状轮廓”下拉按钮，选择“白色，背景 1”选项，再选择“粗细”|“1 磅”命令，结果如图 2-22 所示。

16 按住“连接符：肘形”形状中的“黄色句柄”按钮并向左拖曳，调整形状的造型，结果如图 2-23 所示。

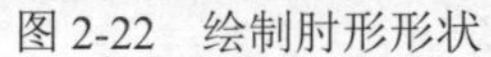

图 2-22　绘制肘形形状

图 2-23　调整形状的造型

17 调整肘形形状的比例和位置，结果如图 2-24 所示。

图 2-24　调整肘形形状的比例和位置

18 选择椭圆形状，右击并从弹出的快捷菜单中选择“置于顶层”命令，如图 2-25 所示，将其置于“连接符：肘形”形状之上。

19 此时，椭圆形状的显示结果如图 2-26 所示。

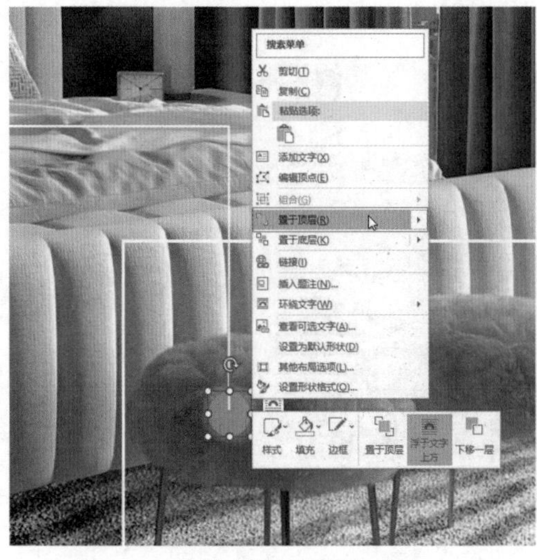

图 2-25　选择“置于顶层”命令

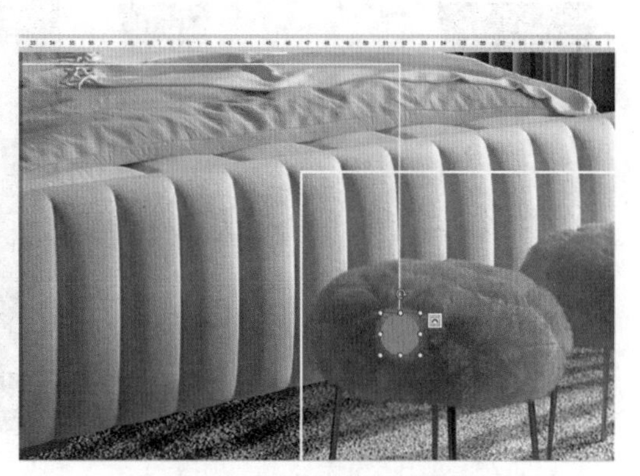

图 2-26　形状的显示结果

2.1.3 插入文本框

01 选择“插入”选项卡，在“文本”组中单击“文本框”下拉按钮，在弹出的下拉列表中选择“绘制横排文本框”命令，如图 2-27 所示。然后选择“形状格式”选项卡，在“形状样式”组中单击“形状填充”下拉按钮，选择“无填充”命令，再单击“形状轮廓”下拉按钮，选择“无轮廓”命令。

02 按住鼠标左键在文档中绘制一个文本框并输入文本，选择输入的文本，然后选择“开始”选项卡，设置字体为“黑体”、字号为“一号”，单击“加粗”按钮 B，如图 2-28 所示。

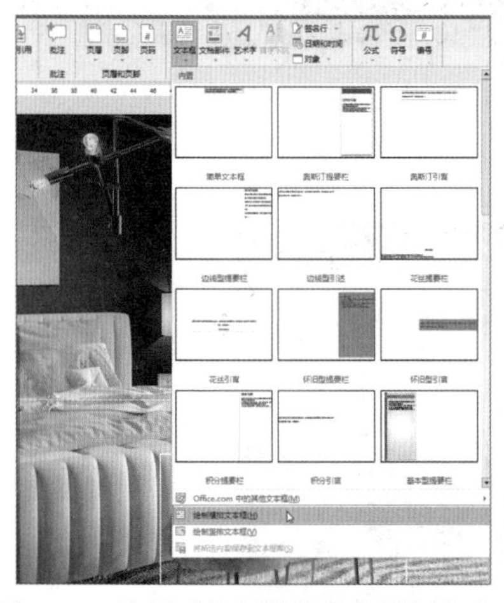

图 2-27　选择“绘制横排文本框”命令

图 2-28　输入文本并设置文字格式

03 按 Ctrl+A 快捷键全选文字，然后在“艺术字样式”组中单击“文本效果”下拉按钮，选择“阴影” | “偏移：下”选项，如图 2-29 所示，并调整文本框位置。

04 选择文本框，按住 Ctrl 键并向下拖曳进行复制，将复制的文本框中的文字更改为“圆凳”并设置字体和大小，再向下复制一个文本框，输入相应的文本内容，结果如图 2-30 所示。

05 设置完成后，产品宣传页文本最终效果如图 2-1 所示。

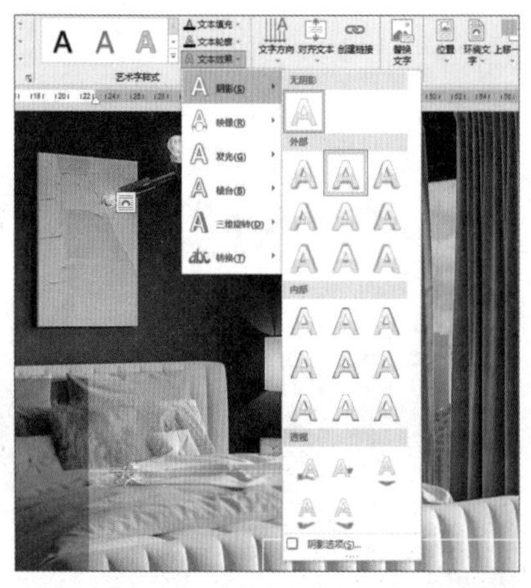

图 2-29　选择“偏移：下”选项

图 2-30　复制文本框并输入文字

2.2　制作“公司组织结构图”

SmartArt 图形以层次清晰的结构直观、有效地向大众传达信息。公司组织结构图呈现着公司各个部门之间的关系以及职能的划分，可以让新员工或者客户快速了解公司架构和体系。本节将应用 SmartArt 图形制作公司组织结构图，如图 2-31 所示。

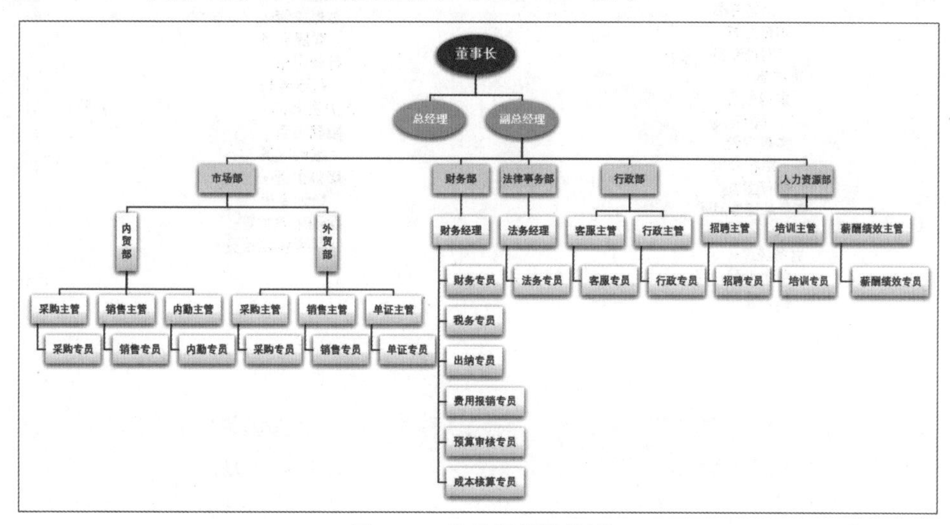

图 2-31　公司组织结构图

2.2.1　插入 SmartArt 模板

01 启动 Word 2019，新建名为“公司组织结构图.docx”的文档，在文档中输入文本“董事长”，如图 2-32 所示。

02 按 Enter 键进行换行，输入文本“总经理”，然后选择“开始”选项卡，在“段落”组中单击“增加缩进量”按钮，编辑层级关系，结果如图 2-33 所示。

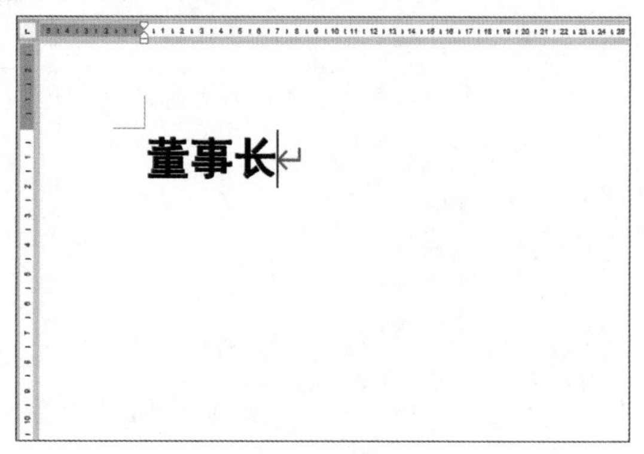

图 2-32　输入“董事长”文本

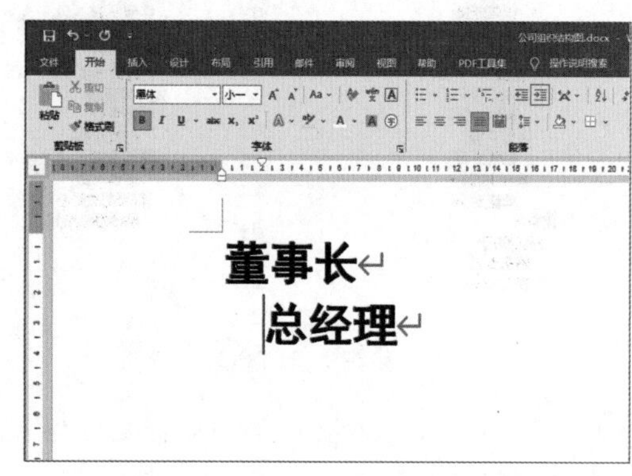

图 2-33　单击“增加缩进量”按钮

03 按照步骤 **01** 到步骤 **02** 的方法，根据公司的组织结构，在文档中输入公司组织名称，并调整文本的层级关系，如图 2-34 所示。

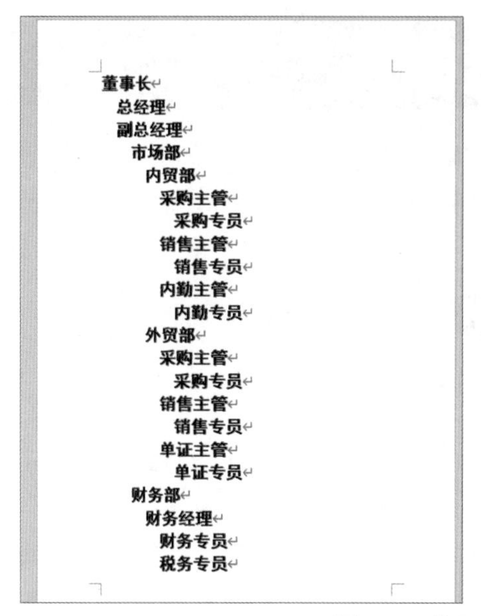

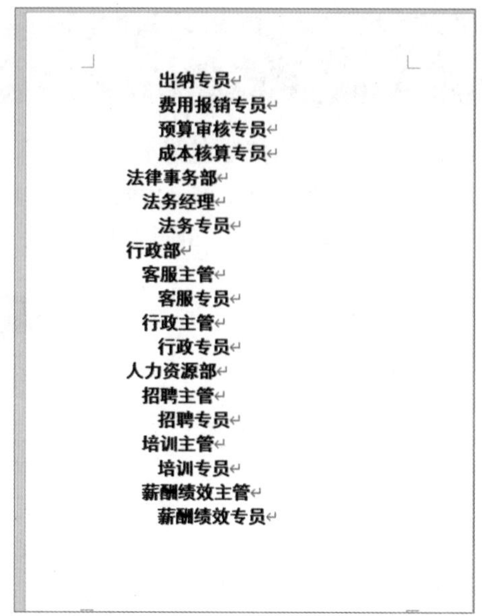

图 2-34　输入公司组织结构

04 按 Ctrl+A 快捷键全选文本内容，如图 2-35 所示，然后按 Ctrl+C 快捷键进行复制，再按 Backspace 键删除所有文本内容。

05 选择“布局”选项卡，在“页面设置”组中单击“对话框启动器”按钮，打开“页面设置”对话框，选择“纸张”选项卡，单击“纸张大小”下拉按钮，选择“A4”选项，选择“页边距”选项卡，在“纸张方向”选项组中单击“横向”按钮后单击“确定”按钮，然后选择“插入”选项卡，在“插图”组中单击 SmartArt 按钮，如图 2-36 所示。

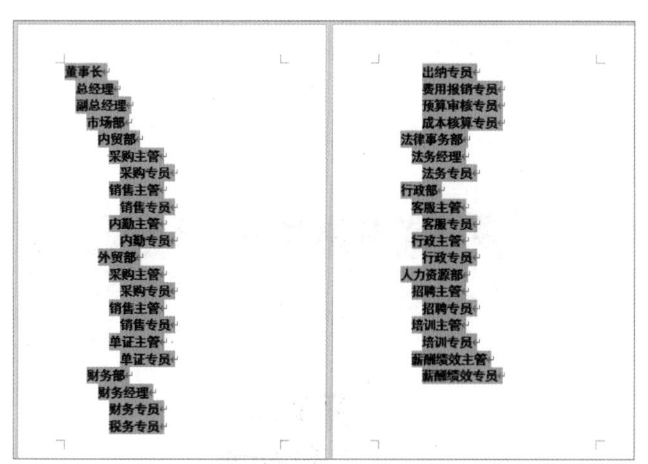

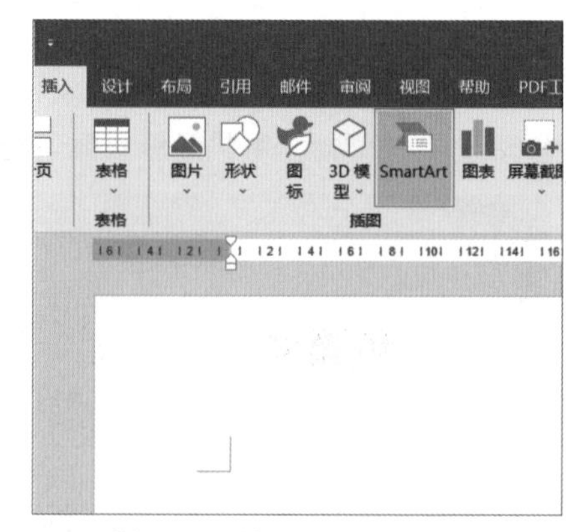

图 2-35　全选文本内容

图 2-36　单击 SmartArt 按钮

06 打开“选择 SmartArt 图形”对话框，选择“层次结构”选项，单击“组织结构图”按钮，然后单击“确定”按钮，如图 2-37 所示。

07 返回文档中，此时即可看到插入的 SmartArt 图形，将光标移到 SmartArt 图形的左下方，如图 2-38 所示。

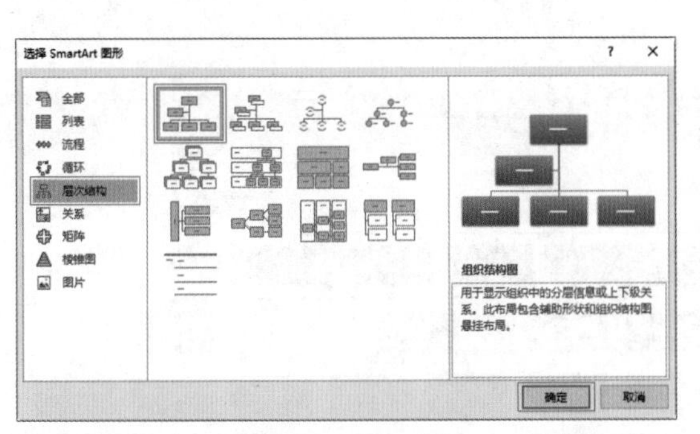

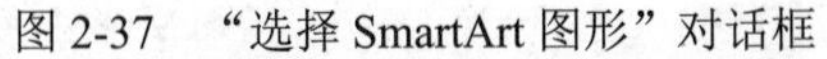
图 2-37　“选择 SmartArt 图形”对话框

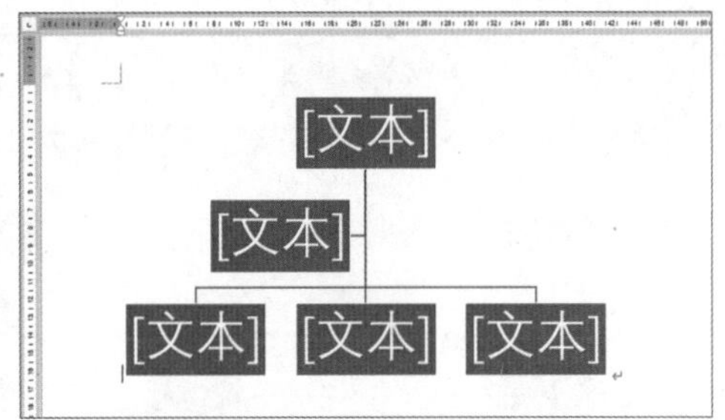

图 2-38　移动光标至左下方

08 选择“开始”选项卡，在“段落”组中单击“居中”按钮，如图 2-39 所示。

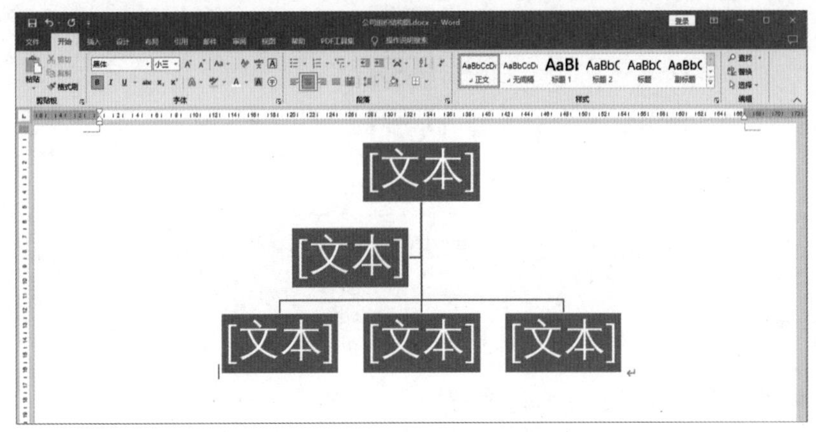

图 2-39　单击“居中”按钮

2.2.2　添加组织结构图的文字

01 单击按钮，打开文本窗格，如图 2-40 所示。

02 选择文本窗格中的第一行文本，按 Ctrl+V 快捷键将内容粘贴到文本窗格中，如图 2-41 所示。

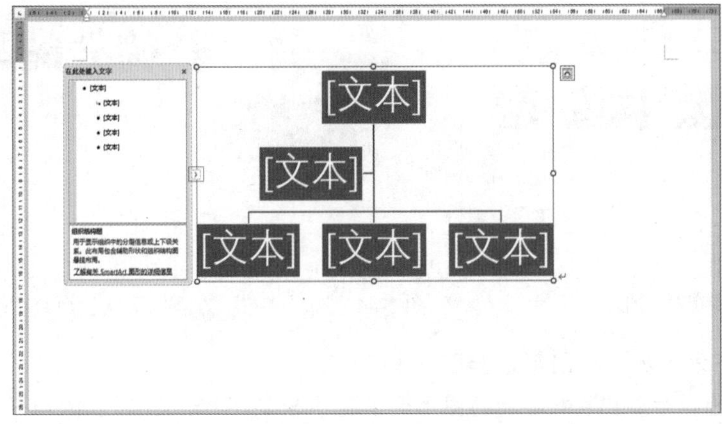

图 2-40　打开文本窗格

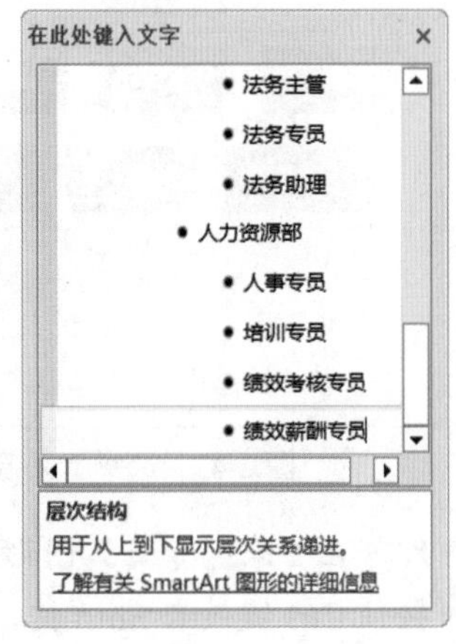

图 2-41　粘贴内容到文本窗格中

03 此时 SmartArt 图形显示结果如图 2-42 所示。

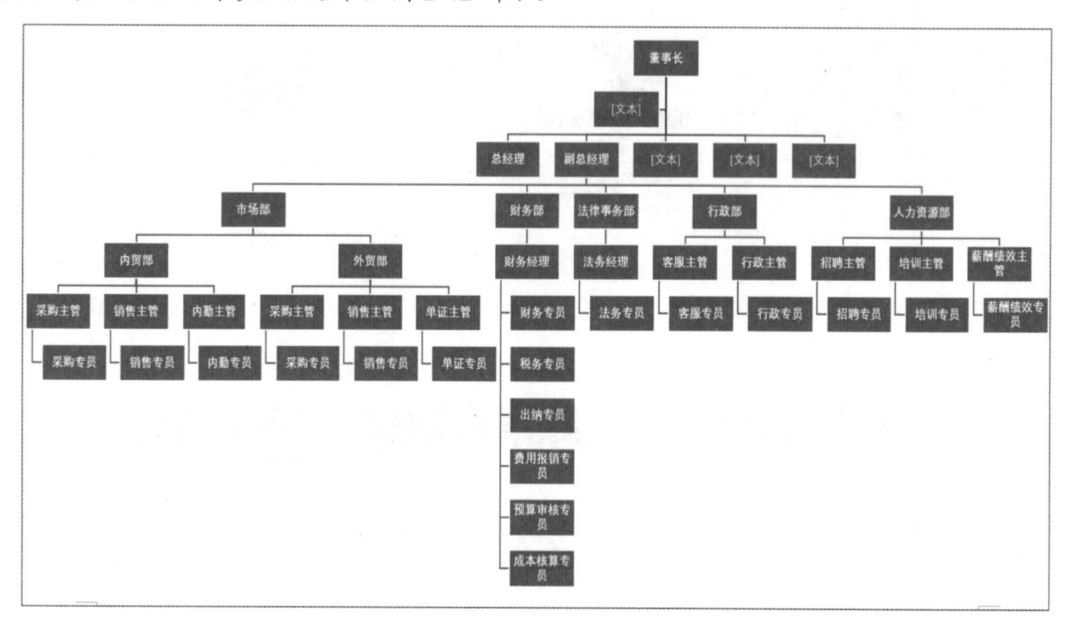

图 2-42　SmartArt 图形显示结果

2.2.3　调整 SmartArt 图形的结构

01 选择“采购专员”图形，如图 2-43 所示。

02 选择“SmartArt 设计”选项卡，单击“创建形状”组中的“添加形状”下拉按钮，在弹出的下拉列表中选择“在下方添加形状”命令，如图 2-44 所示。

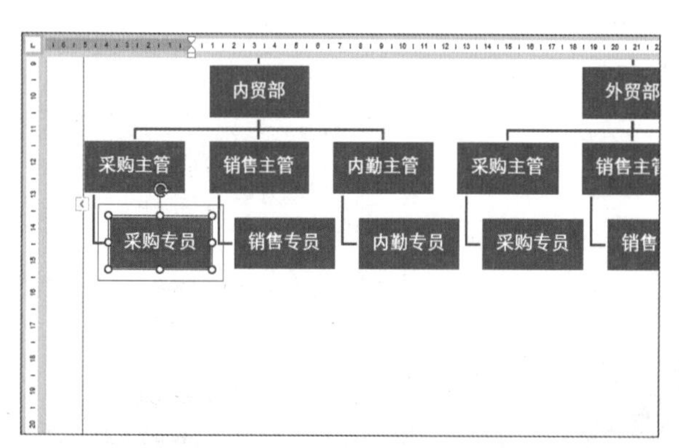

图 2-43　选择“采购专员”图形

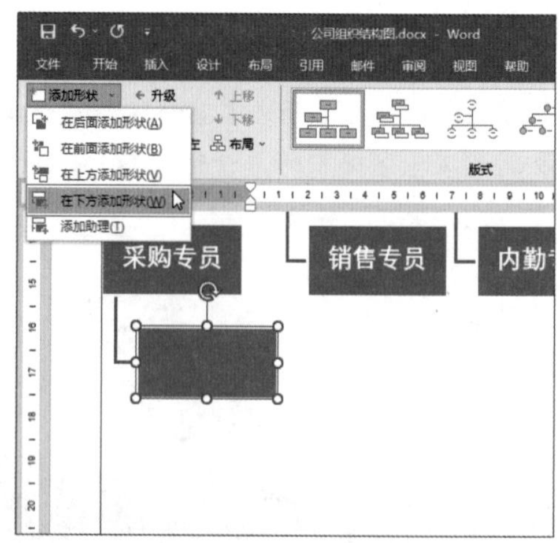

图 2-44　选择“在下方添加形状”命令

03 即可在“采购专员”图形下方添加一个图形，如图 2-45 所示。

04 按住 Ctrl 键或者 Shift 键，选择步骤 03 中添加的图形和其他多余的图形，如图 2-46 所示。

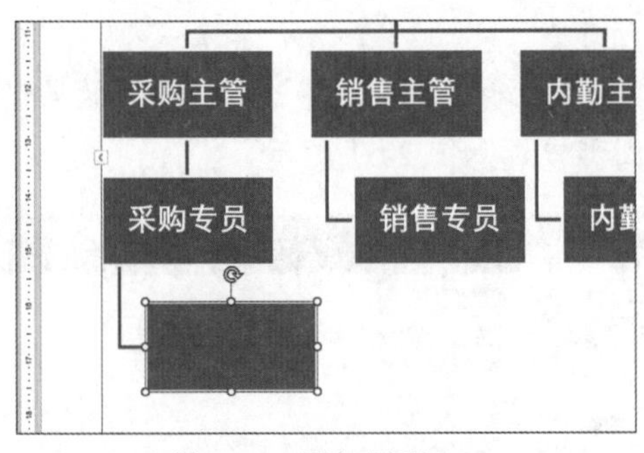

图 2-45　添加图形

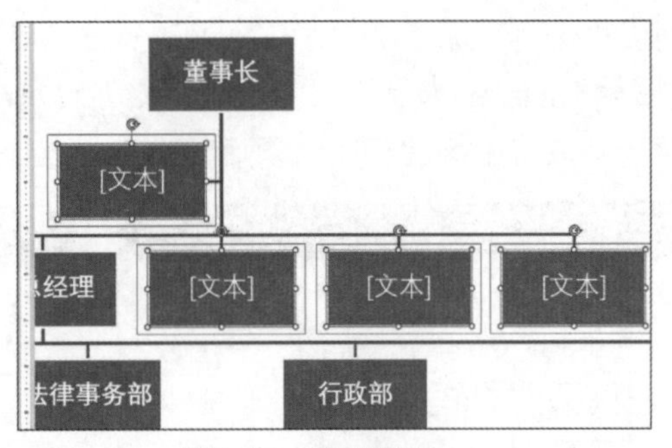

图 2-46　选择图形

05 按 Backspace 键或 Delete 键即可将其删除，图形显示结果如图 2-47 所示。

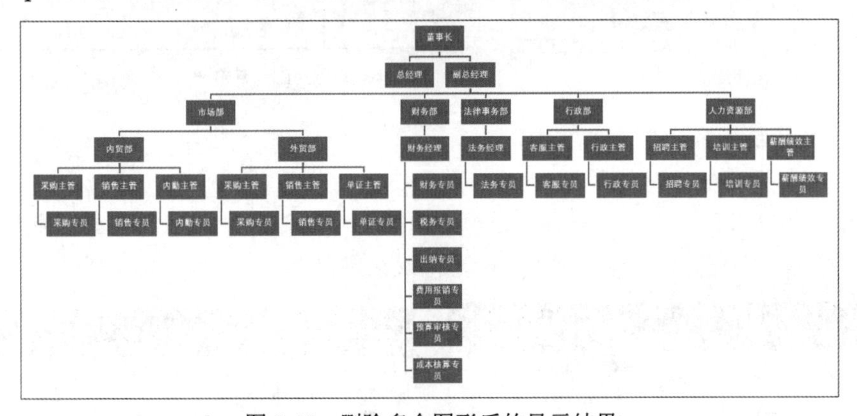

图 2-47　删除多余图形后的显示结果

06 选择“内贸部”图形和“外贸部”图形，将光标移到其中一个图形的左边线中间，当鼠标变成双向箭头时，按住鼠标向右拖曳，然后选择其中一个图形的正下方中间向下拖曳，拉长图形，结果如图 2-48 所示。

07 选择第 1 排和第 2 排的图形，按上方向键让图形向上移动至合适位置，结果如图 2-49 所示。

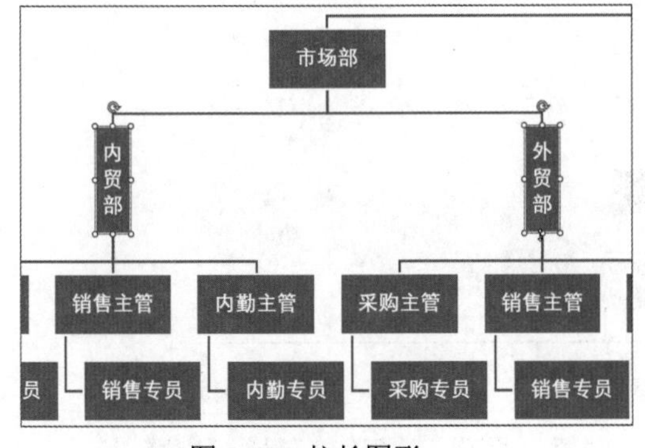

图 2-48　拉长图形

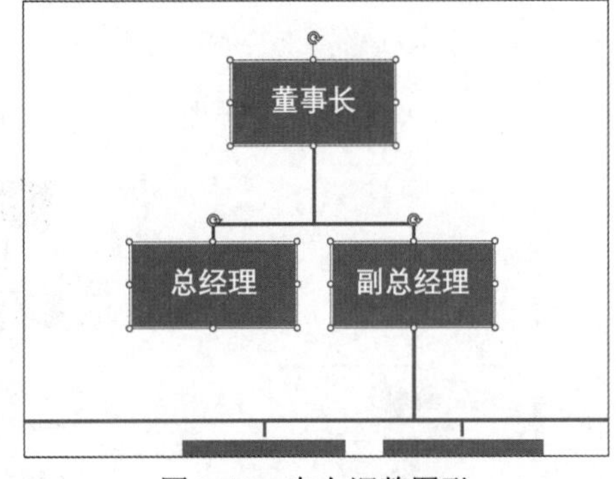

图 2-49　向上调整图形

2.2.4　美化 SmartArt 组织结构图

01 选择 SmartArt 图形，选择“SmartArt 设计”选项卡，单击“更改颜色”按钮，在弹出的下拉列表中选择“深色 2 轮廓”选项，如图 2-50 所示。

02 单击“SmartArt 样式”组中的“其他”按钮，在弹出的下拉列表中选择“强烈效果”选项，此时便成功地将系统的样式效果运用到 SmartArt 图形中，如图 2-51 所示。

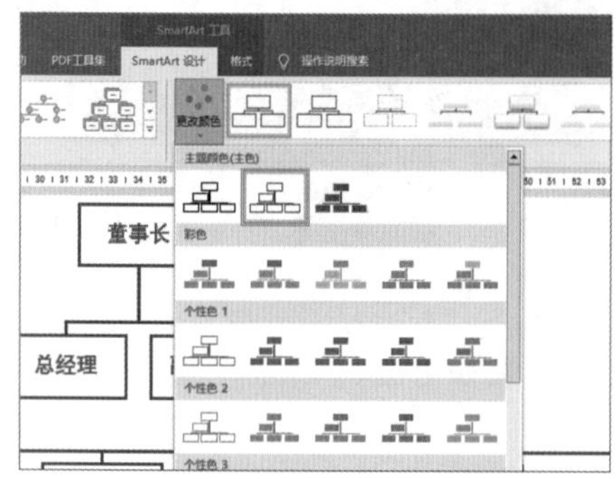

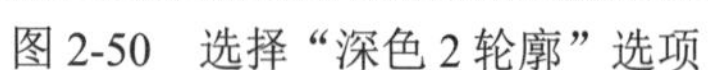
图 2-50　选择“深色 2 轮廓”选项

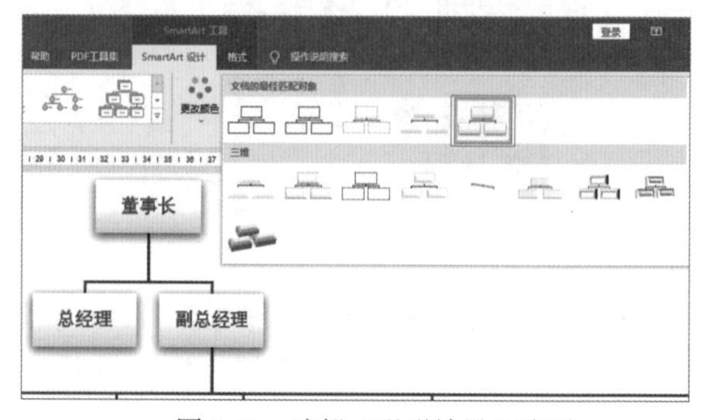

图 2-51　选择“强烈效果”选项

03 选择第一排图形，然后选择“格式”选项卡，在“形状样式”组中单击“形状填充”下拉按钮，选择“深红”选项，如图 2-52 所示，更换图形的颜色。

04 选择文本“董事长”，选择“开始”选项卡，在“字体”组中单击“字体颜色”下拉按钮，选择“白色，背景 1”选项，如图 2-53 所示，修改文字颜色。

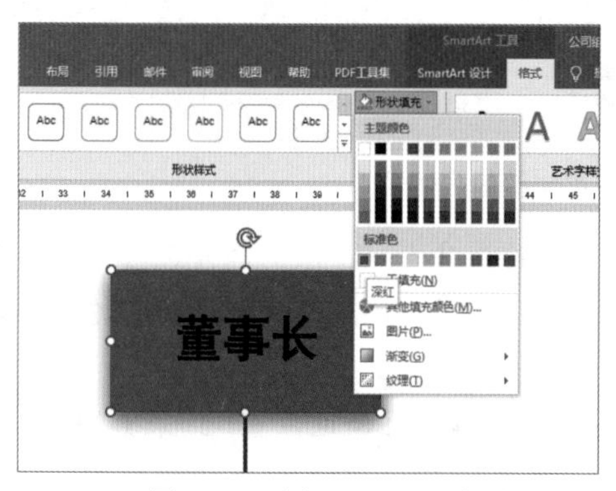

图 2-52　选择“深红”选项

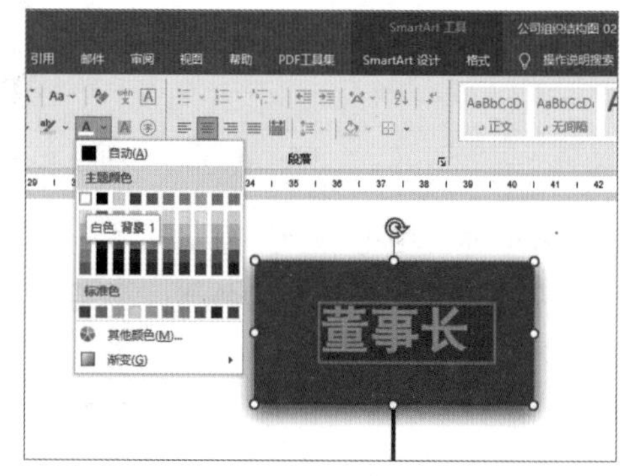

图 2-53　修改文字颜色

05 按照同样的方法调整第 2 排图形、第 3 排图形和文字的颜色，如图 2-54 所示。

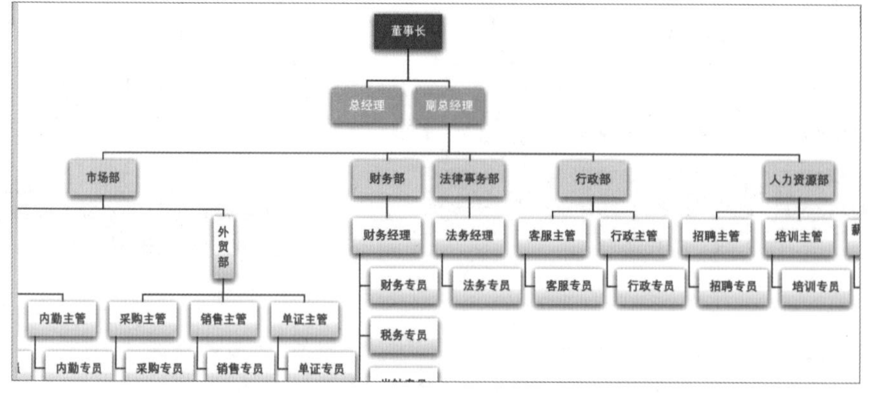

图 2-54　调整第 2 排、第 3 排图形和文字的颜色

06 选择第1排图形，然后选择“格式”选项卡，在“形状”组中单击“更改形状”下拉按钮，选择“椭圆”形状，结果如图2-55所示，更改图形形状为椭圆。

07 按照步骤 **06** 的方法更改第2排图形的形状，如图2-56所示。

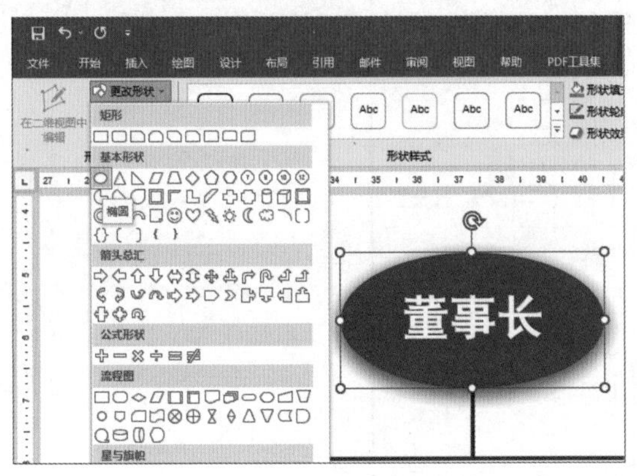

图2-55　选择“椭圆”形状

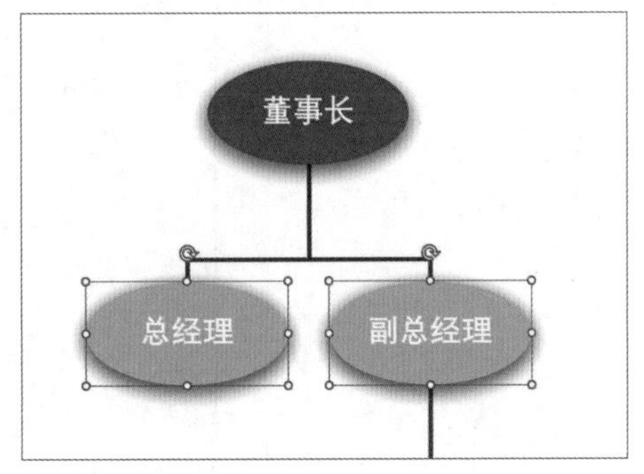

图2-56　更改第2排图形的形状

08 分别选择第1排图形和第2排图形，将光标移到其中一个图形的右上角，当光标变成双向箭头时，按Shift键进行拖曳，可等比例调整图形大小，如图2-57所示。

09 选择第1排图形，选择“开始”选项卡，在“字体”组中单击“增大字号”按钮，让字号变大以匹配图形，并设置字体为“黑体”，结果如图2-58所示。

10 按照步骤 **08** 到步骤 **09** 的方法调整其他文字的字号，公司组织结构图的最终显示结果如图2-31所示。

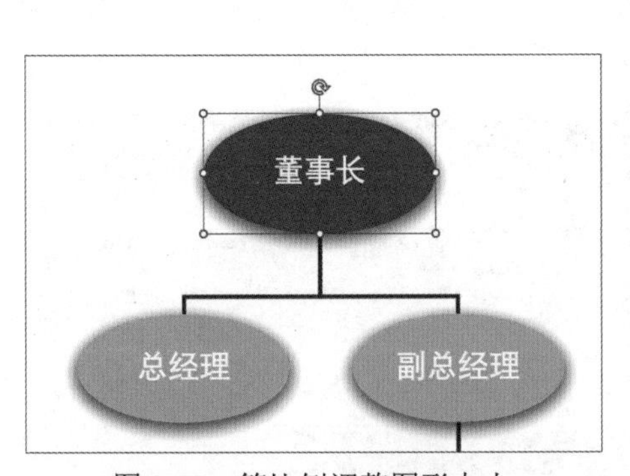

图2-57　等比例调整图形大小

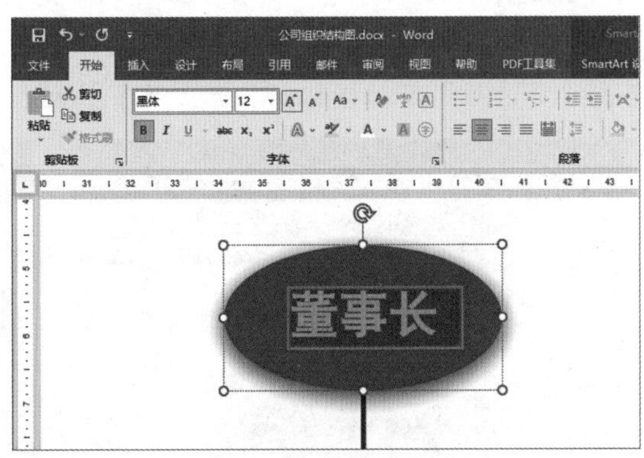

图2-58　调整字号

2.3　制作新员工入职登记表

在编辑Word文档时通常会遇到制作各种各样表格的情况，比如制作员工业绩考核表、产品销量表、个人求职简历等。表格可以帮助用户整理琐碎复杂的内容，内容清晰的表格能够高效地展现用户想要表达的信息。本节将使用Word中的表格功能，讲解如何通过插入表格、图形和设置表格样式等，制作一份新员工入职登记表，如图2-59所示。

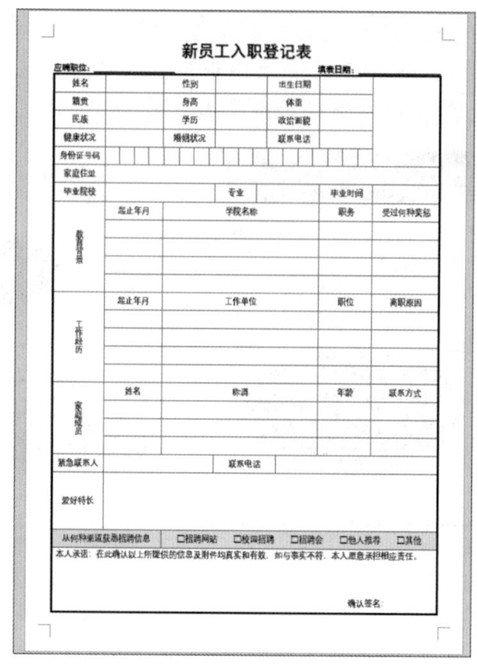

新员工入职登记表

应聘职位：　　　　填表日期：

姓名		性别		出生日期		
籍贯		身高		体重		
民族		学历		政治面貌		
健康状况		婚姻状况		联系电话		
身份证号码						
家庭住址						
毕业院校		专业		毕业时间		
教育背景	起止年月	学院名称		职务	受过何种奖励	
工作经历	起止年月	工作单位		职位	离职原因	
家庭成员	姓名	称谓		年龄	联系方式	
紧急联系人		联系电话				
爱好特长						
从何种渠道获悉招聘信息	□招聘网站	□校园招聘	□招聘会	□他人推荐	□其他	

本人承诺：在此确认以上所提供的信息及附件均真实和有效，如与事实不符，本人愿意承担相应责任。

确认签名：

图 2-59　新员工入职登记表

2.3.1　插入表格

01 启动 Word 2019，新建名为“新员工入职登记表.docx”的文档，选择“布局”选项卡，在“页面设置”组中单击“纸张大小”下拉按钮，在弹出的下拉列表中选择“A4”选项，如图 2-60 所示。

02 单击“页边距”下拉按钮，在弹出的下拉列表中选择“窄”选项，如图 2-61 所示。

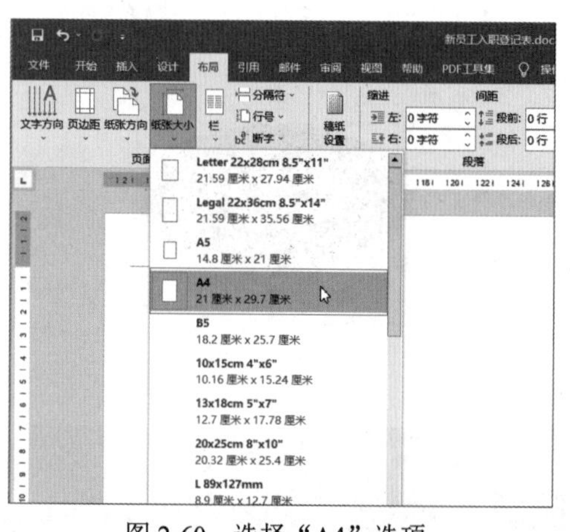

图 2-60　选择“A4”选项

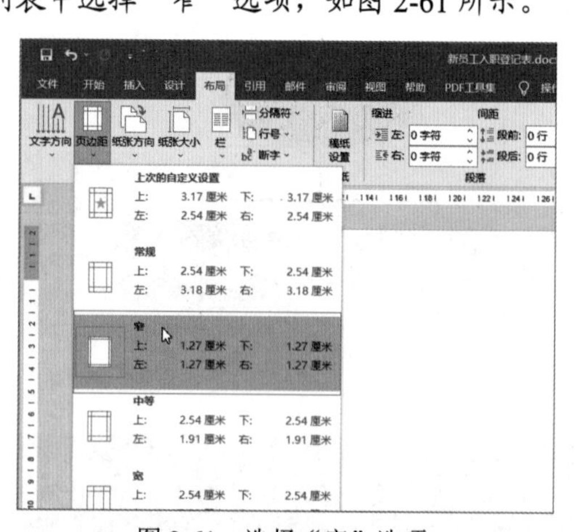

图 2-61　选择“窄”选项

03 选择“插入”选项卡，在“表格”组中单击“表格”下拉按钮，选择“插入表格”命令，如图 2-62 所示。

04 打开“插入表格”对话框，设置“列数”和“行数”微调框数值分别为“7”和“23”，然后单击“确定”按钮，如图 2-63 所示，即可在文档中创建一个 7×23 的规则表格。

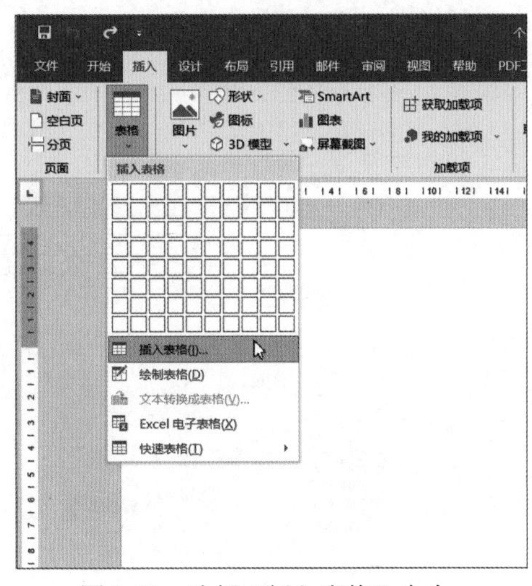

图 2-62　选择“插入表格”命令

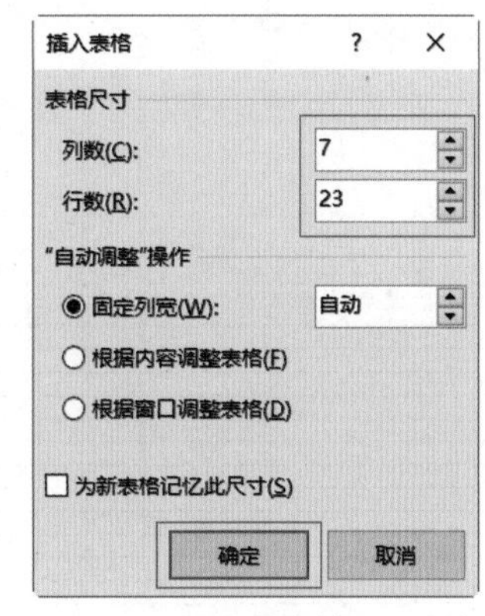

图 2-63　“插入表格”对话框

05 选择如图 2-64 左图所示的单元格，然后选择“布局”选项卡，在“合并”组中单击“合并单元格”按钮，如图 2-64 右图所示。

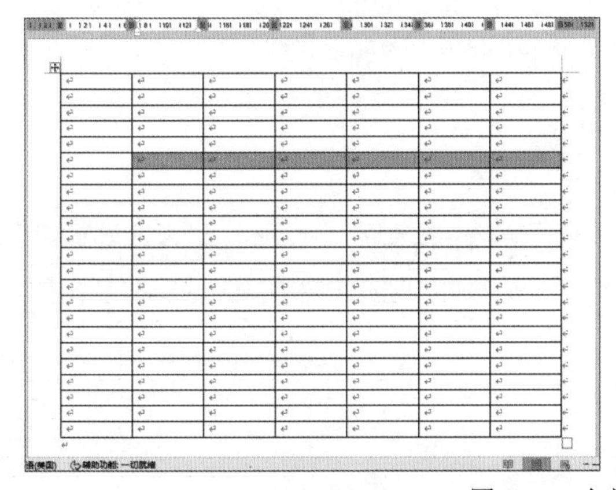

图 2-64　合并单元格

06 此时合并后的单元格显示结果如图 2-65 所示。

07 按步骤 **05** 的方法，合并其他单元格，结果如图 2-66 所示。

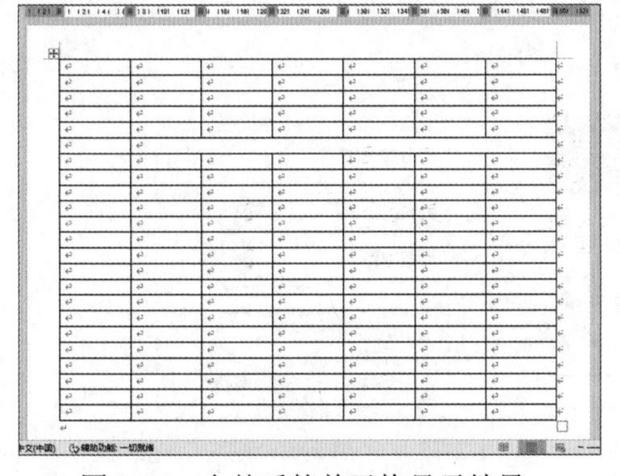

图 2-65　合并后的单元格显示结果

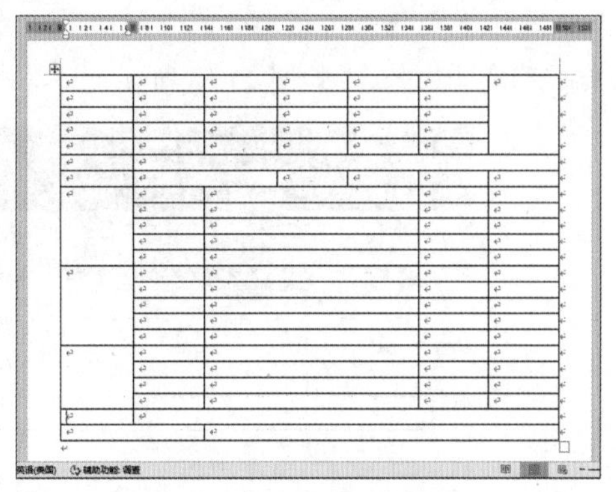

图 2-66　继续合并单元格

08 将插入点定位在第 22 行第 1 列的单元格中，如图 2-67 所示。

09 右击并选择“插入”|“在上方插入行”命令，如图 2-68 所示。

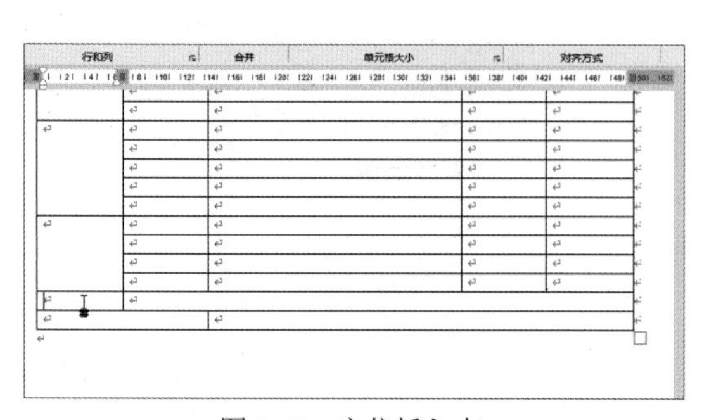

图 2-67　定位插入点

图 2-68　选择“在上方插入行”命令

10 此时该单元格的上方插入了一行新的单元格，如图 2-69 所示。

11 将插入点定位在第 22 行第 2 列的单元格中，如图 2-70 所示。

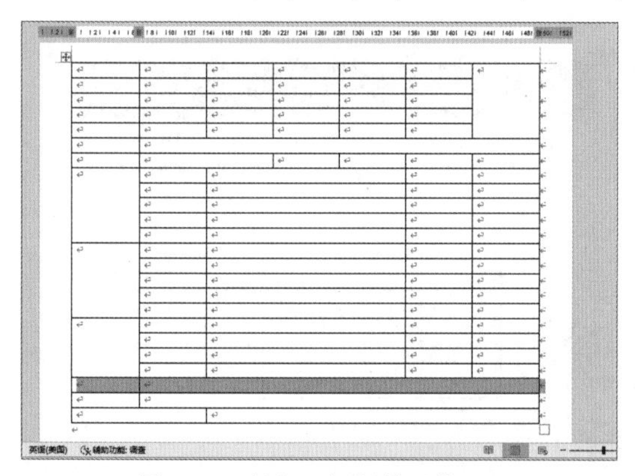

图 2-69　插入一行新单元格

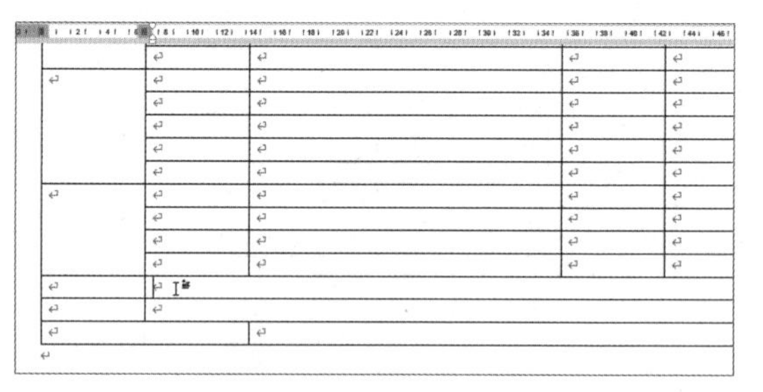

图 2-70　定位插入点

12 选择“布局”选项卡，在“合并”组中单击“拆分单元格”按钮，如图 2-71 所示。

13 打开“拆分单元格”对话框，在“列数”文本框中输入“3”，在“行数”文本框中输入“1”，然后单击“确定”按钮，如图 2-72 所示。

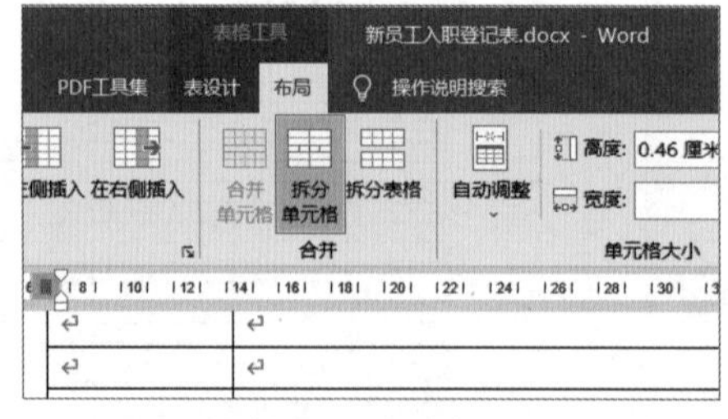

图 2-71　单击“拆分单元格”按钮

图 2-72　“拆分单元格”对话框

14 此时该单元格被拆分为 3 个单元格，如图 2-73 所示。

15 在表格中选择如图 2-74 所示的单元格。

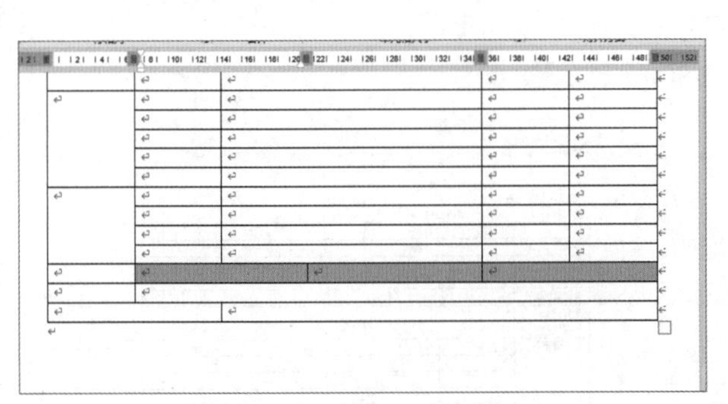

图 2-73　拆分为 3 个单元格

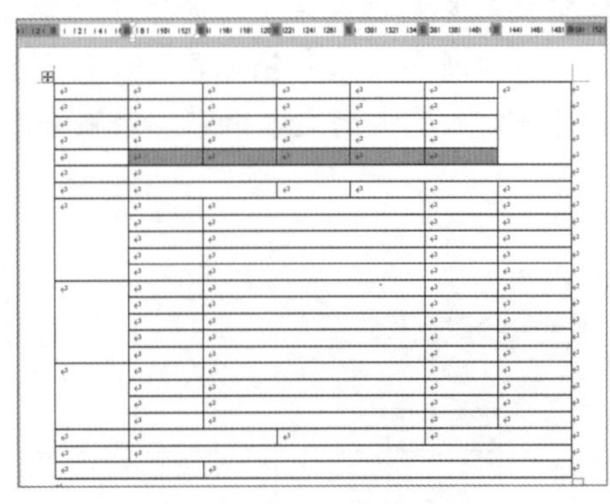

图 2-74　选择单元格

16 在“合并”组中单击“拆分单元格”按钮，打开“拆分单元格”对话框，在“列数”文本框中输入“18”，在“行数”文本框中输入“1”，选中“拆分前合并单元格”复选框，然后单击“确定”按钮，如图 2-75 所示。

17 若拆分的 18 个单元格列宽不一致，可以在“单元格大小”组中单击“分布列”按钮，如图 2-76 所示，即可平均分布每个单元格的宽度。

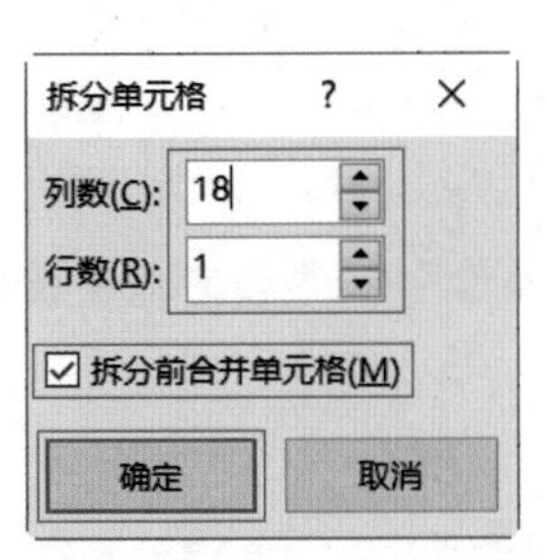

图 2-75　“拆分单元格”对话框

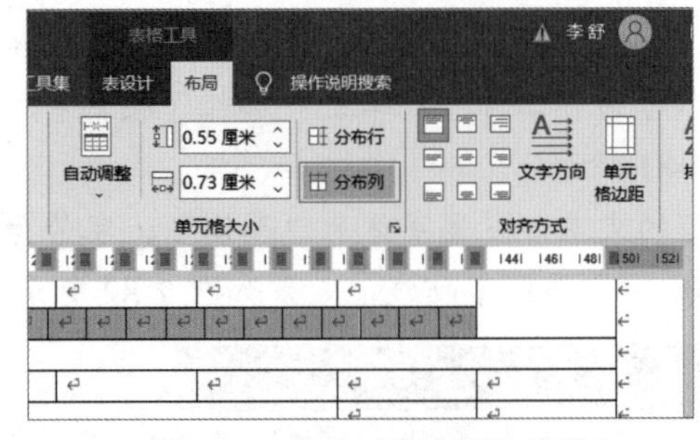

图 2-76　单击“分布列”按钮”

18 此时拆分后的单元格显示结果如图 2-77 所示。

19 将插入点定位在最后一行的单元格中，再向下插入一行单元格，然后在“合并”组中单击“合并单元格”按钮，单元格合并后的结果如图 2-78 所示。

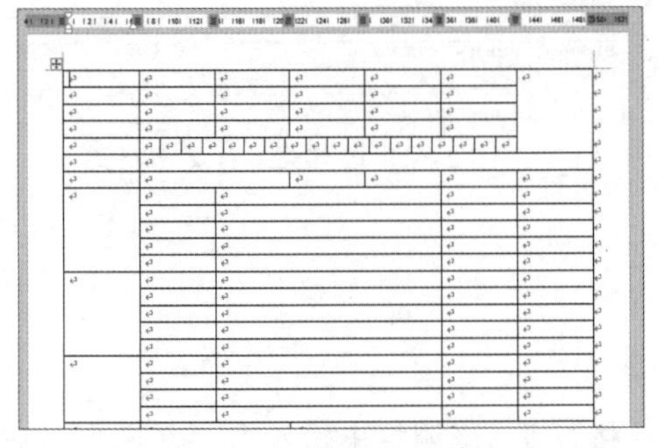

图 2-77　拆分后的显示结果

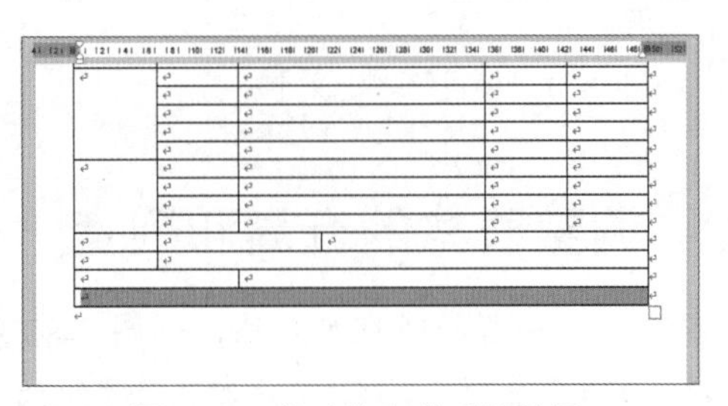

图 2-78　单元格合并后的结果

2.3.2 输入文字

01 将插入点定位在第 1 行的第 1 列单元格中，按 Enter 键，在表格上方添加一行空白行，再输入文本“新员工入职登记表”，如图 2-79 所示。

02 继续输入其余的文本内容，结果如图 2-80 所示。

图 2-79　添加空白行并输入文字

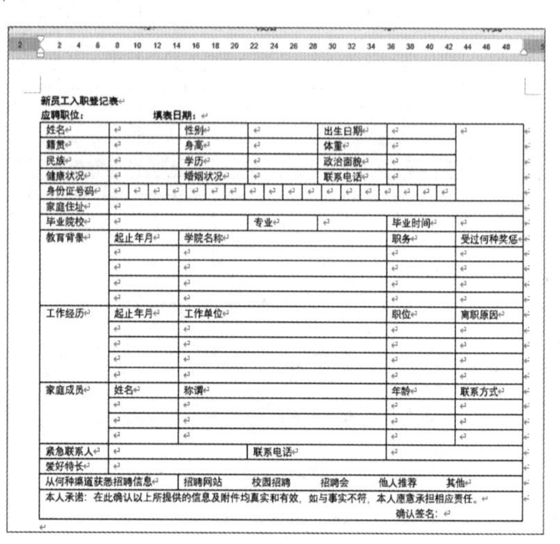

图 2-80　继续输入文字

03 选择第一行文本“新员工入职登记表”，选择“开始”选项卡，在“字体”组中设置字体为“黑体”、字号为“二号”，单击“加粗”按钮 B，然后在“段落”组中单击“居中”按钮 ≡，效果如图 2-81 所示。

04 选择第二行的文本，设置字体为“黑体”、字号为“五号”，然后输入合适的空格，单击“下画线”按钮 U，添加下画线，效果如图 2-82 所示。

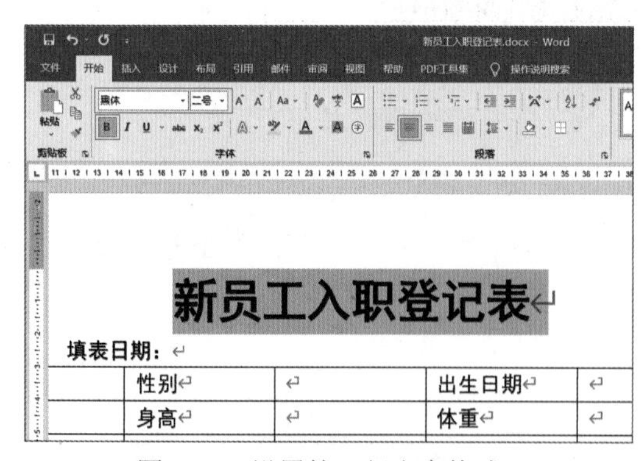

图 2-81　设置第一行文字格式

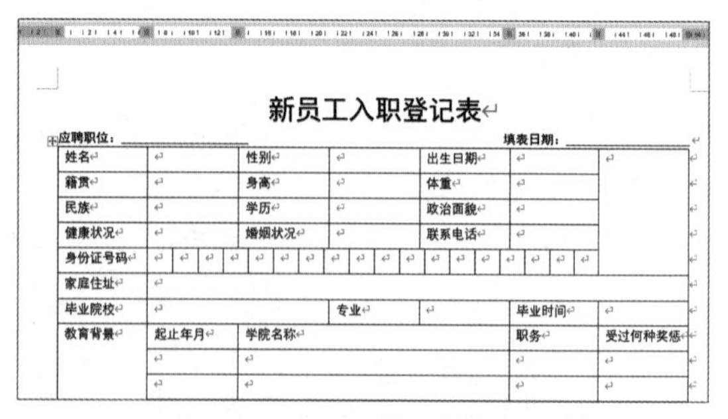

图 2-82　设置第二行文字格式

2.3.3 调整表格的行高和列宽

01 选择除最后一行的所有单元格，如图 2-83 所示。

02 选择“布局”选项卡，在“单元格大小”组的“表格行高”微调框中输入“0.8 厘米”，如图 2-84 所示。

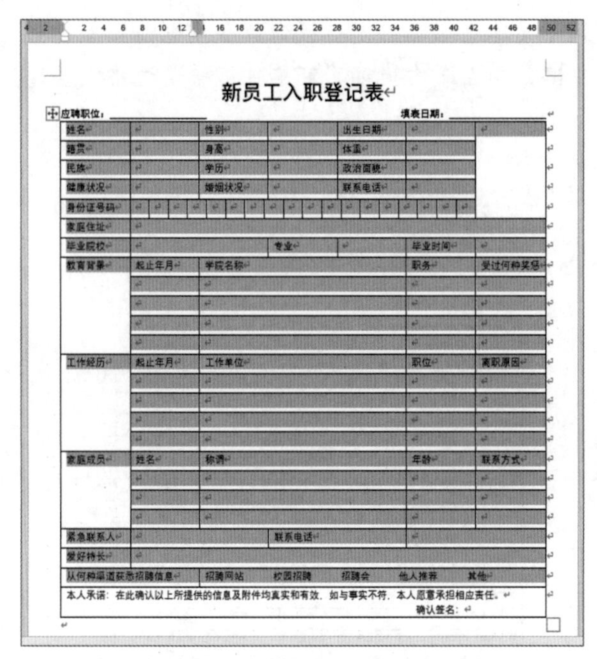

图 2-83　选择单元格

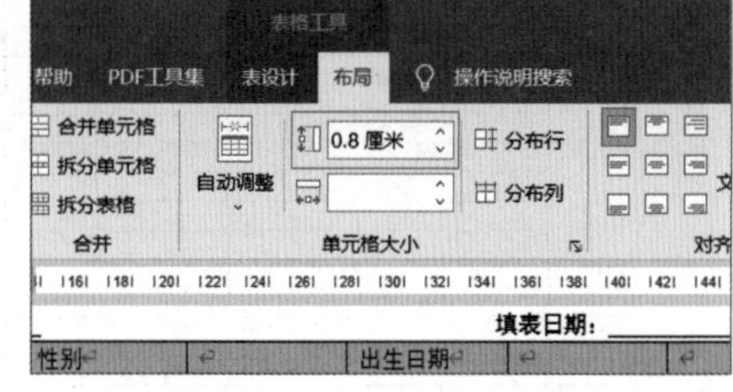

图 2-84　设置表格行高

03 设置后的表格显示结果如图 2-85 所示。

04 将光标放到“爱好特长”一行下方的边框线上，当光标变成双向箭头时按住左键并向下拖动，即可手动调整行高，如图 2-86 所示。

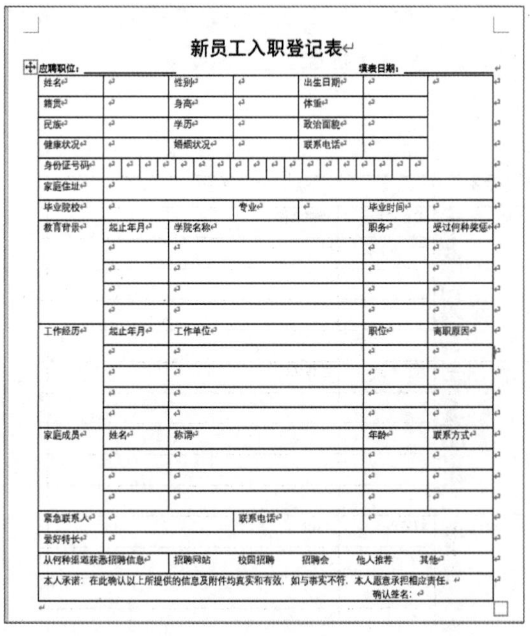

图 2-85　表格效果

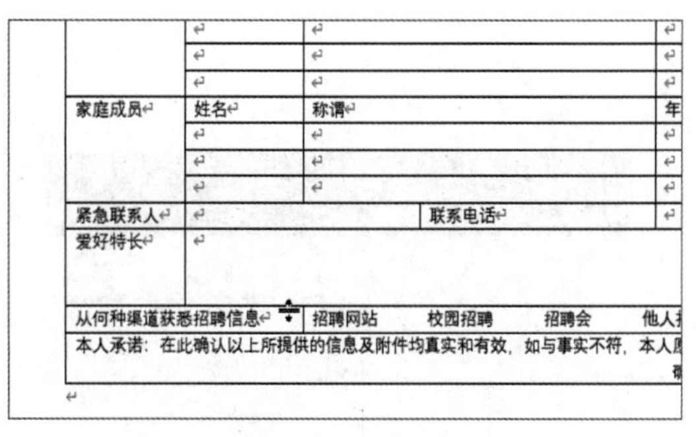

图 2-86　手动调整行高

05 将光标放到“联系电话”单元格右方的边框线上，当光标变成双向箭头时按住左键并向左或右拖动，此时整列的列宽都发生了改变，如图 2-87 所示。

06 选择第 22 行第 3 列单元格和第 22 行第 4 列单元格，将光标放到“联系电话”单元格右方的边框线上，当光标变成双向箭头时按住左键并向左或右拖动，可单独调整单元格中的列宽，结果如图 2-88 所示。

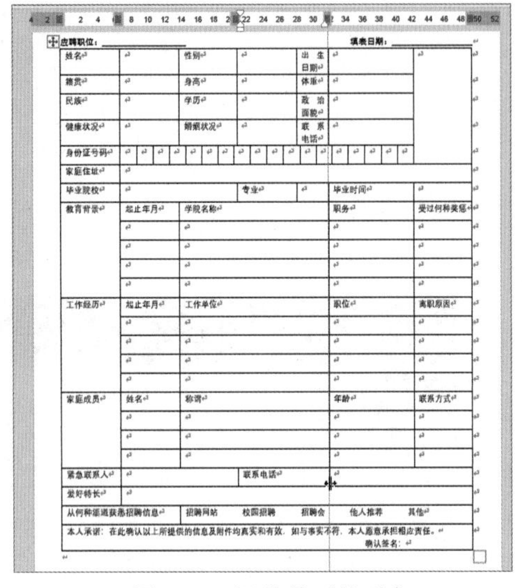

图 2-87　调整整列的列宽

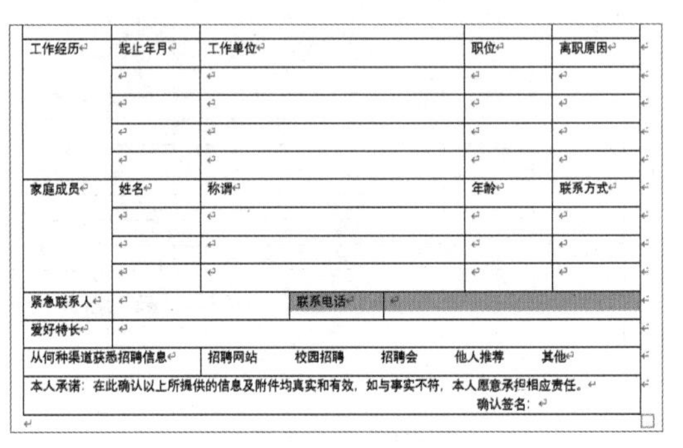

图 2-88　单独调整列宽

2.3.4　设置文字格式并插入图形

01 选择表格中的“教育背景”“工作经历”和“家庭成员”单元格，选择“布局”选项卡，在“对齐方式”组中单击“文字方向”按钮，如图 2-89 所示，调整文字方向。

02 此时文本将以竖直排列形式显示在单元格中，如图 2-90 所示。

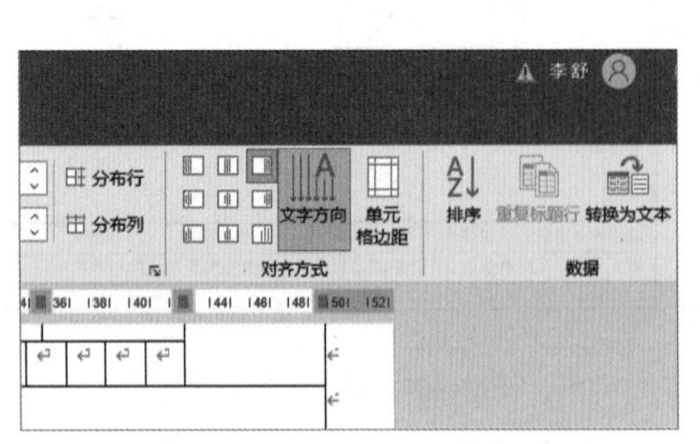

图 2-89　单击“文字方向”按钮

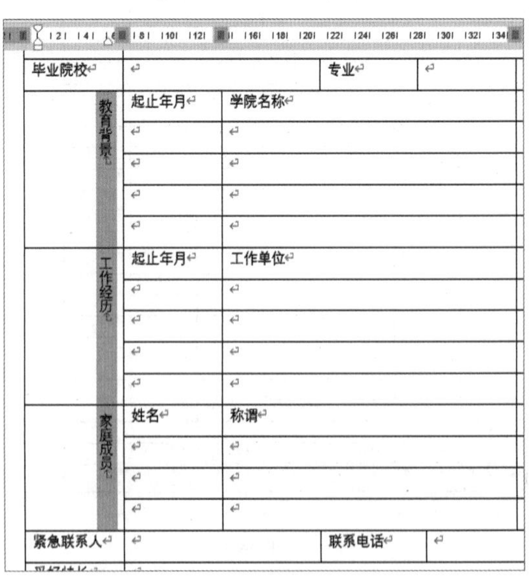

图 2-90　显示效果

03 选中除了最后一行之外的所有单元格，在“对齐方式”组中单击“水平居中”按钮，如图 2-91

所示。

04 返回文档中，此时表格内被选中的文字显示结果如图 2-92 所示。

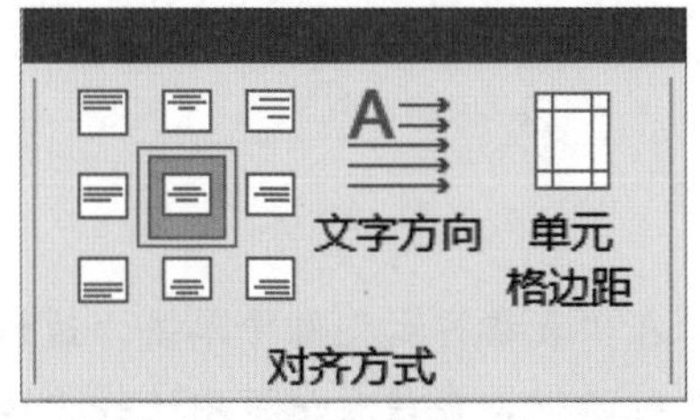

图 2-91　单击“水平居中”按钮

新员工入职登记表

应聘职位：　　　　填表日期：

姓名		性别		出生日期		
籍贯		身高		体重		
民族		学历		政治面貌		
健康状况		婚姻状况		联系电话		
身份证号码						
家庭住址						
毕业院校		专业		毕业时间		
教育背景	起止年月	学院名称		职务	受过何种奖惩	
工作经历	起止年月	工作单位		职位	离职原因	
家庭成员	姓名	称谓		年龄	联系方式	
紧急联系人		联系电话				
爱好特长						
从何种渠道获悉招聘信息	招聘网站	校园招聘	招聘会	他人推荐	其他	

本人承诺：在此确认以上所提供的信息及附件均真实和有效，如与事实不符，本人愿意承担相应责任。

确认签名：

图 2-92　文字对齐后的效果

05 选中表格中的所有单元格，然后选择“开始”选项卡，在“字体”组中单击“增大字号”按钮，让字号变大以匹配单元格，并调整单元格的行高和列宽，表格显示结果如图 2-93 所示。

06 将光标移到文本“招聘网站”前面，然后选择“插入”选项卡，在“符号”组中单击“符号”下拉按钮，在弹出的下拉列表中选择“空心方块”选项，如图 2-94 所示。

图 2-93　调整文字大小

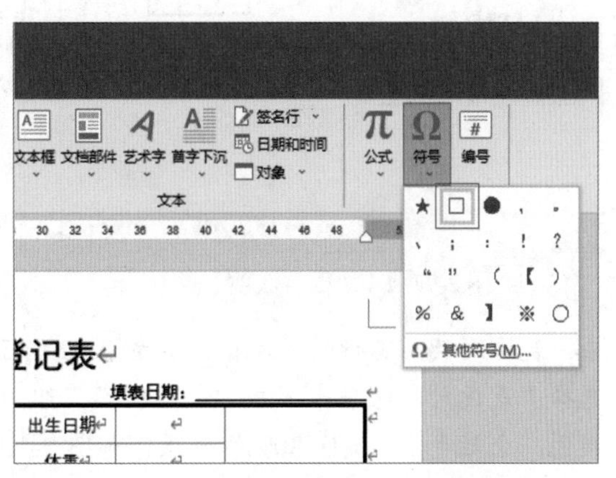

图 2-94　选择“空心方块”选项

07 此时，文本“招聘网站”前方插入了一个空心方块符号，如图 2-95 所示。

08 按照步骤 **06** 到步骤 **07** 的方法将光标分别放在文本“校园招聘”“招聘会”“他人推荐”和“其他”前方，然后按 F4 键，可重复上一步操作，为其插入空心方块符号，效果如图 2-96 所示。

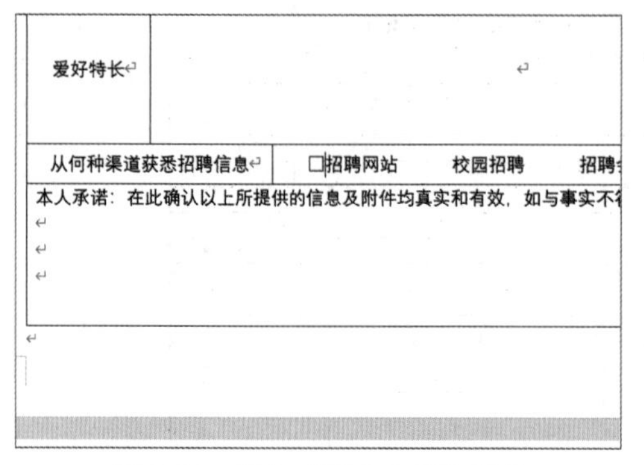

图 2-95　插入“空心方块”符号

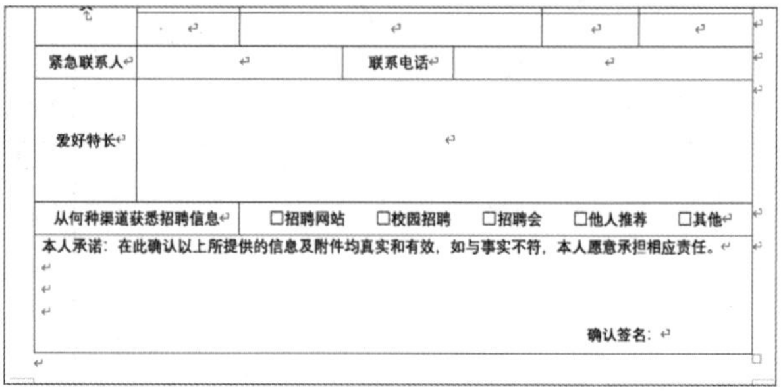

图 2-96　继续插入符号

2.3.5　设置表格的边框和底纹

01 将插入点定位在表格中，选择“表设计”选项卡，在“表格样式”组中单击“边框”下拉按钮，选择“边框和底纹”命令，打开“边框和底纹”对话框。在该对话框中选择“边框”选项卡，在“设置”选项区域中选择“自定义”选项，单击“宽度”下拉按钮，选择“2.25 磅”选项，并在列表图中选择需要应用的边框，如图 2-97 所示。

02 单击“宽度”下拉按钮，选择“1.0 磅”选项，单击“颜色”下拉按钮，选择“黑色，文字 1，淡色 50%”选项，并在列表图中选择需要应用的边框，如图 2-98 所示。

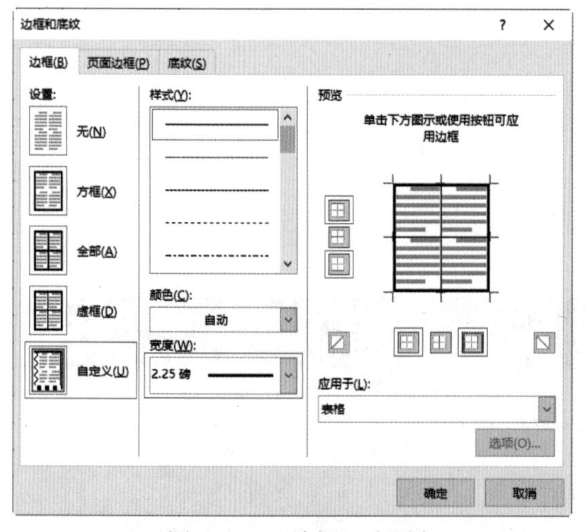

图 2-97　“边框”选项卡

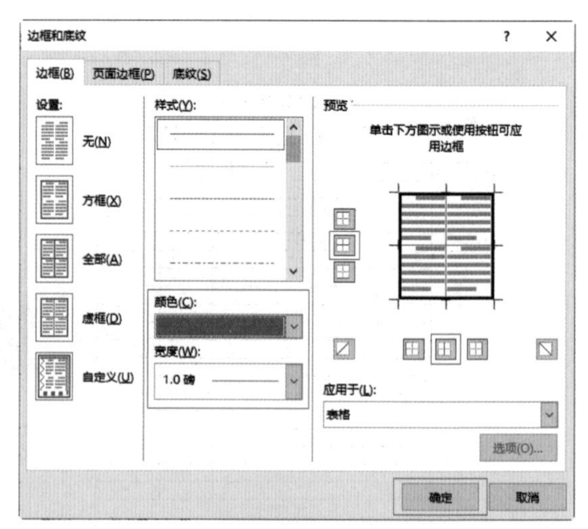

图 2-98　设置边框效果

03 选择表格倒数第二行的单元格，如图 2-99 所示。

04 选择“表设计”选项卡，在“表格样式”组中单击“底纹”按钮，从弹出的颜色面板中选择“灰色，个性色 3，淡色 80%”选项，如图 2-100 所示。

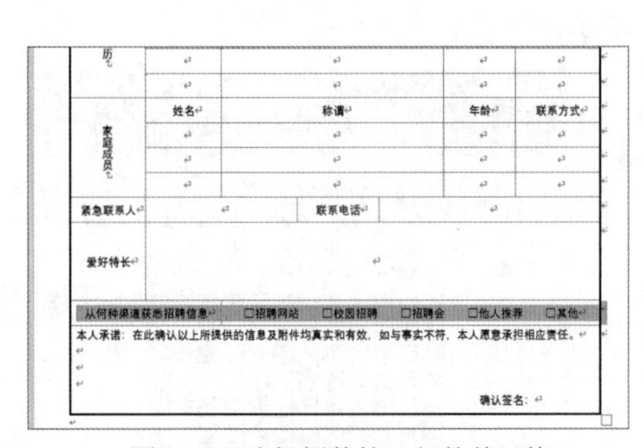

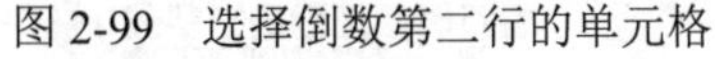
图 2-99　选择倒数第二行的单元格

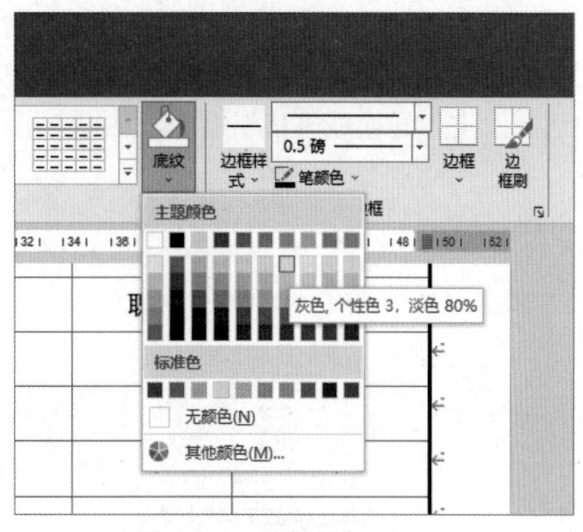

图 2-100　选择颜色

05 设置完成后，底纹的显示效果如图 2-101 所示。

06 新员工入职登记表的最终效果如图 2-59 所示。

图 2-101　底纹效果

2.4　Word 办公技巧

通过以上案例的学习，读者熟悉了 Word 办公文档中基本的图文排版操作，下面为读者介绍在制作过程中的一些实用技巧，包括“将文本转换为表格”“在表格中快速添加行和列”“替换表格中的行和列”和“更改 SmartArt 图形版式”。

2.4.1　将文本转换为表格

在文档编辑过程中，可以将编辑好的文本直接转换为表格。可转换的文本包括带有段落标记的文本段落、以制表符或空格分隔的文本等，下面将为读者介绍具体的操作方法。

在文档中输入文本内容，按 Tab 键用制表符分隔文字。拖动鼠标选择除标题外的所有文字，如图 2-102 所示。选择“插入”选项卡，在“表格”组中单击“表格”按钮，在弹出的下拉列表中选择“文本转换成表格”命令，如图 2-103 所示。

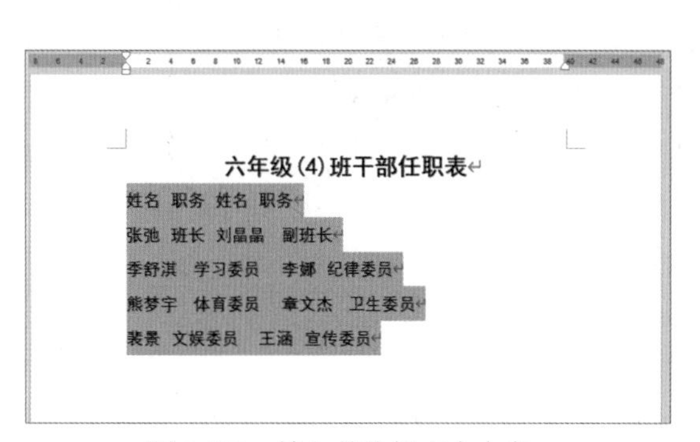

图 2-102　输入并选择文本内容

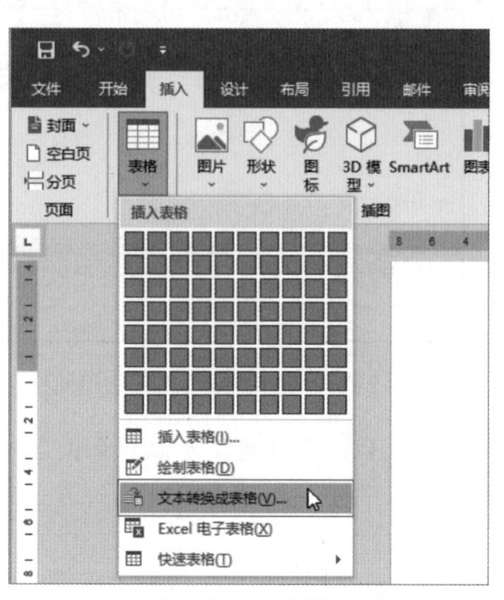

图 2-103　选择“文本转换成表格”命令

打开“将文字转换成表格”对话框，设置“列数”微调框数值为 4，选中“制表符”单选按钮，在文字转换成表格时表格会把制表符作为单元格的分隔，然后单击“确定”按钮，如图 2-104 所示。此时文本即转换成表格，文字会按照设置的表格尺寸进行排列，如图 2-105 所示。

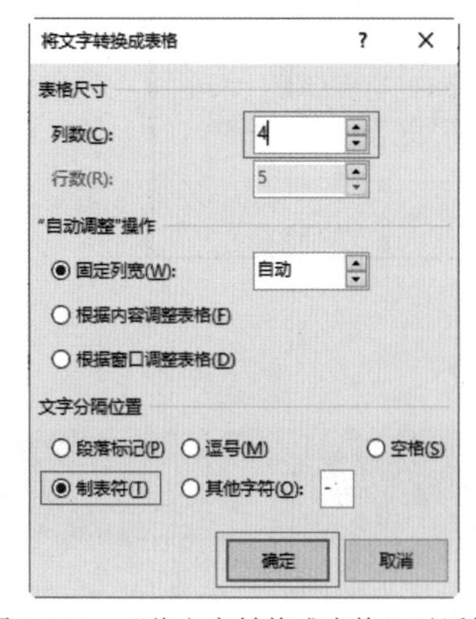

图 2-104　“将文字转换成表格”对话框

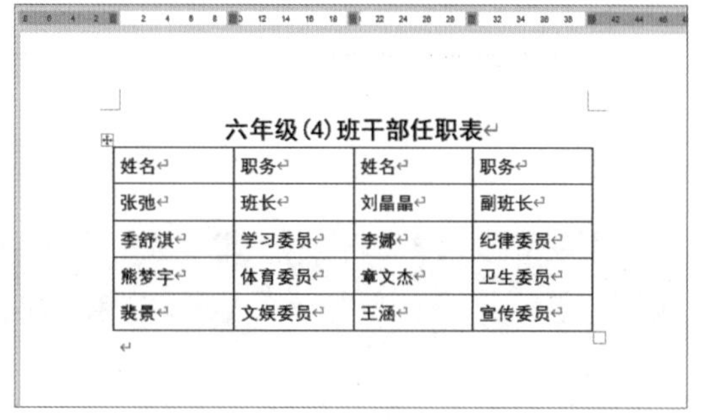

六年级(4)班干部任职表

姓名	职务	姓名	职务
张弛	班长	刘晶晶	副班长
季舒淇	学习委员	李娜	纪律委员
熊梦宇	体育委员	章文杰	卫生委员
裴景	文娱委员	王涵	宣传委员

图 2-105　文本转换成表格

2.4.2　在表格中快速添加行和列

在文档中制作表格的过程中，会出现需要向表格中插入行或列的情况，除了本章案例中介绍的插入行和列的方法外，下面将使用“班级干部任职表”文档内容，为读者介绍如何快速插入行和列的具体操作方法。

将光标移到表格边缘左侧，此时会出现一个⊕按钮，如图 2-106 所示，然后单击⊕按钮，即可插入新行，如图 2-107 所示。

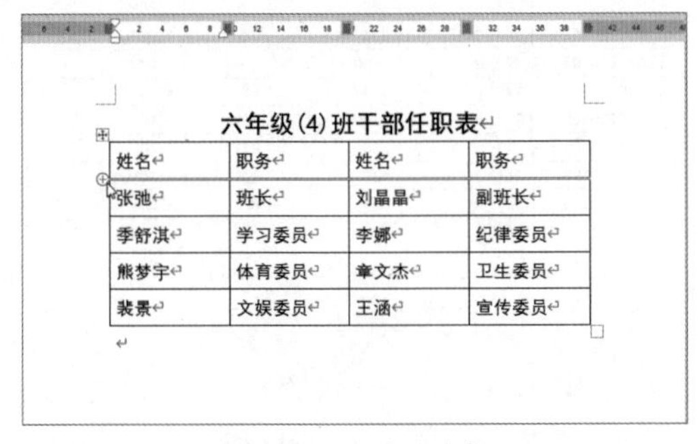

六年级(4)班干部任职表

姓名	职务	姓名	职务
张弛	班长	刘晶晶	副班长
季舒淇	学习委员	李娜	纪律委员
熊梦宇	体育委员	章文杰	卫生委员
裴景	文娱委员	王涵	宣传委员

图 2-106　移动光标

六年级(4)班干部任职表

姓名	职务	姓名	职务
张弛	班长	刘晶晶	副班长
季舒淇	学习委员	李娜	纪律委员
熊梦宇	体育委员	章文杰	卫生委员
裴景	文娱委员	王涵	宣传委员

图 2-107　插入新行

按照同样的方法，即可快速插入新列，如图 2-108 所示。

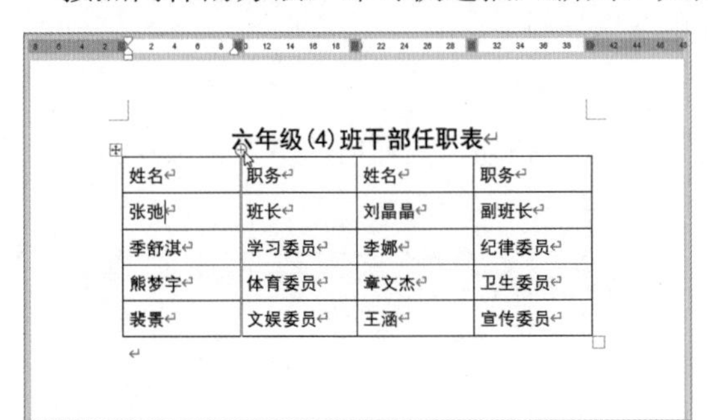

六年级(4)班干部任职表

姓名	职务	姓名	职务
张弛	班长	刘晶晶	副班长
季舒淇	学习委员	李娜	纪律委员
熊梦宇	体育委员	章文杰	卫生委员
裴景	文娱委员	王涵	宣传委员

六年级(4)班干部任职表

姓名		职务	姓名	职务
张弛		班长	刘晶晶	副班长
季舒淇		学习委员	李娜	纪律委员
熊梦宇		体育委员	章文杰	卫生委员
裴景		文娱委员	王涵	宣传委员

图 2-108　插入新列

2.4.3　替换表格中的行和列

在编辑表格过程中可以对表格的行或者列的数据进行互换，即将第一行单元格与第二行单元格进行位置互换，可通过手动或者配合快捷键命令，实现表格中行或者列位置的任意调整，下面将详细为读者介绍具体的操作方法。

选择其中一行单元格，如图 2-109 所示，按 Shift+Alt+ ↑快捷键，或者直接将其向上拖曳一行，可以将选择的行向上移动一行，结果如图 2-110 所示。

产品编号	名称	单价(元)	数量	金额
TN20220101	项目 1	280	13	3640
TN20220102	项目 2	520	23	11960
TN20220103	项目 3	2600	5	13000
TN20220104	项目 4	880	65	57200
TN20220106	项目 6	120	82	9840
TN20220105	项目 5	1260	35	44100
TN20220107	项目 7	420	11	4620
TN20220108	项目 8	320	8	2560

图 2-109　选择行

产品编号	名称	单价(元)	数量	金额
TN20220101	项目 1	280	13	3640
TN20220102	项目 2	520	23	11960
TN20220103	项目 3	2600	5	13000
TN20220104	项目 4	880	65	57200
TN20220105	项目 5	1260	35	44100
TN20220106	项目 6	120	82	9840
TN20220107	项目 7	420	11	4620
TN20220108	项目 8	320	8	2560

图 2-110　替换行

选择其中一列单元格向右拖曳，如图 2-111 所示，即可将两列进行互换，如图 2-112 所示。

名称	产品编号	单价(元)	数量	金额
项目 1	TN20220101	280	13	3640
项目 2	TN20220102	520	23	11960
项目 3	TN20220103	2600	5	13000
项目 4	TN20220104	880	65	57200
项目 6	TN20220106	120	82	9840
项目 5	TN20220105	1260	35	44100
项目 7	TN20220107	420	11	4620
项目 8	TN20220108	320	8	2560

图 2-111　选择列

产品编号	名称	单价(元)	数量	金额
TN20220101	项目 1	280	13	3640
TN20220102	项目 2	520	23	11960
TN20220103	项目 3	2600	5	13000
TN20220104	项目 4	880	65	57200
TN20220105	项目 5	1260	35	44100
TN20220106	项目 6	120	82	9840
TN20220107	项目 7	420	11	4620
TN20220108	项目 8	320	8	2560

图 2-112　替换列

2.4.4　更改 SmartArt 图形版式

在文档的制作过程中，如果对 SmartArt 图形效果不满意，可以在保留文本的情况下更改 SmartArt 图形版式，下面以如图 2-113 所示的“招聘流程结构图”文档为例向读者介绍具体的操作方法。

选择“SmArtArt 设计”选项卡，单击“版式”组中的按钮，在弹出的下拉列表中选择“步骤上移流程”选项，如图 2-114 所示。

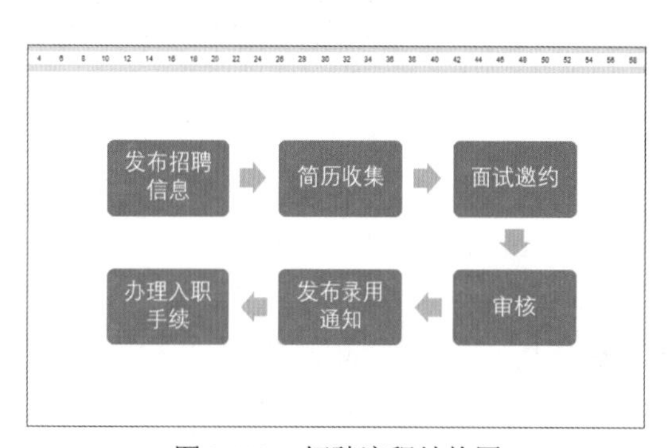

图 2-113　招聘流程结构图

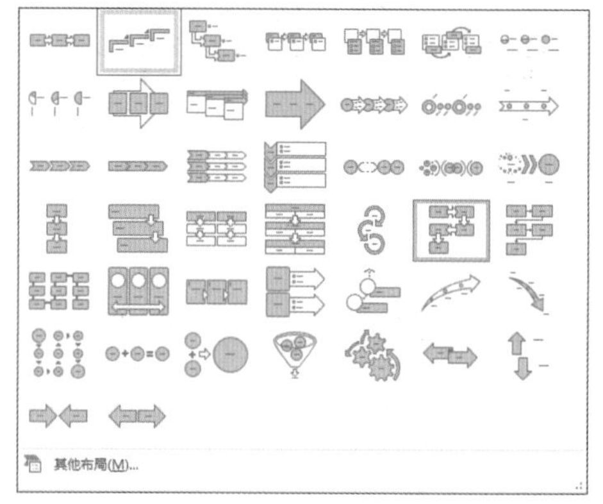

图 2-114　选择“步骤上移流程”选项

设置完成后，更改后的 SmartArt 图形效果如图 2-115 所示。

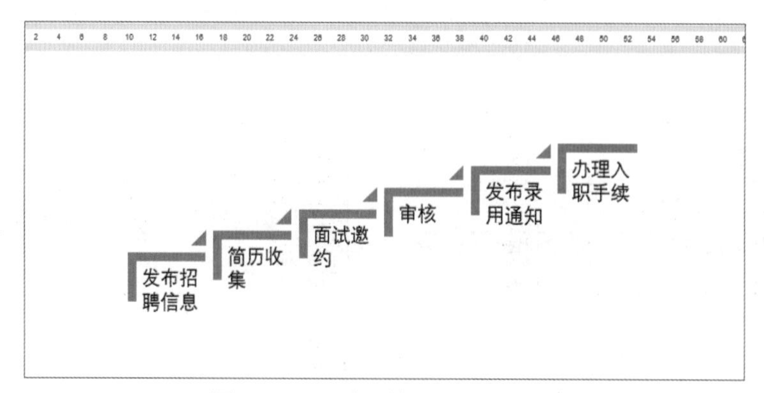

图 2-115　更改后的 SmartArt 图形

第 3 章 Word 文档高级排版

本章导读

创建和编辑多个章节或信件的文档，如公司报告、工作总结、慰问信、论文等，是无法用基础的编辑方法来编排文档内容的。本章将为用户介绍如何借助 Word 组件提供的排版技巧，如样式与模板、目录和索引、长文档处理技巧及审阅和修订等，查看或修改长文档内容，这不仅便于读者快速了解文档结构，还可以快速定位阅读位置，以及理解文档内容等。

3.1 制作公司年终总结报告

公司年终总结报告是指对某一阶段的工作回顾和总结，通常此类报告的文字较多，用户可以使用内置样式快速改变文档的外观，统一文档风格，自动化地生成所需的格式。本节将讲解如何使用内置样式、封面、目录和索引，制作出一份公司年终总结报告，如图 3-1 所示。

图 3-1 公司年终总结报告

3.1.1 使用内置样式

01 打开“公司年终总结报告.docx”文档，选择“设计”选项卡，在“文本格式”组中单击“主题”按钮，在弹出的下拉列表中选择“回顾”主题样式，如图 3-2 所示。

02 此时，文档即可应用选择的主题样式，如图 3-3 所示。

图 3-2 选择主题样式

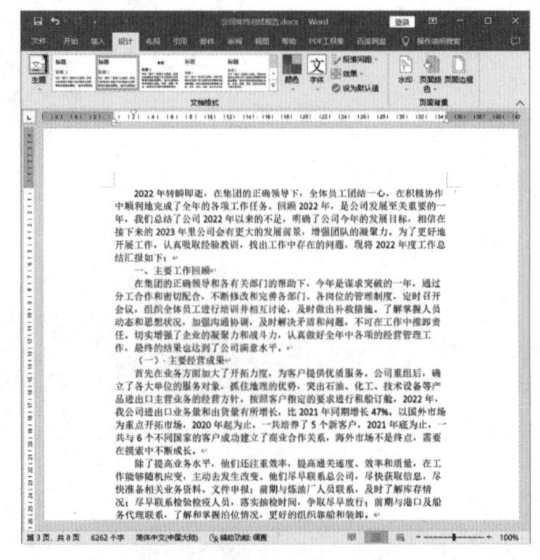

图 3-3 应用主题样式

03 除主题外，还可以在“文档格式”组中单击按钮，选择“基本 (时尚)”样式，如图 3-4 所示，使用系统自带样式快速调整文档内容的格式。

04 此时文档即可应用选择的样式，如图 3-5 所示。

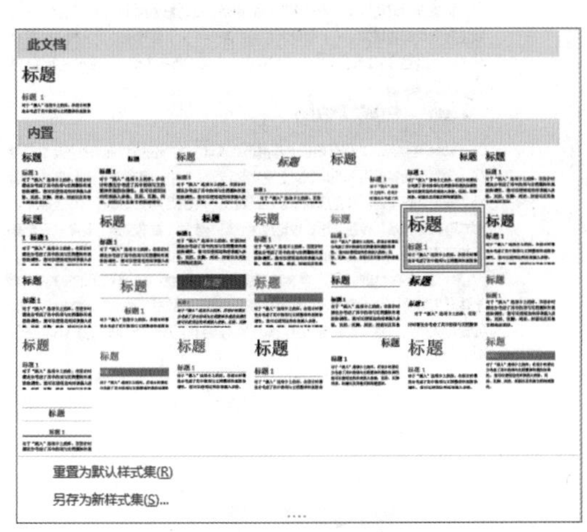

图 3-4　选择样式

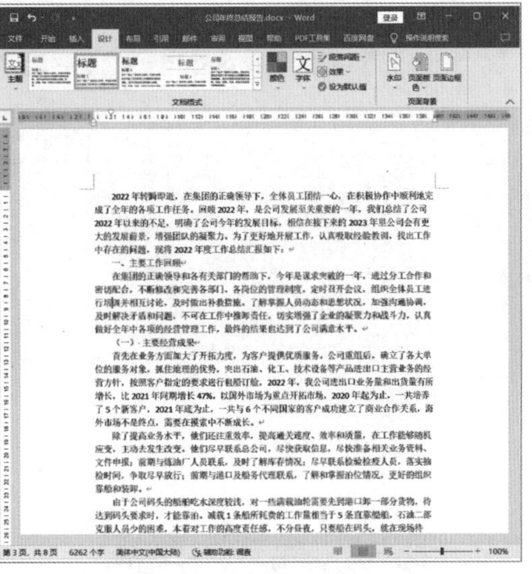

图 3-5　查看文档效果

05 标题前面带有大写序号的是 1 级标题，选择这个标题，选择“开始”选项卡，在“段落”组中单击“对话框启动器”按钮，打开“段落”对话框，单击“对齐方式”下拉按钮，选择“两端对齐”选项，单击“大纲级别”下拉按钮，选择“1 级”选项，设置“段前”和“段后”均为“1 行”，单击“行距”下拉按钮，选择“固定值”选项，设置“设置值”为“30 磅”，然后单击“确定”按钮，如图 3-6 所示。

06 标题前面带有括号序号的是 2 级标题，选择这个标题，打开“段落”对话框，单击“对齐方式”下拉按钮，选择“两端对齐”选项，单击“大纲级别”下拉按钮，选择“2 级”选项，设置“段前”和“段后”均为“0.5 行”，单击“行距”下拉按钮，选择“固定值”选项，设置“设置值”为“30 磅”，然后单击“确定”按钮，如图 3-7 所示。

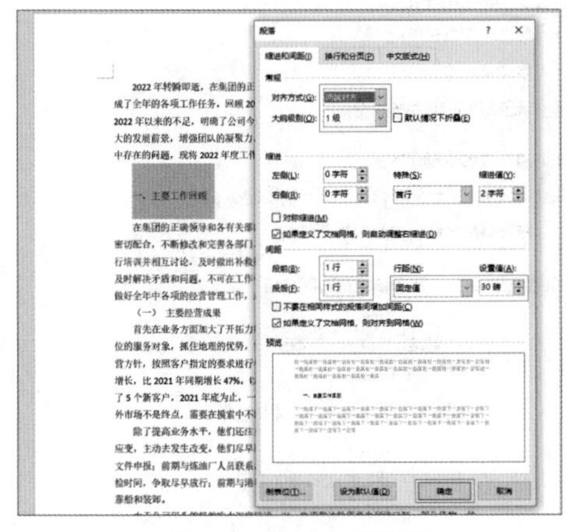

图 3-6　设置 1 级标题

图 3-7　设置 2 级标题

07 保持选择 2 级标题，在“样式”组中单击“其他”按钮，选择“要点”选项，标题就会套用这种样式，如图 3-8 所示。

08 在“剪贴板”组中单击“格式刷”按钮，光标将变为刷子状态，然后依次选择其他的 2 级标题，如图 3-9 所示。

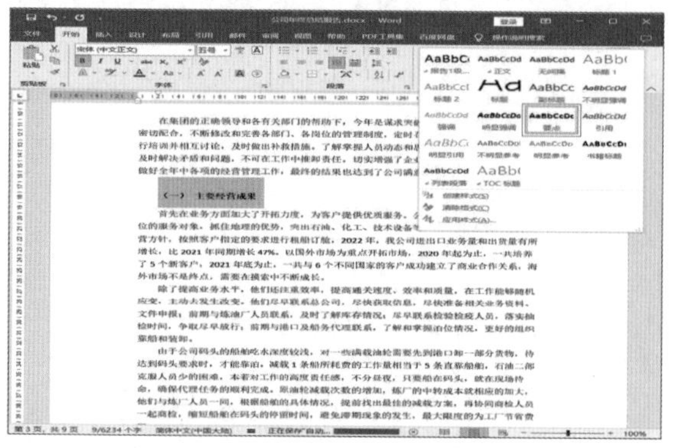

图 3-8　设置 2 级标题样式

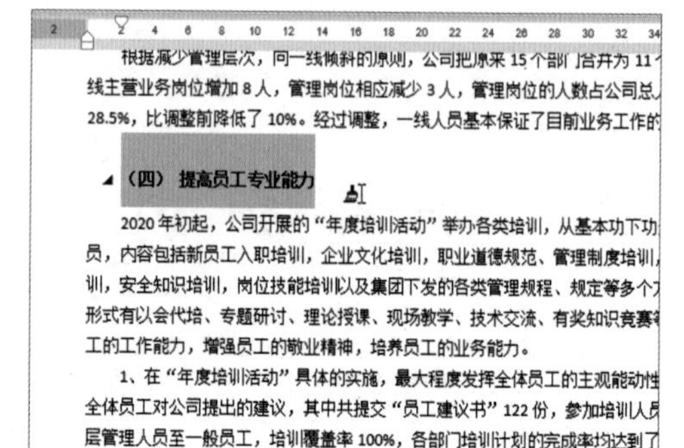

图 3-9　使用格式刷

3.1.2　使用“样式”窗格

01 选择“开始”选项卡，在“样式”组中单击“对话框启动器”按钮，在文档右侧打开“样式”窗格，单击“选项”按钮，如图 3-10 所示。

02 打开“样式窗格选项”对话框，单击“选择要显示的样式”下拉按钮，选择“所有样式”选项，在“选择显示为样式的格式”组中选中所有复选框，然后单击“确定”按钮，如图 3-11 所示。

图 3-10　单击“选项”按钮

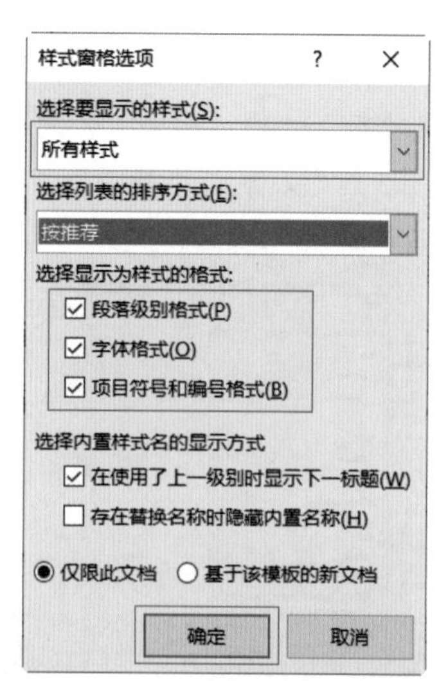

图 3-11　“样式窗格选项”对话框

03 此时“样式”窗格中会显示所有样式，将光标放置到任意文字段落中，在“样式”窗格中则会出现这段文字对应的样式，如图 3-12 所示。

04 选择 1 级标题文本，在“样式”窗格下方单击“新建样式”按钮，打开“根据格式化创建新样式”对话框，在“名称”文本框中输入“报告 1 级标题”，并设置字体格式，然后单击“确定”按钮，如图 3-13 所示。

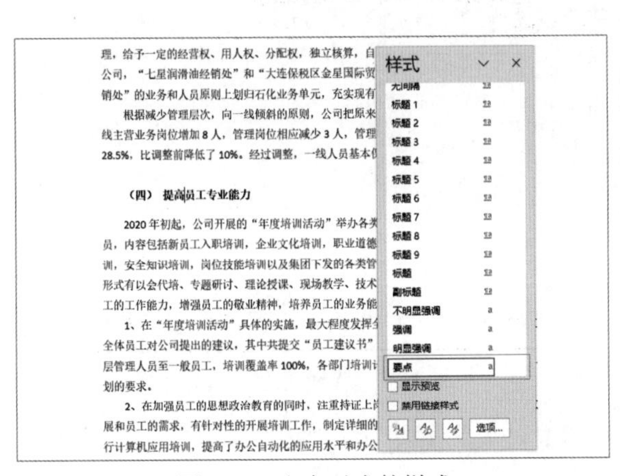

图 3-12　文字对应的样式

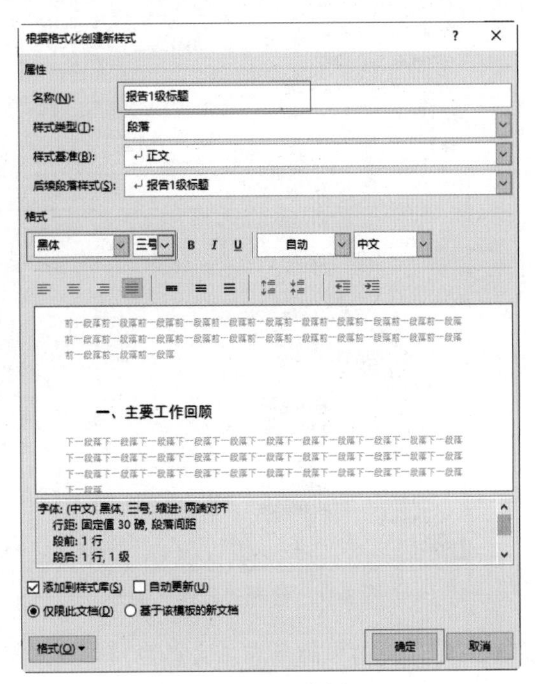

图 3-13　设置新样式

05 设置完成后，1 级标题文本显示效果如图 3-14 所示。

06 若对设置结果不满意，可以在“样式”窗格中将光标放到“报告 1 级标题”选项上，右击并从弹出的快捷菜单中选择“修改”命令，如图 3-15 所示。

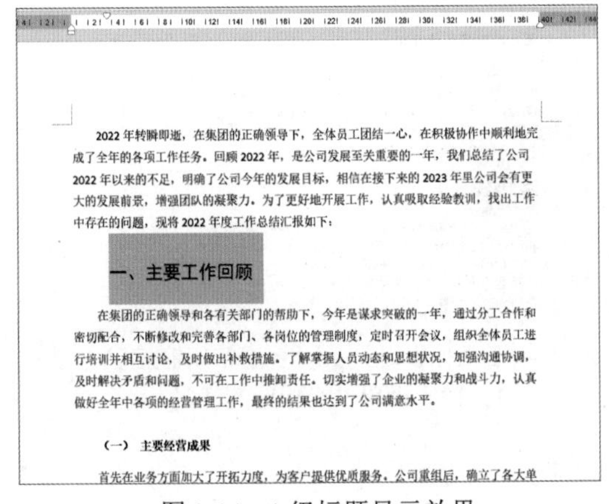

图 3-14　1 级标题显示效果

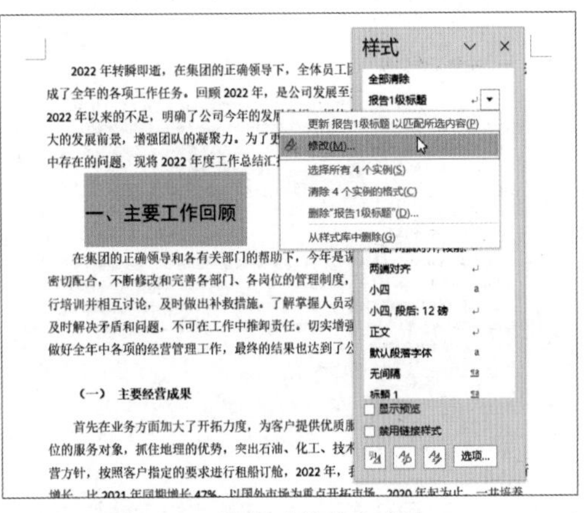

图 3-15　选择“修改”命令

07 打开“修改样式”对话框，单击左下方的“格式”下拉按钮，从弹出的快捷菜单中选择“段落”命令，如图 3-16 所示。

08 打开“段落”对话框，单击“特殊”下拉按钮，选择“无”选项，然后单击“确定”按钮，如图 3-17 所示，返回“修改样式”对话框，再单击“确定”按钮。

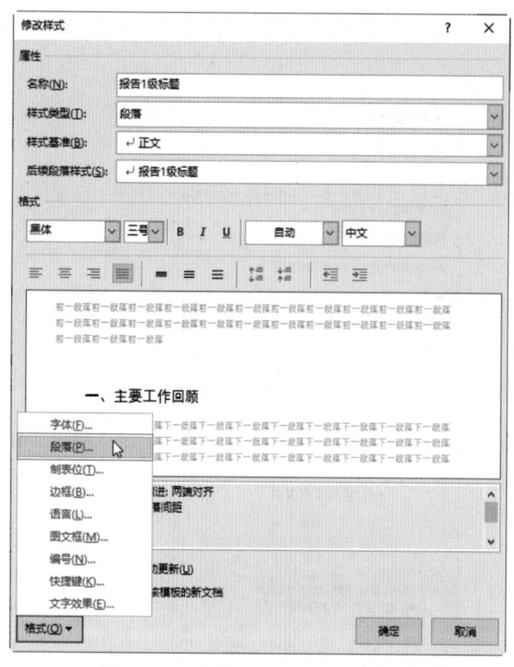

图 3-16　选择“段落”命令

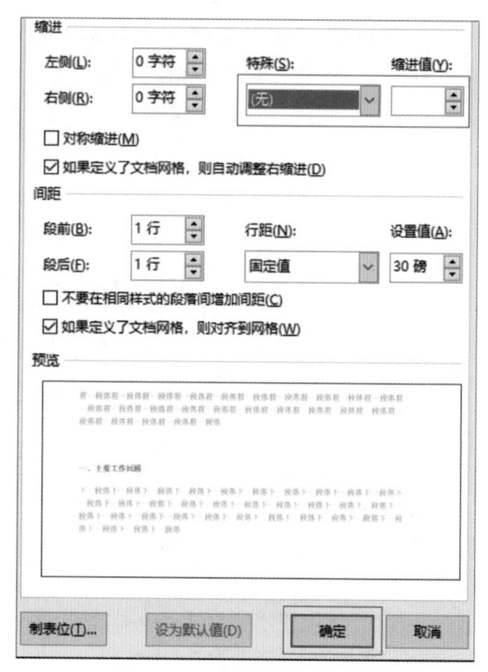

图 3-17　选择“无”选项

09 此时，文档中的所有正文已应用修改后的新样式效果，如图 3-18 所示

10 此时 1 级标题成功应用新样式，利用格式刷将此样式复制到所有的 1 级标题中，即可完成 1 级标题的样式设置，如图 3-19 所示。

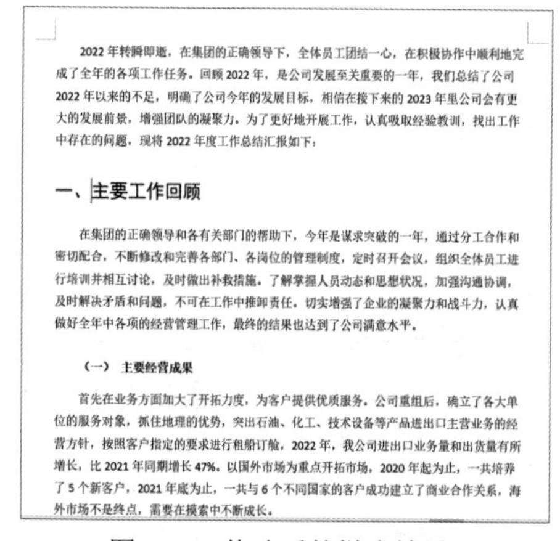

图 3-18　修改后的样式效果

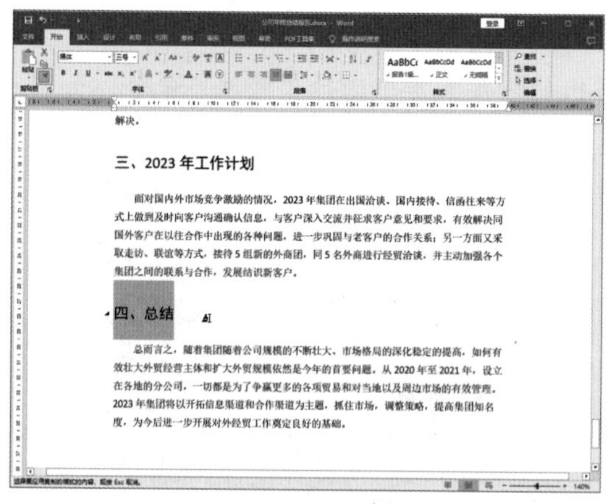

图 3-19　设置 1 级标题的样式

3.1.3　设置封面、目录和索引

01 选择“插入”选项卡，在“页面”组中单击“封面”按钮，在弹出的下拉列表中选择“离子(浅色)”选项，如图 3-20 所示。

02 插入封面后，在自带的文本框中输入文本内容，如图 3-21 所示。

图 3-20　选择封面样式

图 3-21　输入文本内容

03 在“插图”组中选择“图片”|“此设备”命令，在打开的【插入图片】对话框中选择封面图片，单击【确定】按钮。然后分别选择文本框中的文本，选择“开始”选项卡，为其设置不同的字体和颜色，结果如图 3-22 所示。

04 将光标放置在正文最开始的位置，选择“插入”选项卡，在“页面”组中选择“空白页”选项，如图 3-23 所示，插入空白页。

图 3-22　设置文本格式

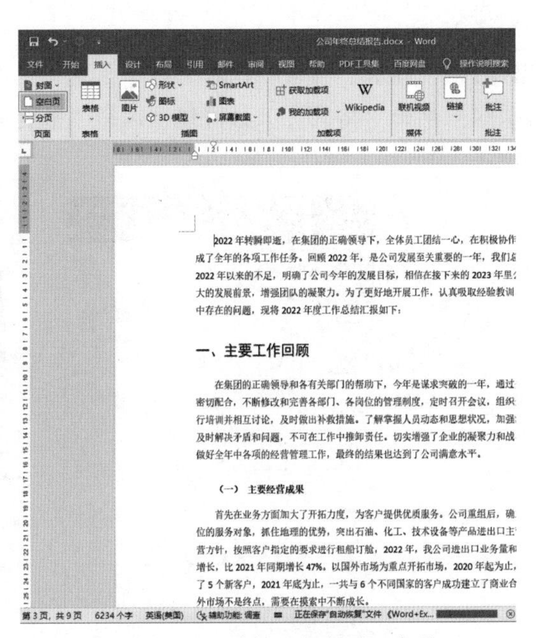

图 3-23　选择“空白页”选项

05 在插入的空白页中输入文本“目录”，选择“开始”选项卡，在“字体”组中设置字体为“黑体”、字号为“小二”，在“段落”组中单击“居中”按钮，然后右击并从弹出的快捷菜单中选择“段落”命令，如图 3-24 所示。

06 打开“段落”对话框，设置“段前”为“0 行”，设置“段后”为“12 磅”，如图 3-25 所示，单击“确定”按钮。

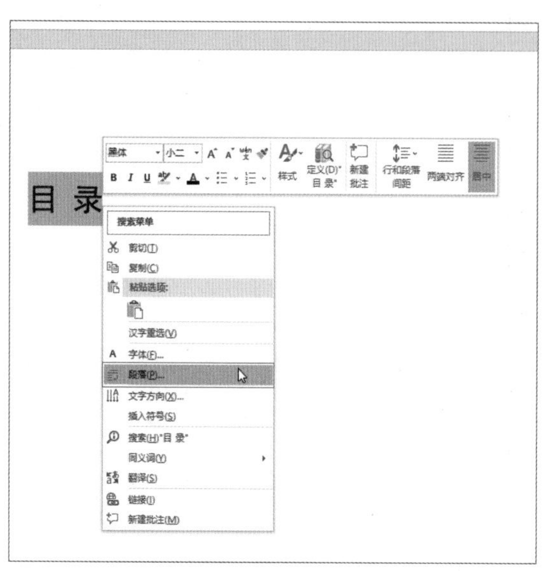

图 3-24　设置字体格式后选择“段落”命令

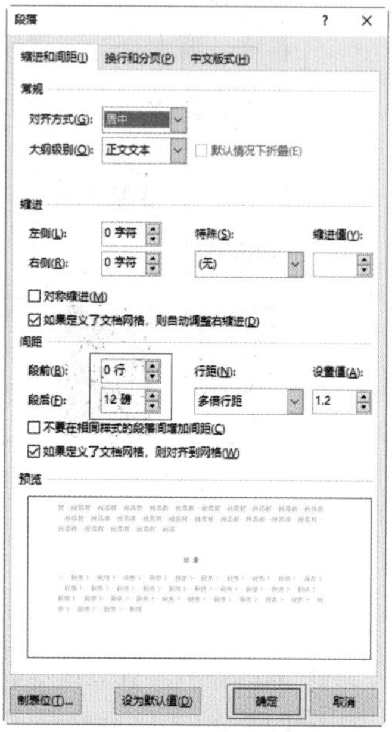

图 3-25　“段落”对话框

07 选择“引用”选项卡，在“目录”组中单击“目录”下拉按钮，选择“自定义目录”命令，如图 3-26 所示。

08 打开“目录”对话框，在“打印预览”选项组中选择“制表符前导符”类型，在“常规”选项组中单击“格式”下拉按钮，选择“来自模板”选项，然后单击“确定”按钮，如图 3-27 所示。

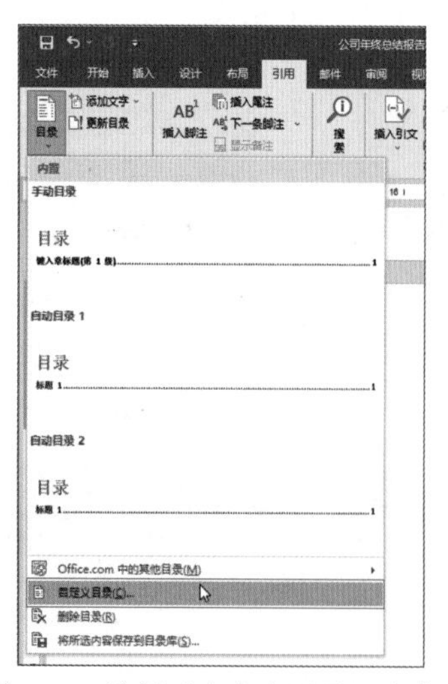

图 3-26　选择“自定义目录”命令

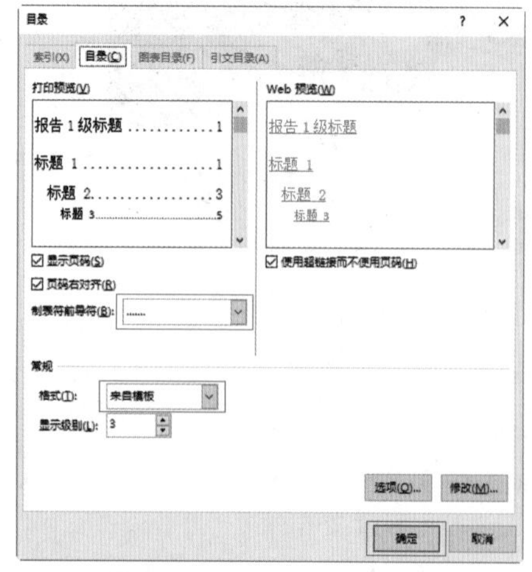

图 3-27　“目录”对话框

09 设置完成后，目录的显示效果如图 3-28 所示。

10 若要修改目录中的内容，可以在正文中直接对标题进行修改，然后在“目录”组中单击“更新目录”按钮，如图 3-29 所示。

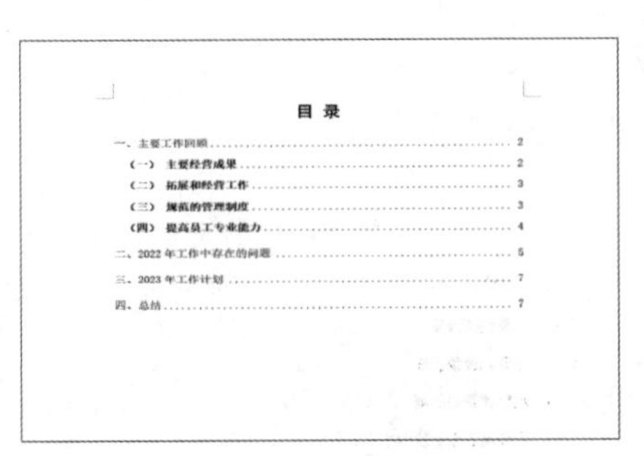

图 3-28　目录效果

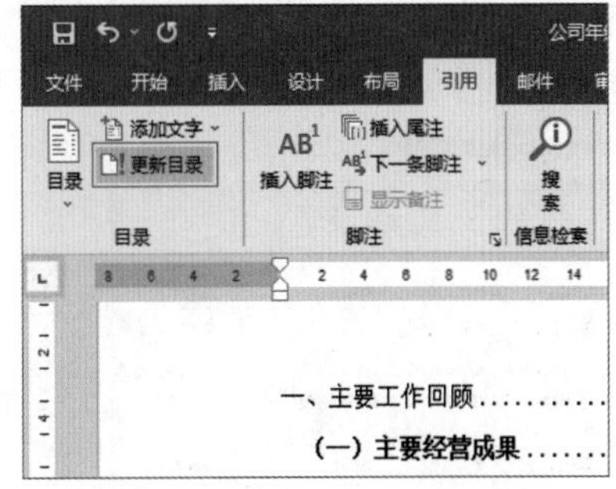

图 3-29　单击“更新目录”按钮

11 打开“更新目录”对话框，选中“更新整个目录”单选按钮，然后单击“确定”按钮，如图 3-30 所示。

12 此时，更新后的目录效果如图 3-31 所示。

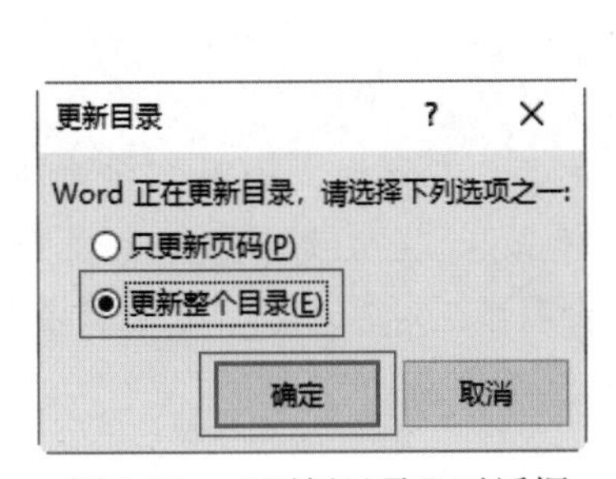

图 3-30　“更新目录”对话框

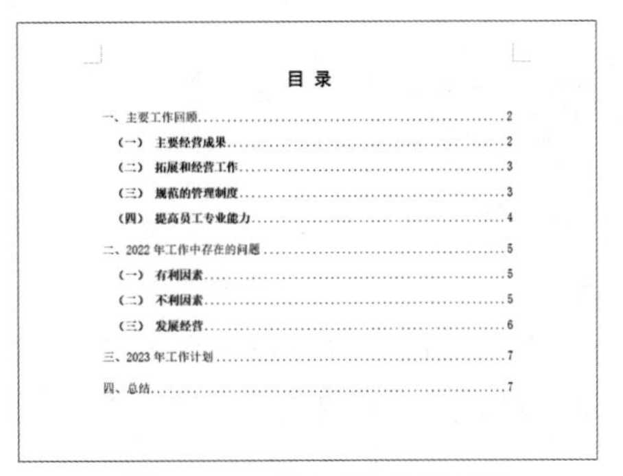

图 3-31　更新后的目录效果

13 选择目录中的所有一级标题，设置字体为“黑体”、字号为“四号”，然后选择目录中的所有二级标题，设置字体为“黑体”、字号为“小四”，单击“加粗”按钮 B，取消文字加粗效果，结果如图 3-32 所示。

14 按住 Ctrl 键加选所有二级标题，右击并选择“段落”命令，如图 3-33 所示。

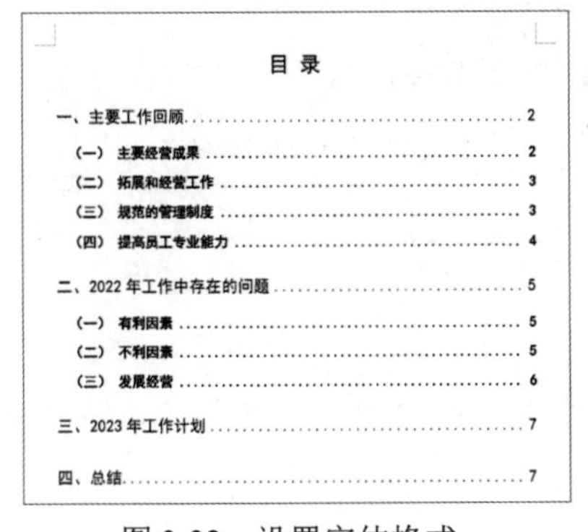

图 3-32　设置字体格式

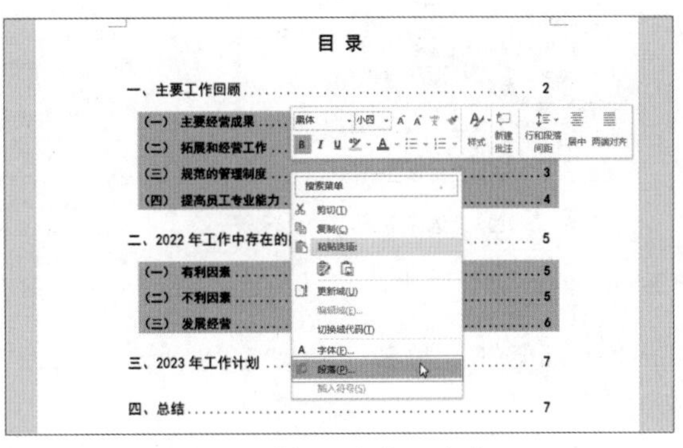

图 3-33　选择“段落”命令

15 打开“段落”对话框，单击“特殊”下拉按钮，选择“首行”选项，设置“缩进值”为“2

字符”，设置“段后”为“8 磅”，如图 3-34 所示。

16 设置完成后，单击“确定”按钮，目录内容的显示效果如图 3-35 所示。

图 3-34 “段落”对话框

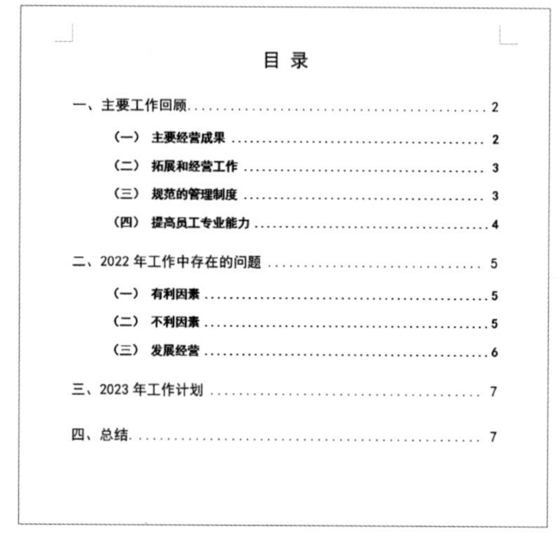

目 录

一、主要工作回顾 2
（一） 主要经营成果 2
（二） 拓展和经营工作 3
（三） 规范的管理制度 3
（四） 提高员工专业能力 4
二、2022 年工作中存在的问题 5
（一） 有利因素 5
（二） 不利因素 5
（三） 发展经营 6
三、2023 年工作计划 7
四、总结 7

图 3-35 目录效果

17 选择“引用”选项卡，在“索引”组中单击“标记条目”按钮，如图 3-36 所示。

18 或者按 Shift+Alt+X 快捷键，打开“标记索引项”对话框，在正文中选择文本“国外市场”，按 Ctrl+Tab 快捷键，被选中的文字即可出现在“标记索引项”对话框的“主索引项”文本框中，如图 3-37 所示。使用索引可以将正文中特定词的页码显示出来。

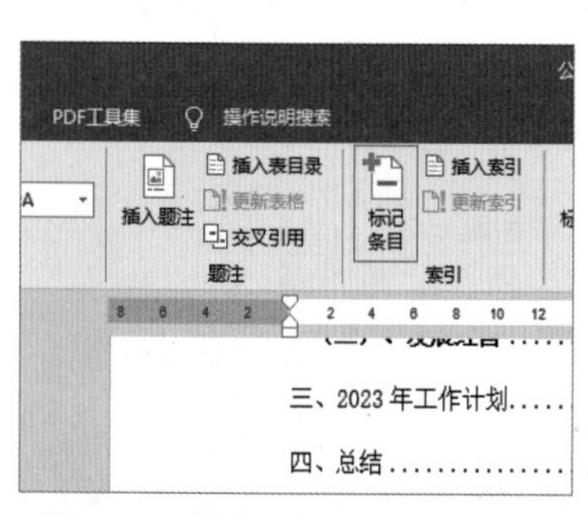

图 3-36 单击“标记条目”按钮

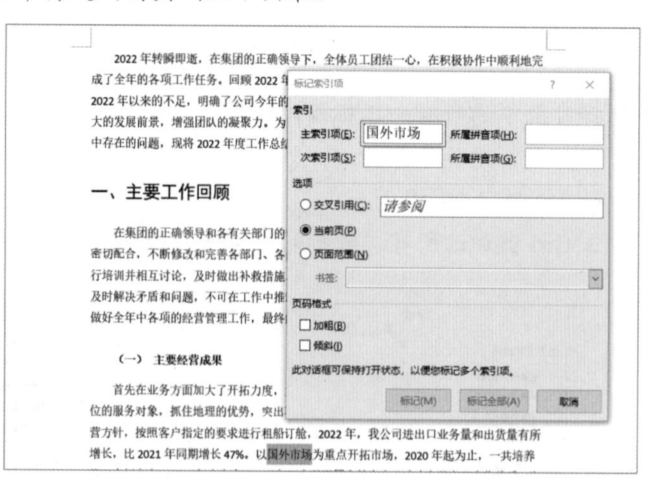

图 3-37 “标记索引项”对话框

19 单击“标记全部”按钮，如图 3-38 所示，此时正文中所有“国外市场”文本内容后方以 XE 域的形式显示。

20 按照步骤 **17** 到步骤 **19** 的方法标记正文中其余的文本，将光标放置到正文最后，选择“插入”选项卡，在“页面”组中单击“空白页”按钮，然后输入文本“报告名称索引”，如图 3-39 所示。

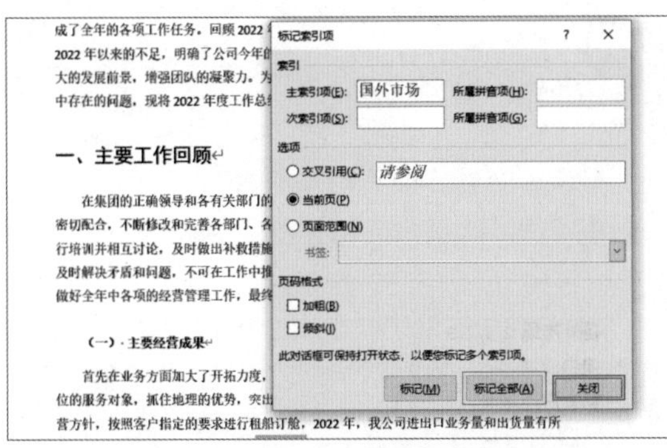

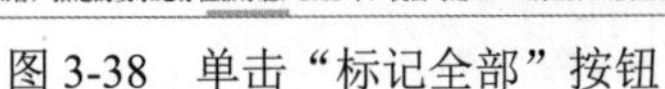
图 3-38　单击“标记全部”按钮

图 3-39　输入“报告名称索引”文本

21 选择“引用”选项卡，在“索引”组中单击“插入索引”按钮，如图 3-40 所示。

22 打开“索引”对话框，单击“格式”下拉按钮，选择“来自模板”选项，然后单击“确定”按钮，如图 3-41 所示。

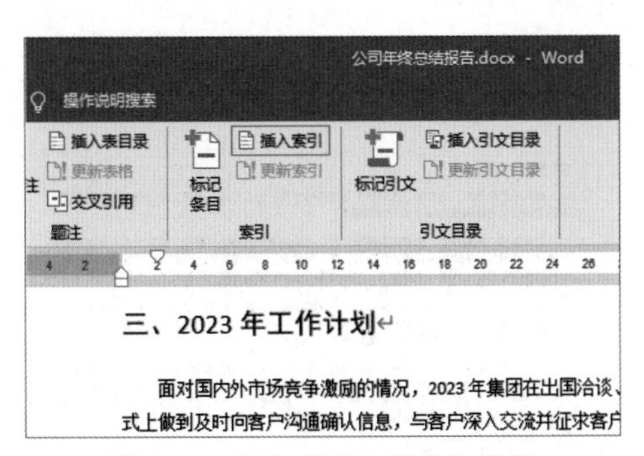

图 3-40　单击“插入索引”按钮

图 3-41　“索引”对话框

23 设置完成后，索引的显示结果如图 3-42 所示。

24 选择“开始”选项卡，在“段落”组中单击“显示 / 隐藏编辑标记”按钮，如图 3-43 所示，将文档中的索引标记项隐藏。

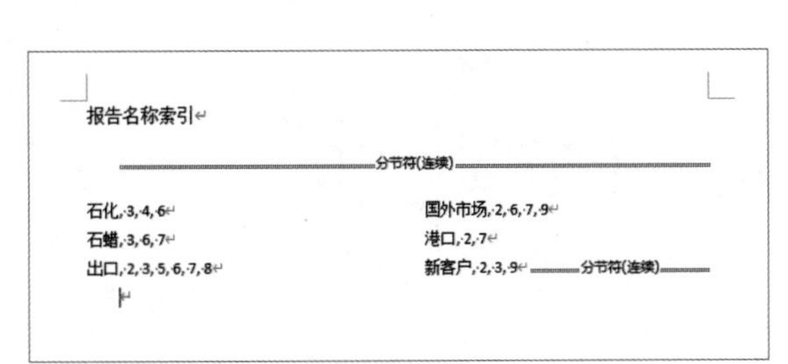

图 3-42　索引显示结果

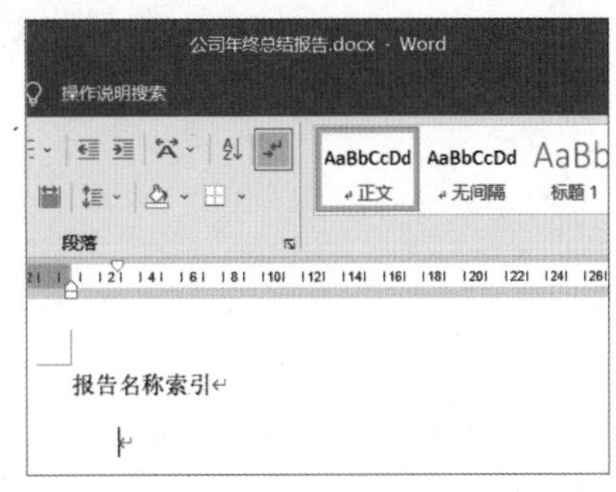

图 3-43　单击“显示 / 隐藏编辑标记”按钮

25 设置完成后，标记将被隐藏，如图 3-44 所示。

26 公司年终总结报告的最终效果如图 3-1 所示。

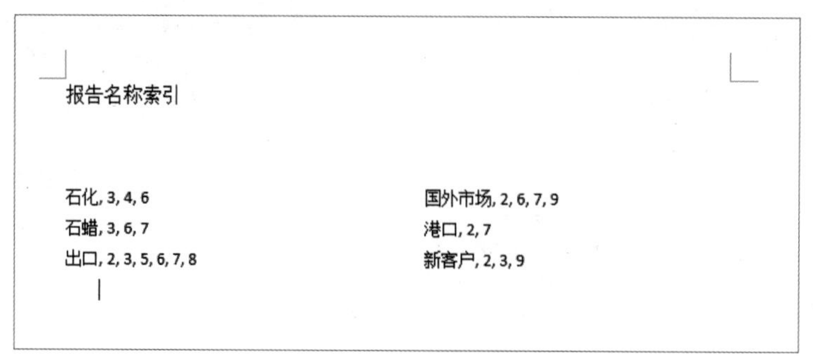

图 3-44　隐藏编辑标记

3.2　制作春节慰问信

慰问信是向收件人表达关切和慰问的信件，过节时公司需要发放的信件较多，用户在 Word 中可以对信件按统一格式进行批量处理。本节将应用模板快速建立特定格式的文档，并使用邮件合并功能，制作一封春节慰问信，如图 3-45 所示。

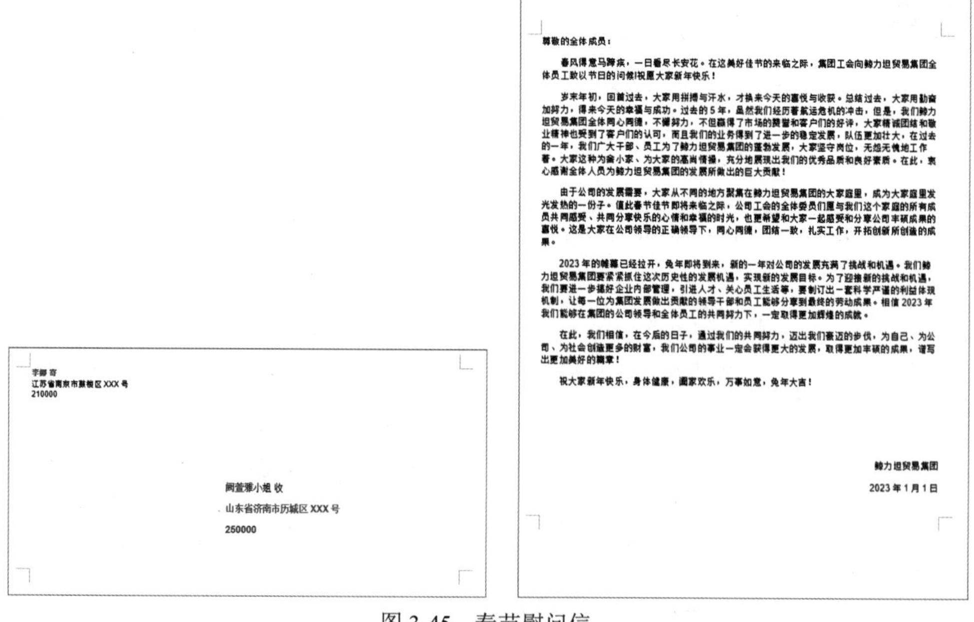

李娜 寄
江苏省南京市鼓楼区 XXX 号
210000

阙萱雅小姐 收
山东省济南市历城区 XXX 号
250000

尊敬的全体成员：

春风得意马蹄疾，一日看尽长安花。在这美好佳节的来临之际，集团工会向翰力坦贸易集团全体员工致以节日的问候!祝愿大家新年快乐！

岁末年初，回首过去，大家用拼搏与汗水，才换来今天的喜悦与收获。总结过去，大家用勤奋加努力，得来今天的幸福与成功。过去的 5 年，虽然我们经历着航运危机的冲击，但是，我们翰力坦贸易集团全体同心同德，不懈努力，不但赢得了市场的赞誉和客户们的好评，大家精诚团结和敬业精神也受到了客户们的认可，而且我们的业务得到了进一步的稳定发展，队伍更加壮大，在过去的一年，我们广大干部、员工为了翰力坦贸易集团的蓬勃发展，大家坚守岗位，无怨无悔地工作着。大家这种为舍小家、为大家的高尚情操，充分地展现出我们的优秀品质和良好素质。在此，衷心感谢全体人员为翰力坦贸易集团的发展所做出的巨大贡献！

由于公司的发展需要，大家从不同的地方聚集在翰力坦贸易集团的大家庭里，成为大家庭里发光发热的一份子。值此春节佳节即将来临之际，公司工会的全体委员们愿与我们这个家庭的所有成员共同感受、共同分享快乐的心情和幸福的时光，也更希望和大家一起感受和分享公司丰硕成果的喜悦。这是大家在公司领导的正确领导下，同心同德，团结一致，扎实工作，开拓创新所创造的成果。

2023 年的帷幕已经拉开，兔年即将到来，新的一年对公司的发展充满了挑战和机遇。我们翰力坦贸易集团要紧紧抓住这次历史性的发展机遇，实现新的发展目标。为了迎接新的挑战和机遇，我们要进一步搞好企业内部管理，引进人才、关心员工生活等，要制订出一套科学严谨的利益体现机制，让每一位为集团发展做出贡献的领导干部和员工能够分享到最终的劳动成果。相信 2023 年我们能够在集团的公司领导和全体员工的共同努力下，一定取得更加辉煌的成就。

在此，我们相信，在今后的日子，通过我们的共同努力，迈出我们豪迈的步伐，为自己、为公司、为社会创造更多的财富，我们公司的事业一定会获得更大的发展，取得更加丰硕的成果，谱写出更加美好的篇章！

祝大家新年快乐，身体健康，阖家欢乐，万事如意，兔年大吉！

翰力坦贸易集团

2023 年 1 月 1 日

图 3-45　春节慰问信

3.2.1　创建收件人信息

01 启动 Word 2019，使用表格创建一个收件人名单文档，如图 3-46 所示。

02 选择“文件”选项卡，从弹出的界面中选择“另存为”命令，在中间的“另存为”窗格中选择“浏览”选项，打开“另存为”对话框，在“文件名”文本框中输入“收件人名单.docx”，并设置保存路径，然后单击“保存”按钮，如图 3-47 所示。

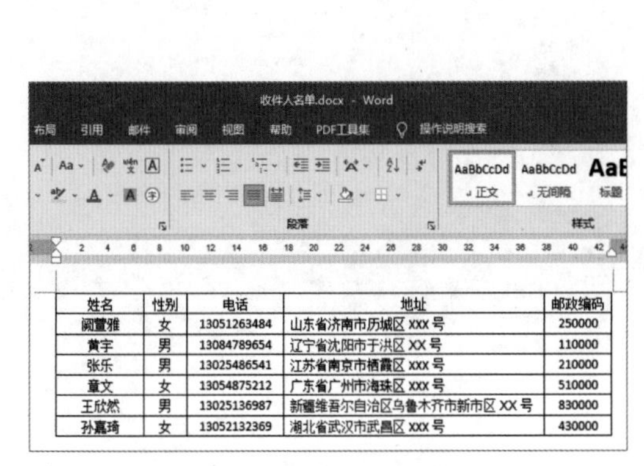

姓名	性别	电话	地址	邮政编码
阚萱雅	女	13051263484	山东省济南市历城区 xxx 号	250000
黄宇	男	13084789654	辽宁省沈阳市于洪区 XX 号	110000
张乐	男	13025486541	江苏省南京市栖霞区 xxx 号	210000
章文	女	13054875212	广东省广州市海珠区 xxx 号	510000
王欣然	男	13025136987	新疆维吾尔自治区乌鲁木齐市新市区 XX 号	830000
孙嘉琦	女	13052132369	湖北省武汉市武昌区 xxx 号	430000

图 3-46　创建收件人名单文档

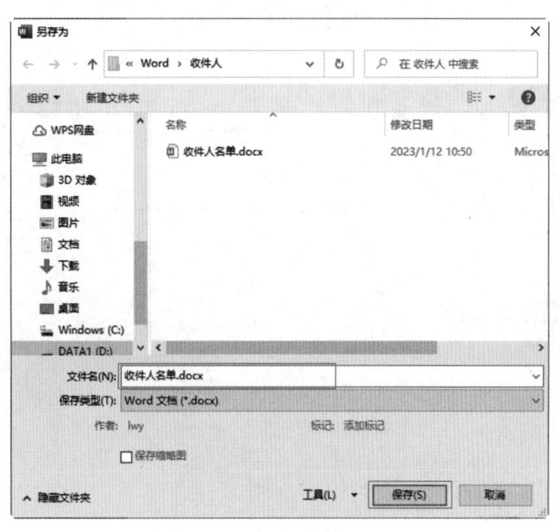

图 3-47　保存文档

3.2.2　下载模板

01 选择“新建”选项，在搜索框内输入“信封”关键字，按 Enter 键搜索模板，单击“商务信头和配套的信封”模板，如图 3-48 所示。

02 弹出对话框，单击“创建”按钮，如图 3-49 所示，此时会打开一个新的文档，并联网下载模板。

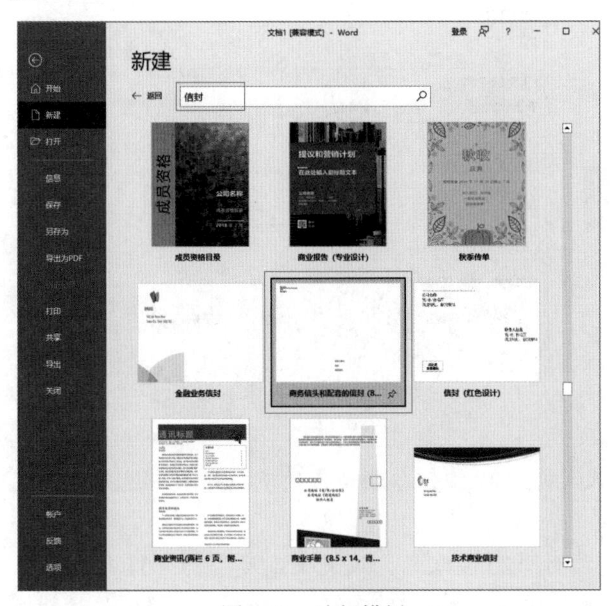

图 3-48　选择模板

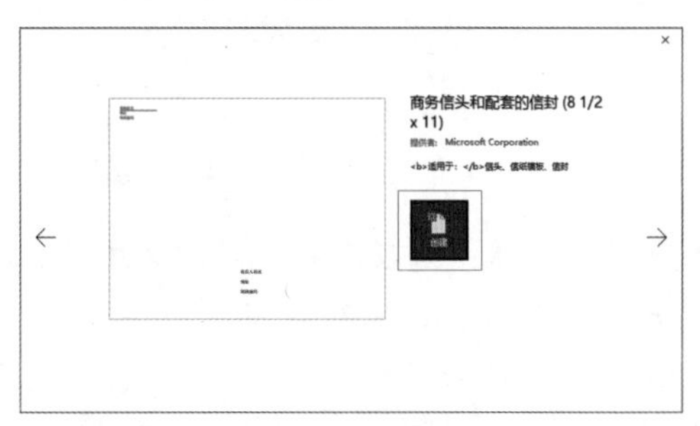

图 3-49　单击“创建”按钮

03 下载成功后，模板的样式、目录和内容框架如图 3-50 所示。

04 选择“文件”选项卡，从弹出的界面中选择“另存为”命令，在中间的“另存为”窗格中选择“浏览”选项，打开“另存为”对话框，输入文件名“春节慰问信 .docx”，并设置保存路径，然后单击“保存”按钮，如图 3-51 所示。

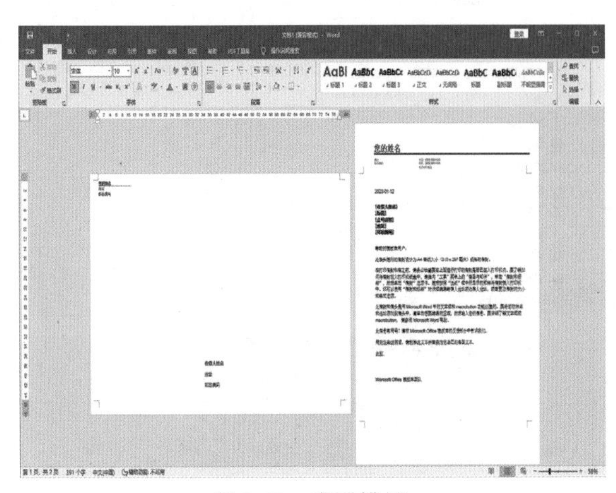

图 3-50　查看模板

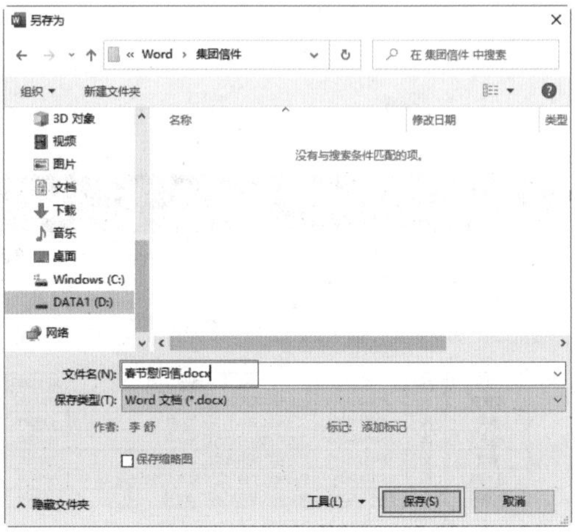

图 3-51　保存模板文档

05 选择“邮件”选项卡，在“创建”组中单击“信封”按钮，如图 3-52 所示。

06 打开“信封和标签”对话框，单击“选项”按钮，如图 3-53 所示。

图 3-52　单击“信封”按钮

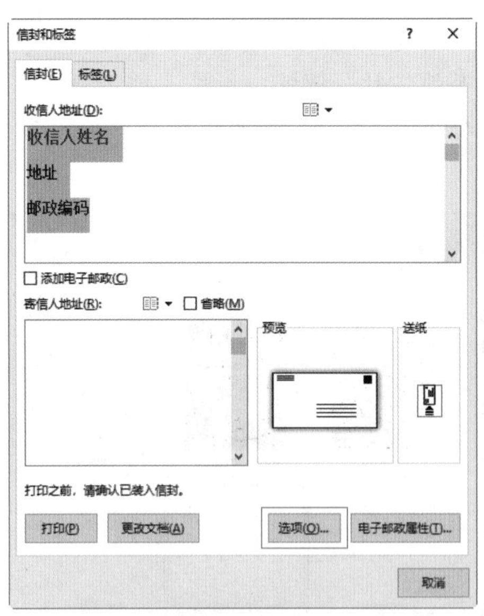

图 3-53　单击“选项”按钮

07 打开“信封选项”对话框，单击“信封尺寸”下拉按钮，在弹出的下拉列表中选择“自定义尺寸”选项，如图 3-54 所示。

08 打开“信封尺寸”对话框，设置“宽度”为“22 厘米”，设置“高度”为“11 厘米”，然后单击“确定”按钮，如图 3-55 所示，返回“信封选项”对话框，再次单击“确定”按钮。

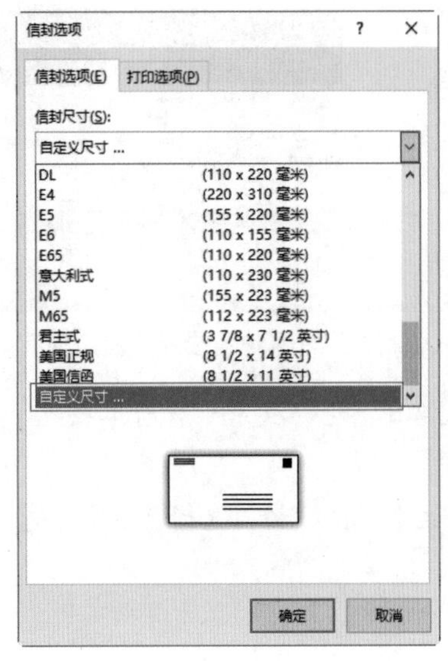

图 3-54 选择“自定义尺寸”选项

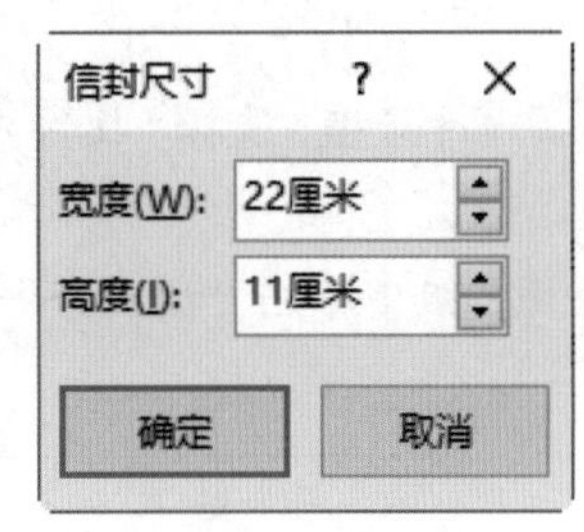

图 3-55 设置信封尺寸

09 在“信封和标签”对话框中，分别在“收信人地址”和“寄信人地址”文本框中输入收信人和寄信人信息，然后单击“更改文档”按钮，如图 3-56 所示。

10 在弹出的提示对话框中单击“否”按钮，如图 3-57 所示，如果希望后续 Word 文档自动帮助用户填写寄信人地址，则单击“是”按钮。

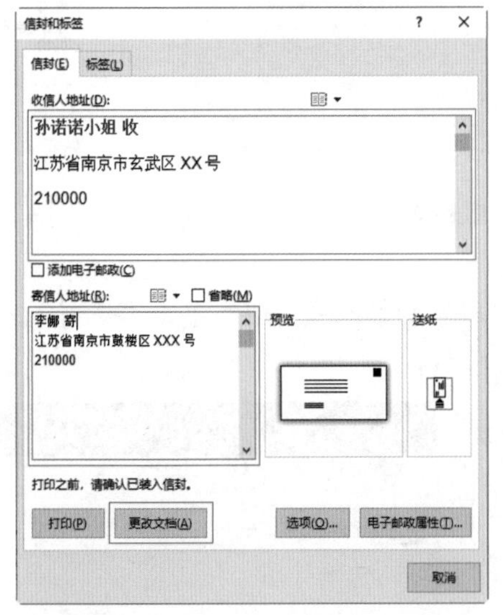

图 3-56 “信封和标签”对话框

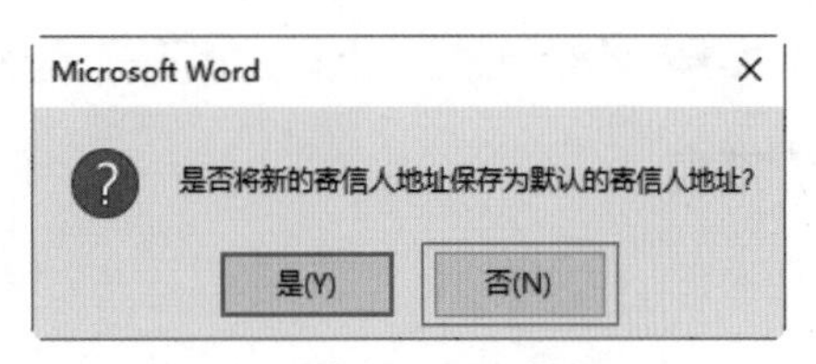

图 3-57 单击“否”按钮

3.2.3 邮件合并

01 在文档中将文本调整至合适的位置，此时信封显示效果如图 3-58 所示。

02 若需要设置多个收件者，在文档中删除寄件人文本内容，在“开始邮件合并”组中单击“选择收件人”下拉按钮，在弹出的下拉列表中选择“使用现有列表”命令，如图 3-59 所示。

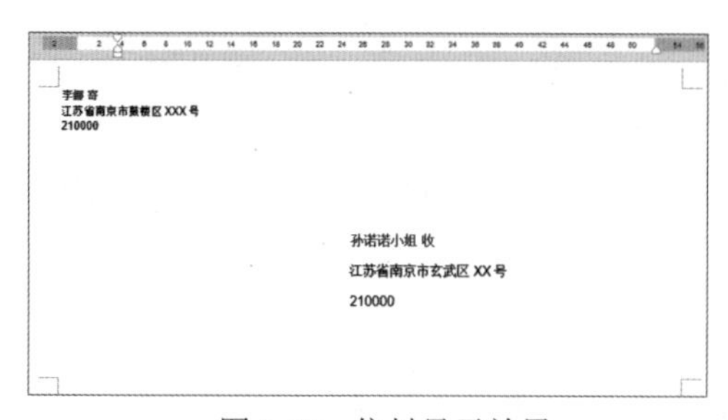

图 3-58　信封显示效果

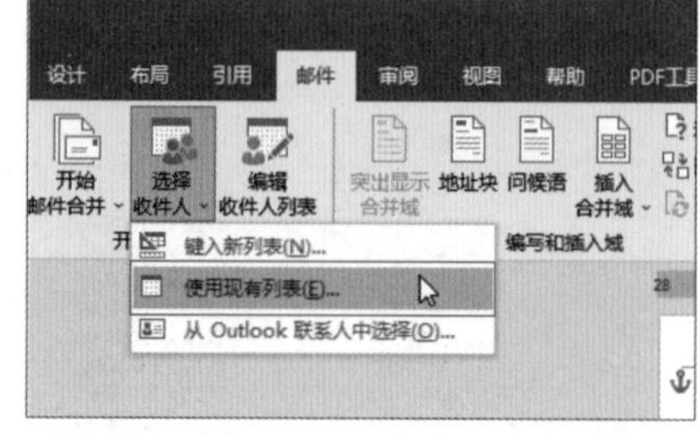

图 3-59　选择“使用现有列表”命令

03 打开“选取数据源”对话框，选择“收件人名单.docx”文档，然后单击“打开”按钮，如图 3-60 所示。

04 在“编写和插入域”组中单击“插入合并域”下拉按钮，选择“姓名”选项，如图 3-61 所示，插入收件人姓名。

图 3-60　“选取数据源”对话框

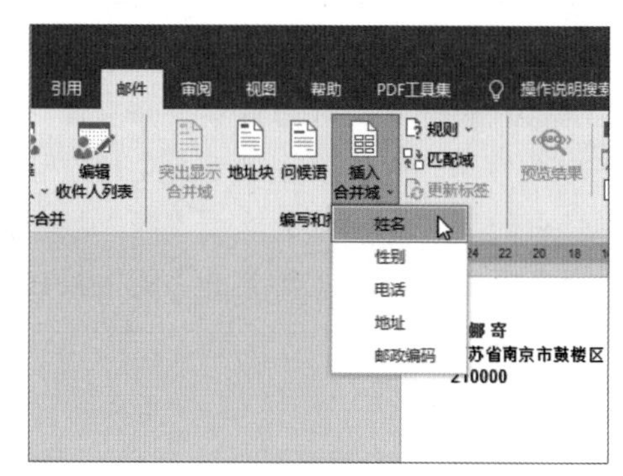

图 3-61　选择“姓名”选项

05 按 Enter 键切换至下一行，按照步骤 02 到步骤 04 的方法分别插入收件人地址和邮政编码，效果如图 3-62 所示。

06 将光标放置到“《姓名》”文本后方，在“编写和插入域”组中单击“规则”下拉按钮，选择“如果 ... 那么 ... 否则 ...”选项，如图 3-63 所示。

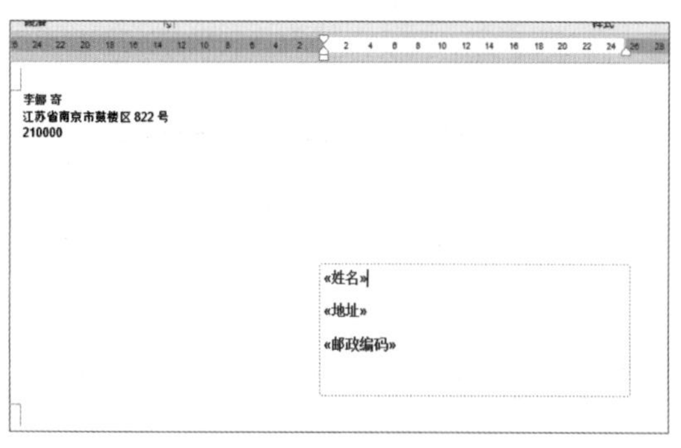

图 3-62　插入其他信息

图 3-63　选择“如果 ... 那么 ... 否则 ...”选项

07 打开“插入 Word 域：如果”对话框，单击“域名”下拉按钮，选择“性别”选项，单击“比较条件”下拉按钮，选择“等于”选项，在“比较对象”文本框中输入“男”，在“则插入此文字”文本框中输入“先生”，在“否则插入此文字”文本框中输入“小姐”，如图 3-64 所示，然后单击“确定”按钮。

08 设置完成后会自动在收件人姓名后方按照性别显示称呼，在称呼后方按 Space 键，输入文字“收”，结果如图 3-65 所示。

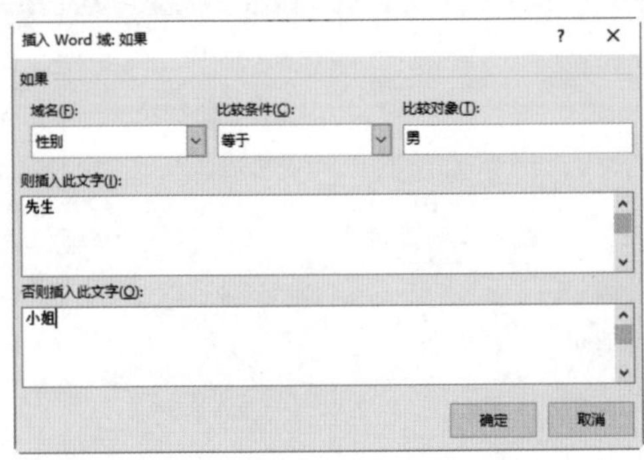

图 3-64　“插入 Word 域:如果”对话框

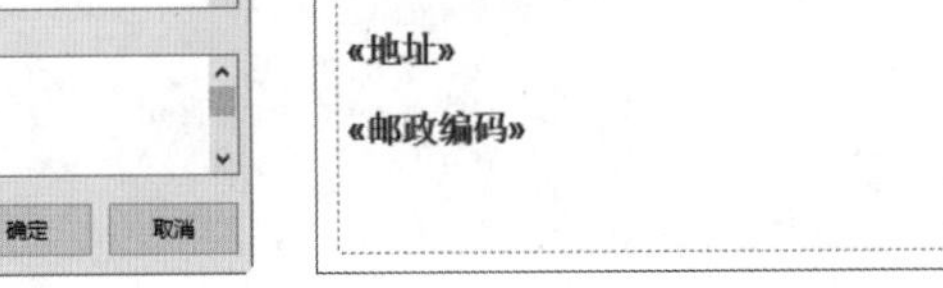

图 3-65　称呼显示结果

09 在“预览结果”组中单击“预览结果”按钮，即可显示收件人信息，如图 3-66 所示。

10 在“预览结果”组中单击“下一个记录”按钮，即可预览其他收件人信息，如图 3-67 所示。

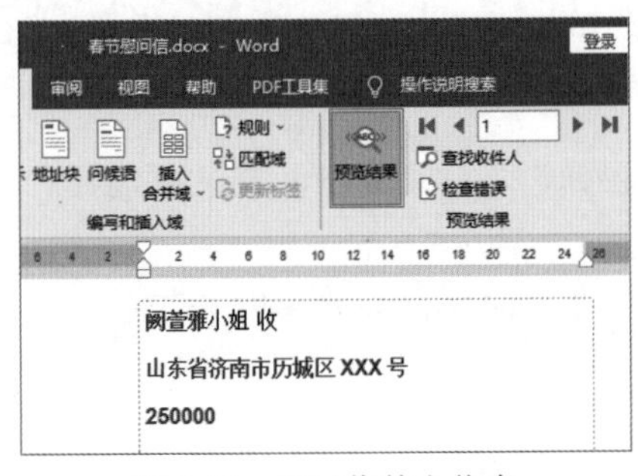

图 3-66　显示收件人信息

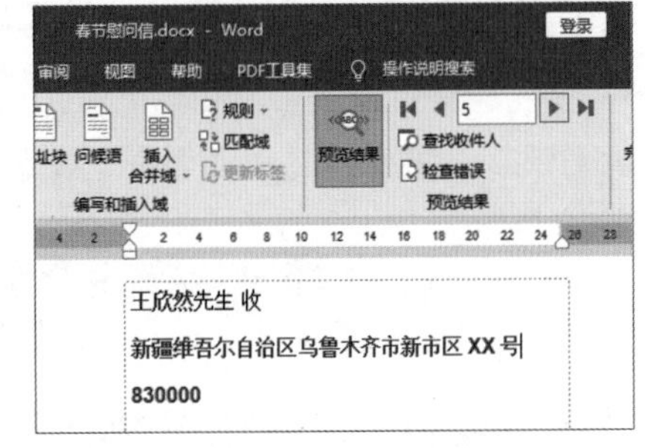

图 3-67　单击“下一个记录”按钮

11 在第二页中输入信件内容，如图 3-68 所示。

12 选择“邮件”选项卡，在“完成”组中单击“完成并合并”下拉按钮，选择“编辑单个文档”命令，如图 3-69 所示。

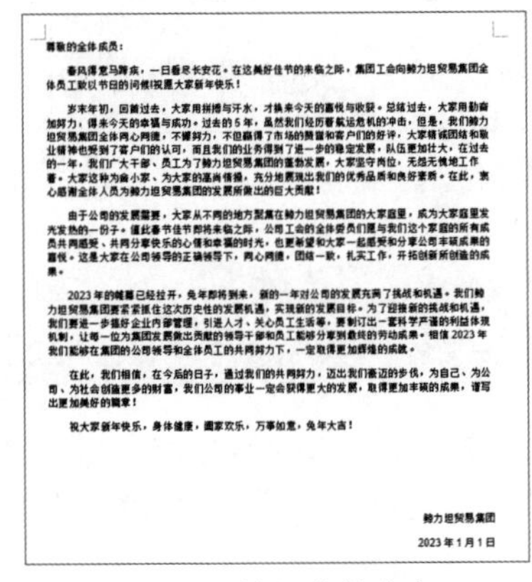

尊敬的全体成员：

春风得意马蹄疾，一日看尽长安花。在这美好佳节的来临之际，集团工会向翰力坦贸易集团全体员工致以节日的问候!祝愿大家新年快乐！

岁末年初，回首过去，大家用拼搏与汗水，才换来今天的喜悦与收获。总结过去，大家用勤奋加努力，得来今天的幸福与成功。过去的 5 年，虽然我们经历着航运危机的冲击，但是，我们翰力坦贸易集团全体同心同德，不懈努力，不但赢得了市场的赞誉和客户们的好评，大家精诚团结和敬业精神也受到了客户们的认可，而且我们的业务得到了进一步的稳定发展，队伍更加壮大，在过去的一年，我们广大干部、员工为了翰力坦贸易集团的蓬勃发展，大家坚守岗位，无怨无愧地工作着。大家这种为舍小家、为大家的高尚情操，充分地展现出我们的优秀品质和良好素质。在此，衷心感谢全体人员为翰力坦贸易集团的发展所做出的巨大贡献！

由于公司的发展需要，大家从不同的地方聚集在翰力坦贸易集团的大家庭里，成为大家庭里发光发热的一份子。值此春节佳节即将来临之际，公司工会的全体委员们愿与我们这个家庭的所有成员共同感受、共同分享快乐的心情和幸福的时光，也更希望和大家一起感受和分享公司丰硕成果的喜悦。这是大家在公司领导的正确领导下，同心同德，团结一致，扎实工作，开拓创新所创造的成果。

2023 年的帷幕已经拉开，兔年即将到来，新的一年对公司的发展充满了挑战和机遇。我们翰力坦贸易集团要紧紧抓住这次历史性的发展机遇，实现新的发展目标。为了迎接新的挑战和机遇，我们要进一步搞好企业内部管理，引进人才、关心员工生活等，要制订出一套科学严谨的利益体现机制，让每一位为集团发展做出贡献的领导干部和员工能够分享到最终的劳动成果。相信 2023 年我们能够在集团的公司领导和全体员工的共同努力下，一定取得更加辉煌的成就。

在此，我们相信，在今后的日子，通过我们的共同努力，迈出我们豪迈的步伐，为自己、为公司、为社会创造更多的财富，我们公司的事业一定会获得更大的发展，取得更加丰硕的成果，谱写出更加美好的篇章！

祝大家新年快乐，身体健康，阖家欢乐，万事如意，兔年大吉！

翰力坦贸易集团

2023 年 1 月 1 日

图 3-68　输入信件内容

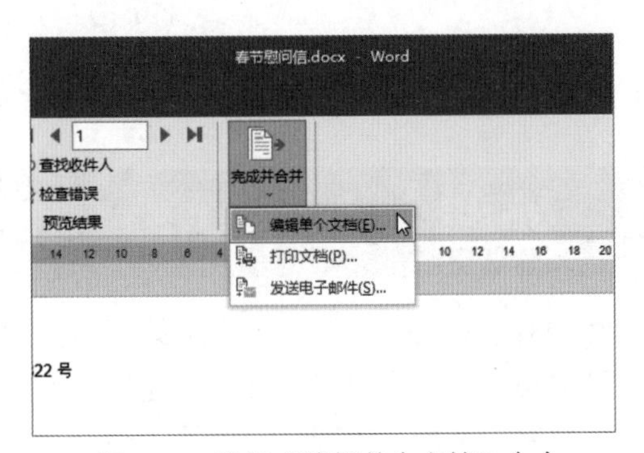

图 3-69　选择“编辑单个文档”命令

13 打开“合并到新文档”对话框，选中“全部”单选按钮，然后单击“确定”按钮，如图 3-70 所示。

14 此时文档中会显示合并列印的效果，用户可以对文件进行单独修改，如图 3-71 所示。

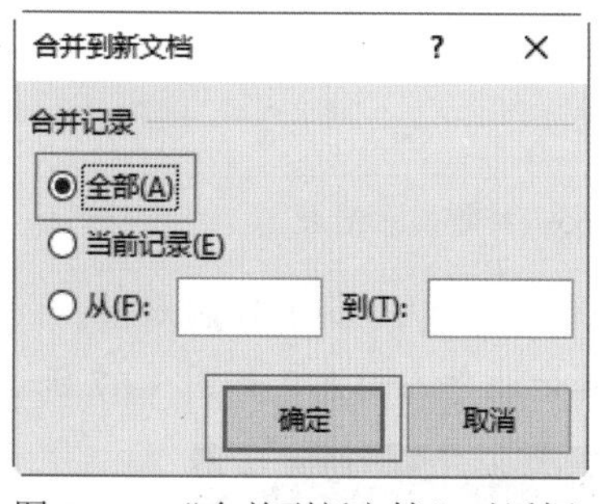

图 3-70　“合并到新文档”对话框

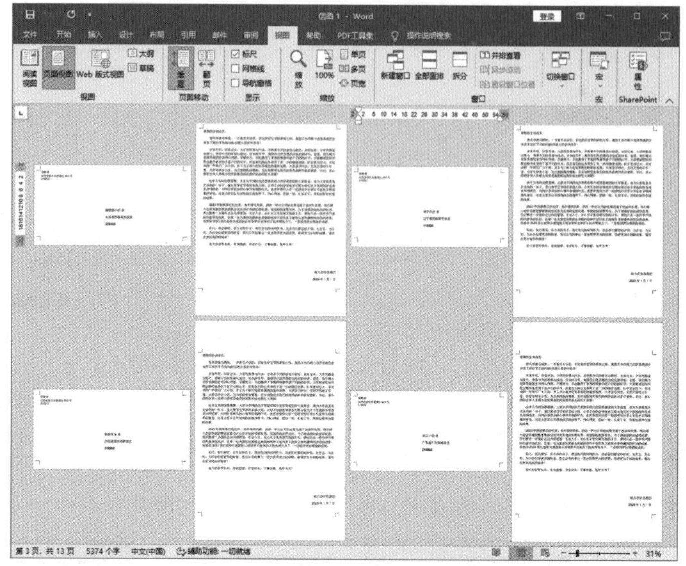

图 3-71　合并列印效果

15 信件确认无误后，单击“完成并合并”下拉按钮，在弹出的下拉列表中选择“打印文档”命令，如图 3-72 所示。

16 打开“合并到打印机”对话框，按照需求设置参数即可，如图 3-73 所示。

17 春节慰问信的最终效果如图 3-45 所示。

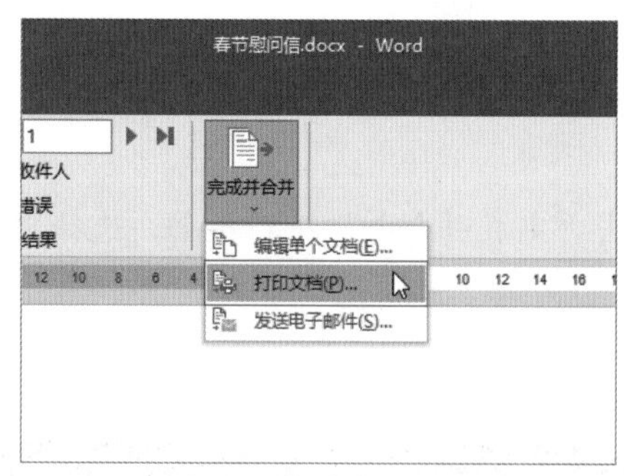

图 3-72　选择“打印文档”命令

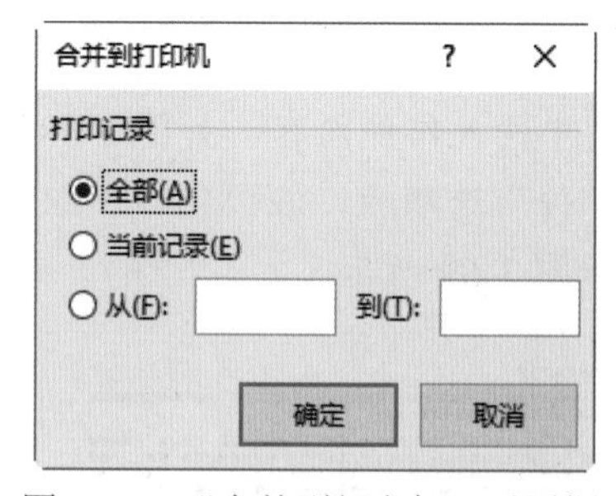

图 3-73　“合并到打印机”对话框

3.3　处理人力资源部工作总结

工作总结是对过去某个时期在工作上的全面回顾、检查分析和对形势的介绍，是公司办公系统中常用的文档之一。本节将讲解如何通过插入书签和超链接、脚注、尾注和题注，处理人力资源部工作总结长文档，如图 3-74 所示。

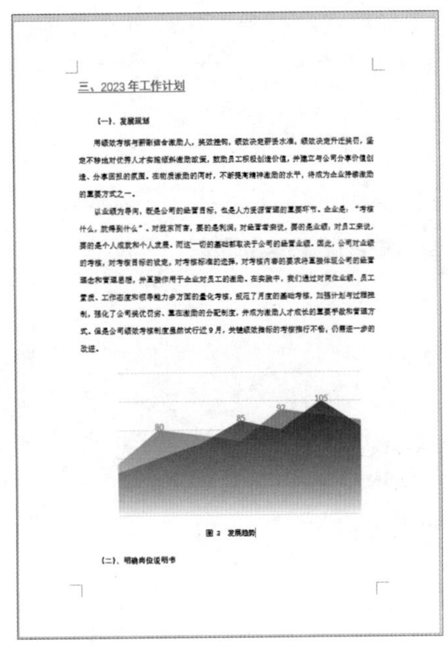

图 3-74　人力资源部工作总结

3.3.1　插入书签和超链接

01 启动 Word 2019，打开“人力资源部工作总结.docx”文档，将光标移到所阅读到的位置，选择“插入”选项卡，在“链接”组中单击“书签”按钮，如图 3-75 所示。

02 打开“书签”对话框，在“书签名”文本框中输入“初步的设想”，然后单击“添加”按钮，如图 3-76 所示，按照同样的方法在其他文本处添加书签。

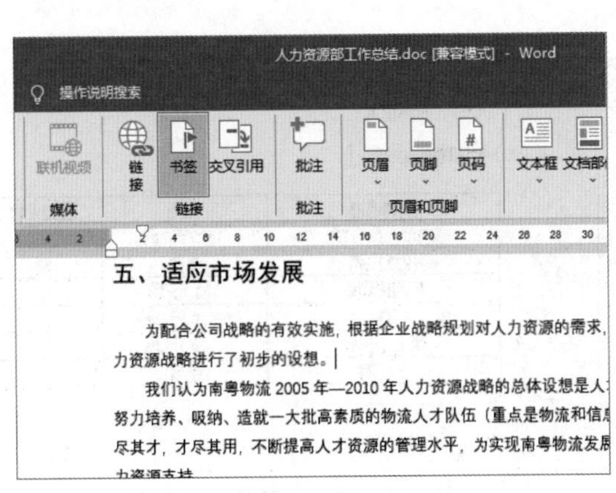

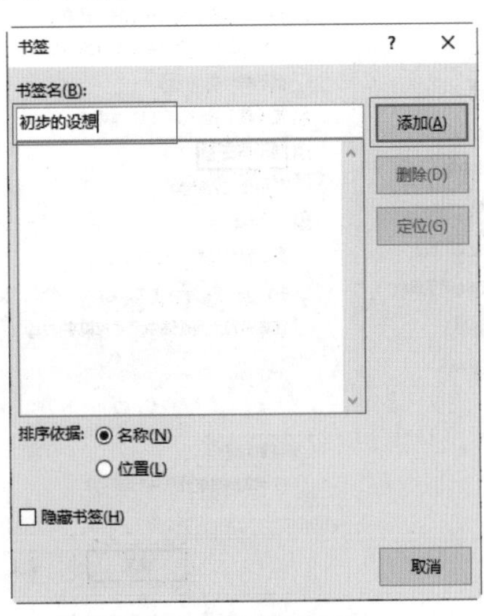

图 3-75　单击“书签”按钮　　图 3-76　输入书签名称

03 添加完成后，在“书签名”列表框中选择“总结”选项，单击“定位”按钮或者双击所需的书签，如图 3-77 所示。

04 此时，光标即可跳转到书签的所在位置，单击“关闭”按钮，如图 3-78 所示。

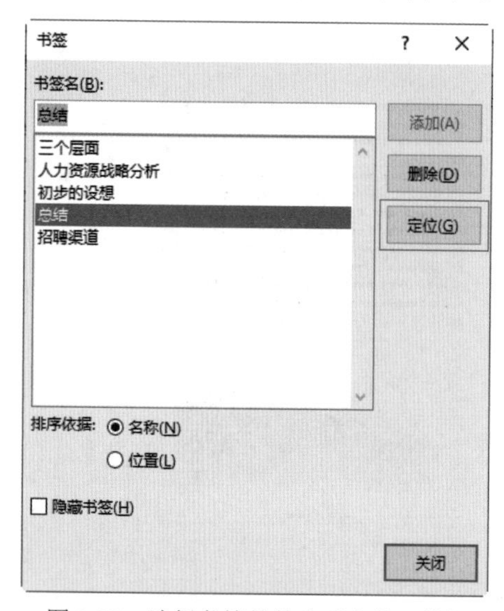

图 3-77　选择书签并单击“定位”按钮

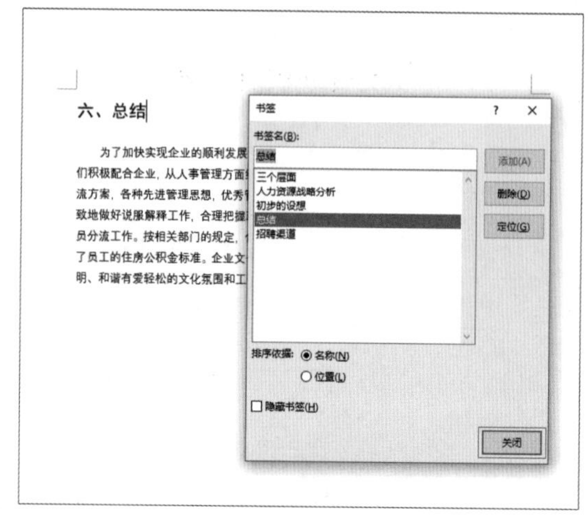

图 3-78　跳转到书签位置

05 选择“文件”选项卡，然后选择“选项”命令，打开“Word 选项”对话框，在“高级”选项卡的“显示文档内容”选项组中选中“显示书签”复选框，然后单击“确定”按钮，如图 3-79 所示。

06 此时即可看到文档中添加书签的位置显示了相应的书签标记，如图 3-80 所示。

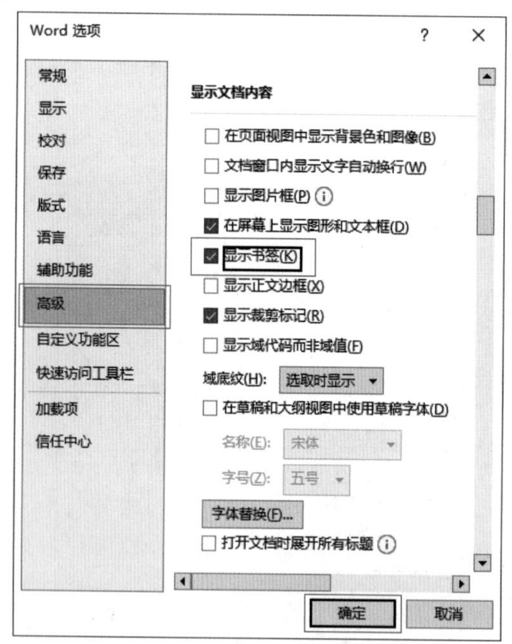

图 3-79　选中“显示书签”复选框

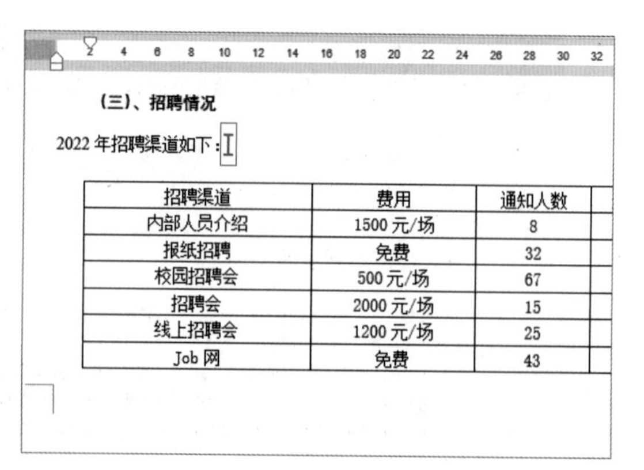

图 3-80　显示书签标记

07 对于不再需要的书签，可以打开“书签”对话框，例如选择“招聘渠道”选项，单击“删除”按钮，如图 3-81 所示。

08 此时即可将该书签删除，如图 3-82 所示。

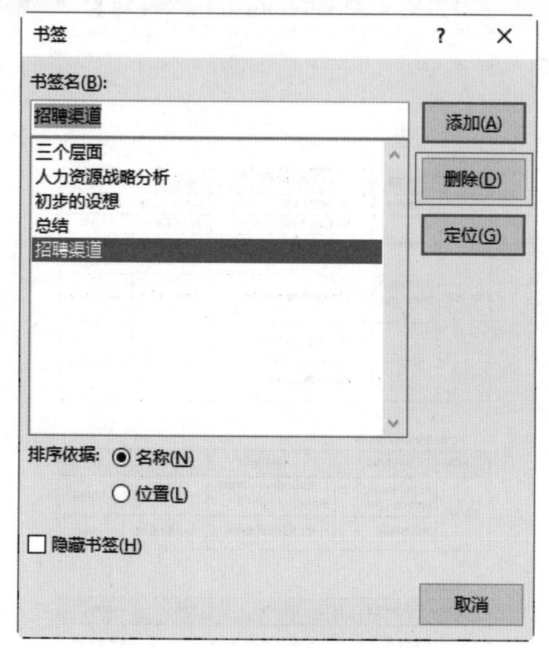

图 3-81　单击“删除”按钮

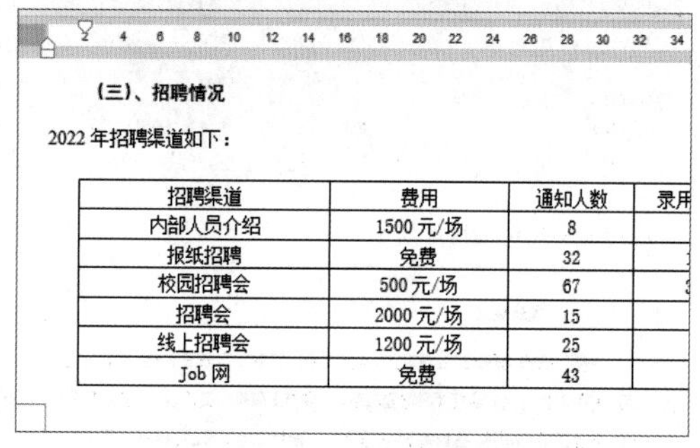

（三）、招聘情况

2022 年招聘渠道如下：

招聘渠道	费用	通知人数	录用
内部人员介绍	1500 元/场	8	
报纸招聘	免费	32	
校园招聘会	500 元/场	67	
招聘会	2000 元/场	15	
线上招聘会	1200 元/场	25	
Job 网	免费	43	

图 3-82　删除书签

09 选择文本“三、2023 年工作计划”，选择“插入”选项卡，在“链接”组中单击“链接”按钮，如图 3-83 所示。

10 打开“插入超链接”对话框，在“链接到”列表框中选择“现有文件或网页”选项，然后在右侧的列表框中选择“2023 年工作计划.docx”文档，单击“确定”按钮，如图 3-84 所示，为其创建一个超链接。

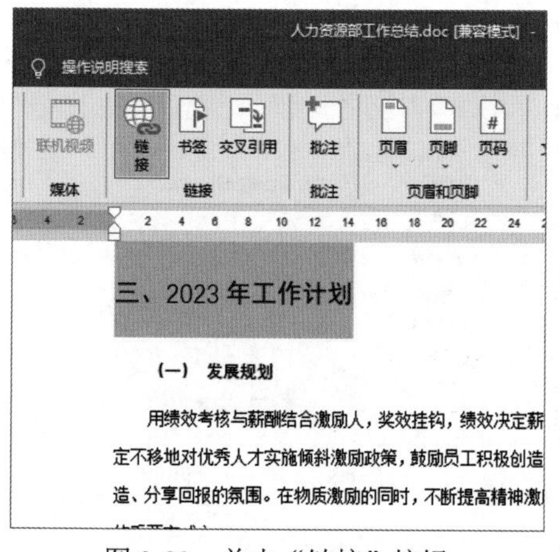

图 3-83　单击“链接”按钮

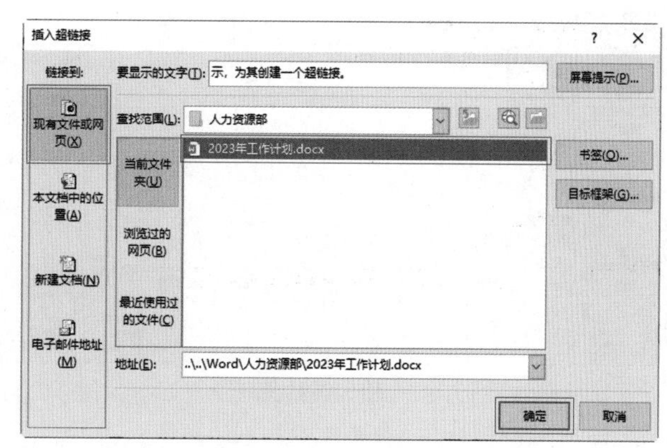

图 3-84　“插入超链接”对话框

11 此时，文本显示效果如图 3-85 所示。

12 按 Ctrl 键并单击超链接文本，系统将自动打开所链接到的“2023 年工作计划 .docx”文档，如图 3-86 所示。

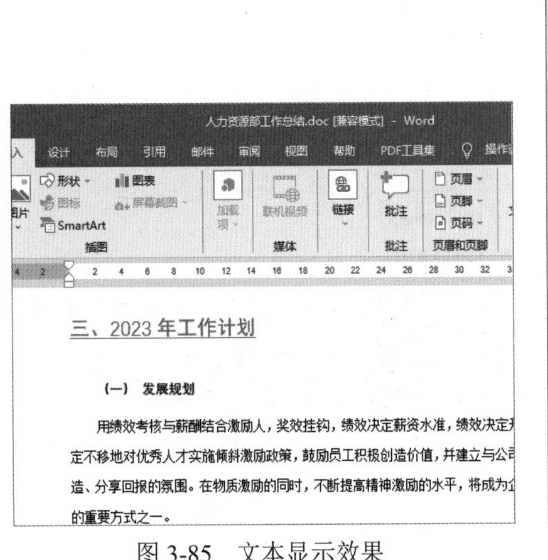

图 3-85　文本显示效果

图 3-86　打开指定文档

13 或者选中超链接文本，在“链接”组中单击“链接”按钮，在打开的“编辑超链接”对话框的“地址”文本框中输入文件夹所在位置的链接地址，然后单击“确定”按钮，如图 3-87 所示。

14 即可打开文档所在的文件夹，如图 3-88 所示。

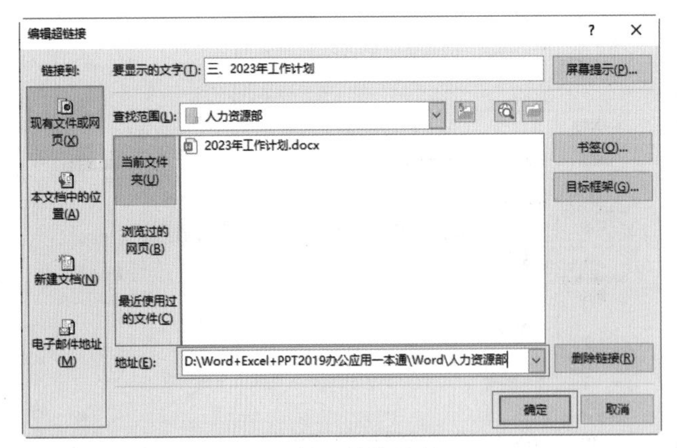

图 3-87　输入链接地址

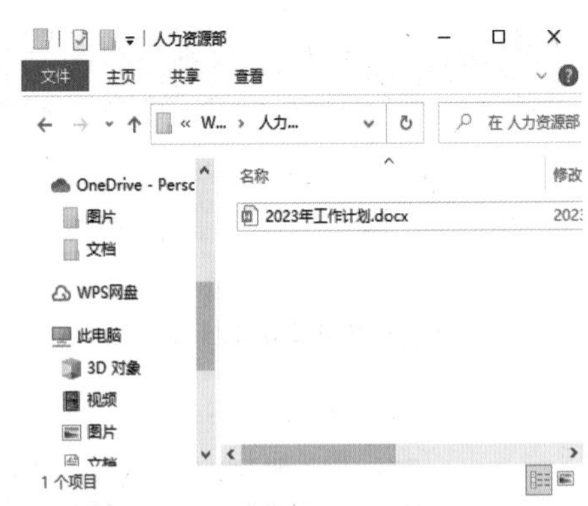

图 3-88　打开文件夹

3.3.2　插入脚注和尾注

01 选择文本“三个层面”，如图 3-89 所示。

02 选择“引用”选项卡，在“脚注”组中单击“插入脚注”按钮，如图 3-90 所示。

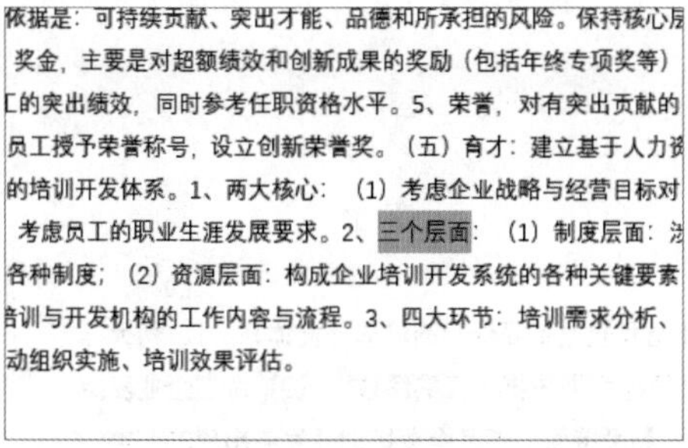

图 3-89　选择文本

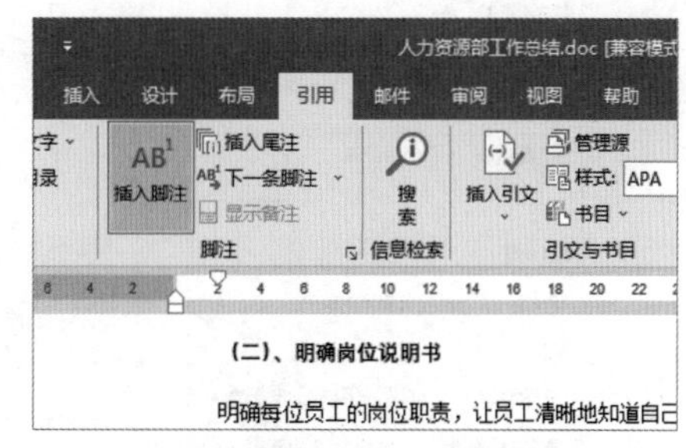

图 3-90　单击“插入脚注”按钮

03 即可为所选文本添加脚注编号，并在当前页底部显示脚注区，在其中输入要补充的脚注说明文本，完成脚注的添加，如图 3-91 所示。

04 将光标放置在“三个层面”文本右上角显示的数字 1 上，可显示脚注内容，如图 3-92 所示。

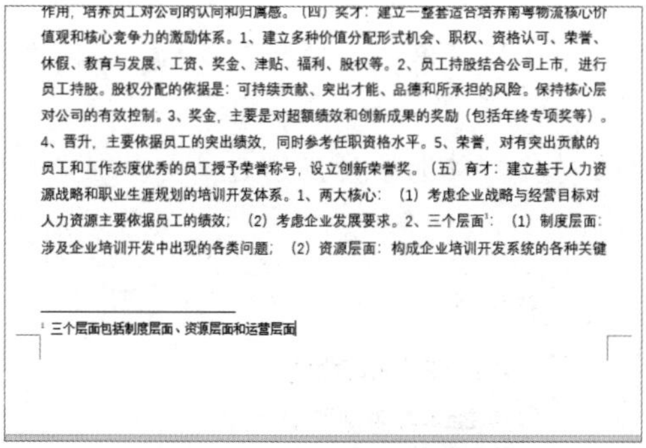

图 3-91　输入脚注文本

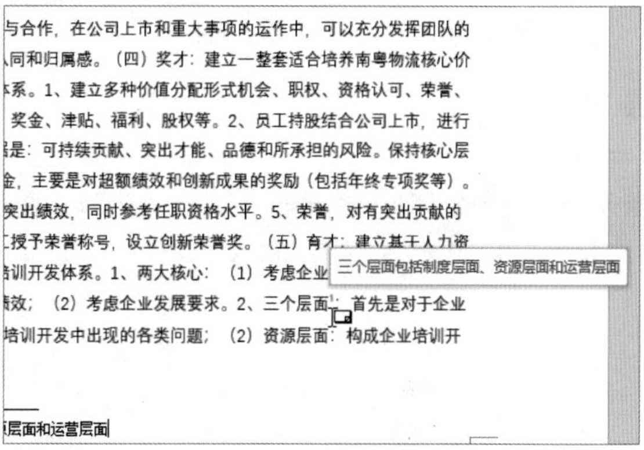

图 3-92　显示脚注内容

05 选择适当的文本内容，然后在“脚注”组中单击“插入尾注”按钮，如图 3-93 所示。

06 此时在文档末尾显示尾注区，输入描述文字中的数据来源，如图 3-94 所示。

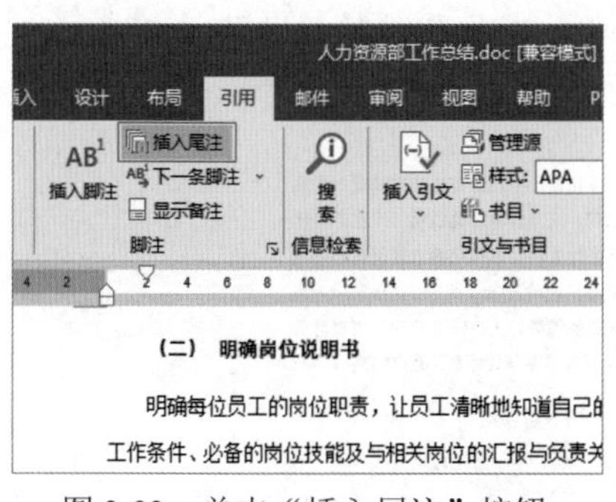

图 3-93　单击“插入尾注”按钮

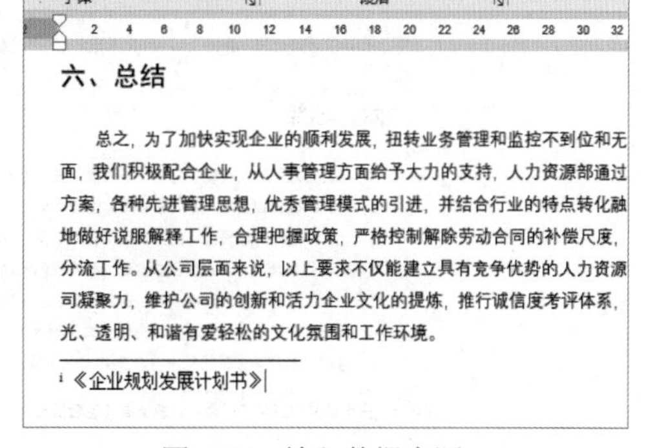

图 3-94　输入数据来源

07 选择“引用”选项卡，单击“脚注”组中的“对话框启动器”按钮，打开“脚注和尾注”对话框，选中“脚注”单选按钮，选择“文字下方”选项；单击“编号格式”下拉按钮，选择“(一)，(二)，(三)...”选项，然后单击“应用”按钮，如图 3-95 所示。

08 此时，脚注显示效果如图 3-96 所示。

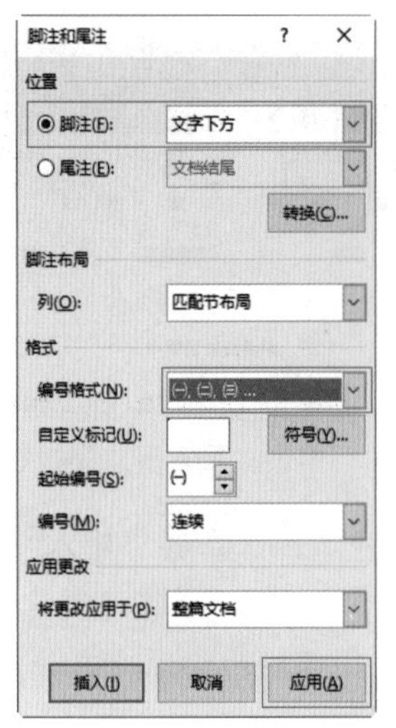

脚注和尾注
位置
脚注(F):
文字下方
尾注(E):
文档结尾
转换(C)...
脚注布局
列(O):
匹配节布局
格式
编号格式(N):
自定义标记(U):
符号(Y)...
起始编号(S):
编号(M):
连续
应用更改
将更改应用于(P):
整篇文档
插入(I)
取消
应用(A)

图 3-95 “脚注和尾注”对话框

源战略和职业生涯规划的培训开发体系。1、两大
人力资源主要依据员工的绩效；（2）考虑企业发
（1）制度层面：涉及企业培训开发中出现的各类
三个层面包括制度层面、资源层面和运营层面

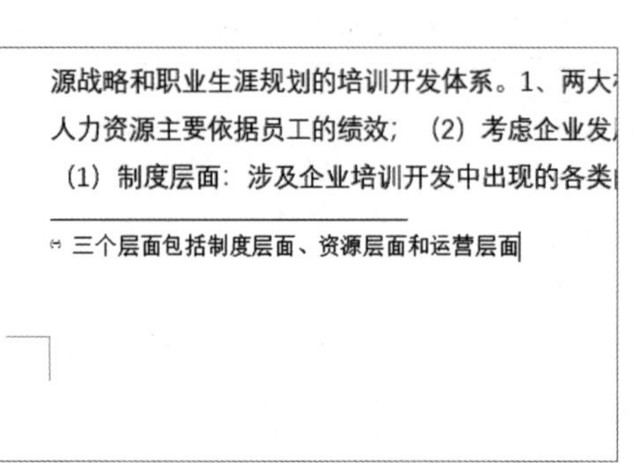

图 3-96 脚注效果

09 若要将脚注和尾注互换，可以打开“脚注和尾注”对话框，单击“转换”按钮，如图 3-97 所示。

10 打开“转换注释”对话框，选中“脚注和尾注相互转换”单选按钮，然后单击“确定”按钮，如图 3-98 所示。

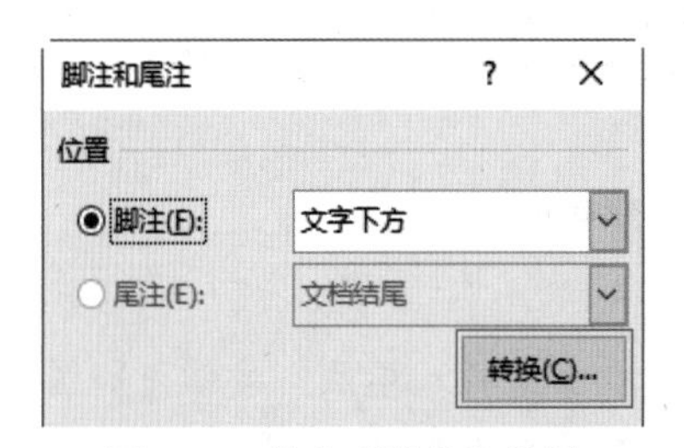

脚注和尾注
位置
脚注(F):
文字下方
尾注(E):
文档结尾
转换(C)...

图 3-97 单击“转换”按钮

转换注释
脚注全部转换成尾注(F)
尾注全部转换成脚注(E)
脚注和尾注相互转换(S)
确定
取消

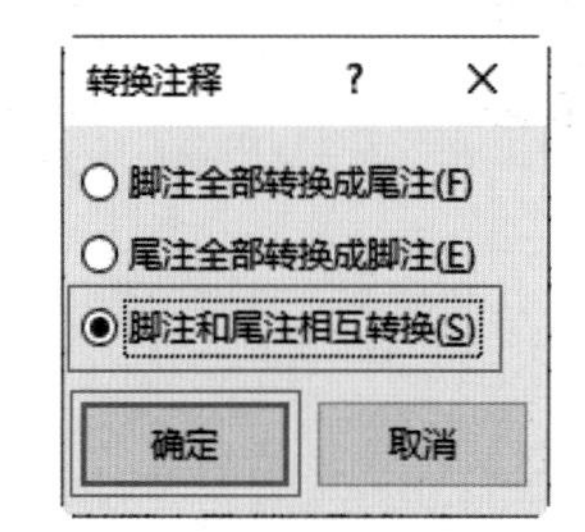

图 3-98 “转换注释”对话框

11 此时，可以看到原脚注转换为尾注，如图 3-99 所示，原尾注转换为脚注信息。

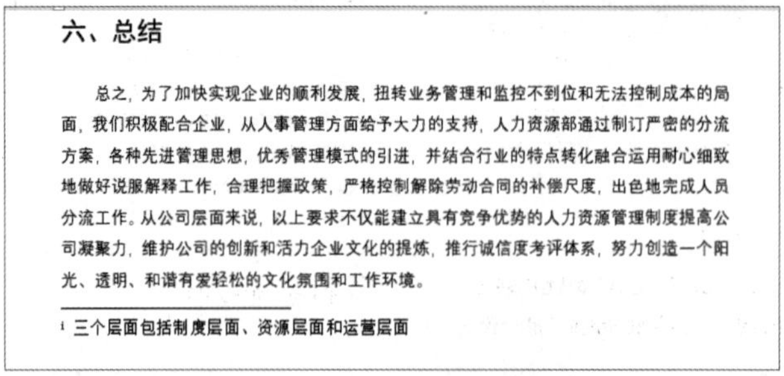

六、总结
总之，为了加快实现企业的顺利发展，扭转业务管理和监控不到位和无法控制成本的局面，我们积极配合企业，从人事管理方面给予大力的支持，人力资源部通过制订严密的分流方案，各种先进管理思想，优秀管理模式的引进，并结合行业的特点转化融合运用耐心细致地做好说服解释工作，合理把握政策，严格控制解除劳动合同的补偿尺度，出色地完成人员分流工作。从公司层面来说，以上要求不仅能建立具有竞争优势的人力资源管理制度提高公司凝聚力，维护公司的创新和活力企业文化的提炼，推行诚信度考评体系，努力创造一个阳光、透明、和谐有爱轻松的文化氛围和工作环境。
i 三个层面包括制度层面、资源层面和运营层面

图 3-99 脚注和尾注互换

3.3.3 使用题注添加编号

01 选择文档中的图片，选择“引用”选项卡，在“题注”组中单击“插入题注”按钮，如

图 3-100 所示。

02 打开“题注”对话框，单击“位置”下拉按钮，在弹出的下拉列表中选择“所选项目下方”选项，然后单击“新建标签”按钮，如图 3-101 所示。

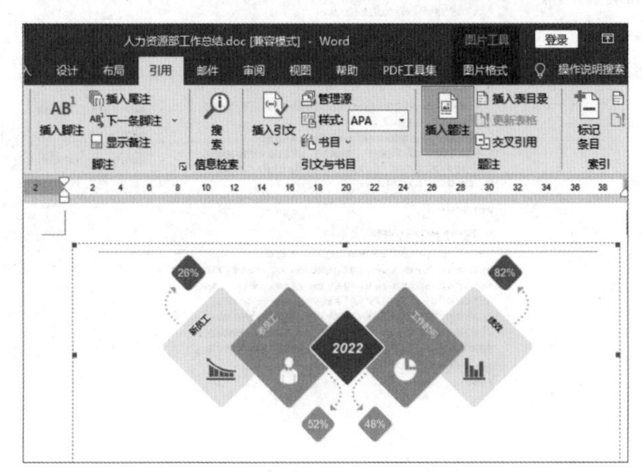

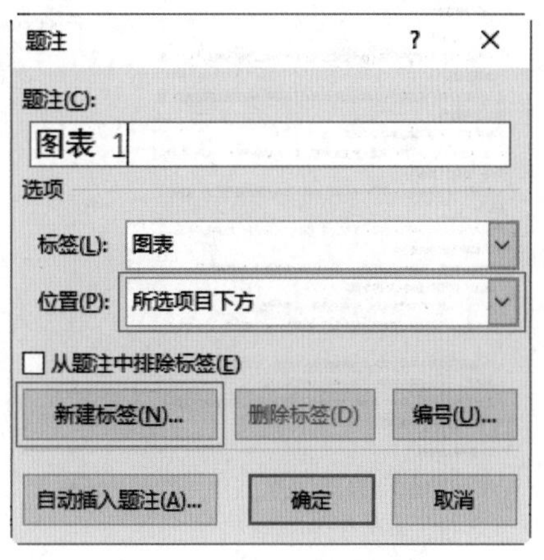

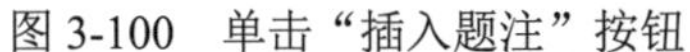
图 3-100　单击“插入题注”按钮

图 3-101　“题注”对话框

03 打开“新建标签”对话框，在“标签”文本框中输入新标签名称“图”，然后单击“确定”按钮，如图 3-102 所示，返回“题注”对话框。

04 再次单击“确定”按钮，返回文档，即可看到在所选图片的下方添加了“图”标签，在后方输入图片的名称，如图 3-103 所示，按照同样的方法添加其他图片的题注。

05 人力资源部工作总结最终效果如图 3-74 所示。

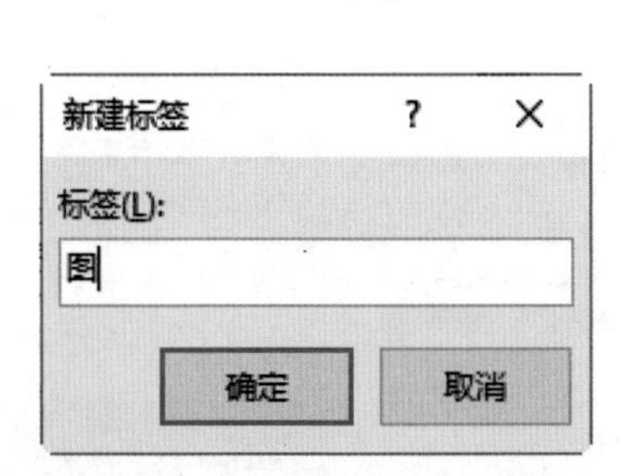

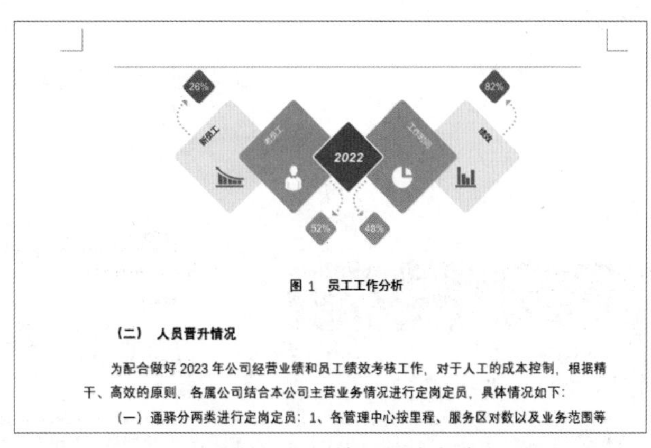

图 3-102　“新建标签”对话框

图 3-103　输入图片名称

3.4　审阅图书馆规章制度

当文档编辑完毕后，需要提交给其他人帮助检查与审阅，以确认文档的内容无误、语句的通顺和流畅。使用 Word 组件中的检查拼写和语法错误、批注和修订等功能可协助审阅者编辑文档，同时也便于后期的沟通交流。本节将讲解如何审阅图书馆规章制度，如图 3-104 所示。

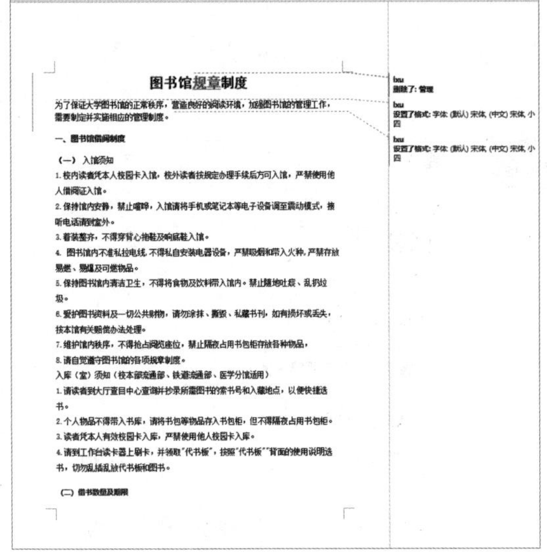

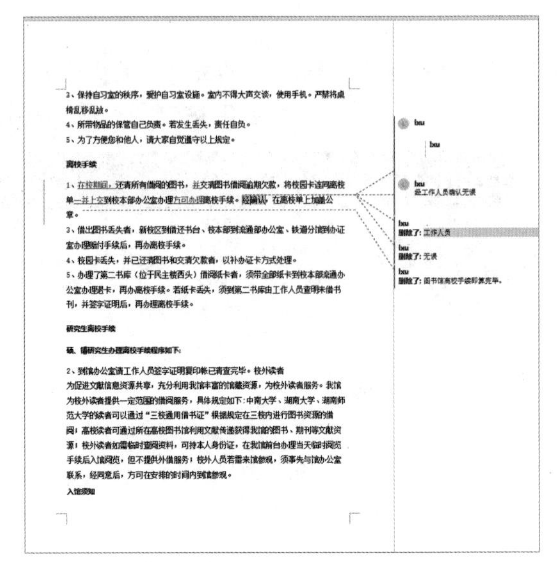

图 3-104　图书馆规章制度

3.4.1　检查和修订文档

01 启动 Word 2019，打开“图书馆规章制度.docx”文档，选择“审阅”选项卡，在“校对”组中单击“拼写和语法”按钮，如图 3-105 所示。

02 在文档的右侧打开“校对”窗格，若用户确认短语为所需文本，单击“忽略”按钮即可，如图 3-106 所示。

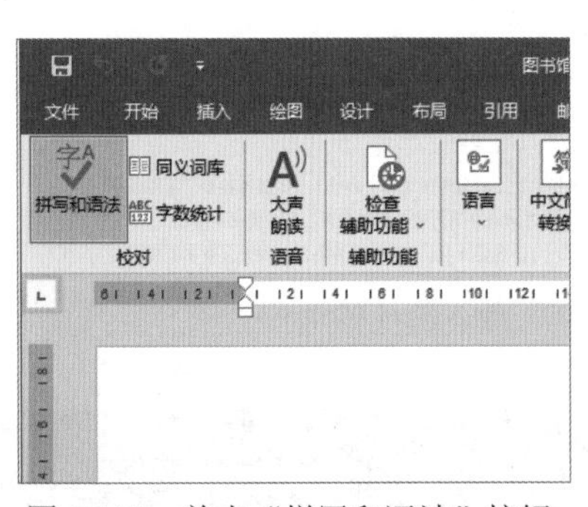

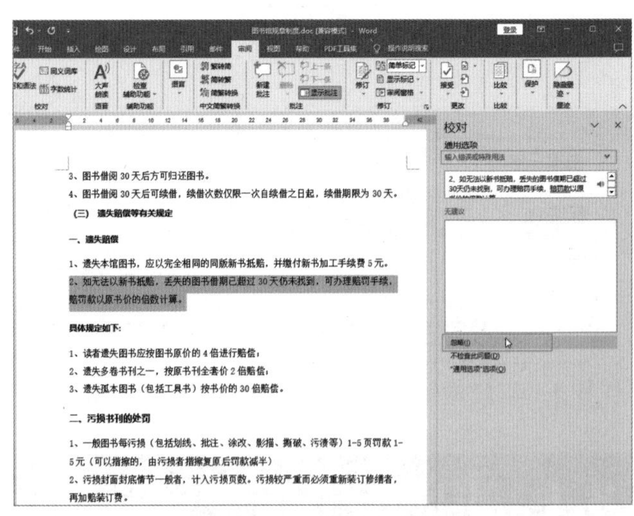

图 3-105　单击“拼写和语法”按钮　　　　图 3-106　“校对”窗格

03 忽略了语法错误后，会进行下一处拼写和语法错误的查找，如果没有错误，继续单击“忽略”按钮，直到完成文档所有内容的错误查找，如图 3-107 所示。

04 此时会弹出提示对话框提示检查完成，单击“确定”按钮即可，如图 3-108 所示。

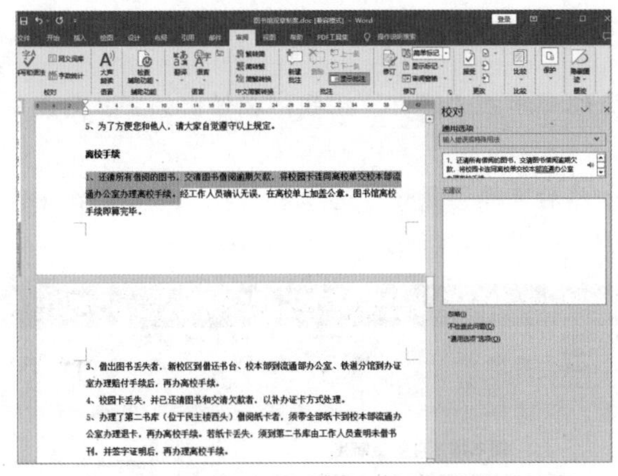

图 3-107 查找下一处拼写和语法错误

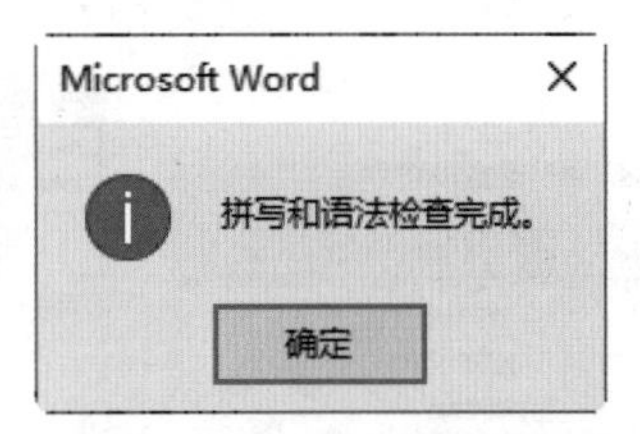

图 3-108 提示对话框

3.4.2 添加批注

01 将光标放置在文档中需要添加批注的地方，选择“审阅”选项卡，在“批注”组中单击“新建批注”按钮，如图 3-109 所示。

02 此时，在文档的右侧会出现“批注”窗格，在窗格中输入批注内容，如图 3-110 所示。

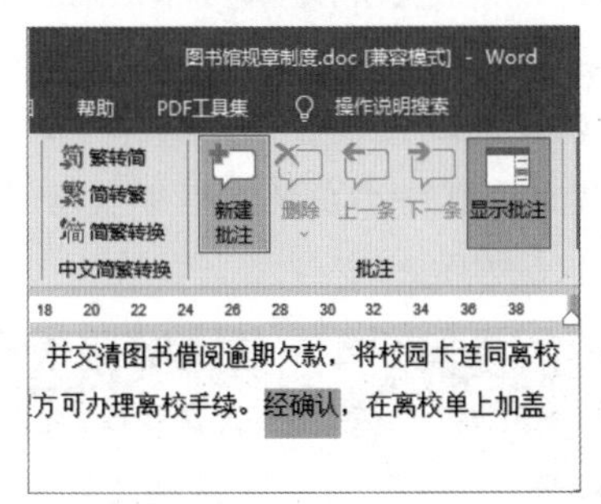

图 3-109 单击“新建批注”按钮

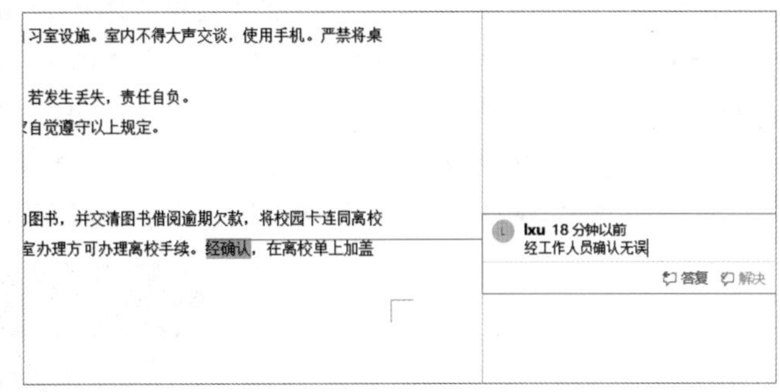

图 3-110 输入批注内容

03 若要快速跳转到下一条批注信息，可以在“批注”组中单击“下一条”按钮，如图 3-111 所示。

04 在“修订”组中单击“显示标记”下拉按钮，选择“特定人员”选项，可以在弹出的列表中查看所有审阅者的名称，如图 3-112 所示。

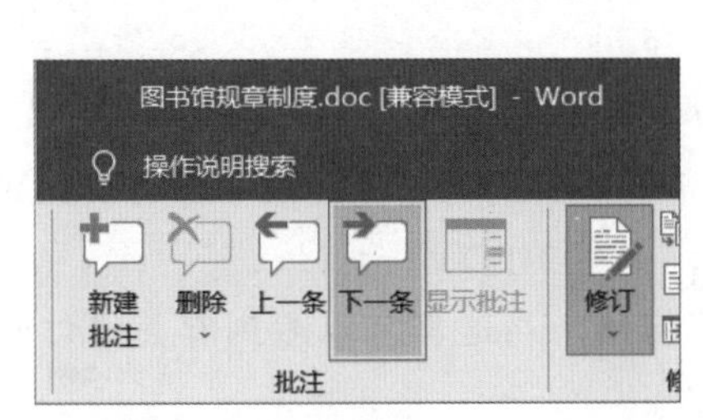

图 3-111 单击“下一条”按钮

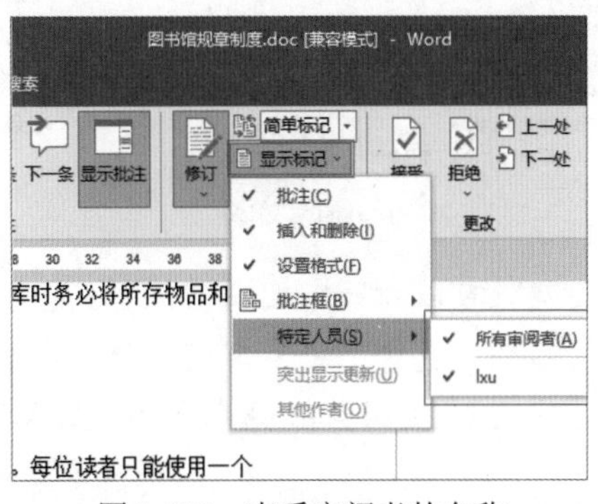

图 3-112 查看审阅者的名称

3.4.3 在修订状态下修改文档

01 选择“审阅”选项卡，在“修订”组中单击“修订”按钮，在弹出的下拉列表中选择“修订”选项，如图 3-113 所示。

02 进入修订状态后，直接选择标题，然后选择“开始”选项卡，在“字体”组中设置文档中的字体、字号格式，此时在文档的右侧会出现修订标记，如图 3-114 所示。

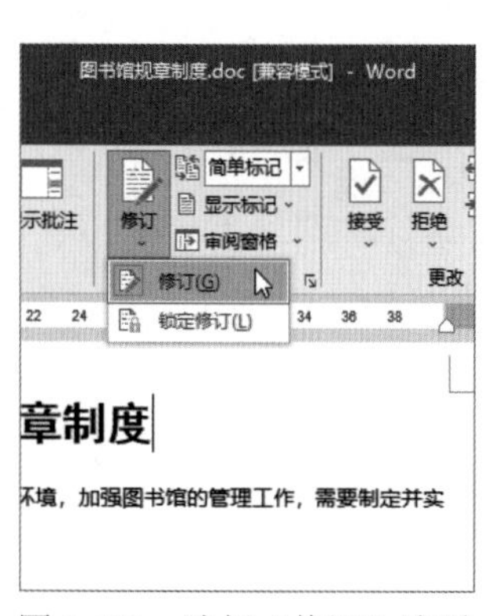

图 3-113 选择“修订”选项

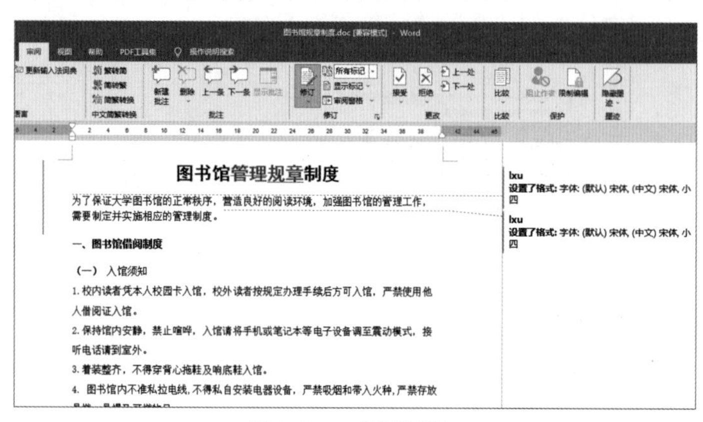

图 3-114 修订标记

03 启用修订后，审阅者就可以在文档中对文档内容进行编辑，若是添加文本内容，则在文字下方出现一条红色下画线标记，而被删除的文字会被画上一条红色横线标记，如图 3-115 所示。

04 添加和删除内容的操作并不会显示在批注框内，用户可以设置批注框显示，选择“审阅”选项卡，在“修订”组中单击“显示标记”下拉按钮，选择“批注框”|“在批注框中显示修订”命令，在文档的右侧会出现批注框并显示修订内容，如图 3-116 所示。

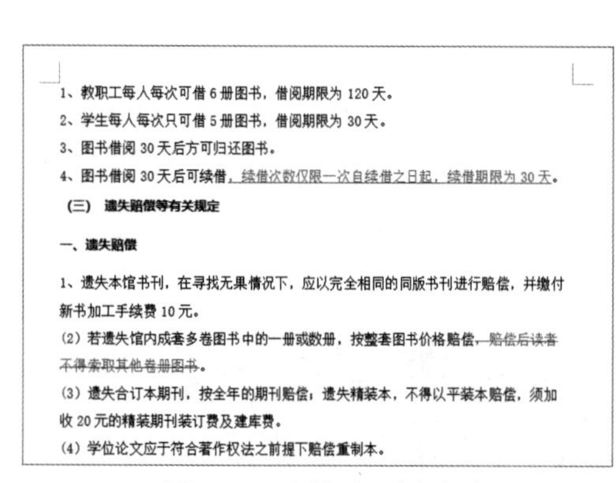

图 3-115 添加与删除文本

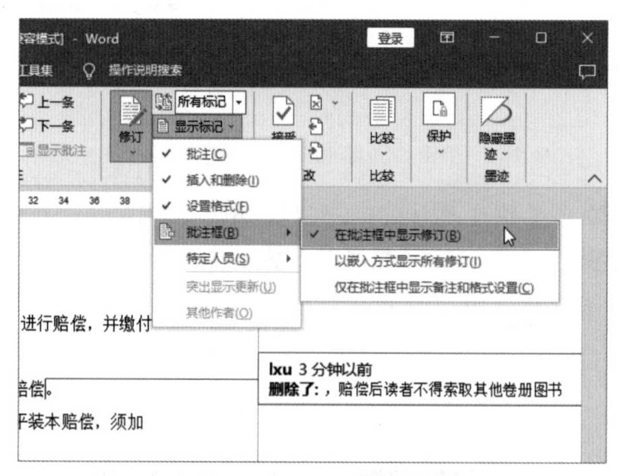

图 3-116 选择“在批注框中显示修订”命令

05 文档修订后，可以打开审阅窗格，里面会显示有关审阅的信息，在“修订”组中单击“审阅窗格”下拉按钮，选择“垂直审阅窗格”命令，如图 3-117 所示。

06 此时，在文档的左侧会出现垂直的“审阅”窗格，在这里可以看到有关修订的信息，如图 3-118 所示。

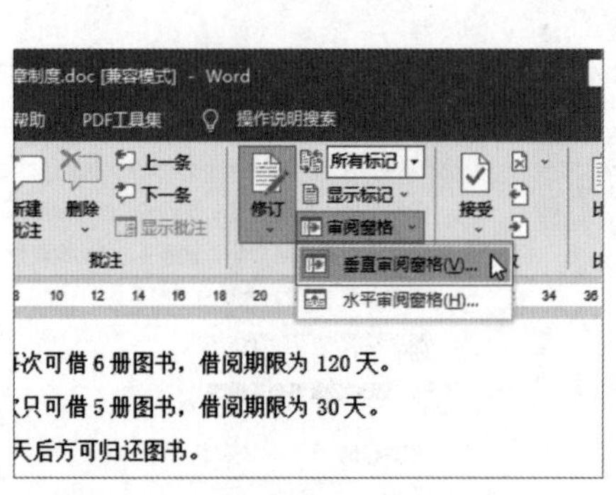

图 3-117 选择“垂直审阅窗格”命令

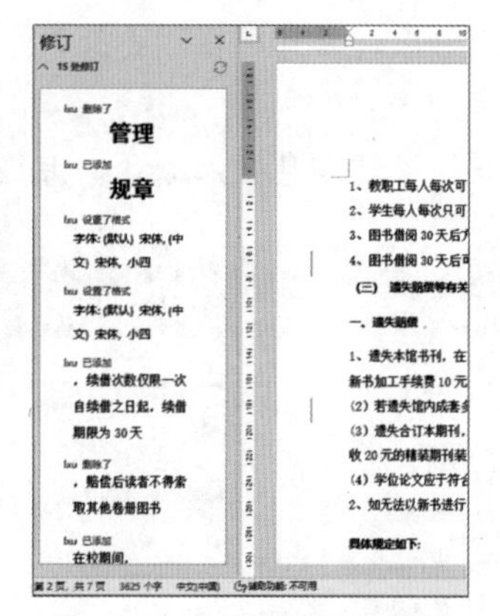

图 3-118 查看修订的信息

07 在“审阅”选项卡的“修订”组中单击“修订”按钮，如图 3-119 所示，退出修订状态。

08 当完成文档修订并退出修订状态后，在“更改”组中单击“下一处修订”按钮，如图 3-120 所示，可逐条查看有过修订的内容。

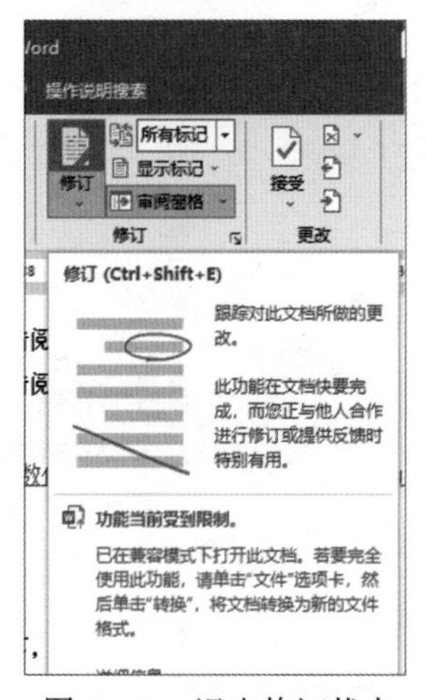

图 3-119 退出修订状态

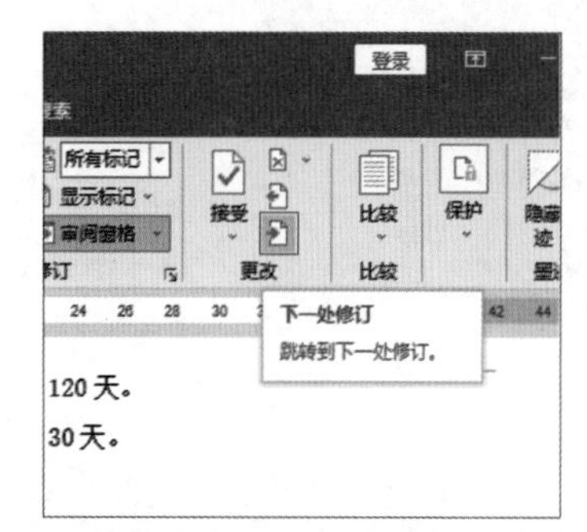

图 3-120 单击“下一处修订”按钮

09 将光标放置到要接受的修改内容中，在“更改”组中单击“接受”下拉按钮，选择“接受此修订”命令，如图 3-121 所示。

10 此时即可接受光标所在位置的文本修订，如果认同文档中所有的修改，单击“接受”下拉按钮，选择“接受所有修订”命令。

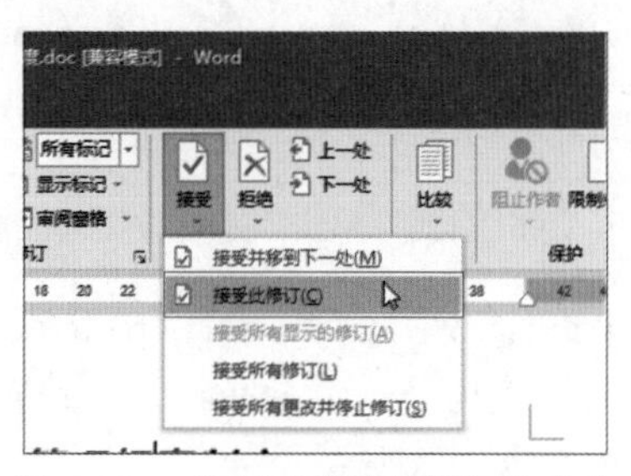

图 3-121 选择“接受此修订”命令

11 若要拒绝某个修订信息，在“更改”组中单击“拒绝”下拉按钮，选择“拒绝更改”命令，如图 3-122 所示。

12 此时文档中的修订信息被清除了，且还原至修订前的状态，如图 3-123 所示。

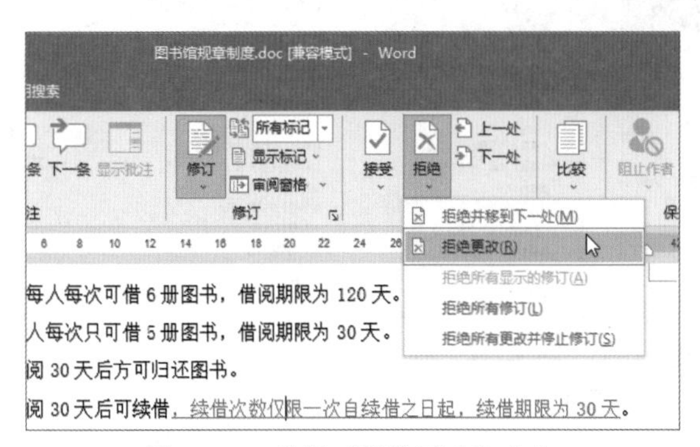

图 3-122 选择“拒绝更改”命令

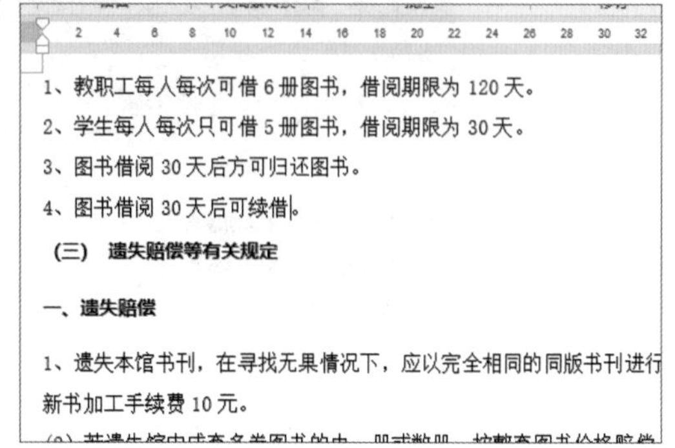

图 3-123 还原至修订前的状态

13 选择“审阅”选项卡，在“比较”组中单击“比较”下拉按钮，选择“比较”命令，如图 3-124 所示。

14 打开“比较文档”对话框，分别选择“原文档”和“修订的文档”中的按钮，添加原文档和修订的文档，然后单击“确定”按钮，如图 3-125 所示。

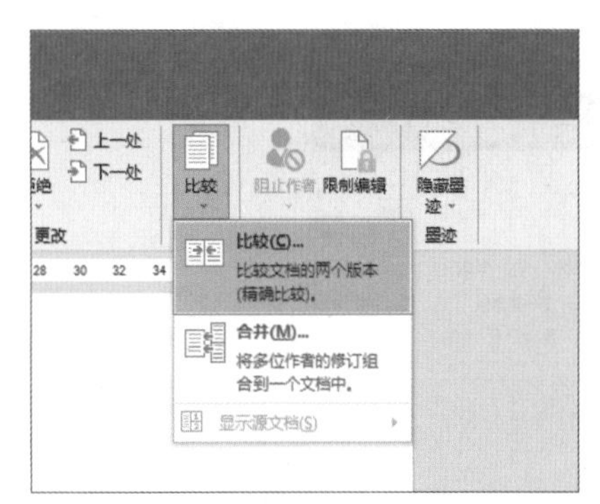

图 3-124 选择“比较”命令

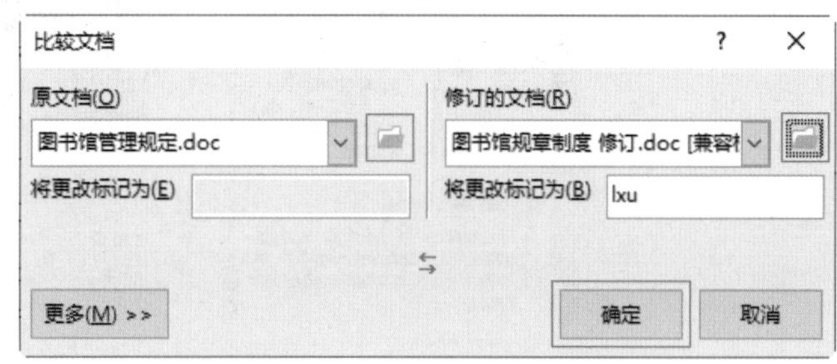

图 3-125 “比较文档”对话框

15 弹出 Microsoft Word 提示框，提示所比较的两个文档中有一个或全部含有修订。为进行比较，Word 会将这些修订视为已接受，单击“是”按钮，如图 3-126 所示。

图 3-126 单击“是”按钮

16 此时在 Word 文档窗口中打开了“审阅”窗格，显示比较的文档、原文档和修订文档三个窗口，如图 3-127 所示，方便用户比较文档修订前后的内容及修订内容。

17 图书馆规章制度的最终效果如图 3-104 所示。

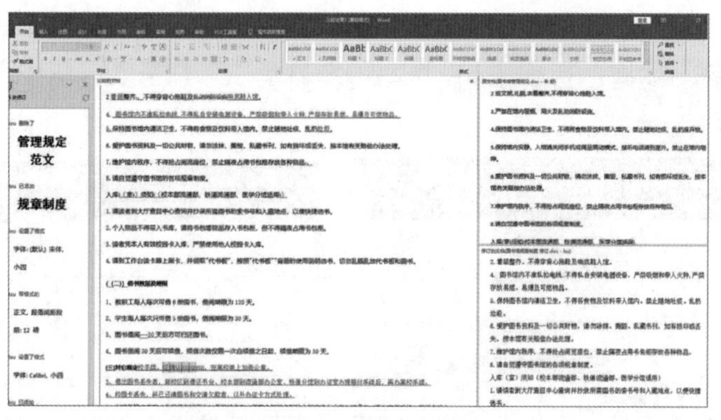

图 3-127　比较文档

3.5　Word 办公技巧

通过以上案例的学习，读者熟悉了 Word 办公文档中的高级排版功能，下面为读者介绍在制作过程中的一些实用技巧，包括“修改默认字体”“手动和自动标记索引”和“字数统计”。

3.5.1　修改默认字体

在新建 Word 文档时，字体通常默认为“等线”，字号默认为“五号”。用户可以根据习惯在文档中将常用的字体设置为默认字体，下面将为读者介绍两种常用的更改或设置默认字体的具体操作方法。

新建一个文档并输入文本内容，选择文本内容，右击并从弹出的快捷菜单中选择“字体”命令，如图 3-128 所示。打开“字体”对话框，设置所需的字体格式，然后单击“设为默认值”按钮，如图 3-129 所示。

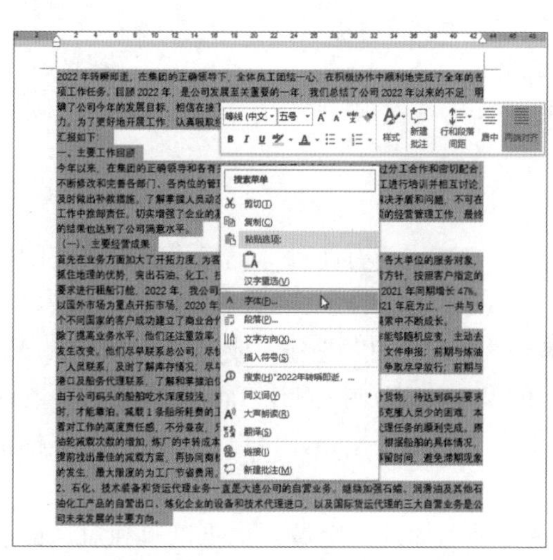

图 3-128　选择“字体”命令

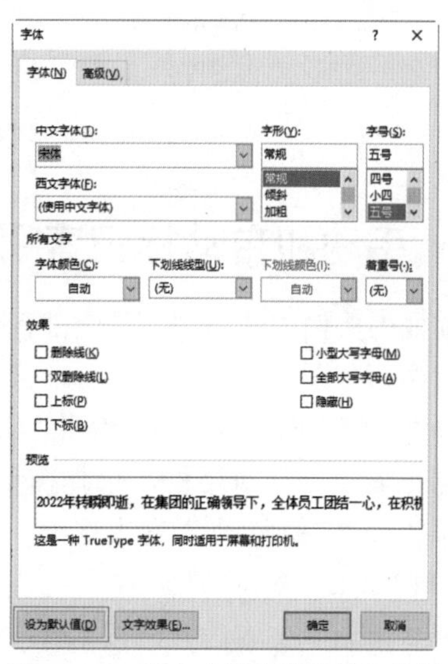

图 3-129　单击“设为默认值”按钮

或者可以选择“设计”选项卡，在“文档格式”组中单击“字体”下拉按钮，在弹出的下拉列表中选择“宋体”选项，如图 3-130 所示，然后在“文档格式”组中单击“设为默认值”按钮，如图 3-131 所示。

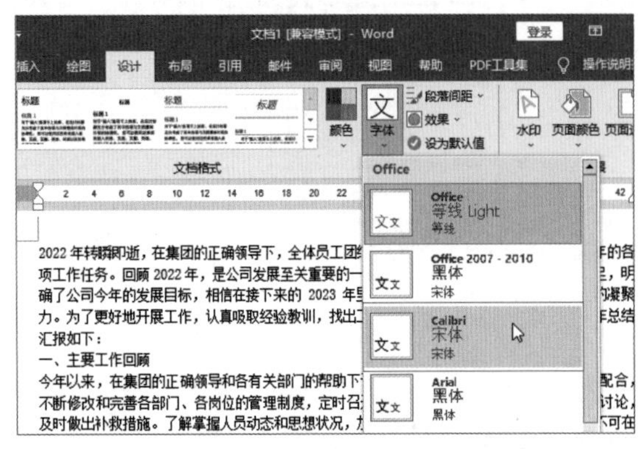

图 3-130　选择“宋体”选项

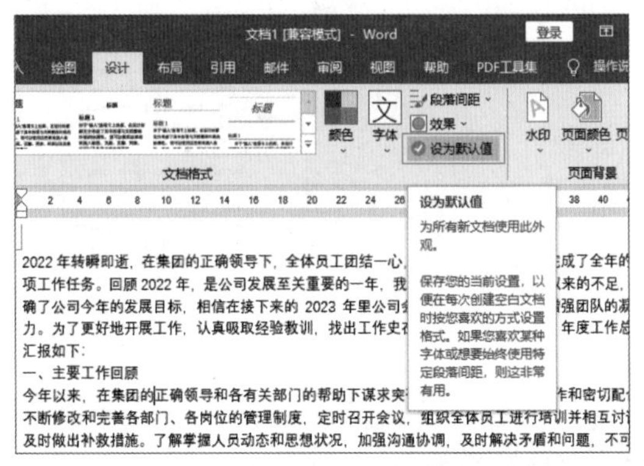

图 3-131　单击“设为默认值”按钮

在弹出的提示对话框中单击“是”按钮，如图 3-132 所示，设置完成后将影响所有基于标准的模板的新文档，之后打开的新文档都将使用所选择的字体设置。该方法可以为正文和标题设置不同的字体，但仅限于设置字体。选择“开始”选项卡，在“字体”组中单击“字体”下拉按钮，此时主题字体已更改为“宋体”，如图 3-133 所示。

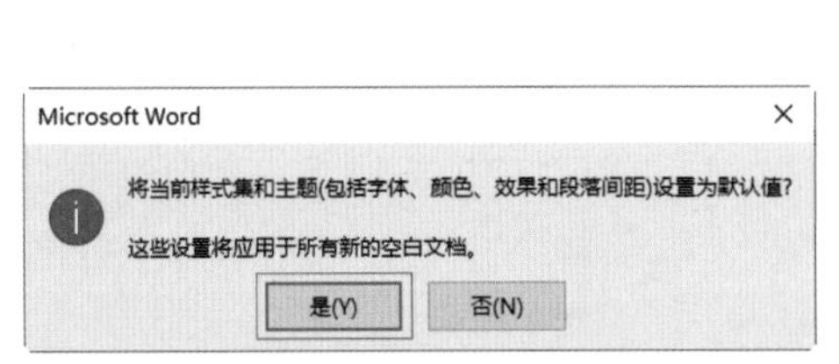

图 3-132　单击“是”按钮

图 3-133　主题字体

3.5.2　手动和自动标记索引

在前面的实例中使用到的是全部标记索引的方法，还有两种标记索引的方法在制作文档时也会使用到，分别是手动标记和自动标记，下面将为读者详细介绍具体的操作方法。

选择“引用”选项卡，在“索引”组中单击“标记条目”按钮，或者按 Shift+Alt+X 快捷键，打开“标记索引项”对话框，选择需要标记的文本内容，按 Ctrl+Tab 快捷键，将被选中的文本内容添加进“主索引项”文本框中，然后单击“标记”按钮，可以手动单独为其标记索引，如图 3-134 所示。

选择“市场”文本内容，按 Ctrl+F9 快捷键手动插入一个域，也可以单独对词语进行手动标记索引，如图 3-135 所示。

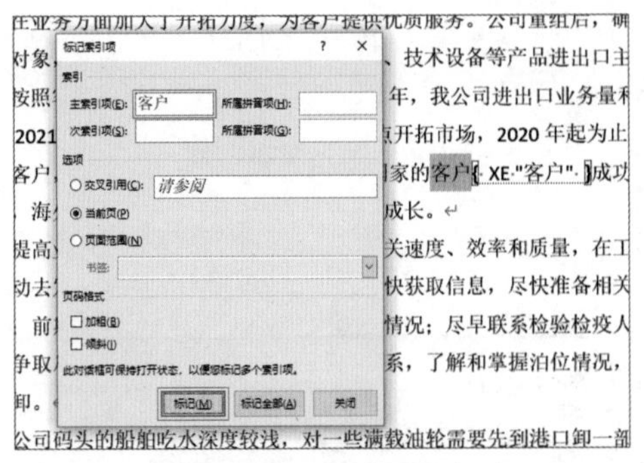

图 3-134　手动标记索引

（一）、主要经营成果

首先在业务方面加大了开拓力度，为客户提供优质服务。公司重组后，确
的服务对象，抓住地理的优势，突出石油、化工、技术设备等产品进出口主
方针，按照客户指定的要求进行租船订舱，2022年，我公司进出口业务量和
长，比2021年同期增长47%。以国外市场为重点开拓市场，2020年起为止
5个新客户，2021年底为止，一共与6个不同国家的客户{ XE "客户" }成功
作关系，海外市场{ XE "市场" }不是终点，需要在摸索中不断成长。

除了提高业务水平，他们还注重效率，提高通关速度、效率和质量，在工
变，主动去发生改变。他们尽早联系总公司，尽快获取信息，尽快准备相关
件申报；前期与炼油厂人员联系，及时了解库存情况；尽早联系检验检疫人
时间，争取尽早放行；前期与港口及船务代理联系，了解和掌握泊位情况，
船和装卸。

图 3-135　输入域

此时，再新建一个 Word 文档，并输入需要进行标记的词语，如图 3-136 所示，保存文档并将其关闭。

打开“公司年终总结报告.docx”文档，选择“引用”选项卡，在“索引”组中单击“插入索引”按钮，打开“索引”对话框，然后单击“自动标记”按钮，如图 3-137 所示。

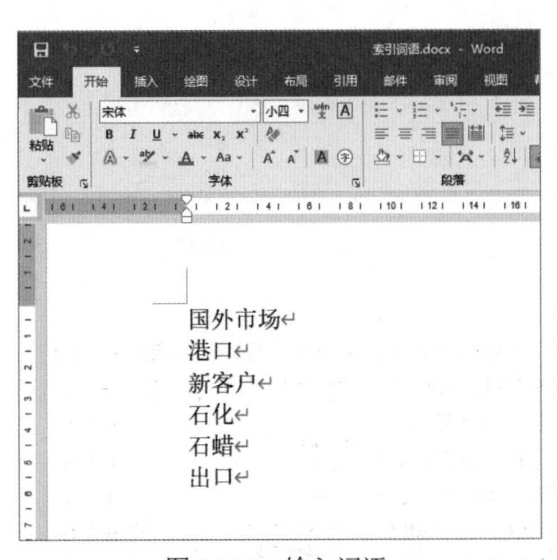

图 3-136　输入词语

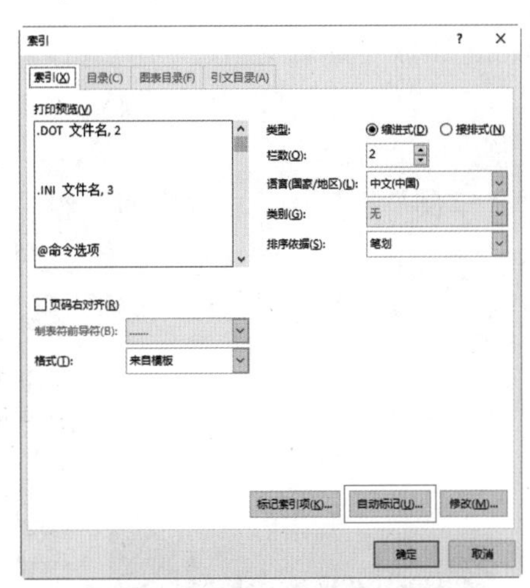

图 3-137　单击“自动标记”按钮

打开“打开索引自动标记文件”对话框，选择“索引词语.docx”文档，然后单击“打开”按钮，如图 3-138 所示，此时自动将文档中所有需要索引的词语进行了标记，如图 3-139 所示。

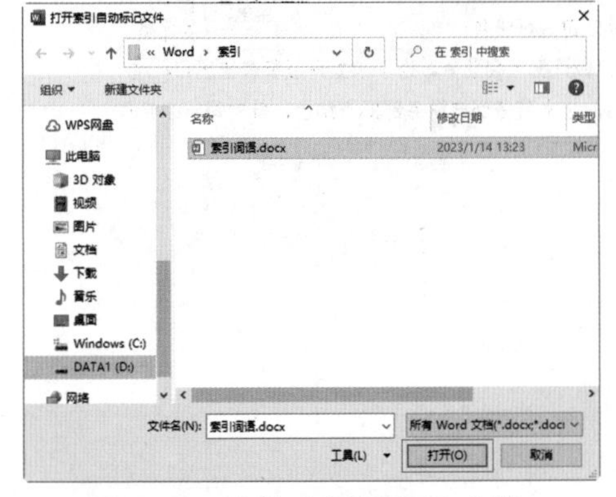

图 3-138　选择“索引词语”文档

2、石化{ XE "石化" }、技术装备和货运代理业务一直是大连公司的自营业务。继续加强石蜡{ XE "石蜡" }、润滑油及其他石油化工产品的自营出口{ XE "出口" }、炼化企业的设备和技术代理进口，以及国际货运代理的三大自营业务是公司未来发展的主要方向。

从总公司石蜡{ XE "石蜡" }业务集中归口管理以来，石化{ XE "石化" }产品部积极与总公司石化产品部保持联系，及时了解出口{ XE "出口" }信息，尽量把工作想在前、做在前，注重业务的每一个环节，仔细核对每一笔货款，严格审阅各种单证票据，确保石蜡出口工作顺利执行。针对石蜡货源紧张的情况，他们加强与大连石化分公司的协调与沟通，与炼厂共同分析市场需求和价格走势，得到了炼厂的信任和理解，保证了石蜡及时供货。

技术装备部为做好大连石化{ XE "石化" }分公司设备进口工作，业务人员不分节假日工作在现场，从设备到货、进库入库、办理出库料票、调款结算、现场翻译等环节上，严格细致地按照客户的要求提供服务，与企业建立了较好的关系，也赢得了新客户{ XE "新客户" }客户的信任。在为大连石化分公司做好设备代理进口业务的同时，他们发挥员工的主观能动性，寻找新的业务渠道，积极开拓社会业务。为了独立开展装备进出口{ XE "出口" }业务，增加抗风险和应变能力，技术装备部与财务部紧密结合，针对每一个合同双层严把审核关，将合同的风险率降低为零。

公司主要以货代内部代理、钢材配送和仓储业务为主。根据年初制定的业务指标，加强内部管理，强化服务意识，理顺业务流程，提高工作效率。根据石蜡{ XE "石蜡" }分销

图 3-139　自动标记索引

选择“引用”选项卡，在“索引”组中单击“插入索引”按钮，打开“索引”对话框，然后单击“确定”按钮，索引的显示结果如图 3-140 所示。

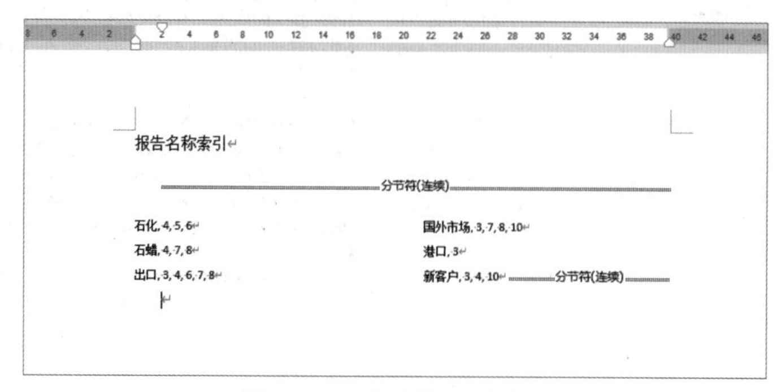

图 3-140　索引的显示结果

3.5.3　字数统计

在 Word 2019 中编辑文档后，用户可以借助“字数统计”工具方便快捷地掌握所编辑文档包含的页数、字数、字符数 (不计空格)、字符数 (计空格)、段落数、行数等信息，以对所编辑文档有整体的了解。

选择“审阅”选项卡，在“校对”组中单击“字数统计”按钮，如图 3-141 所示。打开“字数统计”对话框，在其中显示了页数、字数、字符数、段落数、行数等统计信息，如图 3-142 所示，在查看完成后单击“关闭”按钮即可。

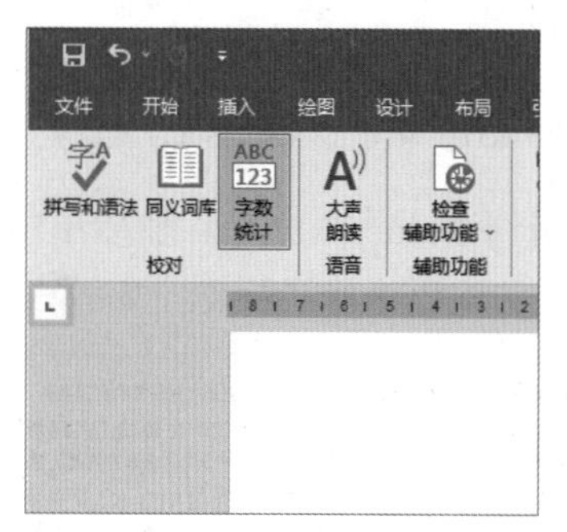

图 3-141　单击“字数统计”按钮

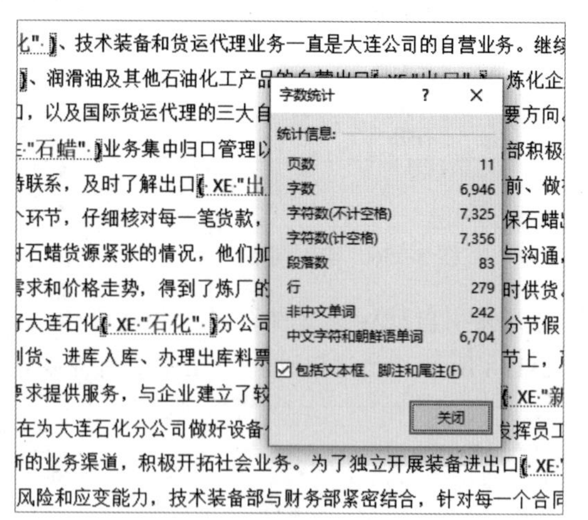

图 3-142　“字数统计”对话框

第 4 章
Word 文档表格与图表

本章导读

在实际工作中，用户经常会使用表格与图表制作一些有关数据记录或统计的文档，如季度销售业绩统计表、销售业绩图表、报价单等。表格可清晰地显示各项数据之间的联系并进行关联，易于快速处理大量数据。除此之外，用户还可以根据表格数据在文档中建立图表，以图形直观反映数据之间的关系。本章将为用户介绍如何在 Word 文档中绘制表格，以及根据表格中的数据制作图表。

4.1　绘制季度销售业绩统计表

绘制表格时，用户可以通过手动绘制或者自动绘制在 Word 文档中制作表格的边框，以及在边框内绘制行和列，从而得到用户所需的表格。本节将讲解如何使用手动绘制表格、插入快速表格，以及添加斜线表头功能，绘制出一份季度销售业绩统计表，如图 4-1 所示。

季度销售业绩统计表

门店 / 季度	1 季度	2 季度	3 季度	4 季度
门店 1				
门店 2				
门店 3				
门店 4				
门店 5				
总销售业绩				

图 4-1　季度销售业绩统计表

4.1.1　手动绘制表格

01 选择“插入”选项卡，在“表格”组中单击“表格”下拉按钮，在弹出的下拉列表中选择“绘制表格”命令，如图 4-2 所示。

02 此时光标指针呈铅笔状，在适当位置按住左键并进行拖曳，如图 4-3 所示，可在文档中绘制出表格的外框线。

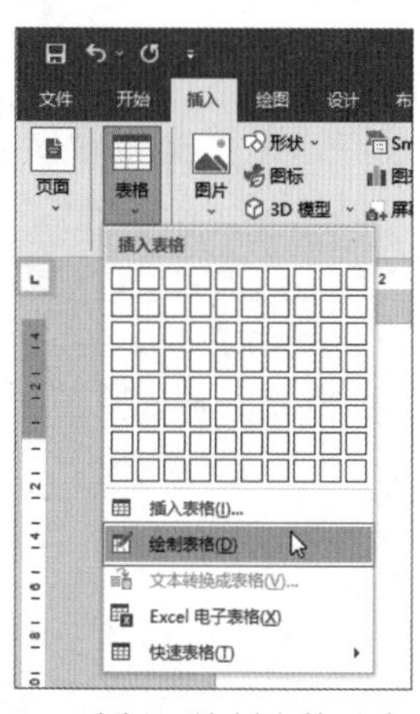

图 4-2　选择“绘制表格”命令

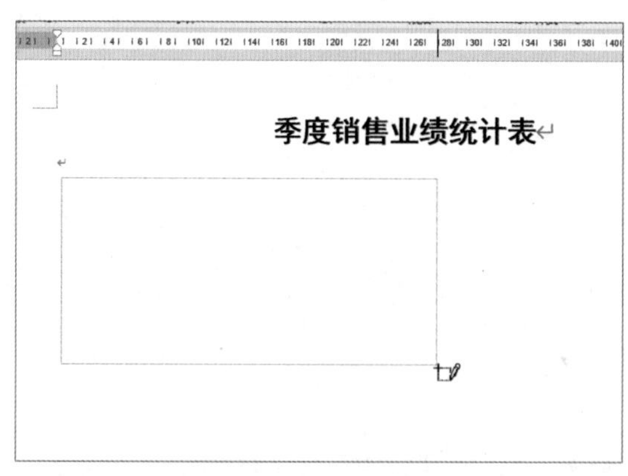

图 4-3　绘制表格

03 选择“表设计”选项卡，在“边框”组中单击“笔画粗细”下拉按钮，选择“1.5 磅”选项，如图 4-4 所示。

04 在“边框”组中单击“笔颜色”下拉按钮，选择“浅灰色，背景 2，深色 90%”选项，如图 4-5 所示。

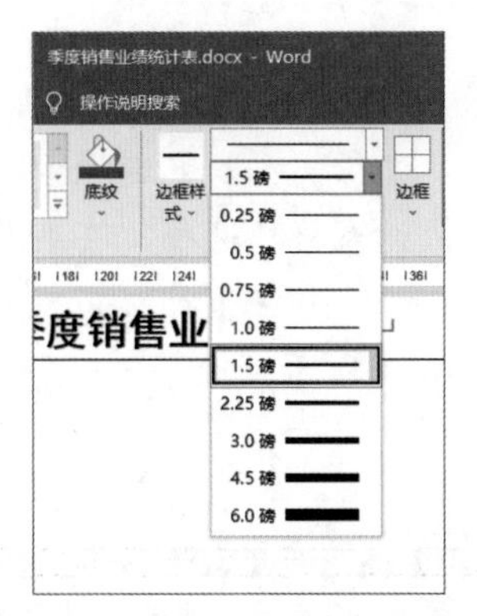

图 4-4　选择“1.5 磅”选项

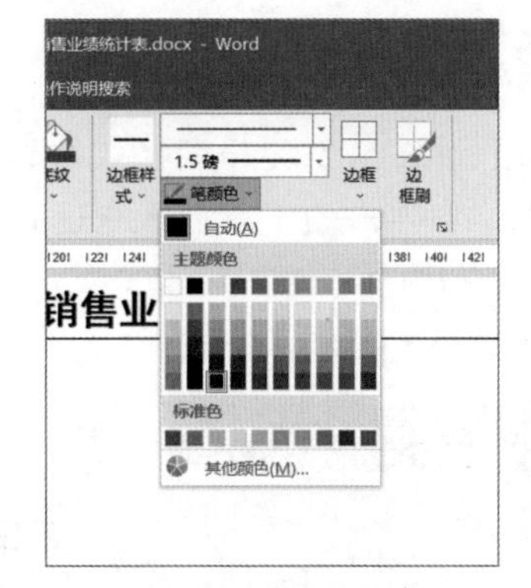

图 4-5　选择笔颜色

05 在“边框”组中单击“边框”下拉按钮，选择“外侧框线”选项，如图 4-6 所示，更改边框的外观。

06 在“边框”组中单击“笔样式”下拉按钮，在弹出的下拉列表中选择笔样式，如图 4-7 所示。

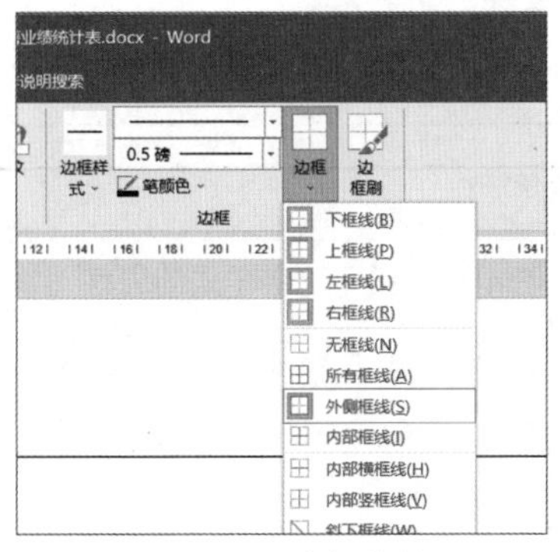

图 4-6　更改边框的外观

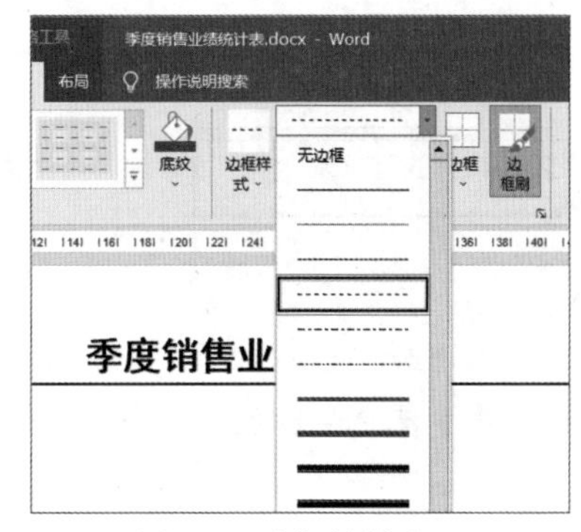

图 4-7　选择笔样式

07 在“边框”组中单击“笔画粗细”下拉按钮，选择“1.0 磅”选项，如图 4-8 所示。

08 在“边框”组中单击“笔颜色”下拉按钮，选择“浅灰色，背景 2，深色 75%”选项，按住左键并在表格内进行拖曳，绘制水平和垂直边框线条，绘制完成后双击退出表格绘制状态，然后在单元格中输入相应的文本内容，结果如图 4-9 所示。

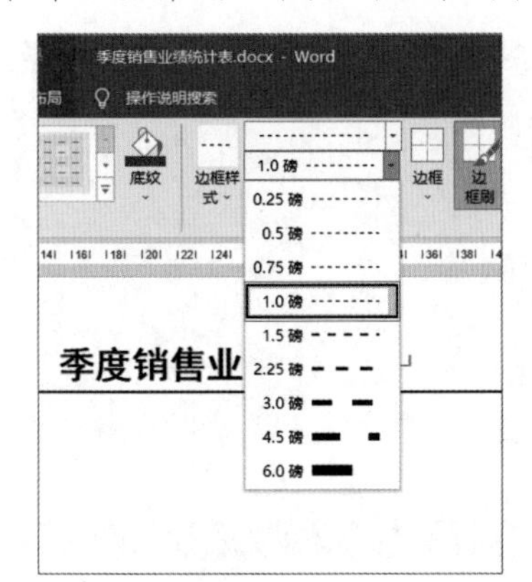

图 4-8　选择“1.0 磅”选项

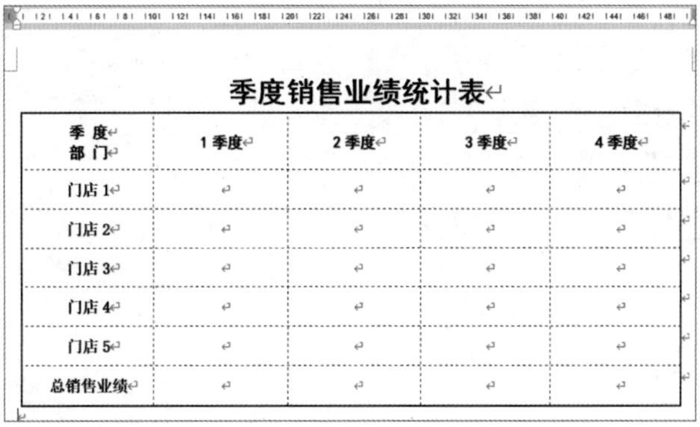

季度销售业绩统计表

季度 部门	1 季度	2 季度	3 季度	4 季度
门店 1				
门店 2				
门店 3				
门店 4				
门店 5				
总销售业绩				

图 4-9　绘制线条并输入文本内容

4.1.2　插入快速表格

01 用户还可以根据实际需求创建指定格式的表格。选择“插入”选项卡，在“表格”组中单击“表格”下拉按钮，在弹出的下拉列表中选择“快速表格”选项，在展开的下级列表中选择“带副标题 2”样式，如图 4-10 所示。

02 即可在文档中快速插入选定样式的表格，如图 4-11 所示。

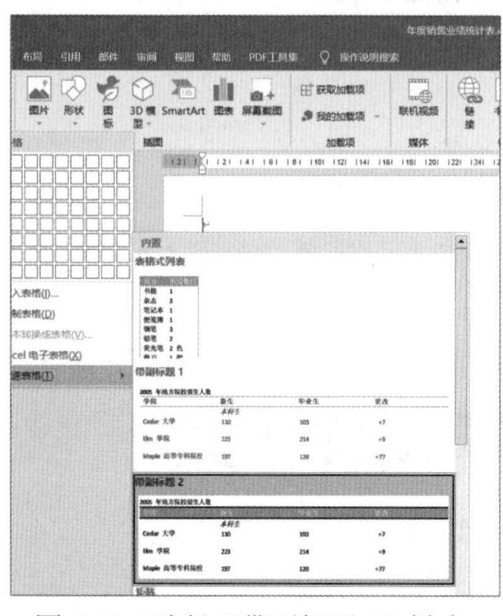

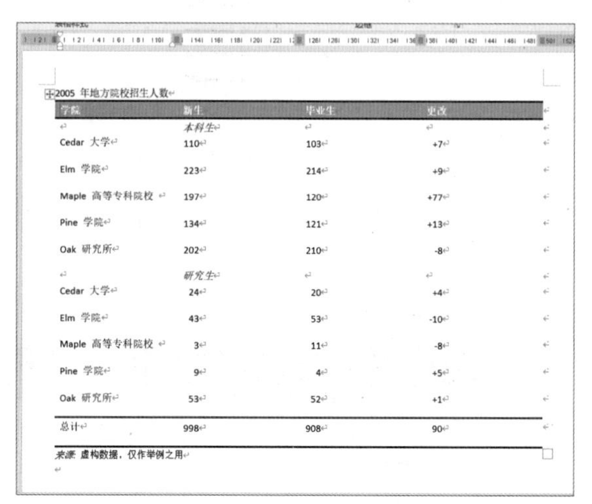

2005 年地方院校招生人数

学院	新生	毕业生	更改
	本科生		
Cedar 大学	110	103	+7
Elm 学院	223	214	+9
Maple 高等专科院校	197	120	+77
Pine 学院	134	121	+13
Oak 研究所	202	210	-8
	研究生		
Cedar 大学	24	20	+4
Elm 学院	43	53	-10
Maple 高等专科院校	3	11	-8
Pine 学院	9	4	+5
Oak 研究所	53	52	+1
总计	998	908	90

来源：虚构数据，仅作举例之用

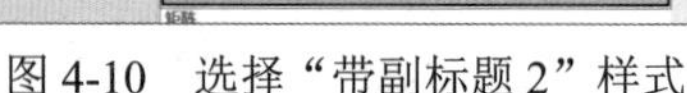

图 4-10　选择“带副标题 2”样式　　　图 4-11　插入选定样式的表格

03 选择表格，然后选择“表设计”选项卡，在“表格样式”组中单击按钮，在弹出的样式列表中选择“网格表 5 深色 - 着色 2”样式，如图 4-12 所示，使用系统自带样式快速调整文档内容的格式。

04 此时文档即可应用选择的样式，如图 4-13 所示。

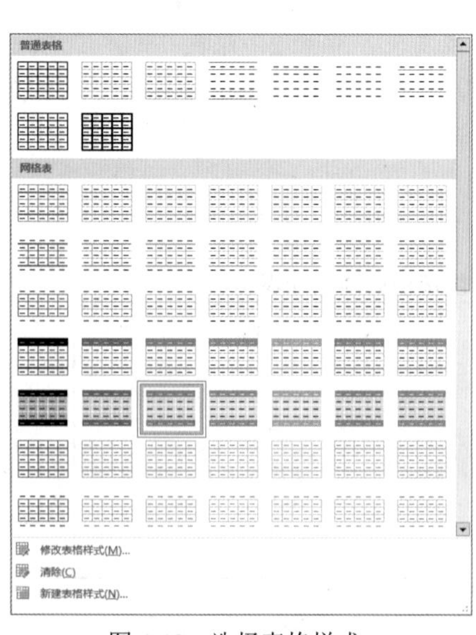

图 4-12　选择表格样式

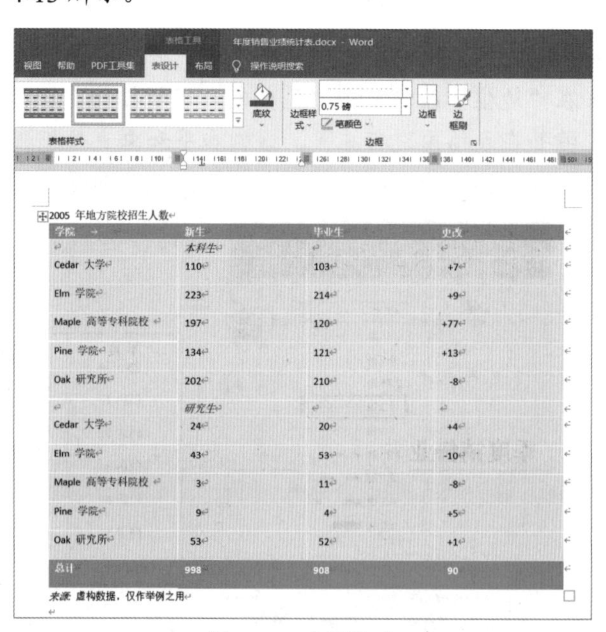

图 4-13　应用样式

4.1.3　添加斜线表头

01 将光标放置到表格中，然后选择“表设计”选项卡，在“边框”组中单击“边框”下拉按钮，选择“斜下框线”命令，如图 4-14 所示。

02 或者在弹出的下拉列表中选择“绘制表格”命令，如图 4-15 所示。

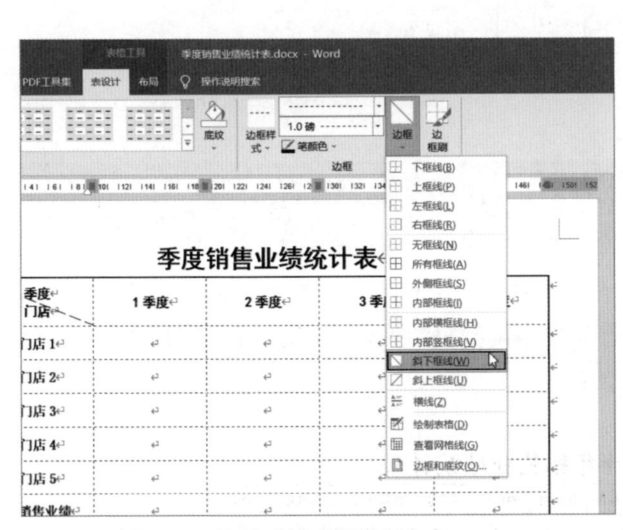

图 4-14　选择“斜下框线”命令

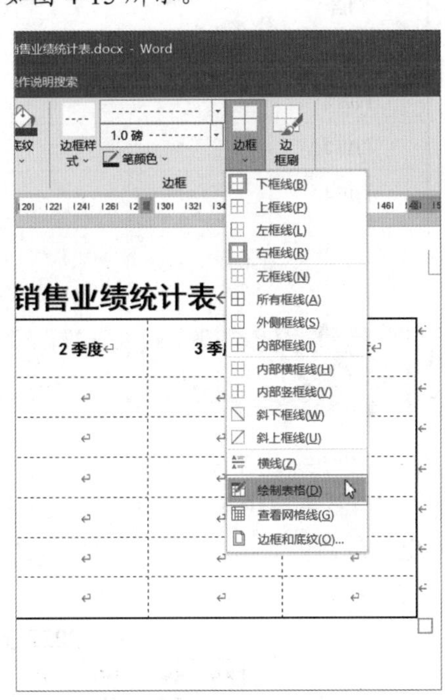

图 4-15　选择“绘制表格”命令

03 此时光标指针呈铅笔状，将光标放置到单元格左上角，按住左键并向单元格右下角进行拖曳绘制出对角线，然后松开鼠标，结果如图 4-16 所示。

04 松开左键，斜线表头显示结果如图 4-17 所示。

季度销售业绩统计表

季度 门店	1 季度	2 季度
门店 1		
门店 2		
门店 3		
门店 4		
门店 5		

图 4-16　绘制对角线

季度销售业绩统计

季度 门店	1 季度	2 季度
门店 1		
门店 2		
门店 3		
门店 4		
门店 5		

图 4-17　斜线表头显示结果

05 将光标放置到“季度”文本内容中，选择“开始”选项卡，在“段落”组中单击“右对齐”按钮，或者按 Ctrl+R 快捷键，结果如图 4-18 所示。

06 将光标放置到文本“门店”内容中，单击“左对齐”按钮，或者按 Ctrl+L 快捷键，结果如图 4-19 所示。

07 季度销售业绩统计表最终效果如图 4-1 所示。

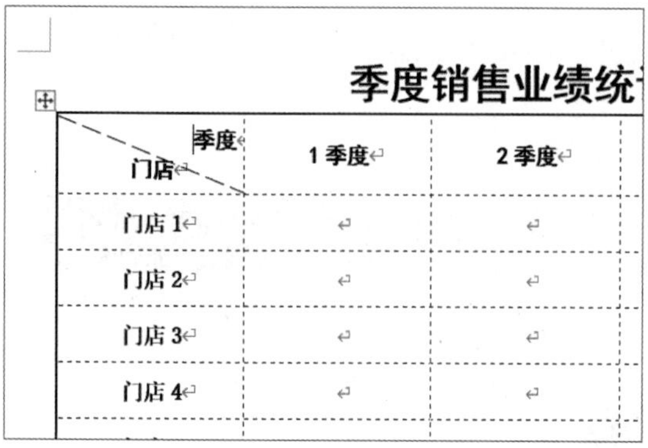

季度销售业绩统计

季度 门店	1 季度	2 季度
门店 1		
门店 2		
门店 3		
门店 4		

图 4-18　右对齐文本

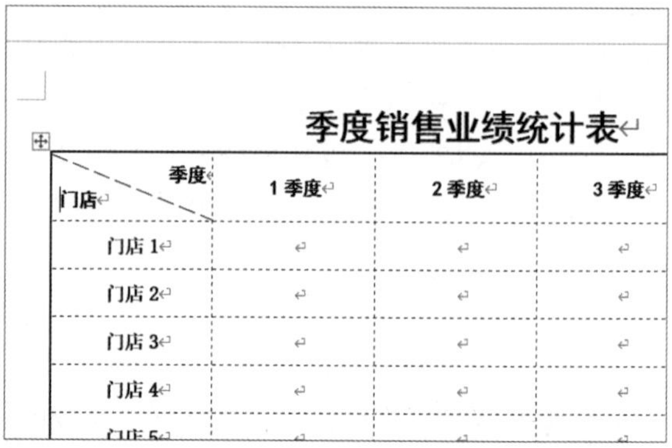

季度销售业绩统计表

季度 门店	1 季度	2 季度	3 季度
门店 1			
门店 2			
门店 3			
门店 4			
门店 5			

图 4-19　左对齐文本

4.2　编辑销售业绩统计表

销售业绩统计往往反映着每位销售人员的工作情况，便于领导对整体销售人员的数据进行掌握。本节将主要讲解如何使用公式来计算表格中的数据，并利用排序功能根据数据进行排序，制作出一份销售业绩统计表，如图 4-20 所示。

2022 上半年销售业绩统计表

编号	姓名	部门	一月份	二月份	三月份	四月份	五月份	六月份	总销售额	排名
XS16	王祁	销售二部	68, 500	78, 000	91, 000	82, 500	93, 000	96, 500	¥509, 500. 00	1
XS11	田思恩	销售二部	79, 000	80, 500	82, 000	88, 000	87, 000	90, 500	¥507, 000. 00	2
XS13	章强	销售二部	80, 000	69, 500	77, 500	88, 000	85, 000	90, 000	¥490, 000. 00	3
XS15	龚启凡	销售二部	70, 500	72, 000	88, 000	89, 000	87, 500	82, 000	¥489, 000. 00	4
XS10	李益晨	销售二部	66, 500	76, 000	81, 000	80, 500	89, 000	88, 000	¥481, 000. 00	5
XS09	陈晓光	销售二部	73, 000	90, 500	64, 000	88, 000	79, 000	84, 000	¥478, 500. 00	6
XS12	李欣	销售二部	82, 000	90, 000	80, 000	71, 000	88, 500	64, 500	¥476, 000. 00	7
XS04	王勇	销售一部	81, 500	77, 000	79, 500	74, 000	78, 500	83, 500	¥474, 000. 00	8
XS01	张兰兰	销售一部	52, 000	74, 500	89, 000	88, 500	86, 000	77, 000	¥467, 000. 00	9
XS03	孙文琦	销售一部	56, 000	62, 500	76, 000	96, 500	81, 000	89, 000	¥461, 000. 00	10
XS14	韩莉莉	销售二部	72, 000	84, 000	73, 500	89, 500	66, 500	71, 500	¥457, 000. 00	11
XS08	顾宇恒	销售一部	76, 000	55, 500	53, 000	87, 000	82, 500	87, 000	¥441, 000. 00	12
XS02	王君	销售一部	62, 000	75, 000	71, 500	80, 500	83, 000	68, 000	¥440, 000. 00	13
XS06	赵燕妮	销售一部	96, 500	78, 500	80, 000	88. 500	90, 000	94, 500	¥439, 588. 50	14
XS05	王华	销售一部	90, 500	82, 500	88, 500	77. 500	79, 000	77, 500	¥418, 077. 50	15
XS07	伍浩	销售一部	88, 500	65, 000	78, 000	84. 500	78, 500	86, 500	¥396, 584. 50	16

图 4-20　销售业绩统计表

4.2.1　输入数据

01 打开“2022 上半年销售业绩统计表.docx”文档，在表格中输入数据，如图 4-21 所示。

02 将光标放置到表格中，选择“布局”选项卡，在“单元格大小”组中单击“自动调整”下拉按钮，在弹出的下拉列表中选择“根据内容自动调整表格”命令，如图 4-22 所示。

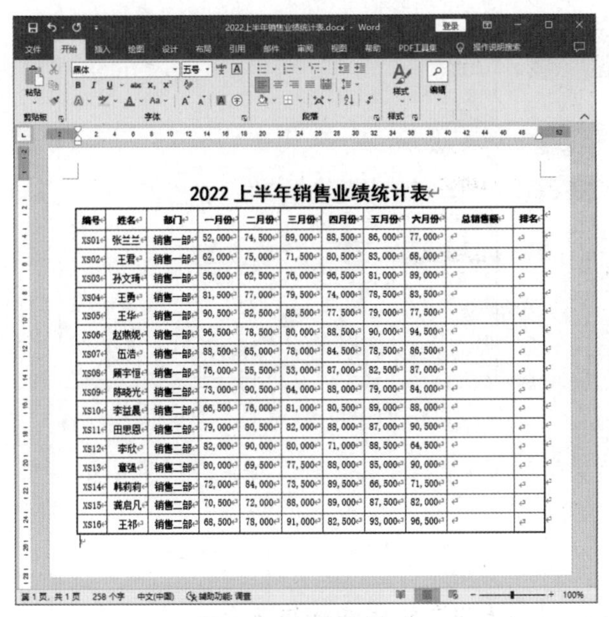

图 4-21 输入数据

图 4-22 选择“根据内容自动调整表格”命令

03 此时可以使表格每列列宽均适合单元格内的内容，如图 4-23 所示。

2022 上半年销售业绩统计表

编号	姓名	部门	一月份	二月份	三月份	四月份	五月份	六月份	总销售额	排名
XS01	张兰兰	销售一部	52, 000	74, 500	89, 000	88, 500	86, 000	77, 000		
XS02	王君	销售一部	62, 000	75, 000	71, 500	80, 500	83, 000	68, 000		
XS03	孙文琦	销售一部	56, 000	62, 500	76, 000	96, 500	81, 000	89, 000		
XS04	王勇	销售一部	81, 500	77, 000	79, 500	74, 000	78, 500	83, 500		
XS05	王华	销售一部	90, 500	82, 500	88, 500	77. 500	79, 000	77, 500		
XS06	赵燕妮	销售一部	96, 500	78, 500	80, 000	88. 500	90, 000	94, 500		
XS07	伍浩	销售一部	88, 500	65, 000	78, 000	84. 500	78, 500	86, 500		
XS08	顾宇恒	销售一部	76, 000	55, 500	53, 000	87, 000	82, 500	87, 000		
XS09	陈晓光	销售二部	73, 000	90, 500	64, 000	88, 000	79, 000	84, 000		
XS10	李益晨	销售二部	66, 500	76, 000	81, 000	80, 500	89, 000	88, 000		
XS11	田思恩	销售二部	79, 000	80, 500	82, 000	88, 000	87, 000	90, 500		
XS12	李欣	销售二部	82, 000	90, 000	80, 000	71, 000	88, 500	64, 500		
XS13	章强	销售二部	80, 000	69, 500	77, 500	88, 000	85, 000	90, 000		
XS14	韩莉莉	销售二部	72, 000	84, 000	73, 500	89, 500	66, 500	71, 500		
XS15	龚启凡	销售二部	70, 500	72, 000	88, 000	89, 000	87, 500	82, 000		
XS16	王祁	销售二部	68, 500	78, 000	91, 000	82, 500	93, 000	96, 500		

图 4-23 自动调整每列列宽

4.2.2 计算表格中的数据

01 将光标插入点放置到需要进行计算的单元格中，选择“布局”选项卡，在“数据”组中单击“公式”按钮，如图 4-24 所示。

02 打开“公式”对话框，在“公式”文本框中默认显示求和公式，在“编号格式”下拉列表中选择合适的编号格式，然后单击“确定”按钮，如图 4-25 所示。

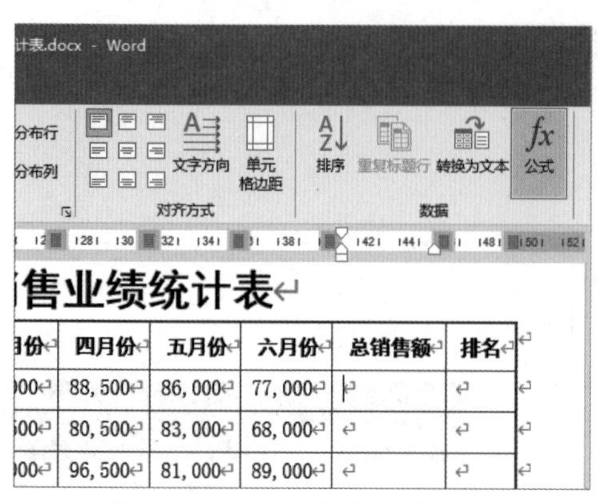

图 4-24 单击“公式”按钮

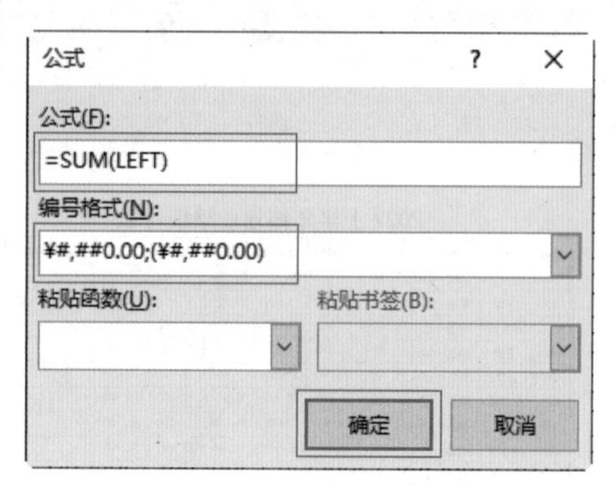

图 4-25 “公式”对话框

03 返回文档中，可以看到光标插入点所在单元格中显示了公式计算结果，如图 4-26 所示。

04 选择下方的单元格，按 F4 键可重复上一步求和操作，如图 4-27 所示。

上半年销售业绩统计表

二月份	三月份	四月份	五月份	六月份	总销售额	排名
74,500	89,000	88,500	86,000	77,000	¥467,000.00	
75,000	71,500	80,500	83,000	68,000		
62,500	76,000	96,500	81,000	89,000		
77,000	79,500	74,000	78,500	83,500		
82,500	88,500	77.500	79,000	77,500		
78,500	80,000	88.500	90,000	94,500		
65,000	78,000	84.500	78,500	86,500		

图 4-26 公式计算结果

上半年销售业绩统计表

二月份	三月份	四月份	五月份	六月份	总销售额	排名
74,500	89,000	88,500	86,000	77,000	¥467,000.00	
75,000	71,500	80,500	83,000	68,000	¥440,000.00	
62,500	76,000	96,500	81,000	89,000		
77,000	79,500	74,000	78,500	83,500		
82,500	88,500	77.500	79,000	77,500		
78,500	80,000	88.500	90,000	94,500		
65,000	78,000	84.500	78,500	86,500		

图 4-27 重复操作

05 当表格中需要计算的数据过多时，可以选择如图 4-28 所示单元格中的内容，然后按 Ctrl+C 快捷键进行复制。

06 选择所有需要求和的单元格，按 Ctrl+V 快捷键进行粘贴，结果如图 4-29 所示。

2 上半年销售业绩统计表

二月份	三月份	四月份	五月份	六月份	总销售额	排名
74,500	89,000	88,500	86,000	77,000	¥467,000.00	
75,000	71,500	80,500	83,000	68,000		
62,500	76,000	96,500	81,000	89,000		
77,000	79,500	74,000	78,500	83,500		
82,500	88,500	77.500	79,000	77,500		
78,500	80,000	88.500	90,000	94,500		
65,000	78,000	84.500	78,500	86,500		
55,500	53,000	87,000	82,500	87,000		

图 4-28 复制文本

半年销售业绩统计表

月份	三月份	四月份	五月份	六月份	总销售额	排名
500	89,000	88,500	86,000	77,000	¥467,000.00	
000	71,500	80,500	83,000	68,000	¥467,000.00	
500	76,000	96,500	81,000	89,000	¥467,000.00	
000	79,500	74,000	78,500	83,500	¥467,000.00	
500	88,500	77.500	79,000	77,500	¥467,000.00	
500	80,000	88.500	90,000	94,500	¥467,000.00	
000	78,000	84.500	78,500	86,500	¥467,000.00	
500	53,000	87,000	82,500	87,000	¥467,000.00	
500	64,000	88,000	79,000	84,000	¥467,000.00	
000	81,000	80,500	89,000	88,000	¥467,000.00	
500	82,000	88,000	87,000	90,500	¥467,000.00	
000	80,000	71,000	88,500	64,500	¥467,000.00	
500	77,500	88,000	85,000	90,000	¥467,000.00	
000	73,500	89,500	66,500	71,500	¥467,000.00	
000	88,000	89,000	87,500	82,000	¥467,000.00	
000	91,000	82,500	93,000	96,500	¥467,000.00	

图 4-29 粘贴文本

07 按 Ctrl+A 快捷键全选内容，如图 4-30 所示。

08 按 F9 键进行更新，此时需要求和的单元格中的数据将全部自动更新，结果如图 4-31 所示。

2022 上半年销售业绩统计表

编号	姓名	部门	一月份	二月份	三月份	四月份	五月份	六月份	总销售额	排名
XS01	张兰兰	销售一部	52,000	74,500	89,000	88,500	86,000	77,000	¥467,000.00	
XS02	王君	销售一部	62,000	75,000	71,500	80,500	83,000	68,000	¥467,000.00	
XS03	孙文琦	销售一部	56,000	62,500	76,000	96,500	81,000	89,000	¥467,000.00	
XS04	王勇	销售一部	81,500	77,000	79,500	74,000	78,500	83,500	¥467,000.00	
XS05	王华	销售一部	90,500	82,500	88,500	77.500	79,000	77,500	¥467,000.00	
XS06	赵燕妮	销售一部	96,500	78,500	80,000	88.500	90,000	94,500	¥467,000.00	
XS07	伍浩	销售一部	88,500	65,000	78,000	84.500	78,500	86,500	¥467,000.00	
XS08	顾宇恒	销售一部	76,000	55,500	53,000	87,000	82,500	87,000	¥467,000.00	
XS09	陈晓光	销售二部	73,000	90,500	64,000	88,000	79,000	84,000	¥467,000.00	
XS10	李益晨	销售二部	66,500	76,000	81,000	80,500	89,000	88,000	¥467,000.00	
XS11	田思恩	销售二部	79,000	80,500	82,000	88,000	87,000	90,500	¥467,000.00	
XS12	李欣	销售二部	82,000	90,000	80,000	71,000	88,500	64,500	¥467,000.00	
XS13	章强	销售二部	80,000	69,500	77,500	88,000	85,000	90,000	¥467,000.00	
XS14	韩莉莉	销售二部	72,000	84,000	73,500	89,500	66,500	71,500	¥467,000.00	
XS15	龚启凡	销售二部	70,500	72,000	88,000	89,000	87,500	82,000	¥467,000.00	
XS16	王祁	销售二部	68,500	78,000	91,000	82,500	93,000	96,500	¥467,000.00	

图 4-30　全选文档内容

半年销售业绩统计表

月份	三月份	四月份	五月份	六月份	总销售额	排名
500	89,000	88,500	86,000	77,000	¥467,000.00	
000	71,500	80,500	83,000	68,000	¥440,000.00	
500	76,000	96,500	81,000	89,000	¥461,000.00	
000	79,500	74,000	78,500	83,500	¥474,000.00	
500	88,500	77.500	79,000	77,500	¥418,077.50	
500	80,000	88.500	90,000	94,500	¥439,588.50	
000	78,000	84.500	78,500	86,500	¥396,584.50	
500	53,000	87,000	82,500	87,000	¥441,000.00	
500	64,000	88,000	79,000	84,000	¥478,500.00	
000	81,000	80,500	89,000	88,000	¥481,000.00	
500	82,000	88,000	87,000	90,500	¥507,000.00	
000	80,000	71,000	88,500	64,500	¥476,000.00	
500	77,500	88,000	85,000	90,000	¥490,000.00	
000	73,500	89,500	66,500	71,500	¥457,000.00	
000	88,000	89,000	87,500	82,000	¥489,000.00	
000	91,000	82,500	93,000	96,500	¥509,500.00	

图 4-31　更新数据

09 若用户在计算结束后更改了其中某些单元格中的数据，如图 4-32 所示。

10 可以按 Ctrl+A 快捷键进行全选，再按 F9 键进行更新，此时“总销售额”单元格下方的数据将自动更新，结果如图 4-33 所示。

22 上半年销售业绩统计表

-月份	二月份	三月份	四月份	五月份	六月份	总销售额	排名
,000	74,500	89,000	88,500	86,000	77,000	¥467,000.00	
,000	75,000	71,500	80,500	83,000	98,000	¥440,000.00	
,000	62,500	76,000	96,500	96,000	89,000	¥461,000.00	
,500	77,000	79,500	74,000	78,500	83,500	¥474,000.00	
,500	82,500	88,500	77.500	79,000	77,500	¥418,077.50	
,500	78,500	80,000	88.500	90,000	88,000	¥439,588.50	
,500	65,000	78,000	84.500	78,500	86,500	¥396,584.50	
,000	55,500	53,000	87,000	82,500	87,000	¥441,000.00	
,000	90,500	64,000	88,000	79,000	84,000	¥478,500.00	
,500	76,000	81,000	80,500	89,000	88,000	¥481,000.00	
,000	80,500	82,000	88,000	87,000	90,500	¥507,000.00	

图 4-32　更改数据

22 上半年销售业绩统计表

-月份	二月份	三月份	四月份	五月份	六月份	总销售额	排名
,000	74,500	89,000	88,500	86,000	77,000	¥467,000.00	
,000	75,000	71,500	80,500	83,000	98,000	¥470,000.00	
,000	62,500	76,000	96,500	96,000	89,000	¥476,000.00	
,500	77,000	79,500	74,000	78,500	83,500	¥474,000.00	
,500	82,500	88,500	77.500	79,000	77,500	¥418,077.50	
,500	78,500	80,000	88.500	90,000	88,000	¥433,088.50	
,500	65,000	78,000	84.500	78,500	86,500	¥396,584.50	
,000	55,500	53,000	87,000	82,500	87,000	¥441,000.00	
,000	90,500	64,000	88,000	79,000	84,000	¥478,500.00	
,500	76,000	81,000	80,500	89,000	88,000	¥481,000.00	
,000	80,500	82,000	88,000	87,000	90,500	¥507,000.00	

图 4-33　重新更新数据

4.2.3　数据排序

01 选择“布局”选项卡，在“数据”组中单击“排序”按钮，如图 4-34 所示。

02 打开“排序”对话框，在“主要关键字”选项组中设置主要关键字为“总销售额”，选中“降序”单选按钮，然后单击“确定”按钮，如图 4-35 所示。

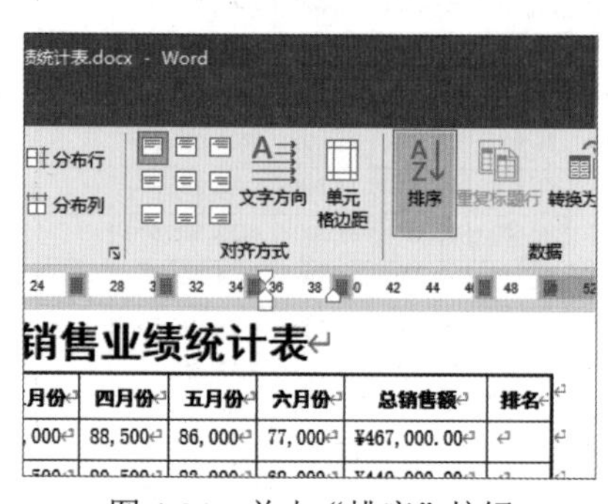

图 4-34　单击“排序”按钮

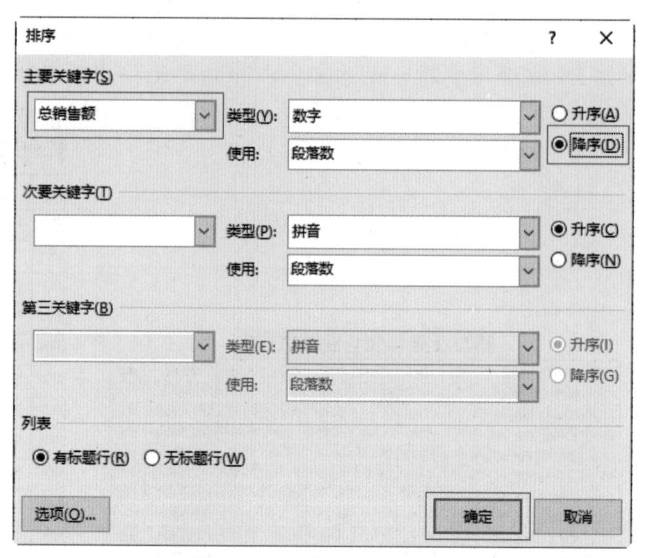

图 4-35　“排序”对话框

03 返回文档中，此时表格进行了降序排列，结果如图 4-36 所示。

04 选择“排名”单元格下方的所有单元格，然后选择“开始”选项卡，在“段落”组中单击“编号”下拉按钮，选择“定义新编号格式”命令，如图 4-37 所示。

2022 上半年销售业绩统计表

编号	姓名	部门	一月份	二月份	三月份	四月份	五月份	六月份	总销售额	排名
XS16	王祁	销售二部	68, 500	78, 000	91, 000	82, 500	93, 000	96, 500	¥509, 500. 00	
XS11	田思恩	销售二部	79, 000	80, 500	82, 000	88, 000	87, 000	90, 500	¥507, 000. 00	
XS13	童强	销售二部	80, 000	69, 500	77, 500	88, 000	85, 000	90, 000	¥490, 000. 00	
XS15	龚启凡	销售二部	70, 500	72, 000	88, 000	89, 000	87, 500	82, 000	¥489, 000. 00	
XS10	李益晨	销售二部	66, 500	76, 000	81, 000	80, 500	89, 000	88, 000	¥481, 000. 00	
XS09	陈晓光	销售二部	73, 000	90, 500	64, 000	88, 000	79, 000	84, 000	¥478, 500. 00	
XS12	李欣	销售二部	82, 000	90, 000	80, 000	71, 000	88, 500	64, 500	¥476, 000. 00	
XS04	王勇	销售一部	81, 500	77, 000	79, 500	74, 000	78, 500	83, 500	¥474, 000. 00	
XS01	张兰兰	销售一部	52, 000	74, 500	89, 000	88, 500	86, 000	77, 000	¥467, 000. 00	
XS03	孙文琦	销售一部	56, 000	62, 500	76, 000	96, 500	81, 000	89, 000	¥461, 000. 00	
XS14	韩莉莉	销售二部	72, 000	84, 000	73, 500	89, 500	66, 500	71, 500	¥457, 000. 00	
XS08	顾宇恒	销售一部	76, 000	55, 500	53, 000	87, 000	82, 500	87, 000	¥441, 000. 00	
XS02	王君	销售一部	62, 000	75, 000	71, 500	80, 500	83, 000	68, 000	¥440, 000. 00	
XS06	赵燕妮	销售一部	96, 500	78, 500	80, 000	88. 500	90, 000	94, 500	¥439, 588. 50	
XS05	王华	销售一部	90, 500	82, 500	88, 500	77. 500	79, 000	77, 500	¥418, 077. 50	
XS07	伍浩	销售一部	88, 500	65, 000	78, 000	84. 500	78, 500	86, 500	¥396, 584. 50	

图 4-36　降序排列表格

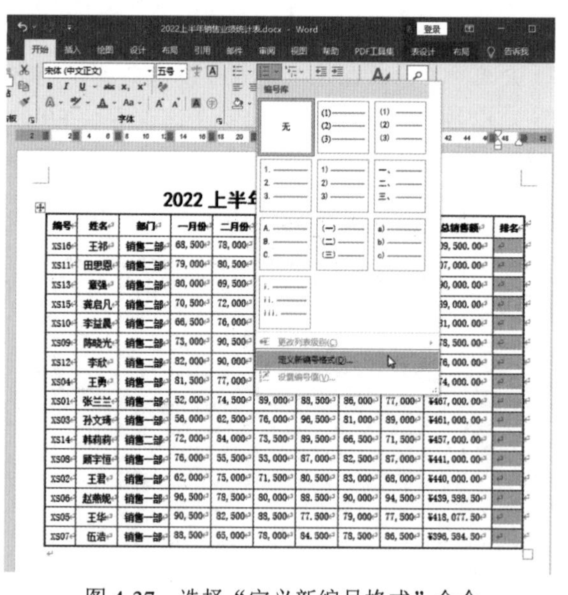

图 4-37　选择“定义新编号格式”命令

05 打开“定义新编号格式”对话框，单击“编号样式”下拉按钮，选择“1,2,3...”选项，在“编号格式”文本框中输入“1”，单击“对齐方式”下拉按钮，选择“右对齐”选项，然后单击“确定”按钮，如图 4-38 所示。

06 此时，表格的显示结果如图 4-39 所示。

07 选择表格中的所有数据，然后选择“布局”选项卡，在“对齐方式”组中单击“水平居中”按钮，表格的最终效果如图 4-20 所示。

图 4-38 “定义新编号格式”对话框

统计表

月份	六月份	总销售额	排名
,000	96, 500	¥509, 500. 00	1
,000	90, 500	¥507, 000. 00	2
,000	90, 000	¥490, 000. 00	3
,500	82, 000	¥489, 000. 00	4
,000	88, 000	¥481, 000. 00	5
,000	84, 000	¥478, 500. 00	6
,500	64, 500	¥476, 000. 00	7
,500	83, 500	¥474, 000. 00	8
,000	77, 000	¥467, 000. 00	9
,000	89, 000	¥461, 000. 00	10
,500	71, 500	¥457, 000. 00	11
,500	87, 000	¥441, 000. 00	12
,000	68, 000	¥440, 000. 00	13
,000	94, 500	¥439, 588. 50	14
,000	77, 500	¥418, 077. 50	15
,500	86, 500	¥396, 584. 50	16

图 4-39 表格显示结果

4.3 制作季度销售业绩图表

图表可以形象化地揭示数据大小以及数据之间的关系。用户通过对数据的分析，可以及时了解销售业绩情况，有助于在分析数据时快速找到存在的问题，掌握情况的变化，为后续的决策提供依据。本节将讲解通过创建图表并选择合适的图表样式，制作一份季度销售业绩图表，如图 4-40 所示。

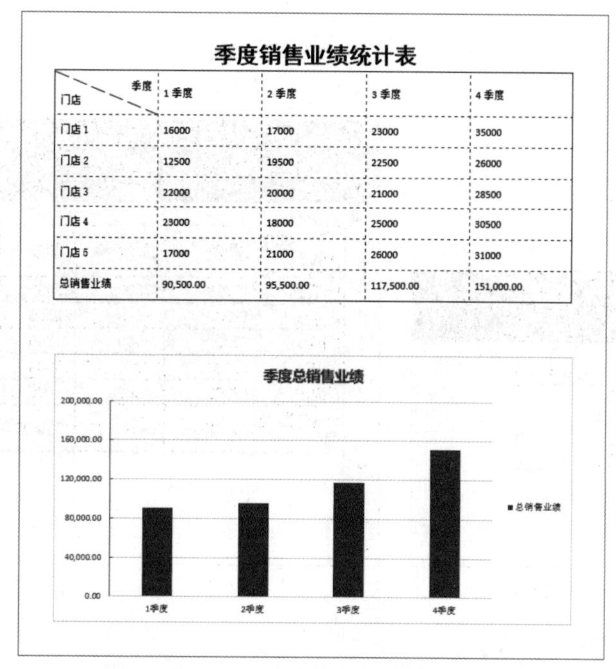

季度销售业绩统计表

季度 门店	1 季度	2 季度	3 季度	4 季度
门店 1	16000	17000	23000	35000
门店 2	12500	19500	22500	26000
门店 3	22000	20000	21000	28500
门店 4	23000	18000	25000	30500
门店 5	17000	21000	26000	31000
总销售业绩	90,500.00	95,500.00	117,500.00	151,000.00

图 4-40 季度销售业绩图表

4.3.1 创建图表

01 打开“季度销售业绩统计表.docx”文档，选择表格并按 Ctrl+C 快捷键进行复制，然后将光标放置到需要添加图表的位置，选择“插入”选项卡，在“插图”组中单击“图表”按钮，如图 4-41 所示。

02 打开“插入图表”对话框，选择“柱形图”中的“簇状柱形图”选项，然后单击“确定”按钮，如图 4-42 所示。

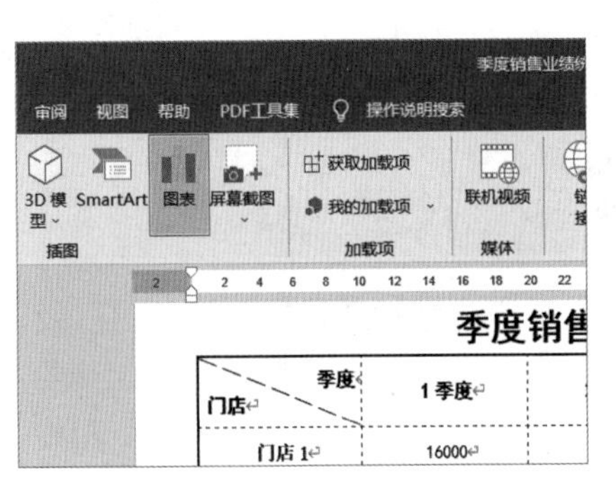

图 4-41 单击“图表”按钮

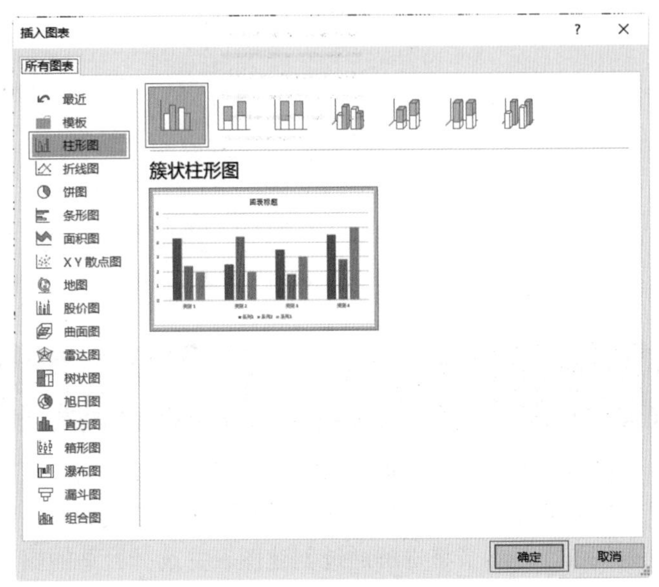

图 4-42 “插入图表”对话框

03 打开“Microsoft Word 中的图表”窗口，选择 A1 单元格，如图 4-43 所示。

04 按 Ctrl+V 快捷键将复制的数据粘贴进表格，并扩大数据区域范围，如图 4-44 所示。

Microsoft Word 中的图表

	A	B	C	D	E
1		系列 1	系列 2	系列 3	
2	类别 1	4.3	2.4	2	
3	类别 2	2.5	4.4	2	
4	类别 3	3.5	1.8	3	
5	类别 4	4.5	2.8	5	
6					
7					
8					

图 4-43 选择 A1 单元格

Microsoft Word 中的图表

	A	B	C	D	E	F
1	季度	1季度	2季度	3季度	4季度	
2	门店					
3	门店1	16000	17000	23000	35000	
4	门店2	12500	19500	22500	26000	
5	门店3	22000	20000	21000	28500	
6	门店4	23000	18000	25000	30500	
7	门店5	17000	21000	26000	31000	
8	总销售业绩	90,500.00	95,500.00	117,500.00	151,000.00	
9						
10						
11						

图 4-44 粘贴数据

05 此时，文档中图表的样式也会发生改变，结果如图 4-45 所示。

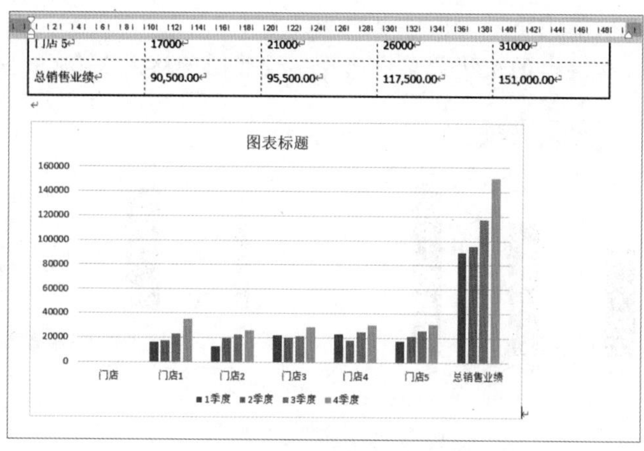

图 4-45 表格样式效果

4.3.2 编辑图表

01 选择图表，然后选择“图表设计”选项卡，在“数据”组中单击“切换行 / 列”按钮，如图 4-46 所示，交换 X 轴和 Y 轴上的顺序。

02 在“数据”组中单击“选择数据”按钮，如图 4-47 所示。

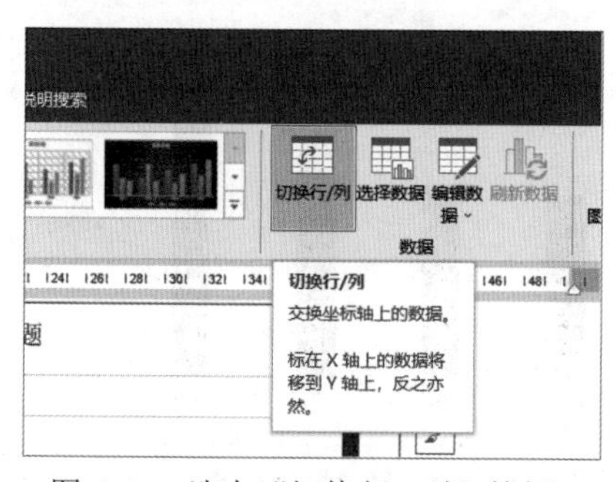

图 4-46 选中“切换行 / 列”按钮

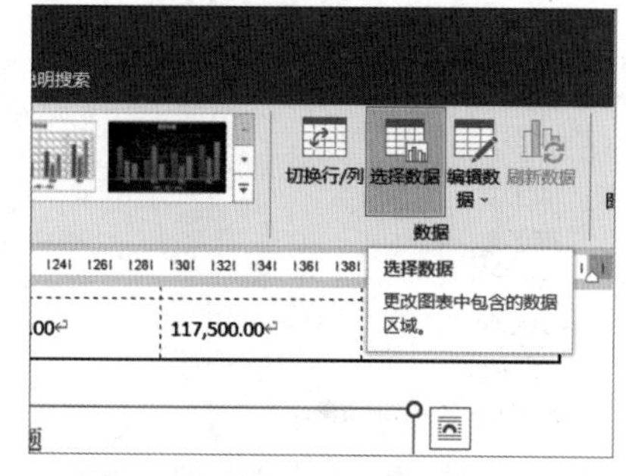

图 4-47 单击“选择数据”按钮

03 打开“选择数据源”对话框，在“图例项 (系列)”列表框中选中“总销售业绩”复选框，然后单击“确定”按钮，如图 4-48 所示。

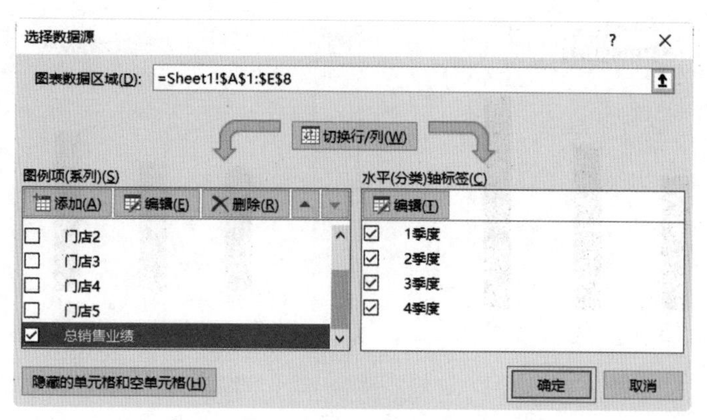

图 4-48 “选择数据源”对话框

04 此时，文档中图表的显示结果如图 4-49 所示。

05 选择图例，右击并从弹出的快捷菜单中选择“设置图例格式”命令，如图 4-50 所示。

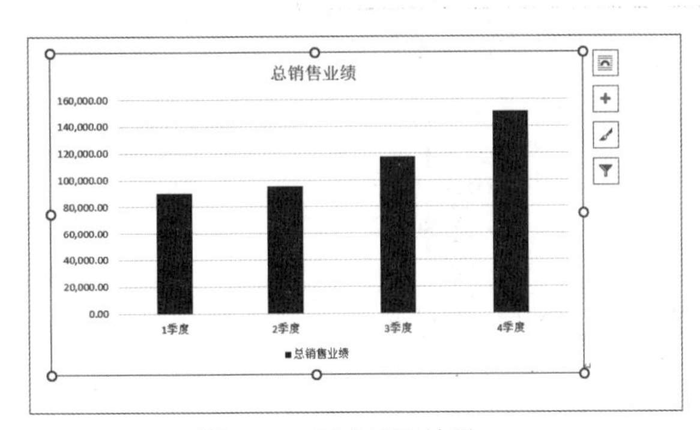

图 4-49　图表显示结果

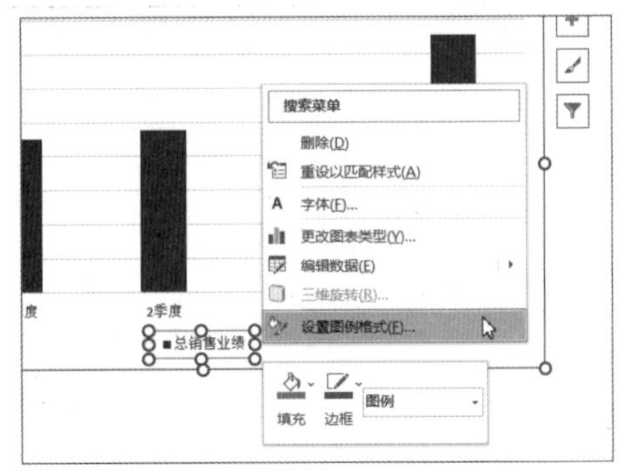

图 4-50　选择“设置图例格式”命令

06 在文档的右侧打开“设置图例格式”窗格，选择“图例选项”选项卡，选中“靠右”单选按钮，如图 4-51 所示，可以更改图例的位置。

07 此时，文档中图例的显示结果如图 4-52 所示。

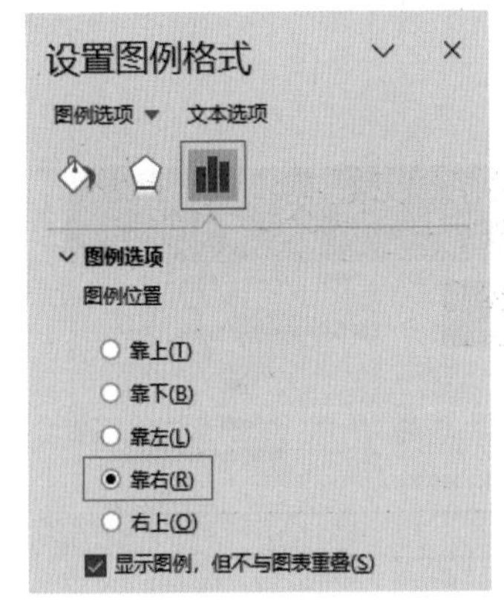

图 4-51　选中“靠右”单选按钮

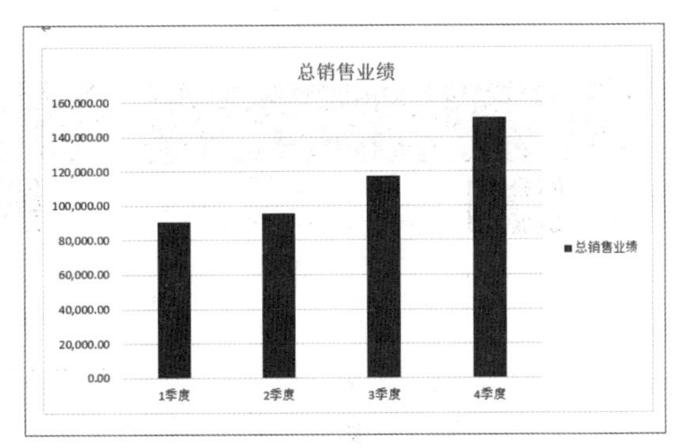

图 4-52　图例显示结果

08 选择图表标题，修改文本内容和字体格式，结果如图 4-53 所示。

09 选择数据系列，右击并选择“其他填充颜色”命令，如图 4-54 所示。

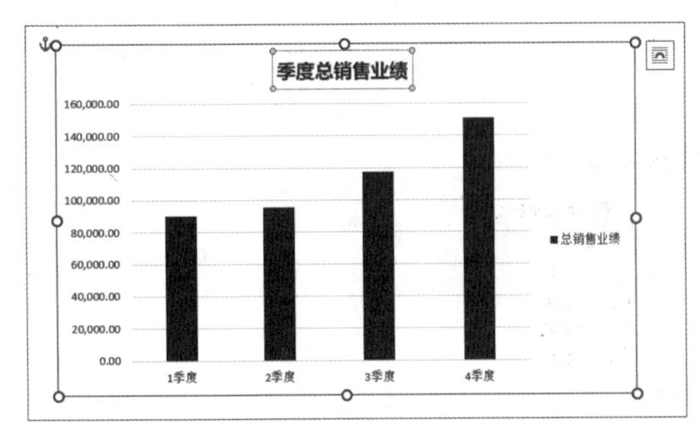

图 4-53　修改图表标题

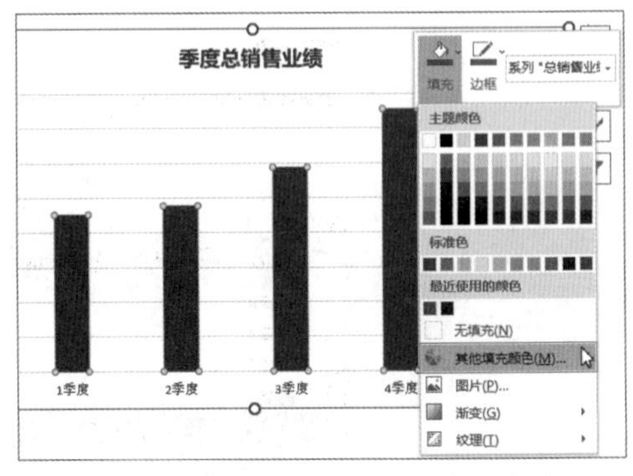

图 4-54　选择“其他填充颜色”命令

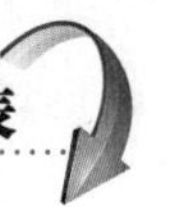

10 打开“颜色”对话框，设置“红色”微调框数值为“178”、“绿色”微调框数值为“34”、“蓝色”微调框数值为“34”，如图 4-55 所示。

11 此时，数据系列的显示结果如图 4-56 所示。

图 4-55　“颜色”对话框

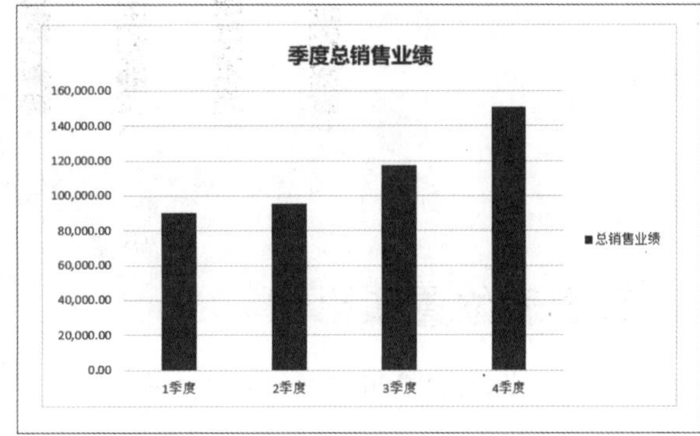

图 4-56　数据系列显示结果

12 若用户需要更改坐标轴数据，可以选择 X 轴，右击并选择“设置坐标轴格式”命令，打开“设置坐标轴格式”窗格，选择“坐标轴选项”选项卡，展开“坐标轴选项”卷展栏，在“边界”选项组的“最大值”文本框中输入“200000”，在“单位”选项组的“大”文本框中输入“40000”，然后展开“刻度线”卷展栏，单击“主刻度线类型”下拉按钮，选择“内部”选项，如图 4-57 所示。

13 单击“填充与线条”选项卡，展开“线条”卷展栏，单击“颜色”下拉按钮，选择和数据系列一样的颜色，如图 4-58 所示。

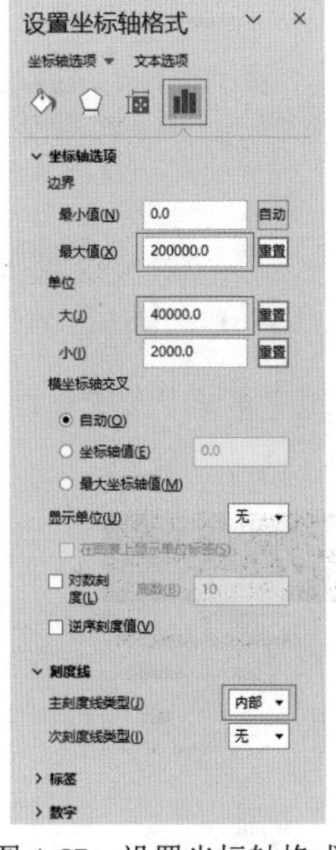

图 4-57　设置坐标轴格式

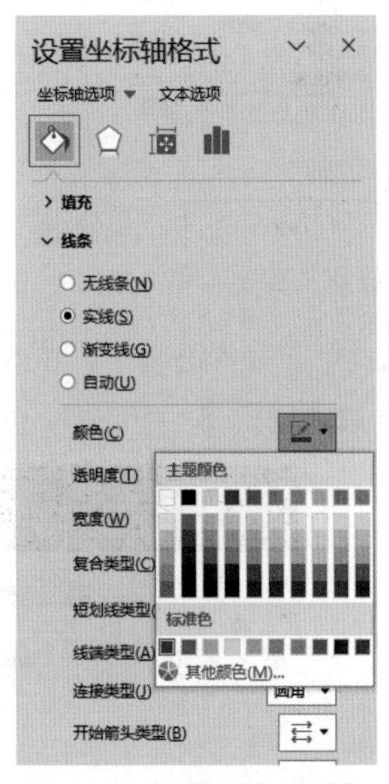

图 4-58　设置刻度线颜色

14 此时，刻度线的显示结果如图 4-59 所示。

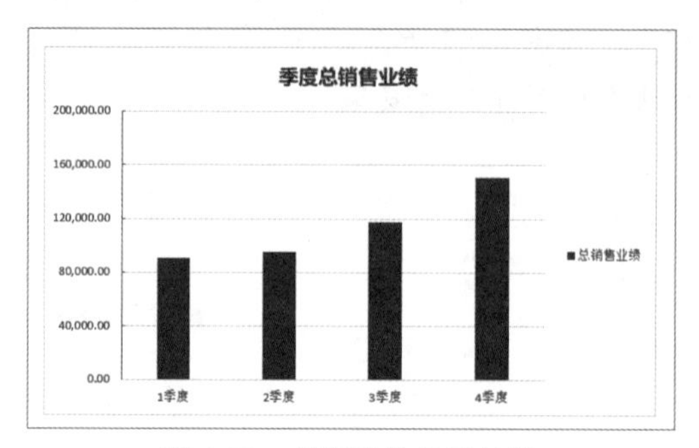

图 4-59　刻度线的显示结果

4.3.3　调整图表位置和比例

01 选择“格式”选项卡，在“大小”组中设置“高度”为“9 厘米”，设置“宽度”为“18 厘米”，如图 4-60 所示。

02 单击“大小”组中的“对话框启动器”按钮，打开“布局”对话框，选择“文字环绕”选项卡，选择“嵌入型”选项，然后单击“确定”按钮，如图 4-61 所示。

图 4-60　设置“高度”和“宽度”

图 4-61　“布局”对话框

03 选择图表，然后选择“开始”选项卡，在“段落”组中单击“居中”按钮，如图 4-62 所示。

04 季度销售业绩图表的最终效果如图 4-40 所示。

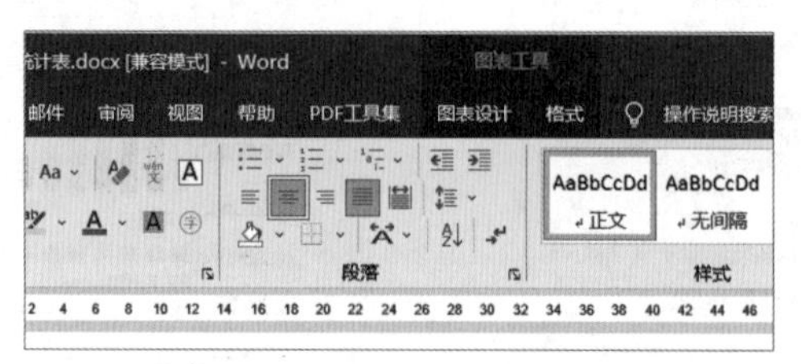

图 4-62　单击“居中”按钮

4.4　Word 办公技巧

通过以上案例的学习，用户熟悉了 Word 办公文档中的表格与图表功能。下面为用户介绍在制作过程中会经常使用到的实用技巧，包括“擦除线条”“将表格内容转换为文本”“使用域进行计算”“应用图表样式”。

4.4.1　擦除线条

在绘制表格过程中，偶尔会出现多余或者绘制错误的线条，用户可以选择“布局”选项卡，在“绘图”组中单击“橡皮擦”按钮，如图 4-63 所示，或者按 Shift 键转换为橡皮擦功能，此时光标呈现橡皮擦状，如图 4-64 所示。

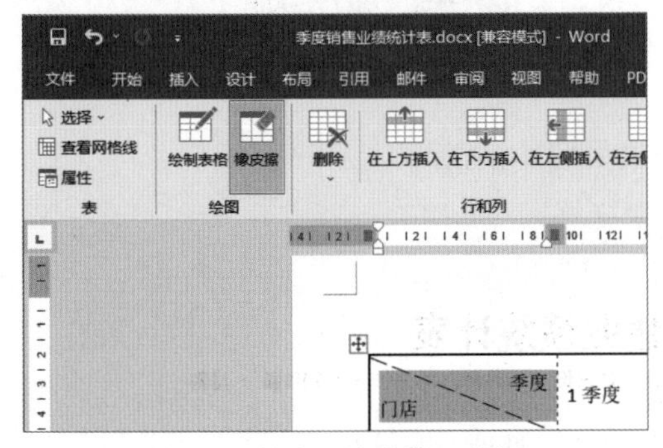

图 4-63　单击“橡皮擦”按钮

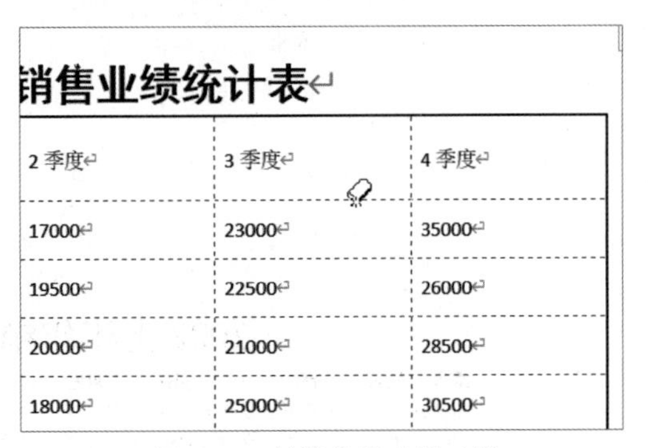

销售业绩统计表

2 季度	3 季度	4 季度
17000	23000	35000
19500	22500	26000
20000	21000	28500
18000	25000	30500

图 4-64　转换为橡皮擦功能

然后将光标放置到需要删除的线条上，单击即可将线条删除，表格最终效果如图 4-65 所示。

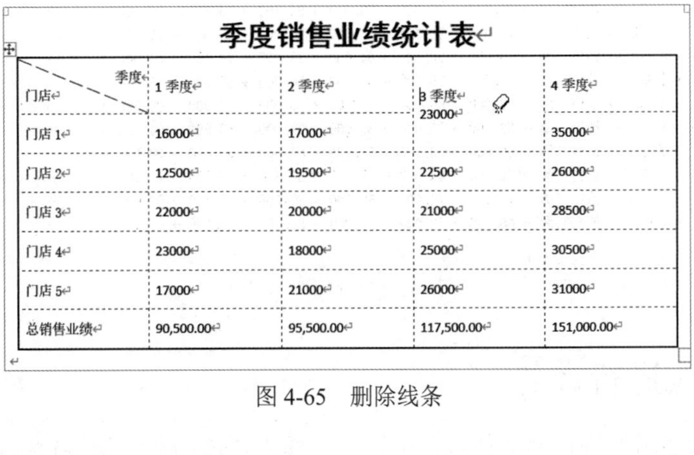

季度销售业绩统计表

季度/门店	1 季度	2 季度	3 季度 23000	4 季度
门店 1	16000	17000		35000
门店 2	12500	19500	22500	26000
门店 3	22000	20000	21000	28500
门店 4	23000	18000	25000	30500
门店 5	17000	21000	26000	31000
总销售业绩	90,500.00	95,500.00	117,500.00	151,000.00

图 4-65　删除线条

4.4.2　将表格内容转换为文本

在文档中若要将表格转换为文本，还需要插入分隔符，即段落标记、制表符、逗号或其他字符将表格的各个文本分开。

用户可以打开“2022 上半年销售业绩统计表.docx”文档，然后选择表格中的任意单元格，选择“布局”选项卡，在“数据”组中单击“转换为文本”按钮，如图 4-66 所示。打开“表格转换成文本”对话框，在“文字分隔符”组中选中“制表符”单选按钮，然后单击“确定”按钮，如图 4-67 所示。

图 4-66　单击“转换为文本”按钮

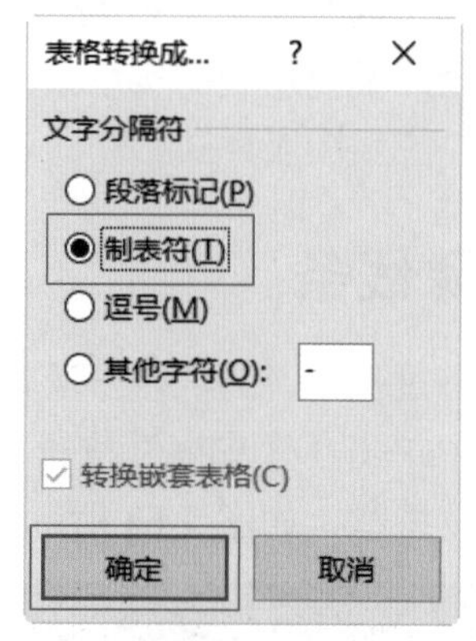

图 4-67　“表格转换成文本”对话框

此时表格中的内容将会转换为文本，显示结果如图 4-68 所示。

2022 上半年销售业绩统计表

编号	姓名	部门	一月份	二月份	三月份	四月份	五月份	六月份	总销售额	排名
XS01	张兰兰	销售一部	52, 000	74, 500	89, 000	88, 500	86, 000	77, 000		
XS02	王君	销售一部	62, 000	75, 000	71, 500	80, 500	83, 000	68, 000		
XS03	孙文琦	销售一部	56, 000	62, 500	76, 000	96, 500	81, 000	89, 000		
XS04	王勇	销售一部	81, 500	77, 000	79, 500	74, 000	78, 500	83, 500		
XS05	王华	销售一部	90, 500	82, 500	88, 500	77. 500	79, 000	77, 500		
XS06	赵燕妮	销售一部	96, 500	78, 500	80, 000	88. 500	90, 000	94, 500		
XS07	伍浩	销售一部	88, 500	65, 000	78, 000	84. 500	78, 500	86, 500		
XS08	顾宇恒	销售一部	76, 000	55, 500	53, 000	87, 000	82, 500	87, 000		
XS09	陈晓光	销售二部	73, 000	90, 500	64, 000	88, 000	79, 000	84, 000		
XS10	李益晨	销售二部	66, 500	76, 000	81, 000	80, 500	89, 000	88, 000		
XS11	田思恩	销售二部	79, 000	80, 500	82, 000	88, 000	87, 000	90, 500		
XS12	李欣	销售二部	82, 000	90, 000	80, 000	71, 000	88, 500	64, 500		
XS13	章强	销售二部	80, 000	69, 500	77, 500	88, 000	85, 000	90, 000		
XS14	韩莉莉	销售二部	72, 000	84, 000	73, 500	89, 500	66, 500	71, 500		
XS15	龚启凡	销售二部	70, 500	72, 000	88, 000	89, 000	87, 500	82, 000		
XS16	王祁	销售二部	68, 500	78, 000	91, 000	82, 500	93, 000	96, 500		

图 4-68　表格转换为文本

4.4.3　使用域进行计算

在文档中巧妙使用域进行函数计算，可以使工作中烦琐的计算变得轻松且快捷。

打开“差旅费报销明细表.docx”文档，将光标放置到“2400”单元格中，右击并从弹出的快捷菜单中选择“表格属性”命令，如图 4-69 所示。打开“表格属性”对话框，选择“列”选项卡，可以看到所选的单元格处于第几列，如图 4-70 所示。

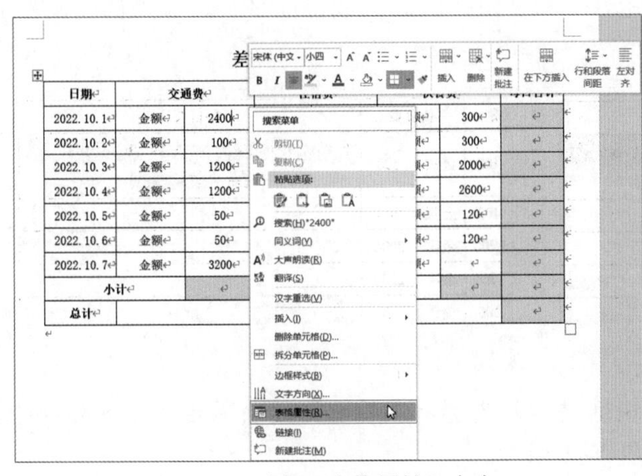

图 4-69　选择“表格属性”命令

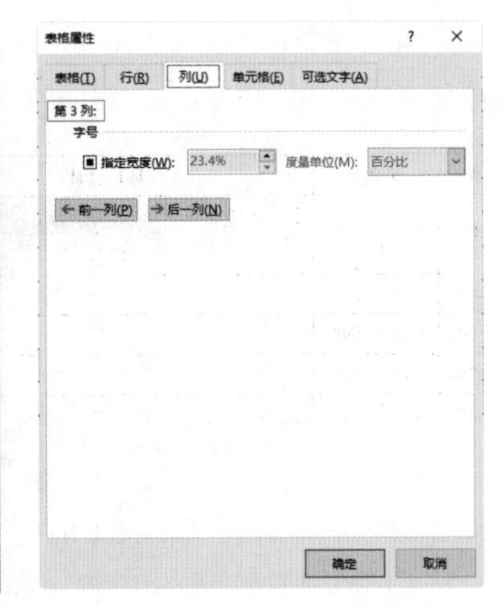

图 4-70　“列”选项卡

选择“行”选项卡，可以看到所选的单元格处于第几行，然后单击“确定”按钮，如图 4-71 所示。

将光标放置到需要进行计算的单元格中，按 Ctrl+F9 快捷键插入域特征字符，并输入如图 4-72 所示的公式。

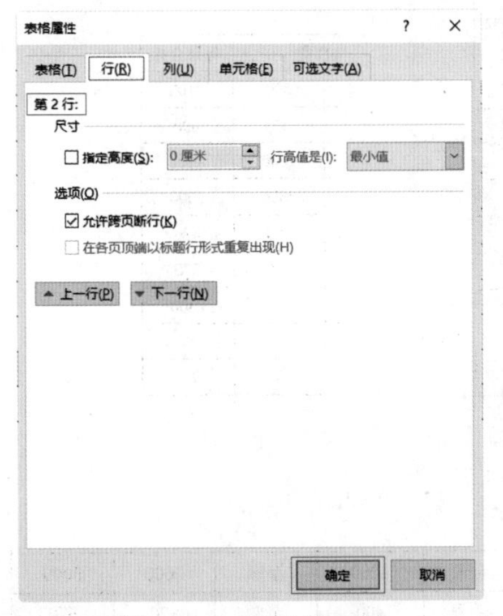

图 4-71　“行”选项卡

伙食费		每日合计
金额	300	{ =sum(C2:G2) }
金额	300	
金额	2000	

图 4-72　插入空域

选择域中的数据“C2”，将数字 2 删除，并按 Ctrl+F9 快捷键插入域特征字符，继续输入公式，如图 4-73 左图所示，然后按同样的方法选择数据“G2”，将数字 2 删除，再按 Ctrl+F9 快捷键插入域特征字符，如图 4-73 右图所示。

食费	每日合计
300	{ =sum(C{ =1+{ seq b } }:G2) }
300	

伙食费		每日合计
额	300	{ =sum(C{ =1+{ seq b } }:G{ =1+{ seq c } }) }
额	300	

图 4-73　输入内容

选择如图 4-74 所示的内容，然后按 Ctrl+F9 快捷键插入域特征字符，输入如图 4-75 所示的公式。

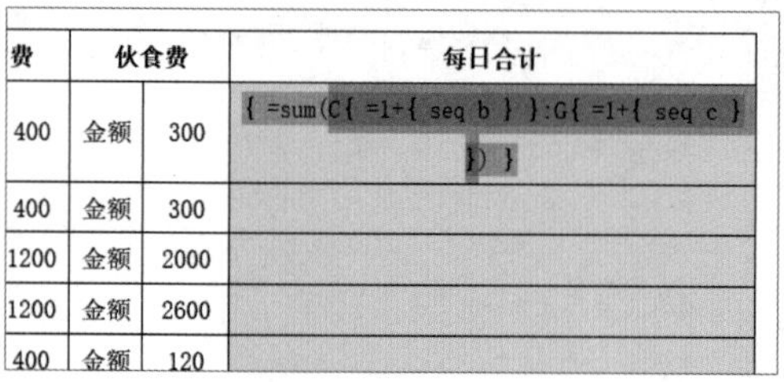

费	伙食费		每日合计
400	金额	300	{ =sum(C{ =1+{ seq b } }:G{ =1+{ seq c }}) }
400	金额	300	
1200	金额	2000	
1200	金额	2600	
400	金额	120	

图 4-74 选择内容

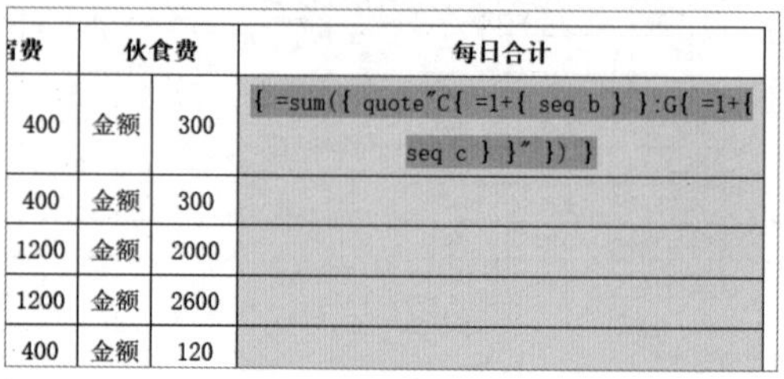

宿费	伙食费		每日合计
400	金额	300	{ =sum({ quote"C{ =1+{ seq b } }:G{ =1+{ seq c } }" }) }
400	金额	300	
1200	金额	2000	
1200	金额	2600	
400	金额	120	

图 4-75 再次输入内容

选择域中的所有公式，按 Ctrl+C 快捷键复制内容，然后选择其余需要进行每日合计的单元格，按 Ctrl+V 快捷键粘贴内容，如图 4-76 所示。

按 Ctrl+A 快捷键全选表格中的数据，然后按 F9 键进行更新，结果如图 4-77 所示。

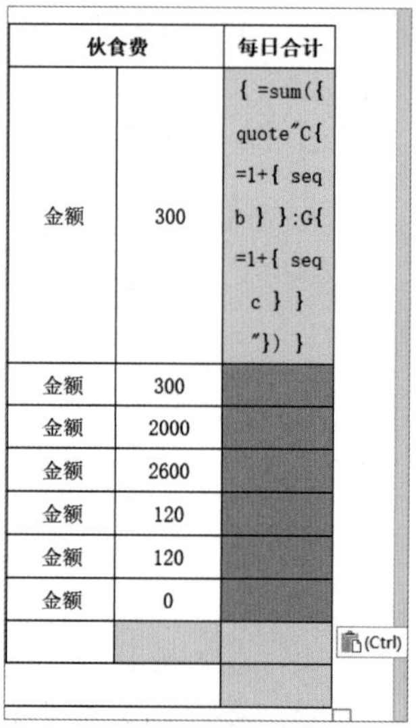

伙食费		每日合计
金额	300	{ =sum({ quote"C{ =1+{ seq b } }:G{ =1+{ seq c } }"}) }
金额	300	
金额	2000	
金额	2600	
金额	120	
金额	120	
金额	0	

(Ctrl)

食费	每日合计
300	3100
300	800
2000	4400
2600	5000
120	570
120	570
0	2400

图 4-76 复制并粘贴域　　图 4-77 更新每日合计数据

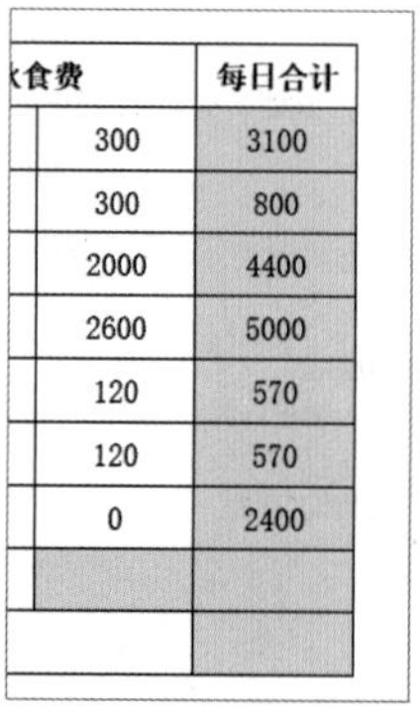

按同样的方法在小计一行的单元格中插入域，结果如图 4-78 所示。

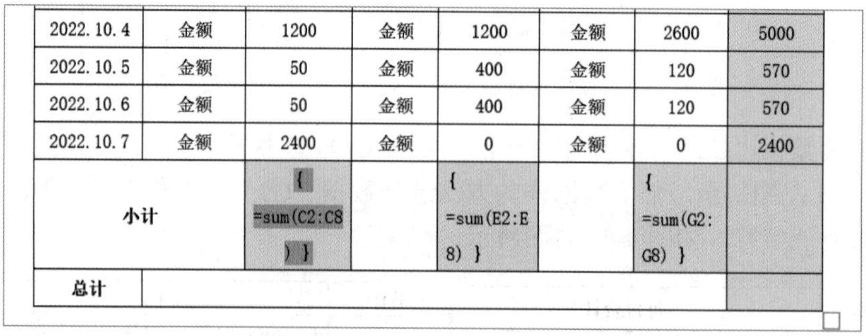

2022.10.4	金额	1200	金额	1200	金额	2600	5000
2022.10.5	金额	50	金额	400	金额	120	570
2022.10.6	金额	50	金额	400	金额	120	570
2022.10.7	金额	2400	金额	0	金额	0	2400
小计		{ =sum(C2:C8) }		{ =sum(E2:E8) }		{ =sum(G2:G8) }	
总计							

图 4-78 插入域

按 Ctrl+A 快捷键全选表格中的内容，然后按 F9 键进行更新，结果如图 4-79 所示。

2022.10.4	金额	1200	金额	1200	金额	2600	5000
2022.10.5	金额	50	金额	400	金额	120	570
2022.10.6	金额	50	金额	400	金额	120	570
2022.10.7	金额	2400	金额	0	金额	0	2400
小计		7400		4000		5440	
总计							

图 4-79　更新小计数据

在最后的单元格中插入域计算总计，如图 4-80 所示。按 Ctrl+A 快捷键全选表格中的数据，然后按 F9 键进行更新，最终表格结果如图 4-81 所示。

金额	0	2400
	5440	
		{ =sum(ABOVE) }

图 4-80　计算总计

差旅费报销明细表

日期	交通费		住宿费		伙食费		每日合计
2022.10.1	金额	2400	金额	400	金额	300	3100
2022.10.2	金额	100	金额	400	金额	300	800
2022.10.3	金额	1200	金额	1200	金额	2000	4400
2022.10.4	金额	1200	金额	1200	金额	2600	5000
2022.10.5	金额	50	金额	400	金额	120	570
2022.10.6	金额	50	金额	400	金额	120	570
2022.10.7	金额	2400	金额	0	金额	0	2400
小计		7400		4000		5440	
总计							16840

图 4-81　表格最终结果

4.4.4　应用图表样式

在制作图表时为了使其看上去更加美观，可以使用 Word 中预置的样式对图表进行美化，改变其外观。需要注意的是，在选择图表样式之前，如果已对图表进行了格式设置，如图 4-82 所示，那么在应用 Word 预置的图表样式之后，之前设置的格式可能会发生改变，如图 4-83 所示。因此在插入图表之后，应当先选择图表样式，再对其进行编辑。

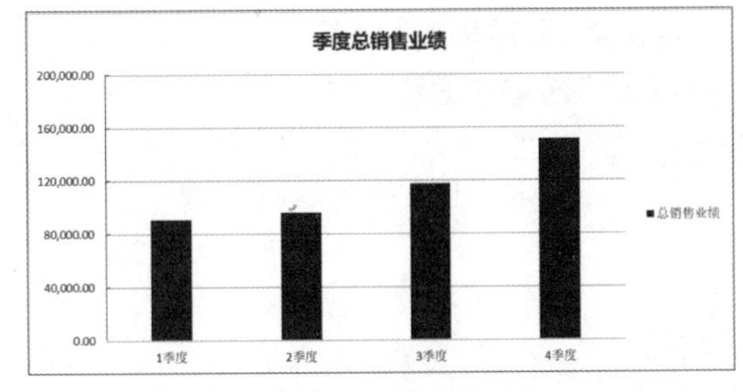

图 4-82　设置图表格式

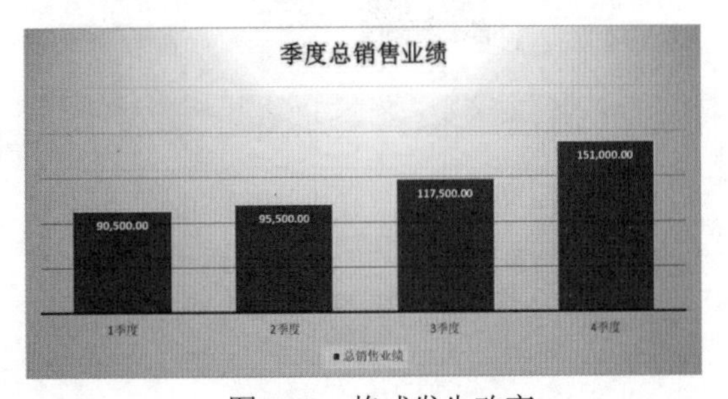

图 4-83　格式发生改变

打开“季度销售业绩统计表.docx”文档，选择文档中的表格，按 Ctrl+C 快捷键复制内容，然后将光标放置到要添加图表的位置。选择“插入”选项卡，在“插图”组中单击“图表”按钮，打开“插入图表”对话框，选择“条形图”中的“簇状条形图”选项，然后单击“确定”

按钮，如图 4-84 所示。

此时会弹出“Microsoft Word 中的图表”窗口，选择 A1 单元格，然后按 Ctrl+V 快捷键，将复制的数据粘贴进表格，图表的显示结果如图 4-85 所示。

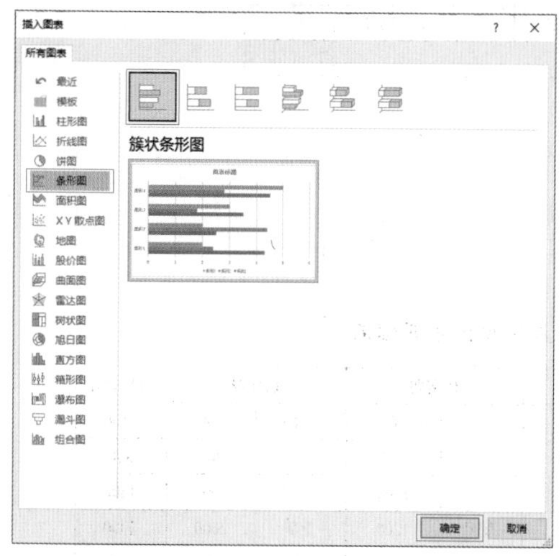

图 4-84　选择“簇状条形图”选项

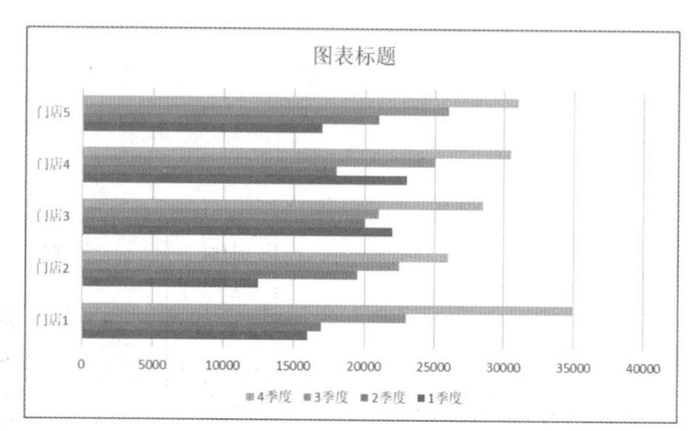

图 4-85　图表的显示结果

选择“图表设计”选项卡，在“图表样式”组中单击“其他”按钮，从弹出的样式列表中选择“样式 10”样式，如图 4-86 所示，此时图表的样式显示结果如图 4-87 所示。

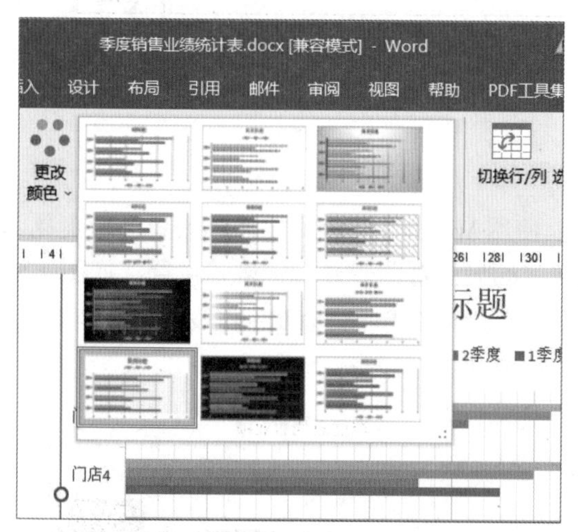

图 4-86　选择“样式 10”样式

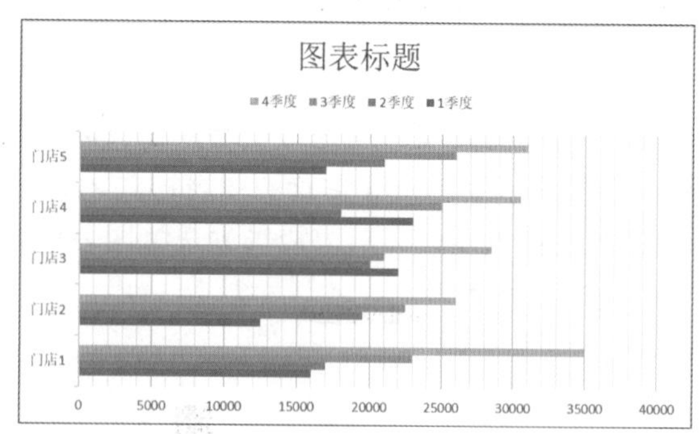

图 4-87　图表的样式显示结果

第 5 章 Word 文档格式设置

本章导读

完成一份文档文件，离不开页面格式和文本格式的设置，而用户打开Word 2019软件并输入文本时，其页面格式和文本格式显示的都是默认状态。但默认状态往往无法满足用户的需求，若要改变这种情况，用户可以充分利用Word 2019中提供的格式设置功能，对文档的页面和文本进行整理，对文档进行修饰和美化等一系列操作，最后通过设置打印和输出参数，使用打印机将文档输出到纸张上。本章将通过实例为用户介绍如何在Word文档中设置文档格式的常用技巧。

5.1 设置作文集页面格式

在 Word 2019 中输入长文档后，通过设置页面大小和方向、分页和分节、中文版式、首字下沉、分栏排版、添加页眉和页脚、设置水印效果等操作，能够改变文档的整体外观，提升文档的视觉效果。本节将讲解如何使用页面格式的操作技巧，编辑作文集文档，如图 5-1 所示。

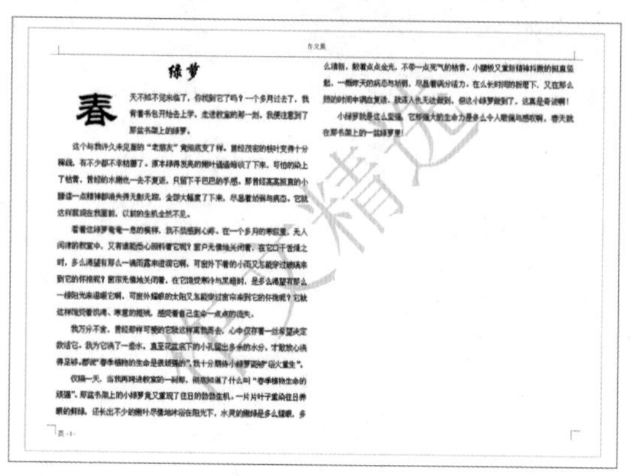

图 5-1　作文集

5.1.1　设置页面大小和方向

01 启动 Word 2019，打开“作文集.docx”文档，选择“布局”选项卡，在“页面设置”组中单击“页边距”下拉按钮，在弹出的下拉列表中选择“常规”选项，如图 5-2 所示。

02 单击“纸张方向”下拉按钮，在弹出的下拉列表中选择“横向”选项，如图 5-3 所示。

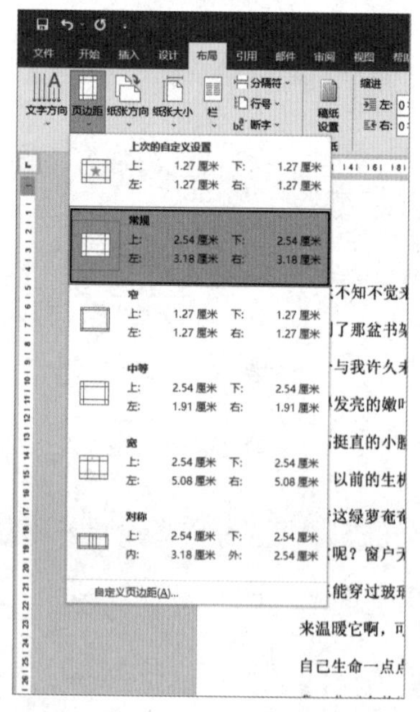

图 5-2　选择页边距

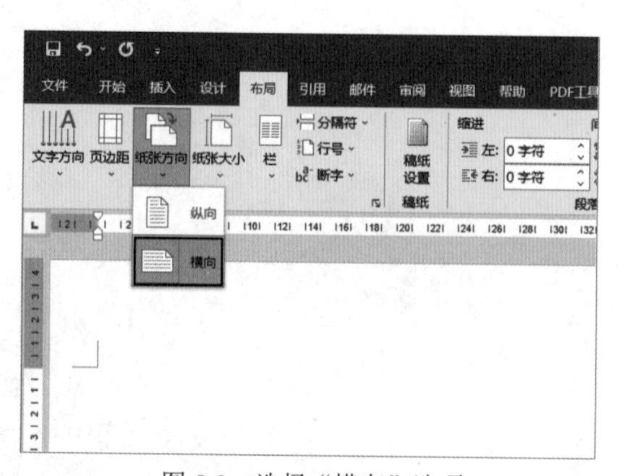

图 5-3　选择“横向”选项

03 在“布局”选项卡的“页面设置”组中单击“对话框启动器”按钮，如图 5-4 所示。

04 打开“页面设置”对话框，选择“纸张”选项卡，单击“纸张大小”下拉按钮，选择“A3(比例打印)”选项，如图 5-5 所示，然后单击“确定”按钮。

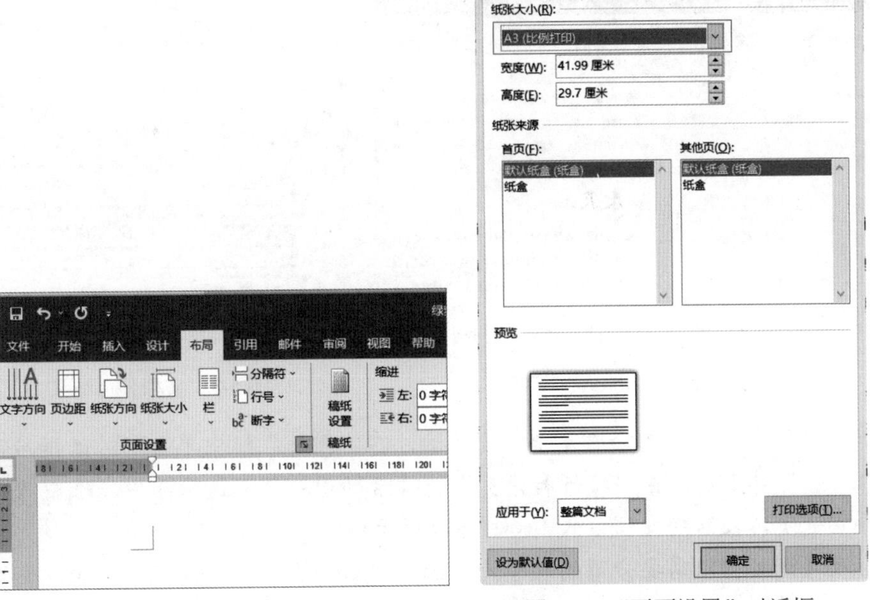

图 5-4　单击“对话框启动器”按钮　　图 5-5　“页面设置”对话框

05 设置完成后，Word 页面显示结果如图 5-6 所示。

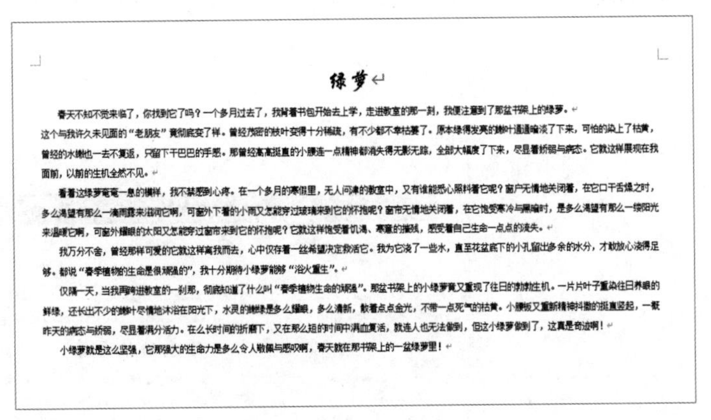

绿萝

春天不知不觉来临了，你找到它了吗？一个多月过去了，我背着书包开始去上学，走进教室的那一刻，我便注意到了那盆书架上的绿萝。

这个与我许久未见面的“老朋友”竟彻底变了样。曾经茂密的枝叶变得十分稀疏，有不少都不幸枯萎了。原本绿得发亮的嫩叶通通暗淡了下来，可怕的染上了枯黄，曾经的水嫩也一去不复返，只留下干巴巴的手感。那曾经高高挺直的小腰连一点精神都消失得无影无踪，全部大幅度了下来，尽显着娇弱与病态。它就这样展现在我面前，以前的生机全然不见。

看着这绿萝奄奄一息的模样，我不禁感到心疼。在一个多月的寒假里，无人问津的教室中，又有谁能悉心照料着它呢？窗户无情地关闭着，在它口干舌燥之时，多么渴望有那么一滴雨露来滋润它啊，可窗外下着的小雨又怎能穿过玻璃来到它的怀抱呢？窗帘无情地关闭着，在它饱受寒冷与黑暗时，是多么渴望有那么一缕阳光来温暖它啊，可窗外耀眼的太阳又怎能穿过窗帘来到它的怀抱呢？它就这样饱受着饥渴、寒意的摧残，感受着自己生命一点点的流失。

我万分不舍，曾经那样可爱的它就这样离我而去，心中仅存着一丝希望决定救活它。我为它浇了一些水，直至花盆底下的小孔留出多余的水分，才敢放心浇得足够。都说“春季植物的生命是很顽强的”，我十分期待小绿萝能够“浴火重生”。

仅隔一天，当我再跨进教室的一刹那，彻底知道了什么叫“春季植物生命的顽强”。那盆书架上的小绿萝竟又重现了往日的勃勃生机。一片片叶子重染往日养眼的鲜绿，还长出不少的嫩叶尽情地沐浴在阳光下，水灵的嫩绿是多么耀眼，多么清新，散着点点金光，不带一点死气的枯黄。小腰板又重新精神抖擞的挺直竖起，一扫昨天的病态与娇弱，尽显着满分活力。在么长时间的折磨下，又在那么短的时间中满血复活，就连人也无法做到，但这小绿萝做到了，这真是奇迹啊！

小绿萝就是这么坚强，它那强大的生命力是多么令人敬佩与感叹啊，春天就在那书架上的一盆绿萝里！

图 5-6　页面显示结果

5.1.2　分页和分节

01 选择“布局”选项卡，在“页面设置”组中单击“分隔符”下拉按钮，选择“分页符”选项，如图 5-7 所示。

02 设置完成后，文档分页结果如图 5-8 所示。

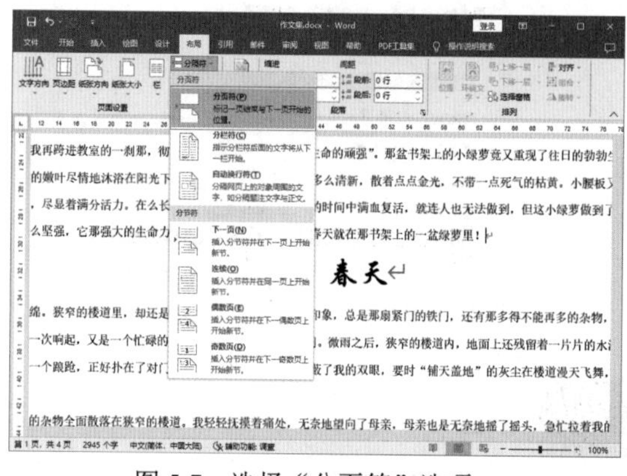

图 5-7　选择“分页符”选项

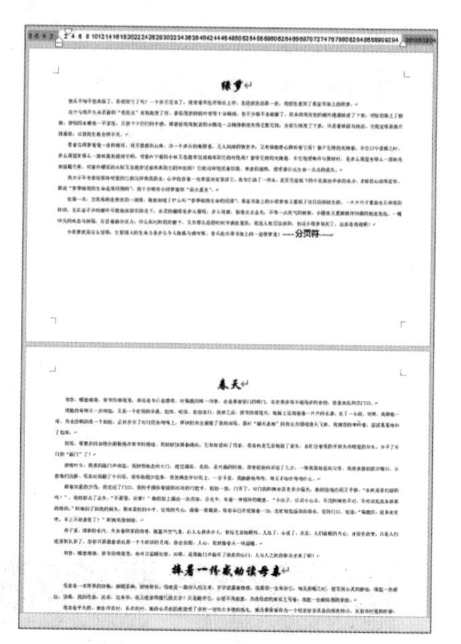

图 5-8　文档分页结果

03 将光标放置到段落中，选择“开始”选项卡，在“段落”组中单击“对话框启动器”按钮 ，打开“段落”对话框，在“换行和分页”选项卡的“分页”选项组中，选中“孤行控制”复选框，设置分页时段落的处理方式，如图 5-9 所示。

04 将光标放置到文档中需要分节的文字处，选择“布局”选项卡，在“页面设置”组中单击“分隔符”下拉按钮，选择“下一页”选项，如图 5-10 所示。

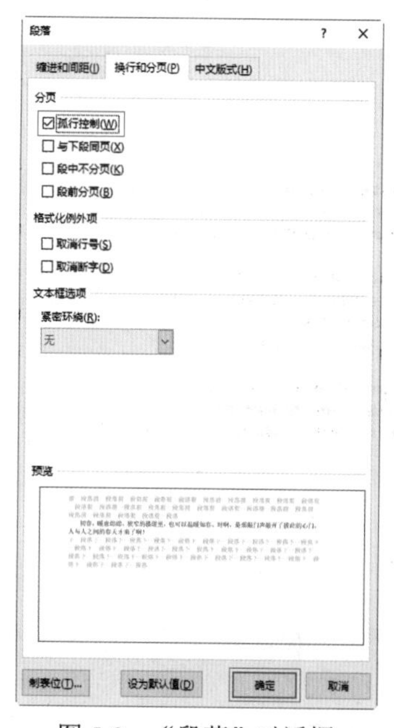

图 5-9　“段落”对话框

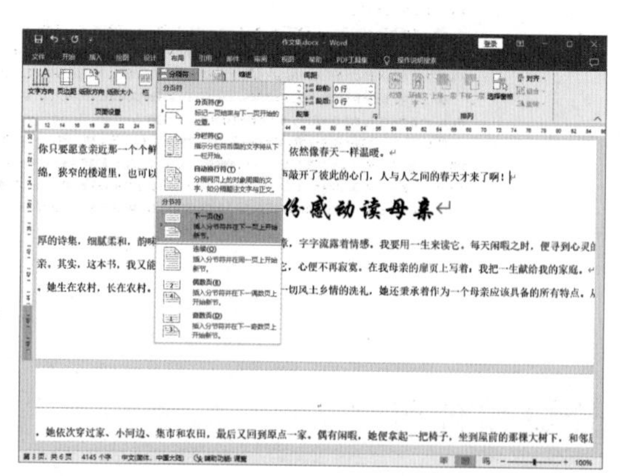

图 5-10　选择“下一页”选项

05 设置完成后，文档分节结果如图 5-11 所示。若需要删除分节符号，可以将光标放置到分节符之前，然后按 Delete 键将分节符删除，删除分节符后文档的分节也将自动取消。

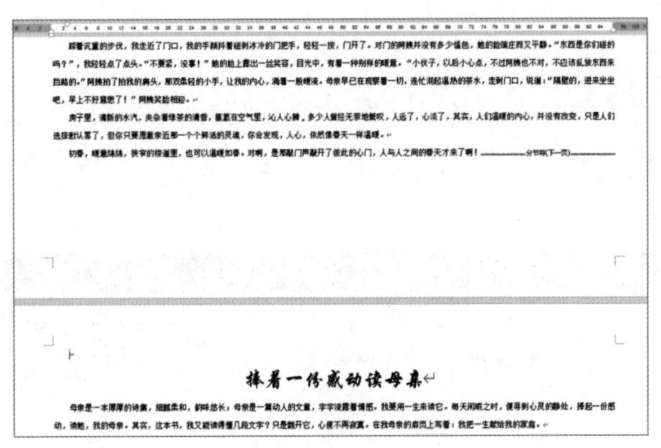

图 5-11　文档分节结果

5.1.3　中文版式

01 选择要添加拼音的文本“蒙”，然后选择“开始”选项卡，在“字体”组中单击“拼音指南”按钮wén文，如图 5-12 所示。

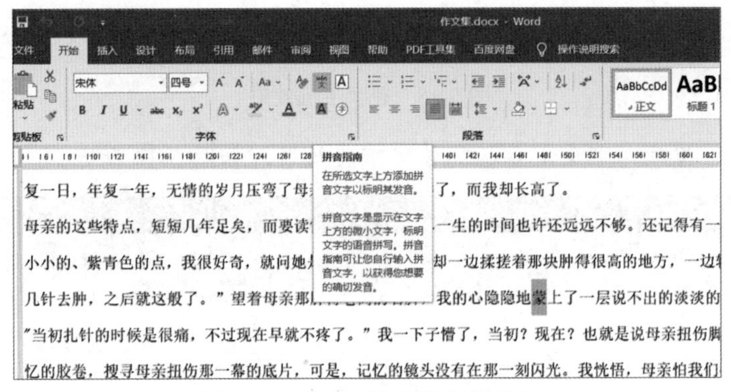

图 5-12　单击“拼音指南”按钮

02 打开“拼音指南”对话框，设置字体、字号等格式，然后单击“确定”按钮，如图 5-13 所示。

03 返回文档中，添加拼音后的文本效果如图 5-14 所示。

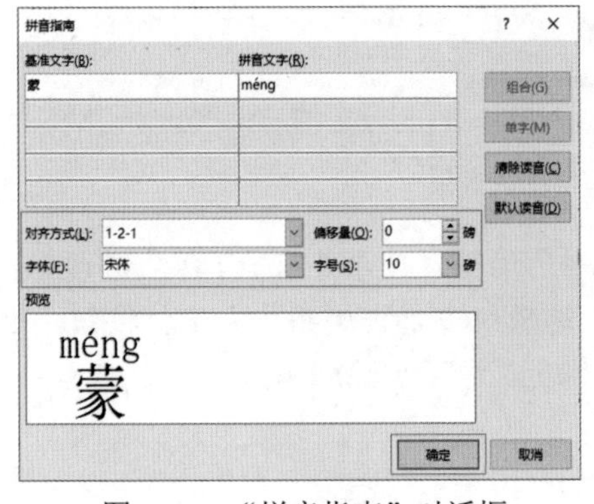

图 5-13　“拼音指南”对话框

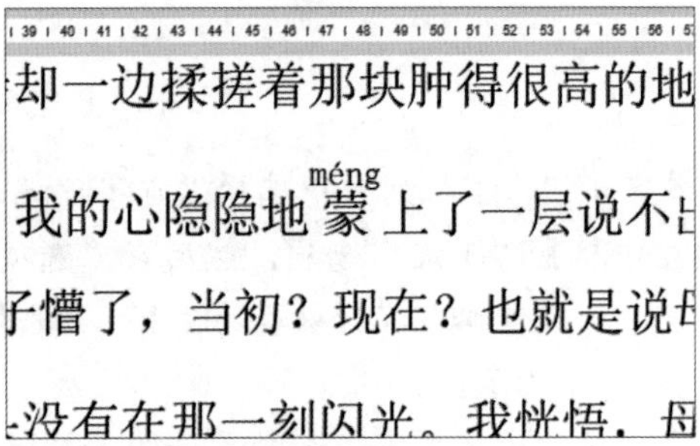

图 5-14　添加拼音后的效果

5.1.4 首字下沉

01 将光标放置到需要设置首字下沉的段落中，选择“插入”选项卡，在“文本”组中单击“首字下沉”下拉按钮，在弹出的下拉列表中选择“下沉”选项，这时光标所在段落将会变为首字下沉，效果如图 5-15 所示。

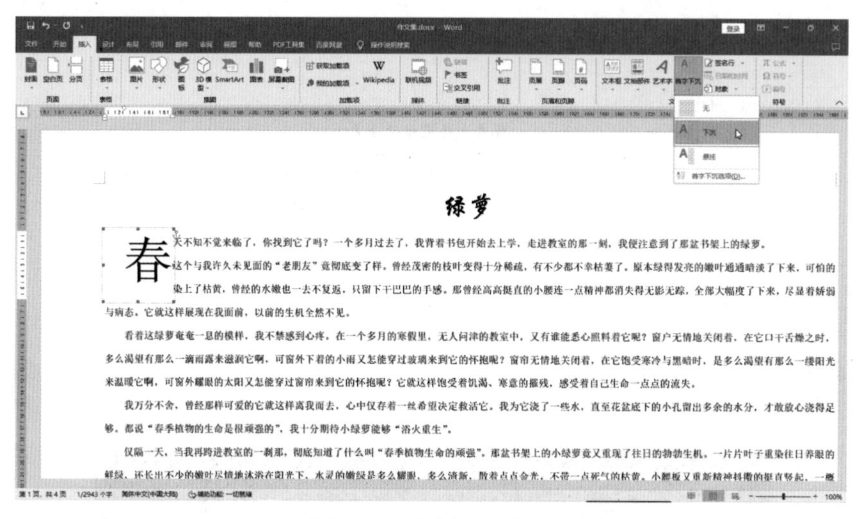

图 5-15 首字下沉效果

02 若选择“悬挂”选项，则生成悬挂的首字下沉效果，如图 5-16 所示。

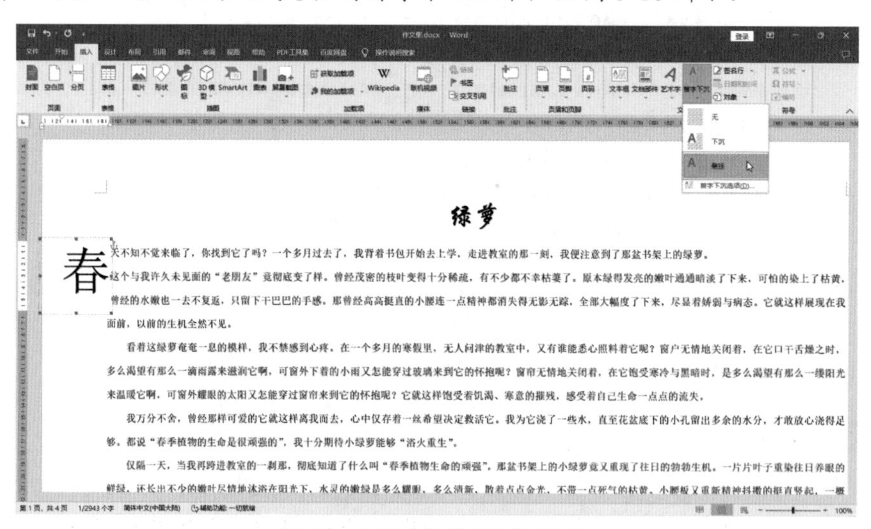

图 5-16 悬挂的首字下沉效果

03 在“首字下沉”下拉列表中选择“首字下沉选项”选项，打开“首字下沉”对话框，在“位置”选项组中单击“下沉”选项，然后在“选项”选项组中单击“字体”下拉按钮，选择“华文隶书”选项，设置“下沉行数”为“3”，设置“距正文”为“0.8 厘米”，然后单击“确定”按钮，如图 5-17 所示。

04 设置完成后，段落首字下沉效果如图 5-18 所示。

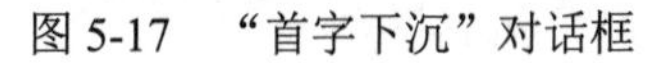

图 5-17 “首字下沉”对话框

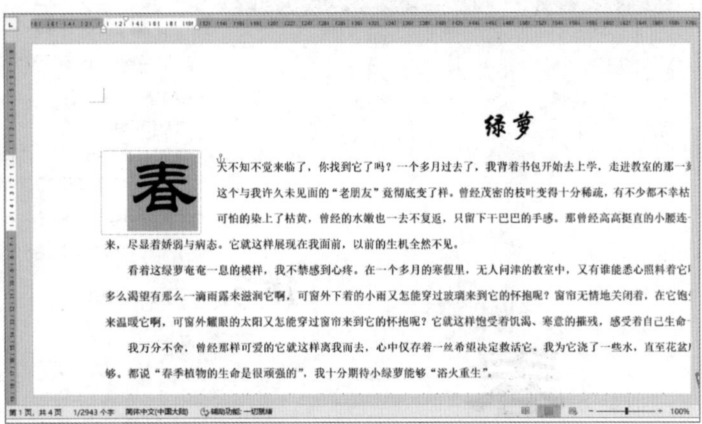

图 5-18 段落首字下沉效果

5.1.5 分栏排版

01 在文档中选择需要分栏的段落，选择“布局”选项卡，在“页面设置”组中单击“栏”下拉按钮，在弹出的下拉列表中选择“两栏”选项，如图 5-19 所示。

02 设置完成后，两栏显示效果如图 5-20 所示。

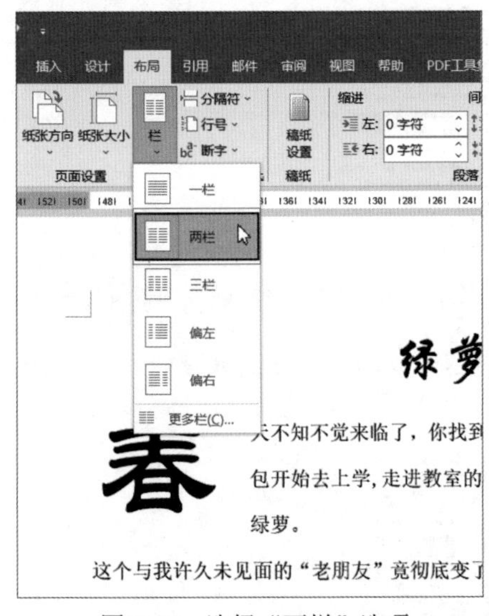

图 5-19 选择“两栏”选项

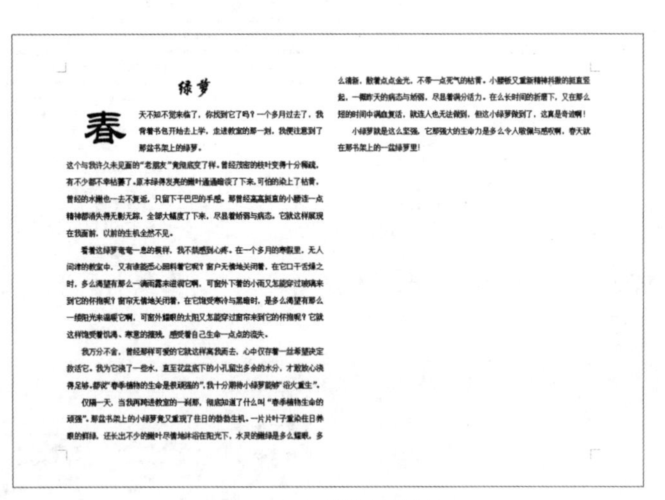

图 5-20 两栏显示效果

03 如果内置的分栏样式无法满足用户的需求，可以单击“栏”下拉按钮，选择“更多栏”选项，如图 5-21 所示。

04 打开“栏”对话框，设置“栏数”微调框数值为“4”，单击“应用于”下拉按钮，选择“本节”选项，然后单击“确定”按钮，如图 5-22 所示，段落即按照设置进行分栏。

图 5-21　选择“更多栏”选项

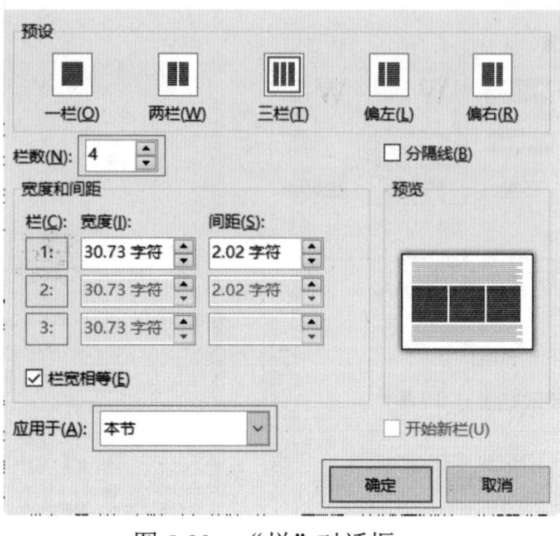

图 5-22　“栏”对话框

05 设置完成后，四栏显示效果如图 5-23 所示。

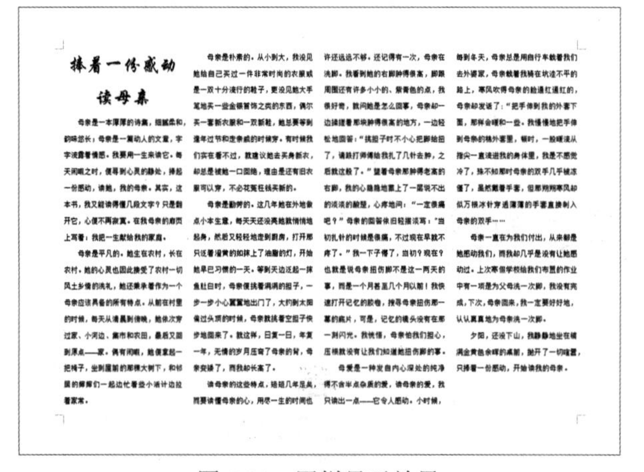

图 5-23　四栏显示效果

06 完成分栏后，将光标放置到文档中，拖曳水平标尺上的分栏标记，可以调整栏宽，如图 5-24 所示。

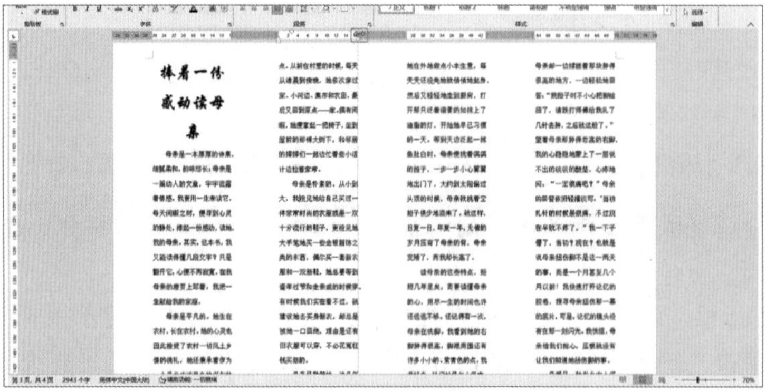

图 5-24　拖曳分栏标记

07 单击“栏”下拉按钮，选择“更多栏”选项，打开“栏”对话框，在“宽度和间距”选项组中设置“宽度”为“20 字符”，然后选中“分隔线”复选框，单击“确定”按钮，如图 5-25 所示。

08 设置完成后，栏间添加了分隔线，如图 5-26 所示。

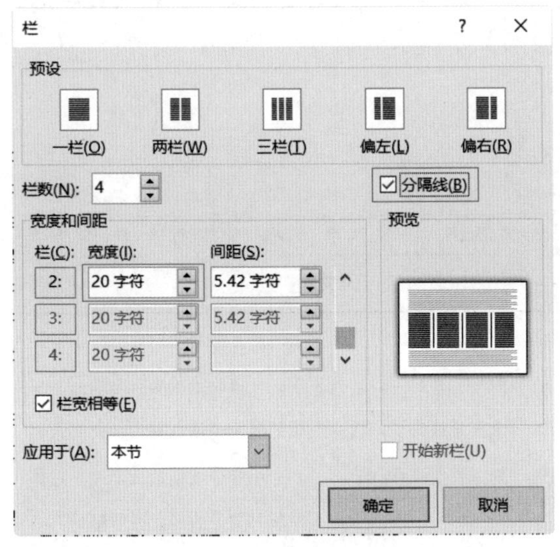

图 5-25　“栏”对话框

图 5-26　分隔线显示效果

09 若需要将某段文字放到下一栏中，可以将光标放置到分栏段落的开始位置，选择“布局”选项卡，在“页面设置”组中单击“分隔符”下拉按钮，选择“分栏符”选项，如图 5-27 所示。

10 此时，光标后方的文字被放置在下一个分栏中，如图 5-28 所示。

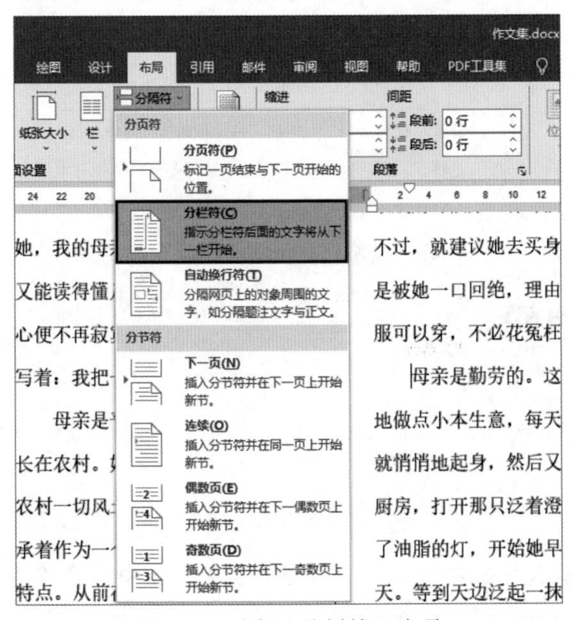

图 5-27　选择“分栏符”选项

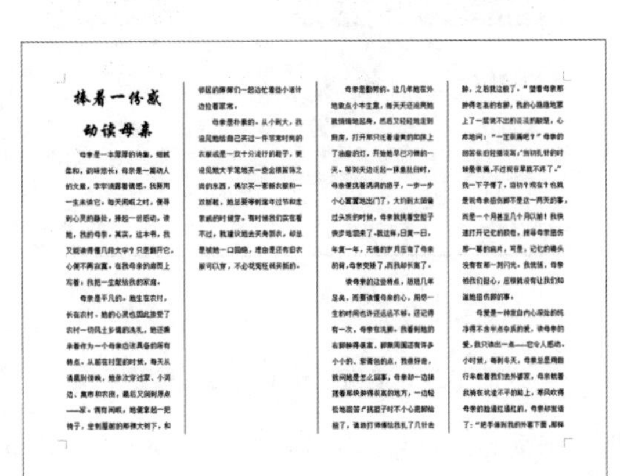

图 5-28　分栏结果

5.1.6 添加页眉和页脚

01 选择“插入”选项卡，在“页眉和页脚”组中单击“页眉”下拉按钮，在弹出的下拉列表中选择“空白”选项，如图 5-29 所示。

02 将光标放置到页眉区中，删除默认的提示文字，并在其中输入需要的文字。输入文字后，可以对文字字体、字号和对齐方式等进行设置，页眉显示结果如图 5-30 所示。

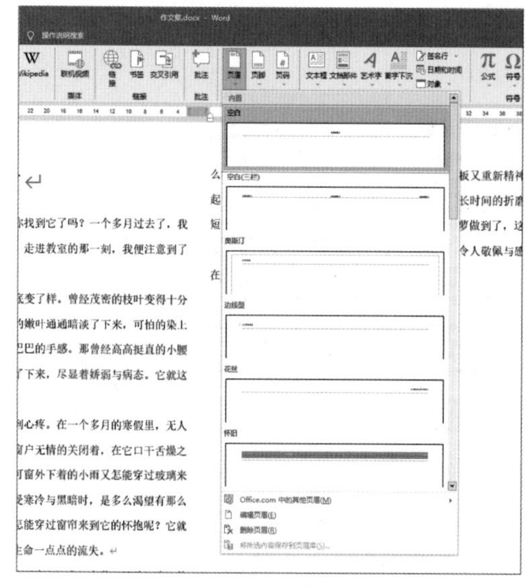

图 5-29　选择“空白”选项

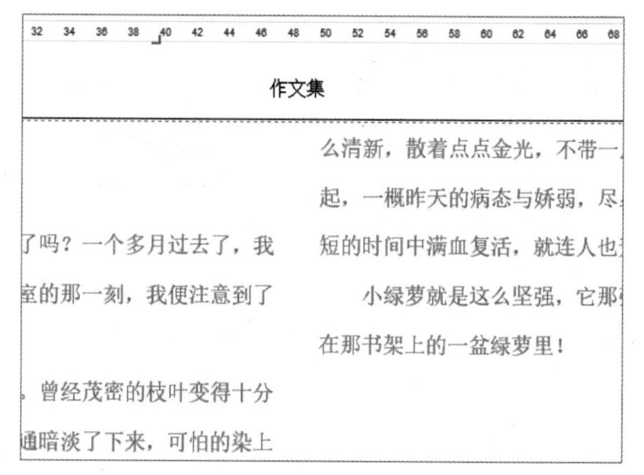

图 5-30　在页眉中输入文字并设置文字格式

03 完成页眉的设置后，选择“页眉和页脚”选项卡，在“导航”组中单击“转至页脚”按钮，如图 5-31 所示。

04 将光标放置到页脚区域，此时即可在页脚中输入需要的内容，如图 5-32 所示。

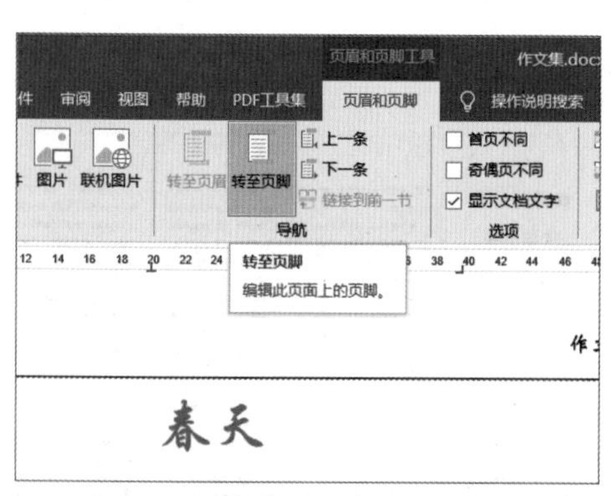

图 5-31　单击“转至页脚”按钮

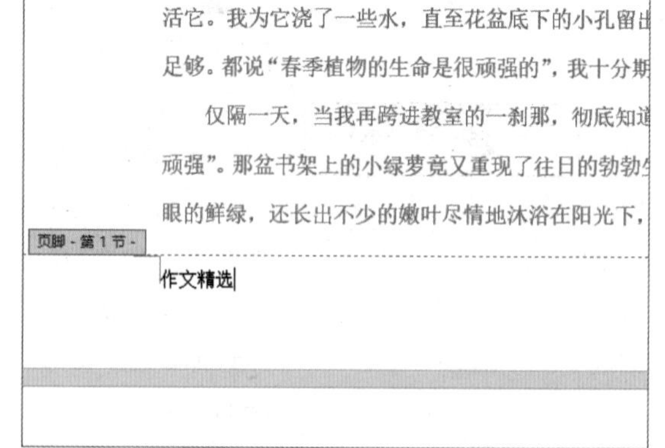

图 5-32　在页脚中输入文字

05 若要为文档添加页码，可以选择“页眉和页脚”选项卡，在“页眉和页脚”组中单击“页脚”下拉按钮，在弹出的下拉列表中选择“奥斯汀”样式，如图 5-33 所示。

06 选择的样式直接插入了页码效果，如图 5-34 所示，完成页脚的插入，单击“关闭页眉和页脚”按钮。

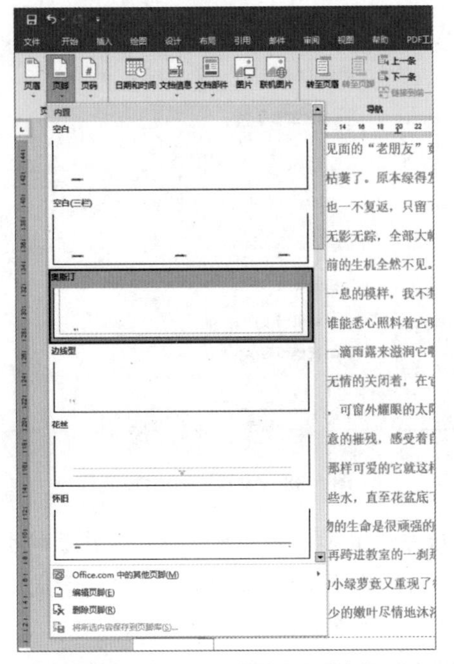

图 5-33 选择“奥斯汀”样式

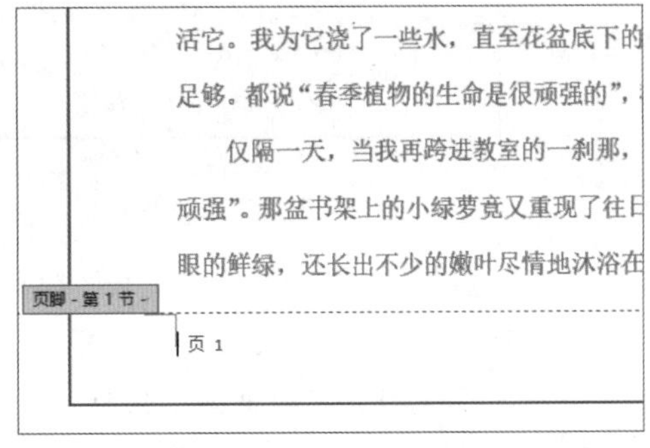

图 5-34 页码效果

07 双击页码进入页眉和页脚编辑状态，在“页眉和页脚”组中单击“页码”下拉按钮，在下拉列表中选择“设置页码格式”命令，如图 5-35 所示。

08 打开“页码格式”对话框，在对话框的“编号格式”下拉列表中选择编号的样式，然后选中“起始页码”单选按钮，根据需要在其后的微调框中输入数值设置起始页码，单击“确定”按钮，如图 5-36 所示。

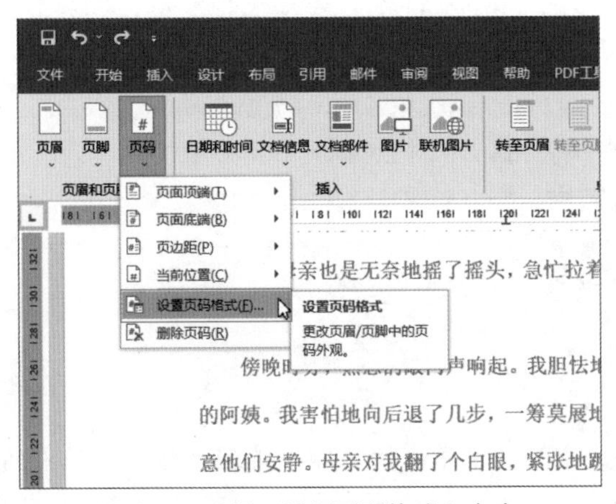

图 5-35 选择“设置页码格式”命令

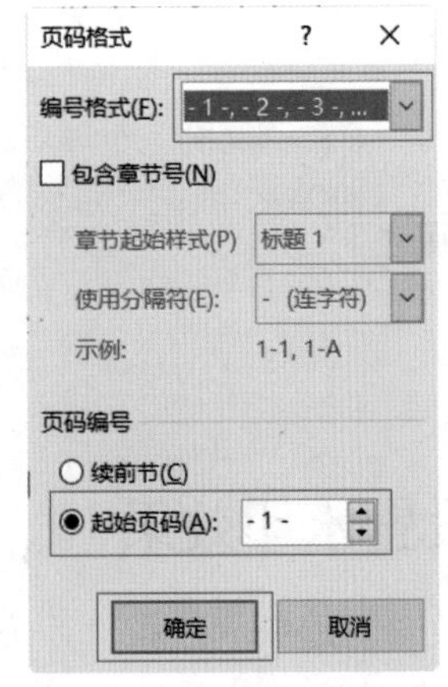

图 5-36 “页码格式”对话框

09 选择“开始”选项卡，设置页码的文字颜色为“黑色，文字 1”、字体为“五号”，如图 5-37 所示。

10 若想要页码从第二页开始，打开“页码格式”对话框，设置“起始页码”微调框数值为“0”，如图 5-38 所示。

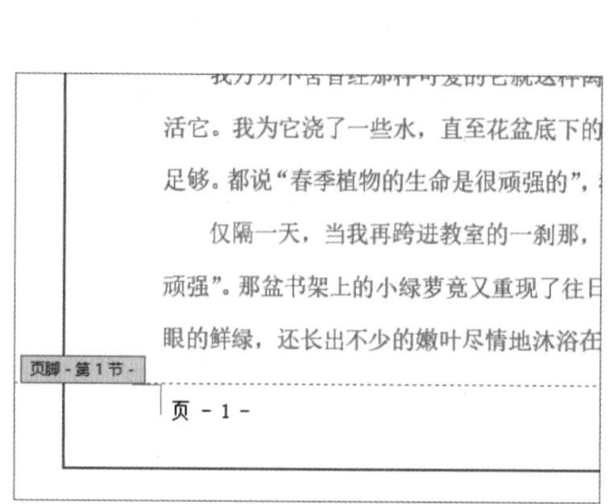

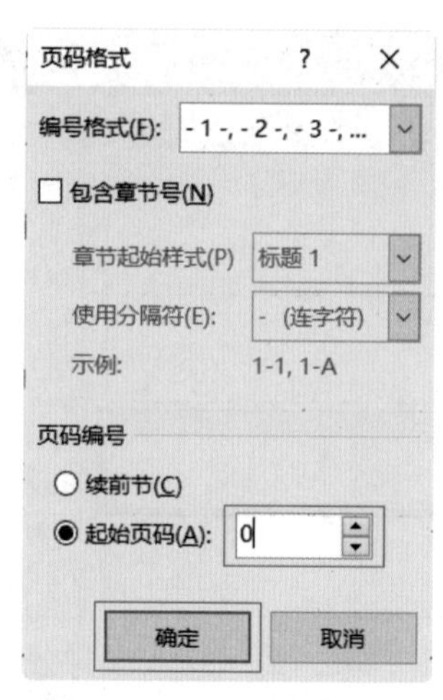

图 5-37　设置页码格式

图 5-38　设置“起始页码”

11 选择“页眉和页脚”选项卡，在“选项”组中选中“首页不同”复选框，则首页的页码“0”消失，第二页的页码为“1”，第三页的页码为“2”，其他页的页码以此类推，完成设置后单击“关闭”组中的“关闭页眉和页脚”按钮，页码显示结果如图 5-39 所示。

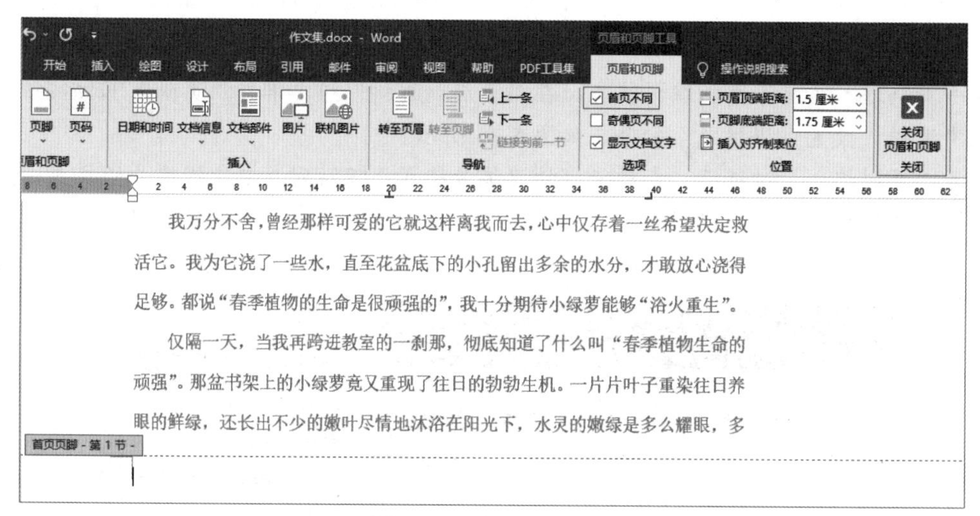

图 5-39　页码显示结果

5.1.7　设置水印效果

01 选择“设计”选项卡，在“页面背景”组中单击“水印”下拉按钮，在弹出的下拉列表中选择“机密 1”选项，如图 5-40 所示。

02 在“水印”下拉列表中选择“自定义水印”选项，可打开“水印”对话框，选中“文字水印”单选按钮，在“文字”文本框中输入“作文精选”，在“字体”下拉列表中选择“宋体”选项，在“颜色”下拉列表中选择“蓝色，个性色 1，淡色 40%”选项，其他设置项使用默认值即可，然后单击“确定”按钮，如图 5-41 所示。

03 此时文档中添加自定义文字水印效果，如图 5-1 所示。

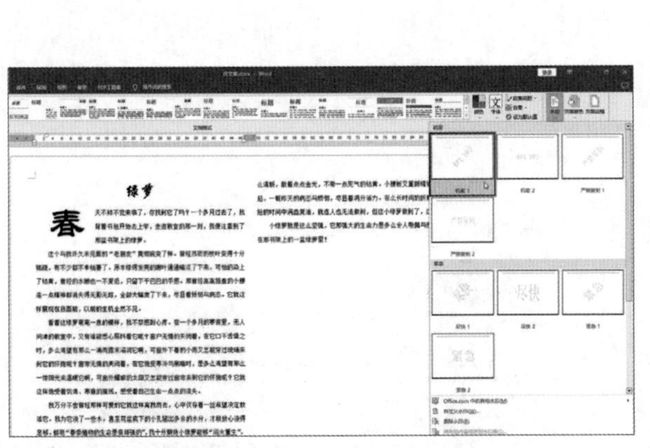

图 5-40 选择“机密 1”选项

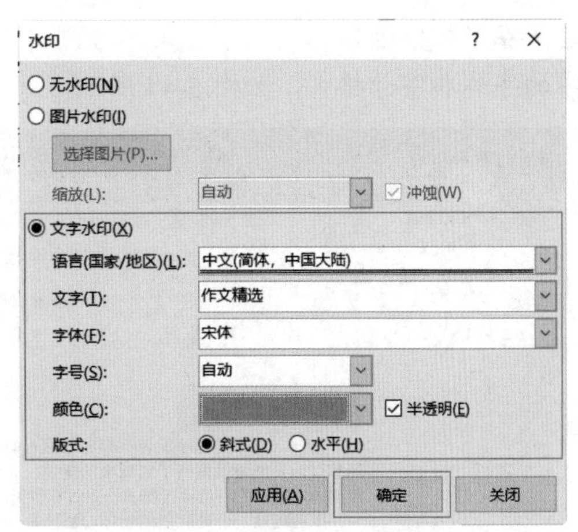

图 5-41 “水印”对话框

5.2 设置散文文本格式

一篇文档通常由若干段落组成，为了展现文档的层次，突出文档的重点内容，用户往往需要为文本和段落设置格式。文本格式设置包括字符格式、文本和段落、艺术字美化、使用样式快速格式化文本等操作。本节将主要讲解文本格式的操作技巧，编辑散文文本，如图 5-42 所示。

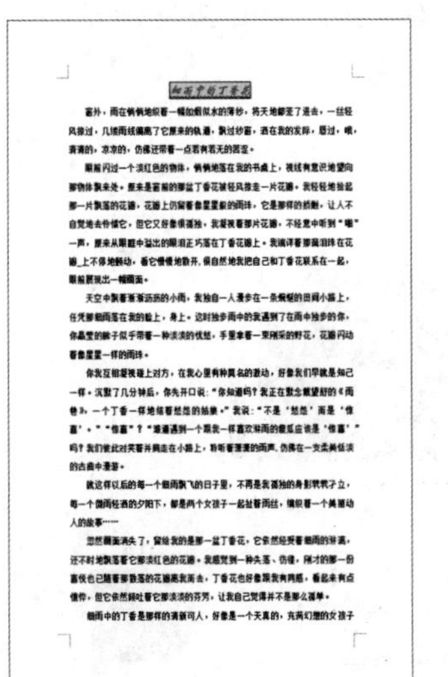

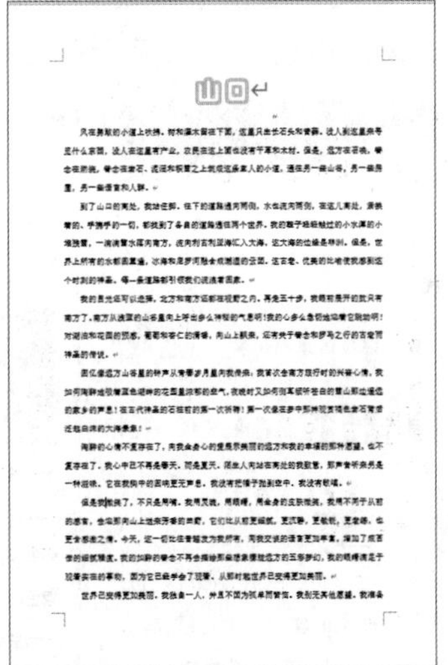

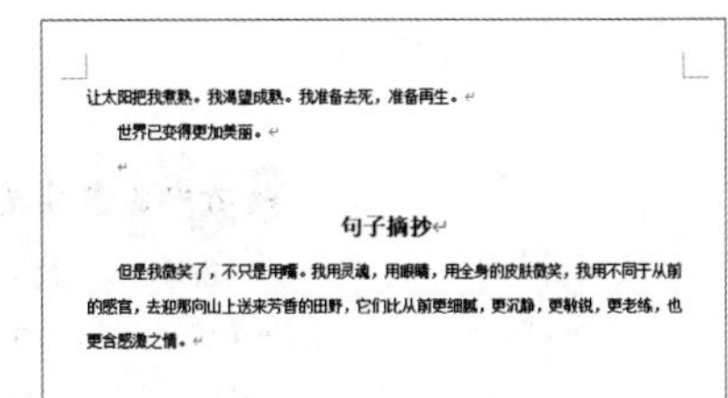

让太阳把我煮熟。我渴望成熟。我准备去死，准备再生。

世界已变得更加美丽。

句子摘抄

但是我微笑了，不只是用嘴。我用灵魂，用眼睛，用全身的皮肤微笑，我用不同于从前的感官，去迎那向山上送来芳香的田野，它们比从前更细腻，更沉静，更敏锐，更老练，也更含感激之情。

图 5-42 散文

5.2.1 设置字符格式

01 启动 Word 2019，打开“细雨中的丁香花 .docx”文档，在文档中选择标题文本，选择“开始”选项卡，在“字体”组中单击“字体”下拉按钮，选择“华文新魏”选项，单击“字号”下拉按钮，选择“三号”选项，如图 5-43 所示。

02 在文档中选择标题文本，文本旁则会出现一个浮动工具栏，使用该工具栏同样可以设置文字的字体和字号格式，如图 5-44 所示。

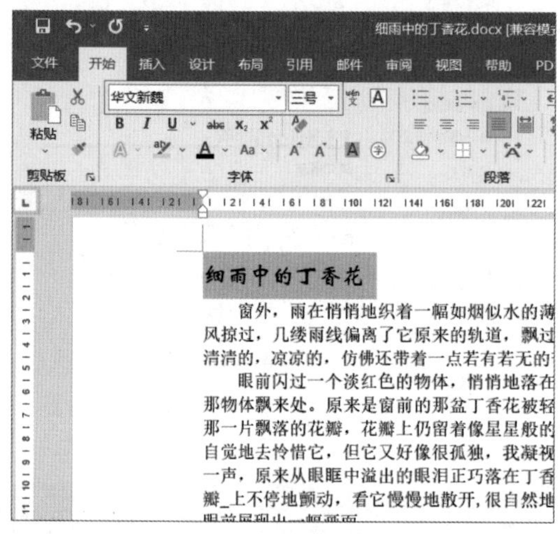

图 5-43　设置文字格式

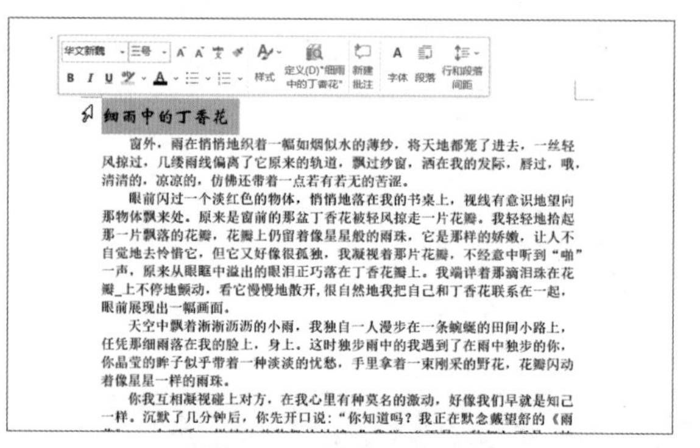

图 5-44　浮动工具栏

03 在文档中选择需要设置的文字，选择“开始”选项卡，在“字体”组中单击“字体颜色”下拉按钮，选择相应的颜色即可应用于选择的文字，若没有需要使用的颜色，可以在“字体颜色”下拉列表中选择“其他颜色”选项，如图 5-45 所示。

04 打开“颜色”对话框，选择“自定义”选项卡，设置自定义颜色，如图 5-46 所示，完成设置后单击“确定”按钮，之后自定义的颜色即可应用于选择的文字。

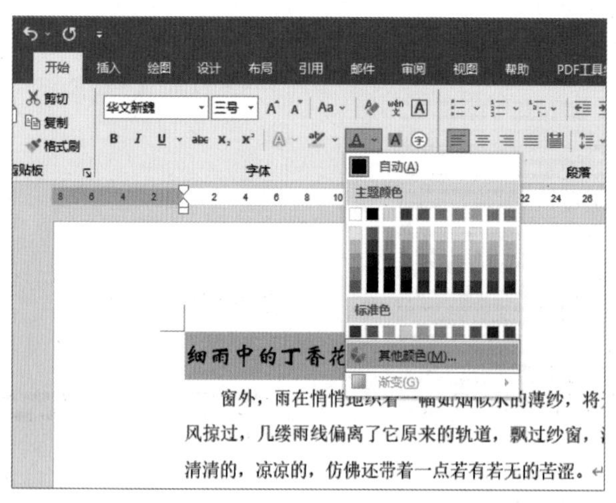

图 5-45　选择“其他颜色”选项

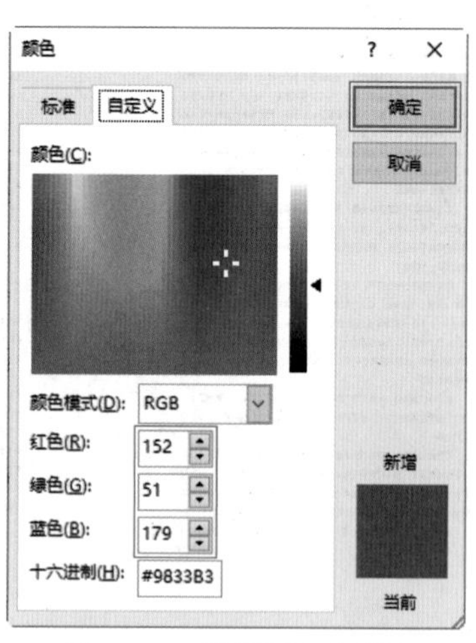

图 5-46　“颜色”对话框

05 在文档中选择文字后，在“字体”组中单击“加粗”按钮、“倾斜”按钮和“下画线”按钮，可以使文字加粗和倾斜显示，同时为文字添加下画线，如图 5-47 所示。

06 默认情况下，文字添加的下画线是一条直线，单击“下画线”下拉按钮，在弹出的下拉列表中选择“双下画线”选项，如图 5-48 所示。

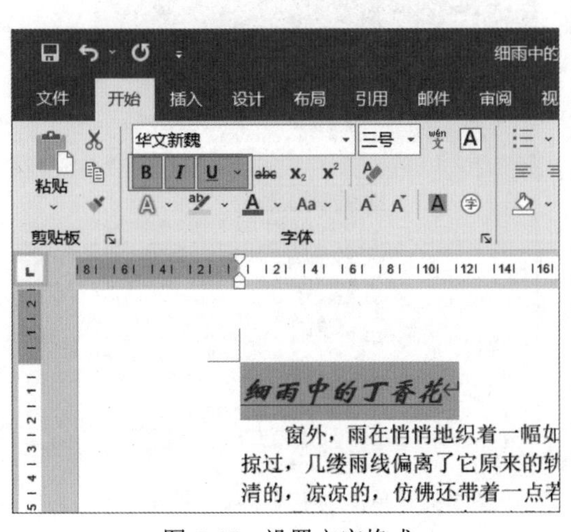

图 5-47　设置文字格式

图 5-48　添加下画线

07 在文档中选择文字后，选择“开始”选项卡，在“字体”组中单击“对话框启动器”按钮，打开“字体”对话框，设置“下拉画线型”和“下画线颜色”选项，如图 5-49 所示。

08 选择“高级”选项卡，单击“间距”下拉按钮，选择“加宽”选项，设置“磅值”为“1 磅”，单击“确定”按钮，如图 5-50 所示。

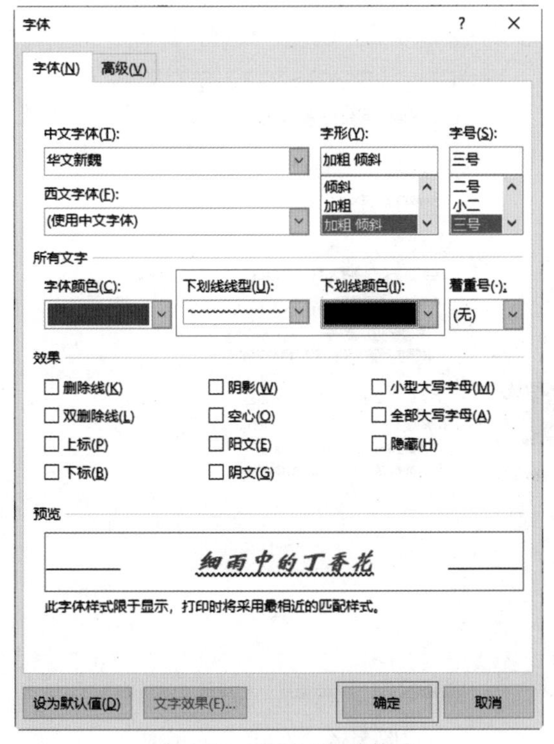

图 5-49　设置下画线格式

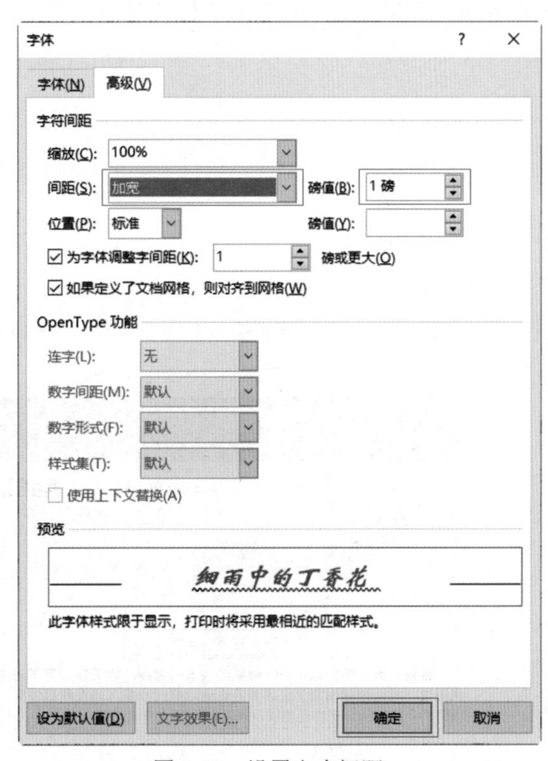

图 5-50　设置文本间距

09 在“字体”组中单击“字符边框”按钮，标题文本即被添加边框，如图 5-51 所示。

10 选择文字后，在“字体”组中单击“字符底纹”按钮，文字即被添加底纹，如图 5-52 所示。

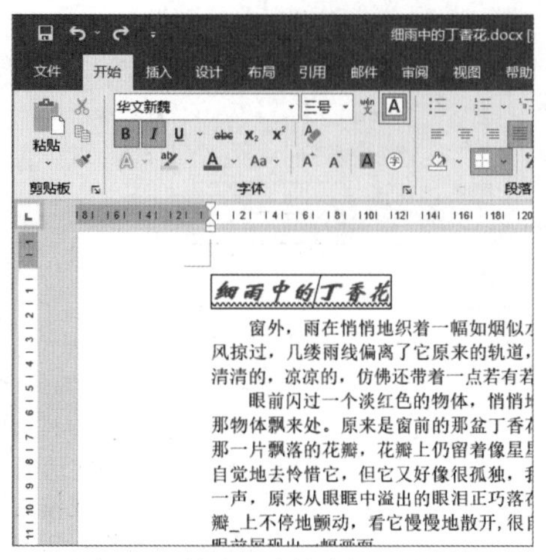

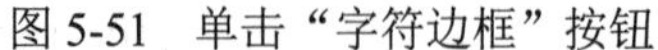

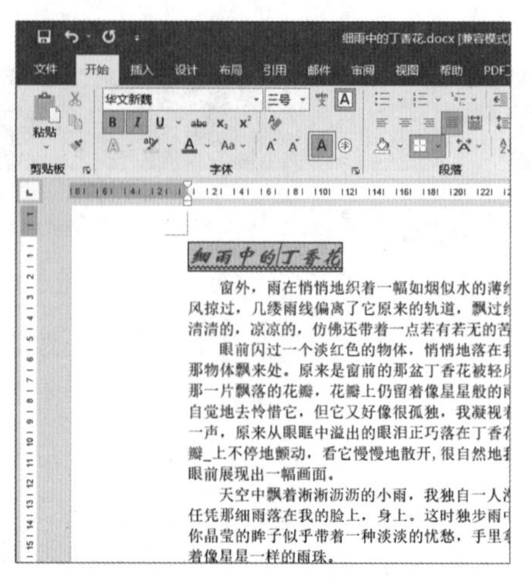

图 5-51　单击“字符边框”按钮　　　　图 5-52　单击“字符底纹”按钮

5.2.2　设置文本和段落

01 选择标题文本，选择“开始”选项卡，在“段落”组中单击“居中”按钮，如图 5-53 所示，选择的文字将在页面中居中对齐放置。

02 或者在“段落”组中单击“对话框启动器”按钮，打开“段落”对话框，选择“缩进和间距”选项卡，在“对齐方式”下拉列表中选择“居中”选项，然后单击“确定”按钮，如图 5-54 所示。

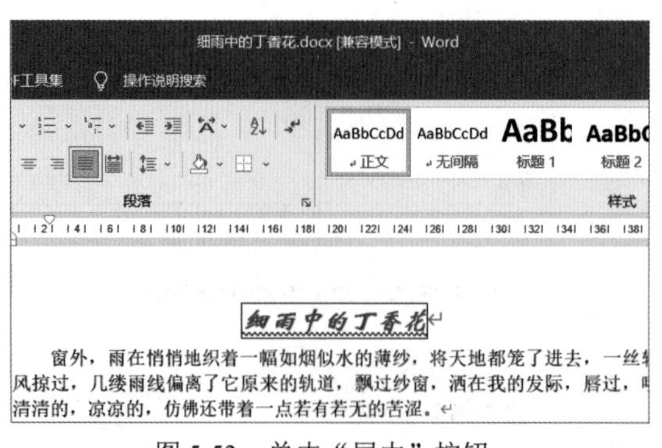

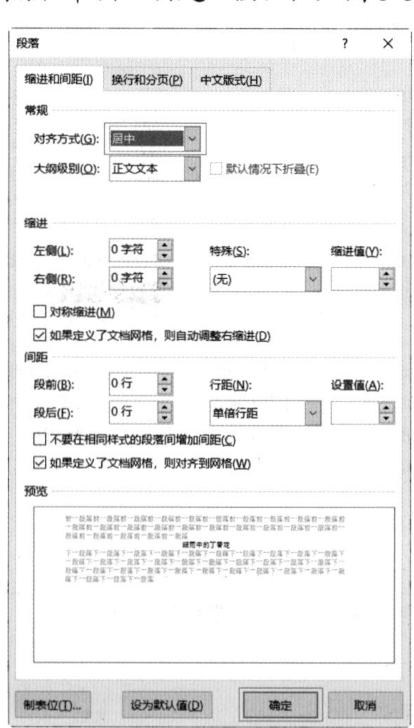

图 5-53　单击“居中”按钮　　　　图 5-54　“段落”对话框

03 在文档中选择需要设置缩进的段落文本，选择“开始”选项卡，在“段落”组中单击“对话框启动器”按钮，如图 5-55 所示。

04 打开“段落”对话框，选择“缩进和间距”选项卡，单击“特殊”下拉按钮，在弹出的下拉列表中选择“首行”选项，设置“缩进值”为“2 字符”，然后单击“确定”按钮，如图 5-56 所示。

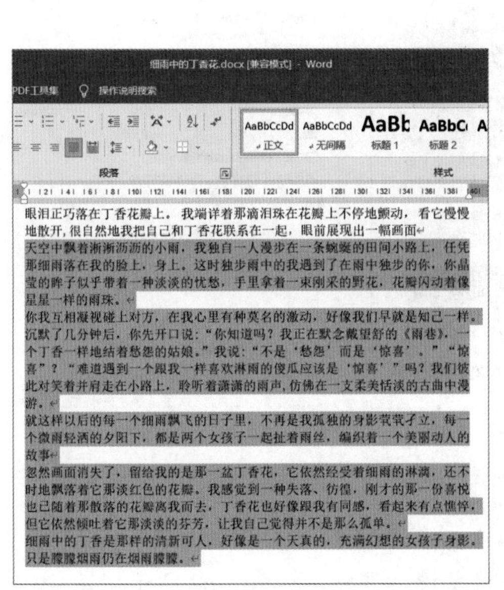

图 5-55　单击“对话框启动器”按钮

图 5-56　设置首行缩进格式

05 设置完成后，选择的段落文本即可按照设置进行首行缩进，效果如图 5-57 所示。

06 如果在“特殊”下拉列表中选择“悬挂”选项，并设置“缩进值”为“2 字符”，如图 5-58 所示。

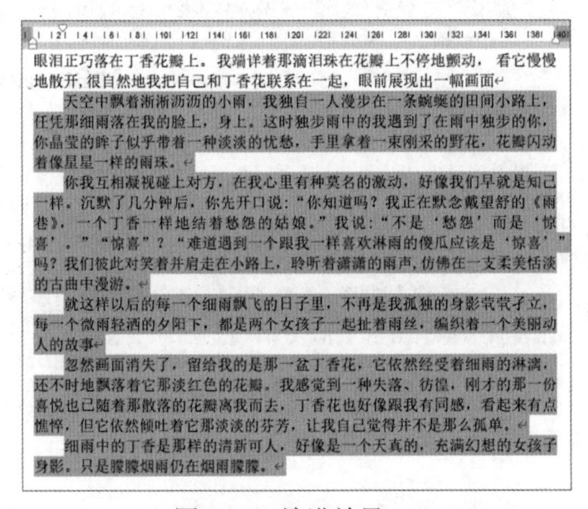

图 5-57　缩进效果

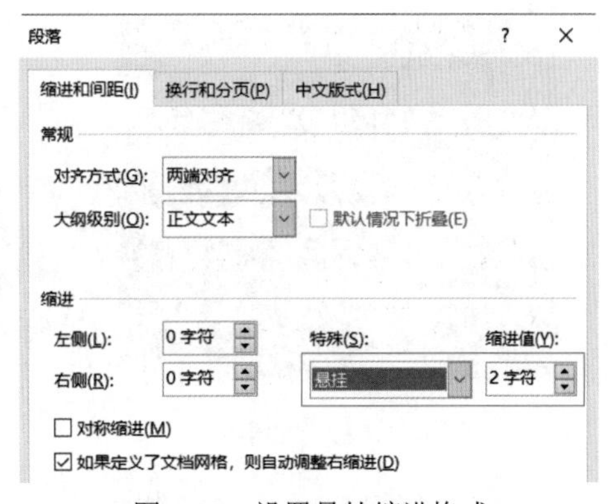

图 5-58　设置悬挂缩进格式

07 设置完成后，选择的段落即可按照设置进行悬挂，效果如图 5-59 所示。

08 打开“段落”对话框，在“左侧”和“右侧”微调框中输入“4 字符”，然后单击“确定”按钮，如图 5-60 所示。

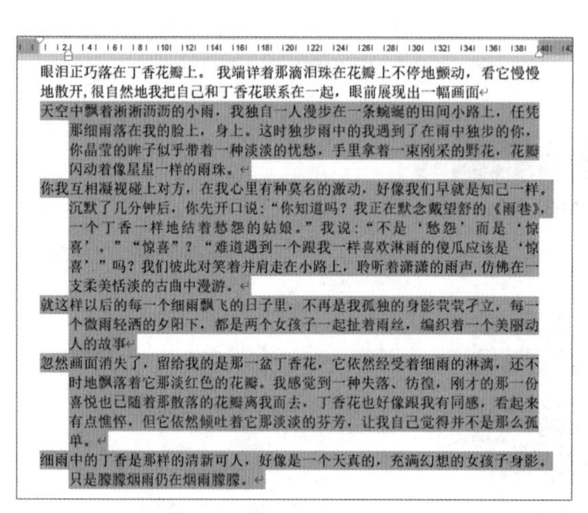

图 5-59　悬挂效果

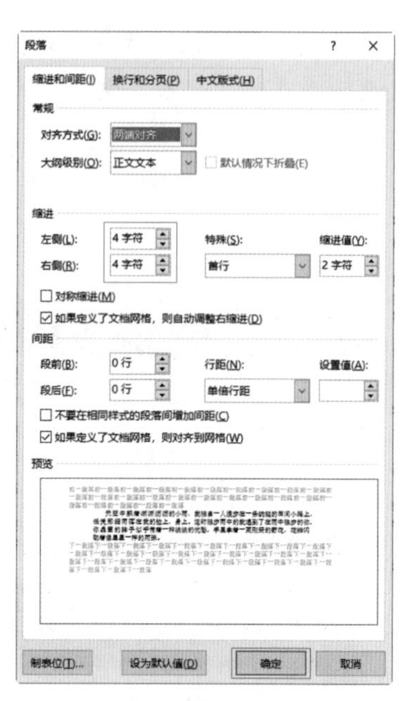

图 5-60　"段落"对话框

09 设置完成后，段落效果如图 5-61 所示。

10 选择段落文本，然后选择"开始"选项卡，在"段落"组中单击"减少缩进量"按钮或"增加缩进量"按钮，也可以对段落的缩进量进行调整，如图 5-62 所示。按 Ctrl+M 快捷键或 Ctrl+Shift+M 快捷键可以增加或减小段落的缩进量。另外，当按住 Alt 键并拖曳标尺上的段落标记时，将能够显示缩进的准确数值。

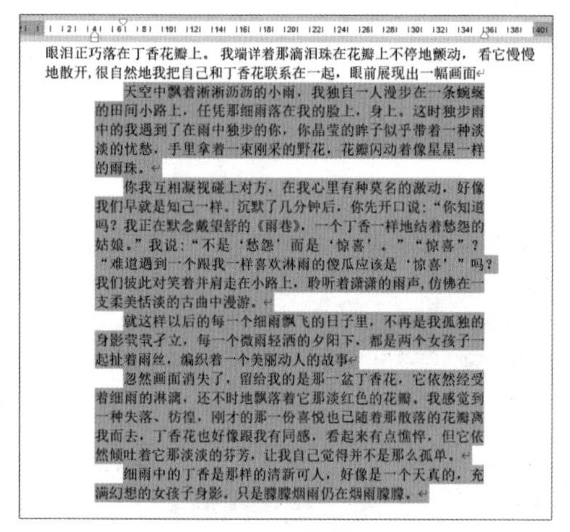

图 5-61　段落效果

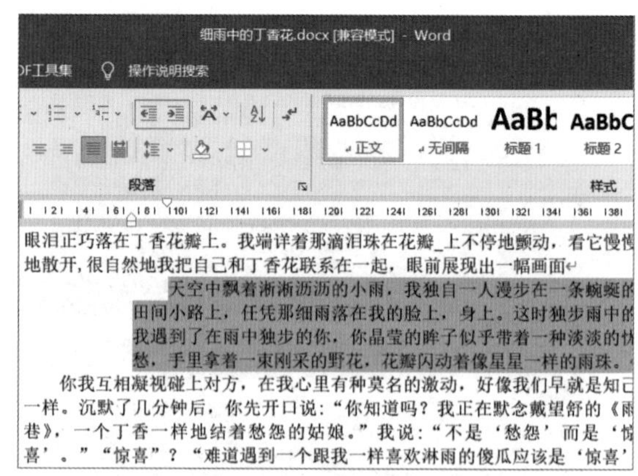

图 5-62　调整缩进量

11 将光标放置到需要调整行距的段落中，选择"开始"选项卡，在"段落"组中单击"行和段落间距"下拉按钮，选择"1.5"选项，如图 5-63 所示。

12 用户也可以在"段落"组中单击"对话框启动器"按钮，打开"段落"对话框，选择"缩进和间距"选项卡，打开"行距"下拉列表，选择"固定值"选项，在"设置值"微调框中输入"25 磅"，然后单击"确定"按钮，如图 5-64 所示，则光标所在段落的行间距即被调整为设置的值。

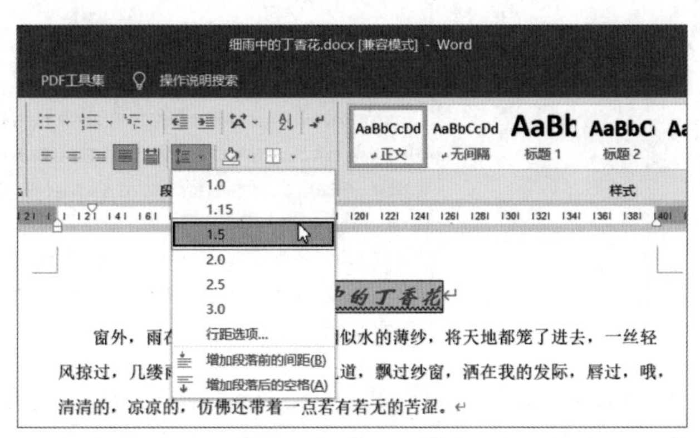

图 5-63　选择行距值

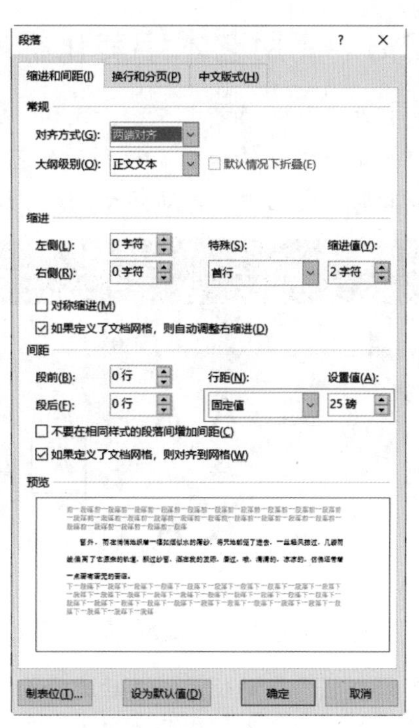

图 5-64　设置行距

13 将光标放置到文档的第二段，打开“段落”对话框，选择“缩进和间距”选项卡，设置“段前”和“段后”为“2 行”，如图 5-65 所示。

14 段落间距调整后的效果如图 5-66 所示。

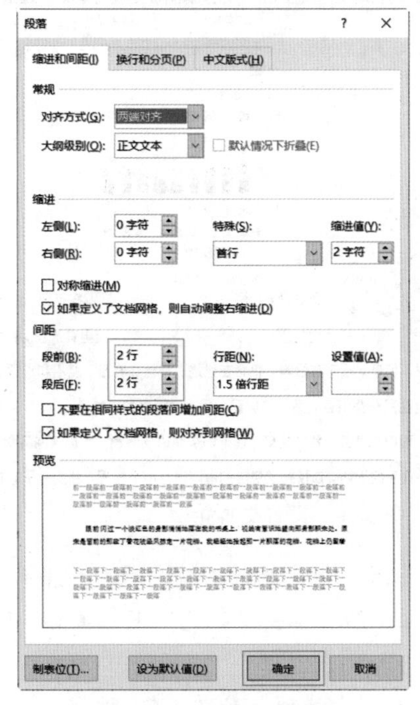

图 5-65　设置段落间距

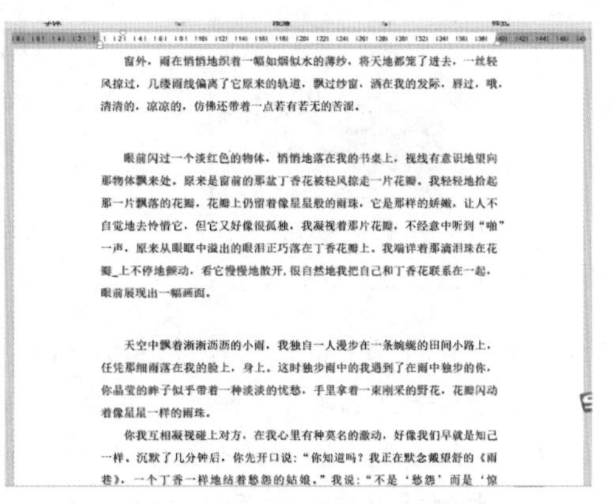

图 5-66　段落间距调整后的效果

5.2.3 使用艺术字美化标题

01 打开“山口 .docx”文档，选择“插入”选项卡，在“文本”组中单击“艺术字”下拉按钮，在弹出的库中选择如图 5-67 所示的艺术字样式。

02 此时在文档中会自动插入艺术字编辑框，输入标题文本“山口”，如图 5-68 所示。

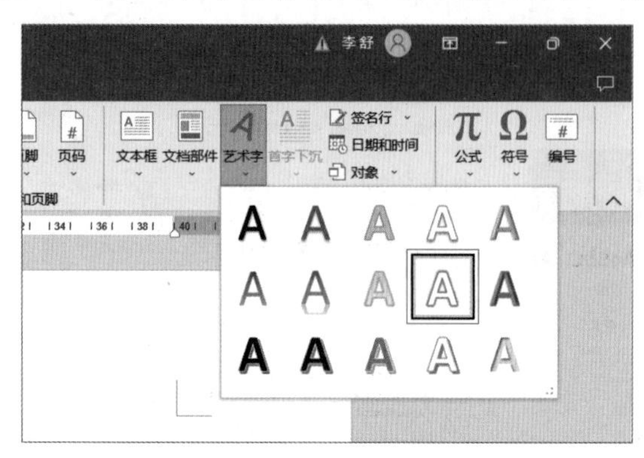

图 5-67 选择艺术字样式

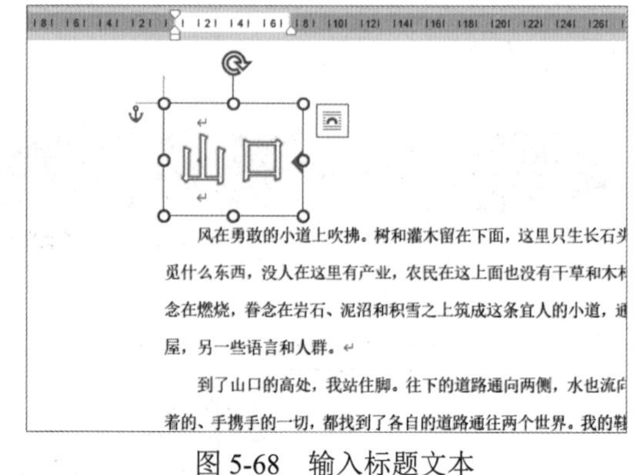

图 5-68 输入标题文本

03 调整艺术字的位置，然后选择艺术字文本，选择“开始”选项卡，在“字体”组中设置字体为“华文彩云”、字号为“小初”，单击“加粗”按钮 B，如图 5-69 所示。

04 选择标题文本“山口”，选择“形状格式”选项卡，在“艺术字样式”组中单击“文本轮廓”下拉按钮，选择“橙色，个性色 2”选项，如图 5-70 所示。

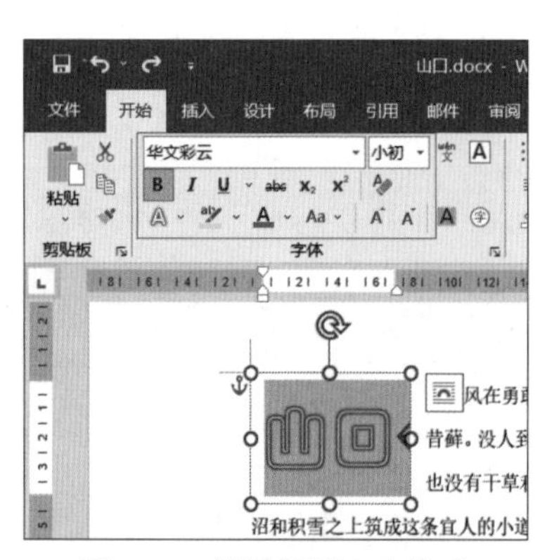

图 5-69 设置标题文本格式

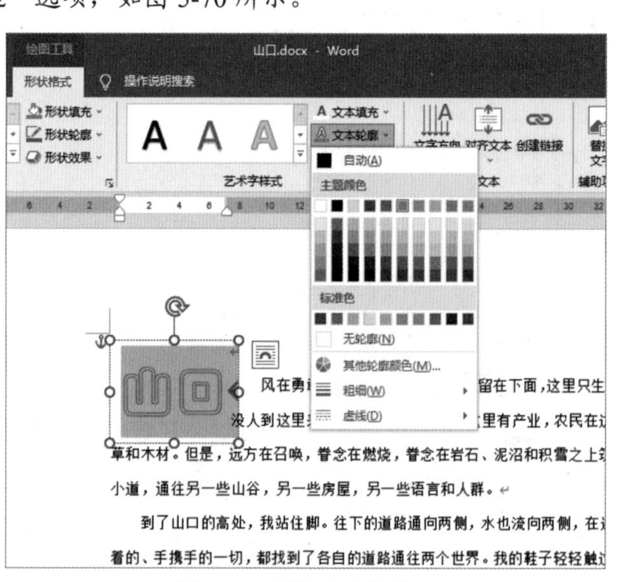

图 5-70 设置文本轮廓

05 在“艺术字样式”组中单击“对话框启动器”按钮，在文档的右侧打开“设置形状格式”窗格，选择“文字效果”选项卡，展开“发光”卷展栏，然后单击“颜色”下拉按钮，选择“橙色，个性色 2，淡色 60%”选项，如图 5-71 所示。

06 单击文本框右侧的“布局选项”按钮，选择“嵌入型”选项，如图 5-72 所示。

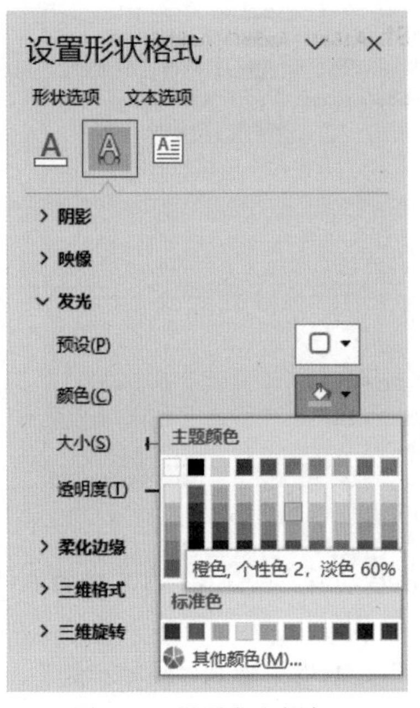

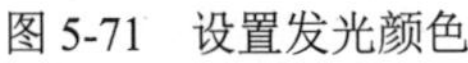
图 5-71　设置发光颜色

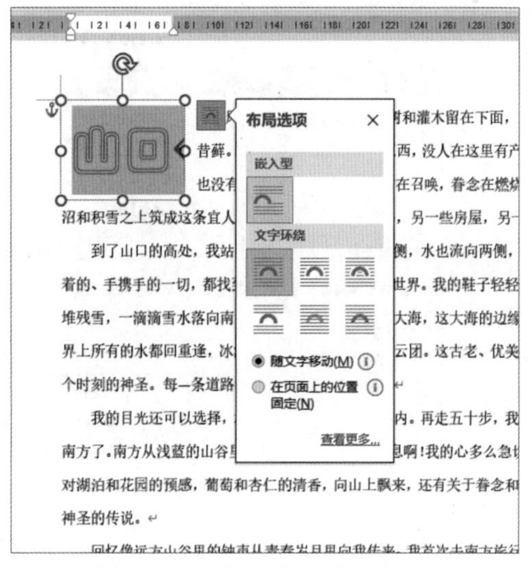

图 5-72　选择“嵌入型”选项

07 设置完成后，将光标移到艺术字文本后方，按 Enter 键进行换行，如图 5-73 所示。

08 选择标题文本“山口”，然后选择“开始”选项卡，在“段落”组中单击“居中”按钮，如图 5-74 所示。

09 此时，标题文本最终显示结果如图 5-42 中图所示。

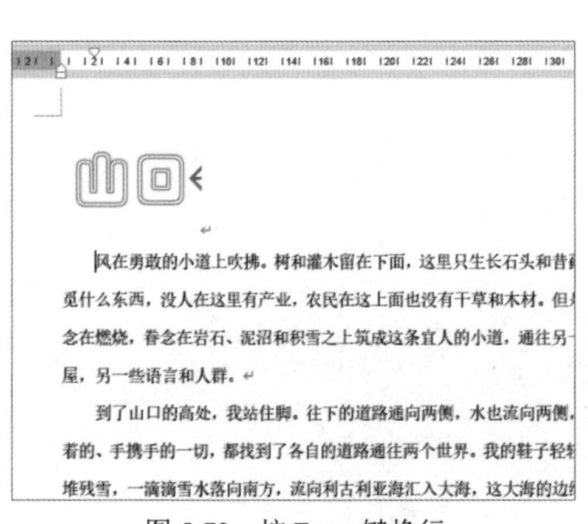

图 5-73　按 Enter 键换行

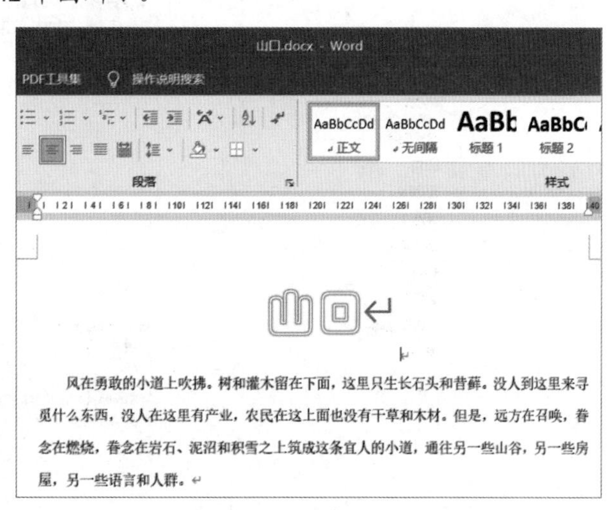

图 5-74　标题文本显示效果

5.2.4　使用样式快速格式化文本

01 在第二页中选择文本“句子摘抄”，然后选择“开始”选项卡，在“样式”组中单击“其他”按钮，在弹出的下拉列表中选择“标题”选项，如图 5-75 所示。

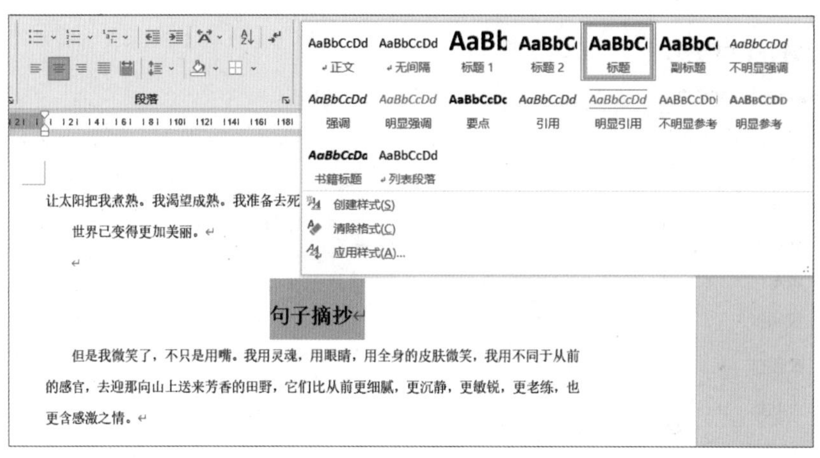

图 5-75　选择“标题”选项

02 选择“开始”选项卡，在“样式”组中单击“对话框启动器”按钮，在文档的右侧打开“样式”窗格，然后单击“新建样式”按钮，如图 5-76 所示。

03 打开“根据格式化创建新样式”对话框，在“名称”文本框中输入“摘抄标题”，在“格式”选项组中设置字体为“宋体(中文标题)”、字号为“三号”，单击“加粗”按钮 B，然后单击“确定”按钮，如图 5-77 所示。

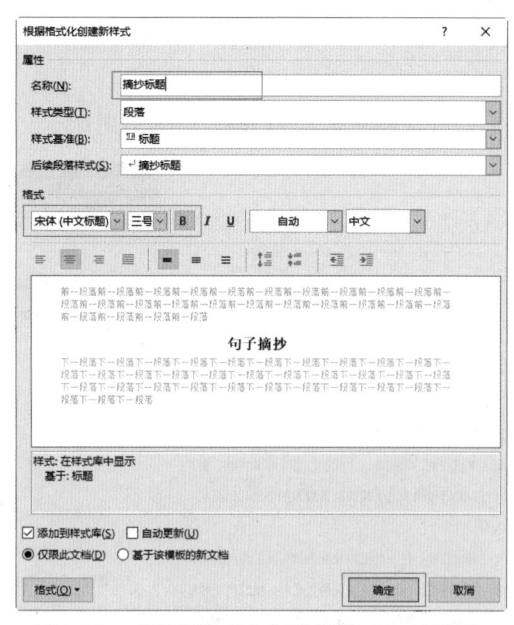

图 5-76　单击“新建样式”按钮　　图 5-77　“根据格式化创建新样式”对话框

04 在“样式”窗格中，将光标放置到“摘抄标题”选项上，右击并从弹出的快捷菜单中选择“修改”命令，如图 5-78 所示。

05 打开“修改样式”对话框，使用该对话框可以对选择的样式进行修改。如果需要对字体、段落或边框等进行更为详细的修改，可以单击“格式”按钮，在弹出的列表中选择相应的命令，如图 5-79 所示。

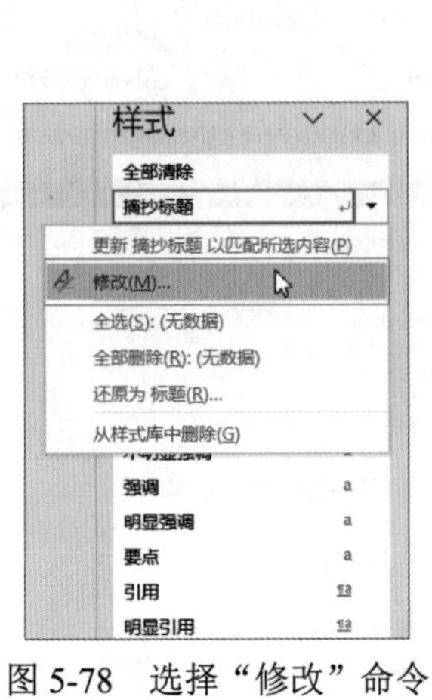
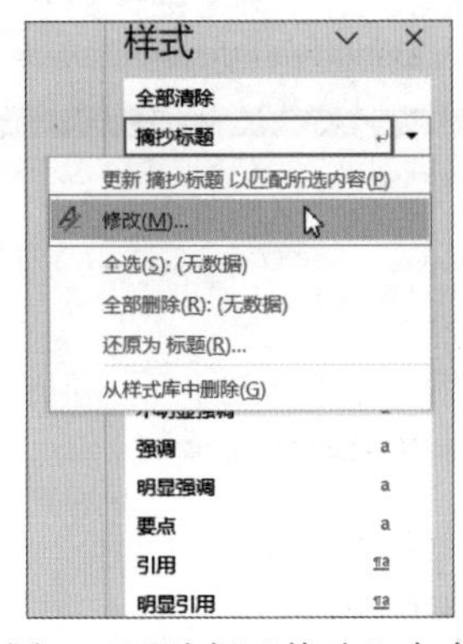

图 5-78　选择“修改”命令　　图 5-79　单击“格式”按钮

06 在“样式”窗格中单击“管理样式”按钮，如图 5-80 所示。

07 打开“管理样式”对话框，单击“排序顺序”下拉按钮，选择“按推荐”选项，如图 5-81 所示。

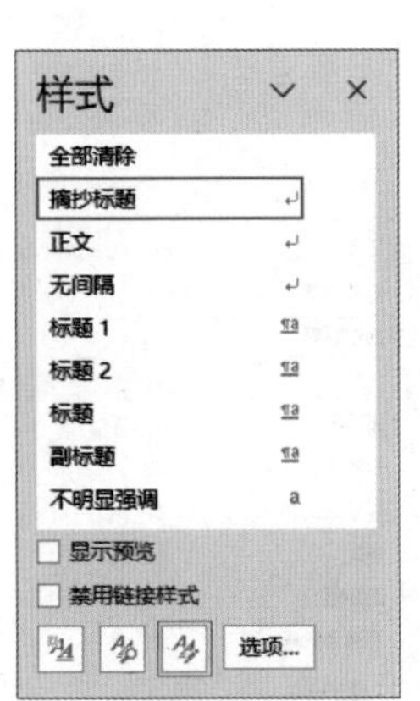

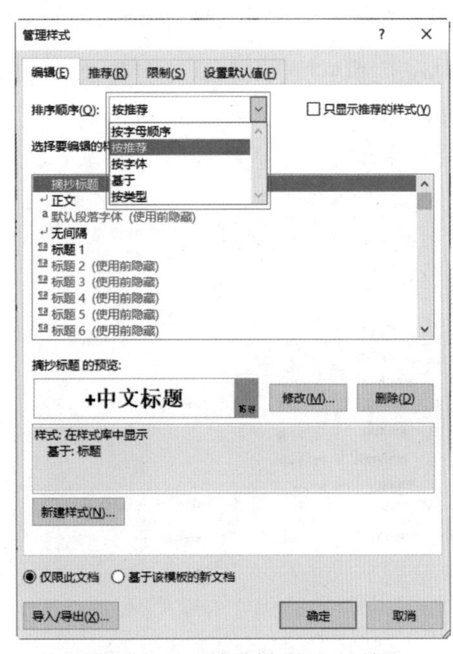

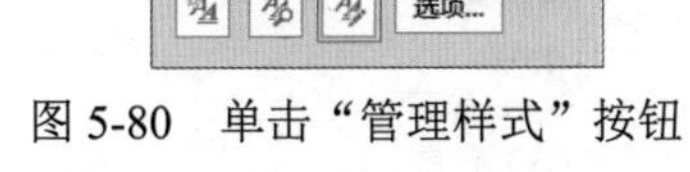

图 5-80　单击“管理样式”按钮　　图 5-81　“管理样式”对话框

08 选择“推荐”选项卡，在列表框中选择样式选项，单击“隐藏”按钮，该样式即被隐藏，如图 5-82 所示。如果单击“使用前隐藏”按钮，那么当选择样式没有被使用时，就不会显示，只有其被使用时才会显示出来。同时，在该对话框中，通过单击“设置按推荐的顺序排序时所采用的优先级”下的4个按钮，可以改变选择的样式选项在列表中的位置。

09 选择“限制”选项卡，在列表框中选择样式选项后，单击“限制”按钮，如图5-83所示，可以限制对选择样式进行修改等操作。

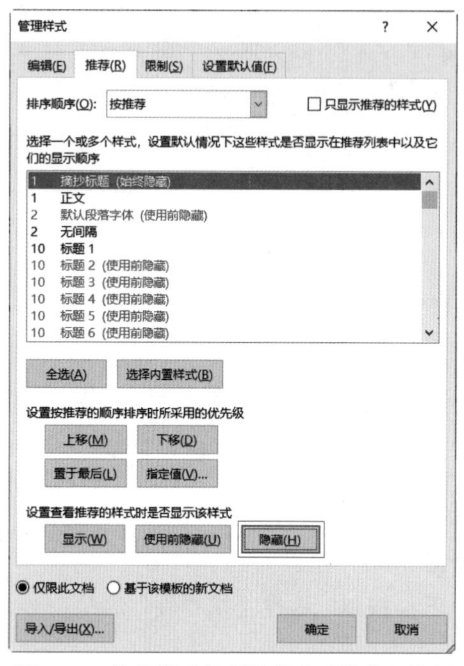

图5-82 选择样式选项并单击“隐藏”按钮

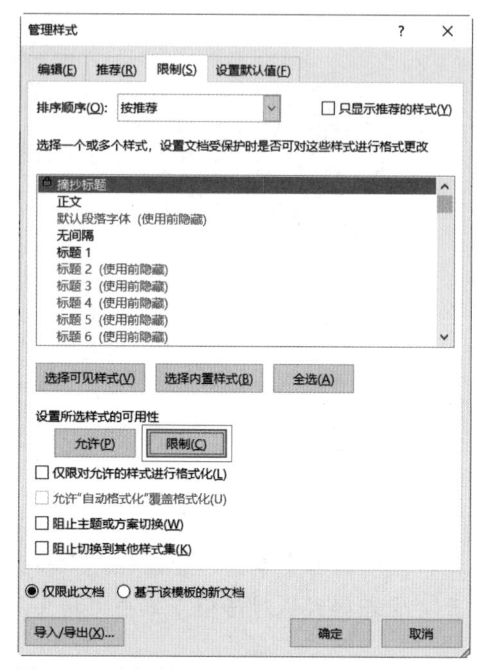

图5-83 选择样式选项并单击“限制”按钮

10 如果需要对Word 2019默认的格式进行修改，可以选择“设置默认值”选项卡，根据需要对Word的默认格式进行修改，如图5-84所示。

11 在“样式”窗格中单击“样式检查器”按钮，如图5-85所示。

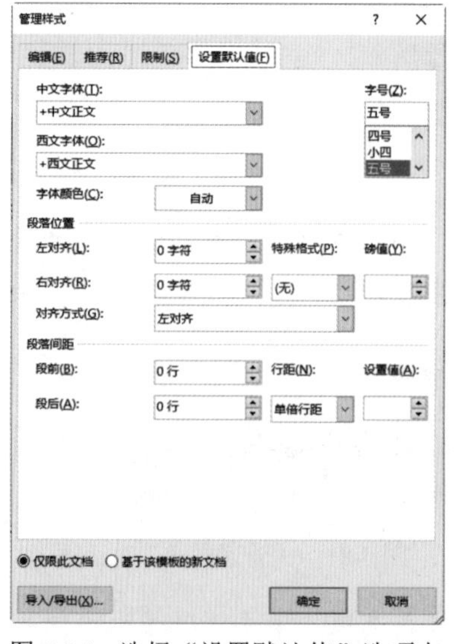

图5-84 选择“设置默认值”选项卡

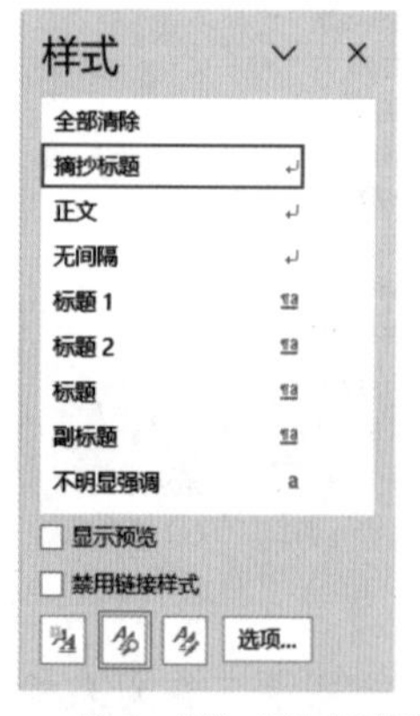

图5-85 单击“样式检查器”按钮

12 打开“样式检查器”窗格，该窗格中列出了选择样式的相关信息，单击“全部清除”按钮，将清除文档中对选择样式的应用，文字重设为正文样式，结果如图 5-86 所示。

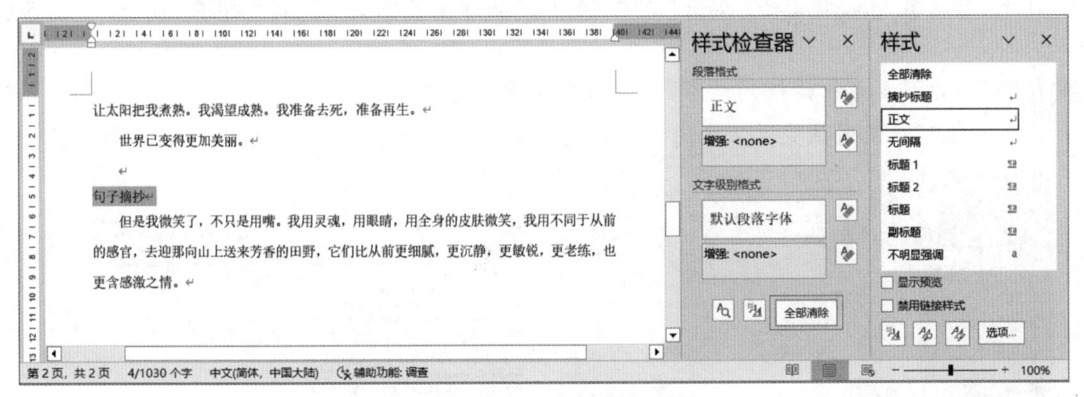

图 5-86　单击“全部清除”按钮

13 在“样式检查器”窗格中单击“显示格式”按钮，打开“显示格式”窗格。在“显示格式”窗格中会显示当前样式的格式设置情况，如图 5-87 所示。

14 在“样式检查器”窗格中单击“新建样式”按钮，如图 5-88 所示，打开“根据格式化创建新样式”对话框，使用该对话框可以新建样式。

15 设置完成后，散文文本格式的最终效果如图 5-42 右图所示。

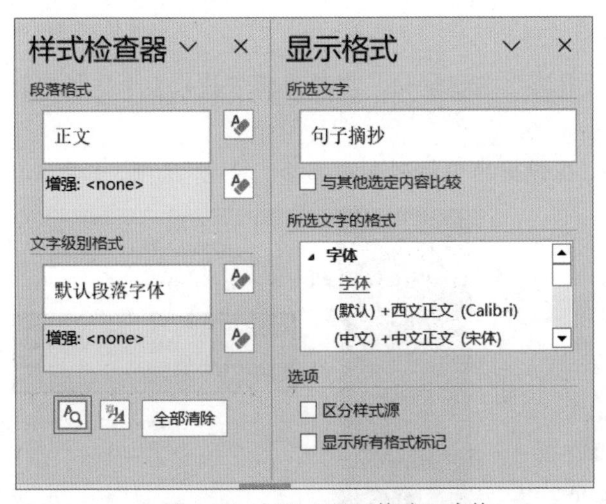

图 5-87　打开“显示格式”窗格

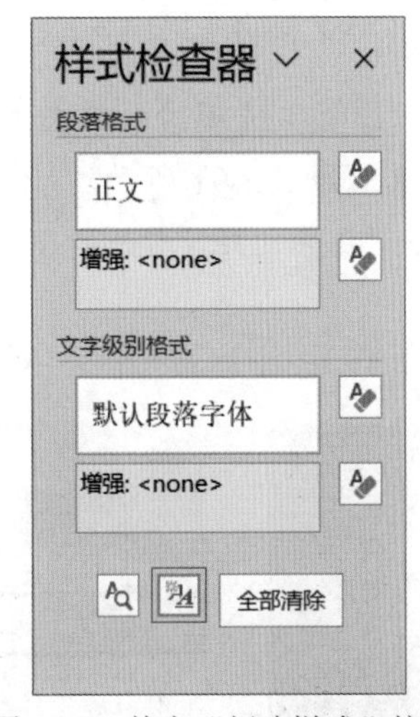

图 5-88　单击“新建样式”按钮

5.3　文件的打印和输出

用户如果需要打印文件，可以在文档中对待打印文件的实际输出结果进行预览，并对其参数进行调整，确保最终打印区域的内容以用户所需的要求显示。本节将讲解打印和输出设置，包括预览打印效果、设置打印参数。

5.3.1 预览打印效果

01 打开“作文集.docx”文档，单击“文件”按钮，从弹出的界面中选择“打印”命令，如图 5-89 所示。

02 在中间“打印”窗格右侧的“预览”区，可以看到文档输出到纸张上的实际效果，如图 5-90 所示，用户还可以使用预览区下方的“缩放到页面”按钮对预览区内容进行查看和调整。

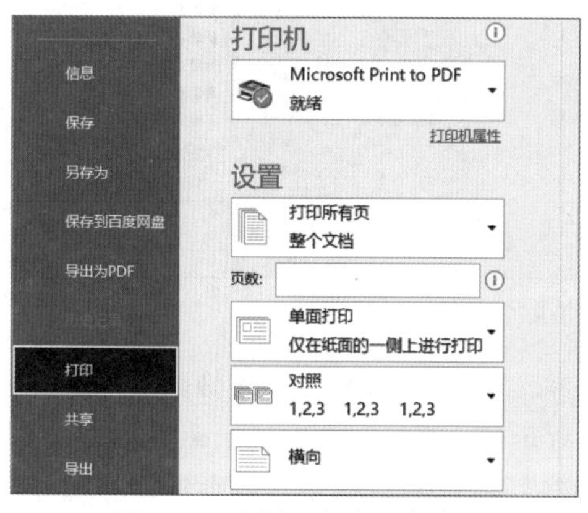

图 5-89 选择“打印”命令

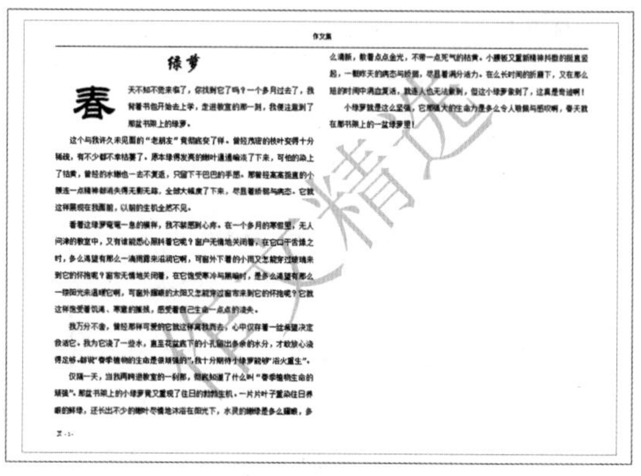

图 5-90 打印预览

5.3.2 设置打印参数

01 在“设置”选项组中单击“打印所有页”下拉按钮，在弹出的下拉列表中选择“打印所有页”选项，如图 5-91 所示。

02 单击“正常边距”右侧的下拉按钮，在弹出的下拉列表中选择“常规”选项，如图 5-92 所示。

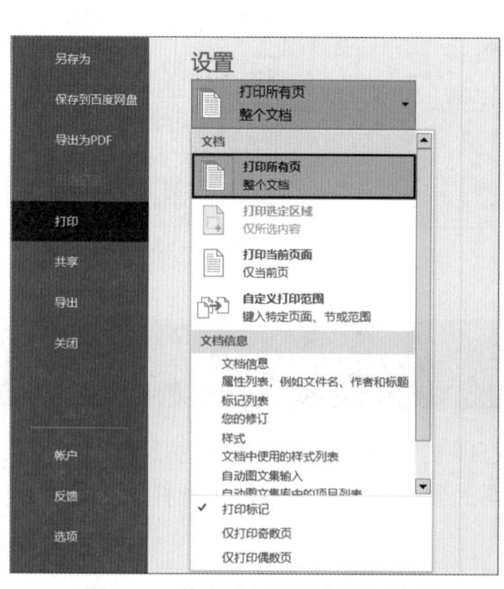

图 5-91 单击“打印所有页”选项

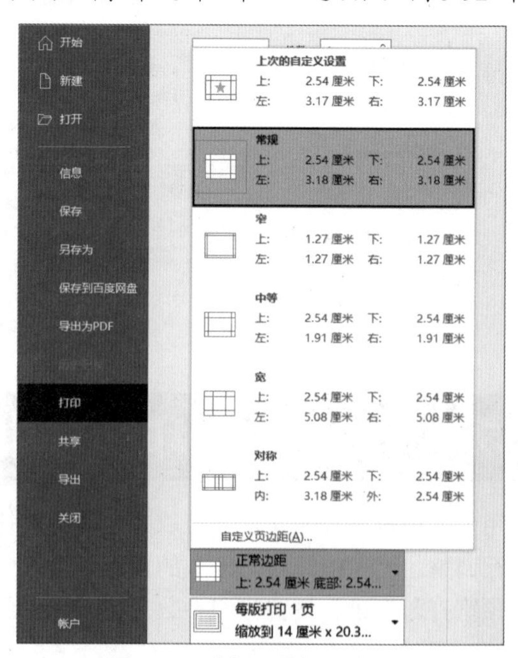

图 5-92 选择“常规”选项

03 在“设置”选项组中单击最下方的“页面设置”按钮，如图 5-93 所示，打开“页面设置”对话框，在该对话框中可根据需要设置参数。

04 设置完成后，在“份数”文本框中输入“10”，然后单击“打印”按钮，如图 5-94 所示，即可通过连接的打印机打印 10 份文档。

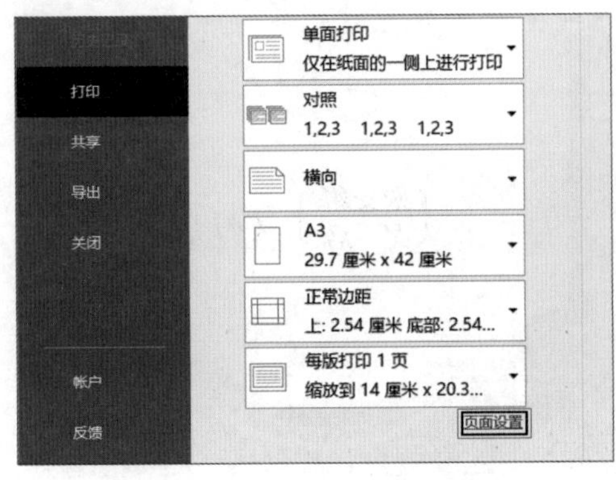

图 5-93 单击“页面设置”按钮

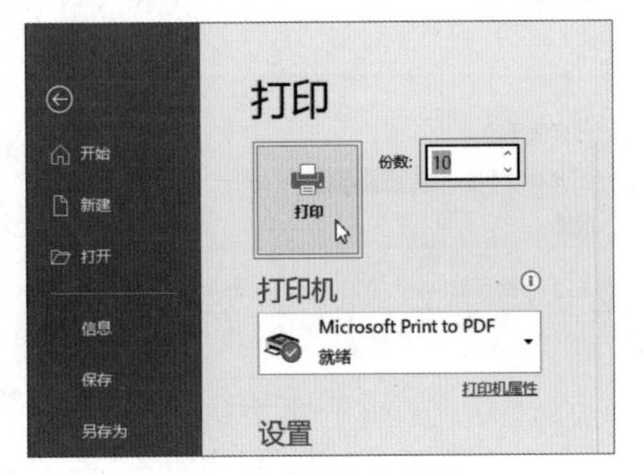

图 5-94 设置打印份数

5.4 Word 办公技巧

通过以上案例的学习，用户熟悉了 Word 办公文档中的文档格式设置功能，掌握了页面格式、文本格式，以及打印和输出的设置技巧。还有一些实用技巧在实际操作中会经常使用到，下面将为读者讲解“双行合一”“使用标尺设置段落缩进”“双面或逆序打印文档”操作技巧。

5.4.1 双行合一

在 Word 软件中，使用双行合一的功能可以在一行中显示两行文字，有时会在特殊格式混排时用到。下面将主要介绍“中文版式”中双行合一的操作方法。

打开“结婚庆典 .docx”文档，选择如图 5-95 所示的文本，然后选择“开始”选项卡，在“段落”组中单击“中文版式”下拉按钮，选择“双行合一”命令，如图 5-96 所示。

图 5-95 选择文字

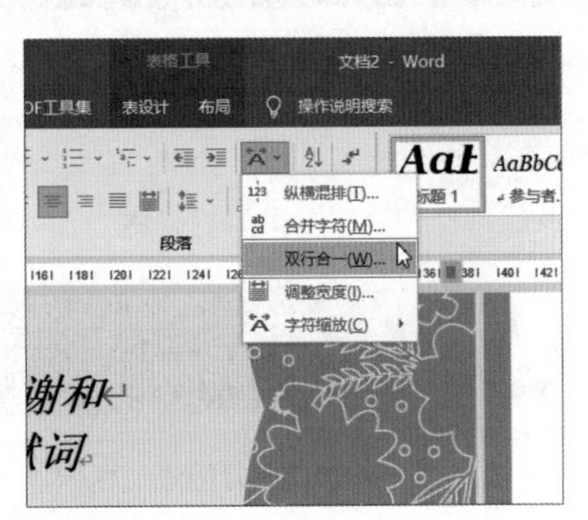

图 5-96 选择“双行合一”命令

打开“双行合一”对话框，选中“带括号”复选框，选择括号样式，然后单击“确定”按钮，如图 5-97 所示，返回文档中，可以看到设置双行合一后的效果，如图 5-98 所示。

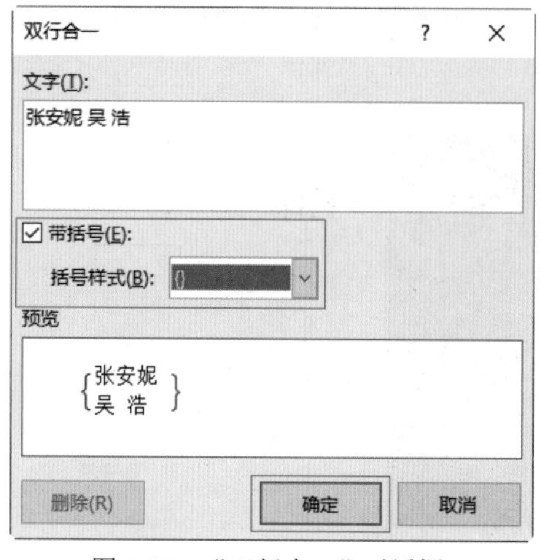

图 5-97 “双行合一”对话框

图 5-98 双行合一后的效果

5.4.2 使用标尺设置段落缩进

除了使用“段落”对话框设置段落缩进外，通常还可以借助界面上标尺的标记来更改段落的缩进量。可通过拖曳标尺中放置的“左缩进”“首行缩进”“悬挂缩进”“右缩进”四个标记进行操作，按住 Alt 键再拖曳标记可使缩进量更加精准。

因为该操作比较简单、直观，我们通常使用界面上的标尺来设置段落的缩进量。下面介绍具体的操作方法。

打开“山口.docx”文档，在文档中选择段落文本，拖曳标尺上的“首行缩进”标记可设置段落首行缩进量，如图 5-99 所示。拖曳“左缩进”标记可设置段落的左缩进量，如图 5-100 所示。

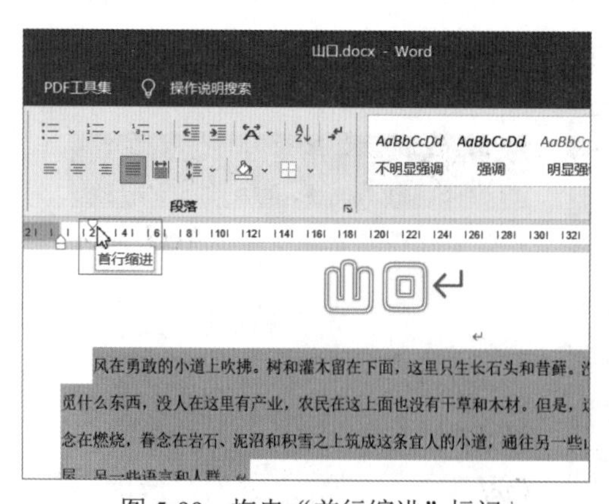

图 5-99 拖曳“首行缩进”标记

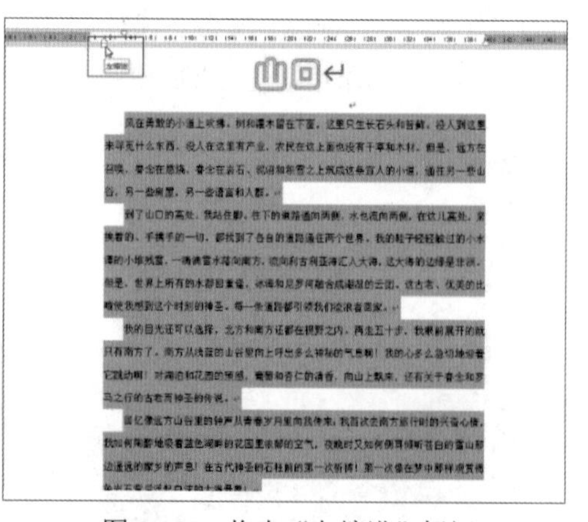

图 5-100 拖曳“左缩进”标记

拖曳标尺上的“悬挂缩进”标记可设置段落的悬挂缩进量，如图 5-101 所示。拖曳标尺右侧的“右缩进”标记可使整个段落的所有行从右侧向左缩进，如图 5-102 所示。

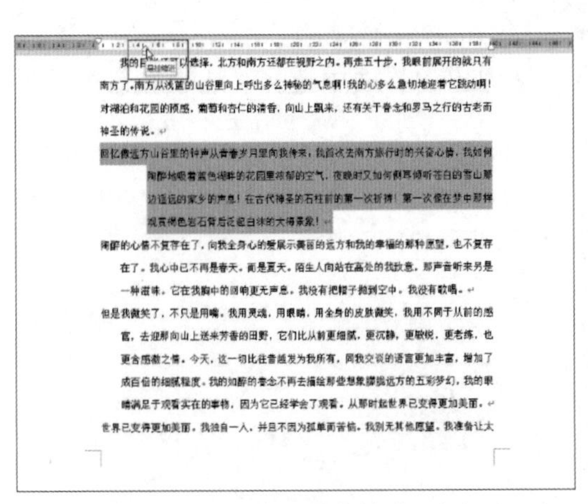

图 5-101　拖曳“悬挂缩进”标记

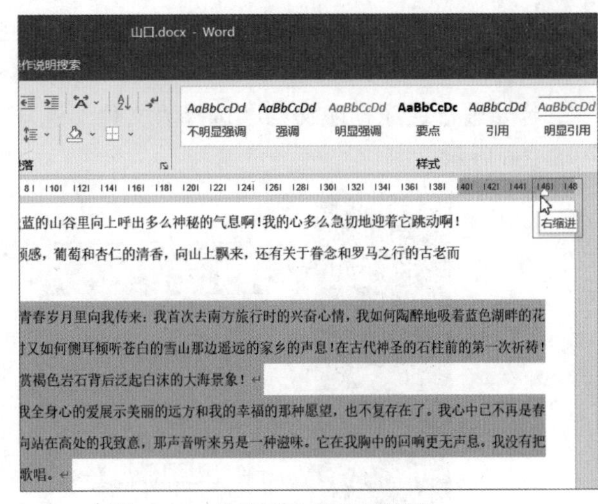

图 5-102　拖曳“右缩进”标记

5.4.3　双面或逆序打印文档

日常办公时用户常常需要打印各种类型的文档，双面打印是经常会运用到的方法，可以节约纸张和成本。当文档页数过多时，采用逆序打印方法，则会从最后一页开始打印，打印结束后第一页位于所有纸张的最上面，用户无须手动调整纸张顺序。

在 Word 2019 中要设置双面打印，按 Ctrl+P 快捷键弹出打印设置面板，单击“单面打印”下拉按钮，在弹出的下拉列表中选择“手动双面打印”选项，如图 5-103 所示，即可提示打印第二面时重新加载纸张，再将纸张翻转重新送回纸通道完成另一面的打印工作。

或者单击“打印所有页”下拉按钮，选择“仅打印奇数页”选项，如图 5-104 所示。

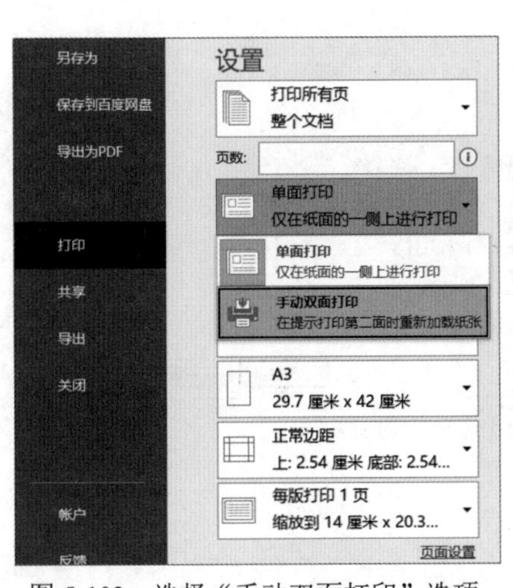

图 5-103　选择“手动双面打印”选项

图 5-104　选择“仅打印奇数页”选项

奇数页打印结束后，将全部纸张翻转重新送回纸通道，再选择“仅打印偶数页”选项进行第二次打印，如图 5-105 所示。

若要进行逆序打印文档，选择“文件”选项卡，从弹出的界面中选择“选项”命令，如图 5-106 所示。

图 5-105　选择“仅打印偶数页”选项

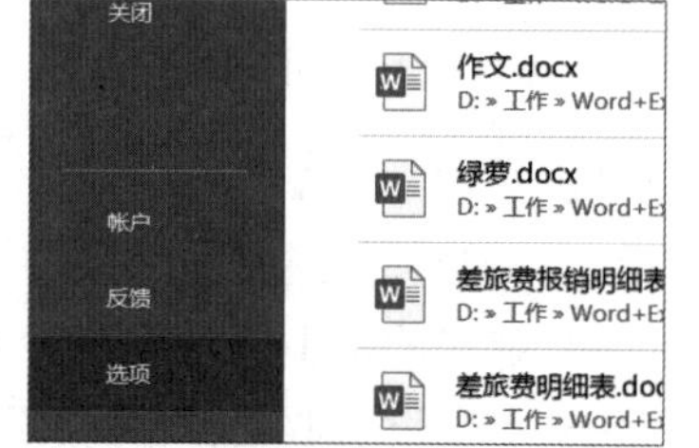

图 5-106　选择“选项”命令

打开“Word 选项”对话框，选择“高级”选项卡，在“打印”选项组中选中“逆序打印页面”复选框，如图 5-107 所示，单击“确定”按钮后执行打印操作，即可实现逆序打印。

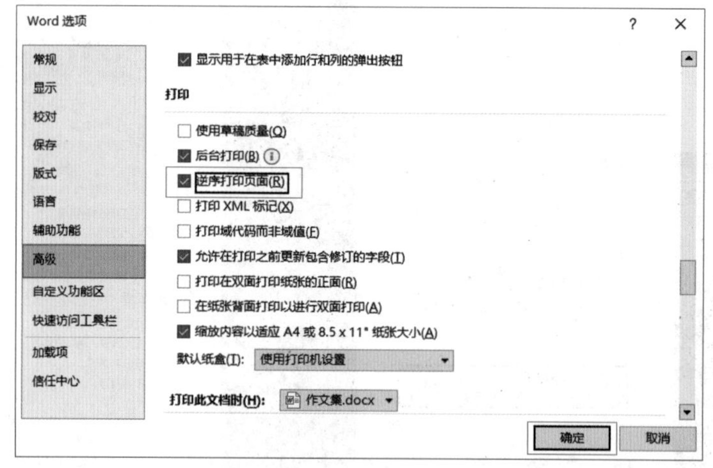

图 5-107　设置“Word 选项”对话框

第 6 章
Excel 表格的基础操作

本章导读

如今，用户经常利用 Excel 强大的数据处理能力来创建庞大的数据，对数据进行计算并进行分析，能够帮助用户对数据结果进行梳理，很大程度上提高工作效率。在处理 Excel 中的数据之前，本章将通过“选修课成绩登记表”和“客户订单管理登记表”两个实例为用户讲解 Excel 表格中对工作表、工作簿和单元格的基础操作。

6.1 编辑选修课成绩登记表

Excel 工作簿文件中包含一个或多个工作表，工作表是由若干行和列组成的数据表格。用户在建立数据表格之前，应掌握工作表的基础操作，包括添加工作表、选择工作表、更改工作表名称和标签颜色、移动和复制工作表、隐藏和显示工作表等操作。本节将主要讲解通过工作表的基础操作来编辑选修课成绩登记表，如图 6-1 所示。

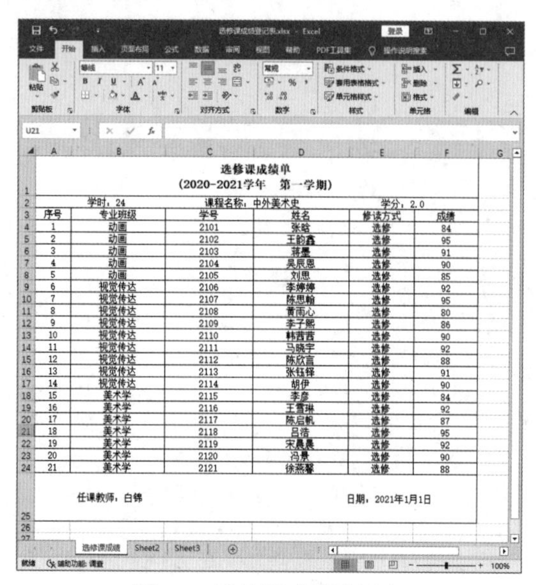

选修课成绩单
(2020-2021学年　第一学期)

学时：24		课程名称：中外美术史		学分：2.0	
序号	专业班级	学号	姓名	修读方式	成绩
1	动画	2101	张晗	选修	84
2	动画	2102	王韵鑫	选修	95
3	动画	2103	蒋墨	选修	91
4	动画	2104	吴辰恩	选修	90
5	动画	2105	刘思	选修	85
6	视觉传达	2106	李婷婷	选修	92
7	视觉传达	2107	陈思翰	选修	95
8	视觉传达	2108	黄雨心	选修	80
9	视觉传达	2109	李子熙	选修	86
10	视觉传达	2110	韩茜茜	选修	90
11	视觉传达	2111	马晓宇	选修	92
12	视觉传达	2112	陈欣言	选修	88
13	视觉传达	2113	张钰铎	选修	91
14	视觉传达	2114	胡伊	选修	90
15	美术学	2115	李彦	选修	84
16	美术学	2116	王雪琳	选修	92
17	美术学	2117	陈启帆	选修	87
18	美术学	2118	吕浩	选修	95
19	美术学	2119	宋晨晨	选修	92
20	美术学	2120	冯景	选修	90
21	美术学	2121	徐燕馨	选修	88

任课教师：白锦　　日期：2021年1月1日

图 6-1　选修课成绩登记表

6.1.1　添加工作表

01 启动 Excel 2019，打开“选修课成绩登记表.xlsx”工作簿，此时工作簿中仅有 Sheet1 工作表，新建工作表有多种方法，第一种方法是在工作表标签区中单击“插入工作表”按钮⊕，如图 6-2 所示。

02 即可增加一个新工作表，如图 6-3 所示，该工作表将同时处于激活状态。

18	15	美术学	2115
19	16	美术学	2116
20	17	美术学	2117
21	18	美术学	2118
22	19	美术学	2119
23	20	美术学	2120
24	21	美术学	2121

sheet1　⊕

就绪　辅助功能: 调查

图 6-2　单击“插入工作表”按钮

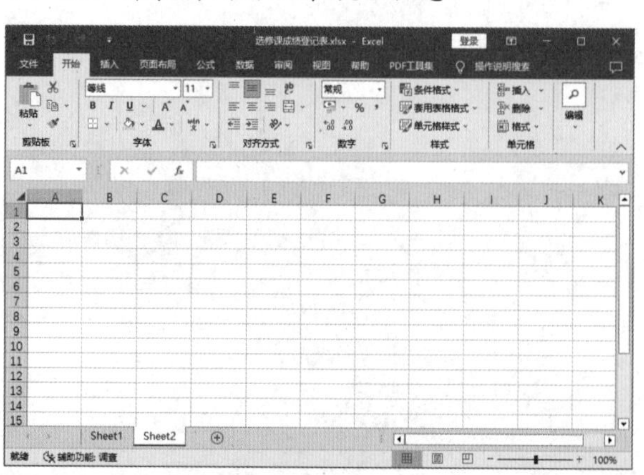

图 6-3　新工作表

03 第二种方法是选择“开始”选项卡，在“单元格”组中单击“插入”下拉按钮，在弹出的下拉列表中选择“插入工作表”命令，如图 6-4 所示。

04 第三种方法是在工作表标签上右击并从弹出的快捷菜单中选择“插入”命令，如图 6-5 所示。

图 6-4 选择“插入工作表”命令

图 6-5 选择“插入”命令

05 打开“插入”对话框，选择“常用”选项卡，选择“工作表”选项，然后单击“确定”按钮，如图 6-6 所示。

06 此时即可插入一个新的工作表，如图 6-7 所示，并且该工作表处于激活状态。

图 6-6 “插入”对话框

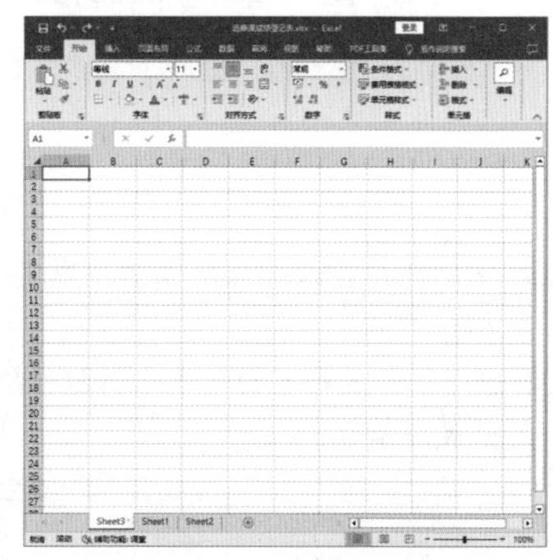

图 6-7 插入新工作表

6.1.2 选择工作表

01 选择单个工作表有两种方法，一种方法是在工作簿中单击 Excel 窗口下方的工作表标签，单击 Sheet1 工作表标签，如图 6-8 所示，即可选择该工作表。

02 另一种方法是右击工作表标签左侧的导航栏，打开“激活”对话框，在“活动文档”列表框中选择 Sheet1 选项，然后单击“确定”按钮，如图 6-9 所示，即可实现对工作表的选择。

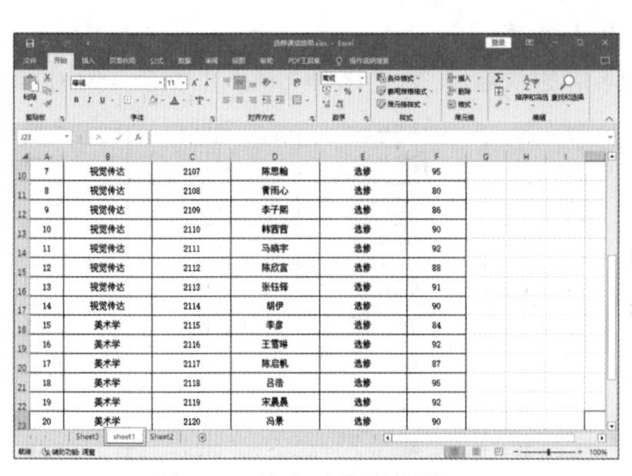

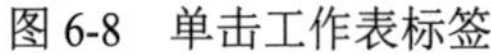

图 6-8　单击工作表标签

图 6-9　“激活”对话框

03 若选择连续的多个工作表，单击某个工作表标签，按 Shift 键的同时单击另一个工作表标签，则这两个标签间的所有工作表都将被选择，如图 6-10 所示。

04 若选择不连续的多个工作表，按 Ctrl 键的同时依次单击需要选择的工作表标签，则这些工作表将被同时选择，如图 6-11 所示。

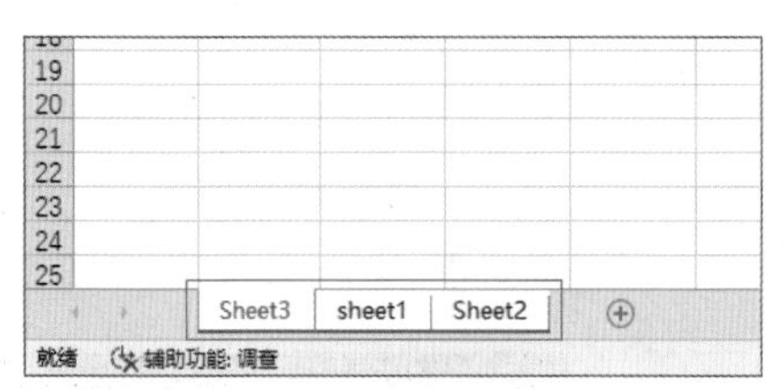

图 6-10　选择连续的多个工作表

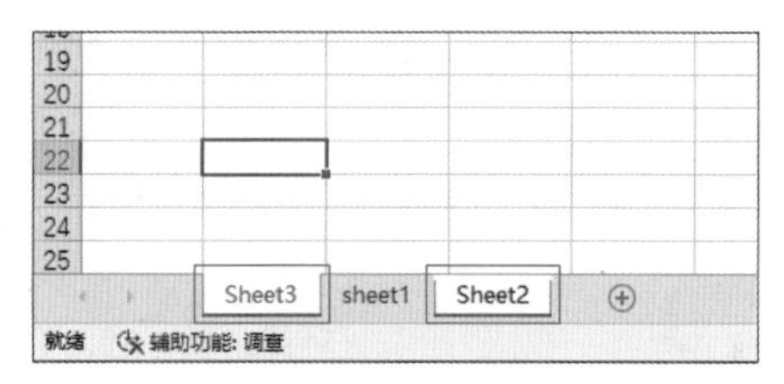

图 6-11　选择不连续的多个工作表

6.1.3　更改工作表名称和标签颜色

01 将光标放置到 Sheet1 工作表标签上，右击并从弹出的快捷菜单中选择“重命名”命令，如图 6-12 所示。

02 激活工作表标签的文本编辑框，在其中输入工作表的名称“选修课成绩”，如图 6-13 所示，输入完成后按 Enter 键。

图 6-12　选择“重命名”命令

图 6-13　输入工作表名称

03 用户还可以右击“选修课成绩”工作表标签，在弹出的快捷菜单中选择“工作表标签颜色”|“橙色”命令，如图 6-14 所示，为工作表标签设置颜色。

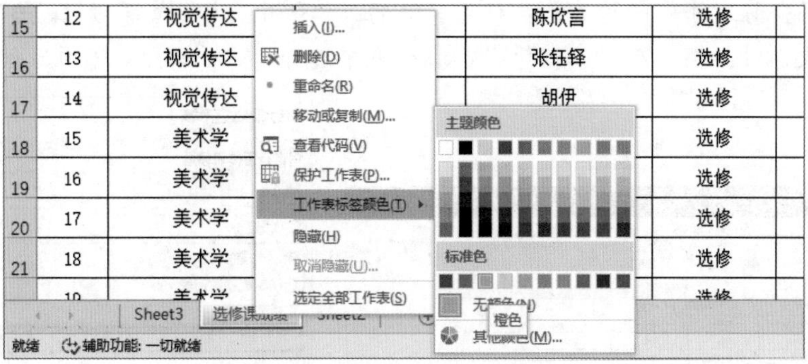

图 6-14　设置工作表标签颜色

6.1.4　移动和复制工作表

01 选择 Sheet3 工作表，将其拖曳至目标位置，如图 6-15 所示。

02 拖曳至目标位置后入释放左键，即可将所选工作表移至目标位置，如图 6-16 所示。用户还可以按 Ctrl 键的同时拖曳工作表标签，则可以快速复制工作表。

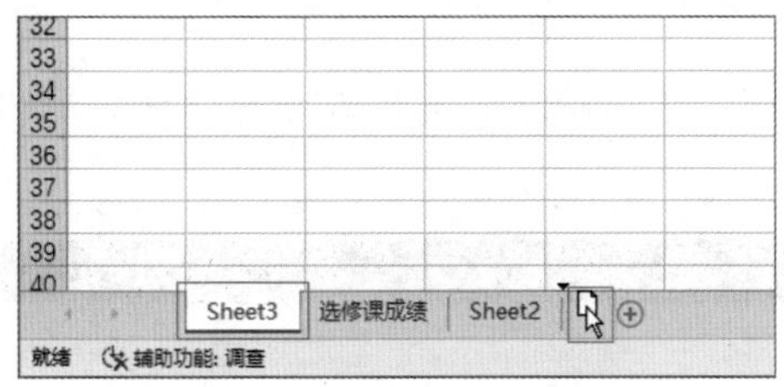

图 6-15　拖曳工作表标签

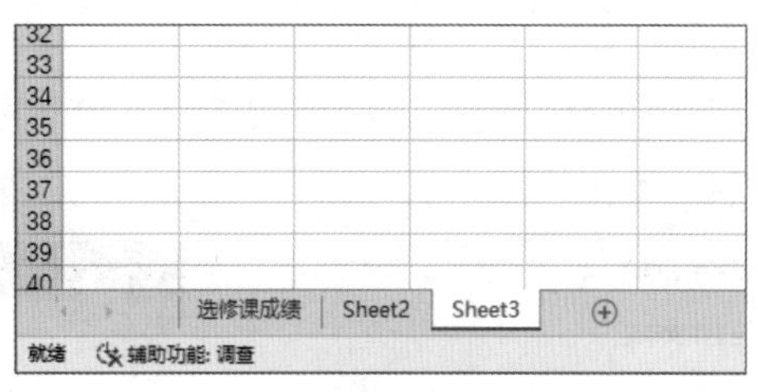

图 6-16　调整工作表位置

03 在工作簿中选择需要复制或移动的工作表，右击并选择“移动或复制”命令，如图 6-17 所示。

04 打开“移动或复制工作表”对话框，在“将选定工作表移至工作簿”下拉列表中选择“(新工作簿)”选项，然后选中“建立副本”复选框，再单击“确定”按钮，如图 6-18 所示。

图 6-17　选择“移动或复制”命令

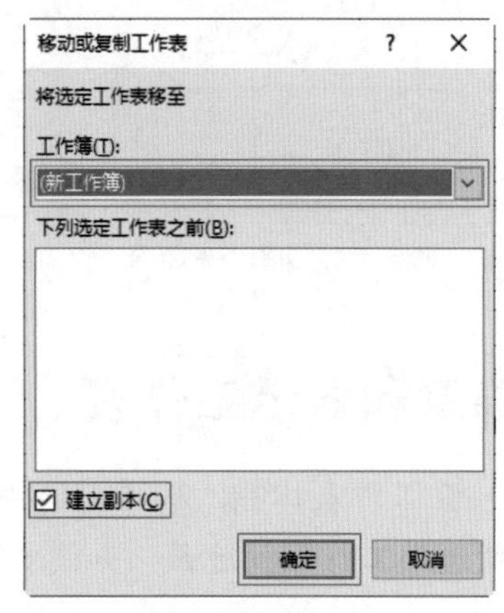

图 6-18　“移动或复制工作表”对话框

05 此时将自动新建一个工作簿，并将所选工作表复制到新工作簿中，如图 6-19 所示，采用这种方式新建的工作簿仅包含选定的工作表。

06 如果需要将当前工作簿中的工作表移到其他的工作簿中，可以按照步骤 **03** 的方法打开“移动或复制工作表”对话框，在“工作簿”下拉列表中选择“工作簿 2”选项，如图 6-20 所示。

图 6-19　新工作簿

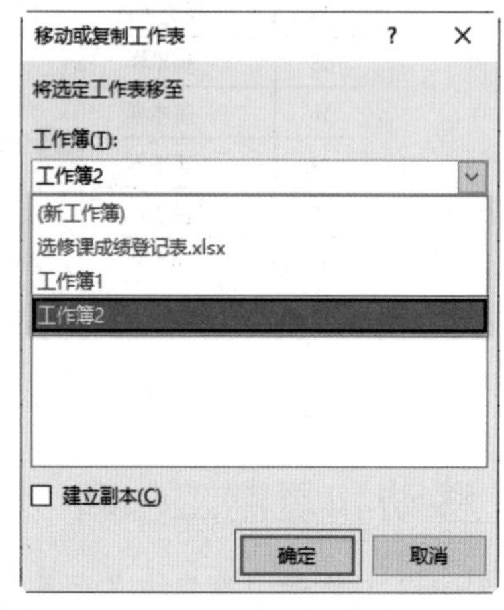

图 6-20　“移动或复制工作表”对话框

07 在“下列选定工作表之前”列表框中选择 Sheet4 选项，然后单击“确定”按钮，如图 6-21 所示。

08 工作表即被移到选定工作簿的指定工作表之前，“选修课成绩”工作表位置显示结果如图 6-22 所示。

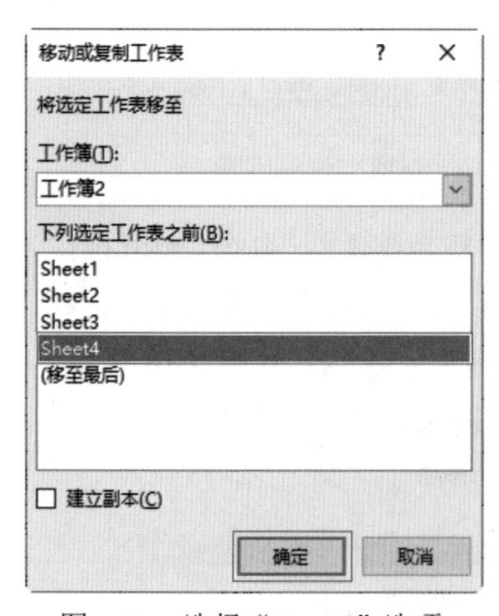

图 6-21　选择“Sheet4”选项

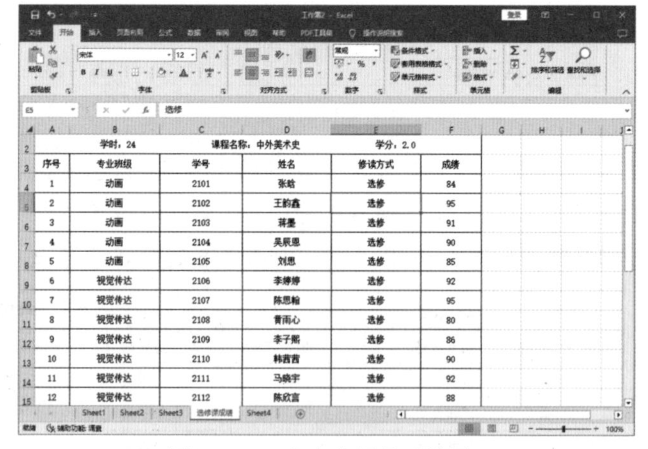

图 6-22　工作表位置显示结果

6.1.5　隐藏和显示工作表

01 右击 Sheet2 工作表标签，从弹出的快捷菜单中选择“隐藏”命令，如图 6-23 所示。

02 此时，所选的工作表被隐藏，如图 6-24 所示。

图 6-23　选择“隐藏”命令

图 6-24　隐藏工作表

03 选择工作表标签，然后选择“开始”选项卡，在“单元格”组中单击“格式”按钮，在弹出的下拉列表中选择“隐藏和取消隐藏”|“取消隐藏工作表”命令，如图 6-25 所示。

04 打开“取消隐藏”对话框，该对话框中会列出当前工作簿中所有隐藏的工作表，在“取消隐藏工作表”列表框中选择 Sheet2 工作表，然后单击“确定”按钮，如图 6-26 所示，该工作表即会显示出来。

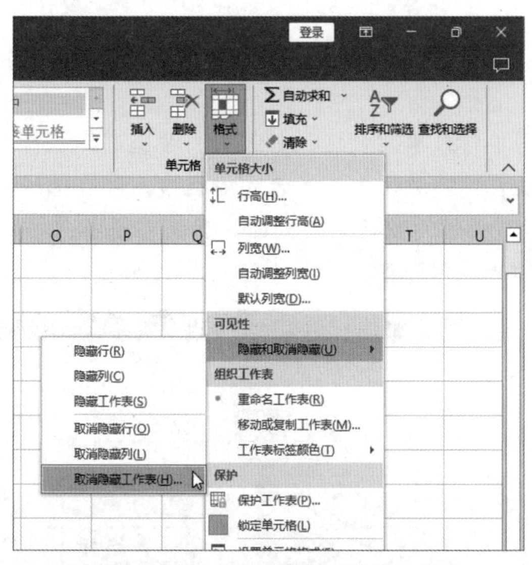

图 6-25　选择“取消隐藏工作表”命令

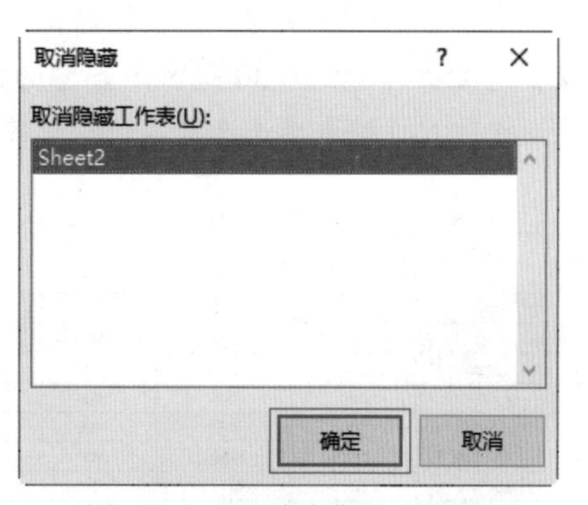

图 6-26　“取消隐藏”对话框

6.2　单元格的基本操作

每一张工作表都是由多个单元格构成，单元格用于存储数据，且每一个单元格都有一个默认的名称。用户除了需要熟悉工作表的基本操作外，还需要掌握单元格的基本操作，包括选择行或列、插入和删除单元格、调整行高和列宽、选择单元格和单元格区域、合并和拆分单元格、使用命名单元格等操作。本节将主要讲解单元格的基本操作。

6.2.1　选择行或列

01 在工作表中直接单击需要选择的行列的行号或列号，即可选择整行或整列，如图 6-27 所示。

02 单击数据区域其中一个单元格，按住左键向右下方拖曳，即可快速选择光标经过的相邻单元格区域，如图 6-28 所示，可以同时选择多个连续的行和列。

学时：24		课程名称：中外美术史	
序号	专业班级	学号	姓名
1	动画	2101	张晗
2	动画	2102	王韵鑫
3	动画	2103	蒋墨
4	动画	2104	吴辰恩
5	动画	2105	刘思
6	视觉传达	2106	李婷婷
7	视觉传达	2107	陈思翰
8	视觉传达	2108	黄雨心
9	视觉传达	2109	李子熙
10	视觉传达	2110	韩茜茜
11	视觉传达	2111	马晓宇
12	视觉传达	2112	陈欣言

图 6-27　选择行号或列号

学时：24		课程名称：中外美术史		学分：2.
序号	专业班级	学号	姓名	修读方式
1	动画	2101	张晗	选修
2	动画	2102	王韵鑫	选修
3	动画	2103	蒋墨	选修
4	动画	2104	吴辰恩	选修
5	动画	2105	刘思	选修
6	视觉传达	2106	李婷婷	选修
7	视觉传达	2107	陈思翰	选修
8	视觉传达	2108	黄雨心	选修
9	视觉传达	2109	李子熙	选修
10	视觉传达	2110	韩茜茜	选修
11	视觉传达	2111	马晓宇	选修
12	视觉传达	2112	陈欣言	选修

图 6-28　选择相邻单元格区域

03 若要选择不相邻区域的单元格，可以按 Ctrl 键，再分别拖曳左键选择要选择的单元格区域，如图 6-29 所示。

04 在工作表中单击行号或列标可以快速选择单行或单列数据，如果用户希望选择多行或多列数据，可以在选择一行或者一列数据后，按住左键不放，向下或者向右拖曳，即可选择相邻的多行或多列数据，如图 6-30 所示。若要选择不相邻的多行或多列时，只需在选择第一行或第一列后，按住 Ctrl 键再单击选择其他待选择的行或列即可。

学时：24		课程名称：中外美术史		学分：2.0
序号	专业班级	学号	姓名	修读方式
1	动画	2101	张晗	选修
2	动画	2102	王韵鑫	选修
3	动画	2103	蒋墨	选修
4	动画	2104	吴辰恩	选修
5	动画	2105	刘思	选修
6	视觉传达	2106	李婷婷	选修
7	视觉传达	2107	陈思翰	选修
8	视觉传达	2108	黄雨心	选修
9	视觉传达	2109	李子熙	选修
10	视觉传达	2110	韩茜茜	选修
11	视觉传达	2111	马晓宇	选修
12	视觉传达	2112	陈欣言	选修

图 6-29　选择不相邻区域的单元格

学时：24		课程名称：中外美术史		学分：2.0	
序号	专业班级	学号	姓名	修读方式	成绩
1	动画	2101	张晗	选修	84
2	动画	2102	王韵鑫	选修	95
3	动画	2103	蒋墨	选修	91
4	动画	2104	吴辰恩	选修	90
5	动画	2105	刘思	选修	85
6	视觉传达	2106	李婷婷	选修	92
7	视觉传达	2107	陈思翰	选修	95
8	视觉传达	2108	黄雨心	选修	80
9	视觉传达	2109	李子熙	选修	86
10	视觉传达	2110	韩茜茜	选修	90
11	视觉传达	2111	马晓宇	选修	92
12	视觉传达	2112	陈欣言	选修	88

图 6-30　选择相邻的多行数据

6.2.2　插入和删除单元格

01 选中 A24 单元格，如图 6-31 左图所示，选择“开始”选项卡，在“单元格”组中单击“插入”下拉按钮，在弹出的下拉列表中选择“插入单元格”命令，如图 6-31 右图所示。

	A	B	C	D	E
19	16	美术学	2116	王雪琳	选修
20	17	美术学	2117	陈启帆	选修
21	18	美术学	2118	吕浩	选修
22	19	美术学	2119	宋晨晨	选修
23	20	美术学	2120	冯景	选修
24		任课教师：白锦			
25		日期：2021年1月1日			
26					
27					

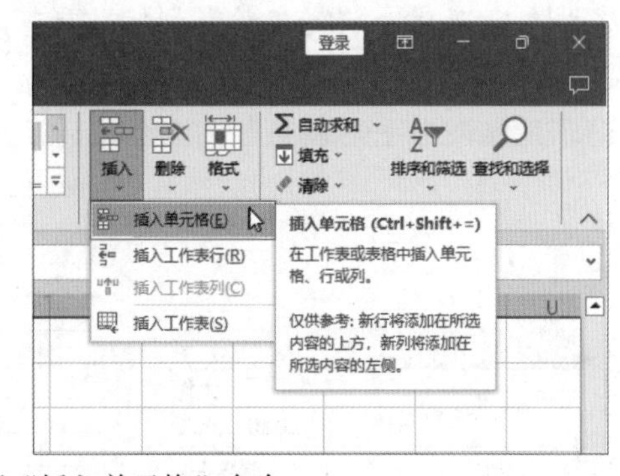

图 6-31　选中单元格后选择“插入单元格”命令

02 打开“插入”对话框，选中“整行”单选按钮，然后单击“确定”按钮，如图 6-32 所示。

03 此时，即可在所选单元格处插入空行，原单元格数据自动向下移动一行，如图 6-33 所示。

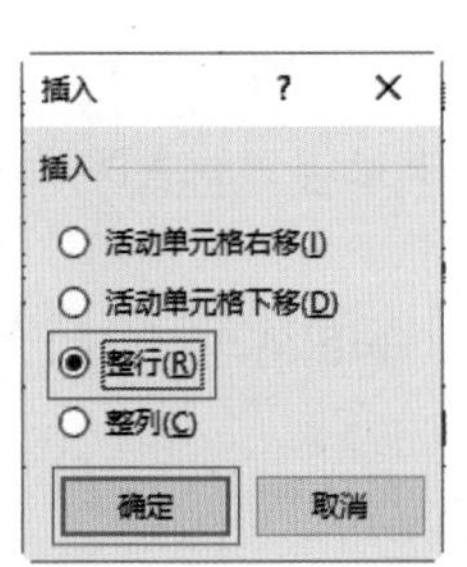

图 6-32　“插入”对话框

	A	B	C	D
19	16	美术学	2116	王雪琳
20	17	美术学	2117	陈启帆
21	18	美术学	2118	吕浩
22	19	美术学	2119	宋晨晨
23	20	美术学	2120	冯景
24				
25		任课教师：白锦		
26		日期：2021年1月1日		
27				

图 6-33　插入空行

04 在插入的行中输入文本内容，若要删除多余的行，单击第 27 行的行号，按住左键并向下拖曳至第 28 行的行号，可以选择多行，然后右击并选择“删除”命令，如图 6-34 所示。

05 此时所选行被删除，结果如图 6-35 所示。

	A	B	C	D
24	21	美术学	2121	徐燕馨
25		任课教师：白锦		
26		日期：2021年1月1日		
27				
28				

搜索菜单　剪切(T)　复制(C)　粘贴选项:　选择性粘贴(S)...　插入(I)　删除(D)　清除内容(N)　设置单元格格式(F)...　行高(R)...　隐藏(H)　取消隐藏(U)

图 6-34　选择“删除”命令

	A	B	C	D	E	F
18	15	美术学	2115	李彦	选修	84
19	16	美术学	2116	王雪琳	选修	92
20	17	美术学	2117	陈启帆	选修	87
21	18	美术学	2118	吕浩	选修	95
22	19	美术学	2119	宋晨晨	选修	92
23	20	美术学	2120	冯景	选修	90
24	21	美术学	2121	徐燕馨	选修	88
25		任课教师：白锦				
26		日期：2021年1月1日				

图 6-35　删除行

6.2.3 调整行高和列宽

01 在调整行高时，将光标放置到标题行下方的边框线上，此时光标会变为黑色双向箭头，如图 6-36 所示。

02 向下拖曳即可手动调整行高至合适的高度，如图 6-37 所示。

	B	C
1	高度: 44.25 (59 像素)	选修 (2020-2021
2	学时：36	课程名称
3	专业班级	学号
4	动画	2101
5	动画	2102
6	动画	2103
7	动画	2104

图 6-36　光标显示结果

	A	B	C	D	E	F
1	选修课成绩登记表 (2020-2021学年　第一学期)					
2		学时：24		课程名称：中外美术史	学分：2.0	
3	序号	专业班级	学号	姓名	修读方式	成绩
4	1	动画	2101	张晗	选修	84
5	2	动画	2102	王韵鑫	选修	95
6	3	动画	2103	蒋墨	选修	91
7	4	动画	2104	吴辰恩	选修	90
8	5	动画	2105	刘思	选修	85
9	6	视觉传达	2106	李婷婷	选修	92
10	7	视觉传达	2107	陈思翰	选修	95
11	8	视觉传达	2108	黄雨心	选修	80
12	9	视觉传达	2109	李子熙	选修	86
13	10	视觉传达	2110	韩茜茜	选修	90

图 6-37　向下拖曳

03 选中 E 列，然后选择“开始”选项卡，在“单元格”组中单击“格式”下拉按钮，在弹出的下拉列表中选择“列宽”命令，如图 6-38 所示。

04 打开“列宽”对话框，在“列宽”文本框中输入“13”，如图 6-39 所示。

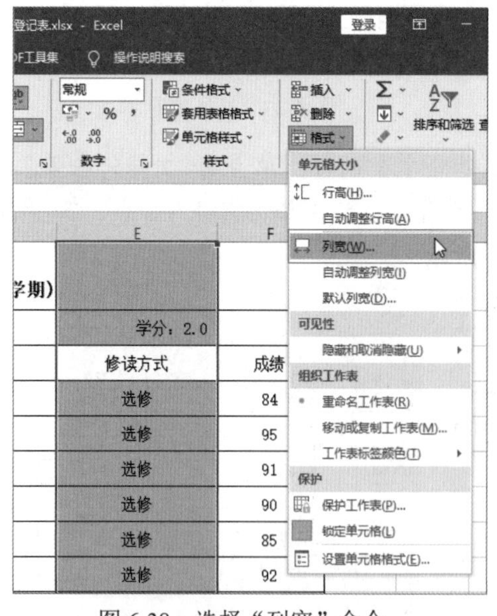

图 6-38　选择“列宽”命令

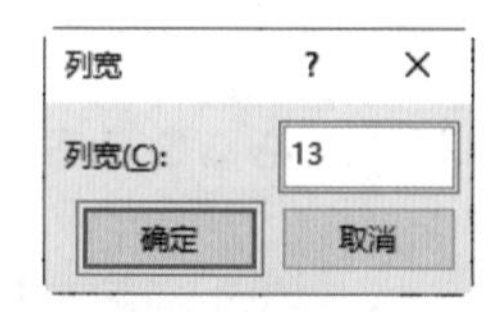

图 6-39　“列宽”对话框

05 返回工作表中，可以看到所选列的列宽调整为设置的列宽，如图 6-40 所示。

06 选择 A2:F24 单元格区域，在“单元格”组中单击“格式”按钮，选择“自动调整行高”命令，如图 6-41 所示，可以自动调整行高。

选修课成绩登记表 (2020-2021学年　第一学期)					
学时：24		课程名称：中外美术史		学分：2.0	
序号	专业班级	学号	姓名	修读方式	成绩
1	动画	2101	张晗	选修	84
2	动画	2102	王韵鑫	选修	95
3	动画	2103	蒋墨	选修	91
4	动画	2104	吴辰恩	选修	90
5	动画	2105	刘思	选修	85
6	视觉传达	2106	李婷婷	选修	92
7	视觉传达	2107	陈思翰	选修	95
8	视觉传达	2108	黄雨心	选修	80
9	视觉传达	2109	李子熙	选修	86
10	视觉传达	2110	韩茜茜	选修	90

图 6-40　设置列宽

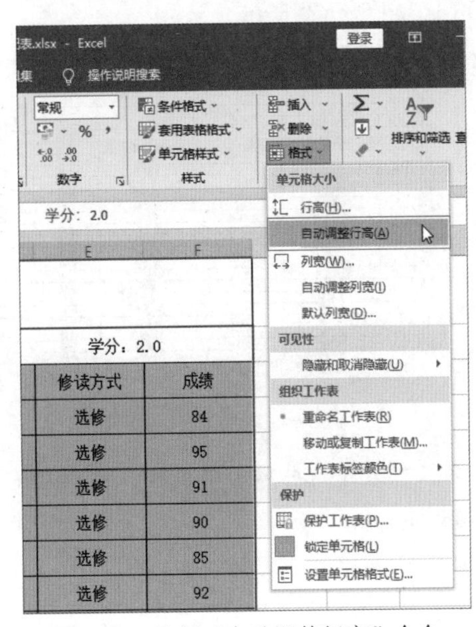

图 6-41　选择“自动调整行高”命令

07 此时，选中的单元格将按照输入的内容自动调整行高，如图 6-42 所示。

选修课成绩登记表 (2020-2021学年　第一学期)					
学时：24		课程名称：中外美术史		学分：2.0	
序号	专业班级	学号	姓名	修读方式	成绩
1	动画	2101	张晗	选修	84
2	动画	2102	王韵鑫	选修	95
3	动画	2103	蒋墨	选修	91
4	动画	2104	吴辰恩	选修	90
5	动画	2105	刘思	选修	85
6	视觉传达	2106	李婷婷	选修	92
7	视觉传达	2107	陈思翰	选修	95
8	视觉传达	2108	黄雨心	选修	80
9	视觉传达	2109	李子熙	选修	86
10	视觉传达	2110	韩茜茜	选修	90
11	视觉传达	2111	马晓宇	选修	92
12	视觉传达	2112	陈欣言	选修	88
13	视觉传达	2113	张钰铎	选修	91
14	视觉传达	2114	胡伊	选修	90
15	美术学	2115	李彦	选修	84
16	美术学	2116	王雪琳	选修	92
17	美术学	2117	陈启帆	选修	87
18	美术学	2118	吕浩	选修	95
19	美术学	2119	宋晨晨	选修	92
20	美术学	2120	冯景	选修	90
21	美术学	2121	徐燕馨	选修	88
	任课教师：白锦				
	日期：2021年1月1日				

图 6-42　自动调整行高

6.2.4　选择单元格和单元格区域

01 如果单元格区域较大，且超过了程序窗口显示的范围，则使用键盘操作会更加方便、快捷。在工作表中选中 A5 单元格，然后按 Shift+→快捷键直至 D5 单元格，即可连续选择单元格区域，如图 6-43 所示。

02 按 Shift+↓快捷键，即可连续向下选择单元格区域，选择结果如图 6-44 所示。

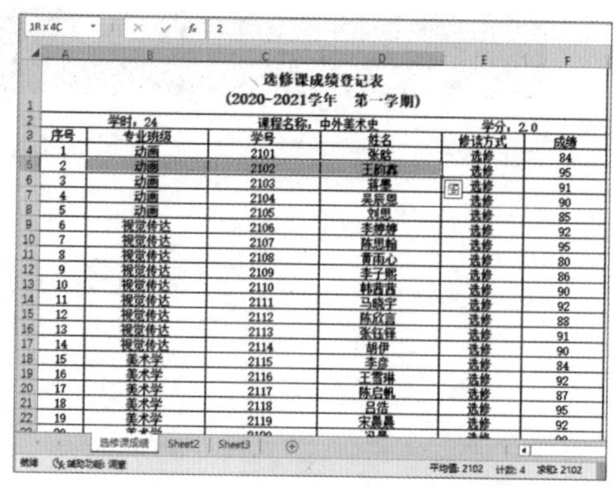

图 6-43　选择单元格区域

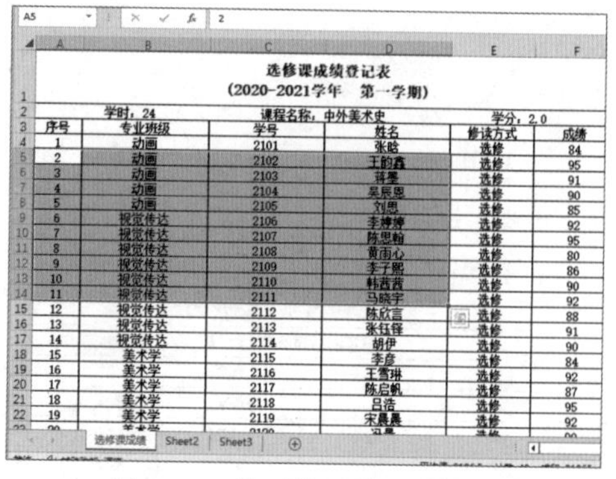

图 6-44　单元格区域选择结果

03 在工作表中选中 A1 单元格，然后按 Shift+PgDn 快捷键，能够向下翻页扩展选择区域，如图 6-45 所示。

04 在工作表中选中 F26 单元格，如图 6-46 所示。

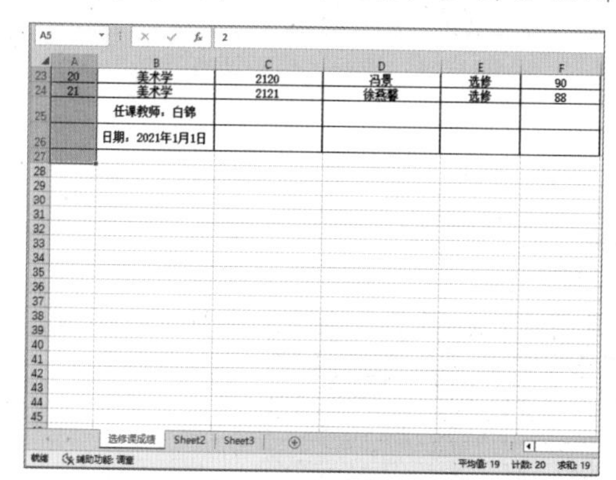

图 6-45　翻页扩展选择区域

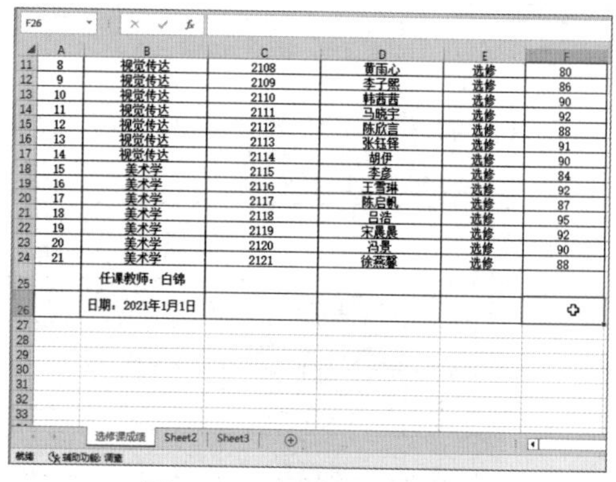

图 6-46　选中 F26 单元格

05 按 Shift+Home 快捷键，则会选择 A26 至 F26 的单元格区域，可选择整行数据，显示结果如图 6-47 所示。

06 在选择单元格区域后，按 Shift+F8 快捷键可进入多重选择状态，此时只需要单击单元格就可以在不取消已经获得的选区的情况下将新选择的单元格区域添加到已有的选区中，如图 6-48 所示，按 Esc 键可退出多重选择模式。

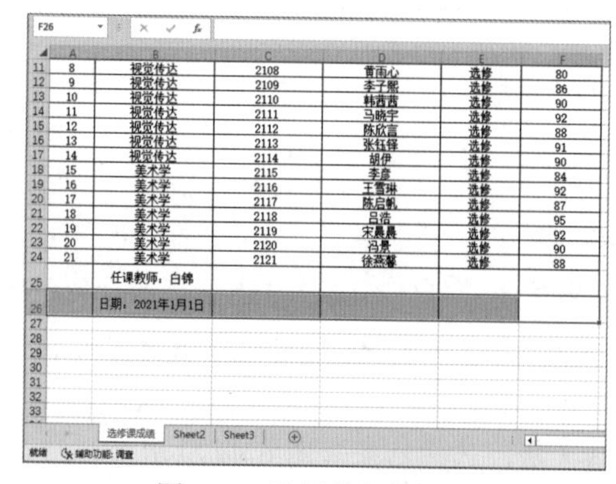

图 6-47　选择整行数据

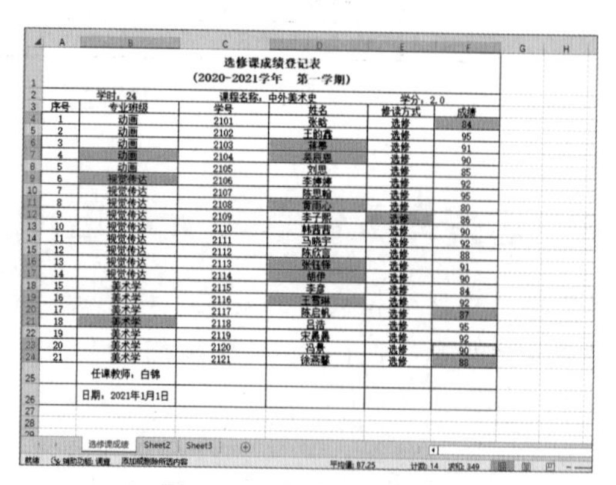

图 6-48　多重选择状态

07 选择 A 列，按 Ctrl+Shift+ → 快捷键可以选择从该列开始直至最后一列的所有列，显示结果如图 6-49 所示，按 Ctrl+Shift+ ← 快捷键则可以选择从当前选择列开始向左的所有列。

08 如果需要选择工作表中的数据区域，可以选择该区域中的任意一个数据单元格，再按 Ctrl+Shift+* 快捷键，结果如图 6-50 所示。

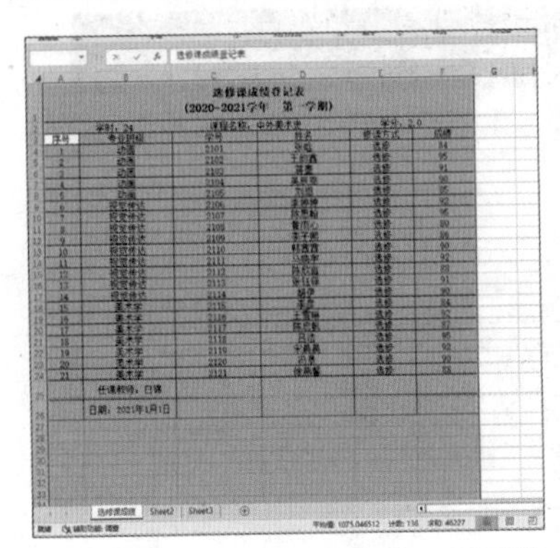

图 6-49　向右选择至最后一列区域

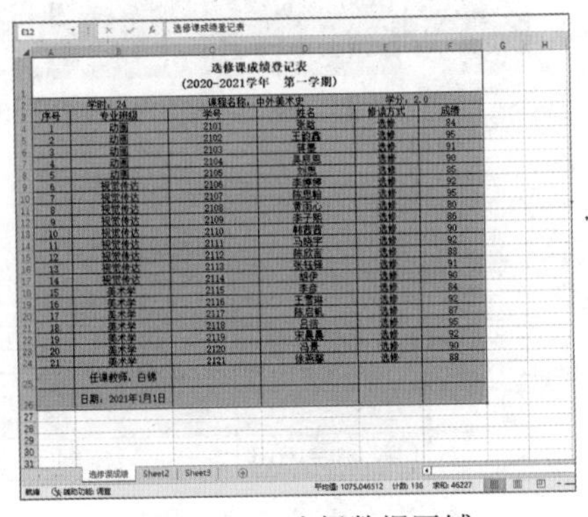

图 6-50　选择数据区域

09 单击工作表左上角位于行号和列标之间的“全选”按钮◢，可以快速选择全部的单元格，如图 6-51 所示。

10 如果工作簿中包含了多个工作表，在当前工作表中选择 F4:F24 单元格区域，按 Ctrl 键并单击 Sheet2 工作表标签，如图 6-52 所示。

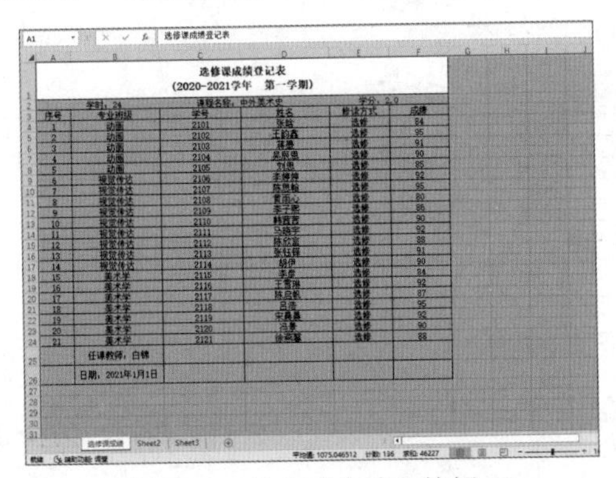

图 6-51　单击“全选”按钮

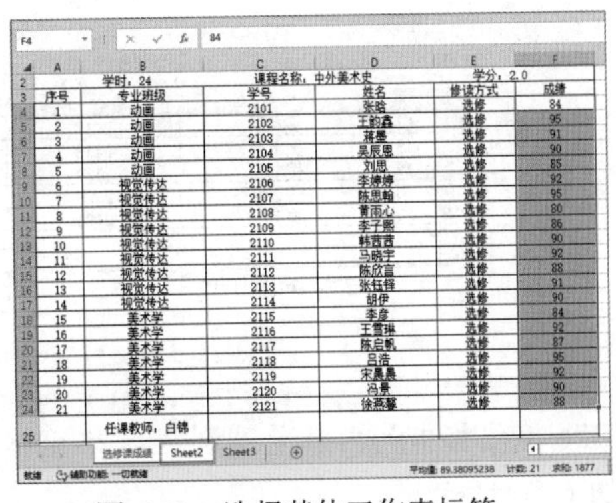

图 6-52　选择其他工作表标签

11 则在 Sheet2 工作表中的相同单元格区域即被选择，如图 6-53 所示。

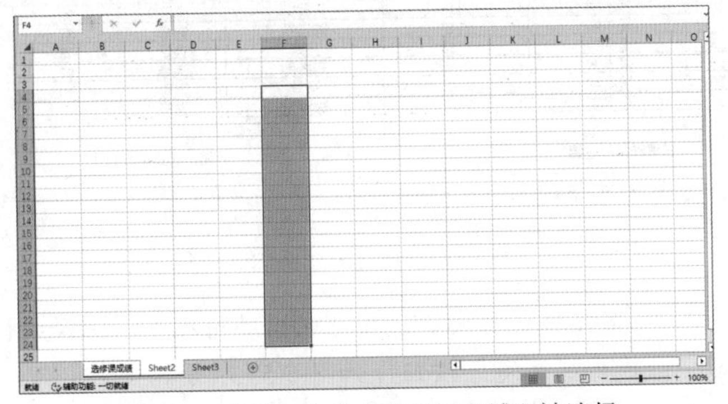

图 6-53　其他工作表中的相同区域即被选择

6.2.5 合并和拆分单元格

01 选择 A25:F25 单元格区域，选择“开始”选项卡，在“对齐方式”组中单击“合并后居中”下拉按钮，在弹出的下拉列表中选择“合并后居中”命令，如图 6-54 所示。

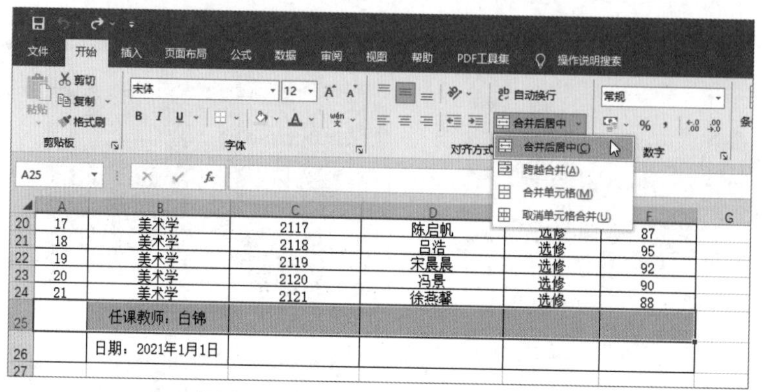

图 6-54 选择“合并后居中”命令

02 选择的单元格即可合并为一个单元格，如图 6-55 所示。

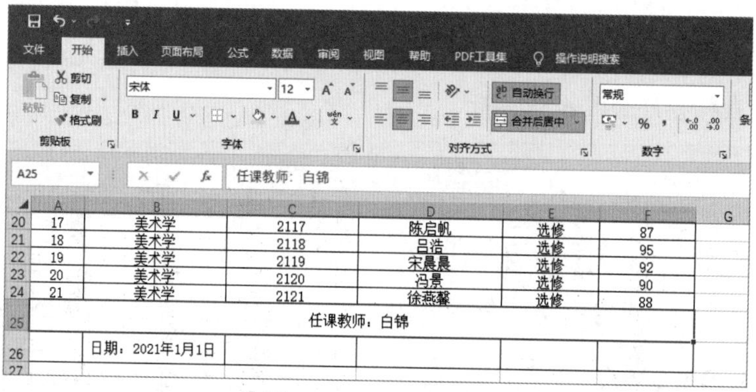

	A	B	C	D	E	F
20	17	美术学	2117	陈启帆	选修	87
21	18	美术学	2118	吕浩	选修	95
22	19	美术学	2119	宋晨晨	选修	92
23	20	美术学	2120	冯景	选修	90
24	21	美术学	2121	徐燕馨	选修	88
25	任课教师：白锦					
26		日期：2021年1月1日				

图 6-55 合并单元格

03 将 B26 单元格中的内容复制到 A25 单元格中，然后删除第 26 行，并调整第 25 行的行高，结果如图 6-56 所示。

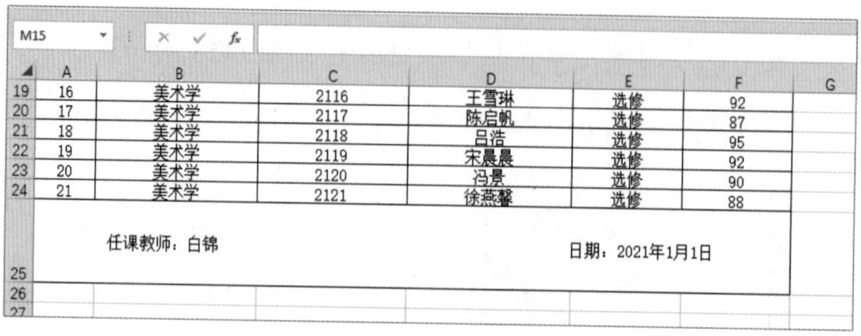

	A	B	C	D	E	F
19	16	美术学	2116	王雪琳	选修	92
20	17	美术学	2117	陈启帆	选修	87
21	18	美术学	2118	吕浩	选修	95
22	19	美术学	2119	宋晨晨	选修	92
23	20	美术学	2120	冯景	选修	90
24	21	美术学	2121	徐燕馨	选修	88
25	任课教师：白锦　　日期：2021年1月1日					

图 6-56 调整单元格内容

04 如果选择 A25:F26 单元格区域，且其中包含有数据的情况下，选择“合并后居中”命令，Excel 会给出提示对话框，单击“确定”按钮，如图 6-57 所示。

05 单元格区域即被合并为一个单元格，且单元格区域左上角的数据被保留并居中放置，显示结果如图 6-58 所示。

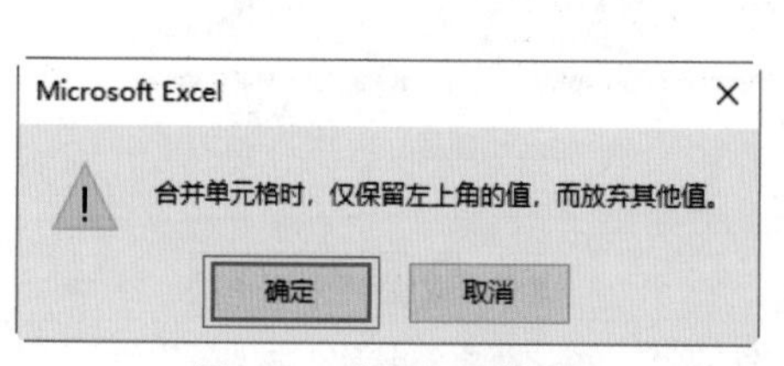

图 6-57　提示对话框

16	13	视觉传达	2113	张钰铎	选修	91
17	14	视觉传达	2114	胡伊	选修	90
18	15	美术学	2115	李彦	选修	84
19	16	美术学	2116	王雪琳	选修	92
20	17	美术学	2117	陈启帆	选修	87
21	18	美术学	2118	吕浩	选修	95
22	19	美术学	2119	宋晨晨	选修	92
23	20	美术学	2120	冯景	选修	90
24	21	美术学	2121	徐燕馨	选修	88
25	任课教师：白锦					

图 6-58　合并后的单元格显示结果

06 选择合并后的单元格，单击“合并后居中”下拉按钮，选择“取消单元格合并”命令，如图 6-59 所示。

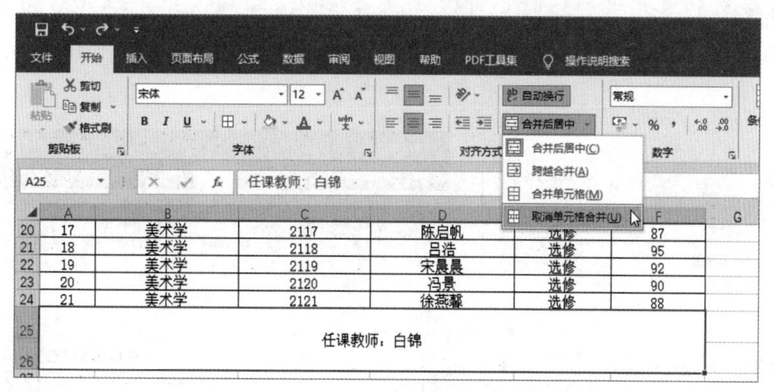

图 6-59　选择“取消单元格合并”命令

07 合并单元格即被拆分为多个单元格，数据放置于左上角单元格中，数据显示结果如图 6-60 所示。

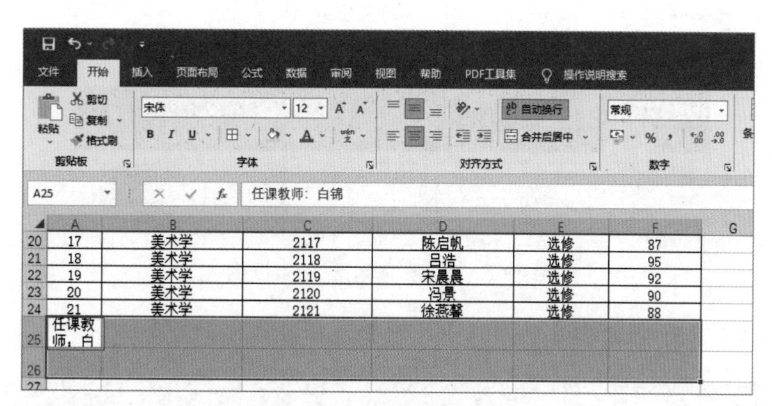

图 6-60　数据显示结果

6.2.6　使用命名单元格

01 选择 D 列，可见左上角的“名称框”文本框中显示的是 D3，如图 6-61 所示。

02 选择“公式”选项卡，在“定义的名称”组中单击“定义名称”按钮，如图 6-62 所示。

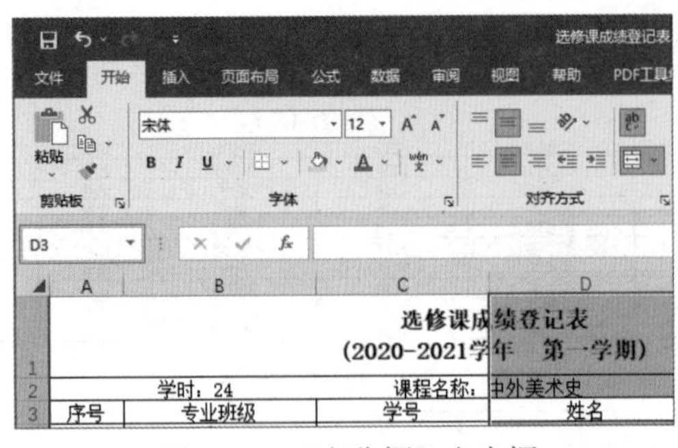

图 6-61 “名称框”文本框

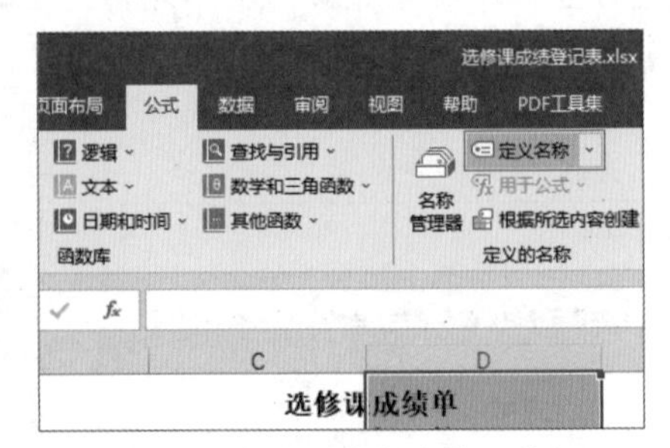

图 6-62 单击“定义名称”按钮

03 打开“新建名称”对话框，在“名称”文本框中输入“姓名”，然后单击“确定”按钮，如图 6-63 所示。

04 在选择已被命名的单元格区域时，可以在名称框中直接输入单元格区域的名称，或是单击名称框下拉按钮，在弹出的下拉列表中选择单元格区域的名称，如图 6-64 所示，此时单元格区域即被选择。

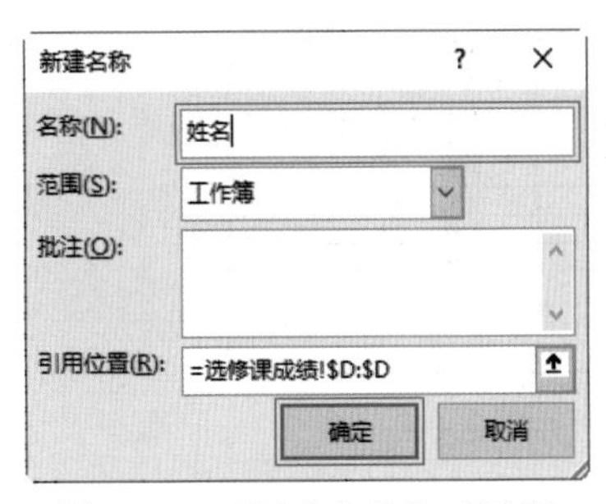

图 6-63 “新建名称”对话框

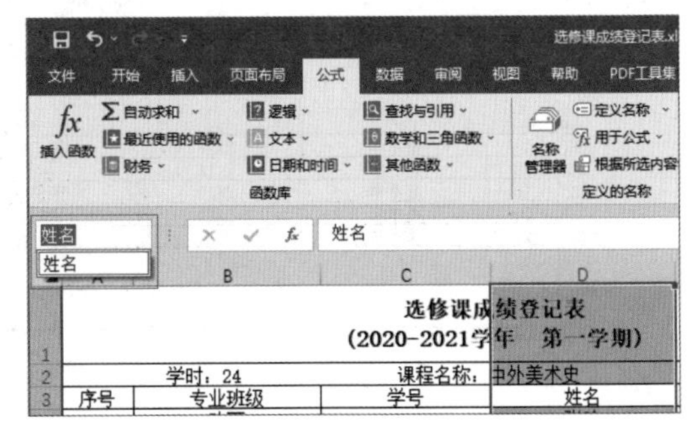

图 6-64 选择单元格区域的名称

05 选择 A2:F25 单元格区域，选择“开始”选项卡，在“字体”组中单击“减小字号”按钮 A˅，如图 6-65 所示。

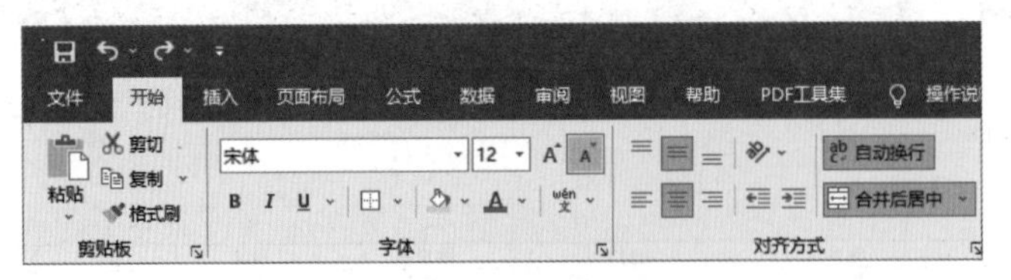

图 6-65 单击“减小字号”按钮

06 使表格中的文字大小调整为合适的大小，表格最终结果如图 6-1 所示。

6.3 工作簿的基本操作

工作簿是 Excel 中用来存储和处理数据的载体，也就是 Excel 电子表格文件。工作簿的基本操作包括拆分工作簿、冻结工作簿，以及多窗口比较等，本节将主要讲解工作簿的常见操作和设置技巧。

6.3.1　拆分工作簿

01 选择第 12 行，然后选择“视图”选项卡，在“窗口”组中单击“拆分”按钮，如图 6-66 所示。

02 Excel 即会从当前位置开始拆分窗口，如图 6-67 所示。

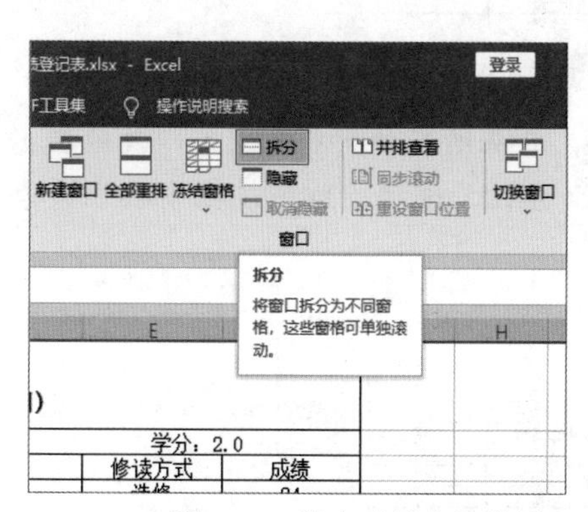

图 6-66　单击“拆分”按钮

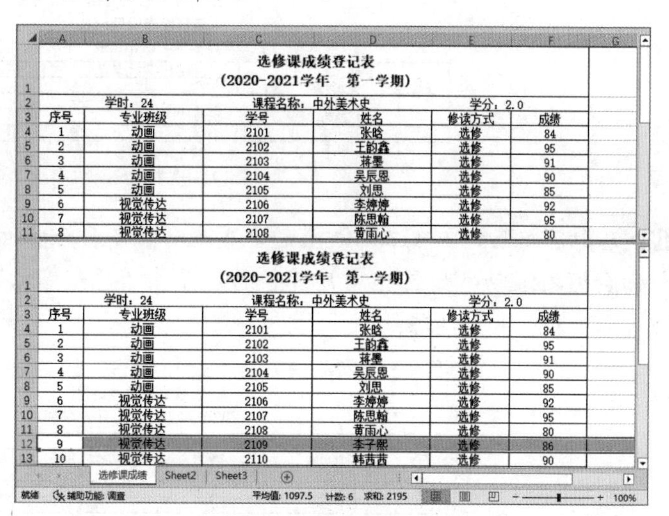

选修课成绩登记表
（2020-2021学年　第一学期）

学时：24　课程名称：中外美术史　学分：2.0

行	序号	专业班级	学号	姓名	修读方式	成绩
4	1	动画	2101	张晗	选修	84
5	2	动画	2102	王韵鑫	选修	95
6	3	动画	2103	蒋墨	选修	91
7	4	动画	2104	吴辰恩	选修	90
8	5	动画	2105	刘思	选修	85
9	6	视觉传达	2106	李婷婷	选修	92
10	7	视觉传达	2107	陈思翰	选修	95
11	8	视觉传达	2108	黄雨心	选修	80

选修课成绩登记表
（2020-2021学年　第一学期）

学时：24　课程名称：中外美术史　学分：2.0

行	序号	专业班级	学号	姓名	修读方式	成绩
4	1	动画	2101	张晗	选修	84
5	2	动画	2102	王韵鑫	选修	95
6	3	动画	2103	蒋墨	选修	91
7	4	动画	2104	吴辰恩	选修	90
8	5	动画	2105	刘思	选修	85
9	6	视觉传达	2106	李婷婷	选修	92
10	7	视觉传达	2107	陈思翰	选修	95
11	8	视觉传达	2108	黄雨心	选修	80
12	9	视觉传达	2109	李子熙	选修	86
13	10	视觉传达	2110	韩茜茜	选修	90

图 6-67　拆分窗口

03 选择 D14 单元格，在“窗口”组中单击“拆分”按钮，Excel 将以所选单元格为中心，将工作表拆分为 4 个窗口，如图 6-68 所示。

D14　马晓宇

选修课成绩登记表
（2020-2021学年　第一学期）

学时：24　课程名称：中外美术史　学分：2.0

行	序号	专业班级	学号	姓名	修读方式	成绩
4	1	动画	2101	张晗	选修	84
5	2	动画	2102	王韵鑫	选修	95
6	3	动画	2103	蒋墨	选修	91
7	4	动画	2104	吴辰恩	选修	90
8	5	动画	2105	刘思	选修	85
9	6	视觉传达	2106	李婷婷	选修	92
10	7	视觉传达	2107	陈思翰	选修	95
11	8	视觉传达	2108	黄雨心	选修	80
12	9	视觉传达	2109	李子熙	选修	86
13	10	视觉传达	2110	韩茜茜	选修	90
10	7	视觉传达	2107	陈思翰	选修	95
11	8	视觉传达	2108	黄雨心	选修	80
12	9	视觉传达	2109	李子熙	选修	86
13	10	视觉传达	2110	韩茜茜	选修	90
14	11	视觉传达	2111	马晓宇	选修	92
15	12	视觉传达	2112	陈欣言	选修	88
16	13	视觉传达	2113	张钰铎	选修	91
17	14	视觉传达	2114	胡伊	选修	90
18	15	美术学	2115	李彦	选修	84

选修课成绩　就绪　辅助功能：调查　100%

图 6-68　在当前位置拆分窗口

6.3.2　冻结工作簿

01 选择 A1 单元格，选择“视图”选项卡，在“窗口”组中单击“冻结窗格”按钮，在弹出的下拉列表中选择“冻结窗格”命令，如图 6-69 所示。

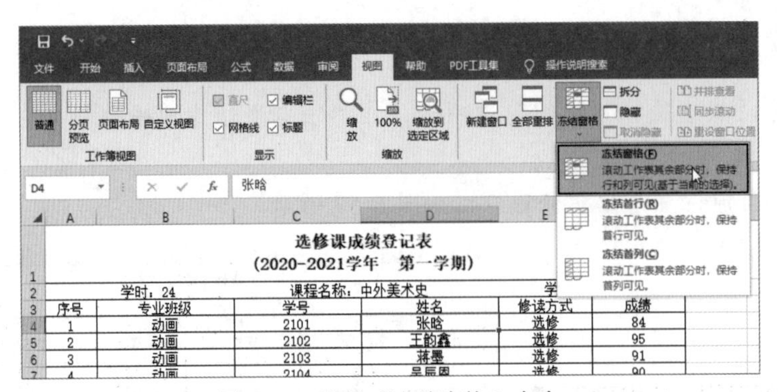

图 6-69　选择“冻结窗格”命令

02 冻结窗格后，拖曳工作表上的垂直滚动条查看数据时，表头所在的行将被固定，其他数据行则会随之滚动，如图 6-70 所示，再次单击“冻结窗格”按钮，选择“取消冻结窗格”命令即可取消对行和列的冻结。

选修课成绩登记表
(2020-2021学年　第一学期)

学时：24　课程名称：中外美术史　学分：2.0

序号	专业班级	学号	姓名	修读方式	成绩
5	动画	2105	刘思	选修	85
6	视觉传达	2106	李婷婷	选修	92
7	视觉传达	2107	陈思翰	选修	95
8	视觉传达	2108	黄雨心	选修	80
9	视觉传达	2109	李子熙	选修	86
10	视觉传达	2110	韩茜茜	选修	90
11	视觉传达	2111	马晓宇	选修	92
12	视觉传达	2112	陈欣言	选修	88
13	视觉传达	2113	张钰铎	选修	91
14	视觉传达	2114	胡伊	选修	90
15	美术学	2115	李彦	选修	84
16	美术学	2116	王雪琳	选修	92
17	美术学	2117	陈启帆	选修	87

选修课成绩　Sheet2　Sheet3

图 6-70　固定表头数据

6.3.3　多窗口比较

01 当打开多个工作簿时，选择一个工作簿窗口，然后选择“视图”选项卡，在“窗口”组中单击“全部重排”按钮，如图 6-71 所示。

02 打开“重排窗口”对话框，选中“平铺”单选按钮，然后单击“确定”按钮，如图 6-72 所示。

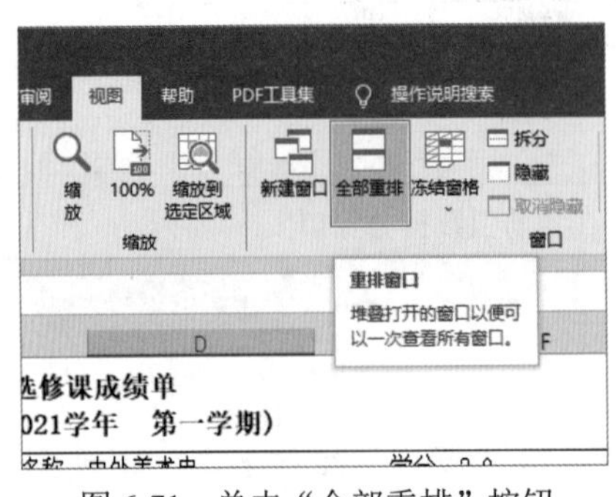

图 6-71　单击“全部重排”按钮

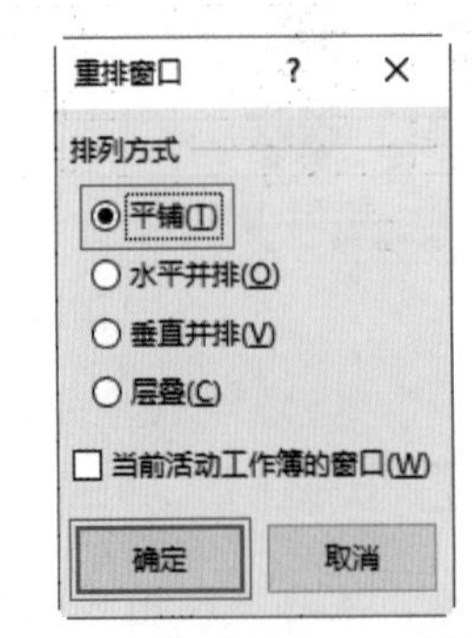

图 6-72　“重排窗口”对话框

03 此时文档窗口将在屏幕上平铺排列，如图 6-73 所示。

选修课成绩登记表
（2020-2021学年　第一学期）

学时：24			课程名称：中外美术史	学分：2.0	
序号	专业班级	学号	姓名	修读方式	成绩
1	动画	2101	张晗	选修	84
2	动画	2102	王韵鑫	选修	95
3	动画	2103	蒋墨	选修	91
4	动画	2104	吴辰恩	选修	90
5	动画	2105	刘思	选修	85
6	视觉传达	2106	李婷婷	选修	92
7	视觉传达	2107	陈思翰	选修	95
8	视觉传达	2108	曹雨心	选修	80
9	视觉传达	2109	李子熙	选修	86
10	视觉传达	2110	韩茜茜	选修	90
11	视觉传达	2111	马晓宇	选修	92
12	视觉传达	2112	陈欣言	选修	88
13	视觉传达	2113	张钰铎	选修	91
14	视觉传达	2114	胡伊	选修	90
15	美术学	2115	李彦	选修	84
16	美术学	2116	王雪琳	选修	92
17	美术学	2117	陈启帆	选修	87
18	美术学	2118	吕浩	选修	95
19	美术学	2119	宋晨晨	选修	92
20	美术学	2120	冯景	选修	90
21	美术学	2121	徐燕馨	选修	88
	任课教师：白锦				
	日期：2021年1月1日				

图 6-73　工作簿平铺效果

6.4　编辑客户订单管理登记表

设置单元格数据和格式的基本操作包括快速填充数据、编辑单元格数据、数据的有效输入、数字格式设置和为工作表添加背景等。本节将主要讲解设置单元格数据和格式的基本操作，对客户订单记录表进行设置，结果如图 6-74 所示。

客户订单管理登记表

单号	订单日期	客户名称	目的港口	发货日期	预计到港日期	数量（吨）	单价（RMB）	合计金额（RMB）	海运金额（USD）	海运港杂费用（RMB）	承运船司	发货状态	品名	备注
JXKS20220001	2022年5月6日	某公司1	林查班	2022年5月25日	2022年6月5日	28	¥ 1,100	¥ 30,800	225	¥ 2,278	泛洋	未发货	PVC	
JXKS20220002	2022年5月15日	某公司2	那瓦舍瓦	2022年5月23日	2022年6月10日	26.5	¥ 1,100	¥ 26,500	950	¥ 2,056	ONE	已发货	PP	
JXKS20220003	2022年5月15日	某公司3	蒙德拉	2022年5月23日	2022年6月11日	28	¥ 1,100	¥ 30,800	1100	¥ 2,310	EMC	已发货	PVC	
JXKS20220004	2022年5月18日	某公司4	仰光	2022年5月30日	2022年6月15日	24.3	¥ 1,100	¥ 24,300	650	¥ 2,310	EMC	未发货	PE	
JXKS20220005	2022年5月21日	某公司5	德班	2022年5月29日	2022年6月25日	28	¥ 1,100	¥ 30,800	3500	¥ 2,056	ONE	已发货	PVC	
JXKS20220006	2022年5月24日	某公司6	那瓦舍瓦	2022年6月2日	2022年6月20日	26.5	¥ 1,100	¥ 26,500	1000	¥ 2,056	ONE	已发货	PP	
JXKS20220007	2022年5月26日	某公司7	德班	2022年6月7日	2022年6月16日	28	¥ 1,100	¥ 30,800	3500	¥ 2,056	ONE	未发货	PVC	
JXKS20220008	2022年5月27日	某公司8	蒙德拉	2022年6月14日	2022年7月1日	28	¥ 1,100	¥ 30,800	1100	¥ 2,310	EMC	未发货	PVC	
JXKS20220009	2022年6月1日	某公司9	穆卡拉	2022年6月10日	2022年6月28日	28	¥ 1,100	¥ 30,800	1350	¥ 2,310	EMC	未发货	PVC	
JXKS20220010	2022年6月3日	某公司10	蒙德拉	2022年6月12日	2022年6月30日	28	¥ 1,100	¥ 30,800	1100	¥ 2,310	EMC	未发货	PVC	

图 6-74　客户订单管理登记表

6.4.1　快速填充数据

01 启动 Excel 2019，打开“客户订单管理登记表.xlsx”工作簿，在 A3 单元格中输入数据。将光标放置在 A3 单元格右下角的填充柄上，当光标变成十字形状时，按住左键并向下拖曳至 A12 单元格，如图 6-75 所示。

02 释放左键，即可在光标拖曳过的单元格中填充相同的数据，如图 6-76 所示。

图 6-75　拖动填充柄

图 6-76　填充相同的数据

03 在 A4 单元格中输入“JXKS20220002”，选择 A3:A4 单元格区域，将光标放置在选择区域右下角的填充柄上并向下拖曳，释放左键，此时 Excel 将按照这两个数据的差来进行等差填充，如图 6-77 所示。

04 或者在完成步骤 **02** 的操作后，单击单元格右下角出现的“自动填充选项”的下拉按钮，在弹出的下拉列表中选择“填充序列”选项，如图 6-78 所示，即可进行填充。

图 6-77　进行等差填充

图 6-78　选择“填充序列”选项

05 在 O3 单元格中输入“1”，然后选择 O3:O12 单元格区域，再选择“开始”选项卡，在“编辑”组中单击“填充”下拉按钮，在下拉列表中选择“序列”命令，如图 6-79 所示。

06 打开“序列”对话框，选中“列”单选按钮，再选中“等差序列”单选按钮，设置“步长值”文本框数值为“2”，然后单击“确定”按钮，如图 6-80 所示。

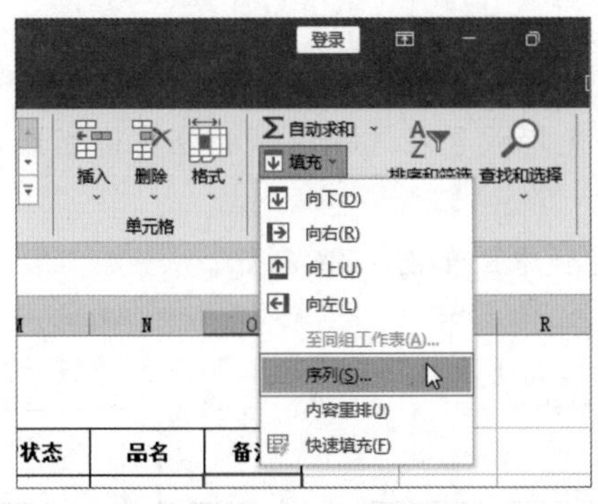

图 6-79　选择“序列”命令

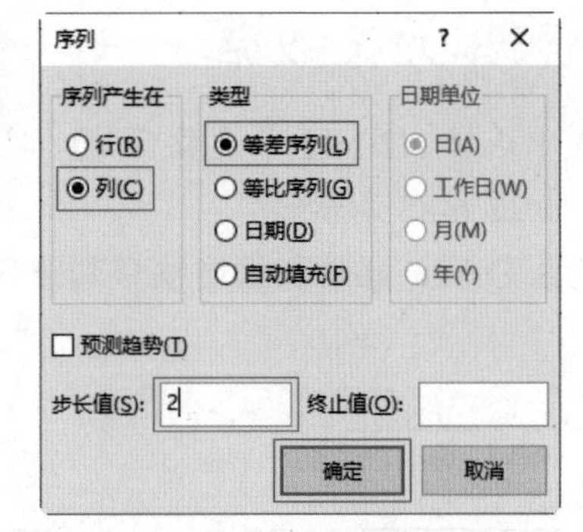

图 6-80　“序列”对话框

07 选择的单元格中按照设置的步长进行等差序列填充，如图 6-81 所示。

08 选择 O4:O12 单元格区域，在“编辑”组中单击“清除”下拉按钮，选择“清除内容”命令，如图 6-82 所示，使用这种操作不会影响单元格的格式设置。

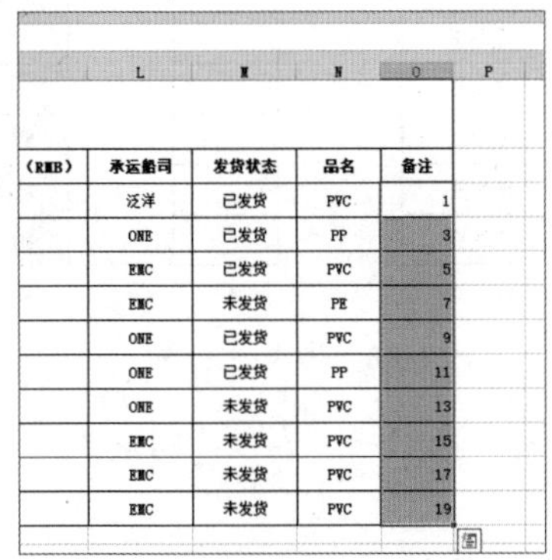

(RMB)	承运船司	发货状态	品名	备注
	泛洋	已发货	PVC	1
	ONE	已发货	PP	3
	EMC	已发货	PVC	5
	EMC	未发货	PE	7
	ONE	已发货	PVC	9
	ONE	已发货	PP	11
	ONE	未发货	PVC	13
	EMC	未发货	PVC	15
	EMC	未发货	PVC	17
	EMC	未发货	PVC	19

图 6-81　按照步长值进行填充

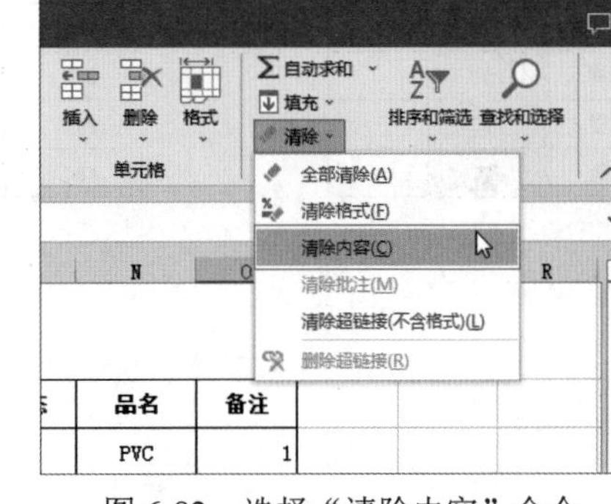

图 6-82　选择“清除内容”命令

09 在 O4 单元格中输入“1.1”，选择 O3:O4 单元格区域，将光标放置在选择区域右下角的填充柄上，右击并向下拖曳，释放鼠标，在弹出的快捷菜单中选择“等比序列”命令，如图 6-83 所示。

10 选择的单元格中按照设置的步长进行等比序列填充，如图 6-84 所示。

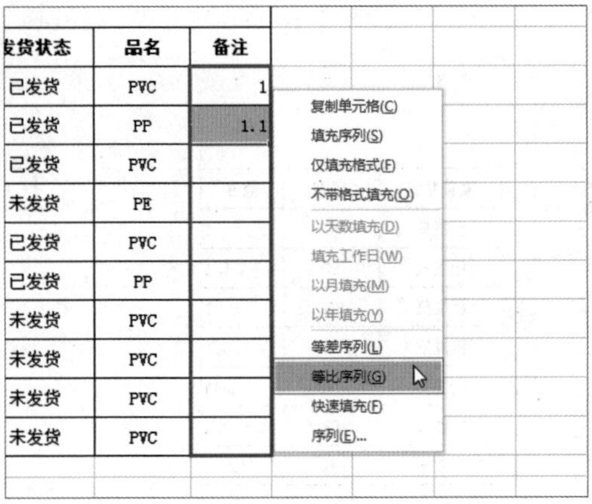

图 6-83　选择“等比序列”命令

图 6-84　进行等比序列填充

6.4.2 编辑单元格数据

01 在工作表中选择 N2:N12 单元格区域，将光标放置在选择区域的任意边框线上，光标会变为四向箭头，如图 6-85 所示。

02 向右拖曳至 Q 列，此时数据即被移到该区域中，如图 6-86 所示。

承运船司	发货状态	品名	备注
泛洋	已发货	PVC	
ONE	已发货	PP	
EMC	已发货	PVC	
EMC	未发货	PE	
ONE	已发货	PVC	
ONE	已发货	PP	
ONE	未发货	PVC	
EMC	未发货	PVC	
EMC	未发货	PVC	
EMC	未发货	PVC	

图 6-85 将光标放置在边框线上

承运船司	发货状态		备注		品名
泛洋	已发货				PVC
ONE	已发货				PP
EMC	已发货				PVC
EMC	未发货				PE
ONE	已发货				PVC
ONE	已发货				PP
ONE	未发货				PVC
EMC	未发货				PVC
EMC	未发货				PVC
EMC	未发货				PVC

图 6-86 拖曳至 Q 列

03 用户还可以选择 N2:N12 单元格区域，选择“开始”选项卡，在“剪贴板”组中单击“剪切”按钮，如图 6-87 所示。

04 选择 R2 单元格，在“剪贴板”组中单击“粘贴”按钮，如图 6-88 所示，数据即可被移到该位置。

单价(RMB)	合计金额(RMB)	海运金额(USD)	海运港杂费用
1100	30800	225	2278
1100	26500	950	2056
1100	30800	1100	2310
1100	24300	650	2310
1100	30800	3500	2056
1100	26500	1000	2056

图 6-87 单击“剪切”按钮

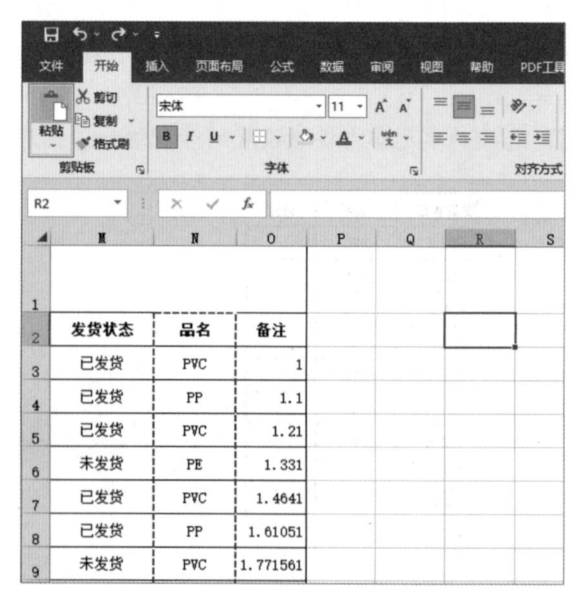

发货状态	品名	备注
已发货	PVC	1
已发货	PP	1.1
已发货	PVC	1.21
未发货	PE	1.331
已发货	PVC	1.4641
已发货	PP	1.61051
未发货	PVC	1.771561

图 6-88 单击“粘贴”按钮

05 如果要进行交换行列的操作，可以选择 A2:O12 单元格区域，选择“开始”选项卡，在“剪贴板”组中单击“复制”按钮，如图 6-89 所示。

06 在工作表标签区中单击“插入工作表”按钮⊕，新建一个工作表，在“剪贴板”组中单击“粘贴”下拉按钮，选择“转置”选项，如图 6-90 所示。

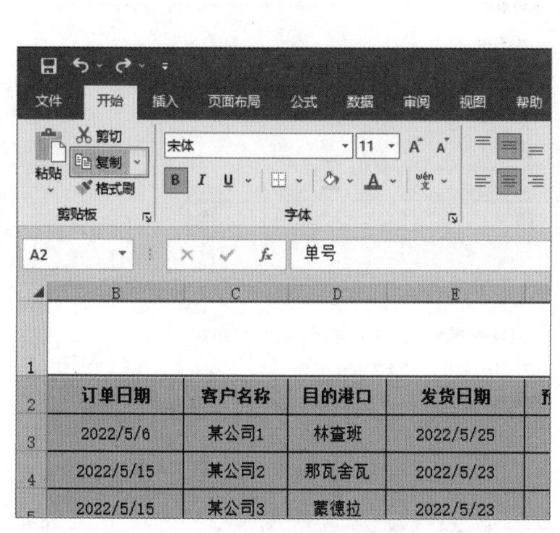

图 6-89　单击“复制”按钮

图 6-90　选择“转置”选项

07 表格中的数据即会交换行列，显示结果如图 6-91 所示。

单号	JXKS20220001	JXKS20220002	JXKS20220003	JXKS20220004	JXKS20220005	JXKS20220006	JXKS20220007	JXKS20220008	JXKS20220009	JXKS20220010
订单日期	2022/5/6	44696	44696	2022/5/18	2022/5/21	44705	44707	44708	44713	44715
客户名称	某公司1	某公司2	某公司3	某公司4	某公司5	某公司6	某公司7	某公司8	某公司9	某公司10
目的港口	林查班	那瓦舍瓦	蒙德拉	仰光	德班	那瓦舍瓦	德班	蒙德拉	穆卡拉	蒙德拉
发货日期	2022/5/25	44704	44704	2022/5/30	2022/5/29	44714	44719	44726	44722	44724
预计到港日期	2022/6/5	44722	44723	2022/6/15	2022/6/25	44732	44728	44743	44740	44742
数量（吨）	1900/1/28	26.5	28	1900/1/24	1900/1/28	26.5	28	28	28	28
单价(RMB)	1903/1/4	1100	1100	1903/1/4	1903/1/4	1100	1100	1100	1100	1100
合计金额(RMB)	1984/4/28	26500	30800	1966/7/12	1984/4/28	26500	30800	30800	30800	30800
海运金额(USD)	1900/8/12	950	1100	1901/10/11	1909/7/31	1000	3500	1100	1350	1100
海运港杂费用（RMB）	1906/3/27	2056	2310	1906/4/28	1905/8/17	2056	2056	2310	2310	2310
承运船司	泛洋	ONE	EMC	EMC	ONE	ONE	ONE	EMC	EMC	EMC
发货状态	已发货	已发货	已发货	未发货	已发货	已发货	未发货	未发货	未发货	未发货
品名	PVC	PP	PVC	PE	PVC	PP	PVC	PVC	PVC	PVC
备注										

图 6-91　交换行列

6.4.3　数据的有效输入

01 打开“客户订单管理登记表.xlsx”工作表，选择 L3:L12 单元格区域，然后选择“数据”选项卡，在“数据工具”组中单击“数据验证”下拉按钮，在弹出的下拉列表中选择“数据验证”命令，如图 6-92 所示。

02 打开“数据验证”对话框，选择“设置”选项卡，单击“允许”下拉按钮，选择“文本长度”选项，单击“数据”下拉按钮，选择“等于”选项，在“长度”文本框中输入“3”，如图 6-93 所示，即可将所选单元格的内容长度限制为 3 位。

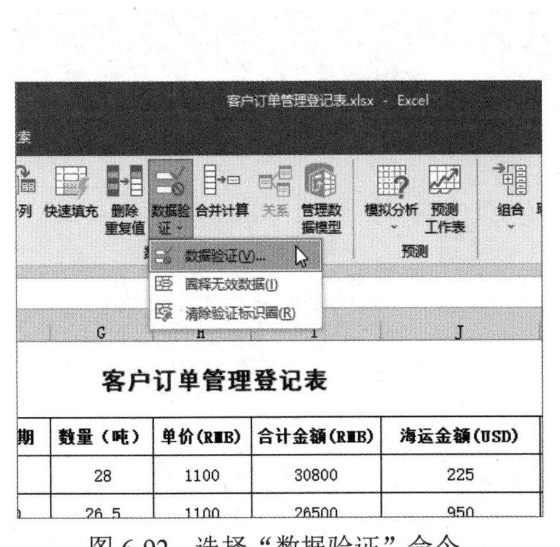

图 6-92　选择“数据验证”命令

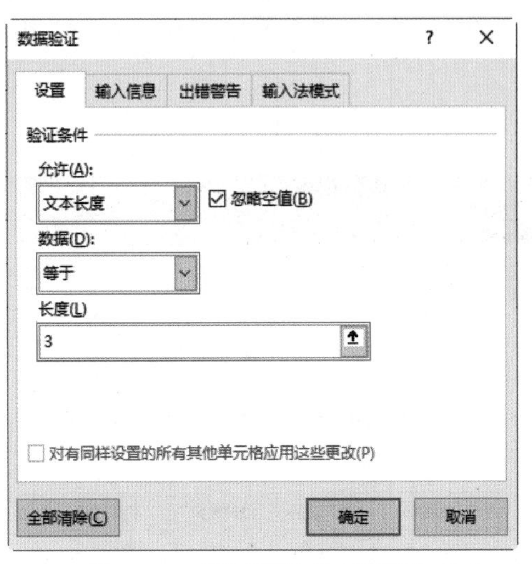
图 6-93　“数据验证”对话框

03 选择“输入信息”选项卡，选中“选定单元格时显示输入信息”复选框，在“标题”文本框中输入“承运船司”，在“输入信息”文本框中输入“承运船司名称不能超过 3 位”，如图 6-94 所示。

04 选择“出错警告”选项卡，选中“输入无效数据时显示出错警告”复选框，在“标题”文本框中输入“错误”，在“错误信息”文本框中输入“数据错误，请输入正确的承运船司名称！”，然后单击“确定”按钮，如图 6-95 所示。

图 6-94　“输入信息”选项卡

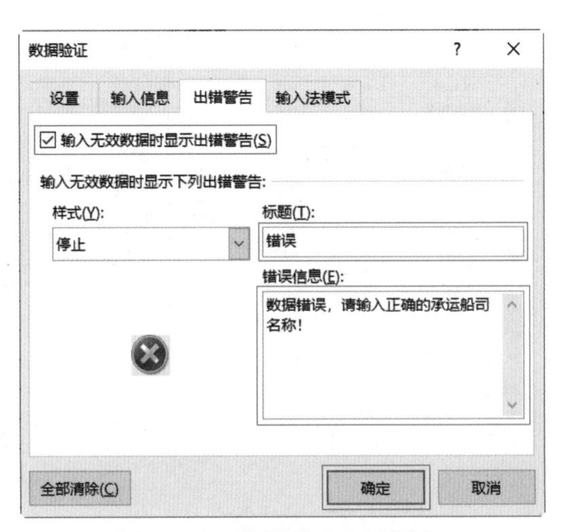
图 6-95　“出错警告”选项卡

05 返回工作表中，在 L4 单元格中输入文本“OMEO”，按 Enter 键，因长度超出限制范围，将弹出“错误”对话框，并在其中显示相应的错误信息，然后单击“取消”按钮，如图 6-96

所示。

06 选择 M3:M12 单元格区域，然后打开“数据验证”对话框，选择“设置”选项卡，单击“允许”下拉按钮，选择“序列”选项，然后单击“来源”文本框右侧的按钮，如图 6-97 所示。

图 6-96　单击“取消”按钮

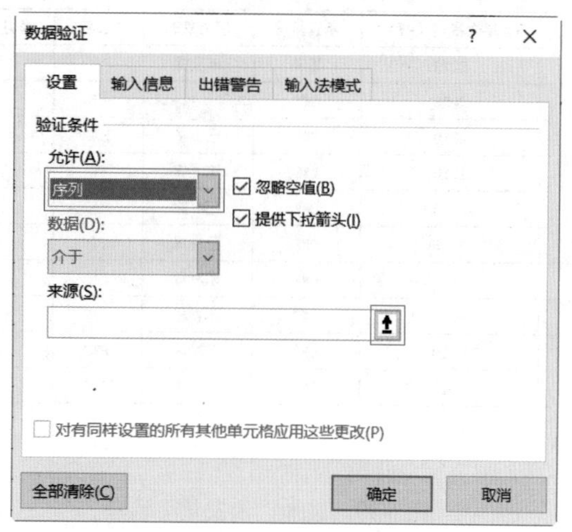

图 6-97　设置允许条件

07 选择 M5:M16 单元格区域，如图 6-98 左图所示，然后按 Enter 键，可将数据快速输入“来源”文本框中，如图 6-98 右图所示，单击“确定”按钮。

图 6-98　选择数据来源

08 返回工作表中，单击 M3 单元格右侧的下拉按钮，在弹出的下拉列表中选择“未发货”选项，如图 6-99 所示，即可将所选数据项快速输入单元格中。

09 选择 A3:A12 单元格区域，选择“数据”选项卡，在“数据工具”组中单击“数据验证”下拉按钮，选择“数据验证”命令，打开“数据验证”对话框，选择“设置”选项卡，单击“允许”下拉按钮，选择“自定义”选项，然后在“公式”文本框中输入“=COUNTIF(A:A,A3)=1”，然后单击“确定”按钮，如图 6-100 所示，限制重复数据输入的单元格区域。

海运港杂费用（RMB）	承运船司	发货状态	品名	备注
2278	泛洋	未发货	PVC	
2056	ONE	已发货 未发货	PP	
2310	EMC	已发货	PVC	
2310	EMC	未发货	PE	
2056	ONE	已发货	PVC	
2056	ONE	已发货	PP	
2056	ONE	未发货	PVC	
2310	EMC	未发货	PVC	
2310	EMC	未发货	PVC	
2310	EMC	未发货	PVC	

图 6-99　选择“未发货”选项

图 6-100　输入唯一值的公式

10 返回工作表中，在 A4 单元格中输入单号，若输入的单号在之前已录入，将弹出 Microsoft Excel 提示对话框提示输入值非法，如图 6-101 所示。

JXKS20220001

客户订单管理登记表

单号	订单日期	客户名称	目的港口	发货日期	预计到港日期	数量（吨）	单价(RMB)	合计金额(RMB)
JXKS20220001				/5/25	2022/6/5	28	1100	30800
JXKS20220001				/5/23	2022/6/10	26.5	1100	26500
JXKS20220003				/5/23	2022/6/11	28	1100	30800
JXKS20220004				/5/30	2022/6/15	24.3	1100	24300
JXKS20220005	2022/5/21	某公司5	德班	2022/5/29	2022/6/25	28	1100	30800
JXKS20220006	2022/5/24	某公司6	那瓦舍瓦	2022/6/2	2022/6/20	26.5	1100	26500
JXKS20220007	2022/5/26	某公司7	德班	2022/6/7	2022/6/16	28	1100	30800
JXKS20220008	2022/5/27	某公司8	蒙德拉	2022/6/14	2022/7/1	28	1100	30800
JXKS20220009	2022/6/1	某公司9	穆卡拉	2022/6/10	2022/6/28	28	1100	30800
JXKS20220010	2022/6/3	某公司10	蒙德拉	2022/6/12	2022/6/30	28	1100	30800

Microsoft Excel
此值与此单元格定义的数据验证限制不匹配。
重试(R)　取消　帮助(H)

图 6-101　Microsoft Excel 提示对话框

6.4.4　数字格式设置

01 在 O3 单元格中输入 14 位数字，按 Enter 键，此时单元格中的文本内容无法显示。选择 O3:O12 单元格数据，选择“开始”选项卡，在“数字”组中单击“数字格式”下拉按钮，在弹出的下拉列表中选择“文本”选项，如图 6-102 所示，将单元格的数字格式更改为文本格式。

02 此时，单元格中的文本显示结果如图 6-103 所示。

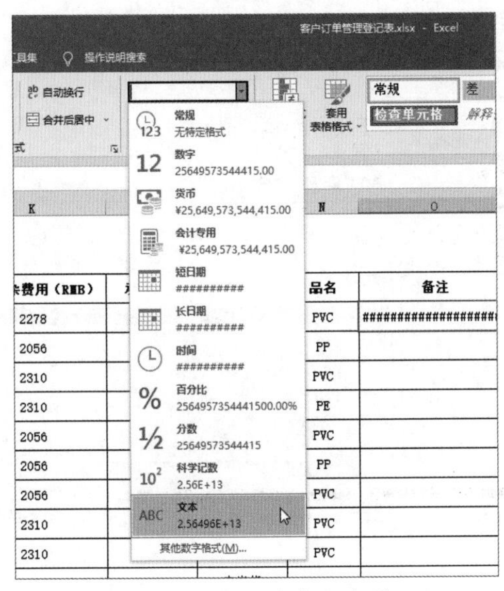

图 6-102　选择“文本”选项

图 6-103　数字文本显示结果

03 选择 B3:B12 和 E3:F12 单元格区域，右击并从弹出的快捷菜单中选择“设置单元格格式”命令，如图 6-104 所示。

04 打开“设置单元格格式”对话框，选择“数字”选项卡，在“分类”列表框中选择“日期”选项，在“类型”列表框中选择“2012 年 3 月 14 日”选项，然后单击“确定”按钮，如图 6-105 所示。

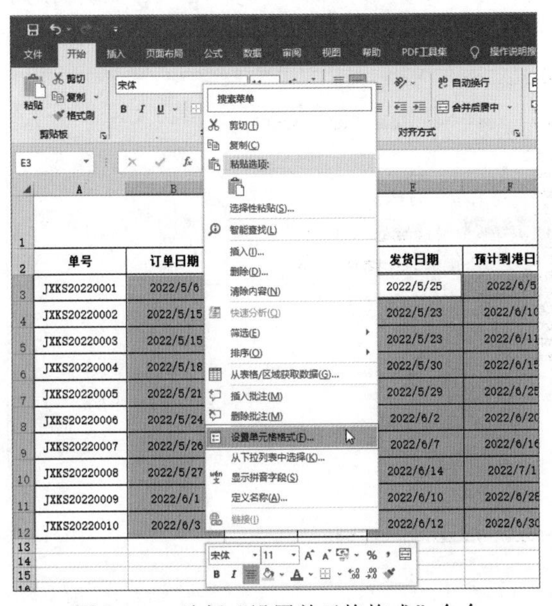

图 6-104　选择“设置单元格格式”命令

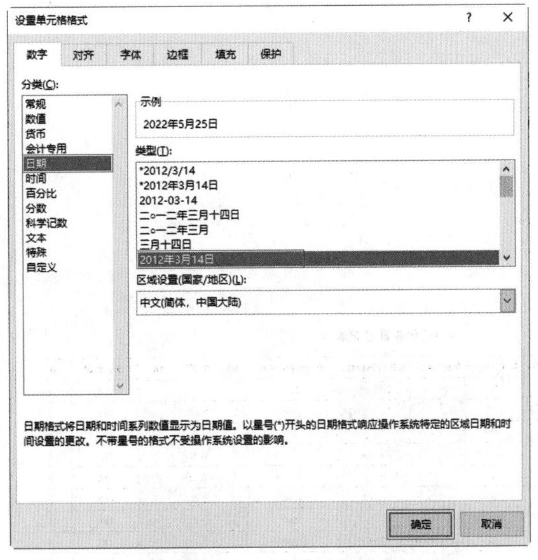

图 6-105　设置日期格式

05 返回工作表中，此时所选单元格中的日期显示结果如图 6-106 所示。

06 选择 H3:I12 和 K3:K12 单元格区域，打开“设置单元格格式”对话框，在“分类”列表框中选择“数值”选项，选中“使用千位分隔符 (,)”复选框，然后单击“确定”按钮，如图 6-107 所示。

单号	订单日期	客户名称	目的港口	发货日期	预计到港日期	数量（吨）
JXKS20220001	2022年5月6日	某公司1	林查班	2022年5月25日	2022年6月5日	28
JXKS20220002	2022年5月15日	某公司2	那瓦舍瓦	2022年5月23日	2022年6月10日	26.5
JXKS20220003	2022年5月15日	某公司3	蒙德拉	2022年5月23日	2022年6月11日	28
JXKS20220004	2022年5月18日	某公司4	仰光	2022年5月30日	2022年6月15日	24.3
JXKS20220005	2022年5月21日	某公司5	德班	2022年5月29日	2022年6月25日	28
JXKS20220006	2022年5月24日	某公司6	那瓦舍瓦	2022年6月2日	2022年6月20日	26.5
JXKS20220007	2022年5月26日	某公司7	德班	2022年6月7日	2022年6月16日	28
JXKS20220008	2022年5月27日	某公司8	蒙德拉	2022年6月14日	2022年7月1日	28
JXKS20220009	2022年6月1日	某公司9	穆卡拉	2022年6月10日	2022年6月28日	28
JXKS20220010	2022年6月3日	某公司10	蒙德拉	2022年6月12日	2022年6月30日	28

图 6-106　日期显示结果

图 6-107　设置数值格式

07 返回工作表中，此时所选单元格中的数值格式显示结果如图 6-108 所示。

08 选择 H3:I12 和 K3:K12 单元格区域，右击并从弹出的快捷菜单中选择“设置单元格格式”命令，打开“设置单元格格式”对话框，在“分类”列表框中选择“会计专用”选项，设置“小数位数”微调框数值为“0”，单击“货币符号 (国家 / 地区)”下拉按钮，选择合适的符号，然后单击“确定”按钮，如图 6-109 所示。

客户订单管理登记表

数量（吨）	单价(RMB)	合计金额(RMB)	海运金额(USD)	海运港杂费用（RMB）	承运船司
28	1,100	30,800	225	2,278	泛洋
26.5	1,100	26,500	950	2,056	ONE
28	1,100	30,800	1100	2,310	EMC
24.3	1,100	24,300	650	2,310	EMC
28	1,100	30,800	3500	2,056	ONE
26.5	1,100	26,500	1000	2,056	ONE
28	1,100	30,800	3500	2,056	ONE
28	1,100	30,800	1100	2,310	EMC
28	1,100	30,800	1350	2,310	EMC
28	1,100	30,800	1100	2,310	EMC

图 6-108　数值格式显示结果

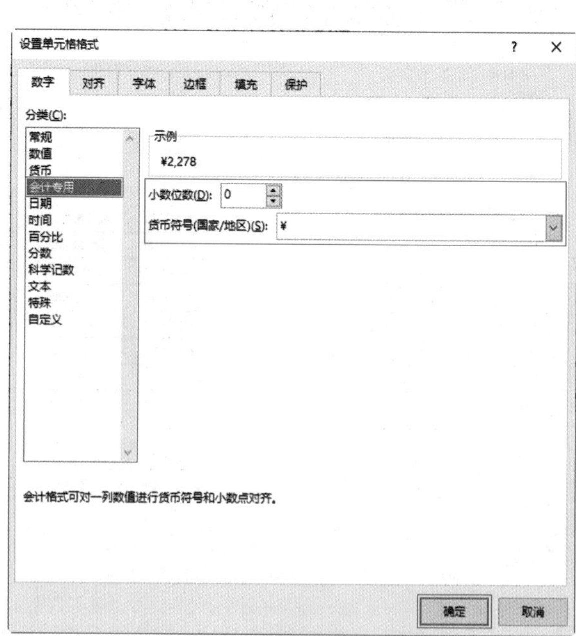

图 6-109　设置会计专用格式

09 返回工作表中，此时所选单元格中的会计专用格式显示结果如图 6-110 所示。

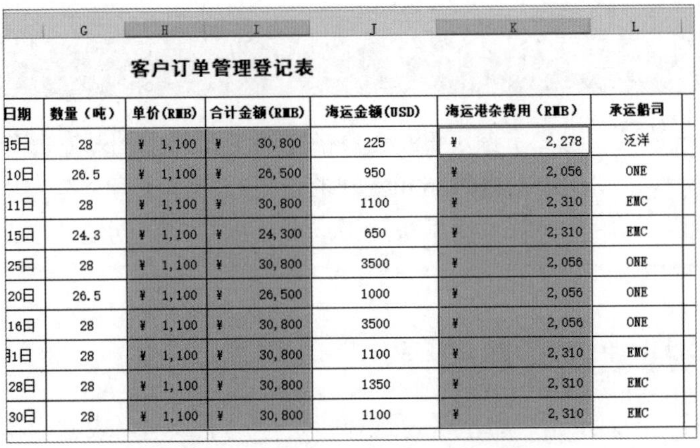

G	H	I	J	K	L
客户订单管理登记表					

日期	数量（吨）	单价(RMB)	合计金额(RMB)	海运金额(USD)	海运港杂费用（RMB）	承运船司
5日	28	¥ 1,100	¥ 30,800	225	¥ 2,278	泛洋
10日	26.5	¥ 1,100	¥ 26,500	950	¥ 2,056	ONE
11日	28	¥ 1,100	¥ 30,800	1100	¥ 2,310	EMC
15日	24.3	¥ 1,100	¥ 24,300	650	¥ 2,310	EMC
25日	28	¥ 1,100	¥ 30,800	3500	¥ 2,056	ONE
20日	26.5	¥ 1,100	¥ 26,500	1000	¥ 2,056	ONE
16日	28	¥ 1,100	¥ 30,800	3500	¥ 2,056	ONE
1日	28	¥ 1,100	¥ 30,800	1100	¥ 2,310	EMC
28日	28	¥ 1,100	¥ 30,800	1350	¥ 2,310	EMC
30日	28	¥ 1,100	¥ 30,800	1100	¥ 2,310	EMC

图 6-110　会计专用格式显示结果

6.4.5　为工作表添加背景

01 选择“页面布局”选项卡，在“页面设置”组中单击“背景”按钮，如图 6-111 所示。

02 打开“插入图片”对话框，选择“从文件”选项，如图 6-112 所示。

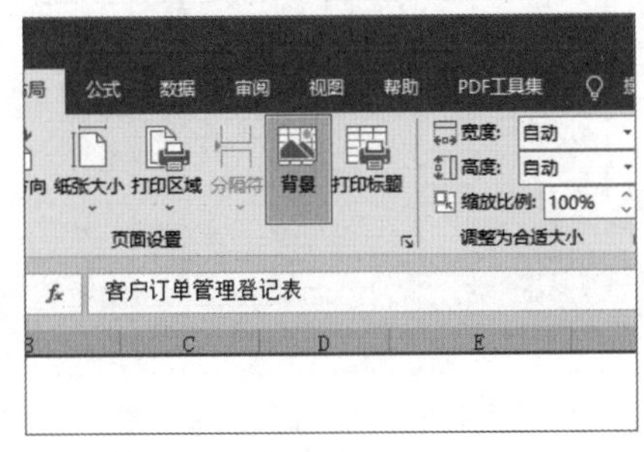

图 6-111　单击“背景”按钮

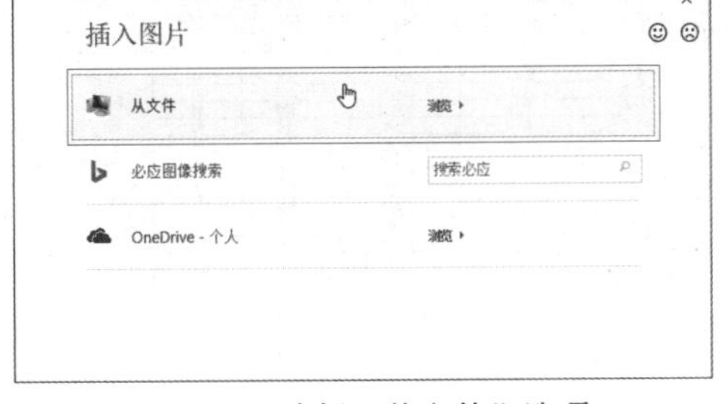

图 6-112　选择“从文件”选项

03 打开“工作表背景”对话框，选择“背景.jpg”图片文件，然后单击“插入”按钮，如图 6-113 所示。

04 此时，当前工作表以选定的图片填充，效果如图 6-114 所示。

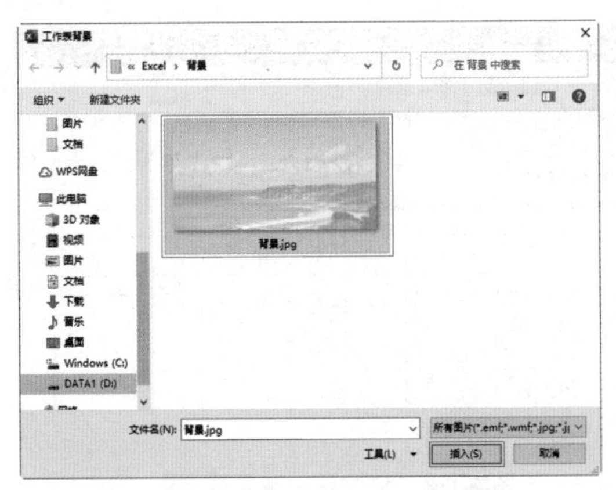

图 6-113　“工作表背景”对话框

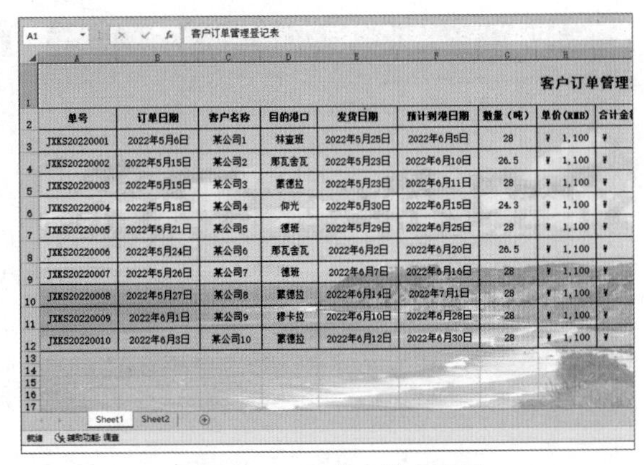

图 6-114　工作表填充效果

6.5 Excel 表格技巧

通过以上案例的学习，用户掌握了 Excel 表格文档中工作表的基本操作、单元格的基本操作、工作簿的基本操作，以及单元格数据和格式的设置技巧，还有一些实用技巧在实际操作中会经常使用到。下面将为用户讲解“使用快捷键选择连续行”“创建共享工作簿”和“格式化数据”技巧。

6.5.1 使用快捷键选择连续行

在 Excel 工作表中，如果用户希望快速选择指定行之上或之后表格数据所在连续行，可以先选择指定行，如选择第 12 行的行号，然后按 Ctrl+Shift+↑快捷键选择指定行到首行的所有连续行，如图 6-115 所示，或者按 Ctrl+Shift+↓快捷键选择指定行到末行的所有连续行，如图 6-116 所示。

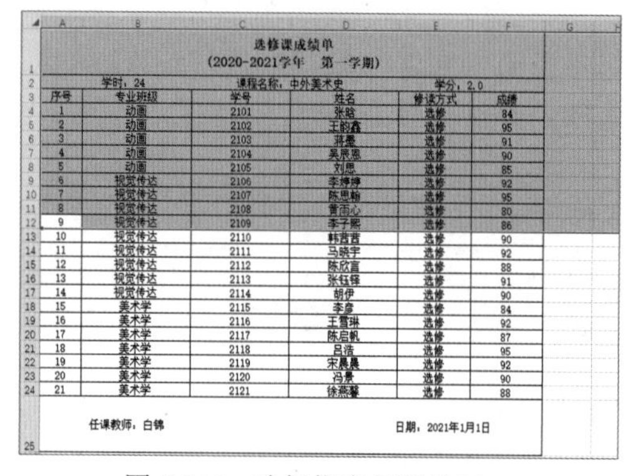

选修课成绩单
（2020-2021学年　第一学期）

学时：24		课程名称：中外美术史		学分：2.0	
序号	专业班级	学号	姓名	修读方式	成绩
1	动画	2101	张晗	选修	84
2	动画	2102	王韵鑫	选修	95
3	动画	2103	蒋墨	选修	91
4	动画	2104	吴宸恩	选修	90
5	动画	2105	刘思	选修	85
6	视觉传达	2106	李婷婷	选修	92
7	视觉传达	2107	陈思翰	选修	95
8	视觉传达	2108	黄雨心	选修	80
9	视觉传达	2109	李子熙	选修	86
10	视觉传达	2110	韩茜茜	选修	90
11	视觉传达	2111	马晓宇	选修	92
12	视觉传达	2112	陈欣言	选修	88
13	视觉传达	2113	张钰铎	选修	91
14	视觉传达	2114	胡伊	选修	90
15	美术学	2115	李彦	选修	84
16	美术学	2116	王雪琳	选修	92
17	美术学	2117	陈启帆	选修	87
18	美术学	2118	吕浩	选修	95
19	美术学	2119	宋晨晨	选修	92
20	美术学	2120	冯景	选修	90
21	美术学	2121	徐燕馨	选修	88

任课教师：白锦　　日期：2021年1月1日

图 6-115　选择指定行到首行

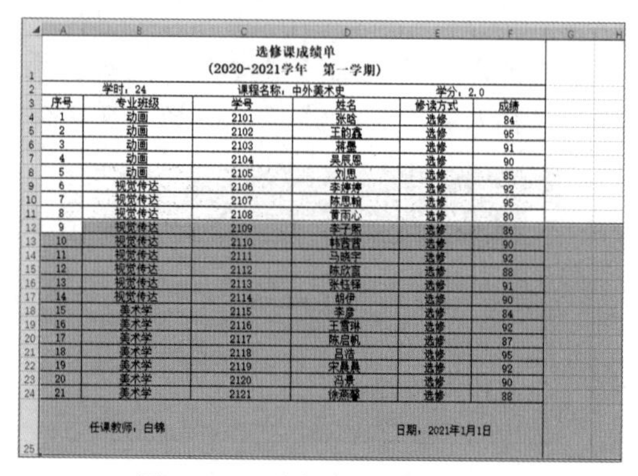

选修课成绩单
（2020-2021学年　第一学期）

学时：24		课程名称：中外美术史		学分：2.0	
序号	专业班级	学号	姓名	修读方式	成绩
1	动画	2101	张晗	选修	84
2	动画	2102	王韵鑫	选修	95
3	动画	2103	蒋墨	选修	91
4	动画	2104	吴宸恩	选修	90
5	动画	2105	刘思	选修	85
6	视觉传达	2106	李婷婷	选修	92
7	视觉传达	2107	陈思翰	选修	95
8	视觉传达	2108	黄雨心	选修	80
9	视觉传达	2109	李子熙	选修	86
10	视觉传达	2110	韩茜茜	选修	90
11	视觉传达	2111	马晓宇	选修	92
12	视觉传达	2112	陈欣言	选修	88
13	视觉传达	2113	张钰铎	选修	91
14	视觉传达	2114	胡伊	选修	90
15	美术学	2115	李彦	选修	84
16	美术学	2116	王雪琳	选修	92
17	美术学	2117	陈启帆	选修	87
18	美术学	2118	吕浩	选修	95
19	美术学	2119	宋晨晨	选修	92
20	美术学	2120	冯景	选修	90
21	美术学	2121	徐燕馨	选修	88

任课教师：白锦　　日期：2021年1月1日

图 6-116　选择指定行到末行

当工作表中的数据区域过大时，通过移动光标或滚动条来定位到区域的边缘单元格不太方便。此时，可以选择数据区域中的某个数据单元格，按 Ctrl 键和方向键来快速定位数据区域的边缘单元格。如选择 A2 单元格，如图 6-117 所示，然后按 Ctrl+ →快捷键可定位数据区域中该单元格所在行最右侧的单元格，如图 6-118 所示。

图 6-117　选择单元格

图 6-118　定位最右侧的单元格

6.5.2　创建共享工作簿

Excel 提供了共享工作簿功能，网络上的其他用户可以一起在工作簿中编辑数据，实现多人协助办公，编辑过程中共享工作簿中的信息将实时同步更新，有效地提高了工作效率。

启动 Excel 2019，选择“文件”选项卡，然后选择“选项”选项，如图 6-119 所示，打开“Excel 选项”对话框，选择“自定义功能区”选项卡，选择“审阅”选项，然后单击“新建组”按钮，如图 6-120 所示。

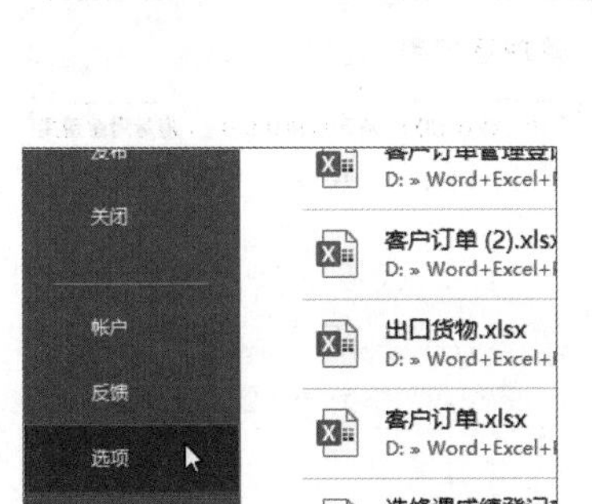

图 6-119　选择“选项”选项

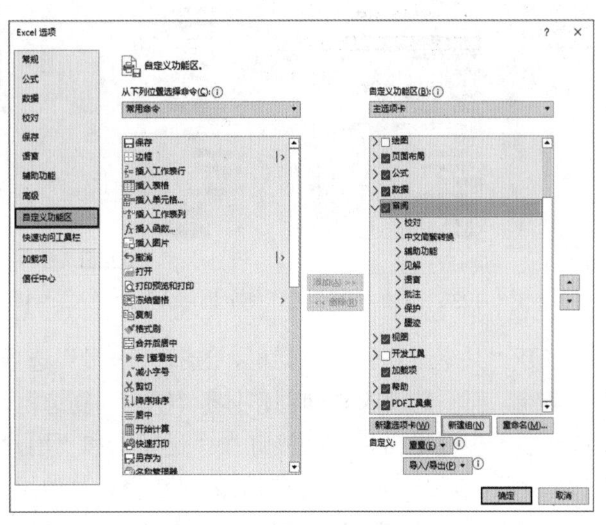

图 6-120　“Excel 选项”对话框

即可在“审阅”选项卡中新建一个“新建组 (自定义)”组，右击并从弹出的快捷菜单中选择“重命名”命令，如图 6-121 所示。

打开“重命名”对话框，在“显示名称”文本框中输入“共享”，然后单击“确定”按钮，如图 6-122 所示。

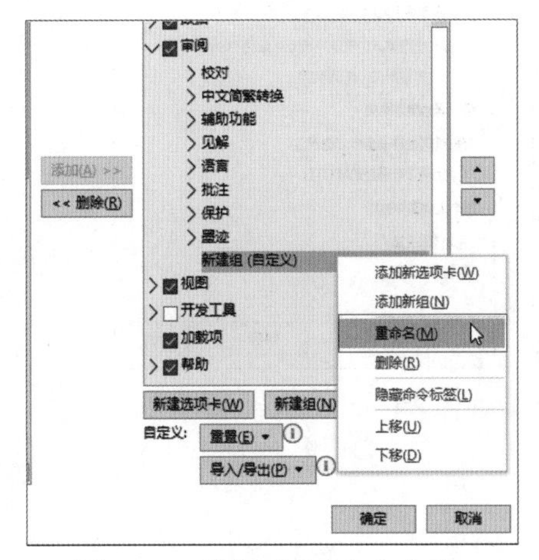

图 6-121　选择“重命名”命令

图 6-122　“重命名”对话框

返回“Excel 选项”对话框，单击“从下列位置选择命令”下拉按钮，选择“不在功能区中的命令”选项，在下方的列表框中选择“共享工作簿 (旧版)”按钮，然后单击“添加”按钮，再单击“确定”按钮，如图 6-123 所示。

选择“审阅”选项卡，在“共享”组中单击“共享工作簿 (旧版)”按钮，如图 6-124 所示。

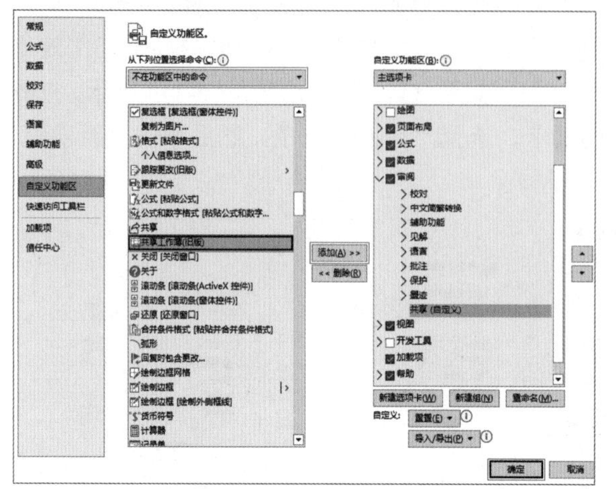

图 6-123　添加“共享工作簿 (旧版)”命令

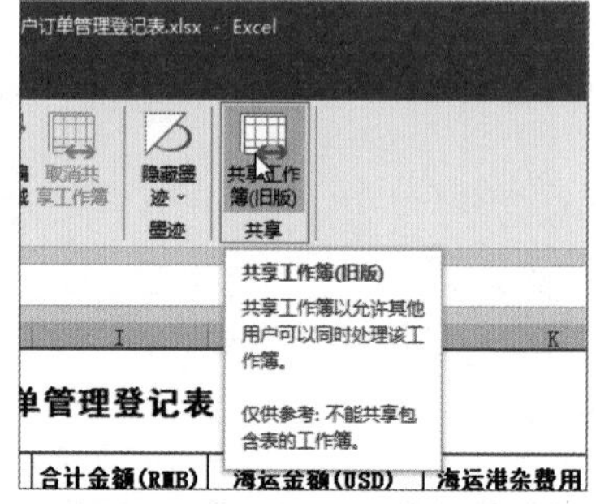

图 6-124　单击“共享工作簿 (旧版)”按钮

此时打开“共享工作簿”对话框，选择“编辑”选项卡，在该选项卡中选中“使用旧的共享工作簿功能，而不是新的共同创作体验 (U)。”复选框，如图 6-125 所示。打开“高级”选项卡，在该选项卡中根据需要对“修订”“更新”和“用户间的修订冲突”等设置项进行设置，如图 6-126 所示。单击“确定”按钮关闭对话框，其他用户就可以和作者一起共享该工作簿了。

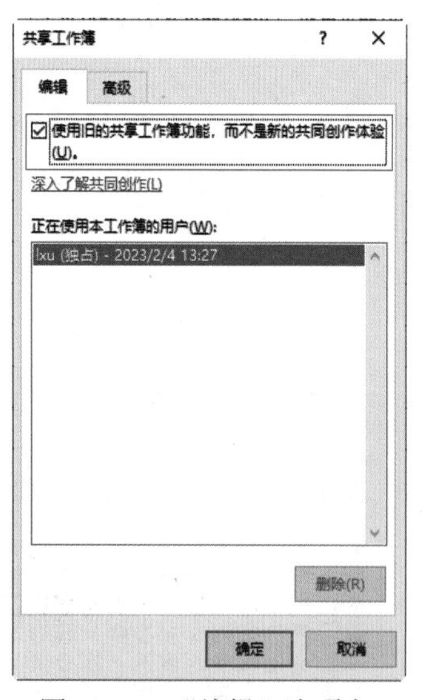

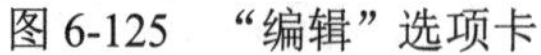

图 6-125　“编辑”选项卡

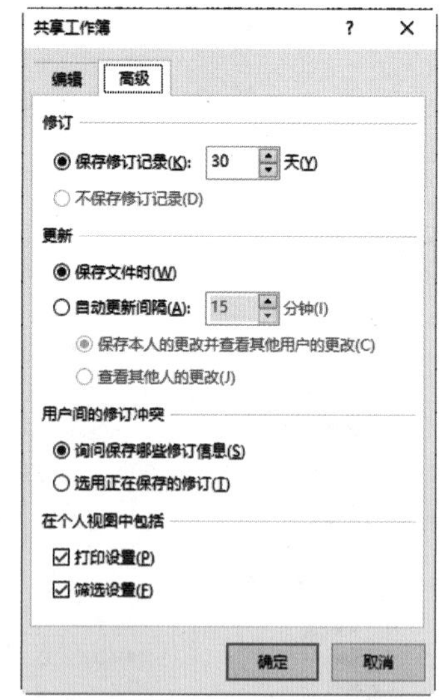

图 6-126　“高级”选项卡

6.5.3　格式化数据

设置单元格中数据的格式不仅包括对数字字体、大小和颜色等的设置，还包括对数据类型的设置，使其符合专业文档的要求。Excel 的数据数据有数值、文本、货币、日期和时间等类型。用户可以通过“设置单元格格式”对话框中提供的格式进行设置，还可以自定义数据格式来简

化日常工作。

启动 Excel 2019，打开“客户订单管理登记表.xlsx”工作簿，选择 H3:I12 和 K3:K12 单元格区域，右击并从弹出的快捷菜单中选择“设置单元格格式”命令，如图 6-127 所示。

此时打开“设置单元格格式”对话框，选择“数字”选项卡，在“分类”列表框中选择“特殊”选项，在“类型”列表框中选择“中文大写数字”选项，然后单击“确定”按钮，如图 6-128 所示。

图 6-127　选择“设置单元格格式”命令

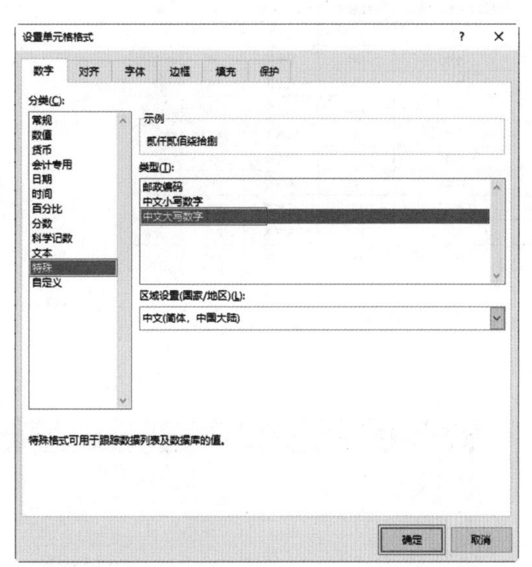

图 6-128　选择“中文大写数字”选项

此时 Excel 会自动把阿拉伯数字转换为中文大写数字，如图 6-129 所示，帮助用户减少工作量，避免在制作和财务相关的类似数据时，一个个输入中文大写数字时出错。

客户订单管理登记表

订单日期	客户名称	目的港口	发货日期	预计到港日期	数量（吨）	单价(RMB)	合计金额(RMB)	海运金额(USD)	海运港杂费用（RMB）	承运船司	发货状态	品名	备注
2022/5/6	某公司1	林查班	2022/5/25	2022/6/5	28	壹仟壹佰	叁万零捌佰	225	贰仟贰佰柒拾捌	泛洋	已发货	PVC	
2022/5/15	某公司2	那瓦舍瓦	2022/5/23	2022/6/10	26.5	壹仟壹佰	贰万陆仟伍佰	950	贰仟零伍拾陆	ONE	已发货	PP	
2022/5/15	某公司3	蒙德拉	2022/5/23	2022/6/11	28	壹仟壹佰	叁万零捌佰	1100	贰仟叁佰壹拾	EMC	已发货	PVC	
2022/5/18	某公司4	仰光	2022/5/30	2022/6/15	24.3	壹仟壹佰	贰万肆仟叁佰	650	贰仟叁佰壹拾	EMC	未发货	PE	
2022/5/21	某公司5	德班	2022/5/29	2022/6/25	28	壹仟壹佰	叁万零捌佰	3500	贰仟零伍拾陆	ONE	已发货	PVC	
2022/5/24	某公司6	那瓦舍瓦	2022/6/2	2022/6/20	26.5	壹仟壹佰	贰万陆仟伍佰	1000	贰仟零伍拾陆	ONE	已发货	PP	
2022/5/26	某公司7	德班	2022/6/7	2022/6/16	28	壹仟壹佰	叁万零捌佰	3500	贰仟零伍拾陆	ONE	未发货	PVC	
2022/5/27	某公司8	蒙德拉	2022/6/14	2022/7/1	28	壹仟壹佰	叁万零捌佰	1100	贰仟叁佰壹拾	EMC	未发货	PVC	
2022/6/1	某公司9	穆卡拉	2022/6/10	2022/6/28	28	壹仟壹佰	叁万零捌佰	1350	贰仟叁佰壹拾	EMC	未发货	PVC	
2022/6/3	某公司10	蒙德拉	2022/6/12	2022/6/30	28	壹仟壹佰	叁万零捌佰	1100	贰仟叁佰壹拾	EMC	未发货	PVC	

图 6-129　将阿拉伯数字转换为中文大写数字

选择 O3:O12 单元格区域，如图 6-130 所示，按照前面的方法打开“设置单元格格式”对话框，在“分类”列表框中选择“自定义”选项，在“类型”文本框中输入 [=0]" 否 ";[=1]" 是 "，然后单击“确定”按钮，如图 6-131 所示。

海运港杂费用（RMB）	承运船司	发货状态	品名	备注
2278	泛洋	已发货	PVC	1
2056	ONE	已发货	PP	0
2310	EMC	已发货	PVC	0
2310	EMC	未发货	PE	0
2056	ONE	已发货	PVC	1
2056	ONE	已发货	PP	1
2056	ONE	未发货	PVC	1
2310	EMC	未发货	PVC	0
2310	EMC	未发货	PVC	1
2310	EMC	未发货	PVC	1

图 6-130　选择单元格区域

图 6-131　“设置单元格格式”对话框

设置完成后，按 Enter 键，此时单元格区域内的数据显示结果如图 6-132 所示。

客户订单管理登记表

订单日期	客户名称	目的港口	发货日期	预计到港日期	数量（吨）	单价(RMB)	合计金额(RMB)	海运金额(USD)	海运港杂费用（RMB）	承运船司	发货状态	品名	备注
2022/5/6	某公司1	林查班	2022/5/25	2022/6/5	28	1100	30800	225	2278	泛洋	已发货	PVC	是
2022/5/15	某公司2	那瓦舍瓦	2022/5/23	2022/6/10	26.5	1100	26500	950	2056	ONE	已发货	PP	否
2022/5/15	某公司3	蒙德拉	2022/5/23	2022/6/11	28	1100	30800	1100	2310	EMC	已发货	PVC	否
2022/5/18	某公司4	仰光	2022/5/30	2022/6/15	24.3	1100	24300	650	2310	EMC	未发货	PE	否
2022/5/21	某公司5	德班	2022/5/29	2022/6/25	28	1100	30800	3500	2056	ONE	已发货	PVC	是
2022/5/24	某公司6	那瓦舍瓦	2022/6/2	2022/6/20	26.5	1100	26500	1000	2056	ONE	已发货	PP	是
2022/5/26	某公司7	德班	2022/6/7	2022/6/16	28	1100	30800	3500	2056	ONE	未发货	PVC	是
2022/5/27	某公司8	蒙德拉	2022/6/14	2022/7/1	28	1100	30800	1100	2310	EMC	未发货	PVC	否
2022/6/1	某公司9	穆卡拉	2022/6/10	2022/6/28	28	1100	30800	1350	2310	EMC	未发货	PVC	是
2022/6/3	某公司10	蒙德拉	2022/6/12	2022/6/30	28	1100	30800	1100	2310	EMC	未发货	PVC	是

图 6-132　数据显示结果

第 7 章
Excel 表格数据的计算

| 本章导读 |

Excel 作为常用的办公软件之一，不仅可以用于制作表格，还能够对数据进行计算。Excel 的计算功能十分强大，有两种计算方式，一种是公式计算，另一种是函数计算。Excel 除了可以使用自定义常规公式实现各种计算之外，还可以利用内置的函数对数据进行复杂的计算，基本满足了各行各业中的计算要求。本章将通过“公司团建费用明细表”和“商业贷款还款明细表”两个实例向用户介绍如何在 Excel 中使用计算功能解决日常办公中大部分的常规计算。

7.1 使用公式计算公司团建费用明细

用户可以使用公式在 Excel 工作表中进行计算和编辑，包括使用公式计算数据、单元格的引用方式、在公式中使用名称、编辑与复制公式和审核公式等操作。本节将主要讲解如何运用公式制作公司团建费用明细表，下面将通过实例讲解如何使用公式计算各部门费用，如图 7-1 所示，以及计算采购费用工作表中的数据，如图 7-2 所示。

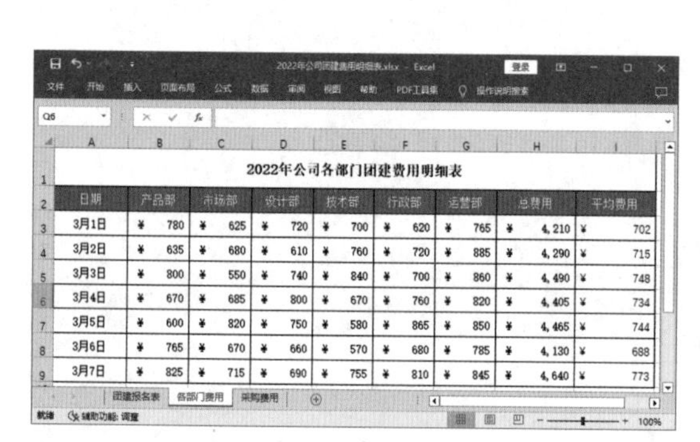

2022年公司各部门团建费用明细表

日期	产品部	市场部	设计部	技术部	行政部	运营部	总费用	平均费用
3月1日	¥ 780	¥ 625	¥ 720	¥ 700	¥ 620	¥ 765	¥ 4,210	¥ 702
3月2日	¥ 635	¥ 680	¥ 610	¥ 760	¥ 720	¥ 885	¥ 4,290	¥ 715
3月3日	¥ 800	¥ 550	¥ 740	¥ 840	¥ 700	¥ 860	¥ 4,490	¥ 748
3月4日	¥ 670	¥ 685	¥ 800	¥ 670	¥ 760	¥ 820	¥ 4,405	¥ 734
3月5日	¥ 600	¥ 820	¥ 750	¥ 580	¥ 865	¥ 850	¥ 4,465	¥ 744
3月6日	¥ 765	¥ 670	¥ 660	¥ 570	¥ 680	¥ 785	¥ 4,130	¥ 688
3月7日	¥ 825	¥ 715	¥ 690	¥ 755	¥ 810	¥ 845	¥ 4,640	¥ 773

图 7-1　各部门费用工作表

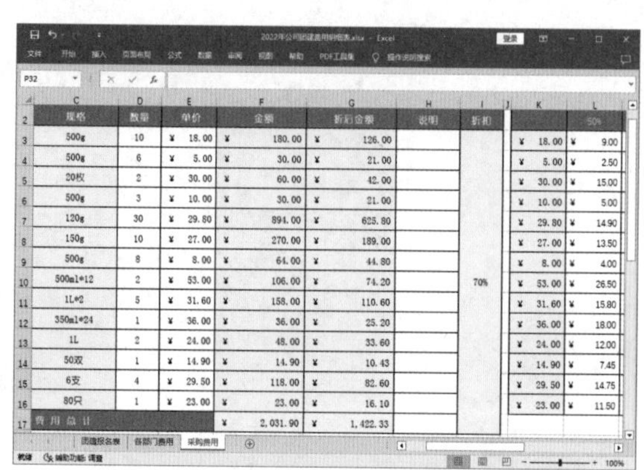

规格	数量	单价	金额	折后金额	说明	折扣		50%
500g	10	¥ 18.00	¥ 180.00	¥ 126.00			¥ 18.00	¥ 9.00
500g	6	¥ 5.00	¥ 30.00	¥ 21.00			¥ 5.00	¥ 2.50
20枚	2	¥ 30.00	¥ 60.00	¥ 42.00			¥ 30.00	¥ 15.00
500g	3	¥ 10.00	¥ 30.00	¥ 21.00			¥ 10.00	¥ 5.00
120g	30	¥ 29.80	¥ 894.00	¥ 625.80			¥ 29.80	¥ 14.90
150g	10	¥ 27.00	¥ 270.00	¥ 189.00			¥ 27.00	¥ 13.50
500g	8	¥ 8.00	¥ 64.00	¥ 44.80			¥ 8.00	¥ 4.00
500ml*12	2	¥ 53.00	¥ 106.00	¥ 74.20		70%	¥ 53.00	¥ 26.50
1L*2	5	¥ 31.60	¥ 158.00	¥ 110.60			¥ 31.60	¥ 15.80
350ml*24	1	¥ 36.00	¥ 36.00	¥ 25.20			¥ 36.00	¥ 18.00
1L	2	¥ 24.00	¥ 48.00	¥ 33.60			¥ 24.00	¥ 12.00
50双	1	¥ 14.90	¥ 14.90	¥ 10.43			¥ 14.90	¥ 7.45
6支	4	¥ 29.50	¥ 118.00	¥ 82.60			¥ 29.50	¥ 14.75
80只	1	¥ 23.00	¥ 23.00	¥ 16.10			¥ 23.00	¥ 11.50
费用总计			¥ 2,031.90	¥ 1,422.33				

图 7-2　采购费用工作表

7.1.1　使用公式计算数据

在 Excel 中想要获得计算结果，需要先输入公式。一般从输入运算符“=”开始，其内部包含了运算符、单元格引用、值或常量、相关参数及括号等。在公式中，运算符将引用单元格中的数值进行运算，或将文本数值经过加减乘除后转换为数字。运算符一般包括算术运算符、比较运算符、连接运算符和引用运算符。

01 启动 Excel 2019，打开“2022 年公司团建费用明细表.xlsx”工作簿，选择“各部门费用”工作表，选择 H3 单元格并输入运算符“=”，然后选择 B3 单元格，再按“+”符号，依次选择 B3:F3 单元格区域的数据，公式显示结果如图 7-3 所示。

02 输入计算公式后，按 Enter 键，总费用计算结果如图 7-4 所示。

=B3+C3+D3+E3+F3+G3

2022年公司各部门团建费用明细表

日期	产品部	市场部	设计部	技术部	行政部	运营部	总费用	平均费用
3月1日	780	625	720	700	620	765	=B3+C3+D3+E3+F3+G3	
3月2日	635	680	610	760	720	885		
3月3日	800	550	740	840	700	860		
3月4日	670	685	800	670	760	820		
3月5日	600	820	750	580	865	850		
3月6日	765	670	660	570	680	785		
3月7日	825	715	690	755	810	845		

图 7-3　公式显示结果

司各部门团建费用明细表

技术部	行政部	运营部	总费用	平均费用
700	620	765	4210	
760	720	885		
840	700	860		
670	760	820		
580	865	850		
570	680	785		
755	810	845		

图 7-4　总费用计算结果

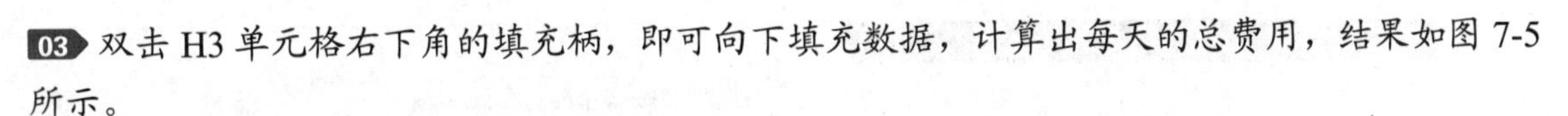

03 双击 H3 单元格右下角的填充柄，即可向下填充数据，计算出每天的总费用，结果如图 7-5 所示。

04 选择 I3 单元格，输入“=H3/6”，如图 7-6 所示。

=B3+C3+D3+E3+F3+G3

2022年公司各部门团建费用明细表

设计部	技术部	行政部	运营部	总费用	平均费用
720	700	620	765	4210	
610	760	720	885	4290	
740	840	700	860	4490	
800	670	760	820	4405	
750	580	865	850	4465	
660	570	680	785	4130	
690	755	810	845	4640	

图 7-5　计算出每天的总费用

=H3/6

2022年公司各部门团建费用明细表

场部	设计部	技术部	行政部	运营部	总费用	平均费用
25	720	700	620	765	4210	=H3/6
80	610	760	720	885	4290	
50	740	840	700	860	4490	
85	800	670	760	820	4405	
20	750	580	865	850	4465	
70	660	570	680	785	4130	
15	690	755	810	845	4640	

图 7-6　输入公式

05 输入完成后按 Enter 键，平均费用的计算结果如图 7-7 所示。

06 将光标放置在 I3 单元格右下角的填充柄上，当光标变成十字形时，按住左键并向下拖曳至 I9 单元格，如图 7-8 所示。

07 设置完成后，各部门费用工作簿中的计算最终结果如图 7-1 所示。

=H3/6

2022年公司各部门团建费用明细表

设计部	技术部	行政部	运营部	总费用	平均费用
720	700	620	765	4210	701.7
610	760	720	885	4290	
740	840	700	860	4490	
800	670	760	820	4405	
750	580	865	850	4465	
660	570	680	785	4130	
690	755	810	845	4640	

图 7-7　平均费用计算结果

022年公司各部门团建费用明细表

设计部	技术部	行政部	运营部	总费用	平均费用
720	700	620	765	4210	701.7
610	760	720	885	4290	715.0
740	840	700	860	4490	748.3
800	670	760	820	4405	734.2
750	580	865	850	4465	744.2
660	570	680	785	4130	688.3
690	755	810	845	4640	773.3

图 7-8　计算出每天的平均费用

7.1.2　单元格的引用方式

在 Excel 中有 3 种引用单元格地址的方式，分别是相对引用、绝对引用和混合引用，通过单元格位置所在的行号和列号来指明单元格在工作表中的位置，如 A1、C6 和 F4 等。在 Excel 中引用单元格地址，会自动获取单元格中的数据进行计算。

01 单元格相对引用是数据计算公式中常用的方式，单击“采购费用”工作表标签，在 F3 单元格中输入“=D3*E3”，如图 7-9 所示，计算出金额。

02 公式输入完成后按 Enter 键，双击单元格右下角的填充柄，即可向下填充数据，其余金额计算结果如图 7-10 所示。

E3 | =D3*E3

2022年公司团建活动采购费用明细表

类别	物品名称	规格	数量	单价	金额	说明	折扣
食材	鸡胸肉	500g	10	¥ 18.00	=D3*E3		70%
	土豆	500g	6	¥ 5.00			
	鸡蛋	20枚	2	¥ 30.00			
	西红柿	500g	3	¥ 10.00			
	牛肉片	120g	30	¥ 29.80			
	虾滑	150g	10	¥ 27.00			
	花菜	500g	8	¥ 8.00			
饮料	汽水	500ml*12	2	¥ 53.00			
	果汁	1L*2	5	¥ 31.60			
	饮用水	350ml*24	1	¥ 36.00			
	椰子水1L	1L	2	¥ 24.00			
餐具	一次性竹筷	50双	1	¥ 14.90			
	餐叉	6支	4	¥ 29.50			
	一次性水杯	80只	1	¥ 23.00			

图 7-9　使用相对引用计算金额

=D3*E3

2022年公司团建活动采购费用明细表

物品名称	规格	数量	单价	金额	说明	折扣
鸡胸肉	500g	10	¥ 18.00	¥ 180.00		70%
土豆	500g	6	¥ 5.00	¥ 30.00		
鸡蛋	20枚	2	¥ 30.00	¥ 60.00		
西红柿	500g	3	¥ 10.00	¥ 30.00		
牛肉片	120g	30	¥ 29.80	¥ 894.00		
虾滑	150g	10	¥ 27.00	¥ 270.00		
花菜	500g	8	¥ 8.00	¥ 64.00		
汽水	500ml*12	2	¥ 53.00	¥ 106.00		
果汁	1L*2	5	¥ 31.60	¥ 158.00		
饮用水	350ml*24	1	¥ 36.00	¥ 36.00		
椰子水1L	1L	2	¥ 24.00	¥ 48.00		
一次性竹筷	50双	1	¥ 14.90	¥ 14.90		
餐叉	6支	4	¥ 29.50	¥ 118.00		
一次性水杯	80只	1	¥ 23.00	¥ 23.00		

图 7-10　其余金额计算结果

03 在 F 列后方插入一列，在 G2 单元格中输入文本“折后金额”，并在 G3 单元格中输入“=F3*$I$3”，如图 7-11 所示，或者将光标放置到文本“I3”中间，按 F4 键添加绝对引用符号，这种引用方式即为绝对引用，绝对引用指定的单元格是固定的。

04 按 Enter 键，双击单元格右下角的填充柄，即可向下填充数据，如图 7-12 所示。

2022年公司团建活动采购费用明细表

规格	数量	单价	金额	折后金额	说明	折扣
00g	10	¥ 18.00	¥ 180.00	=F3*$I$3		70%
00g	6	¥ 5.00	¥ 30.00			
0枚	2	¥ 30.00	¥ 60.00			
00g	3	¥ 10.00	¥ 30.00			
20g	30	¥ 29.80	¥ 894.00			
50g	10	¥ 27.00	¥ 270.00			
00g	8	¥ 8.00	¥ 64.00			
ml*12	2	¥ 53.00	¥ 106.00			
L*2	5	¥ 31.60	¥ 158.00			
ml*24	1	¥ 36.00	¥ 36.00			
1L	2	¥ 24.00	¥ 48.00			
0双	1	¥ 14.90	¥ 14.90			
5支	4	¥ 29.50	¥ 118.00			
0只	1	¥ 23.00	¥ 23.00			

图 7-11　使用绝对引用计算金额

2022年公司团建活动采购费用明细表

数量	单价	金额	折后金额	说明	折扣
10	¥ 18.00	¥ 180.00	¥ 126.00		70%
6	¥ 5.00	¥ 30.00	¥ 21.00		
2	¥ 30.00	¥ 60.00	¥ 42.00		
3	¥ 10.00	¥ 30.00	¥ 21.00		
30	¥ 29.80	¥ 894.00	¥ 625.80		
10	¥ 27.00	¥ 270.00	¥ 189.00		
8	¥ 8.00	¥ 64.00	¥ 44.80		
2	¥ 53.00	¥ 106.00	¥ 74.20		
5	¥ 31.60	¥ 158.00	¥ 110.60		
1	¥ 36.00	¥ 36.00	¥ 25.20		
2	¥ 24.00	¥ 48.00	¥ 33.60		
1	¥ 14.90	¥ 14.90	¥ 10.43		
4	¥ 29.50	¥ 118.00	¥ 82.60		
1	¥ 23.00	¥ 23.00	¥ 16.10		

图 7-12　使用填充公式计算其他物品折后金额

05 选择折后金额中的任意数据，会发现公式中引用的 I3 单元格地址不会发生任何变化，一直是引用指定的单元格，如图 7-13 所示。

G4 | =F4*$I$3

2022年公司团建活动采购费用明细表

类别	物品名称	规格	数量	单价	金额	折后金额	说明	折扣
食材	鸡胸肉	500g	10	¥ 18.00	¥ 180.00	¥ 126.00		
	土豆	500g	6	¥ 5.00	¥ 30.00	¥ 21.00		
	鸡蛋	20枚	2	¥ 30.00	¥ 60.00	¥ 42.00		
	西红柿	500g	3	¥ 10.00	¥ 30.00	¥ 21.00		
	牛肉片	120g	30	¥ 29.80	¥ 894.00	¥ 625.80		
	虾滑	150g	10	¥ 27.00	¥ 270.00	¥ 189.00		

图 7-13　单元格地址不会发生变化

06 在L3单元格中输入"=$K3*L$2"，如图7-14所示，这种引用方式即为混合引用，混合引用经常用来解决矩阵数据的计算。

07 按Enter键计算结果，双击L3单元格右下角的填充柄，即可向下填充数据，再将光标放置在L16单元格右下角的填充柄上，当光标变成十字形时，按住左键并向右拖曳至P16单元格，如图7-15所示。

折扣对比

说明	折扣		50%	60%	70%	80%	90%
		¥ 18.00	=$K3*L$2				
		¥ 5.00					
		¥ 30.00					
		¥ 10.00					
		¥ 29.80					
		¥ 27.00					
		¥ 8.00					
	70%	¥ 53.00					
		¥ 31.60					
		¥ 36.00					

图7-14　使用混合引用

折扣对比

折扣		50%	60%	70%	80%	90%
	¥ 18.00	¥ 9.00	¥ 10.80	¥ 12.60	¥ 14.40	¥ 16.20
	¥ 5.00	¥ 2.50	¥ 3.00	¥ 3.50	¥ 4.00	¥ 4.50
	¥ 30.00	¥ 15.00	¥ 18.00	¥ 21.00	¥ 24.00	¥ 27.00
	¥ 10.00	¥ 5.00	¥ 6.00	¥ 7.00	¥ 8.00	¥ 9.00
	¥ 29.80	¥ 14.90	¥ 17.88	¥ 20.86	¥ 23.84	¥ 26.82
	¥ 27.00	¥ 13.50	¥ 16.20	¥ 18.90	¥ 21.60	¥ 24.30
	¥ 8.00	¥ 4.00	¥ 4.80	¥ 5.60	¥ 6.40	¥ 7.20
70%	¥ 53.00	¥ 26.50	¥ 31.80	¥ 37.10	¥ 42.40	¥ 47.70
	¥ 31.60	¥ 15.80	¥ 18.96	¥ 22.12	¥ 25.28	¥ 28.44
	¥ 36.00	¥ 18.00	¥ 21.60	¥ 25.20	¥ 28.80	¥ 32.40
	¥ 24.00	¥ 12.00	¥ 14.40	¥ 16.80	¥ 19.20	¥ 21.60
	¥ 14.90	¥ 7.45	¥ 8.94	¥ 10.43	¥ 11.92	¥ 13.41
	¥ 29.50	¥ 14.75	¥ 17.70	¥ 20.65	¥ 23.60	¥ 26.55
	¥ 23.00	¥ 11.50	¥ 13.80	¥ 16.10	¥ 18.40	¥ 20.70

图7-15　使用填充公式计算其余折扣

7.1.3　在公式中使用名称

有时在工作簿中需要引用大量单元格区域进行计算，不利于后续的阅读、更新、审核或管理。使用名称可以使公式利于理解且便于表格维护，在工作表中可以是对单元格的引用，也可以是一个数值常数或数组，或者是公式。

01 选择A3:A16单元格区域，在名称框中输入"类别"，按Enter键，即可将所选单元格区域命名为"类别"，如图7-16所示。

02 选择F2:F16单元格区域，区域中必须包括字段项目名称的单元格，如图7-17所示，方便之后产品名称的引用。

类别　食材

2022年公司团建活动采购费用

类别	物品名称	规格	数量	单价	金额
	鸡胸肉	500g	10	¥ 18.00	¥
	土豆	500g	6	¥ 5.00	¥
	鸡蛋	20枚	2	¥ 30.00	¥
食材	西红柿	500g	3	¥ 10.00	¥
	牛肉片	120g	30	¥ 29.80	¥
	虾滑	150g	10	¥ 27.00	¥
	花菜	500g	8	¥ 8.00	¥
	汽水	500ml*12	2	¥ 53.00	¥

图7-16　使用名称框定义名称

金额

2022年公司团建活动采购费用明细表

规格	数量	单价	金额	折后金额	说明	折扣
500g	10	¥ 18.00	¥ 180.00	¥ 126.00		
500g	6	¥ 5.00	¥ 30.00	¥ 21.00		
20枚	2	¥ 30.00	¥ 60.00	¥ 42.00		
500g	3	¥ 10.00	¥ 30.00	¥ 21.00		
120g	30	¥ 29.80	¥ 894.00	¥ 625.80		
150g	10	¥ 27.00	¥ 270.00	¥ 189.00		
500g	8	¥ 8.00	¥ 64.00	¥ 44.80		70%
500ml*12	2	¥ 53.00	¥ 106.00	¥ 74.20		
1L*2	5	¥ 31.60	¥ 158.00	¥ 110.60		
350ml*24	1	¥ 36.00	¥ 36.00	¥ 25.20		
1L	2	¥ 24.00	¥ 48.00	¥ 33.60		
50双	1	¥ 14.90	¥ 14.90	¥ 10.43		
6支	4	¥ 29.50	¥ 118.00	¥ 82.60		
80只	1	¥ 23.00	¥ 23.00	¥ 16.10		

图7-17　选择单元格区域

03 选择“公式”选项卡，在“定义的名称”组中单击“根据所选内容创建”按钮，如图 7-18 所示，或者按 Ctrl+Shift+F3 快捷键。

04 打开“根据所选内容创建名称”对话框，在“根据下列内容中的值创建名称”选项组中选中“首行”复选框，然后单击“确定”按钮，如图 7-19 所示。

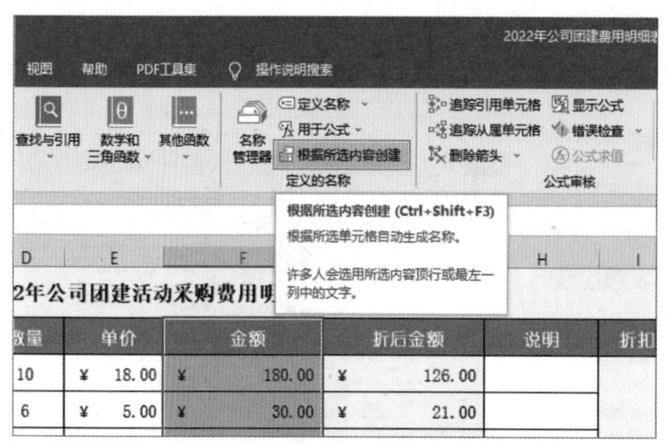

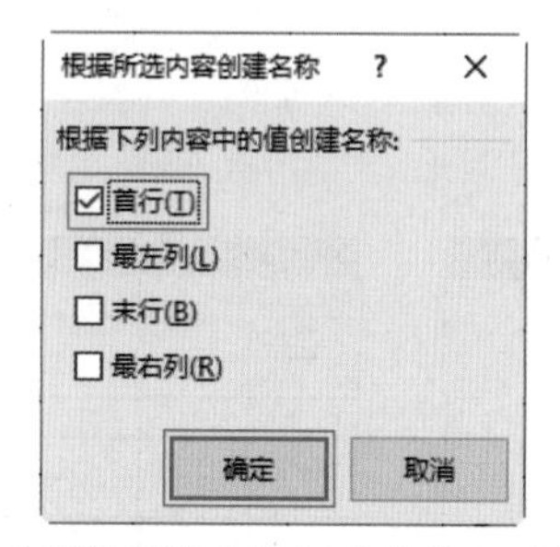

图 7-18　单击“根据所选内容创建”按钮　　图 7-19　“根据所选内容创建名称”对话框

05 此时即可自动将首行单元格值作为单元格区域的名称，选择 F3:F16 单元格区域，此时名称框中显示所选单元格区域的名称，如图 7-20 所示。

06 选择 G3:G16 单元格区域，然后选择“公式”选项卡，在“定义的名称”组中单击“定义名称”下拉按钮，在弹出的下拉列表中选择“定义名称”命令，如图 7-21 所示。

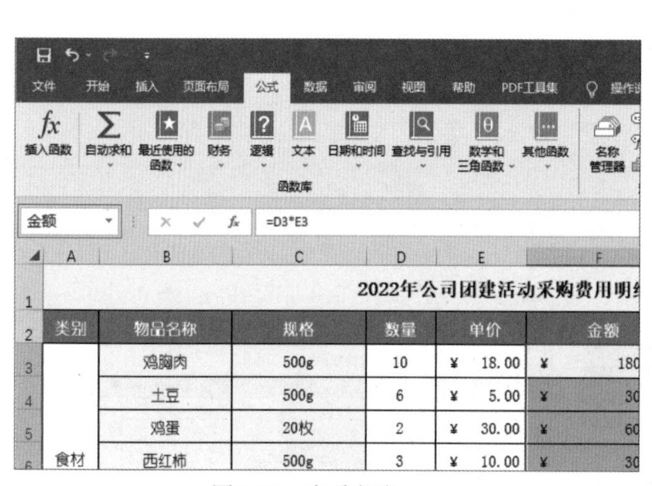

图 7-20　查看名称

图 7-21　选择“定义名称”命令

07 打开“新建名称”对话框，在“名称”文本框中输入“折后金额”，在“范围”下拉列表中选择“工作簿”选项，并在“引用位置”文本框中输入求和公式，设置完成后单击“确定”按钮，如图 7-22 所示，方便后续计算折后金额的总计。

08 在表格的最后插入一行，选择 A17:E17 单元格区域，选择“开始”选项卡，在“对齐方式”组中单击“合并后居中”按钮，然后在 A17 单元格中输入“费用总计”，如图 7-23 所示。

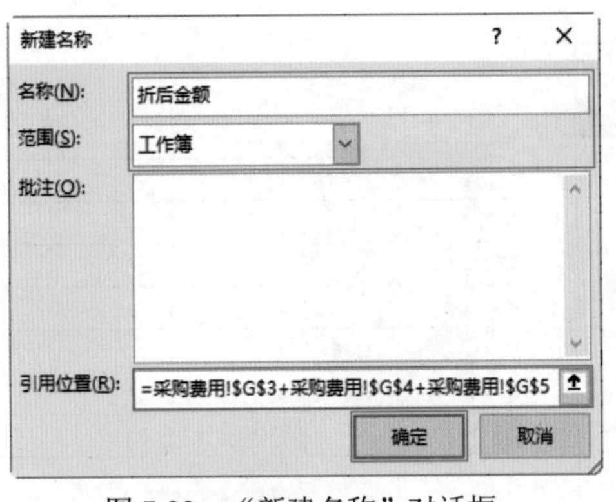

图 7-22 “新建名称”对话框

11	饮料	果汁	1L*2	5	¥ 31.60
12		饮用水	350ml*24	1	¥ 36.00
13		椰子水1L	1L	2	¥ 24.00
14	餐具	一次性竹筷	50双	1	¥ 14.90
15		餐叉	6支	4	¥ 29.50
16		一次性水杯	80只	1	¥ 23.00
17	费 用 总 计				
18					
19					
20					
21					

图 7-23 插入行并输入文字

09 在 G17 单元格输入“=折后金额”，如图 7-24 所示。

10 按 Enter 键，公式被引用，即可得到名称公式计算结果，如图 7-25 所示。

E	F	G	H	I	J
司团建活动采购费用明细表					
单价	金额	折后金额	说明	折扣	
¥ 18.00	¥ 180.00	¥ 126.00		70%	
¥ 5.00	¥ 30.00	¥ 21.00			
¥ 30.00	¥ 60.00	¥ 42.00			
¥ 10.00	¥ 30.00	¥ 21.00			
¥ 29.80	¥ 894.00	¥ 625.80			
¥ 27.00	¥ 270.00	¥ 189.00			
¥ 8.00	¥ 64.00	¥ 44.80			
¥ 53.00	¥ 106.00	¥ 74.20			
¥ 31.60	¥ 158.00	¥ 110.60			
¥ 36.00	¥ 36.00	¥ 25.20			
¥ 24.00	¥ 48.00	¥ 33.60			
¥ 14.90	¥ 14.90	¥ 10.43			
¥ 29.50	¥ 118.00	¥ 82.60			
¥ 23.00	¥ 23.00	¥ 16.10			
		=折后金额			

图 7-24 输入公式名称

00	¥ 106.00	¥ 74.20	
60	¥ 158.00	¥ 110.60	
00	¥ 36.00	¥ 25.20	
00	¥ 48.00	¥ 33.60	
90	¥ 14.90	¥ 10.43	
50	¥ 118.00	¥ 82.60	
00	¥ 23.00	¥ 16.10	
		¥ 1,422.33	

图 7-25 名称公式计算结果

7.1.4 编辑与复制公式

用户可以在编辑栏或单元格中直接对公式进行修改或删除，可得到新的计算公式和结果；还可以通过复制含有公式的单元格，然后粘贴到指定的单元格中，使其使用同一个公式来计算数据。

01 选择 F4:F16 单元格区域，按 Delete 键，即可删除单元格区域中的数据，如图 7-26 所示。

02 选择 F3 单元格，按 Ctrl+C 快捷键进行复制，然后选择 F4:F16 单元格，再按 Ctrl+V 快捷键进行粘贴，或者选择“开始”选项卡，在“剪贴板”组中单击“粘贴”下拉按钮，在弹出的下拉列表中选择“公式”选项，结果如图 7-27 所示。

2022年公司团建活动采购费用明细表

数量	单价	金额	折后金额	说明	折扣
10	¥ 18.00	¥ 180.00	¥ 126.00		
6	¥ 5.00		¥ -		
2	¥ 30.00		¥ -		
3	¥ 10.00		¥ -		
30	¥ 29.80		¥ -		
10	¥ 27.00		¥ -		
8	¥ 8.00		¥ -		
2	¥ 53.00		¥ -		70%
5	¥ 31.60		¥ -		
1	¥ 36.00		¥ -		
2	¥ 24.00		¥ -		
1	¥ 14.90		¥ -		
4	¥ 29.50		¥ -		
1	¥ 23.00		¥ -		
			¥ 126.00		

图 7-26 删除数据

图 7-27 选择“公式”选项

03 用户还可以选择F3单元格，在“开始”选项卡的“编辑”组中选择“填充”下拉按钮，选择“向下”选项，如图7-28所示，或者按Ctrl+D快捷键。

04 即可自动将F3单元格中使用的公式向下填充，计算其他物品的金额，结果如图7-29所示。

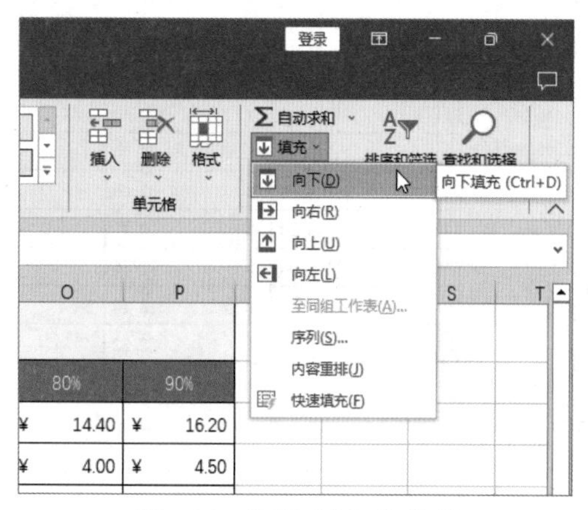

图 7-28 选择“向下”选项

2022年公司团建活动采购费用明细表

规格	数量	单价	金额	折后金
500g	10	¥ 18.00	¥ 180.00	¥
500g	6	¥ 5.00	¥ 30.00	¥
20枚	2	¥ 30.00		¥
500g	3	¥ 10.00		¥
120g	30	¥ 29.80		¥
150g	10	¥ 27.00		¥
500g	8	¥ 8.00		¥

图 7-29 向下填充结果

7.1.5 审核公式

工作中有时无法第一时间找到公式中所引用的单元格，用户可以使用Excel提供的公式审核功能，用追踪箭头直观地查看公式和结果的引用关系，以帮助用户追查公式中出错的起源。

01 选择包含待查看公式引用的F5单元格，选择“公式”选项卡，在“公式审核”组中单击“追踪引用单元格”按钮，如图7-30所示。

02 此时可以看到以蓝色箭头和圆点标示出所选单元格内公式引用的单元格地址，如图7-31所示。

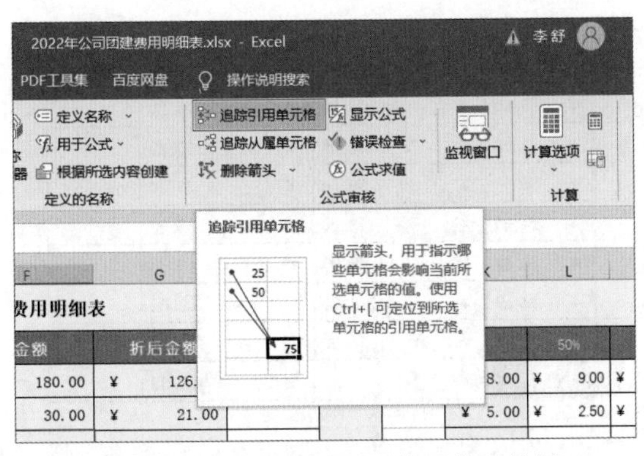

图 7-30　单击“追踪引用单元格”按钮

=D5*E5

2022年公司团建活动采购费用明细表

规格	数量	单价	金额	折后金额	说明
500g	10	¥ 18.00	¥ 180.00	¥ 126.00	
500g	6	¥ 5.00	¥ 30.00	¥ 21.00	
20枚	2	¥ 30.00	¥ 60.00	¥ 42.00	
500g	3	¥ 10.00	¥ 30.00	¥ 21.00	
120g	30	¥ 29.80	¥ 894.00	¥ 625.80	
150g	10	¥ 27.00	¥ 270.00	¥ 189.00	
500g	8	¥ 8.00	¥ 64.00	¥ 44.80	

图 7-31　指示引用的单元格

7.2　使用函数计算公司团建费用明细

Excel 提供了大量预置的函数，利用不同类型函数的组合和嵌套，可以完成大部分工作领域中复杂的数据计算，用户可以使用公式求值来查看函数的语法结构和用途。本节将主要讲解如何使用函数计算团建活动报名表中的数据，并检查公式的返回结果，如图 7-32 所示。

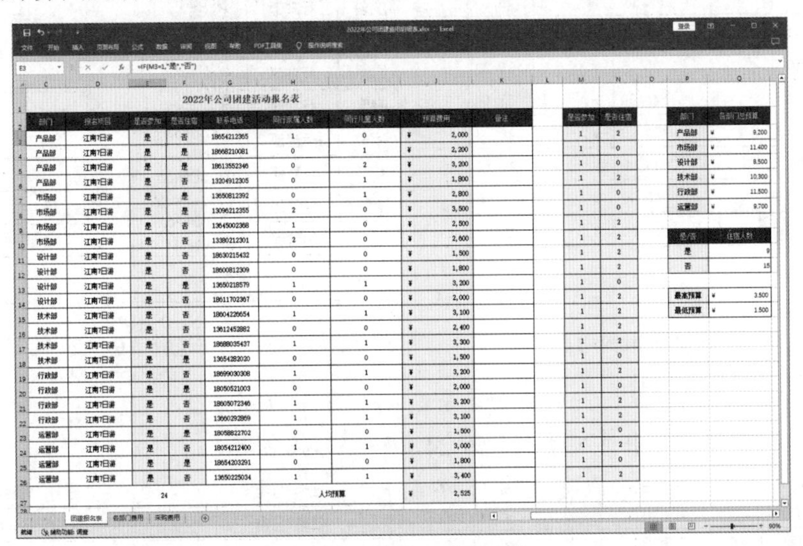

图 7-32　团建活动报名表

7.2.1　使用函数计算数据

对于熟悉和常用的函数，可以直接在单元格中手动输入。输入函数名时，Excel 会弹出函数输入提示，根据提示可以方便地完成函数的输入。对于较为复杂的函数，可以通过函数向导来完成函数的输入，避免在输入过程中发生错误。

01 选择 F17 单元格，在“开始”选项卡的“编辑”组中单击“自动求和”下拉按钮，或在“公式”选项卡的“函数库”组中单击“自动求和”下拉按钮，在弹出的下拉列表中选择“求和”选项，如图 7-33 所示。

02 此时将自动在 F17 单元格中输入“=SUM(金额)”，如图 7-34 所示。

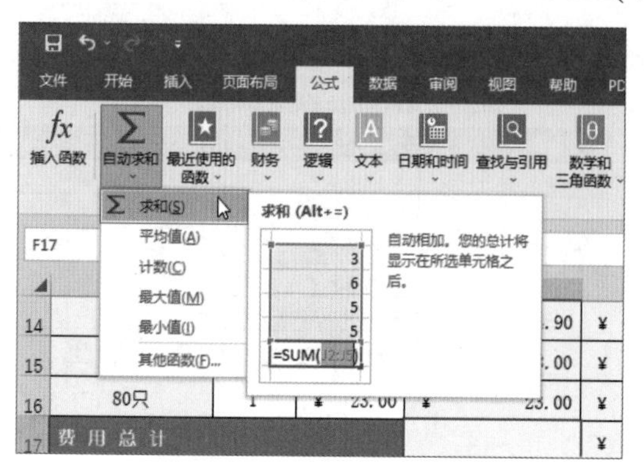

图 7-33　选择“求和”选项

¥ 53.00	¥ 106.00	¥ 74.20
¥ 31.60	¥ 158.00	¥ 110.60
¥ 36.00	¥ 36.00	¥ 25.20
¥ 24.00	¥ 48.00	¥ 33.60
¥ 14.90	¥ 14.90	¥ 10.43
¥ 29.50	¥ 118.00	¥ 82.60
¥ 23.00	¥ 23.00	¥ 16.10
	=SUM(金额)	¥ 1,422.33

SUM(**number1**, [number2], ...)

图 7-34　输入函数

03 确认自动引用的计算单元格引用正确，按 Enter 键即可快速计算出费用总计，如图 7-35 所示，或者选择 F3:F16 单元格区域后，按 Alt+= 快捷键快速求和。

04 选择“团建报名表”工作表，在 D27 单元格中输入“=COU”，在弹出的函数屏幕提示选项中，双击选择“COUNTA”选项，如图 7-36 所示。

2	¥ 53.00	¥ 106.00	¥ 74.20
5	¥ 31.60	¥ 158.00	¥ 110.60
1	¥ 36.00	¥ 36.00	¥ 25.20
2	¥ 24.00	¥ 48.00	¥ 33.60
1	¥ 14.90	¥ 14.90	¥ 10.43
4	¥ 29.50	¥ 118.00	¥ 82.60
1	¥ 23.00	¥ 23.00	¥ 16.10
		¥ 2,031.90	¥ 1,422.33

图 7-35　计算出费用总计

文轩	行政部	COUNT
芷琦	行政部	COUNTA　计算区域中非空单元格的个数
夏棠	行政部	COUNTBLANK
小煜	行政部	COUNTIF
宇君	运营部	COUNTIFS
峻言	运营部	COUPDAYBS
官景云	运营部	COUPDAYS
刘兰	运营部	COUPDAYSNC
		COUPNCD
		COUPNUM
		COUPPCD
		CUBESETCOUNT
人数		=COU

图 7-36　双击选择“COUNTA”选项

05 选择 B3:B26 单元格区域，此时公式显示结果如图 7-37 所示。

06 按 Enter 键，即可计算出员工总人数为 24，如图 7-38 所示。

18	A20236	田菲菲	技术部	江南7日游	是	是	136542
19	A20237	孔文轩	行政部	江南7日游	是	否	186990
20	A20238	温芷琦	行政部	江南7日游	是	是	180505
21	A20239	夏棠	行政部	江南7日游	是	否	186050
22	A20240	孙煜	行政部	江南7日游	是	否	136602
23	A20241	郭宇君	运营部	江南7日游	是	是	180588
24	A20242	张峻言	运营部	江南7日游	是	否	180542
25	A20243	上官景云	运营部	江南7日游	是	是	186542
26	A20244	刘兰	运营部	江南7日游	是	否	136502
27	总人数		=COUNTA(B3:B26				
28			COUNTA(**value1**, [value2], ...)				
29							

图 7-37　公式显示结果

江南7日游			18699030308
江南7日游			18050521003
江南7日游			18605072346
江南7日游			13660292869
江南7日游			18058822702
江南7日游			18054212400
江南7日游			18654203291
江南7日游			13650225034
	24		

图 7-38　公式计算结果

07 选择 J27 单元格，选择“公式”选项卡，在“函数库”组中单击“插入函数”按钮，如图 7-39 所示，或者按 Shift+F3 快捷键。

08 打开“插入函数”对话框，在“搜索函数”文本框中输入“平均值”，然后单击“转到”按钮，在“选择函数”列表框中选择“AVERAGE”选项，再单击“确定”按钮，如图 7-40 所示。

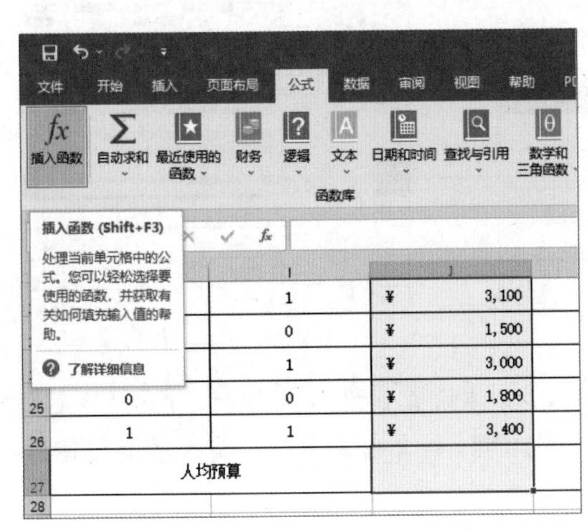

图 7-39　单击“插入函数”按钮

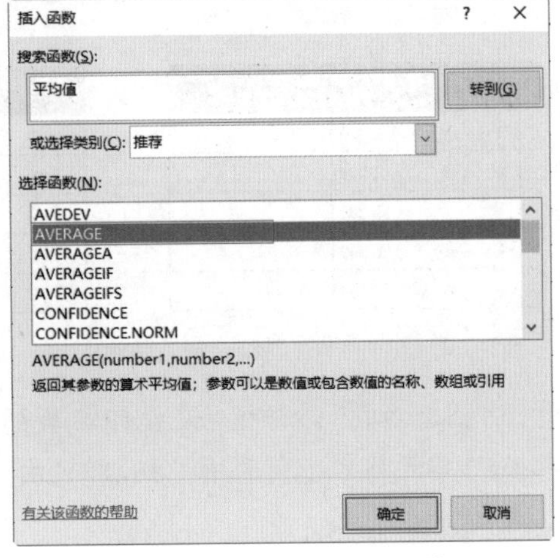

图 7-40　“插入函数”对话框

09 打开“函数参数”对话框，选择 J3:J26 单元格区域，此时 Number1 文本框中显示“J3:J26”，然后单击“确定”按钮，如图 7-41 所示。

10 返回工作表中，即可计算出人均预算，如图 7-42 所示。

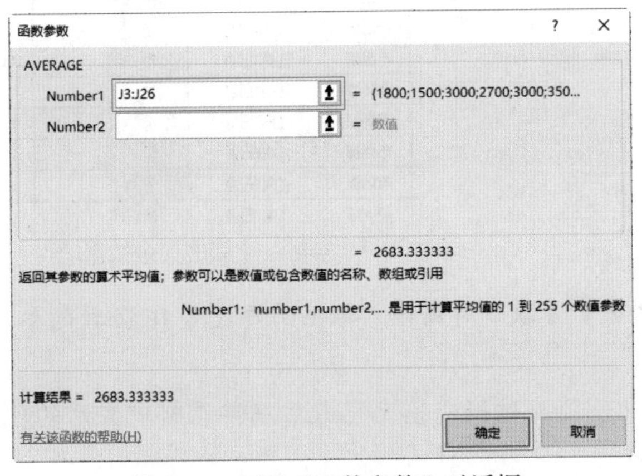

图 7-41　打开“函数参数”对话框

	0	¥	2,000
	1	¥	3,200
	1	¥	3,100
	0	¥	1,500
	1	¥	3,000
	0	¥	1,800
	1	¥	3,400
人均预算		¥	2,525

图 7-42　计算出人均预算

7.2.2　使用嵌套函数

嵌套函数是指将某个公式或函数的返回值作为另一个函数的参数使用，在使用嵌套函数进行计算时，还需注意嵌套使用的函数不能交叉。

01 在 M3:M26 单元格区域中输入“1”，在 N3:N26 单元格区域中输入“2”或“0”，如图 7-43 所示，下面将使用 IF 函数对 E 列和 F 列进行判断计算。

02 在工作表中选择 E3 单元格，选择“公式”选项卡，在“函数库”组中单击“逻辑”下拉按钮，在弹出的下拉列表中选择 IF 选项，如图 7-44 所示。

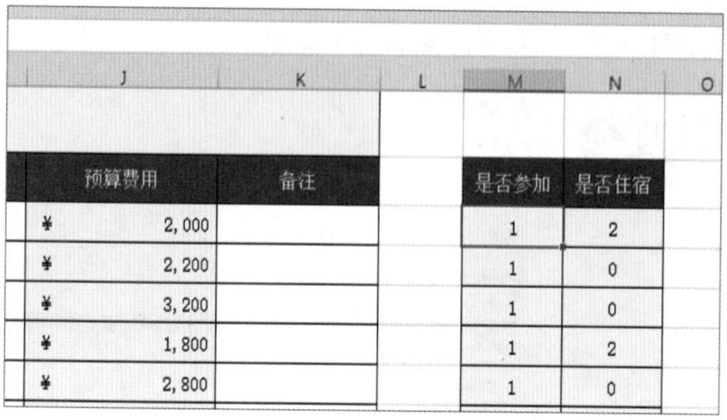

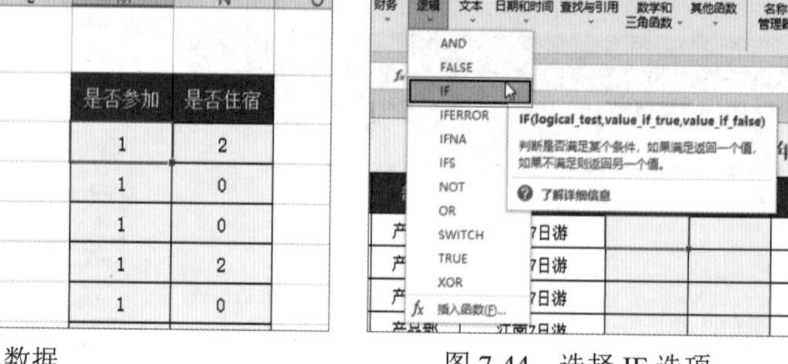

图 7-43　输入数据

图 7-44　选择 IF 选项

03 打开“函数参数”对话框，设置 IF 函数的参数，具体设置如图 7-45 所示，单击“确定”按钮。

04 双击 E3 单元格右下角的填充柄，即可向下填充数据，计算出其余员工是否参加团建的数据，如图 7-46 所示。

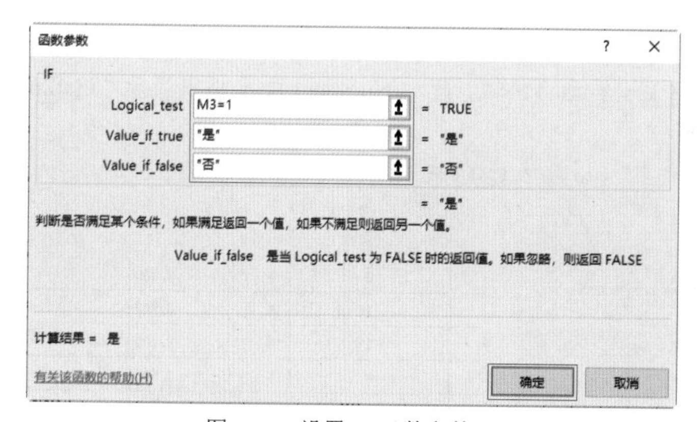

图 7-45　设置 IF 函数参数

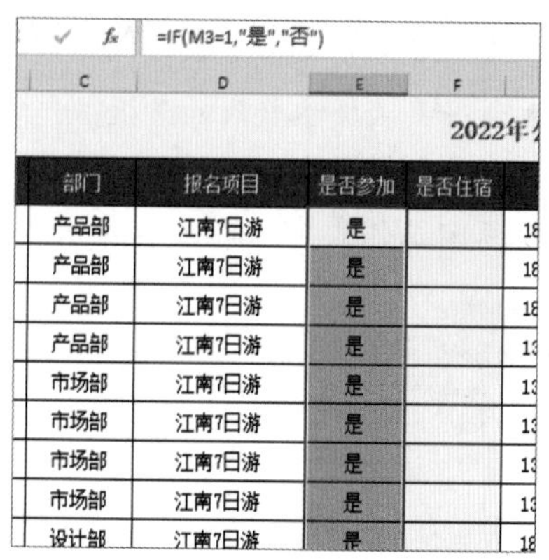

图 7-46　计算出其余数据

05 选择 F3 单元格，参照前面的方法打开“函数参数”对话框，根据需要设置 IF 函数的参数，具体设置如图 7-47 所示。

06 双击 F3 单元格右下角的填充柄，即可向下填充数据，填充完成后在单元格中显示的计算结果如图 7-48 所示。

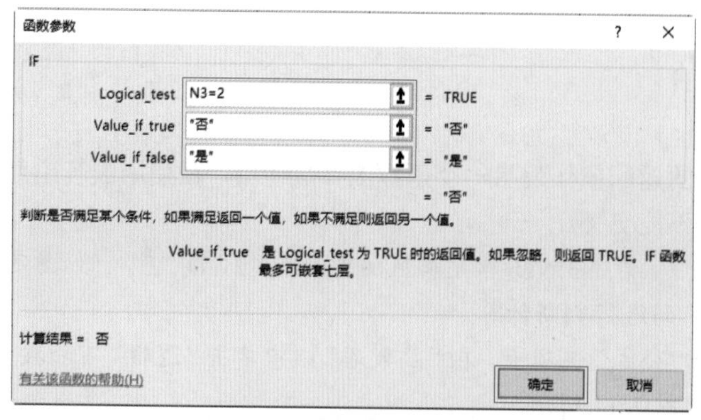

图 7-47　设置 IF 函数参数

图 7-48　显示结果

7.2.3　查看分步计算结果

若用户想分步查看公式表达式的计算结果，或遇到公式出错的情况，可以使用“公式审核”组中提供的“公式求值”功能来逐步分解公式。

01 选择 F6 单元格，选择“公式”选项卡，在“公式审核”组中单击“公式求值”按钮，如图 7-49 所示。

02 打开“公式求值”对话框，在“引用”位置显示了引用的单元格地址，在“求值”文本框中显示了引用单元格内包含的完整公式，并以下画线标示待计算的参数，然后单击“步入”按钮，如图 7-50 所示。

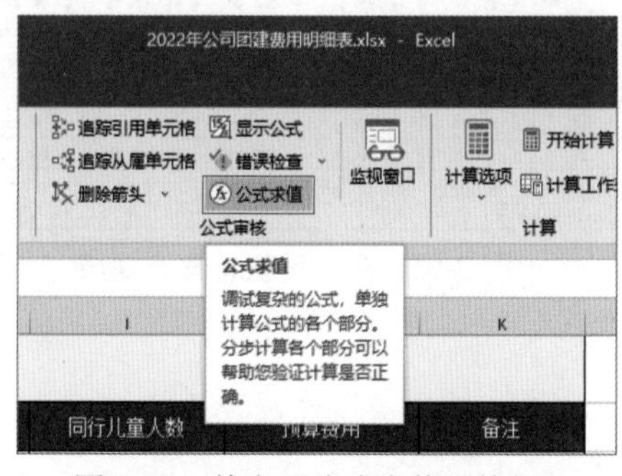

图 7-49　单击“公式求值”按钮

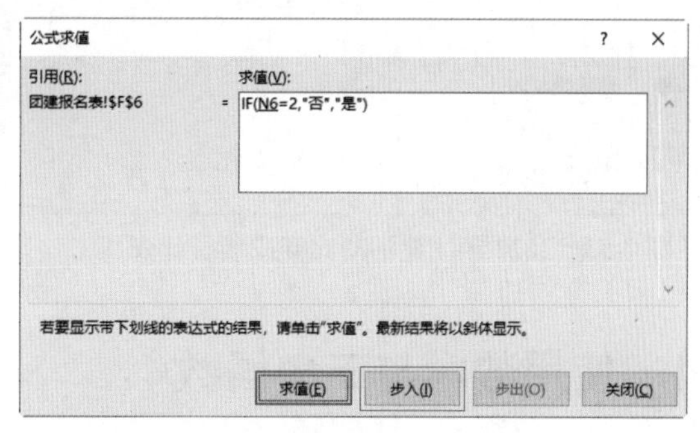

图 7-50　“公式求值”对话框

03 显示指定参数引用的数值，然后单击“步出”按钮，如图 7-51 所示。

04 将引用的数值代入计算公式中，单击“求值”按钮进行计算，如图 7-52 所示，然后继续指向下一个待计算的表达式，用户可以使用该方法了解公式中每一个参数的计算过程。

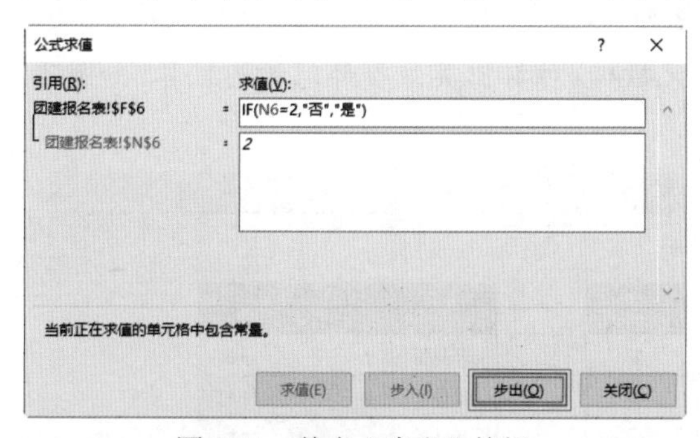

图 7-51　单击“步出”按钮

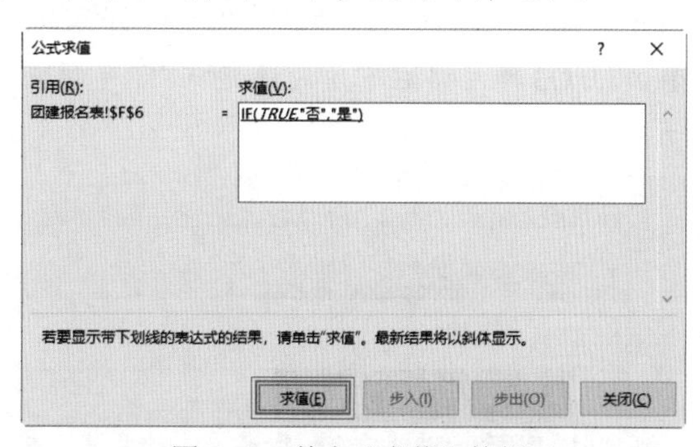

图 7-52　单击“求值”按钮

7.3　使用各类函数计算数据

函数按照功能可以分为数学与三角函数、统计函数、日期与时间函数、查找与引用函数、财务函数等函数。本节将通过不同种类的函数分别计算“公司团建费用明细表”、如图 7-53 所示的“2022 年团建活动比赛成绩统计表”，以及如图 7-54 所示的“商业贷款还款计划表”三个工作簿中的数据。

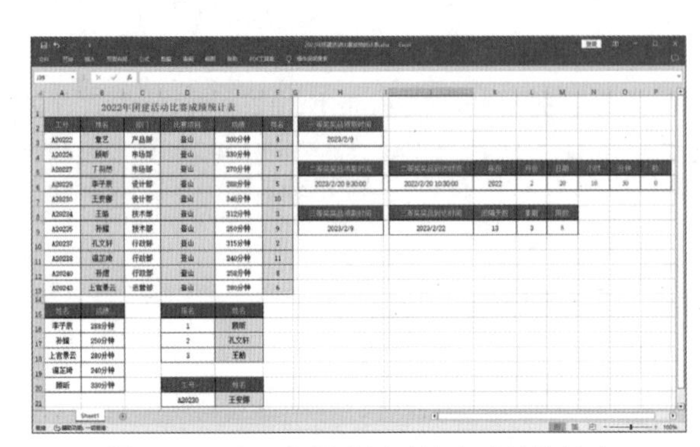

图 7-53　2022 年团建活动比赛成绩统计表

贷款信息

贷款总额	¥ 200,000.00
年利率	5.00%
贷款期数(月)	120
月供金额	¥2,121.31

期数	贷款总额	月供本金	月供利息	本息	贷款余额
1	¥ 200,000.00	¥1,287.98	¥833.33	¥2,121.31	¥ 198,712.02
2	¥ 198,712.02	¥1,293.34	¥827.97	¥2,121.31	¥ 197,418.68
3	¥ 197,418.68	¥1,298.73	¥822.58	¥2,121.31	¥ 196,119.95
4	¥ 196,119.95	¥1,304.14	¥817.17	¥2,121.31	¥ 194,815.80
5	¥ 194,815.80	¥1,309.58	¥811.73	¥2,121.31	¥ 193,506.23
6	¥ 193,506.23	¥1,315.03	¥806.28	¥2,121.31	¥ 192,191.19
7	¥ 192,191.19	¥1,320.51	¥800.80	¥2,121.31	¥ 190,870.68
8	¥ 190,870.68	¥1,326.02	¥795.29	¥2,121.31	¥ 189,544.66
9	¥ 189,544.66	¥1,331.54	¥789.77	¥2,121.31	¥ 188,213.12
10	¥ 188,213.12	¥1,337.09	¥784.22	¥2,121.31	¥ 186,876.03
11	¥ 186,876.03	¥1,342.66	¥778.65	¥2,121.31	¥ 185,533.37
12	¥ 185,533.37	¥1,348.25	¥773.06	¥2,121.31	¥ 184,185.12

图 7-54　商业贷款还款计划表

7.3.1　使用数学与三角函数

数学与三角函数主要用于进行数学运算，如常见的按条件求和 SUMIF() 函数、求数组对应元素乘积和 SUMPRODUCT() 函数、对数值取整的 INT() 函数、正弦 SIN() 函数、余弦 COS() 函数等。下面将通过实例主要讲解 SUMIF() 函数、SUMPRODUCT() 函数和 INT() 函数。

01 若要计算各部门总预算，在 Q3 单元格中输入"=SUMIF(C3:C26,P3,J3:J26)"，如图 7-55 所示，按 Enter 键，根据部门和预算费用来统计各部门总预算。

02 双击 Q3 单元格右下角的填充柄，即可向下填充数据，计算出其余各部门的总预算，如图 7-56 所示。

图 7-55　输入 SUMIF 函数

是否住宿		部门	各部门总预算
2		产品部	¥ 9,200
0		市场部	¥ 11,400
0		设计部	¥ 8,500
2		技术部	¥ 10,300
0		行政部	¥ 11,500
0		运营部	¥ 9,700
2			

图 7-56　计算出其余各部门的总预算

03 选择"采购费用"工作表，在 U16 单元格中输入"=SUMPRODUCT(T3:T15,U3:U15)"，如图 7-57 所示，用于根据单价和销售数量计算出所有产品的合计销售额。

04 按 Enter 键，即可计算出装备费用总计，如图 7-58 所示，它相当于先使用乘积对各装备的费用进行计算，再对装备费用进行汇总计算。

料袋	50	¥	10.00
动服	10	¥	245.00
闲服	8	¥	185.00
衣	15	¥	169.00
衬衫	24	¥	85.00
动鞋	6	¥	246.00
山鞋	5	¥	880.00
总 计		=SUMPRODUCT(T3:T15,U3:U15)	

SUMPRODUCT(array1, [array2], [array3], [array4], ...)

图 7-57　输入 SUMPRODUCT 函数

	塑料袋	50	¥	10.00
衣服	运动服	10	¥	245.00
	休闲服	8	¥	185.00
	睡衣	15	¥	169.00
	短袖衬衫	24	¥	85.00
鞋子	运动鞋	6	¥	246.00
	登山鞋	5	¥	880.00
费 用 总 计			¥	17,541.80

图 7-58　计算出装备费用总计

05 若用户想对数值进行向下舍入到最接近的整数，避免小数的存在，可以选择 F17 单元格，在编辑栏中输入“=INT(SUM(F3:F16))”，如图 7-59 所示。

06 按 Enter 键，即可得到整数数据，如图 7-60 所示。

2	¥ 24.00	¥ 48.00	¥ 33.60
1	¥ 14.90	¥ 14.90	¥ 10.43
4	¥ 29.50	¥ 118.00	¥ 82.60
1	¥ 23.00	¥ 23.00	¥ 16.10
		=INT(SUM(F3:F16))	¥ 1,422.33

SUM(number1, [number2], ...)

图 7-59　输入 INT 函数

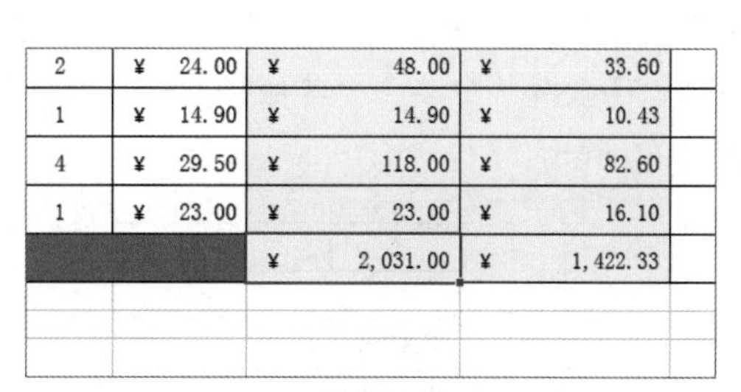

2	¥ 24.00	¥ 48.00	¥ 33.60
1	¥ 14.90	¥ 14.90	¥ 10.43
4	¥ 29.50	¥ 118.00	¥ 82.60
1	¥ 23.00	¥ 23.00	¥ 16.10
		¥ 2,031.00	¥ 1,422.33

图 7-60　得到整数数据

7.3.2　使用统计函数

日常工作中经常会使用到统计函数，使用统计函数可以对数据区域进行统计和分析，可以减轻用户的工作负担。Excel 中的统计函数较多，下面将通过实例主要讲解 COUNTIF() 函数、MAX() 函数、MIN() 函数和 RANK() 函数。

01 在 Q11 单元格中输入“=COUNTIF(F3:F26," 是 ")”，如图 7-61 所示，按 Enter 键计算出需要住宿的人数。

02 在 Q12 单元格中输入“=COUNTIF(F3:F26," 否 ")”，按 Enter 键统计出不需要住宿的人数，如图 7-62 所示。

0	运营部	¥ 9,700
2		
2	是/否	住宿人数
2	是	=COUNTIF(F3:F26,"是")
2	否	

COUNTIF(range, criteria)

图 7-61　输入 COUNTIF 函数

0	运营部	¥ 9,700
2		
2	是/否	住宿人数
2	是	9
2	否	15
0		

图 7-62　统计不需要住宿的人数

03 选择 Q14 单元格，选择“公式”选项卡，在“函数库”中单击“其他函数”下拉按钮，在弹出的下拉列表中选择“统计” | MAX 选项，如图 7-63 所示。

04 打开“函数参数”对话框，在 Number1 文本框中输入“J3:J26”，然后单击“确定”按钮，如图 7-64 所示。

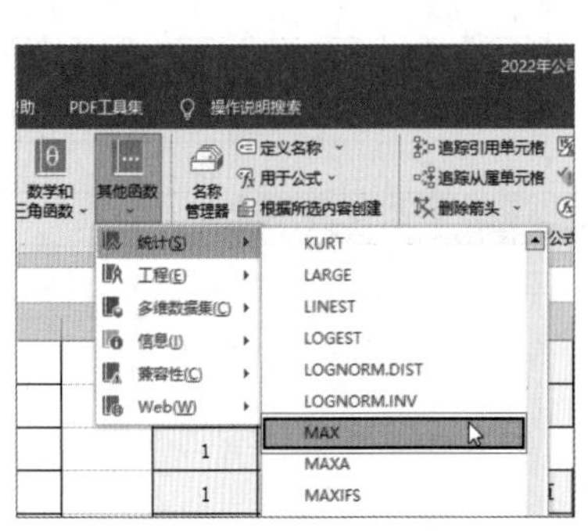
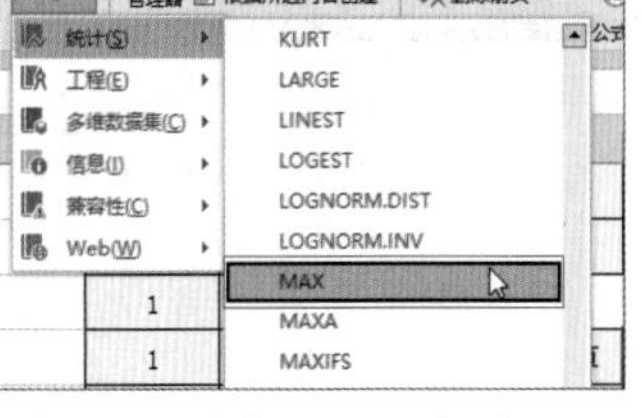

图 7-63　选择 MAX 选项

图 7-64　设置函数参数

05 此时，数据列中金额最大的数值返回当前单元格，如图 7-65 所示。

06 在“函数库”中单击“其他函数”下拉按钮，在弹出的下拉列表中选择“统计”| MIN 选项，如图 7-66 所示。

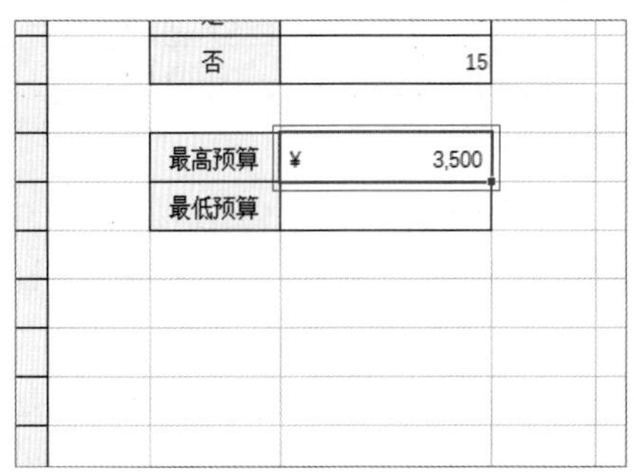
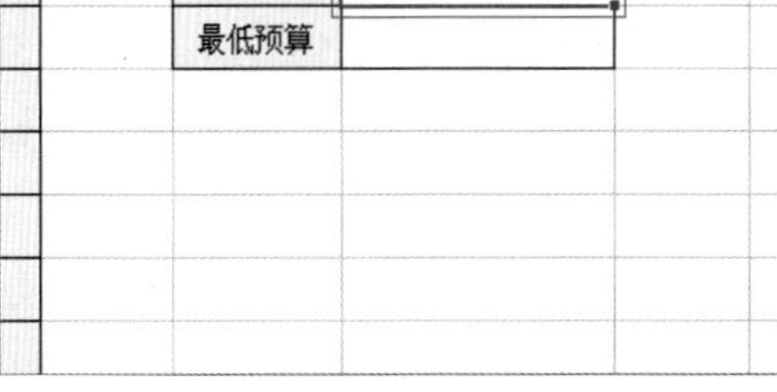

图 7-65　获取数据组中的最大值

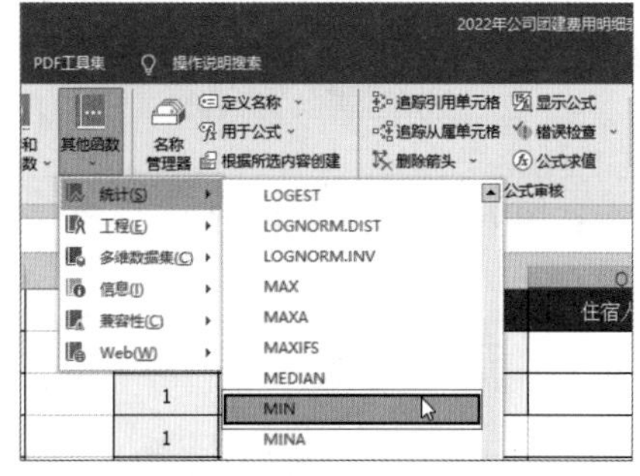

图 7-66　选择 MIN 选项

07 打开“函数参数”对话框，在 Number1 文本框中输入“J3:J26”，然后单击“确定”按钮，如图 7-67 所示。

08 此时数据列中金额最小的数值返回当前单元格，如图 7-68 所示。

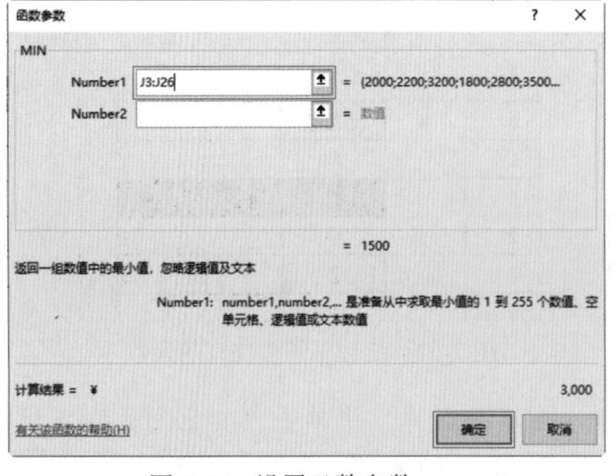

图 7-67　设置函数参数

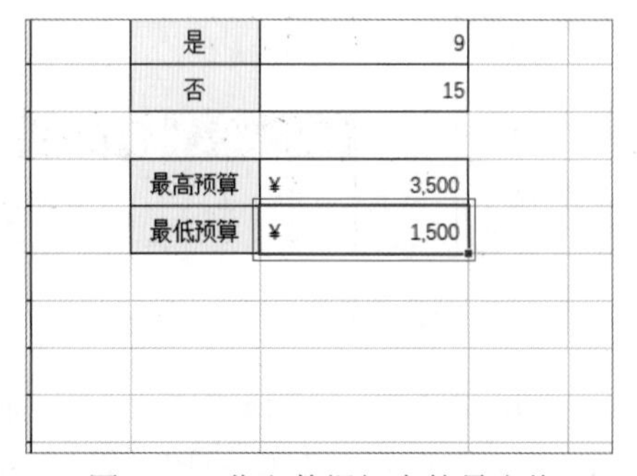

图 7-68　获取数据组中的最小值

09 打开“2022 年团建活动比赛成绩统计表 .xlsx”工作簿，在 F3 单元格中输入“=RANK(E3,$E$3:$E$13)”，如图 7-69 所示。

10 按 Enter 键，计算出 E3 单元格的数值在 E3:F13 单元格区域的排名情况，然后利用自动填充功能，将公式填充至 F4:F13 单元格区域中，从而得到每位员工的排名，如图 7-70 所示。

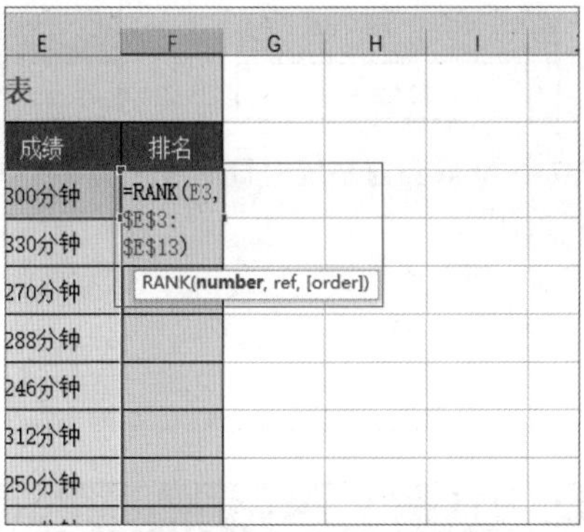

图 7-69　输入 RANK 函数

2022年团建活动比赛成绩统计表

工号	姓名	部门	比赛项目	成绩	排名
A20222	章艺	产品部	登山	300分钟	4
A20226	顾昕	市场部	登山	330分钟	1
A20227	丁羽然	市场部	登山	270分钟	7
A20229	李子辰	设计部	登山	288分钟	5
A20230	王安娜	设计部	登山	246分钟	10
A20234	王皓	技术部	登山	312分钟	3
A20235	孙耀	技术部	登山	250分钟	9
A20237	孔文轩	行政部	登山	315分钟	2
A20238	温芷琦	行政部	登山	240分钟	11
A20240	孙煜	行政部	登山	258分钟	8
A20243	上官景云	运营部	登山	280分钟	6

图 7-70　计算其他员工的排名

7.3.3　使用日期与时间函数

在 Excel 中，日期与时间函数可以对日期和时间进行计算，还可以对时、分和秒进行处理。常见的日期与时间函数有 TODAY() 函数、NOW() 函数、YEAR() 函数、MONTH() 函数、DAY() 函数、DAYS() 函数、WEEKDAY() 函数和 WEEKNUM() 函数，下面将通过实例来讲解日期与时间函数的使用方法。

01 在 H3 单元格中输入“=TODAY()”，如图 7-71 所示。

02 按 Enter 键，在所选单元格中返回当前系统的默认日期，如图 7-72 所示。

图 7-71　输入 TODAY 函数

图 7-72　返回当前系统的默认日期

03 在 H6 单元格中输入“=NOW()”，如图 7-73 所示。

04 按 Enter 键，在 H6 单元格中显示获取的当前系统的日期与时间，如图 7-74 所示。

图 7-73　输入 NOW 函数

图 7-74　获取当前系统的日期与时间

05 在 K6 单元格中输入“=YEAR(J6)”，如图 7-75 所示。

06 按 Enter 键，即可提取 J6 单元格中日期表达式的年份，如图 7-76 所示。

图 7-75　输入 YEAR 函数

图 7-76　提取年份

07 在 L6 单元格中输入“=MONTH(J6)”，按 Enter 键，提取出 J6 单元格日期数据的月份，如图 7-77 所示。

08 在 M6 单元格中输入“=DAY(J6)”，按 Enter 键，提取出 J6 单元格日期数据的天数，如图 7-78 所示。

图 7-77　提取月份

图 7-78　提取日期

09 在 N6:P6 单元格区域，分别输入“=HOUR(J6)”“=MINUTE(J6)”和“=SECOND(J6)”，按 Enter 键，提取出 J6 单元格中的小时、分钟和秒，如图 7-79 所示。

10 在 K9 单元格中输入“=DAYS(J9,H9)”，如图 7-80 所示。

图 7-79　提取时间 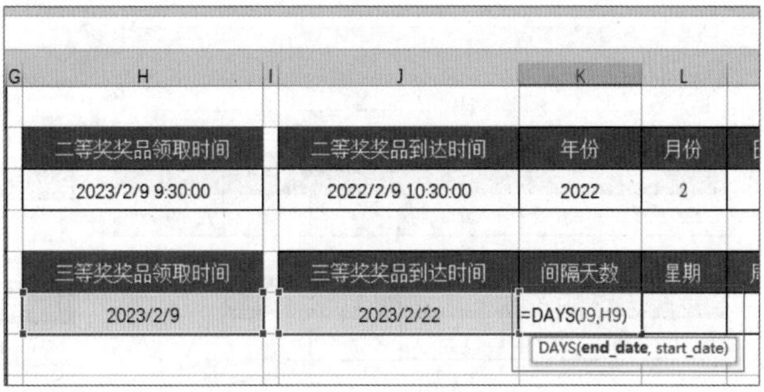　　　　图 7-80　输入 DAYS 函数

11 按 Enter 键，计算出两个日期的间隔天数，如图 7-81 所示。

12 在 L9 单元格中输入“=WEEK”，弹出函数屏幕提示选项，双击选择“WEEKDAY”选项，如图 7-82 所示。

图 7-81　计算出间隔天数 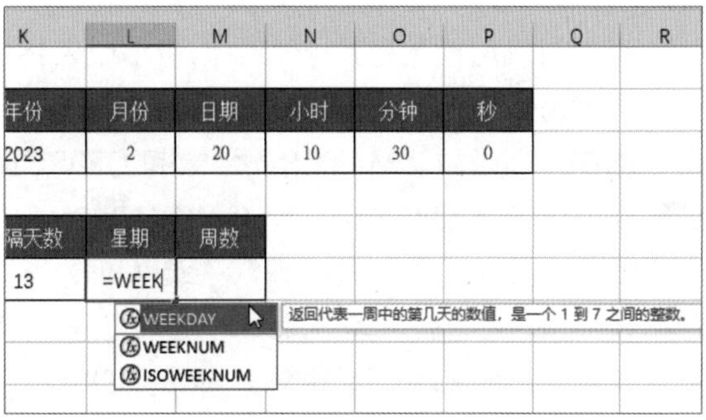　　　　图 7-82　输入 WEEKDAY 函数

13 在编辑栏中单击“插入函数”按钮 f_x，如图 7-83 所示。

14 打开“函数参数”对话框，在 Serial_number 文本框中输入“J9”，在 Return_type 文本框中输入 2，然后单击“确定”按钮，如图 7-84 所示。

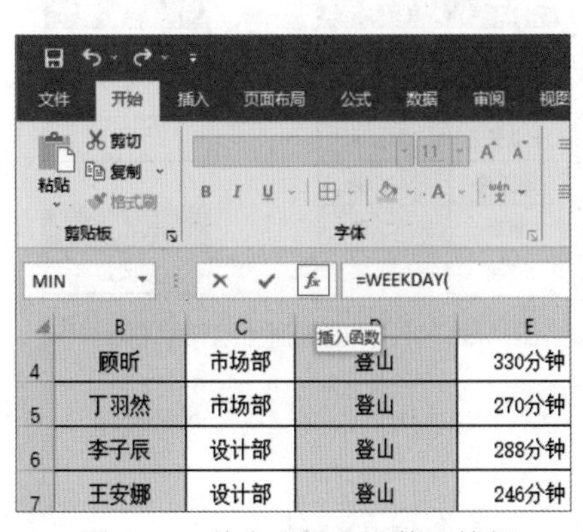

图 7-83　单击“插入函数”按钮

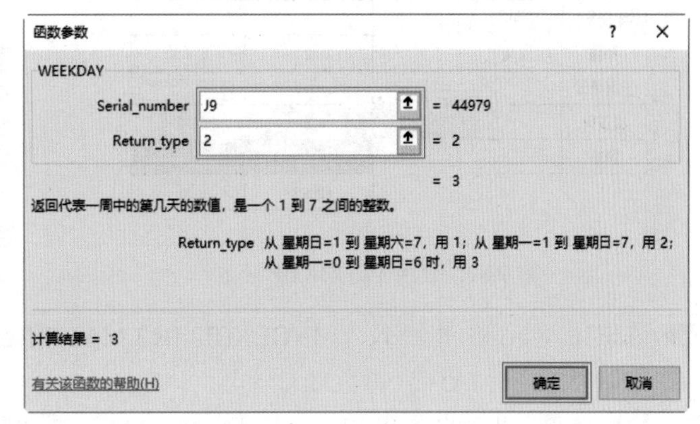

图 7-84　设置函数参数

15 返回工作表中，计算出当天为星期三，结果如图 7-85 所示。

16 在 M9 单元格中输入“=WEEKNUM(J9)”，按 Enter 键，计算出三等奖奖品在第几周到达，如图 7-86 所示。

J	K	L	M	N
二等奖奖品到达时间	年份	月份	日期	小时
2023/2/20 10:30:00	2023	2	20	10
三等奖奖品到达时间	间隔天数	星期	周数	
2023/2/22	13	3		

图 7-85　计算出当天为星期三

J	K	L	M	N
二等奖奖品到达时间	年份	月份	日期	小时
2023/2/20 10:30:00	2023	2	20	10
三等奖奖品到达时间	间隔天数	星期	周数	
2023/2/22	13	3	8	

图 7-86　计算出周数

7.3.4　使用查找与引用函数

查找与引用函数是用于在数据清单或表格中查找特定数值或某一个单元格引用的函数。掌握了查找与引用函数，能够有效地提高制表效率，下面将通过实例讲解常见的 VLOOKUP() 函数、INDEX() 函数、MATCH() 函数和 OFFSET() 函数。

01 在 B16 单元格中输入“=VLOOKUP(A16,$B$2:$F$13,4,”，在弹出的函数屏幕提示选项中双击选择“(...)FALSE- 精确匹配”选项，如图 7-87 所示。

02 按 Enter 键，引用工作表中对应的数据，双击 B16 单元格右下角的填充柄，即可向下填充数据，计算出其他员工的成绩，如图 7-88 所示，

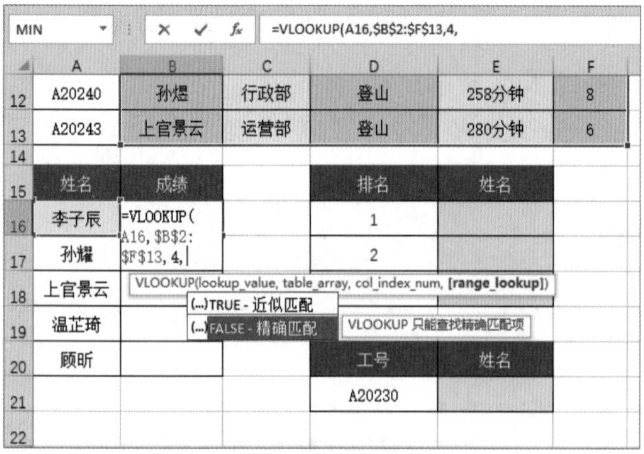

MIN　=VLOOKUP(A16,$B$2:$F$13,4,

	A	B	C	D	E	F
12	A20240	孙煜	行政部	登山	258分钟	8
13	A20243	上官景云	运营部	登山	280分钟	6
14						
15	姓名	成绩		排名	姓名	
16	李子辰	=VLOOKUP(A16, $B$2:$F$13, 4,		1		
17	孙耀			2		
18	上官景云					
19	温芷琦					
20	顾昕			工号	姓名	
21				A20230		
22						

VLOOKUP(lookup_value, table_array, col_index_num, [range_lookup])
(...)TRUE - 近似匹配
(...)FALSE - 精确匹配　VLOOKUP 只能查找精确匹配项

图 7-87　使用 VLOOKUP 函数

B16　=VLOOKUP(A16,$B$2:$F$13

	A	B	C	D
12	A20240	孙煜	行政部	登山
13	A20243	上官景云	运营部	登山
14				
15	姓名	成绩		排名
16	李子辰	288分钟		1
17	孙耀	250分钟		2
18	上官景云	280分钟		3
19	温芷琦	240分钟		
20	顾昕	330分钟		工号
21				A20230

图 7-88　计算出其他员工的成绩

03 在 E16 单元格中输入“=INDEX(B2:B13,MATCH(D16,F2:F13,0”，如图 7-89 所示，用 INDEX 函数结合 MATCH 函数进行计算。

04 按 Enter 键，此时会弹出 Microsoft Excel 对话框，提示用户公式有错是否接受更正，单击“是”按钮，如图 7-90 所示。

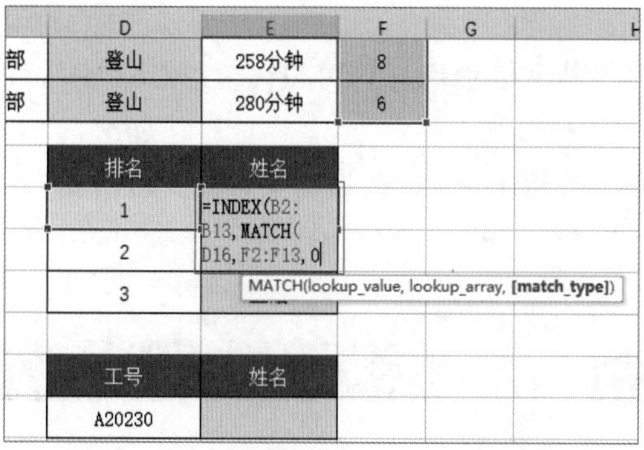
D
E
F
G
部
登山
258分钟
8
部
登山
280分钟
6
排名
姓名
1
=INDEX(B2:B13,MATCH(D16,F2:F13,0
2
3
MATCH(lookup_value, lookup_array, [match_type])
工号
姓名
A20230

图 7-89　使用 INDEX 和 MATCH 函数

Microsoft Excel
发现公式中有拼写错误并试图将其更正为:
=INDEX(B2:B13,MATCH(D16,F2:F13,0))
是否接受更正?
是(Y)
否(N)

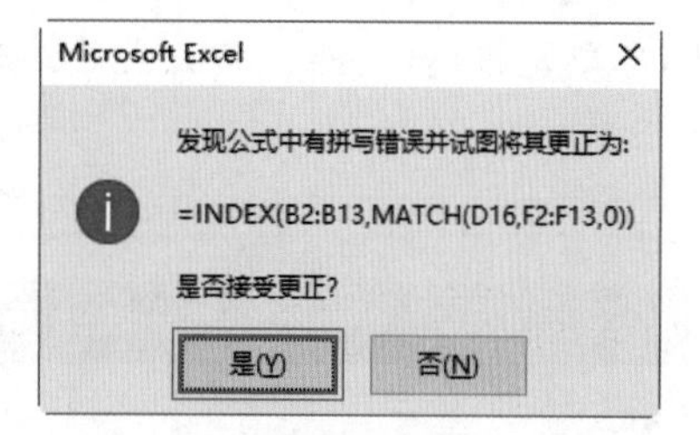

图 7-90　Microsoft Excel 对话框

05 双击 E16 单元格右下角的填充柄，即可向下填充数据，计算出其他员工的姓名，如图 7-91 所示。

06 选择 E21 单元格并输入“=OFFSET(A2,MATCH(D21,A3:A13,0),MATCH(E20,B2:F2,0))”，使用 OFFSET 函数结合 MATCH 函数进行双条件计算，如图 7-92 所示。

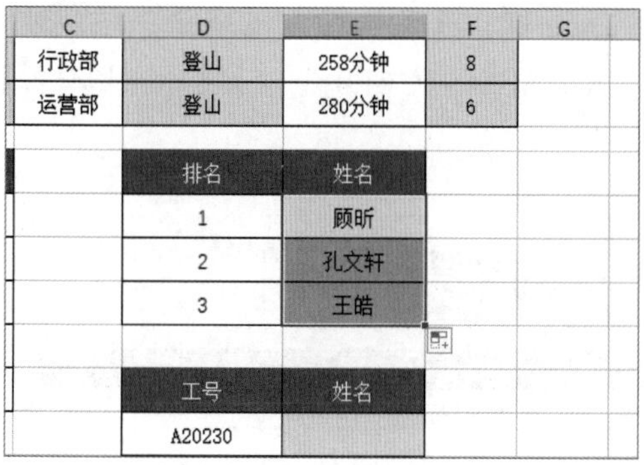
C
D
E
F
G
行政部
登山
258分钟
8
运营部
登山
280分钟
6
排名
姓名
1
顾昕
2
孔文轩
3
王皓
工号
姓名
A20230

图 7-91　计算出其他员工的姓名

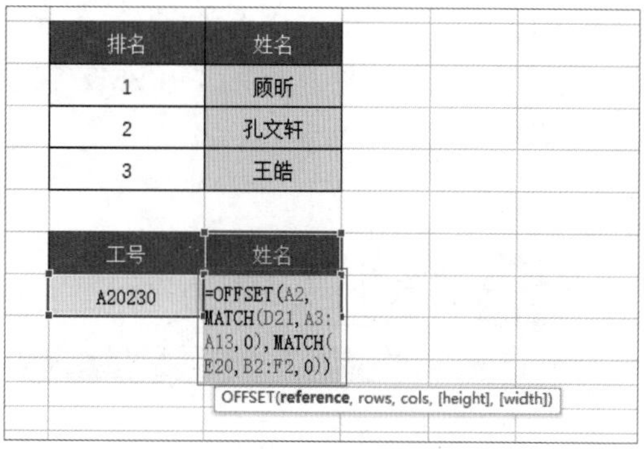
排名
姓名
1
顾昕
2
孔文轩
3
王皓
工号
姓名
A20230
=OFFSET(A2,MATCH(D21,A3:A13,0),MATCH(E20,B2:F2,0))
OFFSET(reference, rows, cols, [height], [width])

图 7-92　使用 OFFSET 和 MATCH 函数

07 按 Enter 键，即可获得工号对应的员工姓名，如图 7-93 所示。

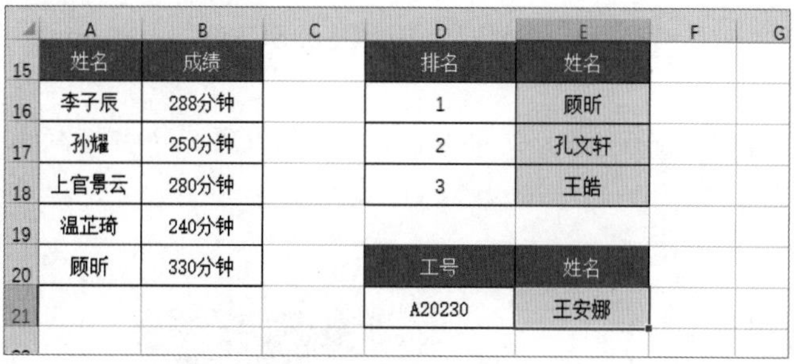
A
B
C
D
E
F
G
15
姓名
成绩
排名
姓名
16
李子辰
288分钟
1
顾昕
17
孙耀
250分钟
2
孔文轩
18
上官景云
280分钟
3
王皓
19
温芷琦
240分钟
20
顾昕
330分钟
工号
姓名
21
A20230
王安娜

图 7-93　获得员工姓名

7.3.5　使用财务函数

财务函数可以进行财务中的数据计算，如根据利率和期限计算支付金额，计算投资的未来值或净现值、债券或股票的价值等。下面将通过实例讲解 PMT() 函数、PPMT() 函数和

IPMT() 函数。

01 打开“贷款还款计划表.xlsx”工作簿，在C7单元格中输入“=PMT(C5/12,C6,C4)”，按Enter键，此时得到的数据为负数，如图7-94所示。

02 双击C7单元格返回公式，将公式修改为“=PMT(C5/12,C6,-C4)”，如图7-95所示，按Enter键，即可得到正数。

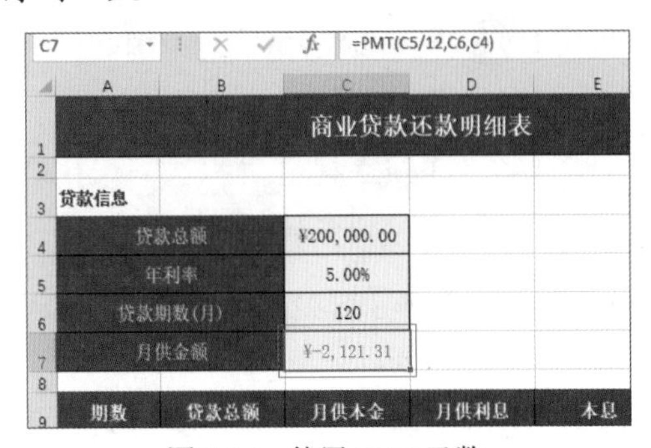

图 7-94　使用 PMT 函数

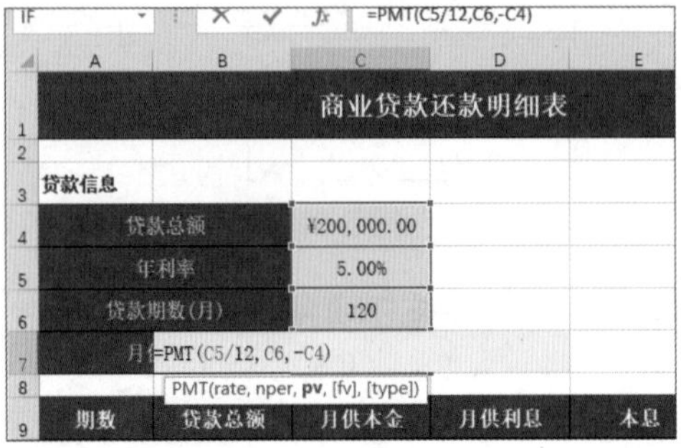

图 7-95　修改公式

03 选择B10单元格，输入公式“=C4”，然后按Enter键，结果如图7-96所示。

04 选择C10单元格，输入公式“=PPMT($C$5/12,A10,$C$6,-$C$4,0)”，按Enter键计算出月供本金，结果如图7-97所示。

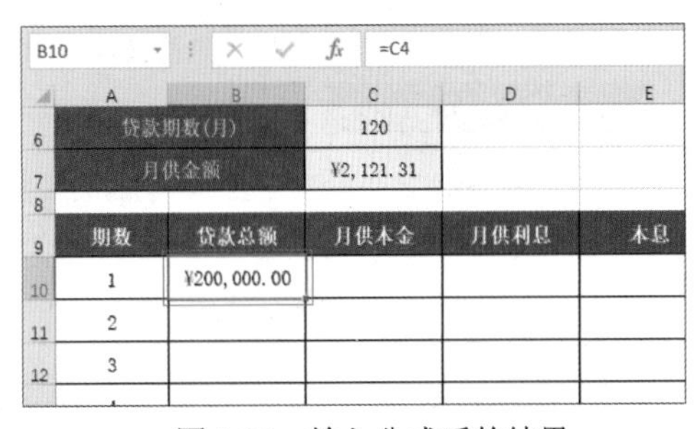

图 7-96　输入公式后的结果

图 7-97　计算月供本金

05 在D10单元格中输入“=IPMT($C$5/12,A10,$C$6,-$C$4)”，按Enter键计算出第一个月的月供利息，如图7-98所示。

06 在E10单元格中输入“=C10+D10”，按Enter键计算出第一个月还款本金和利息，如图7-99所示。

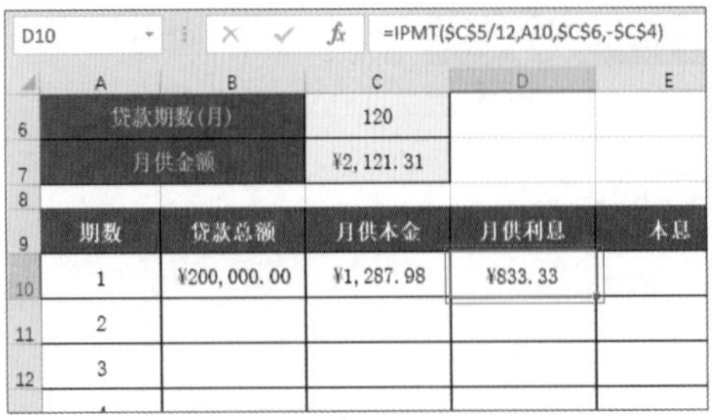

图 7-98　计算月供利息

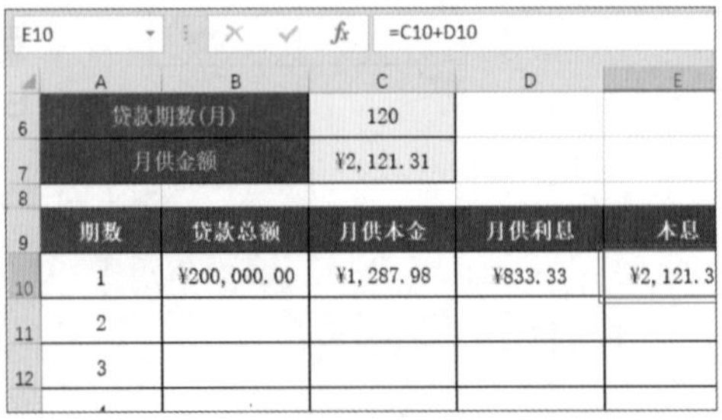

图 7-99　计算本息

07 在F10单元格中输入“=B10-C10”，如图7-100所示。

08 在 B11 单元格中输入“=F10”，按 Enter 键，结果如图 7-101 所示

=B10-C10

C	D	E	F	G
120				
¥2, 121. 31				
月供本金	月供利息	本息	贷款余额	
¥1, 287. 98	¥833. 33	¥2, 121. 31	¥198, 712. 02	

图 7-100　计算贷款余额

B11　=F10

	A	B	C	D	E
7	月供金额		¥2, 121. 31		
8					
9	期数	贷款总额	月供本金	月供利息	本息
10	1	¥200, 000. 00	¥1, 287. 98	¥833. 33	¥2, 121. 31
11	2	¥198, 712. 02			
12	3				
13	4				

图 7-101　输入公式后的结果

09 选择 C10:F10 单元格区域并双击右下角的填充柄，即可自动填充数据，计算出剩余贷款还款数据，如图 7-102 所示。

10 选择 B11 单元格并双击右下角的填充柄，即可向下自动填充数据，计算出剩余月期数的贷款总额，如图 7-103 所示。

C10　=PPMT($C$5/12,A10,$C$6,-$C$4,0)

	A	B	C	D	E	F
7	月供金额		¥2, 121. 31			
8						
9	期数	贷款总额	月供本金	月供利息	本息	贷款余额
10	1	¥200, 000. 00	¥1, 287. 98	¥833. 33	¥2, 121. 31	¥198, 712. 02
11	2	¥198, 712. 02	¥1, 293. 34	¥827. 97	¥2, 121. 31	¥197, 418. 68
12	3		¥1, 298. 73	¥822. 58	¥2, 121. 31	¥ -1, 298. 73
13	4		¥1, 304. 14	¥817. 17	¥2, 121. 31	¥ -1, 304. 14
14	5		¥1, 309. 58	¥811. 73	¥2, 121. 31	¥ -1, 309. 58
15	6		¥1, 315. 03	¥806. 28	¥2, 121. 31	¥ -1, 315. 03
16	7		¥1, 320. 51	¥800. 80	¥2, 121. 31	¥ -1, 320. 51
17	8		¥1, 326. 02	¥795. 29	¥2, 121. 31	¥ -1, 326. 02
18	9		¥1, 331. 54	¥789. 77	¥2, 121. 31	¥ -1, 331. 54

图 7-102　计算出剩余贷款还款数据

B11　=F10

	A	B	C	D	E
7	月供金额		¥2, 121. 31		
8					
9	期数	贷款总额	月供本金	月供利息	本息
10	1	¥200, 000. 00	¥1, 287. 98	¥833. 33	¥2, 121. 31
11	2	¥198, 712. 02	¥1, 293. 34	¥827. 97	¥2, 121. 31
12	3	¥197, 418. 68	¥1, 298. 73	¥822. 58	¥2, 121. 31
13	4	¥196, 119. 95	¥1, 304. 14	¥817. 17	¥2, 121. 31
14	5	¥194, 815. 80	¥1, 309. 58	¥811. 73	¥2, 121. 31
15	6	¥193, 506. 23	¥1, 315. 03	¥806. 28	¥2, 121. 31
16	7	¥192, 191. 19	¥1, 320. 51	¥800. 80	¥2, 121. 31
17	8	¥190, 870. 68	¥1, 326. 02	¥795. 29	¥2, 121. 31
18	9	¥189, 544. 66	¥1, 331. 54	¥789. 77	¥2, 121. 31
19	10	¥188, 213. 12	¥1, 337. 09	¥784. 22	¥2, 121. 31
20	11	¥186, 876. 03	¥1, 342. 66	¥778. 65	¥2, 121. 31
21	12	¥185, 533. 37	¥1, 348. 25	¥773. 06	¥2, 121. 31

图 7-103　计算出剩余贷款总额

7.4　Excel 表格技巧

通过以上案例的学习，用户掌握了 Excel 表格中公式和函数的基本方法，以及不同种类函数的使用方法。另外还有一些实用技巧在计算数据时会经常使用到，下面将为读者讲解“显示公式”“自动重算”和“监视公式变化”技巧。

7.4.1　显示公式

在单元格中输入公式后，会默认显示出公式的计算结果，而在编辑栏中显示所选单元格内包含的公式计算表达式。如果一个工作表中的公式过多，想要逐一检查公式的正确性需要消耗大量的时间。用户可以使单元格仅显示公式本身，而不显示计算结果。

选择“公式”选项卡，在“公式审核”组中单击“显示公式”按钮，如图 7-104 所示，或者按 Ctrl+~ 快捷键，即可在工作表中将所有公式显示出来，如图 7-105 所示。

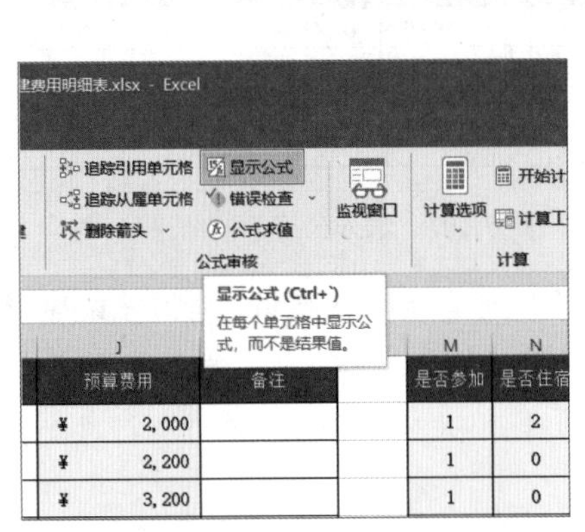

图 7-104　单击“显示公式”按钮

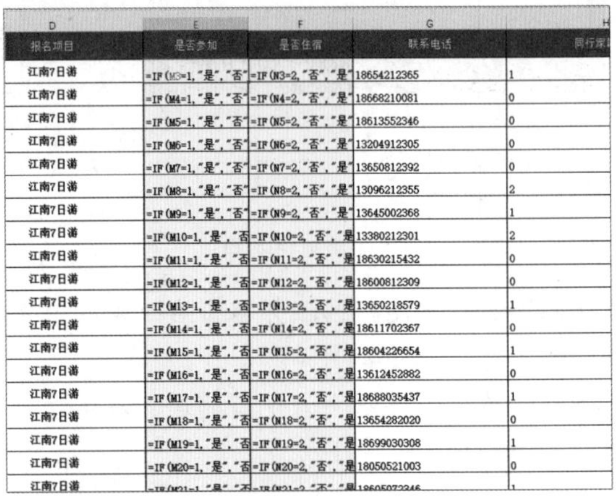

报名项目	是否参加	是否住宿	联系电话	同行家
江南7日游	=IF(M3=1,"是","否"	=IF(N3=2,"否","是"	18654212365	1
江南7日游	=IF(M4=1,"是","否"	=IF(N4=2,"否","是"	18668210081	0
江南7日游	=IF(M5=1,"是","否"	=IF(N5=2,"否","是"	18613552346	0
江南7日游	=IF(M6=1,"是","否"	=IF(N6=2,"否","是"	13204912305	0
江南7日游	=IF(M7=1,"是","否"	=IF(N7=2,"否","是"	13650812392	0
江南7日游	=IF(M8=1,"是","否"	=IF(N8=2,"否","是"	13096212355	2
江南7日游	=IF(M9=1,"是","否"	=IF(N9=2,"否","是"	13645002368	1
江南7日游	=IF(M10=1,"是","否	=IF(N10=2,"否","是	13380212301	2
江南7日游	=IF(M11=1,"是","否	=IF(N11=2,"否","是	18630215432	0
江南7日游	=IF(M12=1,"是","否	=IF(N12=2,"否","是	18600812309	0
江南7日游	=IF(M13=1,"是","否	=IF(N13=2,"否","是	13650218579	1
江南7日游	=IF(M14=1,"是","否	=IF(N14=2,"否","是	18611702367	0
江南7日游	=IF(M15=1,"是","否	=IF(N15=2,"否","是	18604226654	1
江南7日游	=IF(M16=1,"是","否	=IF(N16=2,"否","是	13612452882	0
江南7日游	=IF(M17=1,"是","否	=IF(N17=2,"否","是	18688035437	1
江南7日游	=IF(M18=1,"是","否	=IF(N18=2,"否","是	13654282020	0
江南7日游	=IF(M19=1,"是","否	=IF(N19=2,"否","是	18699030308	1
江南7日游	=IF(M20=1,"是","否	=IF(N20=2,"否","是	18050521003	0
江南7日游	[illegible]	[illegible]	[illegible]	[illegible]

图 7-105　显示公式本身

7.4.2　自动重算

打开“贷款还款计划表.xlsx”工作簿，选择 C5 单元格，输入“4.7%”，然后选择 C6 单元格，输入“144”，此时会发现修改了引用单元格的数据后，公式的计算结果还是保持原值，并没有随之发生改变，如图 7-106 所示。这是由于 Excel 并没有对数据进行自动重算，下面将为读者介绍两种解决方法。

第一种方法是选择“文件”选项卡，然后选择“选项”选项，打开“Excel 选项”对话框，在左侧列表框中选择“公式”选项，在“计算选项”选项组中选中“自动重算”单选按钮，然后单击“确定”按钮，如图 7-107 所示。此时，再回到工作簿中，更改公式中引用的单元格数据，公式的计算结果将随之自动更新。

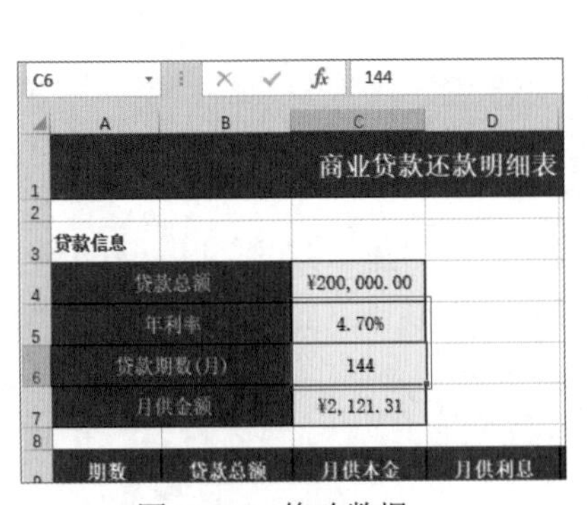

图 7-106　修改数据

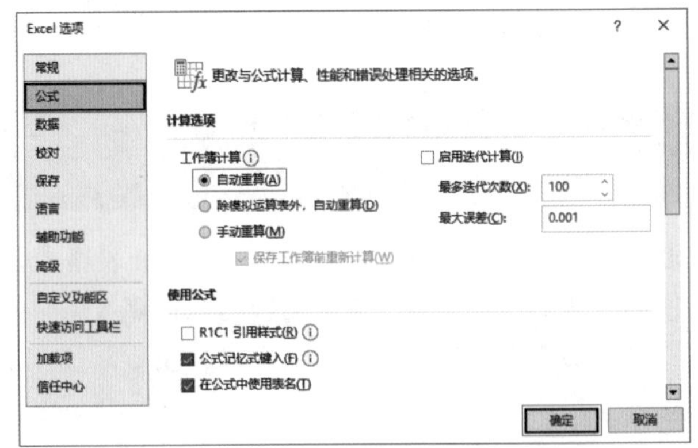

图 7-107　“Excel 选项”对话框

第二种方法是选择“公式”选项卡，在“计算”组中单击“计算选项”按钮，在弹出的下拉列表中选择“自动”选项，如图 7-108 所示，此时也能打开 Excel 的自动重算功能。

设置完成后，回到工作簿中，更改公式中引用的单元格数据，公式的计算结果将随之自动更新，如图 7-109 所示。

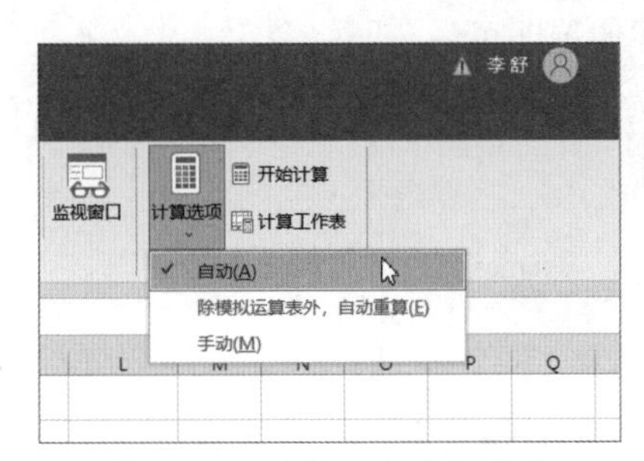

图 7-108　选择“自动”选项

贷款信息

贷款总额	¥200, 000. 00
年利率	4. 70%
贷款期数(月)	144
月供金额	¥1, 819. 83

期数	贷款总额	月供本金	月供利息	本息	贷款余额
1	¥200, 000. 00	¥1, 036. 49	¥783. 33	¥1, 819. 83	¥198, 963. 51
2	¥198, 963. 51	¥1, 040. 55	¥779. 27	¥1, 819. 83	¥197, 922. 96
3	¥197, 922. 96	¥1, 044. 63	¥775. 20	¥1, 819. 83	¥196, 878. 33
4	¥196, 878. 33	¥1, 048. 72	¥771. 11	¥1, 819. 83	¥195, 829. 61
5	¥195, 829. 61	¥1, 052. 83	¥767. 00	¥1, 819. 83	¥194, 776. 78
6	¥194, 776. 78	¥1, 056. 95	¥762. 88	¥1, 819. 83	¥193, 719. 83
7	¥193, 719. 83	¥1, 061. 09	¥758. 74	¥1, 819. 83	¥192, 658. 74
8	¥192, 658. 74	¥1, 065. 25	¥754. 58	¥1, 819. 83	¥191, 593. 50
9	¥191, 593. 50	¥1, 069. 42	¥750. 41	¥1, 819. 83	¥190, 524. 08
10	¥190, 524. 08	¥1, 073. 61	¥746. 22	¥1, 819. 83	¥189, 450. 47
11	¥189, 450. 47	¥1, 077. 81	¥742. 01	¥1, 819. 83	¥188, 372. 66
12	¥188, 372. 66	¥1, 082. 03	¥737. 79	¥1, 819. 83	¥187, 290. 63

Sheet1

就绪　辅助功能: 调查

图 7-109　计算结果自动更新

7.4.3　监视公式变化

打开“贷款还款计划表.xlsx”工作簿，因数据较多，无法在一个屏幕中展现出所有数据，不方便用户观察单元格中的公式。用户可以选择 C7 单元格，然后选择“公式”选项卡，在“公式审核”组中单击“监视窗口”按钮，如图 7-110 所示。打开“监视窗口”窗格，单击“添加监视…”按钮，如图 7-111 所示，可以对指定单元格及其公式进行监视，便于查看公式在工作表中的变化情况。“监视窗口”可以像其他窗格一样固定在 Excel 工作簿窗口中，也可以独立于 Excel 窗口。

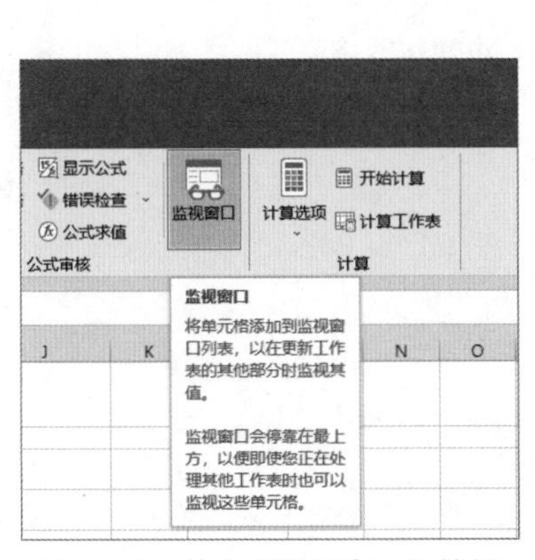

图 7-110　单击“监视窗口”按钮

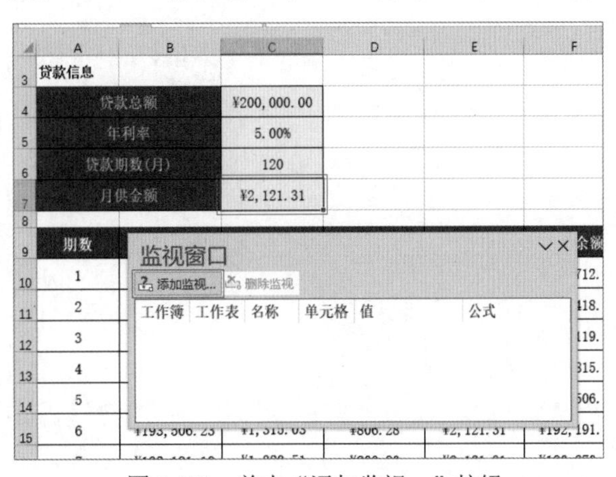

图 7-111　单击“添加监视…”按钮

此时打开“添加监视点”对话框，在“选择您想监视其值的单元格”文本框中显示了所选的单元格，然后单击“添加”按钮，如图 7-112 所示，此时“监视窗口”窗格中显示了跟踪单元格的工作簿、工作表、名称、单元格、值及公式等属性，如图 7-113 所示。

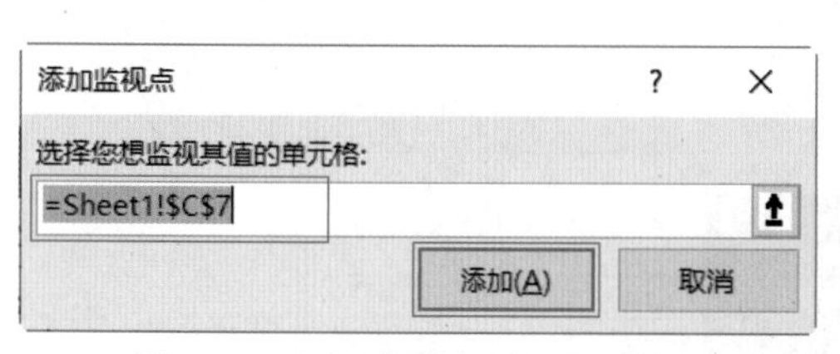

图 7-112 “添加监视点”对话框

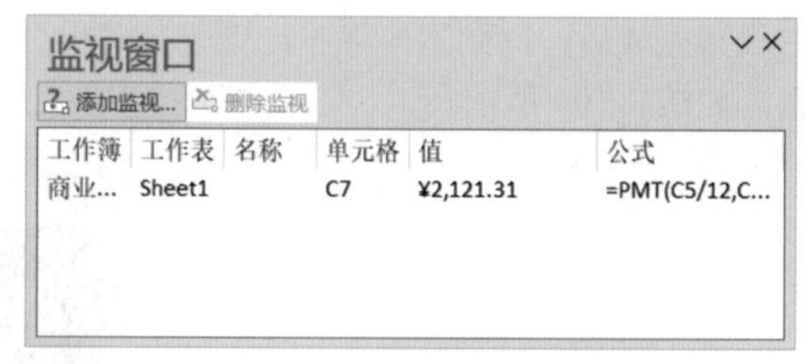

图 7-113 显示跟踪单元格属性

如果用户想删除单元格，可以选择“监视窗口”窗格中的单元格，单击“删除监视”按钮，如图 7-114 所示，若要删除多个单元格，按 Ctrl 键进行加选即可。

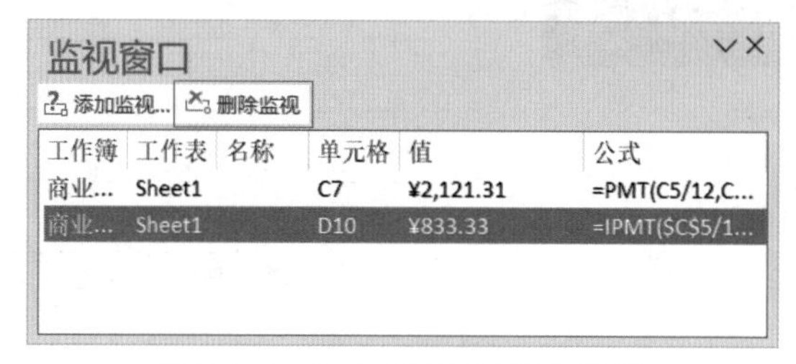

图 7-114 单击“删除监视”按钮

第 8 章
Excel 表格数据的分析

本章导读

Excel 在数据处理和数据分析方面具有很强的优势，可以将隐藏在大量数据中用户所需的信息汇总提炼出来，帮助用户更好地对数据进行判断和决策。本章将通过制作“销售业绩统计表”“季度销售业绩统计表”“项目计划表”和“数据模拟分析”四个实例为用户讲解如何分析和处理 Excel 表格中的数据。

8.1 编辑销售业绩统计表

Excel 工作簿中的排序、筛选、汇总和合并计算操作，是数据分析和管理常用的方法，能够快速获得用户所需要的数据。本节将通过编辑一份如图 8-1 所示的销售业绩统计表来讲解表格中整理和分析数据的操作技巧。

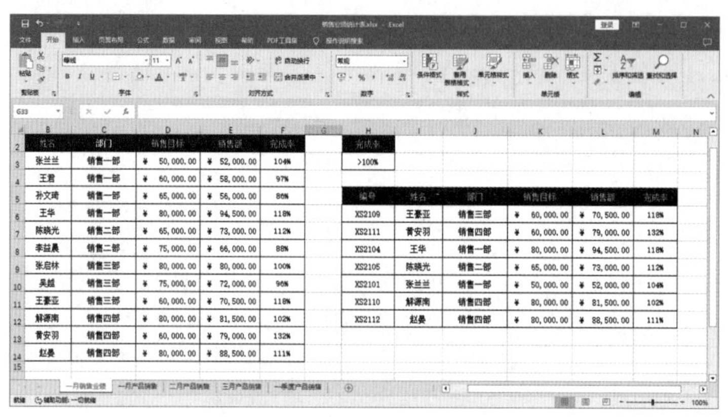

姓名	部门	销售目标	销售额	完成率
张兰兰	销售一部	¥ 50,000.00	¥ 52,000.00	104%
王君	销售一部	¥ 60,000.00	¥ 58,000.00	97%
孙文琦	销售一部	¥ 65,000.00	¥ 56,000.00	86%
王华	销售一部	¥ 80,000.00	¥ 94,500.00	118%
陈晓光	销售二部	¥ 65,000.00	¥ 73,000.00	112%
李益晨	销售二部	¥ 75,000.00	¥ 66,000.00	88%
张启林	销售三部	¥ 80,000.00	¥ 80,000.00	100%
吴越	销售三部	¥ 75,000.00	¥ 72,000.00	96%
王豪亚	销售三部	¥ 60,000.00	¥ 70,500.00	118%
解源南	销售四部	¥ 80,000.00	¥ 81,500.00	102%
黄安羽	销售四部	¥ 60,000.00	¥ 79,000.00	132%
赵昊	销售四部	¥ 80,000.00	¥ 88,500.00	111%

完成率
>100%

编号	姓名	部门	销售目标	销售额	完成率
XS2109	王豪亚	销售三部	¥ 60,000.00	¥ 70,500.00	118%
XS2111	黄安羽	销售四部	¥ 60,000.00	¥ 79,000.00	132%
XS2104	王华	销售一部	¥ 80,000.00	¥ 94,500.00	118%
XS2105	陈晓光	销售二部	¥ 65,000.00	¥ 73,000.00	112%
XS2101	张兰兰	销售一部	¥ 50,000.00	¥ 52,000.00	104%
XS2110	解源南	销售四部	¥ 80,000.00	¥ 81,500.00	102%
XS2112	赵昊	销售四部	¥ 80,000.00	¥ 88,500.00	111%

图 8-1　销售业绩统计表

8.1.1　排序

01 启动 Excel 2019，打开“销售业绩统计表.xlsx”工作簿中的“一月销售业绩统计表”工作表，选择 E3 单元格，然后选择“数据”选项卡，在“排序和筛选”组中单击“降序”按钮，如图 8-2 所示。

02 返回到工作表中，此时在工作表中显示排序后的数据，即数据按照从高到低的顺序重新排列，如图 8-3 所示，如果需要对其他列数据进行降序排序，单击“降序”按钮即可。

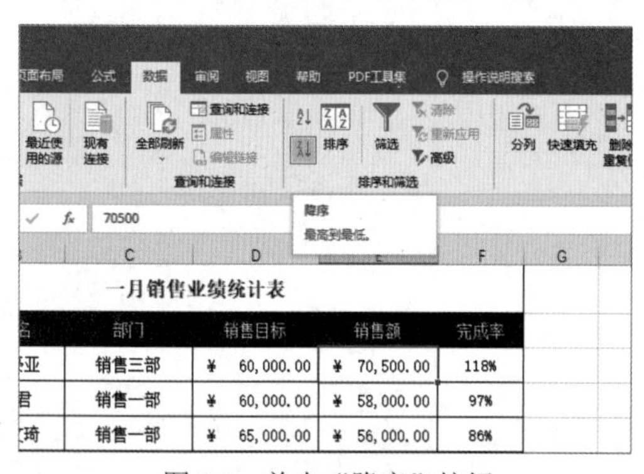

图 8-2　单击“降序”按钮

一月销售业绩统计表

编号	姓名	部门	销售目标	销售额	完成率
XS2104	王华	销售一部	¥ 80,000.00	¥ 94,500.00	118%
XS2112	赵昊	销售四部	¥ 80,000.00	¥ 88,500.00	111%
XS2110	解源南	销售四部	¥ 80,000.00	¥ 81,500.00	102%
XS2107	张启林	销售三部	¥ 80,000.00	¥ 80,000.00	100%
XS2111	黄安羽	销售四部	¥ 60,000.00	¥ 79,000.00	132%
XS2105	陈晓光	销售二部	¥ 65,000.00	¥ 73,000.00	112%
XS2108	吴越	销售三部	¥ 75,000.00	¥ 72,000.00	96%
XS2109	王豪亚	销售三部	¥ 60,000.00	¥ 70,500.00	118%
XS2106	李益晨	销售二部	¥ 75,000.00	¥ 66,000.00	88%
XS2102	王君	销售一部	¥ 60,000.00	¥ 58,000.00	97%
XS2103	孙文琦	销售一部	¥ 65,000.00	¥ 56,000.00	86%
XS2101	张兰兰	销售一部	¥ 50,000.00	¥ 52,000.00	104%

图 8-3　查看排序结果

03 选择 D3 单元格，然后选择“数据”选项卡，在“排序和筛选”组中单击“排序”按钮，如图 8-4 所示。

04 打开“排序”对话框，单击“列”下拉按钮，在弹出的下拉列表中选择“销售目标”选项，单击“次序”下拉按钮，选择“降序”选项，然后单击“添加条件”按钮，如图 8-5 所示。

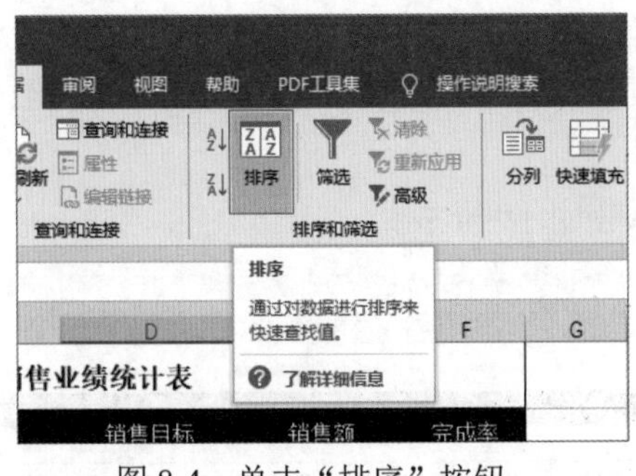

图 8-4　单击“排序”按钮

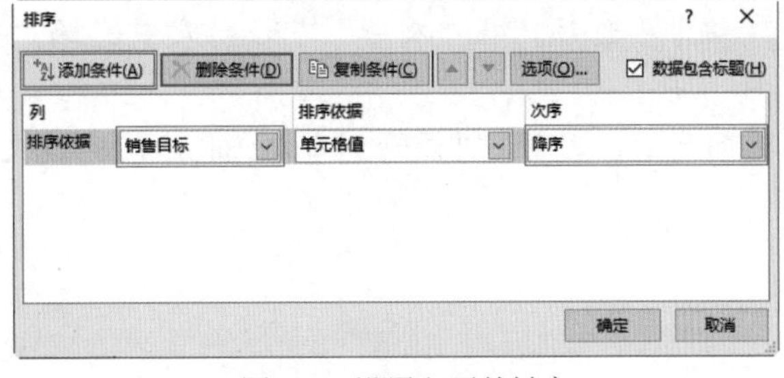

图 8-5　设置主要关键字

05 添加一个次要关键字，单击“列”下拉按钮，选择“完成率”选项，单击“次序”下拉按钮，选择“降序”选项，然后单击“确定”按钮，如图 8-6 所示。

06 返回到工作表中，可以看到多关键字排序后的效果如图 8-7 所示。

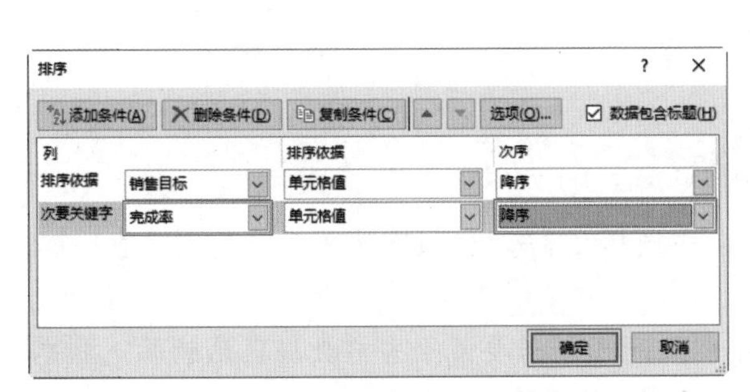

图 8-6　设置次要关键字

一月销售业绩统计表

编号	姓名	部门	销售目标	销售额	完成率
XS2104	王华	销售一部	¥ 80,000.00	¥ 94,500.00	118%
XS2112	赵晏	销售四部	¥ 80,000.00	¥ 88,500.00	111%
XS2110	解源南	销售四部	¥ 80,000.00	¥ 81,500.00	102%
XS2107	张启林	销售三部	¥ 80,000.00	¥ 80,000.00	100%
XS2108	吴越	销售三部	¥ 75,000.00	¥ 72,000.00	96%
XS2106	李益晨	销售二部	¥ 75,000.00	¥ 66,000.00	88%
XS2105	陈晓光	销售二部	¥ 65,000.00	¥ 73,000.00	112%
XS2103	孙文琦	销售一部	¥ 65,000.00	¥ 56,000.00	86%
XS2111	黄安羽	销售四部	¥ 60,000.00	¥ 79,000.00	132%
XS2109	王豪亚	销售三部	¥ 60,000.00	¥ 70,500.00	118%
XS2102	王君	销售一部	¥ 60,000.00	¥ 58,000.00	97%
XS2101	张兰兰	销售一部	¥ 50,000.00	¥ 52,000.00	104%

图 8-7　多关键字排序效果

07 用户若要按部门进行自定义排序，可以打开“排序”对话框，单击“列”下拉按钮，选择“部门”选项，单击“次序”下拉按钮，选择“自定义序列”选项，如图 8-8 所示。

08 打开“自定义序列”对话框，在“输入序列”文本框中输入“销售一部”“销售二部”“销售三部”“销售四部”，再单击“添加”按钮，然后单击“确定”按钮，如图 8-9 所示。

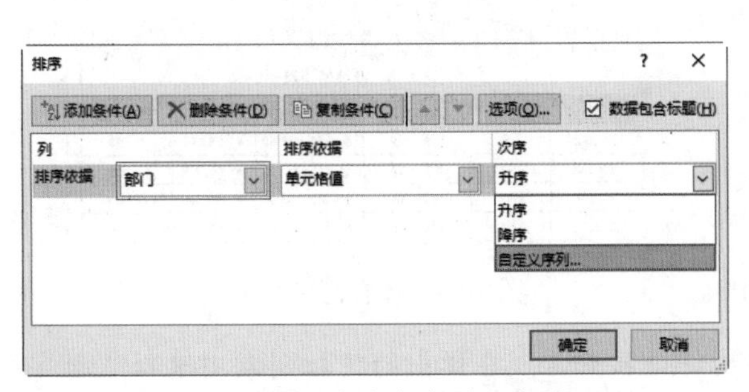

图 8-8　选择“自定义序列”选项

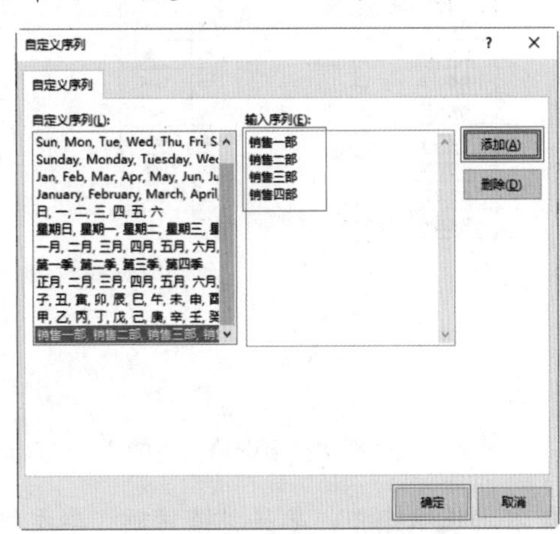

图 8-9　输入自定义序列内容

09 返回“排序”对话框，单击“添加条件”按钮，在次要关键字中，单击“列”下拉按钮，选择“编号”选项，在“次序”下拉列表中选择“升序”选项，然后单击“确定”按钮，如图 8-10 所示。

10 返回到工作表中，可以看到自定义排序后的效果如图 8-11 所示。

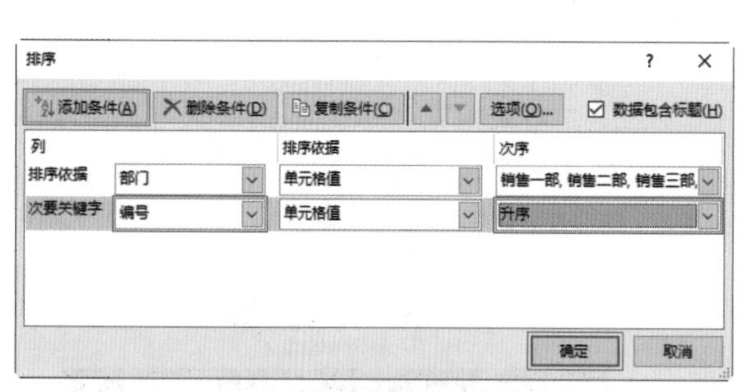

图 8-10　添加条件

编号	姓名	部门	销售目标	销售额	完成率
XS2101	张兰兰	销售一部	¥ 50,000.00	¥ 52,000.00	104%
XS2102	王君	销售一部	¥ 60,000.00	¥ 58,000.00	97%
XS2103	孙文琦	销售一部	¥ 65,000.00	¥ 56,000.00	86%
XS2104	王华	销售一部	¥ 80,000.00	¥ 94,500.00	118%
XS2105	陈晓光	销售二部	¥ 65,000.00	¥ 73,000.00	112%
XS2106	李益晨	销售二部	¥ 75,000.00	¥ 66,000.00	88%
XS2107	张启林	销售三部	¥ 80,000.00	¥ 80,000.00	100%
XS2108	吴越	销售三部	¥ 75,000.00	¥ 72,000.00	96%
XS2109	王豪亚	销售三部	¥ 60,000.00	¥ 70,500.00	118%
XS2110	解源南	销售四部	¥ 80,000.00	¥ 81,500.00	102%
XS2111	黄安羽	销售四部	¥ 60,000.00	¥ 79,000.00	132%
XS2112	赵晏	销售四部	¥ 80,000.00	¥ 88,500.00	111%

图 8-11　查看自定义排序效果

8.1.2　筛选

01 选择 C4 单元格，右击并从弹出的快捷菜单中选择“筛选”|“按所选单元格的值筛选”命令，如图 8-12 所示。

02 返回工作表中可以看到筛选结果，如图 8-13 所示，若要清除当前数据区域的筛选状态，可以选择“数据”选项卡，单击“排序和筛选”组中的“清除”按钮。

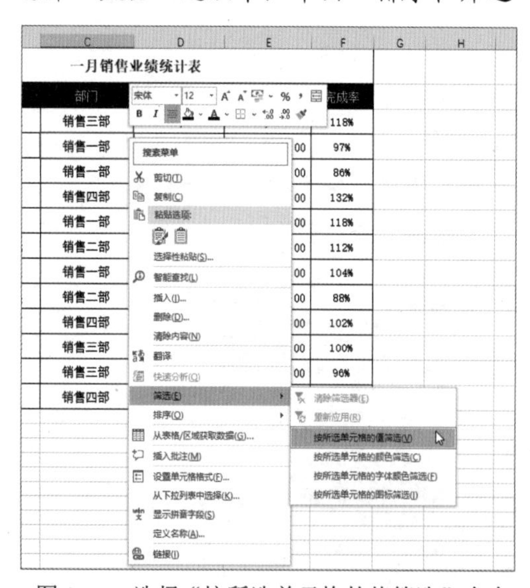

图 8-12　选择“按所选单元格的值筛选”命令

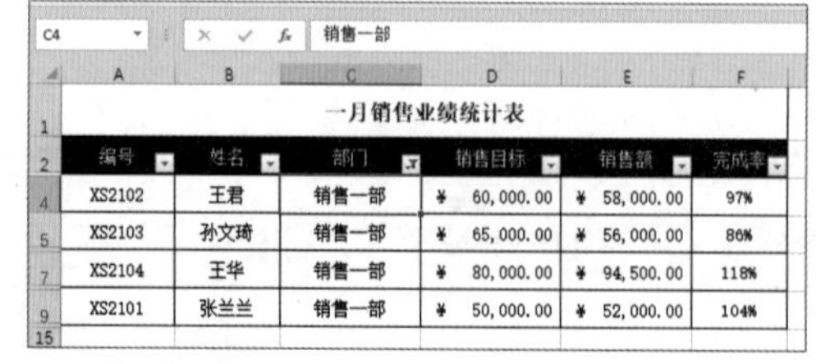

编号	姓名	部门	销售目标	销售额	完成率
XS2102	王君	销售一部	¥ 60,000.00	¥ 58,000.00	97%
XS2103	孙文琦	销售一部	¥ 65,000.00	¥ 56,000.00	86%
XS2104	王华	销售一部	¥ 80,000.00	¥ 94,500.00	118%
XS2101	张兰兰	销售一部	¥ 50,000.00	¥ 52,000.00	104%

图 8-13　查看筛选结果

03 在筛选状态中，单击“销售额”单元格的筛选按钮，在弹出的下拉列表中选择“数字筛选”|“介于”选项，如图 8-14 所示。

04 打开“自定义自动筛选”对话框，在“大于或等于”文本框中输入“70000”，在“小于或等于”文本框中输入“95000”，然后单击“确定”按钮，如图 8-15 所示。

图 8-14　选择“介于”选项

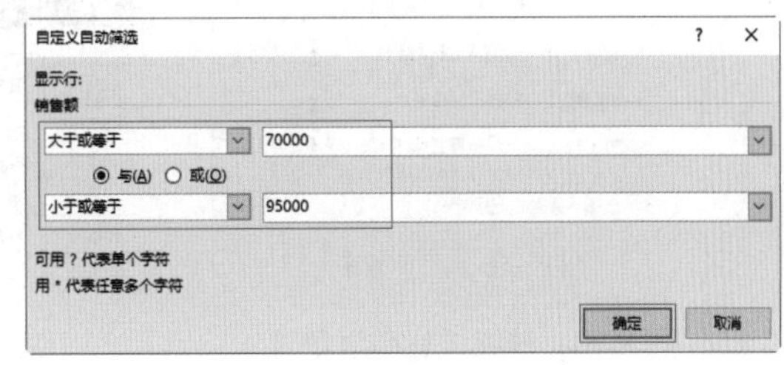

图 8-15　设置自定义筛选条件

05 即可快速筛选出销售额大于或等于 70000 且小于或等于 95000 的数据，如图 8-16 所示。

06 在 H3 单元格中输入筛选条件，然后选择“数据”选项卡，在“排序和筛选”组中单击“高级”按钮，如图 8-17 所示。

图 8-16　自定义筛选结果

图 8-17　单击“高级”按钮

07 打开“高级筛选”对话框，选中“将筛选结果复制到其他位置”单选按钮，然后单击“列表区域”文本框右侧的按钮，如图 8-18 所示。

08 拖曳鼠标选择条件区域范围 A2:F14，然后单击按钮，如图 8-19 所示。

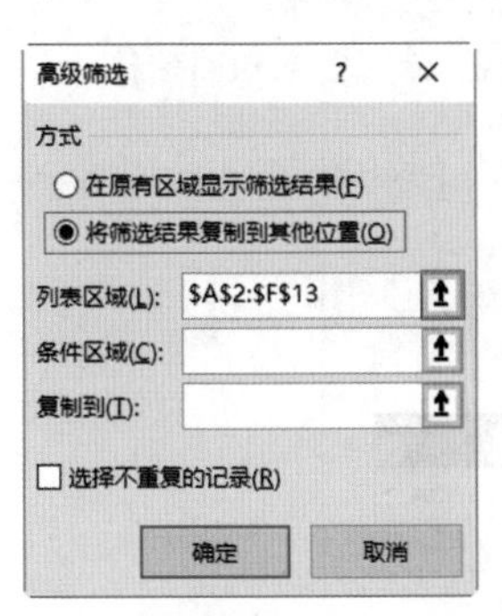

图 8-18　“高级筛选”对话框

图 8-19　选择条件区域范围

09 按照步骤**08**的方法设置“条件区域”和“复制到”的区域范围，然后单击“确定”按钮，如图 8-20 所示。

10 返回到工作表中，此时高级筛选结果如图 8-21 所示。

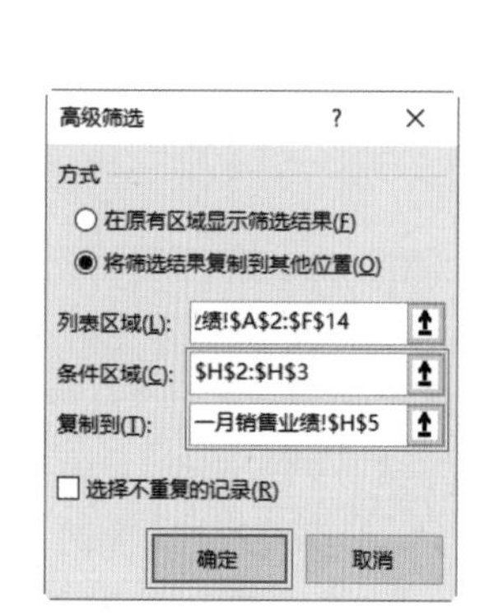

图 8-20　继续进行高级筛选

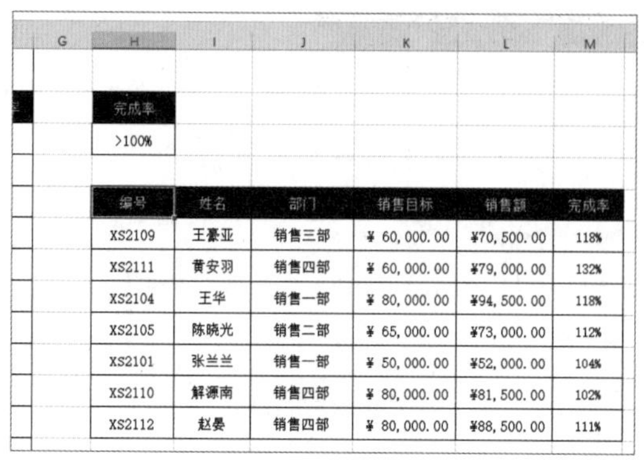

完成率
>100%

编号	姓名	部门	销售目标	销售额	完成率
XS2109	王豪亚	销售三部	¥ 60,000.00	¥70,500.00	118%
XS2111	黄安羽	销售四部	¥ 60,000.00	¥79,000.00	132%
XS2104	王华	销售一部	¥ 80,000.00	¥94,500.00	118%
XS2105	陈晓光	销售二部	¥ 65,000.00	¥73,000.00	112%
XS2101	张兰兰	销售一部	¥ 50,000.00	¥52,000.00	104%
XS2110	解源南	销售四部	¥ 80,000.00	¥81,500.00	102%
XS2112	赵晏	销售四部	¥ 80,000.00	¥88,500.00	111%

图 8-21　高级筛选结果

11 用户还可以使用模糊筛选，选择 A1:F14 单元格区域中的任意一个单元格，选择“数据”选项卡，在“排序和筛选”组中单击“筛选”按钮，如图 8-22 所示。

12 单击“姓名”单元格的筛选按钮，在“搜索”文本框中输入文本和通配符“* 安 ?”，然后单击“确定”按钮，如图 8-23 所示。

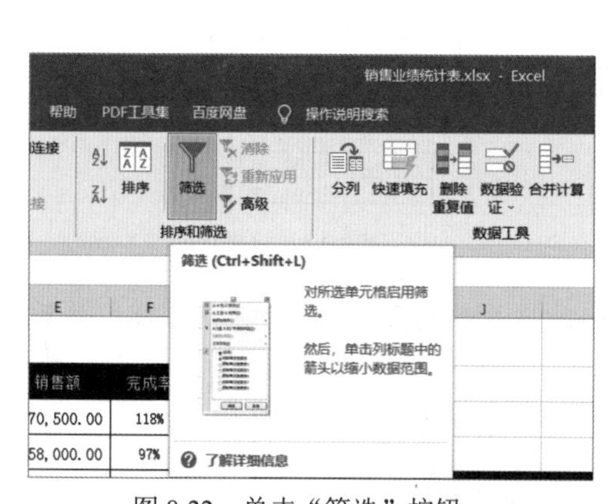

图 8-22　单击“筛选”按钮

图 8-23　输入文本和通配符

13 返回到工作表中，可以通过某个字或内容快速筛选出符合条件的数据，如图 8-24 所示。

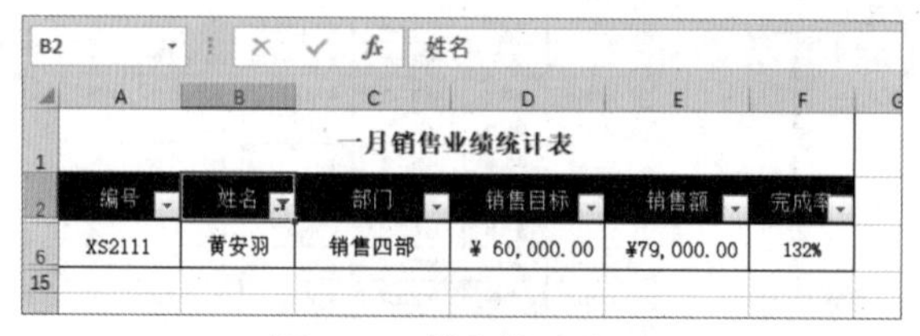

一月销售业绩统计表

编号	姓名	部门	销售目标	销售额	完成率
XS2111	黄安羽	销售四部	¥ 60,000.00	¥79,000.00	132%

图 8-24　模糊筛选结果

8.1.3　汇总

01 在创建分类汇总之前，必须先根据需要对数据进行排序，选择 A3 单元格，然后选择“数据”选项卡，在“排序和筛选”组中单击“升序”按钮，如图 8-25 所示。

02 在“分级显示”组中单击“分类汇总”按钮，如图 8-26 所示。

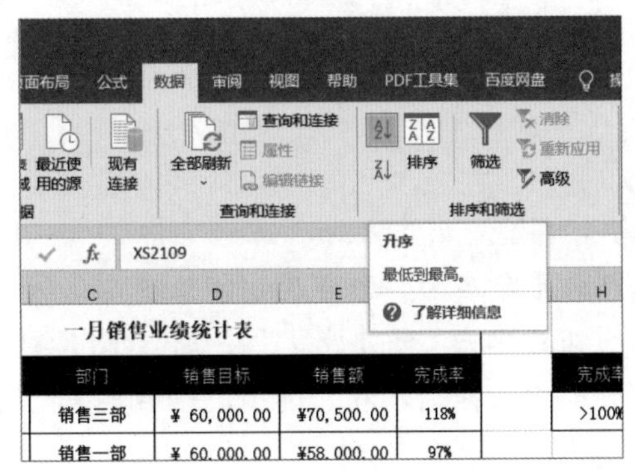

图 8-25　单击“升序”按钮

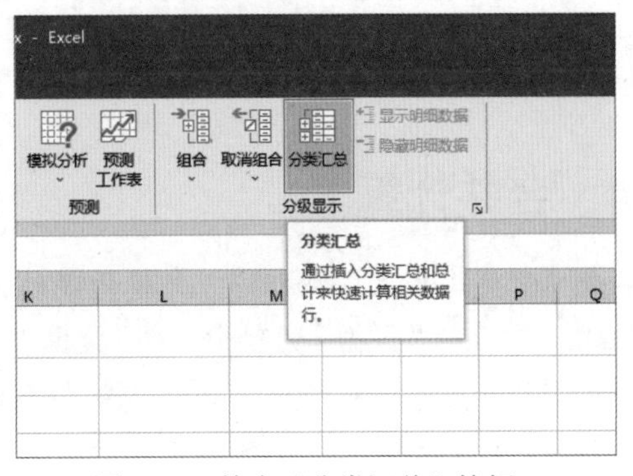

图 8-26　单击“分类汇总”按钮

03 打开“分类汇总”对话框，单击“分类字段”下拉按钮，在弹出的下拉列表中选择“部门”选项，单击“汇总方式”下拉按钮，选择“求和”选项，在“选定汇总项”列表框中选中“销售额”复选框，然后单击“确定”按钮，如图 8-27 所示。

04 返回工作表中，分类汇总后的结果如图 8-28 所示。

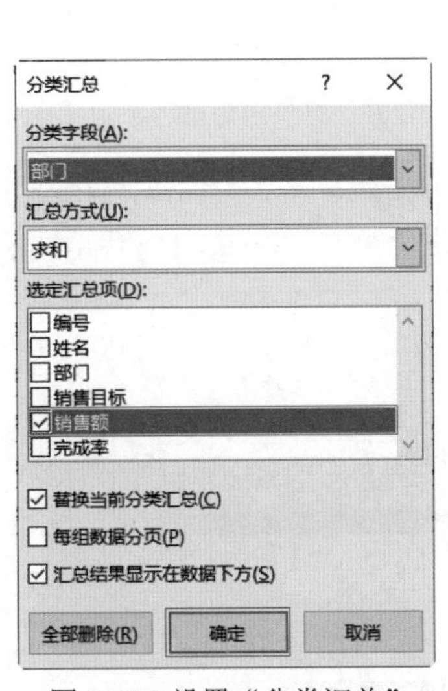

图 8-27　设置“分类汇总”

一月销售业绩统计表

编号	姓名	部门	销售目标	销售额	完成率
XS2101	张兰兰	销售一部	¥ 50,000.00	¥ 52,000.00	104%
XS2102	王君	销售一部	¥ 60,000.00	¥ 58,000.00	97%
XS2103	孙文琦	销售一部	¥ 65,000.00	¥ 56,000.00	86%
XS2104	王华	销售一部	¥ 80,000.00	¥ 94,500.00	118%
		销售一部 汇总		¥260,500.00	
XS2105	陈晓光	销售二部	¥ 65,000.00	¥ 73,000.00	112%
XS2106	李益晨	销售二部	¥ 75,000.00	¥ 66,000.00	88%
		销售二部 汇总		¥139,000.00	
XS2107	张启林	销售三部	¥ 80,000.00	¥ 80,000.00	100%
XS2108	吴越	销售三部	¥ 75,000.00	¥ 72,000.00	96%
XS2109	王豪亚	销售三部	¥ 60,000.00	¥ 70,500.00	118%
		销售三部 汇总		¥222,500.00	
XS2110	解源南	销售四部	¥ 80,000.00	¥ 81,500.00	102%
XS2111	黄安羽	销售四部	¥ 60,000.00	¥ 79,000.00	132%
XS2112	赵昊	销售四部	¥ 80,000.00	¥ 88,500.00	111%
		销售四部 汇总		¥249,000.00	
		总计		¥871,000.00	

图 8-28　分类汇总结果

05 单击汇总区域左上角的数字按钮 2，即可查看二级汇总结果，如图 8-29 所示。

06 单击汇总区域左上角的数字按钮 1，即可查看一级汇总结果，如图 8-30 所示。单击“分类汇总”按钮，打开“分类汇总”对话框，单击“全部删除”按钮即可取消分类汇总。

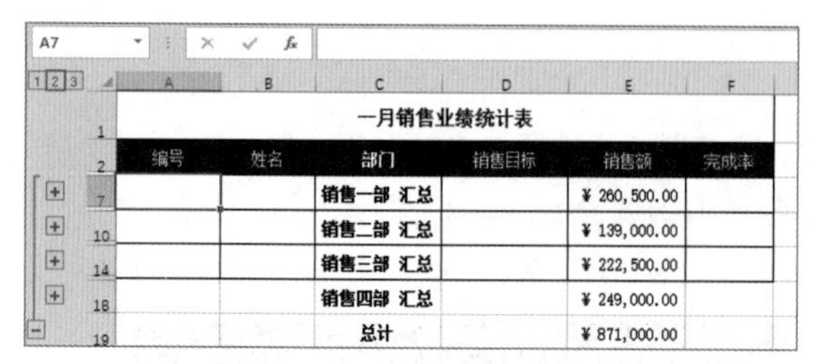

一月销售业绩统计表

编号	姓名	部门	销售目标	销售额	完成率
		销售一部 汇总		¥ 260,500.00	
		销售二部 汇总		¥ 139,000.00	
		销售三部 汇总		¥ 222,500.00	
		销售四部 汇总		¥ 249,000.00	
		总计		¥ 871,000.00	

图 8-29　查看二级汇总结果

一月销售业绩统计表

编号	姓名	部门	销售目标	销售额	完成率
		总计		¥ 871,000.00	

图 8-30　查看一级汇总结果

8.1.4　合并计算

01 单击“新建工作表”按钮⊕，并将新建的工作表重命名为“一季度销售业绩”，然后选择A1单元格，再选择“数据”选项卡，在“数据工具”组中单击“合并计算”按钮，如图 8-31 所示。

02 打开“合并计算”对话框，在“函数”下拉列表中选择“求和”选项，然后单击“引用位置”文本框右侧的按钮，如图 8-32 所示。

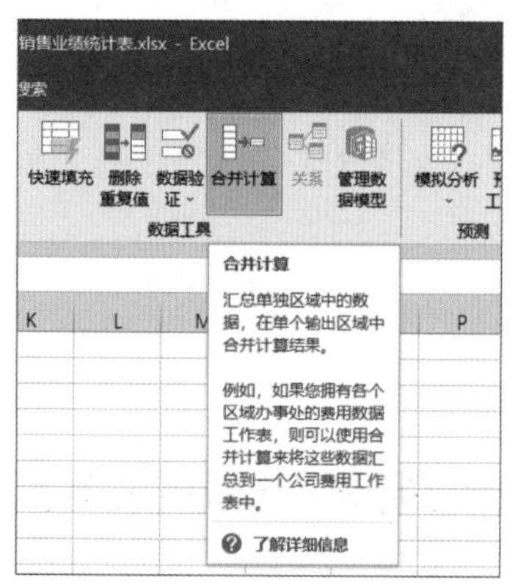

图 8-31　单击“合并计算”按钮

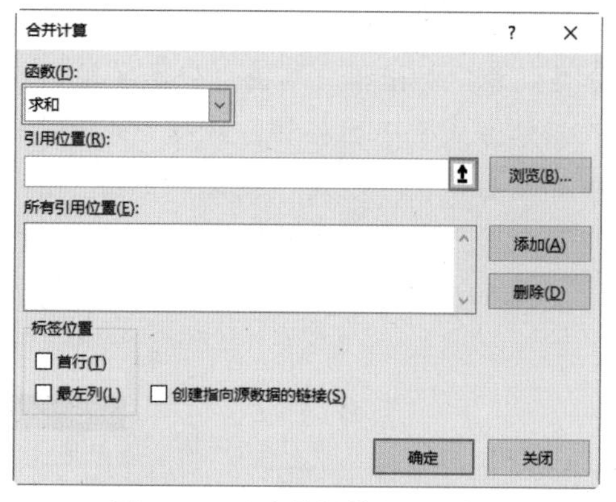

图 8-32　“合并计算”对话框

03 选择“一月产品销售”工作表，再选择 A2:F14 单元格区域，然后单击按钮，如图 8-33 所示。

04 返回“合并计算”对话框，单击“添加”按钮，再单击“确定”按钮，如图 8-34 所示。

一月产品销售统计表

姓名	产品1	产品2	产品3	产品4	产品5
张兰兰	10	15	22	24	11
王君	18	20	11	26	20
孙文琦	24	22	11	22	14
王华	32	38	42	45	40
陈晓光	25	36	30	22	18
李益晨	16	20	20	21	20
张启林	31	36	40	26	33
吴越	26	20	37	18	28
王赢亚	22	28	29	12	20
解源南	35	29	45	30	37
黄安羽	27	24	35	20	20
赵昊	40	30	36	37	42

合并计算 - 引用位置:
一月产品销售!$A$2:$F$14

图 8-33　选择合并计算的引用位置

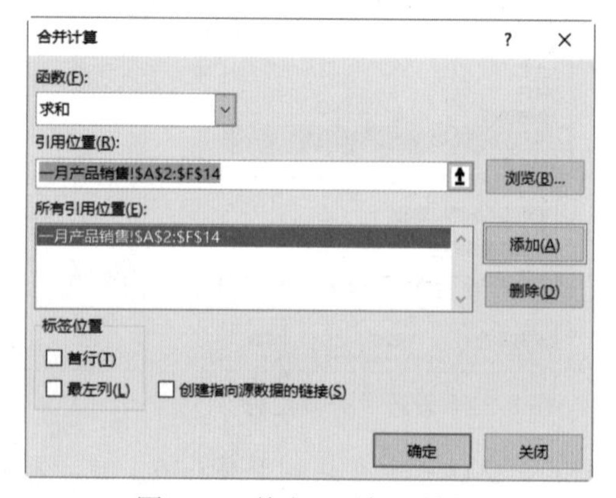

图 8-34　单击“添加”按钮

05 按照步骤 **02** 到步骤 **04** 的方法添加其他的引用位置，选中“首行”“最左列”和“创建指向源数据的链接”复选框，然后单击“确定”按钮，如图 8-35 所示。

06 返回到工作表中，即可查看合并计算的结果，如图 8-36 所示。

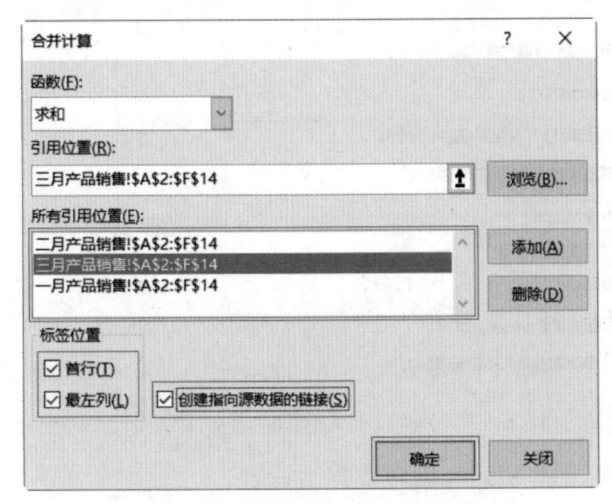

图 8-35　添加其他的引用位置

行号	A B	产品1	产品2	产品3	产品4	产品5
5	张兰兰	80	84	76	88	79
9	王君	69	89	79	88	69
13	孙文琦	81	78	69	74	73
17	王华	90	118	124	112	96
21	陈晓光	100	103	103	65	79
25	李益晨	72	77	83	87	79
29	张启林	101	120	88	85	112
33	吴越	86	89	108	98	112
37	王泰亚	89	78	93	85	97
41	解源南	117	111	116	85	110
45	黄安羽	93	69	77	83	79
49	赵晏	99	94	101	98	114

图 8-36　合并计算结果

8.2　编辑季度销售业绩统计表

使用数据透视表可以对表格中的数据进行重新组织，利用切片器筛选组件可以对数据透视表进行可视化筛选。数据透视图则可以将数据透视表中的内容可视化，便于用户制作有针对性的报表。本节将主要讲解如何使用数据透视表来编辑季度销售业绩统计表，如图 8-37 所示。

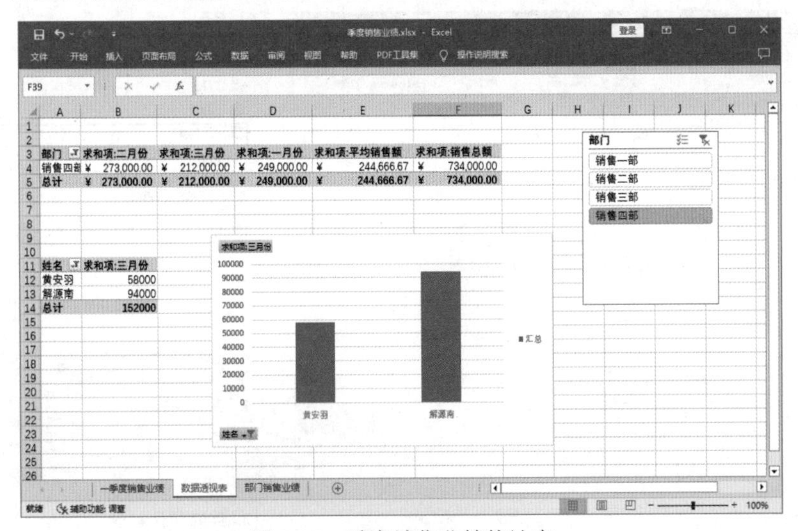

图 8-37　季度销售业绩统计表

8.2.1　创建数据透视表并添加字段

01 打开“季度销售业绩.xlsx”工作簿，选择 A2:F14 单元格区域中的任意一个单元格，选择“插入”选项卡，在“表格”组中单击“数据透视表”下拉按钮，在弹出的下拉列表中选择“表格和区域”命令，如图 8-38 所示。

02 打开“来自表格或区域的数据透视表”对话框，选中“新工作表”单选按钮，然后单击“确定”按钮，如图 8-39 所示。

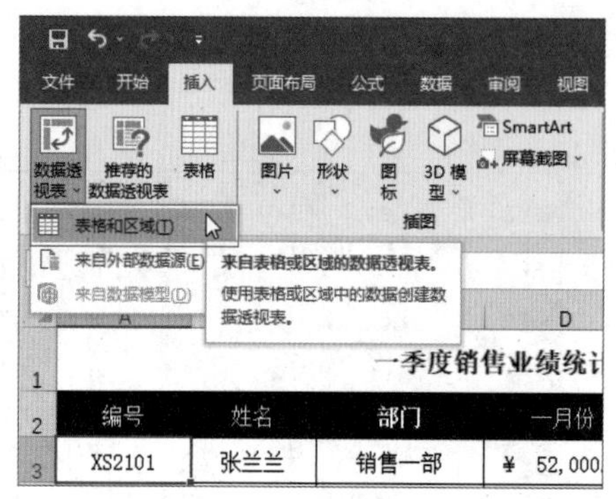

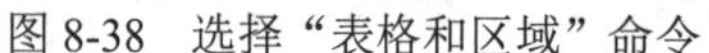
图 8-38　选择“表格和区域”命令

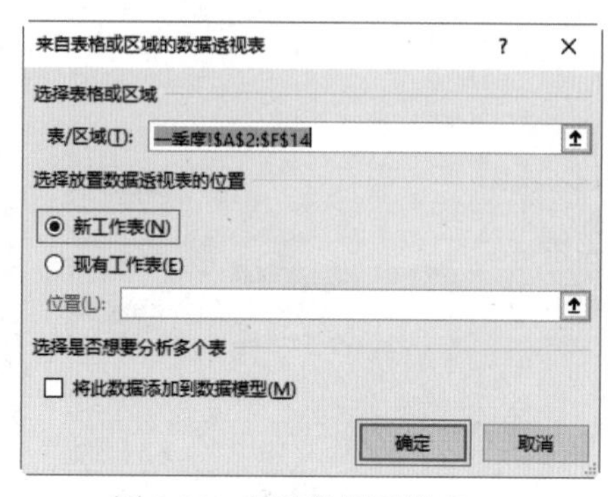

图 8-39　创建数据透视表

03 此时新建的数据透视表为一个新工作表，将其重命名为“数据透视表”，如图 8-40 所示。

04 在工作簿右侧打开“数据透视表字段”窗格，分别选择“部门”“一月份”“二月份”“三月份”和“销售总额”字段，并将其拖曳到相应的位置，如图 8-41 所示。

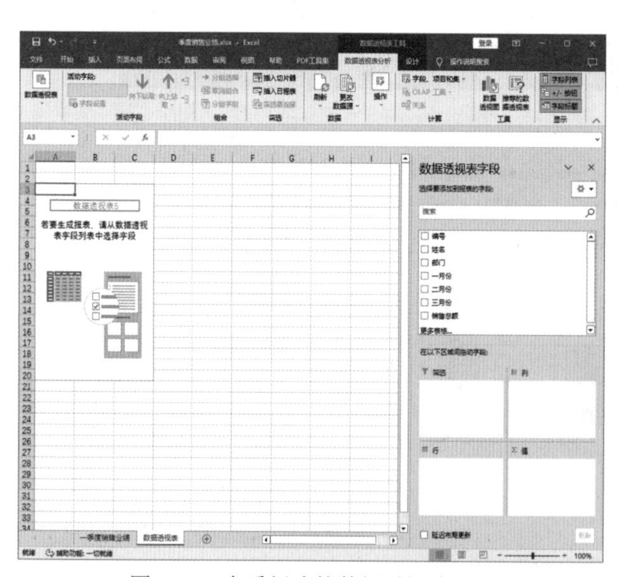

图 8-40　查看新建的数据透视表

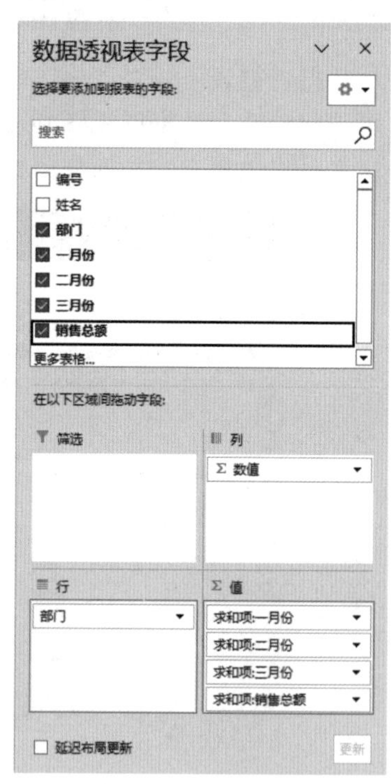

图 8-41　设置字段

05 此时，即可完成数据透视表的字段设置，结果如图 8-42 所示。

06 选择 A3 单元格，然后选择“设计”选项卡，在“布局”组中单击“报表布局”下拉按钮，在弹出的下拉列表中选择“以表格形式显示”选项，如图 8-43 所示。

行标签	求和项:一月份	求和项:二月份	求和项:三月份	求和项:销售总额
销售一部	260500	294500	325000	880000
销售二部	139000	166500	135000	440500
销售三部	222500	254000	266500	743000
销售四部	249000	273000	212000	734000
总计	871000	988000	938500	2797500

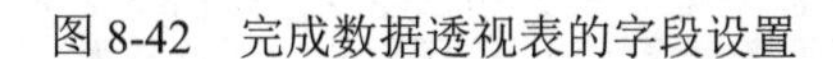

图 8-42 完成数据透视表的字段设置

图 8-43 选择“以表格形式显示”选项

07 返回到工作表中，数据透视表的显示结果如图 8-44 所示。

部门	求和项:一月份	求和项:二月份	求和项:三月份	求和项:销售总额	求和项:平均销售额
销售一部	¥ 260,500.00	¥ 294,500.00	¥ 325,000.00	¥ 880,000.00	¥ 293,333.33
销售二部	¥ 139,000.00	¥ 166,500.00	¥ 135,000.00	¥ 440,500.00	¥ 146,833.33
销售三部	¥ 222,500.00	¥ 254,000.00	¥ 266,500.00	¥ 743,000.00	¥ 247,666.67
销售四部	¥ 249,000.00	¥ 273,000.00	¥ 212,000.00	¥ 734,000.00	¥ 244,666.67
总计	¥ 871,000.00	¥ 988,000.00	¥ 938,500.00	¥ 2,797,500.00	¥ 932,500.00

图 8-44 数据透视表显示结果

8.2.2 在数据透视表中进行计算

01 选择“数据透视表分析”选项卡，单击“字段、项目和集”下拉按钮，在弹出的下拉列表中选择“计算字段”命令，如图 8-45 所示。

02 打开“插入计算字段”对话框，在“名称”文本框中输入“平均销售额”，将光标放置到“公式”文本框中，在“字段”列表框中双击“销售总额”选项，然后在“公式”文本框中输入“= 销售总额 /3”，再单击“确定”按钮，如图 8-46 所示。

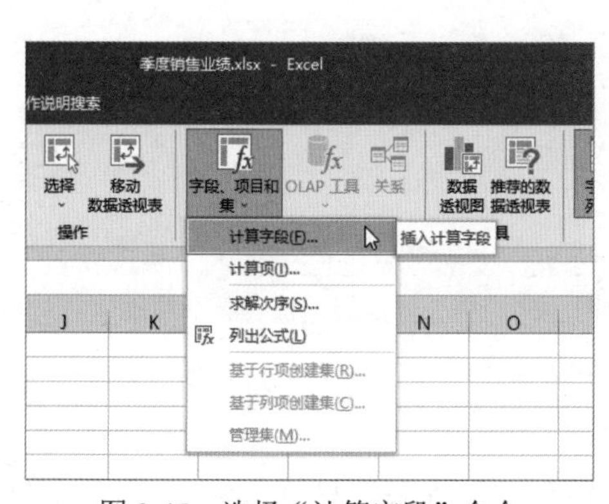

图 8-45 选择“计算字段”命令

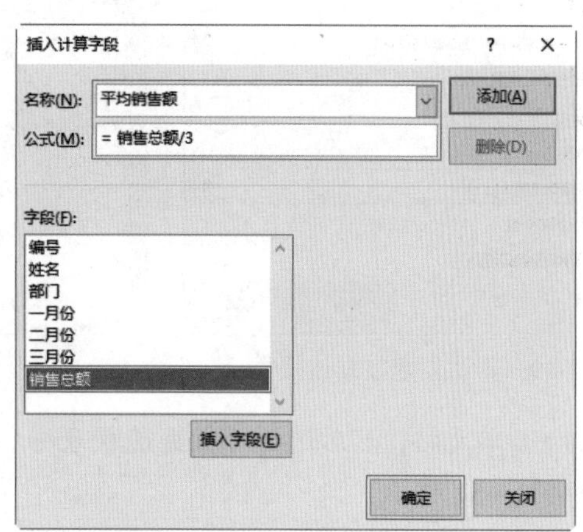

图 8-46 设置“插入计算字段”对话框

03 选择 B4:F8 单元格区域，选择“开始”选项卡，在“数字”组中单击“数字格式”下拉按钮，选择“会计专用”选项，如图 8-47 所示。

04 返回工作表中，可以看到 B4:F8 单元格区域的数值更改为会计专业格式，如图 8-48 所示。

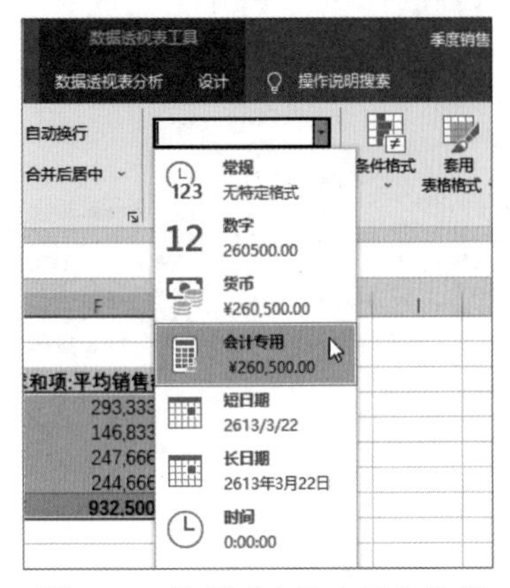

图 8-47 选择“会计专用”选项

行标签	求和项:一月份	求和项:二月份	求和项:三月份	求和项:销售总额	求和项:平均销售额
销售一部	¥ 260,500.00	¥ 294,500.00	¥ 325,000.00	¥ 880,000.00	¥ 293,333.33
销售二部	¥ 139,000.00	¥ 166,500.00	¥ 135,000.00	¥ 440,500.00	¥ 146,833.33
销售三部	¥ 222,500.00	¥ 254,000.00	¥ 266,500.00	¥ 743,000.00	¥ 247,666.67
销售四部	¥ 249,000.00	¥ 273,000.00	¥ 212,000.00	¥ 734,000.00	¥ 244,666.67
总计	¥ 871,000.00	¥ 988,000.00	¥ 938,500.00	¥ 2,797,500.00	¥ 932,500.00

图 8-48 会计专用格式显示效果

8.2.3 数据透视表的可视化筛选

01 选择“一季度销售业绩”工作表，然后选择 A2:F14 单元格区域中的任意一个单元格，选择“插入”选项卡，在“表格”组中单击“数据透视表”按钮，打开“来自表格或区域的数据透视表”对话框，选中“现有工作表”单选按钮，再单击“位置”文本框右侧的按钮，选择“数据透视表”工作表中的 A11 单元格，然后“确定”按钮，如图 8-49 所示。

02 返回工作表中，新建的第二张数据透视表显示结果如图 8-50 所示。

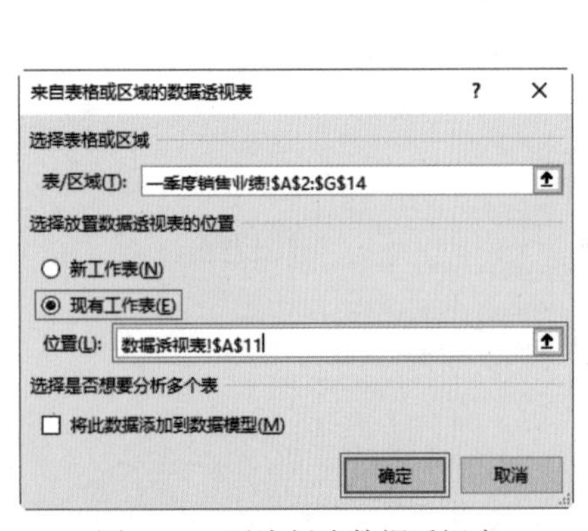

图 8-49 再次创建数据透视表

图 8-50 第二张数据透视表显示结果

03 选择 E4 单元格，然后选择“数据透视表分析”选项卡，在“筛选”组中单击“插入切片器”按钮，如图 8-51 所示。

04 打开“插入切片器”对话框，选中“部门”复选框，然后单击“确定”按钮，如图 8-52 所示。

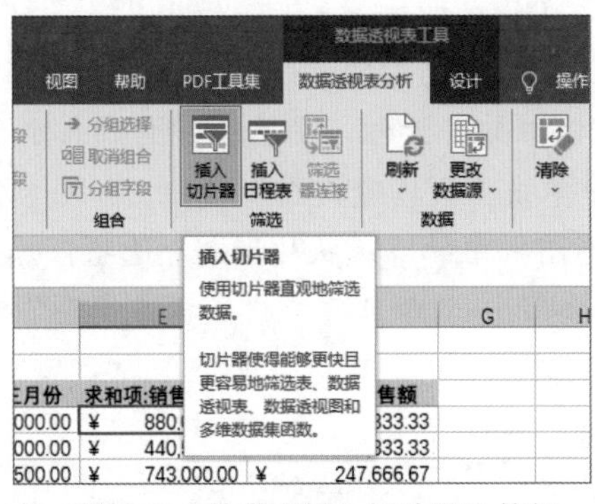

图 8-51　单击“插入切片器”按钮

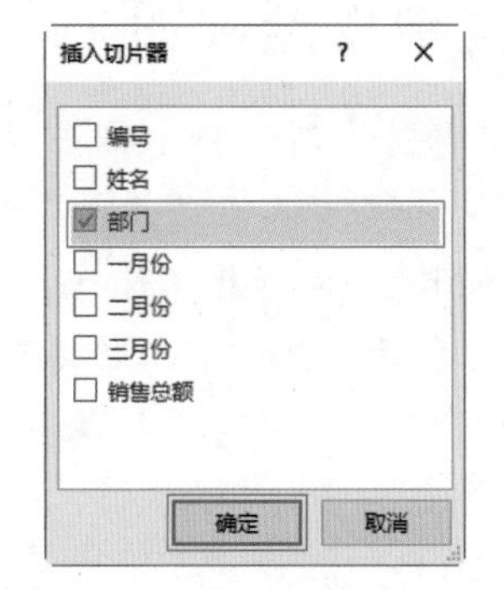

图 8-52　“插入切片器”对话框

05 在“切片器筛选”对话框中选择“销售一部”选项，此时则会筛选出第一个数据透视表中的销售一部数据，如图 8-53 所示。

06 若想通过一个切片器同时控制两张数据透视表，可以选择“切片器”选项卡，在“切片器”组中单击“报表连接”按钮，如图 8-54 所示。

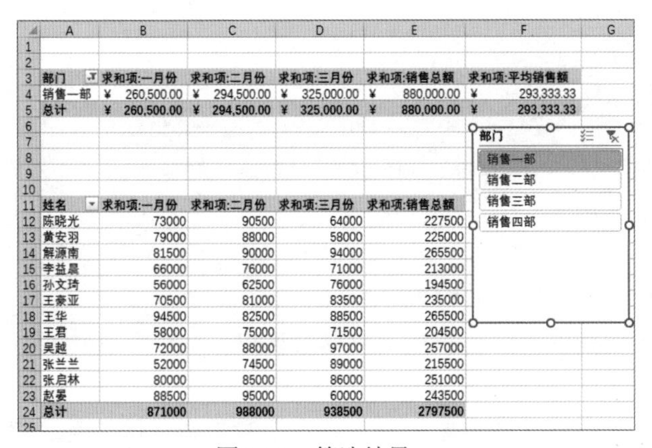

图 8-53　筛选结果

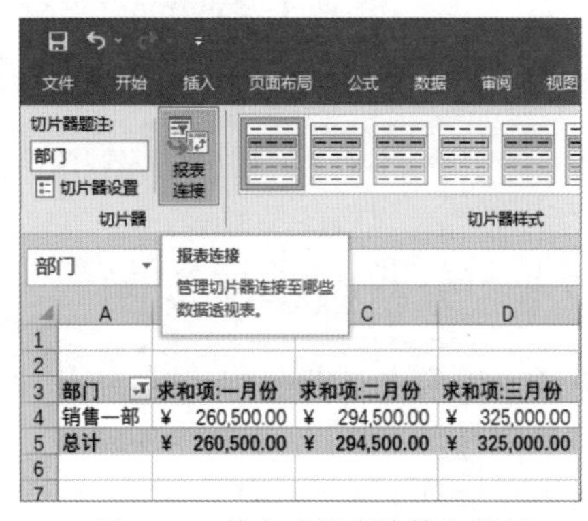

图 8-54　单击“报表连接”按钮

07 打开“数据透视表连接 (部门)”对话框，选中“数据透视表 2”复选框，然后单击“确定”按钮，如图 8-55 所示。

08 返回到工作表中，此时切片器对数据进行筛选的结果如图 8-56 所示。

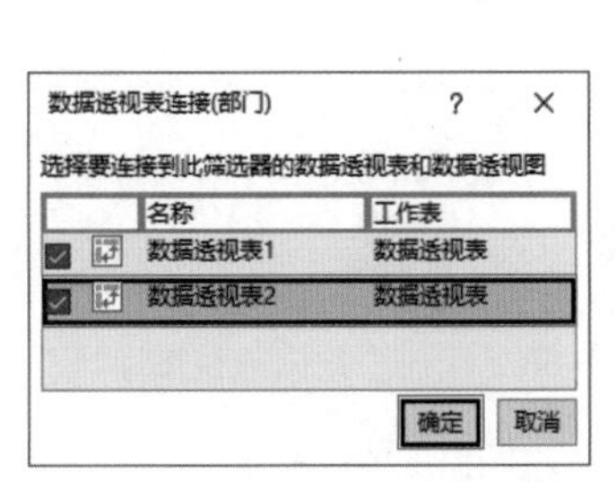

图 8-55　设置数据透视表连接

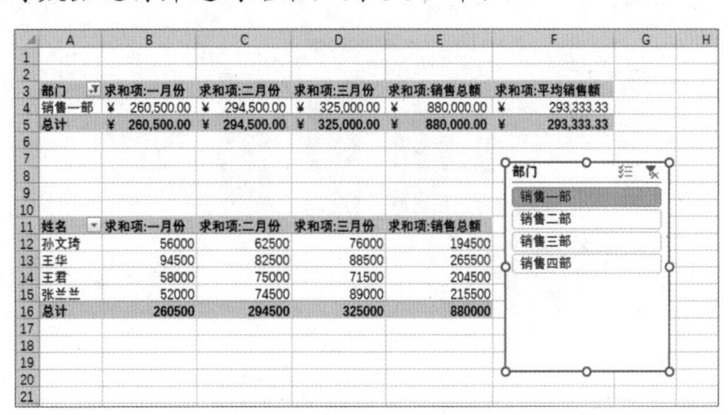

图 8-56　连接后的筛选结果

8.2.4 创建数据透视图

01 在“切片器筛选”对话框中单击“销售四部”按钮，筛选出销售四部的数据，然后选择A11:B14中的第一个数据，在“工具”组中单击“数据透视图”按钮，如图8-57所示。

02 打开“插入图表”对话框，选择“柱形图”中的“簇状柱形图”选项，然后单击“确定”按钮，如图8-58所示。此时在工作簿中添加了一个新工作表“数据透视图”，同时数据透视图将插入该工作表中。

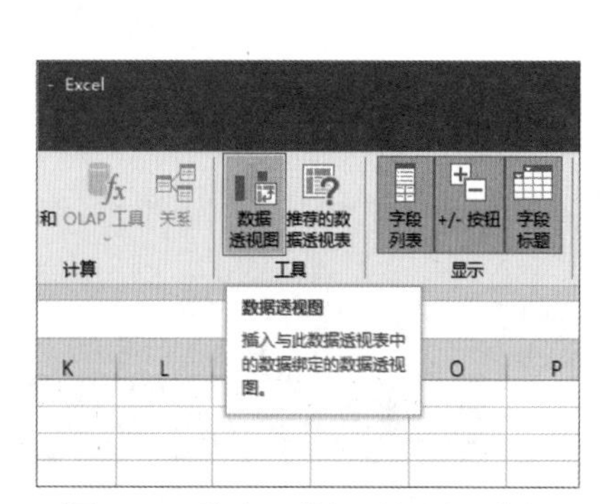

图 8-57 单击“数据透视图”按钮

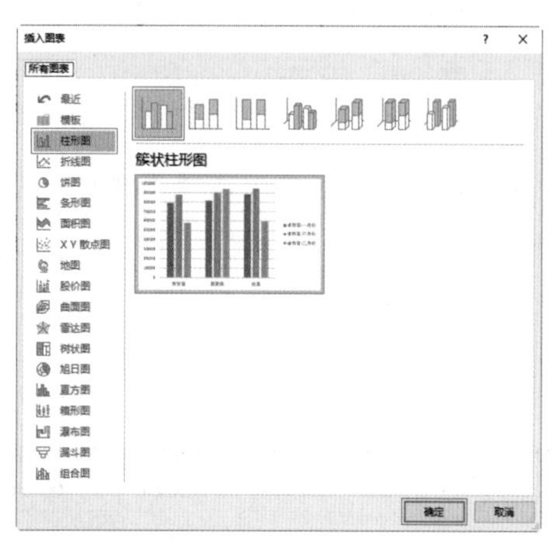

图 8-58 选择“簇状柱形图”选项

8.2.5 分析数据透视图

01 单击图表左下角的“姓名”下拉按钮，在弹出的下拉列表中取消选中“赵晏”复选框，然后单击“确定”按钮，如图8-59所示。

02 在工作簿右侧打开“数据透视图字段”窗格，取消选中“一月份”和“二月份”复选框，如图8-60所示。

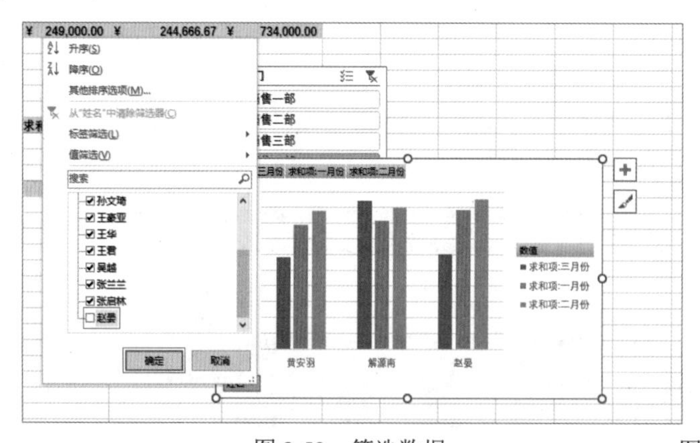

图 8-59 筛选数据

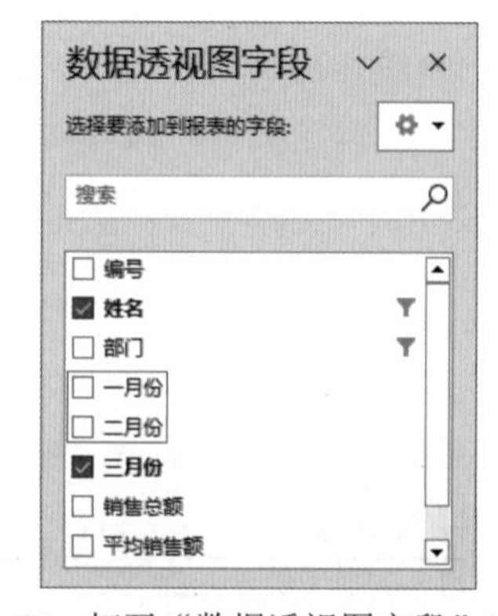

图 8-60 打开“数据透视图字段”窗格

03 单击“图表元素”按钮，取消选中“图表标题”复选框，如图8-61所示。

04 选择“数据透视图分析”选项卡，在“显示/隐藏”组中单击“字段按钮”按钮，隐藏“数据透视图字段”字段按钮，如图8-62所示。

05 此时，在数据透视图中可以看到两位销售员的销售额对比情况，表格最终显示结果如图 8-37 所示。

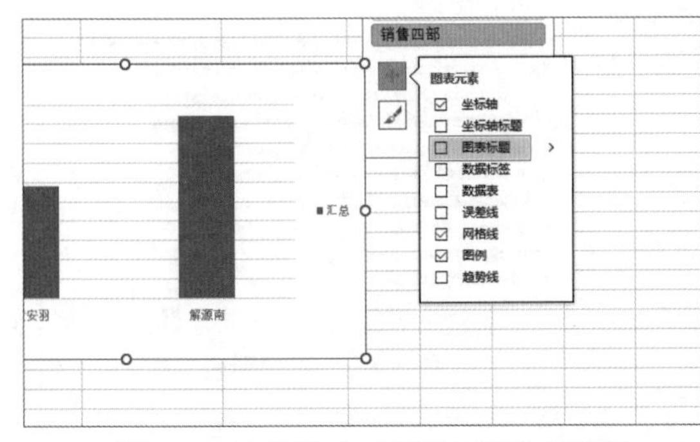

图 8-61　取消选中“图表标题”复选框

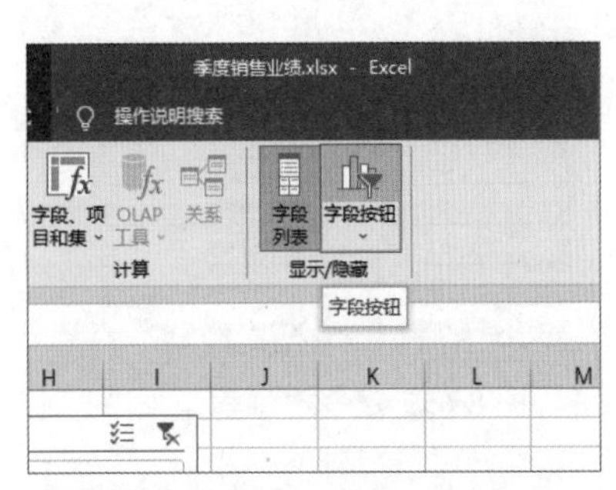

图 8-62　单击“字段按钮”按钮

8.3　制作图表展示数据关系

图表能够更加直观地展示数据之间的关系，并利于数据分析。Excel 的图表功能十分强大，用户可以根据需要设置合适的表格格式，从而进一步完善图表。本节将通过制作一份如图 8-63 所示的项目计划进度表和一份如图 8-64 所示的部门销售业绩统计表，讲解图表的常见操作和设置技巧。

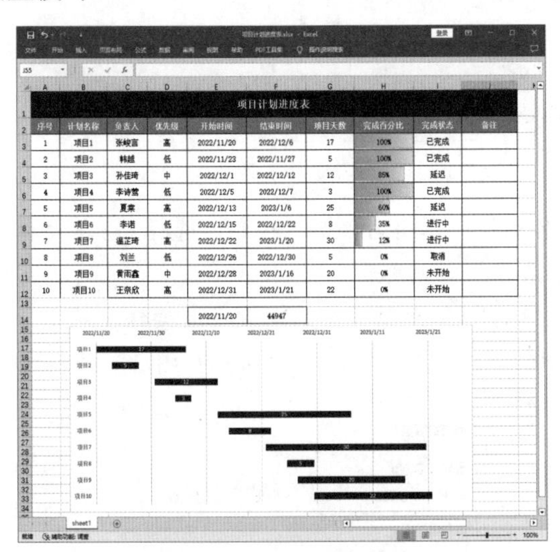

项目计划进度表

序号	计划名称	负责人	优先级	开始时间	结束时间	项目天数	完成百分比	完成状态	备注
1	项目1	张峻言	高	2022/11/20	2022/12/6	17	100%	已完成	
2	项目2	韩越	低	2022/11/23	2022/11/27	5	100%	已完成	
3	项目3	孙佳琦	中	2022/12/1	2022/12/12	12	85%	延迟	
4	项目4	李诗莺	低	2022/12/5	2022/12/7	3	100%	已完成	
5	项目5	夏棠	高	2022/12/13	2023/1/6	25	60%	延迟	
6	项目6	李诺	低	2022/12/15	2022/12/22	8	35%	进行中	
7	项目7	温芷琦	高	2022/12/22	2023/1/20	30	12%	进行中	
8	项目8	刘兰	低	2022/12/26	2022/12/30	5	0%	取消	
9	项目9	黄雨鑫	中	2022/12/28	2023/1/16	20	0%	未开始	
10	项目10	王奈欣	高	2022/12/31	2023/1/21	22	0%	未开始	

2022/11/20	44947

图 8-63　项目计划进度表

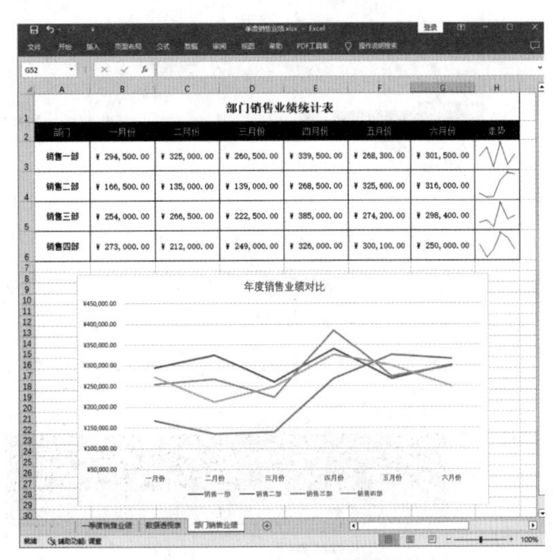

部门销售业绩统计表

部门	一月份	二月份	三月份	四月份	五月份	六月份	走势
销售一部	¥ 294,500.00	¥ 325,000.00	¥ 260,500.00	¥ 339,500.00	¥ 268,300.00	¥ 301,500.00	
销售二部	¥ 166,500.00	¥ 135,000.00	¥ 139,000.00	¥ 268,500.00	¥ 325,600.00	¥ 316,000.00	
销售三部	¥ 254,000.00	¥ 266,500.00	¥ 222,500.00	¥ 385,000.00	¥ 274,200.00	¥ 298,400.00	
销售四部	¥ 273,000.00	¥ 212,000.00	¥ 249,000.00	¥ 326,000.00	¥ 300,100.00	¥ 250,000.00	

图 8-64　部门销售业绩统计表

8.3.1　创建图表

01 打开“项目计划进度表.xlsx”工作簿，选择 E2:E12 单元格区域，然后选择“插入”选项卡，在“图表”组中单击“插入柱形图或条形图”下拉按钮，在弹出的下拉列表中选择“堆积条形图”选项，如图 8-65 所示。

02 返回到工作表中，即可通过表格数据创建图表，结果如图 8-66 所示。

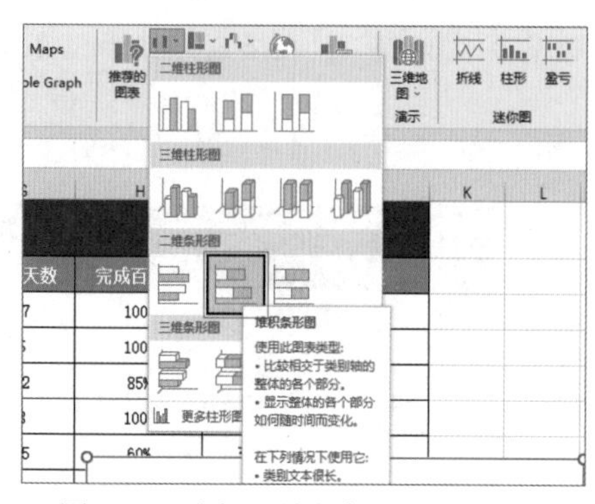

图 8-65　选择“堆积条形图”选项

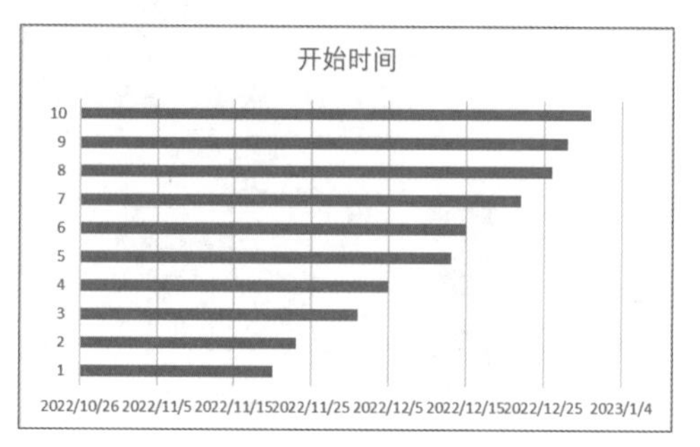

图 8-66　查看图表

8.3.2　图表的布局和样式

01 选择“图表设计”选项卡，在“数据”组中单击“选择数据”按钮，如图 8-67 所示。

02 打开“选择数据源”对话框，单击“添加”按钮，如图 8-68 所示。

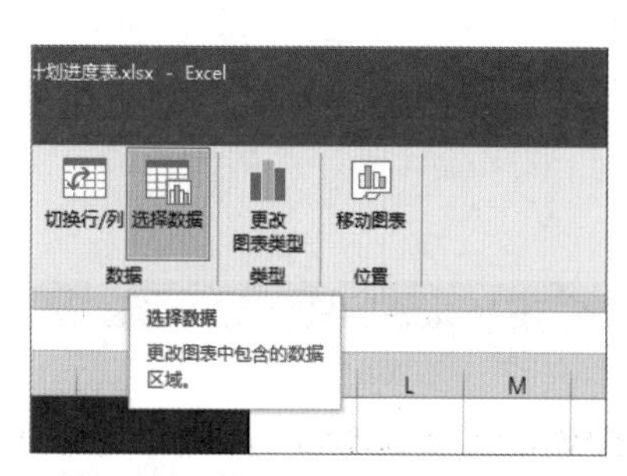

图 8-67　单击“选择数据”按钮

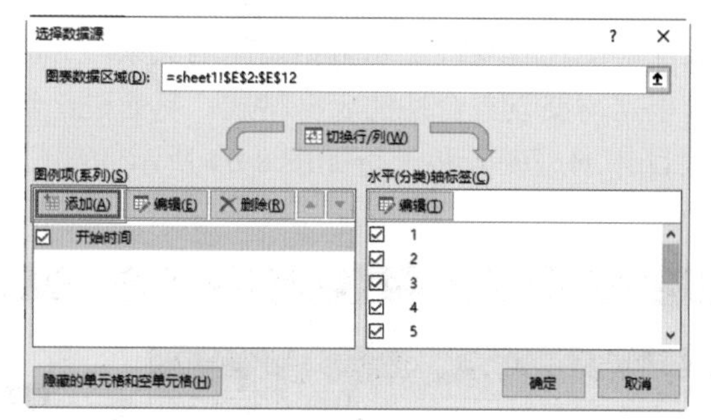

图 8-68　单击“添加”按钮

03 打开“编辑数据系列”对话框，单击“系列名称”文本框右侧的按钮，选择 G2 单元格，再单击按钮，如图 8-69 所示，返回“编辑数据系列”对话框。

04 单击“系列值”文本框右侧的按钮，选择 G3:G12 单元格区域，再单击按钮，确定“系列名称”文本框和“系列值”文本框中的数据无误后，单击“确定”按钮，如图 8-70 所示。

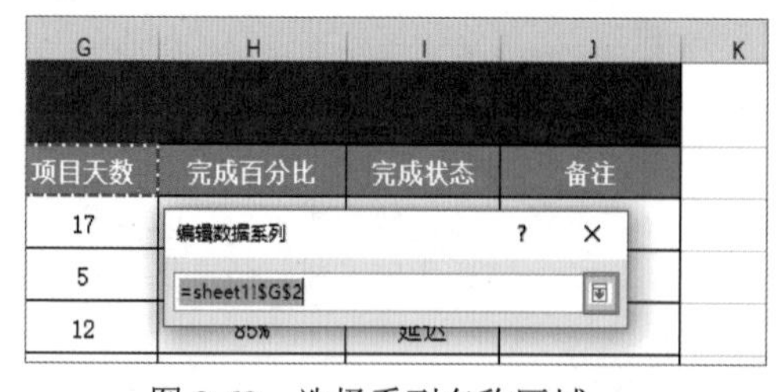

图 8-69　选择系列名称区域

图 8-70　选择系列值区域

05 返回到“选择数据源”对话框，单击“编辑”按钮，如图 8-71 所示。

06 打开“轴标签”对话框，单击“轴标签区域”文本框右侧的按钮，选择 B3:B12 单元格区域，然后单击“确定”按钮，如图 8-72 所示。

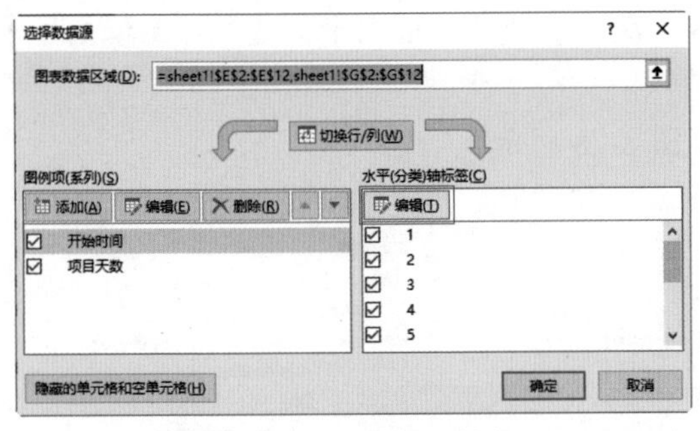

图 8-71　单击“编辑”按钮

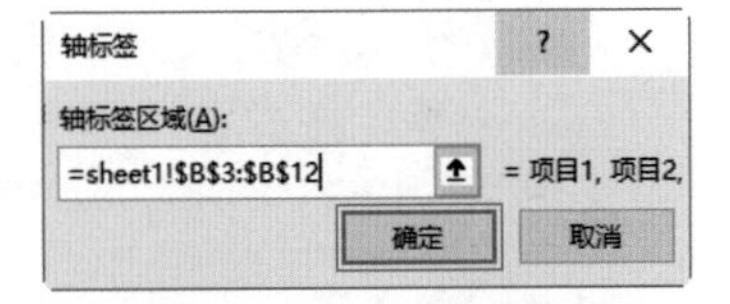

图 8-72　选择轴标签区域

07 返回“选择数据源”对话框，单击“确定”按钮，此时图表显示结果如图 8-73 所示。

08 选择 Y 轴的标题，右击并从弹出的快捷菜单中选择“设置坐标轴格式”命令，如图 8-74 所示。

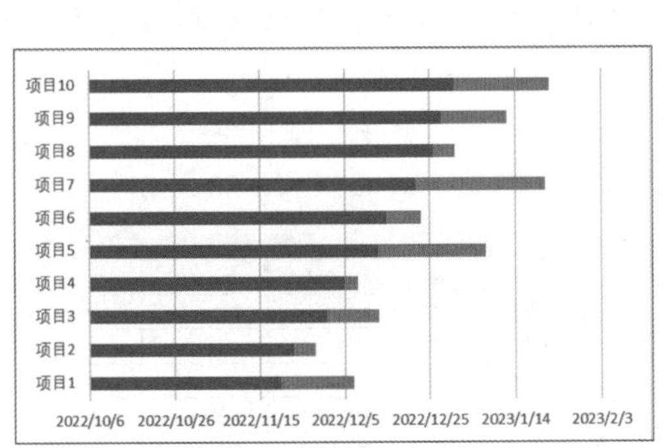

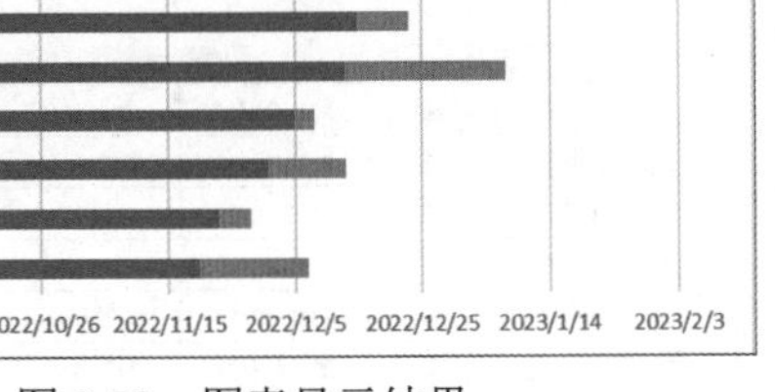

图 8-73　图表显示结果

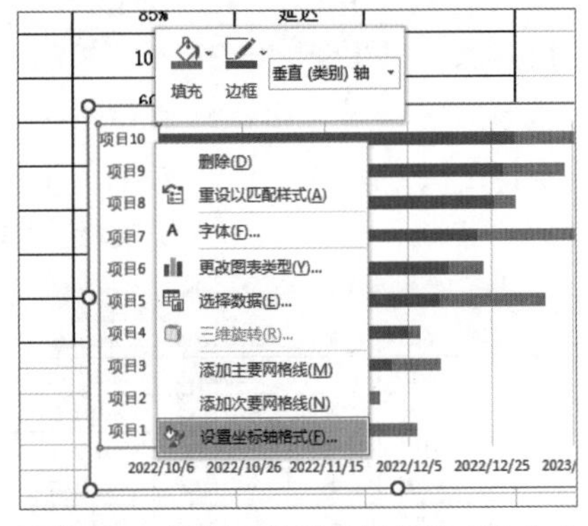

图 8-74　选择“设置坐标轴格式”命令

09 在工作簿右侧打开“设置坐标轴格式”窗格，选择“坐标轴选项”选项卡，在“坐标轴位置”选项组中选中“逆序类别”复选框，如图 8-75 所示。

10 在图表中选择开始时间的数据值，如图 8-76 所示。

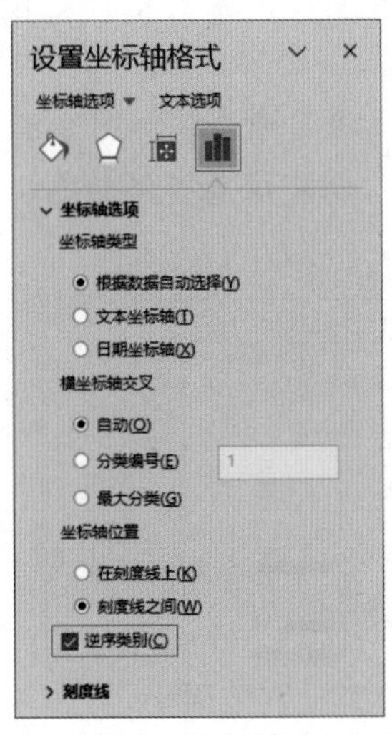

图 8-75　选中“逆序类别”复选框

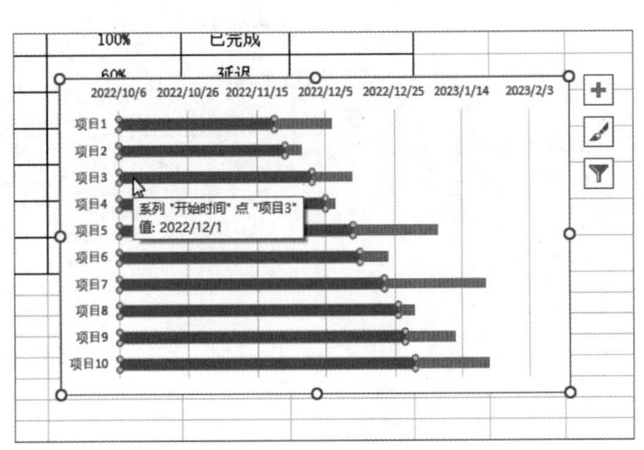

图 8-76　选择数据值

11 在“设置数据系列格式”窗格中选择“填充与线条”选项卡，选中“无填充”单选按钮，如图 8-77 所示。

12 返回工作表中，此时图表显示结果如图 8-78 所示。

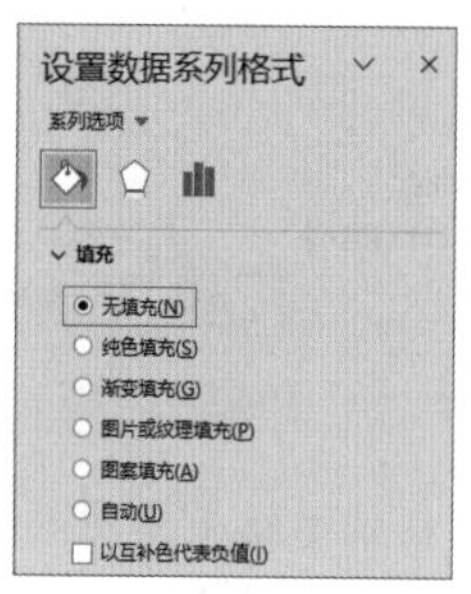

图 8-77　选中“无填充”单选按钮

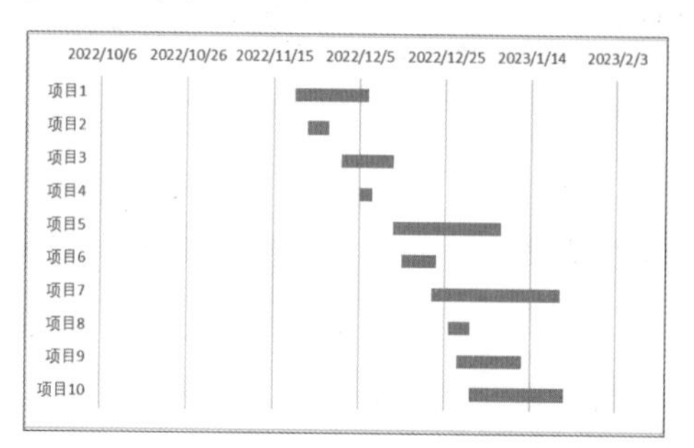

图 8-78　图表显示结果

13 在 E14 单元格中输入“=E3”，在 F14 单元格中输入“=F12”，分别输入开始日期中的最小值和结束日期中的最大值，结果如图 8-79 所示。

14 选择 E14:F14 单元格区域，选择“开始”选项卡，在“数字”组中单击“数字格式”下拉按钮，选择“常规”选项，此时修改数字格式后的日期显示结果如图 8-80 所示。

	C	D	E	F
7	夏棠	高	2022/12/13	2023/1/6
8	李诺	低	2022/12/15	2022/12/22
9	温芷琦	高	2022/12/22	2023/1/20
10	刘兰	低	2022/12/26	2022/12/30
11	黄雨鑫	中	2022/12/28	2023/1/11
12	王奈欣	高	2022/12/31	2023/1/21
13				
14			2022/11/20	2023/1/21

图 8-79　输入数据

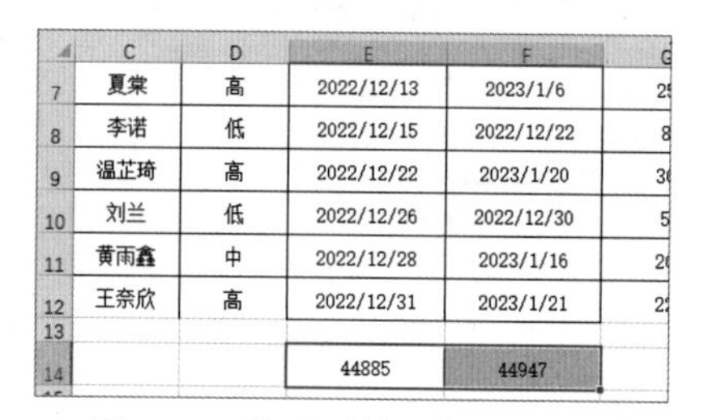

	C	D	E	F
7	夏棠	高	2022/12/13	2023/1/6
8	李诺	低	2022/12/15	2022/12/22
9	温芷琦	高	2022/12/22	2023/1/20
10	刘兰	低	2022/12/26	2022/12/30
11	黄雨鑫	中	2022/12/28	2023/1/16
12	王奈欣	高	2022/12/31	2023/1/21
13				
14			44885	44947

图 8-80　修改后的日期显示结果

15 选择水平轴，在“设置坐标轴格式”窗格中选择“坐标轴选项”选项卡，在“最小值”文本框中输入“44885.0”，在“最大值”文本框中输入“44952.0”，在“大”文本框中输入 10.4，如图 8-81 所示。

16 在图表中选择项目天数的数据值，右击并选择“添加数据标签”命令，如图 8-82 所示。

17 分别选择系列值和数据标签，在“开始”选项卡的“字体”组中设置字体颜色，设置完成后查看图表，表格显示结果如图 8-63 所示。

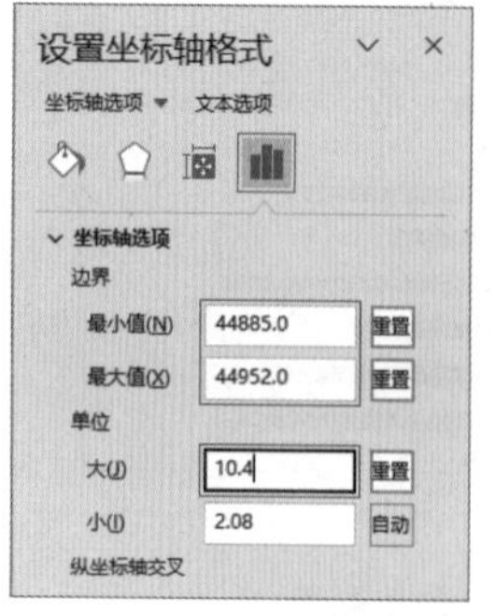

图 8-81　“设置坐标轴格式”窗格

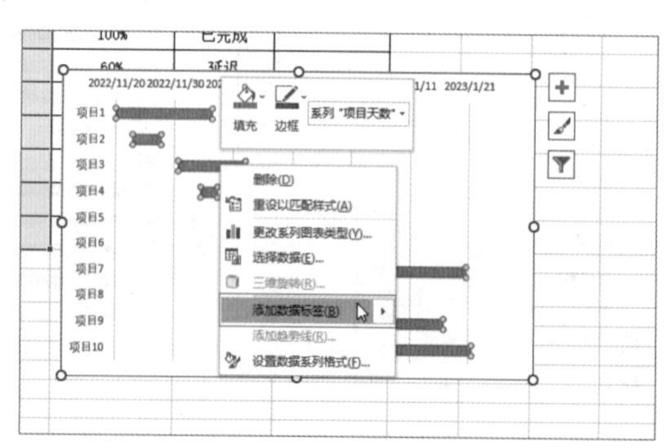

图 8-82　选择“添加数据标签”命令

8.3.3　使用数据条比较单元格数值

01 选择 H3:H12 单元格区域，然后选择“开始”选项卡，在“样式”组中单击“条件格式”下拉按钮，在弹出的下拉列表中选择“数据条”选项，在打开的下级列表中选择“绿色数据条”选项，如图 8-83 所示。

02 返回工作表中，在单元格区域可以看到添加数据条后的效果，如图 8-84 所示。

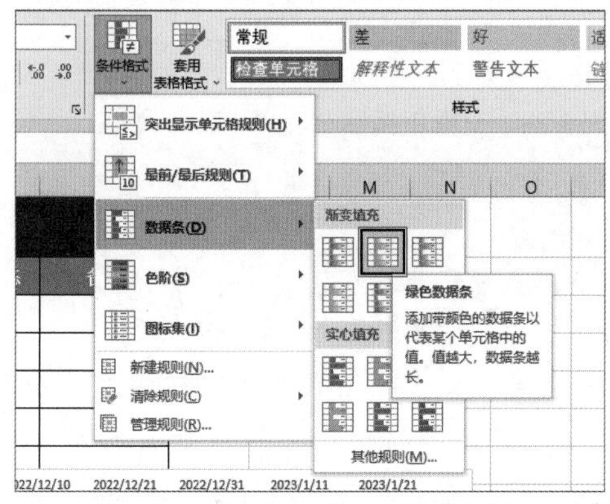

图 8-83　选择“绿色数据条”选项

E	F	G	H	I	J
项目计划进度表					
开始时间	结束时间	项目天数	完成百分比	完成状态	备注
2022/11/20	2022/12/6	17	100%	已完成	
2022/11/23	2022/11/27	5	100%	已完成	
2022/12/1	2022/12/12	12	85%	延迟	
2022/12/5	2022/12/7	3	100%	已完成	
2022/12/13	2023/1/6	25	60%	延迟	
2022/12/15	2022/12/22	8	35%	进行中	
2022/12/22	2023/1/20	30	12%	进行中	
2022/12/26	2022/12/30	5	0%	取消	
2022/12/28	2023/1/16	20	0%	未开始	
2022/12/31	2023/1/21	22	0%	未开始	
2022/11/20	44947				

图 8-84　添加数据条后的效果

8.3.4　使用折线图分析图表

01 选择“季度销售业绩.xlsx”工作簿中的“部门销售业绩”工作表，然后选择 A2:G6 单元格区域，选择“插入”选项卡，在“图表”组中单击“插入折线图或面积图”下拉按钮，在弹出的下拉列表中选择“折线图”选项，如图 8-85 所示。

02 在图表中双击 Y 轴，在工作簿右侧打开“设置坐标轴格式”窗格，选择“坐标轴选项”选项卡，在“最小值”文本框中输入“50000”，如图 8-86 所示。

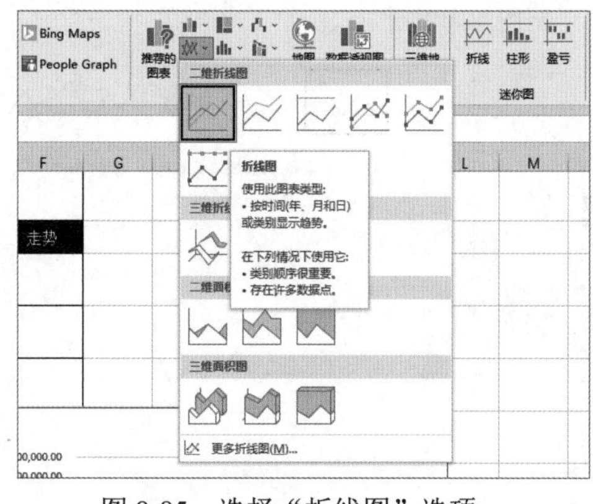

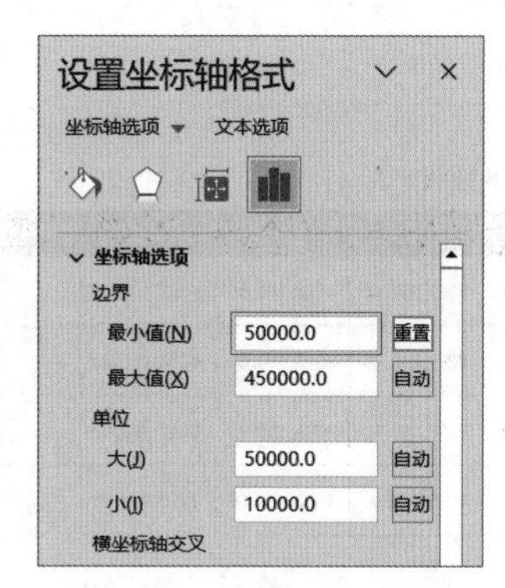

图 8-85　选择“折线图”选项　　图 8-86　设置 Y 轴边界值

03 双击图例，在工作簿右侧打开“设置图例格式”窗格，选择“图例选项”选项卡，选中“靠下”单选按钮，如图 8-87 所示，设置“图例位置”为“靠下”。

04 返回工作表中，此时创建的折线图显示结果如图 8-88 所示。

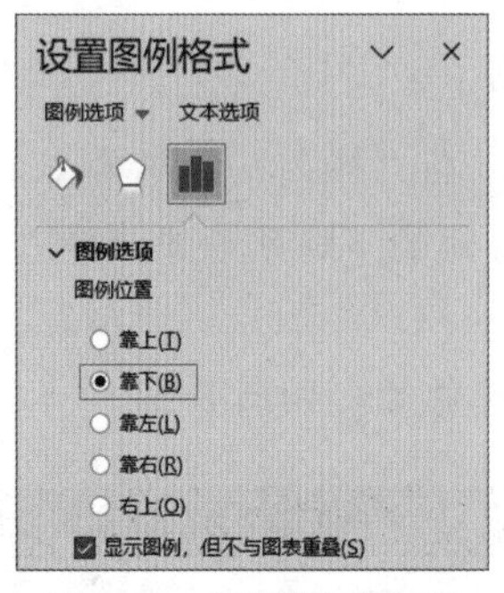

图 8-87　设置图例位置

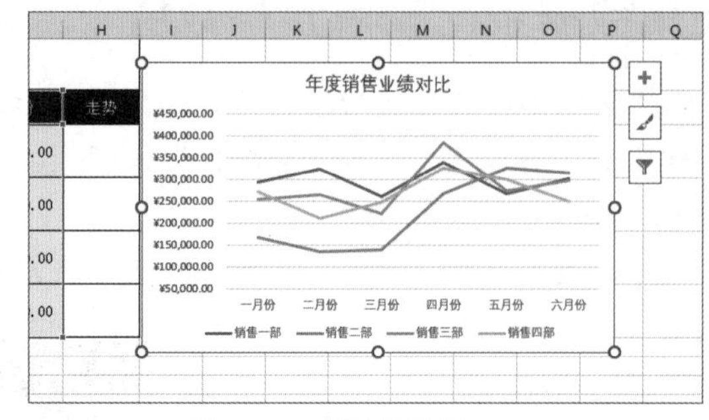

图 8-88　查看折线图

8.3.5　使用迷你图表现数据变化

01 选择“插入”选项卡，在“迷你图”组中单击“折线”按钮，如图 8-89 所示。

02 打开“创建迷你图”对话框，依次单击“数据范围”文本框右侧的按钮和“位置范围”文本框右侧的按钮，设置数据范围和位置范围，然后单击“确定”按钮，如图 8-90 所示。

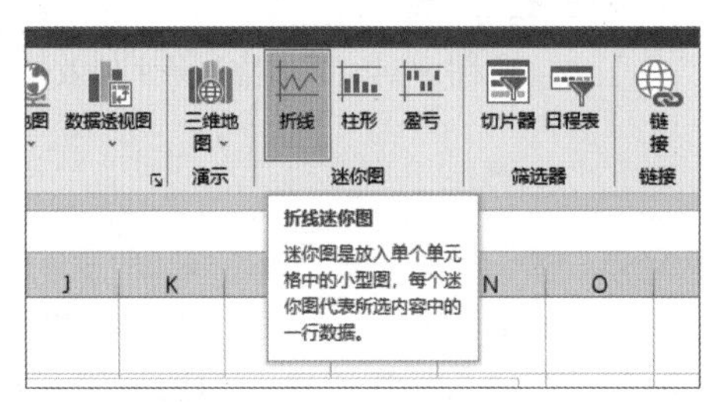

图 8-89　单击“折线”按钮

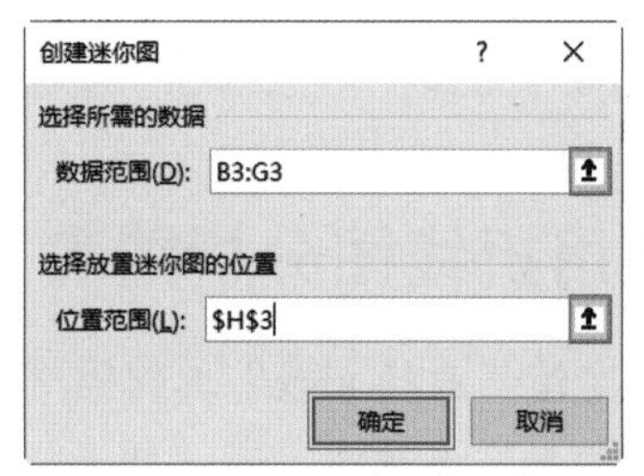

图 8-90　“迷你图范围”对话框

03 返回工作表中，此时可以看到创建的迷你图，如图 8-91 所示。

04 选择“迷你图”选项卡，在“样式”组中单击“其他”按钮，在弹出的下拉列表中选择“褐色，迷你图样式着色 2，深色 50%”样式，如图 8-92 所示。

图 8-91　创建迷你图

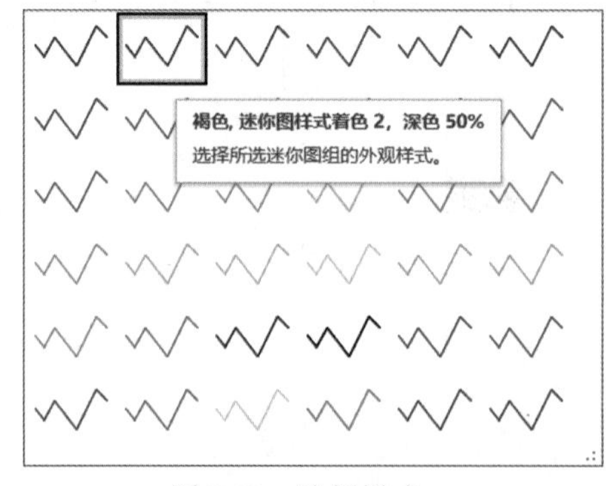

图 8-92　选择样式

05 在“样式”组中单击“标记颜色”下拉按钮，选择“高点”|“红色”选项，如图 8-93 所示。

06 返回工作表中，迷你图显示结果如图 8-94 所示。

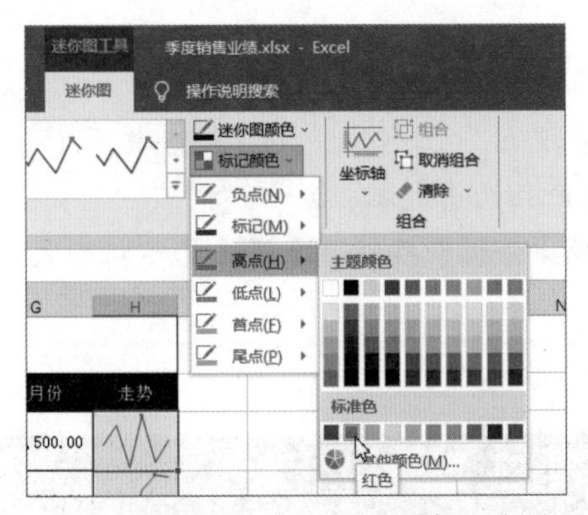

图 8-93　选择“高点”|“红色”选项

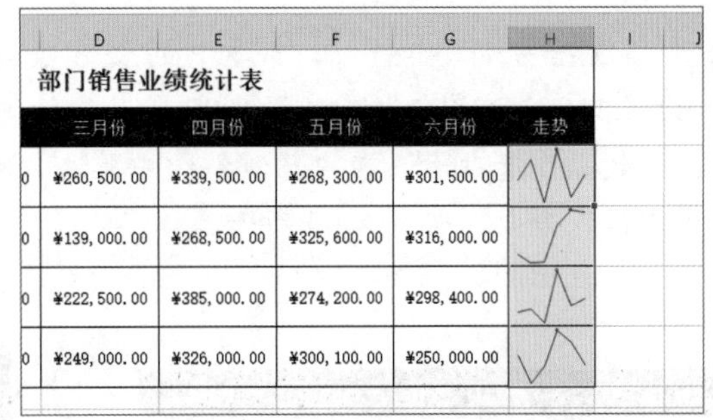

图 8-94　迷你图显示结果

07 选择“迷你图”选项卡，在“类型”组中单击“柱形”按钮，如图 8-95 所示。

08 返回到工作表中，柱形迷你图显示结果如图 8-96 所示。

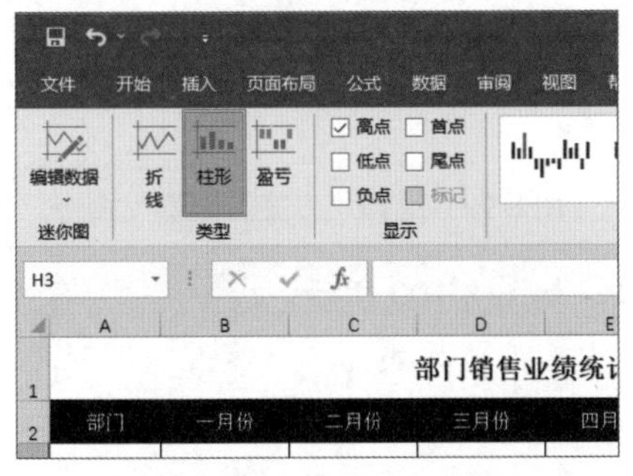

图 8-95　单击“柱形”按钮

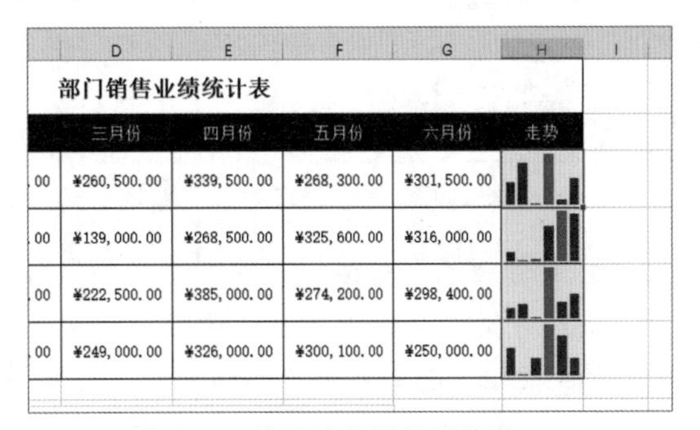

图 8-96　柱形迷你图显示结果

8.4　数据模拟分析

Excel 还提供了一种功能强大的数据分析工具——模拟分析，包括方案管理器、单变量求解和模拟运算表。使用模拟运算表，可以显示一个或多个数据变化对结果产生的影响；单变量求解能根据已知目标值反推输入值；方案管理器能通过创建多个数值，并以工作表的形式显示多个方案下的数据变化。本节将以制作“数据分析”工作簿为例，为读者讲解模拟分析的操作方法，如图 8-97 所示。

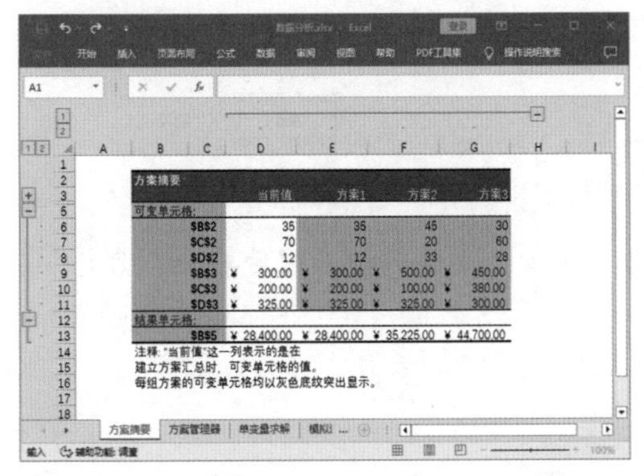

图 8-97　模拟分析

8.4.1　管理方案

01 打开“数据分析.xlsx”工作簿中的“方案管理器”工作表，选择B5单元格，输入“=B3*B2+C3*C2+D3*D2”，如图8-98所示，计算产品的总成本。

02 选择“数据”选项卡，在“预测”组中单击“模拟分析”按钮，在弹出的下拉列表中选择“方案管理器”命令，如图8-99所示。

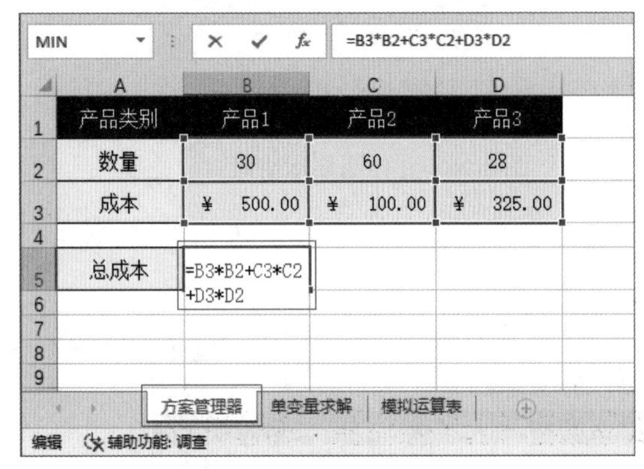

图8-98　输入公式

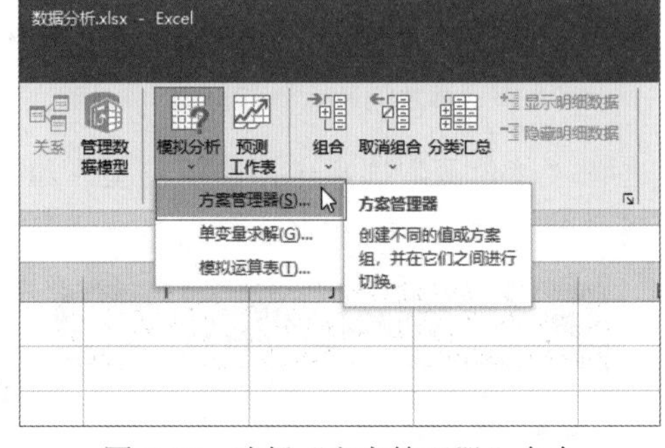

图8-99　选择“方案管理器”命令

03 打开“方案管理器”对话框，单击“添加”按钮，如图8-100所示。

04 打开“编辑方案”对话框，在“方案名”文本框中输入“方案1”，单击“可变单元格”文本框右侧的按钮，选择可变单元格地址，然后单击“确定”按钮，如图8-101所示。

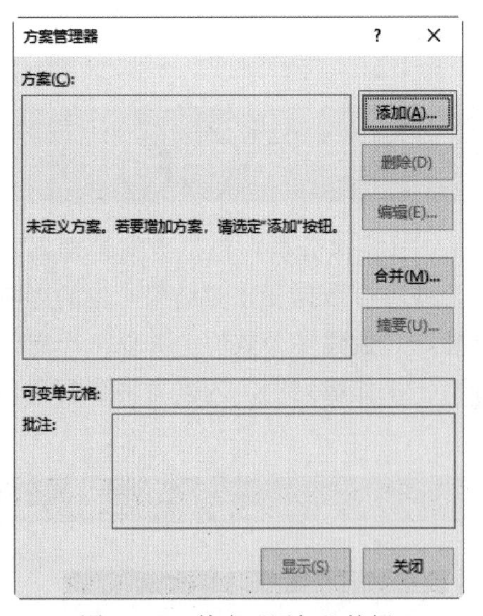

图8-100　单击“添加”按钮

图8-101　设置方案

05 打开“方案变量值”对话框，输入此方案中每个可变单元格的值，然后单击“确定”按钮，如图8-102所示。

06 当前方案即可被添加到“方案管理器”对话框中，然后单击“添加”按钮，如图 8-103 所示，按照步骤 **04** 到步骤 **05** 的方法分别添加“方案 2”和“方案 3”。

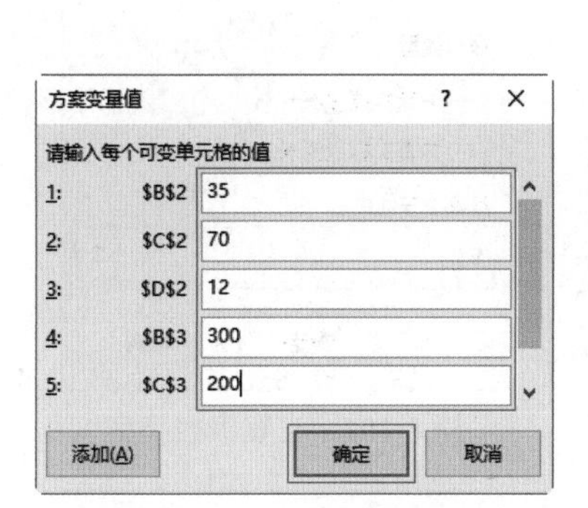

图 8-102　设置方案变量值

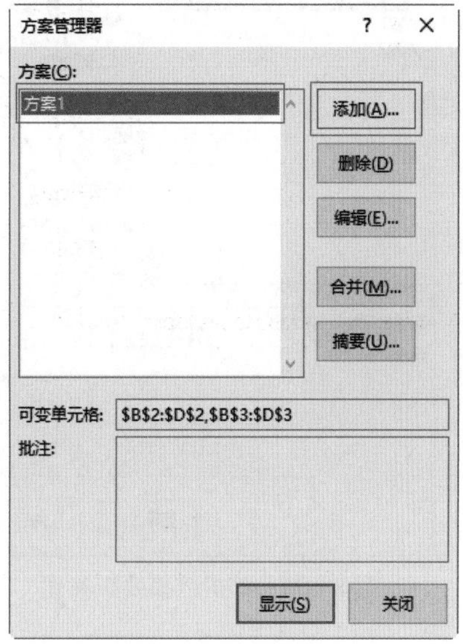

图 8-103　继续添加方案

07 在“方案”列表框中选择“方案 3”选项，单击“显示”按钮，如图 8-104 所示。

08 本例在工作表中将显示当前方案的总成本值，如图 8-105 所示。

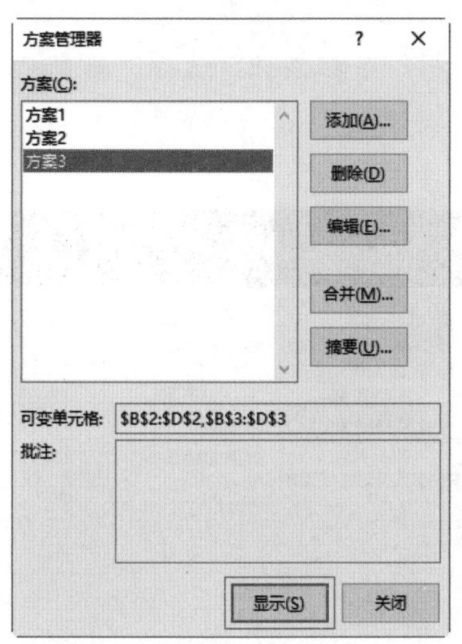

图 8-104　单击“显示”按钮

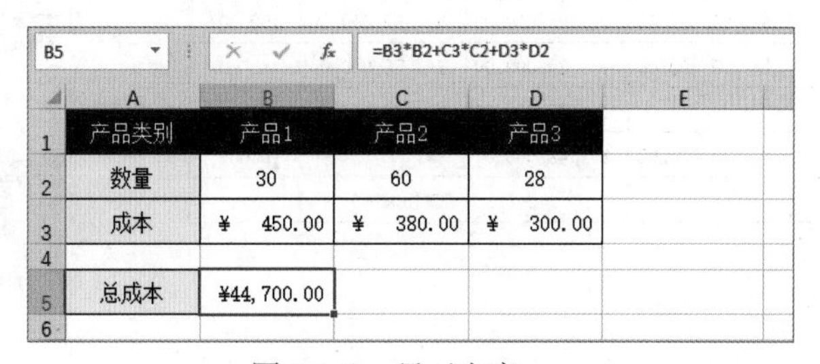

图 8-105　显示方案

09 在“方案管理器”对话框中单击“摘要”按钮，如图 8-106 所示。

10 打开“方案摘要”对话框，选中“方案摘要”单选按钮，单击“结果单元格”文本框右侧的按钮，选择 B5 单元格，然后“确定”按钮，如图 8-107 所示。

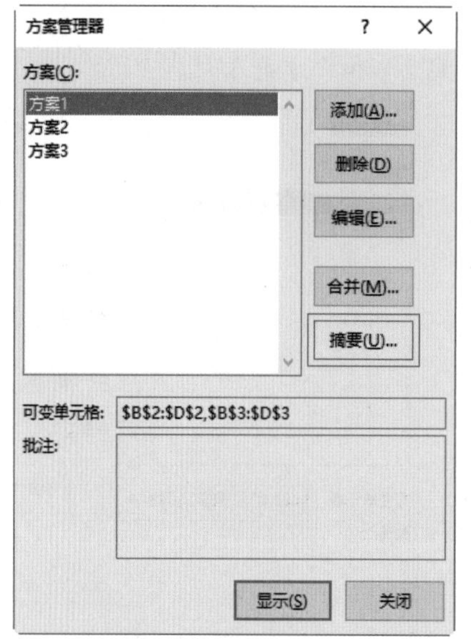

图 8-106　单击“摘要”按钮

图 8-107　设置报表类型

8.4.2　单变量求解

01 选择“数据分析”工作簿中的“单变量求解”工作表，然后选择 D7 单元格，输入“=SUM(D2:D6)”，如图 8-108 所示，对利润进行求和。

02 选择“数据”选项卡，在“预测”组中单击“模拟分析”下拉按钮，选择“单变量求解”选项，如图 8-109 所示。

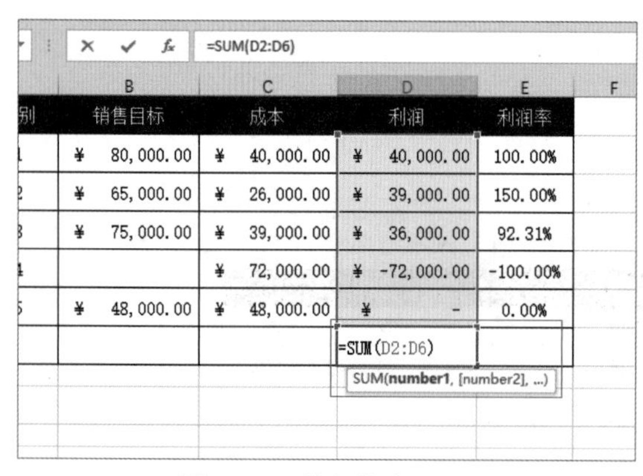

图 8-108　输入公式

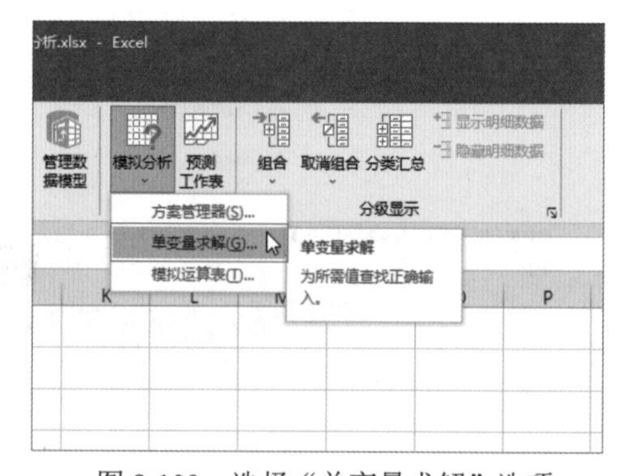

图 8-109　选择“单变量求解”选项

03 打开“单变量求解”对话框，分别单击“目标单元格”文本框和“可变单元格”文本框右侧的按钮，引用单元格地址，在“目标值”文本框中输入“123000”，然后单击“确定”按钮，如图 8-110 所示。

04 打开“单变量求解状态”对话框，等待一段时间后，显示“求得一个解”等字样，然后单击“确定”按钮，如图 8-111 所示。

图 8-110　“单变量求解”对话框

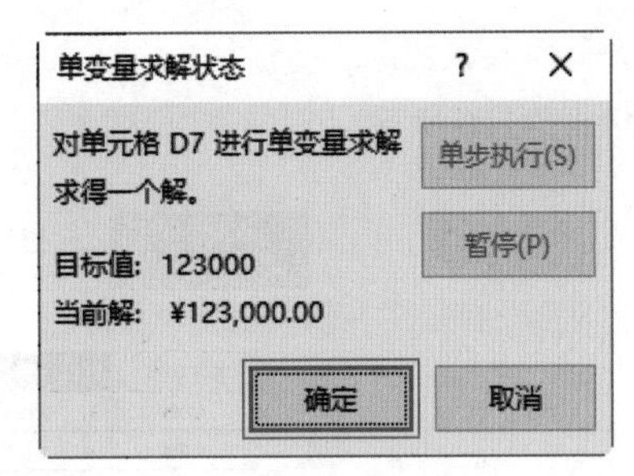

图 8-111　“单变量求解状态”对话框

05 返回工作表中，可以看到 D7 单元格中显示了数据，如图 8-112 所示。

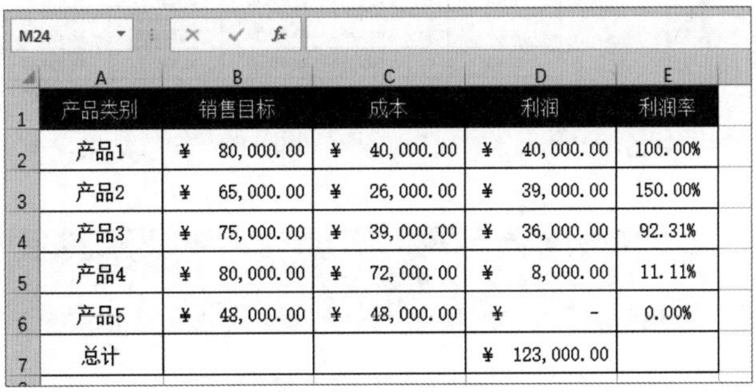

	A	B	C	D	E
1	产品类别	销售目标	成本	利润	利润率
2	产品1	¥ 80,000.00	¥ 40,000.00	¥ 40,000.00	100.00%
3	产品2	¥ 65,000.00	¥ 26,000.00	¥ 39,000.00	150.00%
4	产品3	¥ 75,000.00	¥ 39,000.00	¥ 36,000.00	92.31%
5	产品4	¥ 80,000.00	¥ 72,000.00	¥ 8,000.00	11.11%
6	产品5	¥ 48,000.00	¥ 48,000.00	¥ -	0.00%
7	总计			¥ 123,000.00	

图 8-112　计算结果

8.4.3　模拟运算表

01 选择“数据分析”工作簿中的“模拟运算表”工作表，双击 C5 单元格，选择其中的 PMT() 函数计算公式，按 Ctrl+C 快捷键进行复制，然后选择 B8 单元格，按 Ctrl+V 快捷键进行复制，如图 8-113 所示。

02 选择 B8:H18 单元格区域，选择“数据”选项卡，在“预测”组中单击“模拟分析”下拉按钮，选择“模拟运算表”选项，如图 8-114 所示。

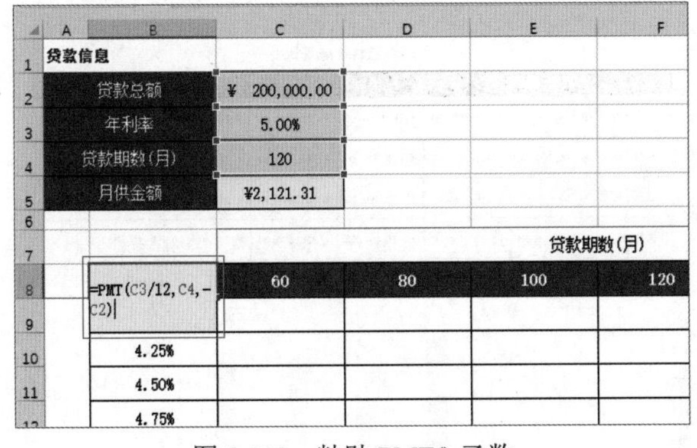

图 8-113　粘贴 PMT() 函数

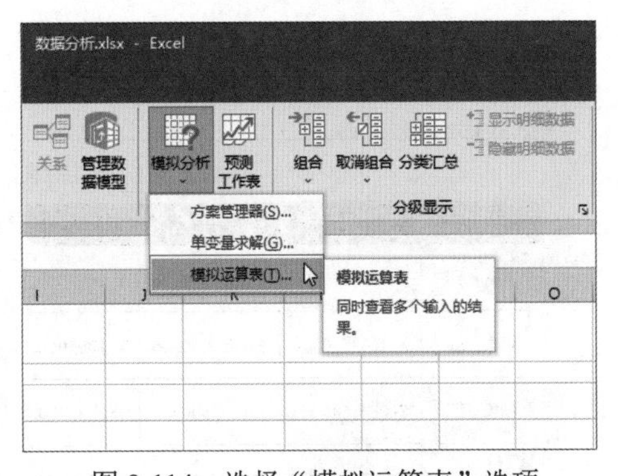

图 8-114　选择“模拟运算表”选项

03 打开“模拟运算表”对话框，分别单击“输入引用行的单元格”文本框和“输入引用列的单元格”文本框右侧的按钮，完成单元格地址的引用，然后单击“确定”按钮，如图 8-115 所示。

04 此时工作表中插入数据表，通过该数据表将能查看不同的销售金额和不同提成比率下对应的提成金额，如图 8-116 所示。

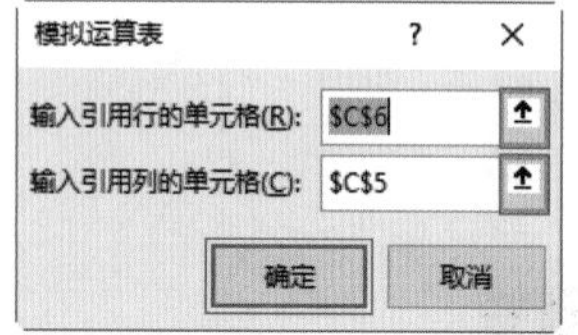

图 8-115　设置“模拟运算表”对话框

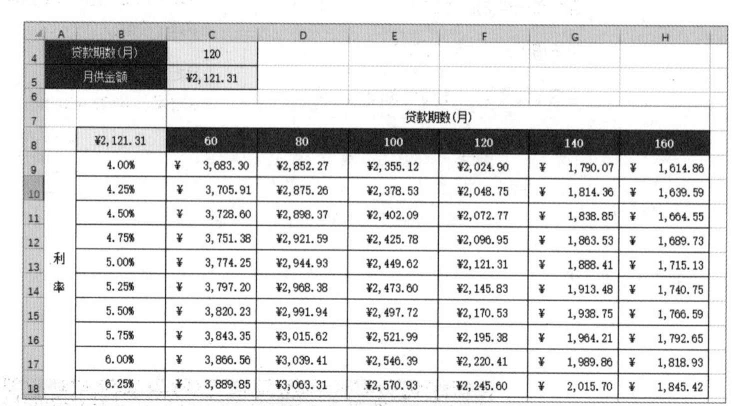

	A	B	C	D	E	F	G	H
4		贷款期数(月)	120					
5		月供金额	¥2,121.31					
6								
7			贷款期数(月)					
8		¥2,121.31	60	80	100	120	140	160
9	利率	4.00%	¥ 3,683.30	¥2,852.27	¥2,355.12	¥2,024.90	¥ 1,790.07	¥ 1,614.86
10		4.25%	¥ 3,705.91	¥2,875.26	¥2,378.53	¥2,048.75	¥ 1,814.36	¥ 1,639.59
11		4.50%	¥ 3,728.60	¥2,898.37	¥2,402.09	¥2,072.77	¥ 1,838.85	¥ 1,664.55
12		4.75%	¥ 3,751.38	¥2,921.59	¥2,425.78	¥2,096.95	¥ 1,863.53	¥ 1,689.73
13		5.00%	¥ 3,774.25	¥2,944.93	¥2,449.62	¥2,121.31	¥ 1,888.41	¥ 1,715.13
14		5.25%	¥ 3,797.20	¥2,968.38	¥2,473.60	¥2,145.83	¥ 1,913.48	¥ 1,740.75
15		5.50%	¥ 3,820.23	¥2,991.94	¥2,497.72	¥2,170.53	¥ 1,938.75	¥ 1,766.59
16		5.75%	¥ 3,843.35	¥3,015.62	¥2,521.99	¥2,195.38	¥ 1,964.21	¥ 1,792.65
17		6.00%	¥ 3,866.56	¥3,039.41	¥2,546.39	¥2,220.41	¥ 1,989.86	¥ 1,818.93
18		6.25%	¥ 3,889.85	¥3,063.31	¥2,570.93	¥2,245.60	¥ 2,015.70	¥ 1,845.42

图 8-116　计算结果

8.5　Excel 表格技巧

通过以上案例的学习，用户掌握了数据的排序、筛选、分类汇总、合并计算，创建图表和透视表，以及数据的模拟分析，另外还有一些实用技巧在实际操作中会经常使用到，下面将为读者讲解“使用快捷键创建图表”“切片器设置”和“合并方案”技巧。

8.5.1　使用快捷键创建图表

图表分为嵌入式图表和图表工作表，图表工作表是指以图表为工作表独立存在。一般创建的图表为嵌入式图表，除了使用传统的方式创建图表外，还可以使用快捷键方式创建图表。

打开“季度销售业绩.xlsx”工作簿中的“部门销售业绩”工作表，选择 A2:B6 单元格区域，如图 8-117 所示，按 Alt+F1 快捷键，即可快速创建图表，如图 8-118 所示。

	A	B	C	D
1				部门销售
2	部门	一月份	二月份	三月份
3	销售一部	¥ 294,500.00	¥ 325,000.00	¥ 260,500.
4	销售二部	¥ 166,500.00	¥ 135,000.00	¥ 139,000.
5	销售三部	¥ 254,000.00	¥ 266,500.00	¥ 222,500.
6	销售四部	¥ 273,000.00	¥ 212,000.00	¥ 249,000.

图 8-117　选择单元格区域

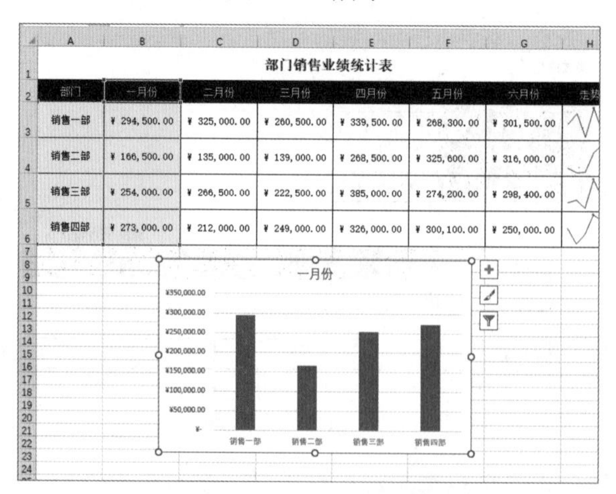

	A	B	C	D	E	F	G	H
1	部门销售业绩统计表							
2	部门	一月份	二月份	三月份	四月份	五月份	六月份	走势
3	销售一部	¥ 294,500.00	¥ 325,000.00	¥ 260,500.00	¥ 339,500.00	¥ 268,300.00	¥ 301,500.00	
4	销售二部	¥ 166,500.00	¥ 135,000.00	¥ 139,000.00	¥ 268,500.00	¥ 325,600.00	¥ 316,000.00	
5	销售三部	¥ 254,000.00	¥ 266,500.00	¥ 222,500.00	¥ 385,000.00	¥ 274,200.00	¥ 298,400.00	
6	销售四部	¥ 273,000.00	¥ 212,000.00	¥ 249,000.00	¥ 326,000.00	¥ 300,100.00	¥ 250,000.00	

图 8-118　快速创建图表

选择“一季度销售业绩”工作表，按 Ctrl 键加选 B2:B6 单元格区域和 G2:G6 单元格区域，如图 8-119 所示，按 F11 键即可新建图表工作表，并在工作表中显示图表，如图 8-120 所示。

一季度销售业绩统计表

编号	姓名	部门	一月份	二月份	三月份	销售总额
XS2101	张兰兰	销售一部	¥ 52,000.00	¥ 74,500.00	¥ 89,000.00	¥ 215,500.00
XS2102	王君	销售一部	¥ 58,000.00	¥ 75,000.00	¥ 71,500.00	¥ 204,500.00
XS2103	孙文琦	销售一部	¥ 56,000.00	¥ 62,500.00	¥ 76,000.00	¥ 194,500.00
XS2104	王华	销售一部	¥ 94,500.00	¥ 82,500.00	¥ 88,500.00	¥ 265,500.00
XS2105	陈晓光	销售二部	¥ 73,000.00	¥ 90,500.00	¥ 64,000.00	¥ 227,500.00
XS2106	李益晨	销售二部	¥ 66,000.00	¥ 76,000.00	¥ 71,000.00	¥ 213,000.00
XS2107	张启林	销售三部	¥ 80,000.00	¥ 85,000.00	¥ 86,000.00	¥ 251,000.00
XS2108	吴越	销售三部	¥ 72,000.00	¥ 88,000.00	¥ 97,000.00	¥ 257,000.00
XS2109	王豪亚	销售三部	¥ 70,500.00	¥ 81,000.00	¥ 83,500.00	¥ 235,000.00
XS2110	解源南	销售四部	¥ 81,500.00	¥ 90,000.00	¥ 94,000.00	¥ 265,500.00
XS2111	黄安羽	销售四部	¥ 79,000.00	¥ 88,000.00	¥ 58,000.00	¥ 225,000.00
XS2112	赵晏	销售四部	¥ 88,500.00	¥ 95,000.00	¥ 60,000.00	¥ 243,500.00

图 8-119　选择单元格区域

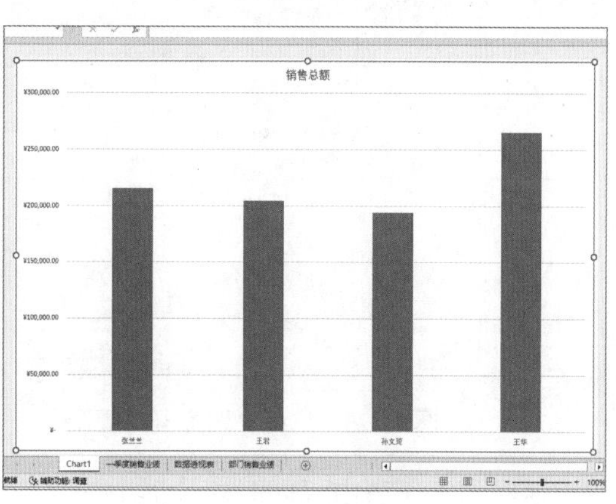

图 8-120　新建图表工作表

8.5.2　切片器设置

打开“季度销售业绩.xlsx”工作簿中的“一季度销售业绩”工作表，选择第 12 行到第 14 行的行号，右击并从弹出的快捷菜单中选择“删除”命令，删除销售四部的数据，如图 8-121 所示。

选择“数据透视表”工作表，然后选择“数据透视表分析”选项卡，在“数据”组中单击“刷新”按钮，此时可以看到切片器中的“销售四部”部门依然存在，如图 8-122 所示。

图 8-121　选择“删除”命令

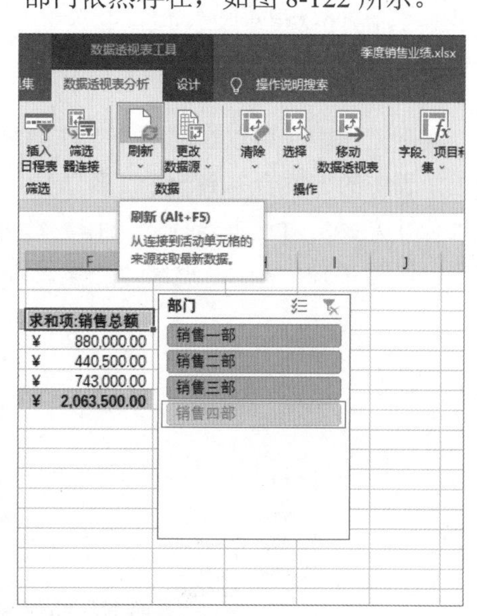

图 8-122　单击“刷新”按钮

选择切片器，右击并选择“切片器设置”命令，如图 8-123 所示。打开“切片器设置”对话框，在“项目排序和筛选”选项组中取消选中“显示从数据源删除的项目”复选框，然后单击“确定”按钮，如图 8-124 所示。

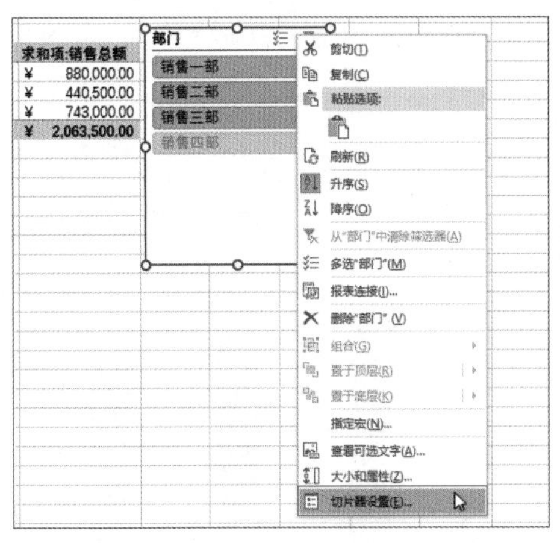

图 8-123　选择“切片器设置”命令

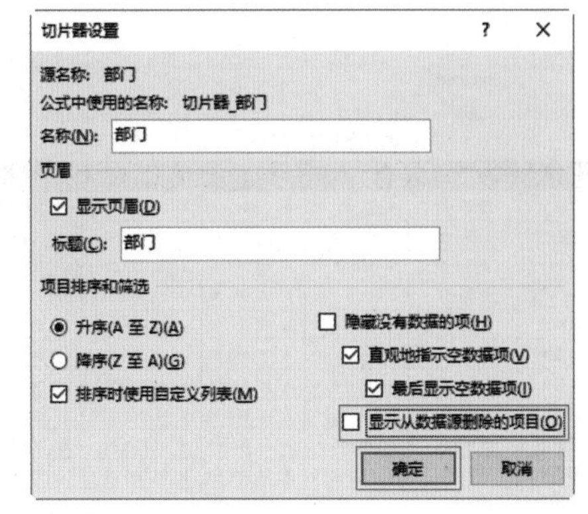

图 8-124　设置“切片器设置”对话框

返回到工作表中，此时切片器中的“销售四部”已不再显示，如图 8-125 所示。

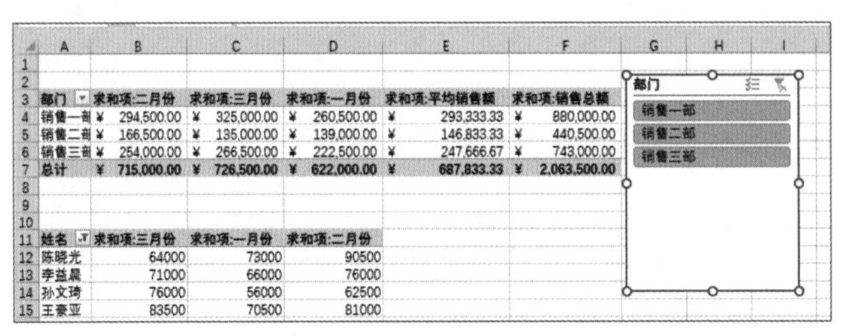

图 8-125　“销售四部”不再显示

8.5.3　合并方案

实际工作中，可以在同一个工作簿的不同工作表中创建方案。但为了方便管理，可以将多个工作表中的方案合并到一个工作表中。打开“方案管理器”对话框，单击“合并”按钮，打开“合并方案”对话框，在“工作表”列表框中选择“方案管理器 3”工作表，单击“确定”按钮，如图 8-126 所示，返回“方案管理器”对话框，可以看到合并方案，如图 8-127 所示。

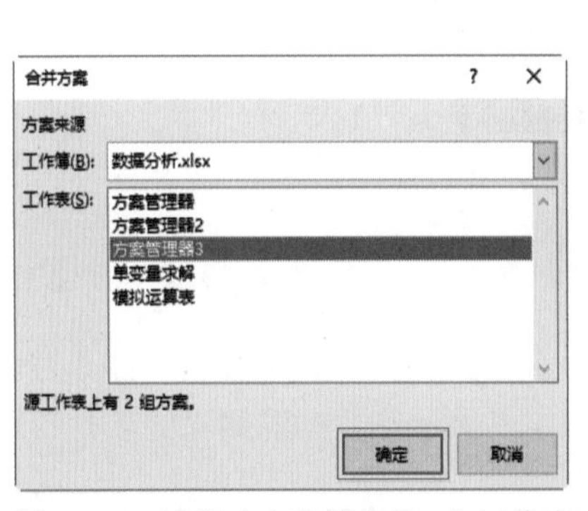

图 8-126　选择“方案管理器 3”工作表

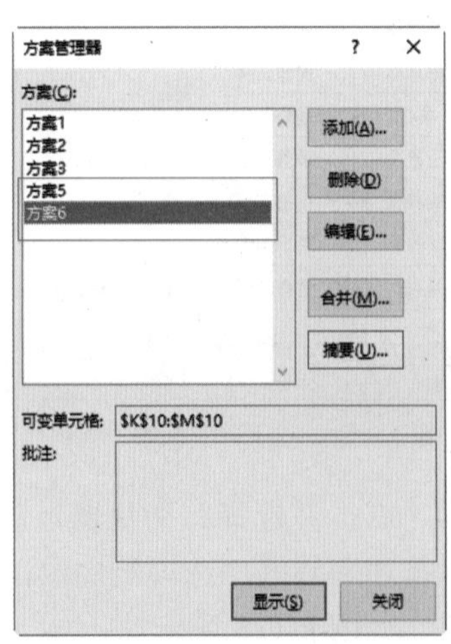

图 8-127　合并方案

第9章

PowerPoint 演示文稿的创建

| 本章导读 |

PowerPoint 作为演示文稿软件适用于多种不同的场合，图文并茂的幻灯片能够帮助用户直观地阐述自己的观点，在幻灯片中添加音频和视频不仅可丰富演示文稿内容，还可以传递更多信息。本章将通过制作“商业项目计划书”实例，为用户讲解制作和编辑幻灯片的操作技巧，以及添加音频和视频的操作技巧。

9.1 制作商业项目计划书

通过创建幻灯片，并将精练的文字和具有感染力的图片相结合，突出内容的核心，可以使演讲更富有感染力，演示文稿可以打印出来，以便应用到其他场合中。本节将通过制作一份如图 9-1 所示的商业项目计划书来讲解演示文稿中幻灯片的基础操作。

图 9-1 商业项目计划书

9.1.1 创建幻灯片

01 启动 PowerPoint 2019，在启动界面中选择“空白演示文稿”选项，如图 9-2 所示，此时创建名为“演示文稿 1”的空白演示文稿，默认插入一张幻灯片。

02 选择“开始”选项卡，在“幻灯片”组中单击“新建幻灯片”下拉按钮，在弹出的下拉列表中选择“空白”选项，如图 9-3 所示，或者按 Ctrl+M 快捷键插入空白幻灯片。

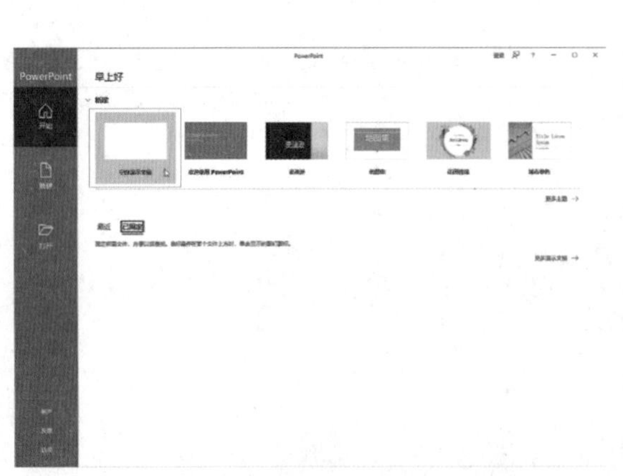

图 9-2 选择“空白演示文稿”选项

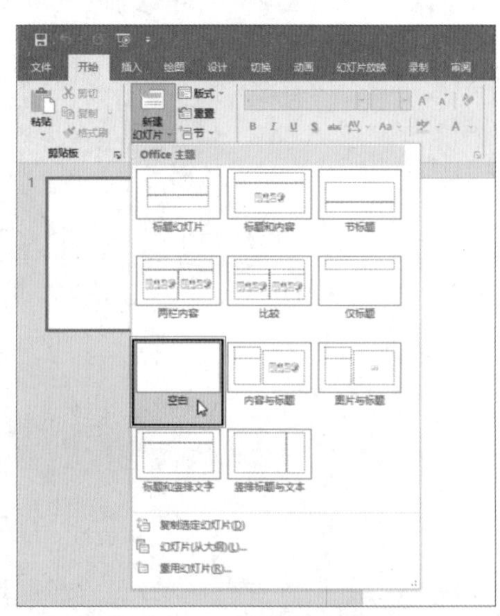

图 9-3 选择“空白”选项

03 此时可看到插入一张新的空白幻灯片，如图 9-4 所示。

04 在“幻灯片”窗格中选择需要复制的幻灯片，右击并从弹出的快捷菜单中选择“复制幻灯片”命令，如图 9-5 所示，当前幻灯片即会被复制到下方。

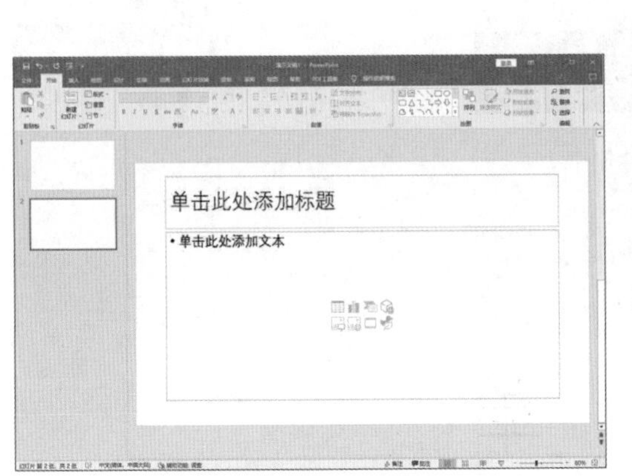

图 9-4　插入空白幻灯片

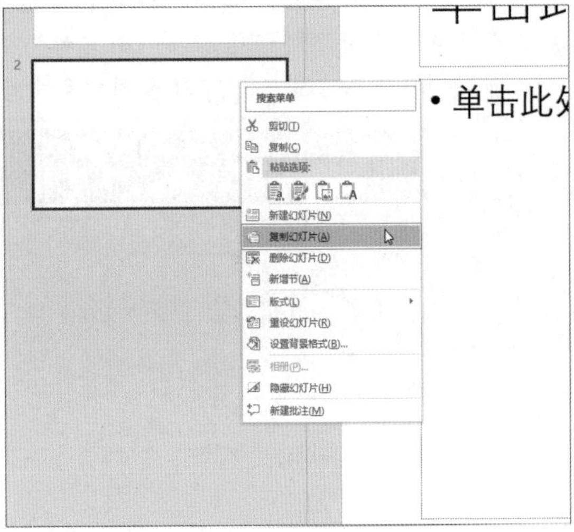

图 9-5　选择“复制幻灯片”命令

05 选择需要更改版式的幻灯片，然后选择“开始”选项卡，在“幻灯片”组中单击“版式”下拉按钮，选择“内容与标题”选项，如图 9-6 所示。

06 选择第 3 张幻灯片，拖曳幻灯片将其移到需要的位置，如图 9-7 所示。

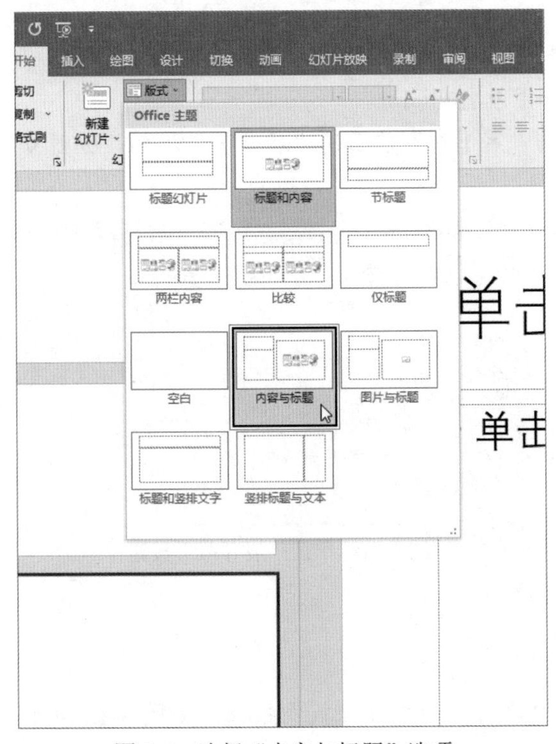

图 9-6　选择“内容与标题”选项

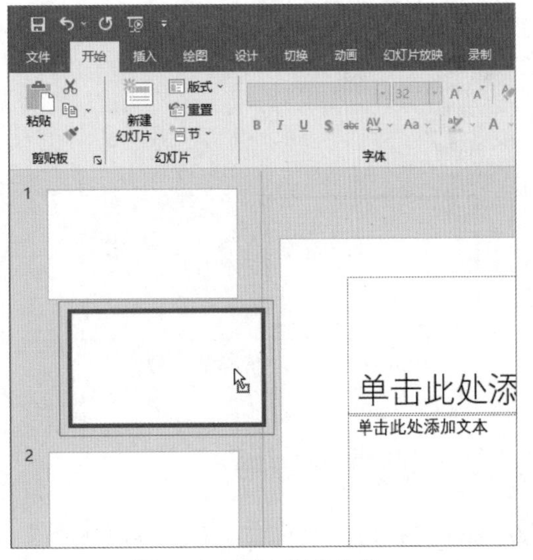

图 9-7　移动幻灯片位置

9.1.2 操作幻灯片

01 选择第 2 张幻灯片和第 3 张幻灯片之间的位置，然后选择“开始”选项卡，在“幻灯片”组中单击“节”下拉按钮，选择“新增节”选项，如图 9-8 所示。

02 打开“重命名节”对话框，在“节名称”文本框中输入“第 1 章”，然后单击“重命名”按钮，如图 9-9 所示，随后，可以看到重命名后的节。

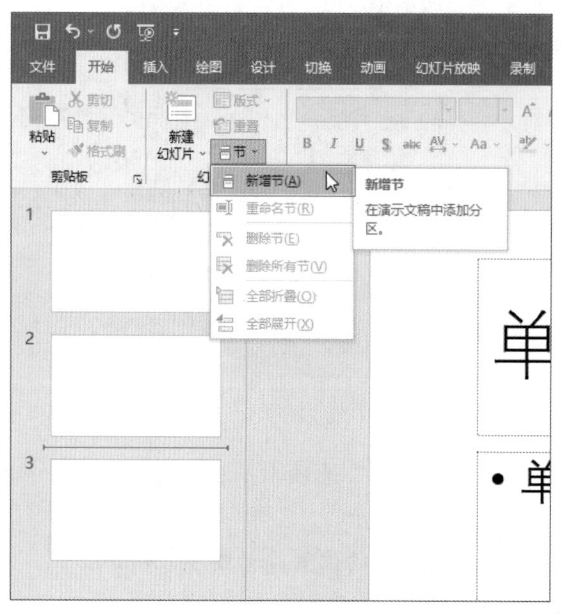

图 9-8 选择“新增节”选项

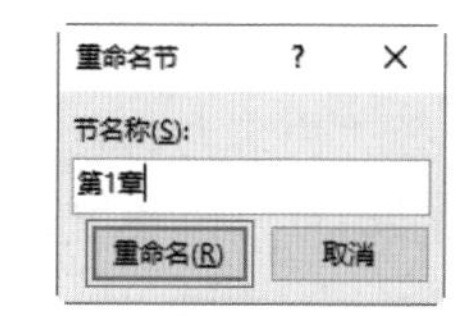

图 9-9 “重命名节”对话框

03 单击“第 1 章”前面的“折叠节”按钮，如图 9-10 所示。

04 随后，可以看到折叠节内容后的效果，单击“第 1 章”前面的“展开节”按钮，如图 9-11 所示，即可展开节内容。

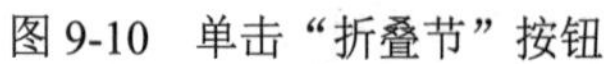

图 9-10 单击“折叠节”按钮

图 9-11 单击“展开节”按钮

9.1.3 使用母版版式

01 选择“视图”选项卡，在“母版视图”组中单击“幻灯片母版”按钮，如图 9-12 所示，进入幻灯片母版视图。

02 选择“Office 主题幻灯片母版”幻灯片，然后选择“幻灯片母版”选项卡，在“背景”组中单击“字体”下拉按钮，在弹出的下拉列表中选择“宋体”选项，如图 9-13 所示，设置主题字体为宋体。

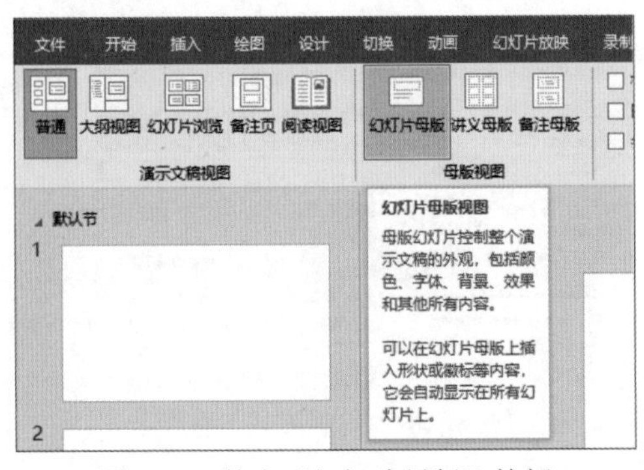

图 9-12　单击“幻灯片母版”按钮

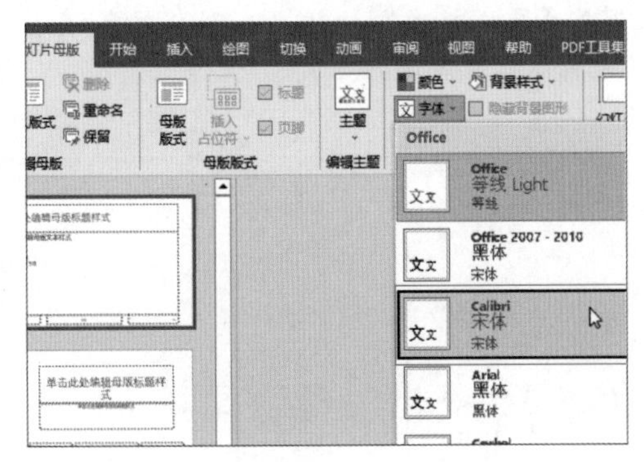

图 9-13　选择“宋体”选项

03 选择“幻灯片母版”选项卡，在“编辑母版”组中单击“插入幻灯片母版”按钮，如图 9-14 所示。

04 选择插入的幻灯片母版，在“编辑母版”组中单击“重命名”按钮，如图 9-15 所示。

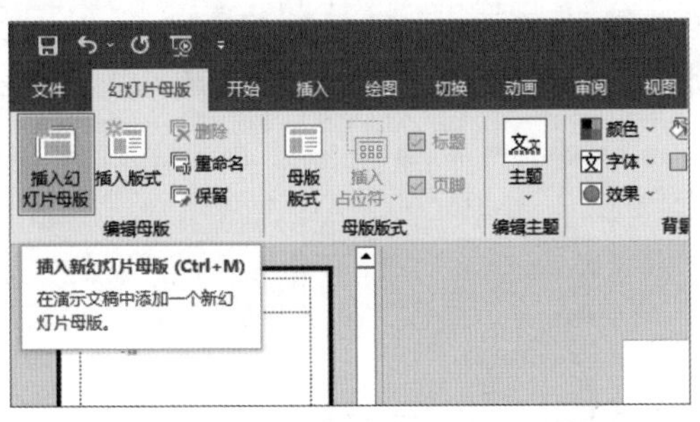

图 9-14　单击“插入幻灯片母版”按钮

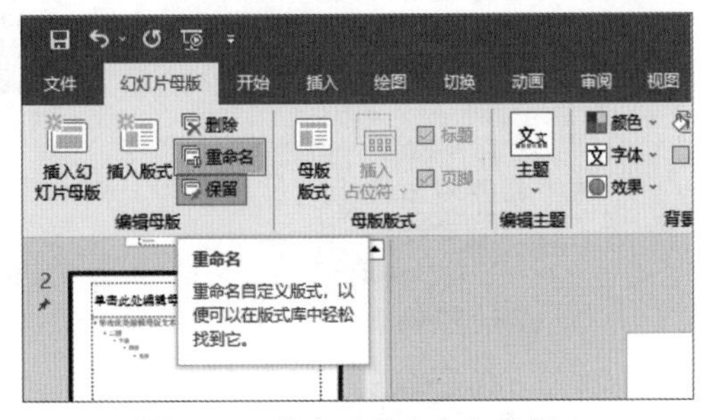

图 9-15　单击“重命名”按钮

05 打开“重命名版式”对话框，在“版式名称”文本框中输入“自定义版式”，然后单击“重命名”按钮，如图 9-16 所示，完成母版的创建和重命名。

06 选择需要插入占位符的幻灯片版式，选择“幻灯片母版”选项卡，在“母版版式”组中单击“插入占位符”下拉按钮，选择“图片”选项，如图 9-17 所示。

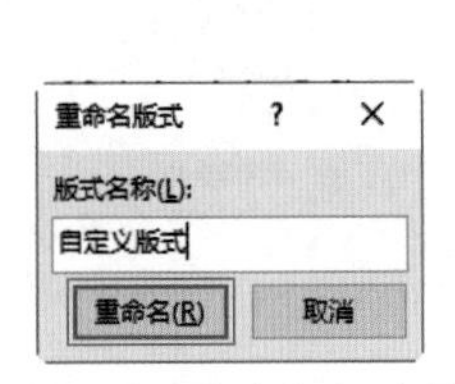

图 9-16　重命名幻灯片母版

图 9-17　选择“图片”选项

07 当光标变成十字形状时，在幻灯片版式中按住左键并进行拖曳，绘制占位符，然后释放左键，即可插入占位符，并显示其类别为“图片”，如图 9-18 所示。

08 选择“Office 主题幻灯片母版”幻灯片，然后选择“幻灯片母版”选项卡，在“母版版式”组中单击“母版版式”按钮，如图 9-19 所示。

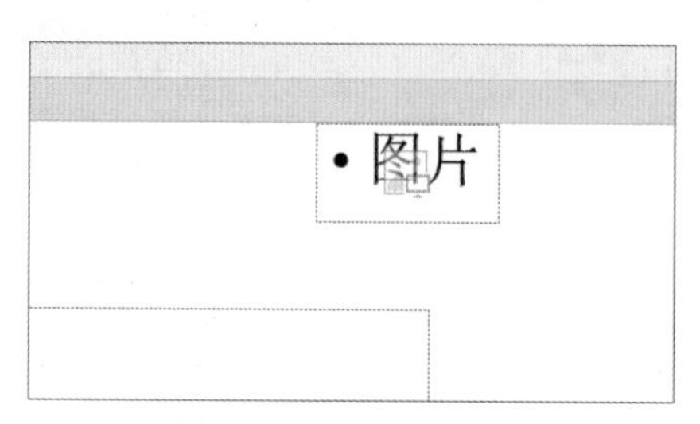

图 9-18　插入占位符

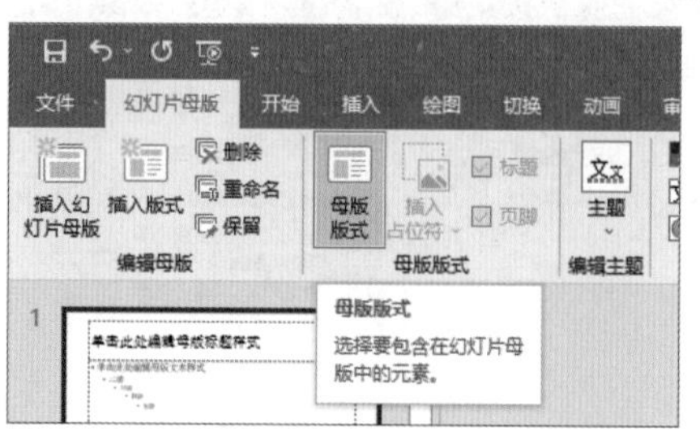

图 9-19　单击“母版版式”按钮

09 打开“母版版式”对话框，取消选中“日期”复选框，选中“页脚”复选框，然后单击“确定”按钮，如图 9-20 所示。

10 选择“Office 主题幻灯片母版”幻灯片，然后选择“插入”选项卡，在“文本”组中单击“页眉和页脚”按钮，如图 9-21 所示。

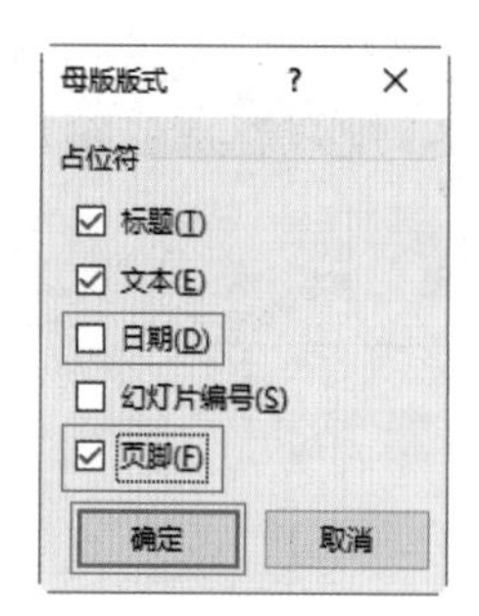

图 9-20　设置“母版版式”对话框

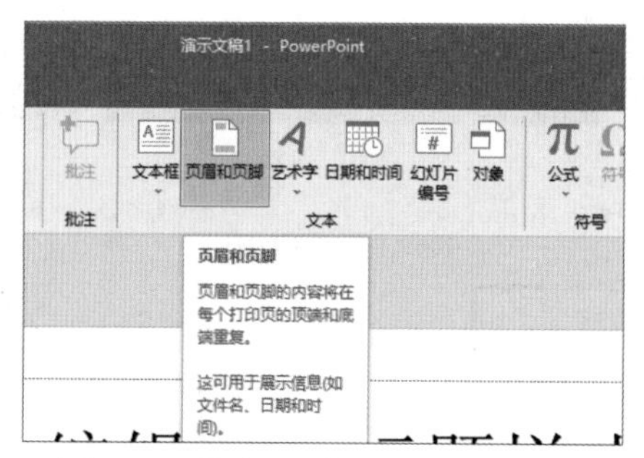

图 9-21　单击“页眉和页脚”按钮

11 打开“页眉和页脚”对话框，选中“页脚”复选框，在下方文本框中输入 TNUO，再选中“标题幻灯片中不显示”复选框，然后单击“全部应用”按钮，如图 9-22 所示。

12 设置完成后，选择“幻灯片母版”选项卡，在“关闭”组中单击“关闭母版视图”按钮，如图 9-23 所示。

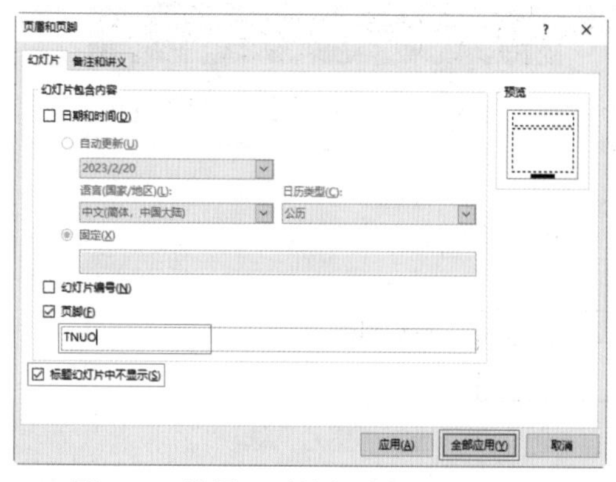

图 9-22　设置“页眉和页脚”对话框

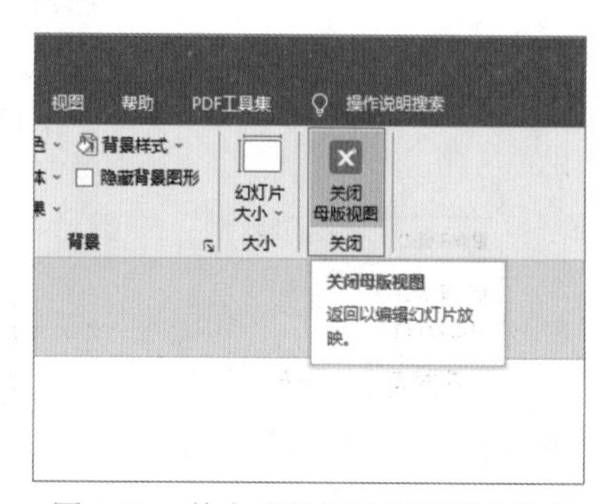

图 9-23　单击“关闭母版视图”按钮

13 返回到幻灯片中，此时设置的页脚内容即可添加到所有母版幻灯片中，如图 9-24 所示。

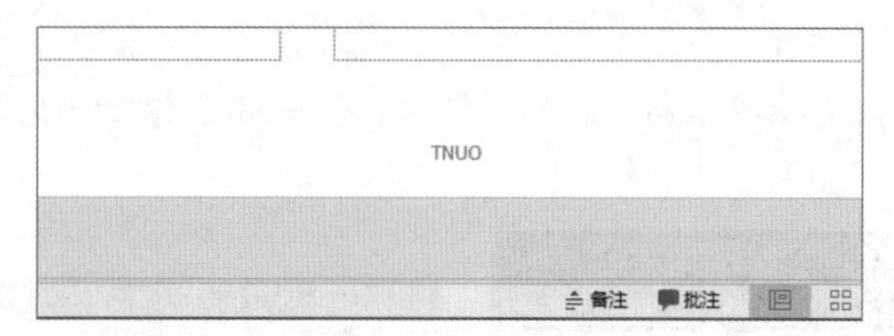

图 9-24　添加页脚

9.1.4　编排图形和图片

01 选择第 1 张幻灯片，按 Ctrl+A 快捷键选择所有内容，再按 Delete 键，将这些内容删除，然后选择“插入”选项卡，在“图像”组中单击“图片”下拉按钮，在弹出的下拉列表中选择“此设备”选项，如图 9-25 所示。

02 打开“插入图片”对话框，选择图片文件“封面背景 .jpg”，然后单击“插入”按钮，如图 9-26 所示。

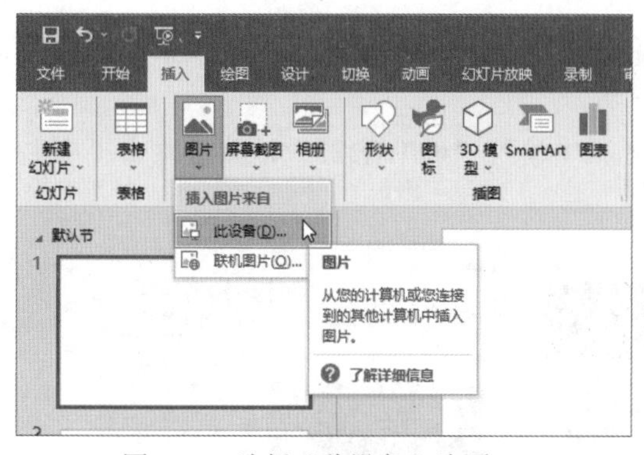

图 9-25　选择“此设备”选项

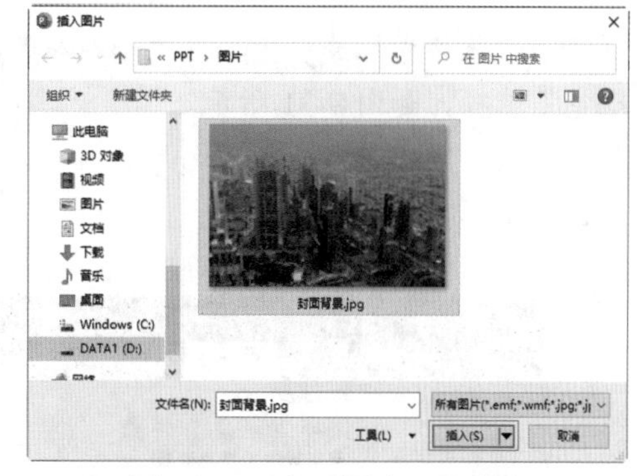

图 9-26　“插入图片”对话框

03 选择插入的图片，右击并从弹出的快捷菜单中单击“裁剪”按钮，如图 9-27 所示。

04 裁剪插入的图片，并调整图片至合适的位置，效果如图 9-28 所示。

图 9-27　单击“裁剪”按钮

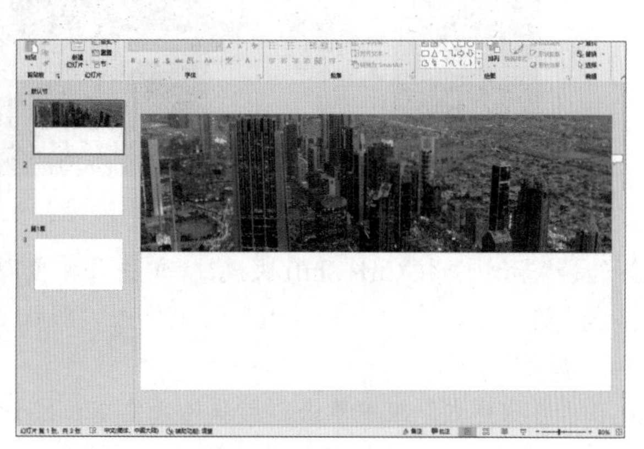

图 9-28　裁剪图片

05 选择“插入”选项卡，在“插图”组中单击“形状”下拉按钮，在弹出的下拉列表中单击“椭圆”按钮，如图 9-29 所示。

06 在幻灯片中按 Shift 键并拖曳鼠标，绘制圆形状（不按 Shift 键绘制的是椭圆形状），如图 9-30 所示。

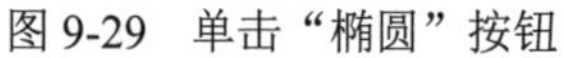
图 9-29　单击“椭圆”按钮

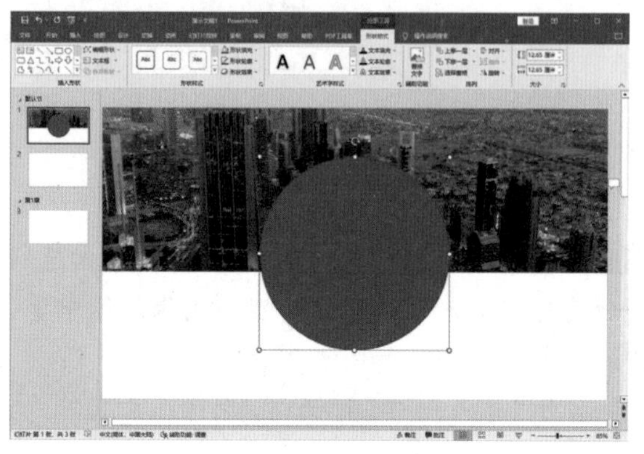

图 9-30　绘制圆形状

07 选择“形状格式”选项卡，在“形状样式”组中单击“形状填充”下拉按钮，选择“其他填充颜色”选项，如图 9-31 所示。

08 打开“颜色”对话框，在“十六进制”文本框中输入“#AB1D22”，然后单击“确定”按钮，如图 9-32 所示。

图 9-31　选择“其他填充颜色”选项

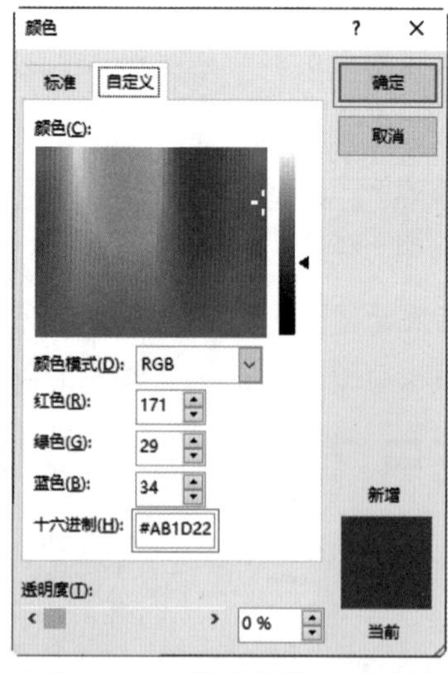

图 9-32　设置“颜色”对话框

09 选择圆形状并按 Ctrl+Shift 快捷键，单击并拖曳即可复制出一个圆形状的副本，然后选择“形状格式”选项卡，在“形状样式”组中单击“形状填充”下拉按钮，选择“无填充”选项，如图 9-33 所示。

10 在“形状样式”组中单击“形状轮廓”下拉按钮，选择“粗细”|“1.5 磅”选项，如图 9-34 所示。

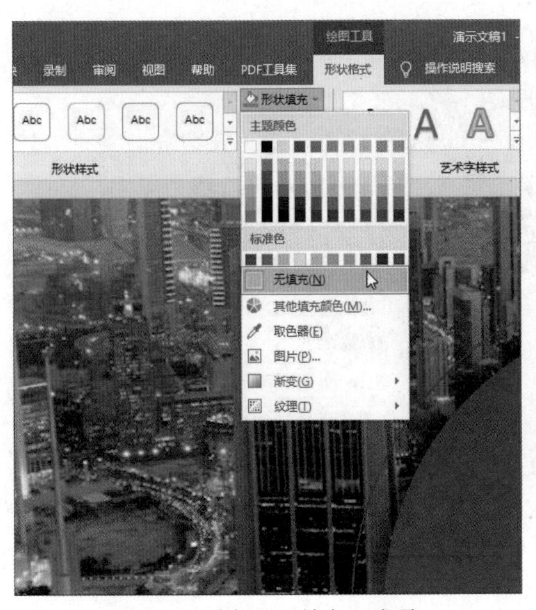

图 9-33　选择“无填充”选项

图 9-34　选择“1.5 磅”选项

11 选择绘制的第一个圆形状，右击并选择“设置形状格式”命令，如图 9-35 所示。

12 在演示文稿右侧打开“设置形状格式”窗格，选择“效果”选项卡，单击“预设”下拉按钮，选择“偏移：中”选项，如图 9-36 所示。

图 9-35　选择“设置形状格式”命令

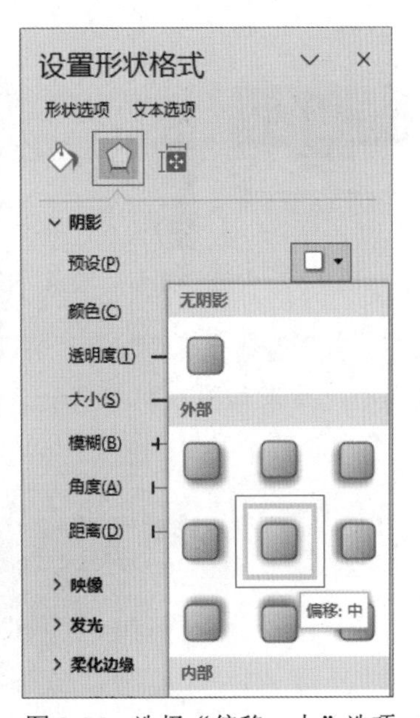

图 9-36　选择“偏移：中”选项

13 在“透明度”文本框中输入“70%”，在“大小”文本框中输入“104%”，在“模糊”文本框中输入“10 磅”，如图 9-37 所示。

14 设置完成后，圆形状的显示效果如图 9-38 所示。

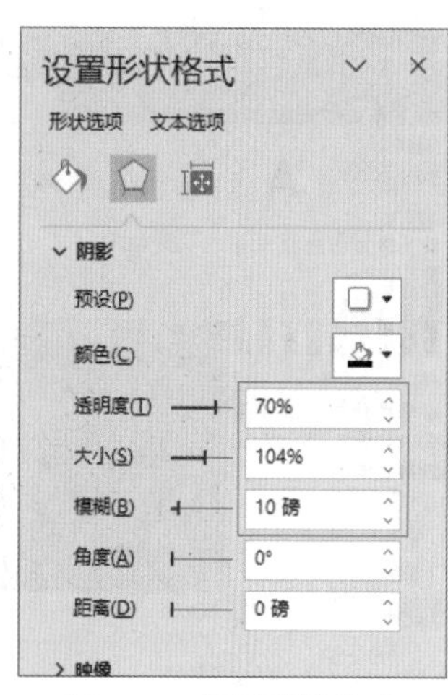

图 9-37　设置形状格式

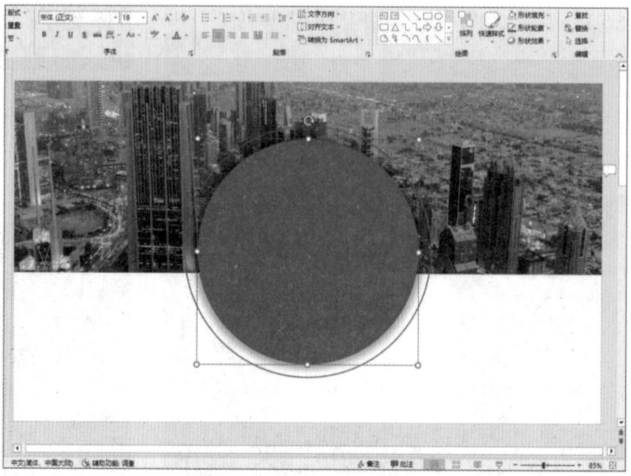

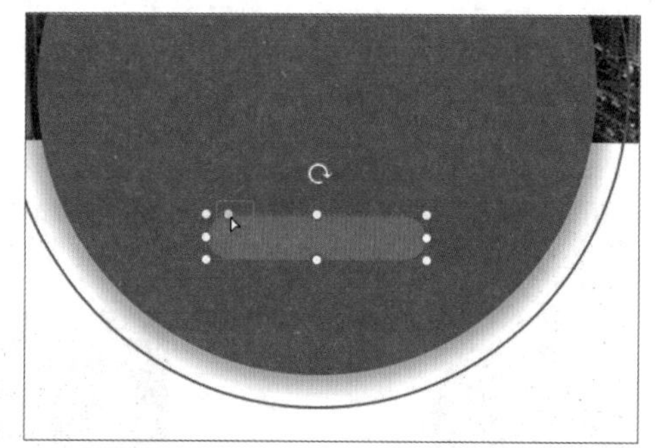

图 9-38　圆形状显示效果

15 在“插入”选项卡的“插图”组中单击“形状”下拉按钮，单击“矩形：圆角”按钮，如图 9-39 所示，在幻灯片中绘制一个圆角矩形形状。

16 选择圆角矩形形状，拖曳形状左上角的黄色控制点，调整圆角大小，如图 9-40 所示。

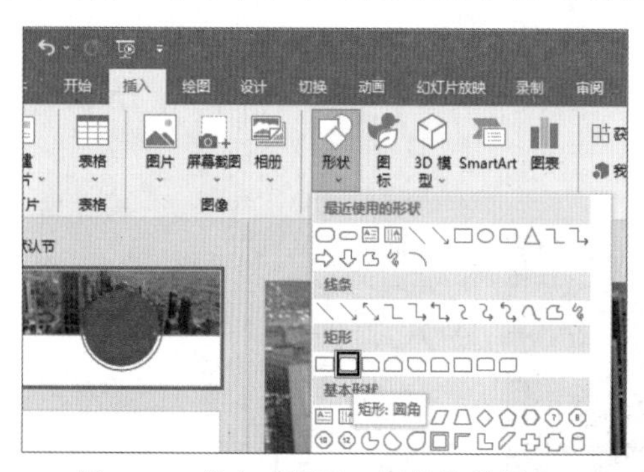

图 9-39　单击“矩形：圆角”按钮

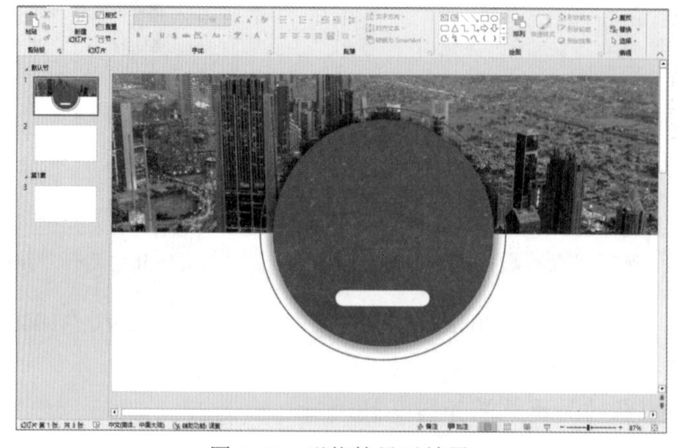

图 9-40　调整矩形圆角大小

17 按照步骤 **07** 到步骤 **10** 的方法设置圆角矩形形状的形状格式，并调整幻灯片中所有形状的整体大小，结果如图 9-41 所示。

图 9-41　形状的显示结果

9.1.5　编排文字

01 选择“插入”选项卡，在“文本”组中单击“文本框”下拉按钮，在弹出的下拉列表中选择“绘制横排文本框”选项，如图 9-42 所示。

02 在幻灯片中单击即可绘制一个横排文本框，并且插入点光标位于文本框中，输入文本并按 Enter 键进行换行，结果如图 9-43 所示。

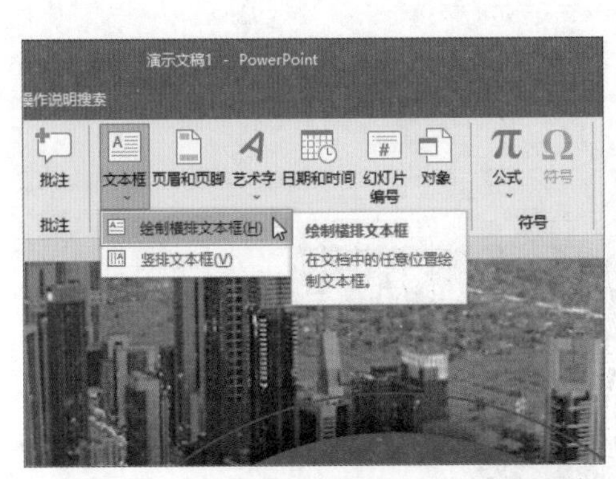

图 9-42　选择“绘制横排文本框”选项

图 9-43　输入文本

03 全选文本框中的文本，然后选择“开始”选项卡，在“字体”组中单击“字体”下拉按钮，选择“微软雅黑”选项，单击“字体颜色”下拉按钮，选择“白色，背景 1”选项，在“段落”组中单击“居中”按钮，如图 9-44 所示，并调整文本框位置。

04 选择文本“2023”，在“字体”组中单击“字号”下拉按钮，选择“60”选项，如图 9-45 所示。

图 9-44　设置文本格式

图 9-45　设置文本字号

05 按 Ctrl+A 快捷键全选文本，然后在“字体”组中单击“对话框启动器”按钮，如图 9-46 所示。

06 打开“字体”对话框，选择“字符间距”选项卡，对字符间距进行调整，如图 9-47 所示。

图 9-46 单击“对话框启动器”按钮

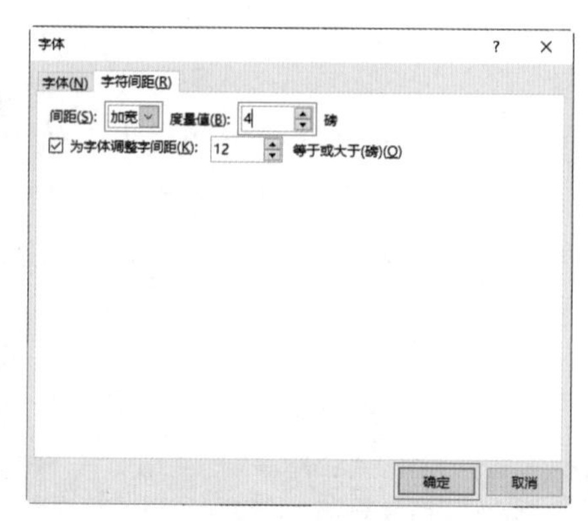

图 9-47 调整字符间距

07 此时，文本格式的设置效果如图 9-48 所示。

图 9-48 文本格式设置效果

08 按照同样的方法，制作其余的文本内容，最终效果如图 9-1 所示。

9.1.6 保存演示文稿

01 选择“文件”选项卡，从弹出的界面中选择“另存为”命令，在中间的“另存为”窗格中单击“浏览”按钮，如图 9-49 所示。

02 打开“另存为”对话框，设置保存路径，在“文件名”文本框中输入“商业项目计划书 .pptx”，然后单击“保存”按钮即可保存文档，如图 9-50 所示。

图 9-49 单击“浏览”按钮

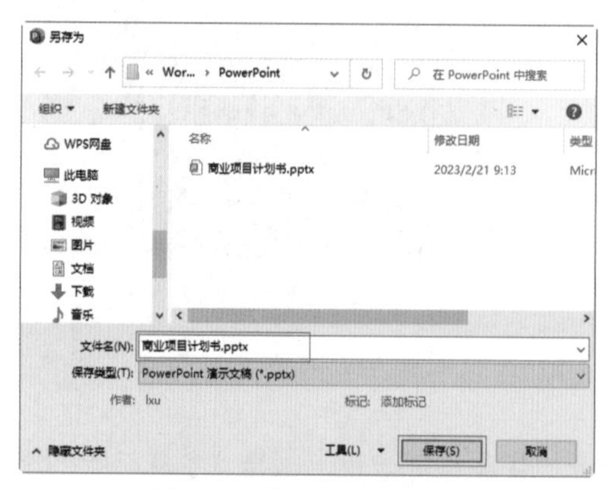

图 9-50 保存演示文稿

9.2　添加音频和视频

在演示文稿中添加合适的音频和视频，不仅能为用户的演讲增加灵活性，还能渲染氛围，并快速而高效地传达大量信息，使演示文稿的表现形式更加丰富。本节将通过案例讲解如何在幻灯片中添加音频和视频，如图 9-51 所示。

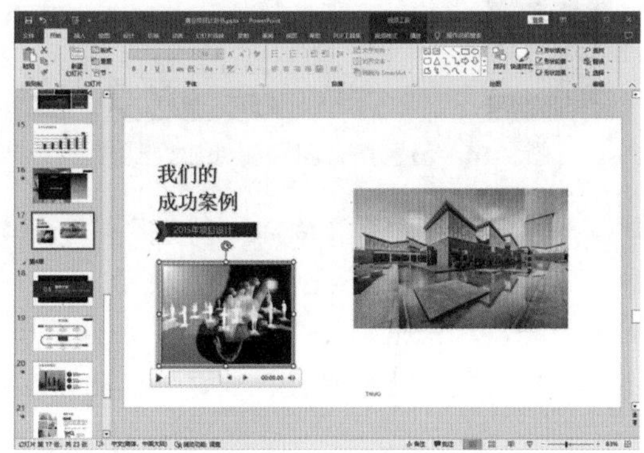

图 9-51　在幻灯片中添加音频和视频

9.2.1　在幻灯片中添加音频

01 选择需要插入音频的幻灯片，然后选择“插入”选项卡，在“媒体”组中单击“音频”下拉按钮，在弹出的下拉列表中选择“PC 上的音频”命令，如图 9-52 所示。

02 打开“插入音频”对话框，选择音频文件“背景音乐.mp3”，然后单击“插入”按钮，如图 9-53 所示。

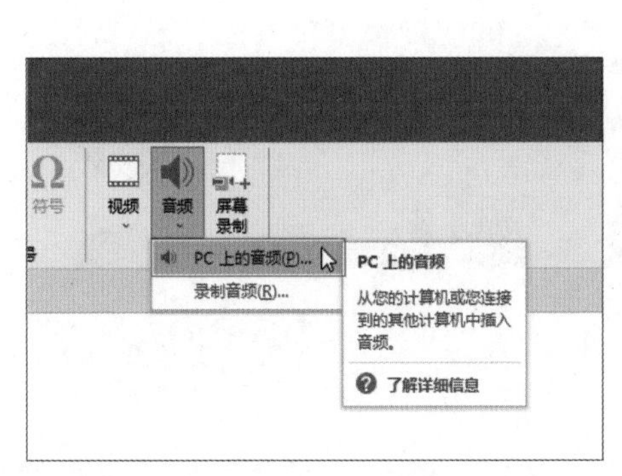

图 9-52　选择“PC 上的音频”命令

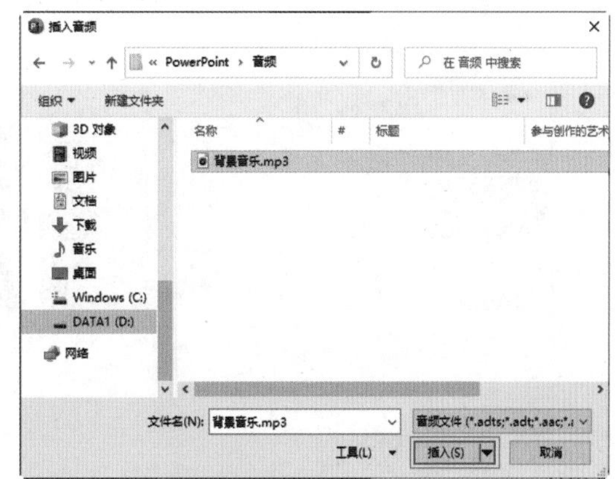

图 9-53　插入音频文件

03 返回幻灯片中，此时声音文件被插入幻灯片中，并且幻灯片中会显示声音图标和播放控制栏，如图 9-54 所示。

04 选择需要插入录制音频的幻灯片，然后选择“插入”选项卡，单击“音频”下拉按钮，选择“录制音频”命令，如图 9-55 所示。

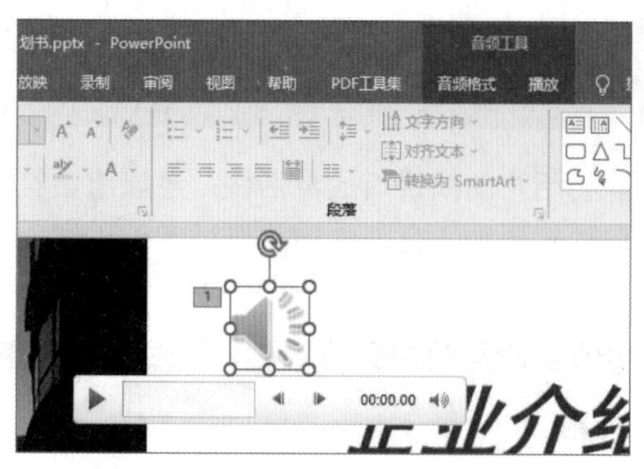

图 9-54 显示声音图标和播放控制栏

图 9-55 选择“录制音频”命令

05 打开“录制声音”对话框，在“名称”文本框中输入“企业未来规划”，然后单击“录音”按钮●，即可开始录音，如图 9-56 所示。

06 录音时，对话框不会显示波形，但会显示声音的长度，完成录制后单击“停止”按钮■，停止声音的录制，然后单击“确定”按钮，如图 9-57 所示。

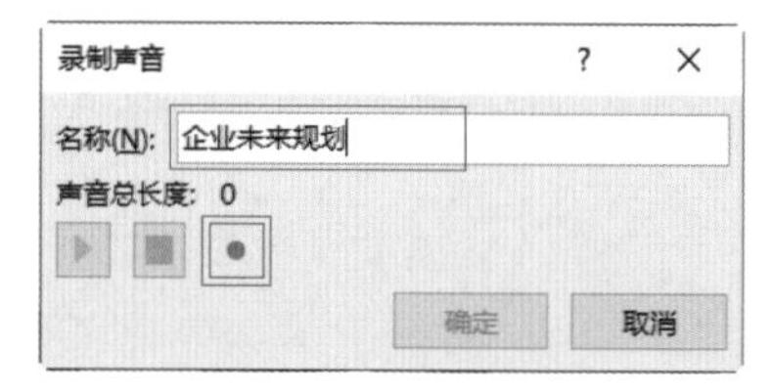

图 9-56 开始录制声音

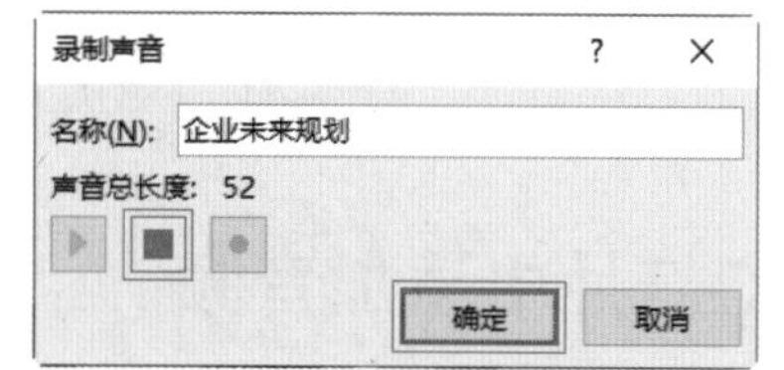

图 9-57 结束录制声音

07 此时，录制的声音即被插入幻灯片中，如图 9-58 所示。

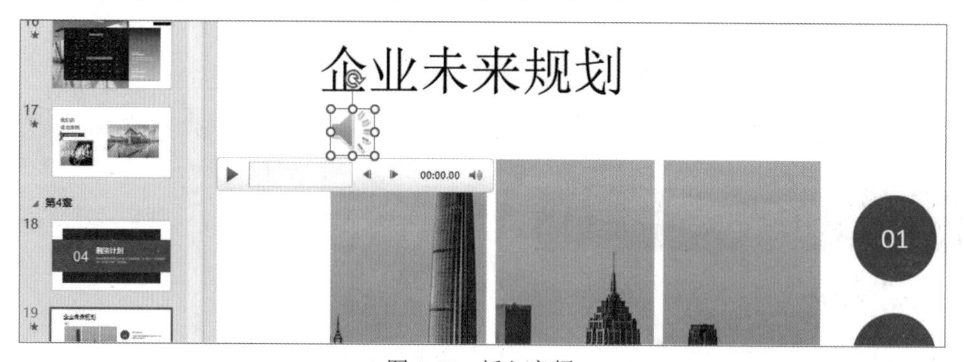

图 9-58 插入音频

9.2.2 处理音频

01 将光标放置到控制栏的“静音 / 取消静音”按钮上，会出现一个滚动条，拖曳滚动条上的滑块即可对播放音量进行调整，如图 9-59 所示。

02 单击“向后移动 0.25 秒”按钮，如图 9-60 所示，或“向前移动 0.25 秒”按钮，能够使播放进度前移 0.25 秒或后移 0.25 秒。在浮动控制栏的声音播放进度条上单击，可以将播放进度移到当前单击处，声音接着从单击处的位置继续播放。

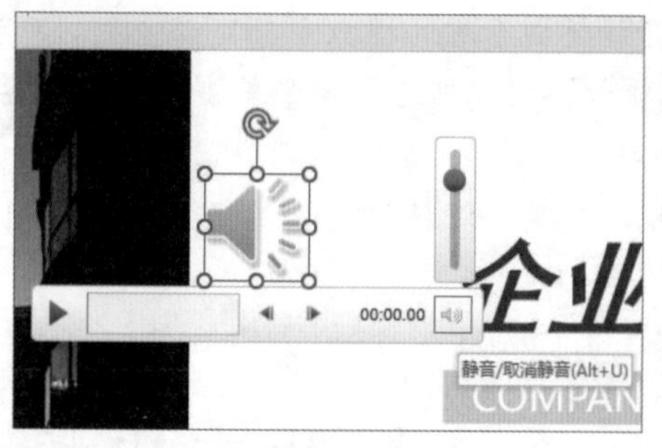

图 9-59 调整播放音量

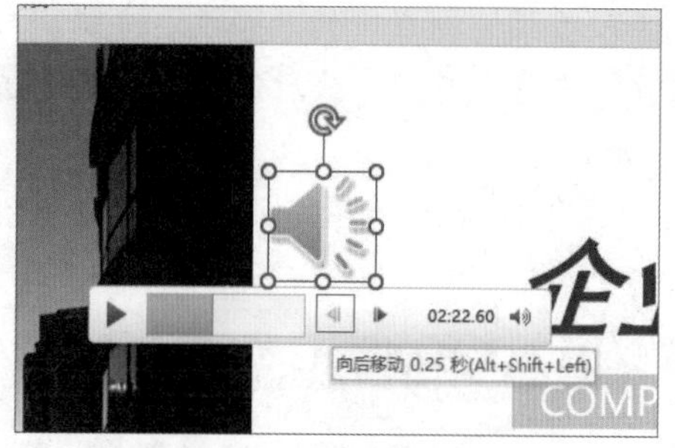

图 9-60 控制音频的播放进度

03 选择“播放”选项卡，在“音频选项”组中选中“放映时隐藏”复选框，在放映时将音频图标隐藏起来，再选中“跨幻灯片播放”和“循环播放，直到停止”复选框，让音频文件循环播放，然后在“音频样式”组中单击“在后台播放”按钮，如图 9-61 所示。

04 按 Shift+F5 快捷键切换至幻灯片放映状态，此时音频自动开始播放，并且不再显示音频图标，如图 9-62 所示。切换至其他幻灯片时，音频文件也会继续播放。

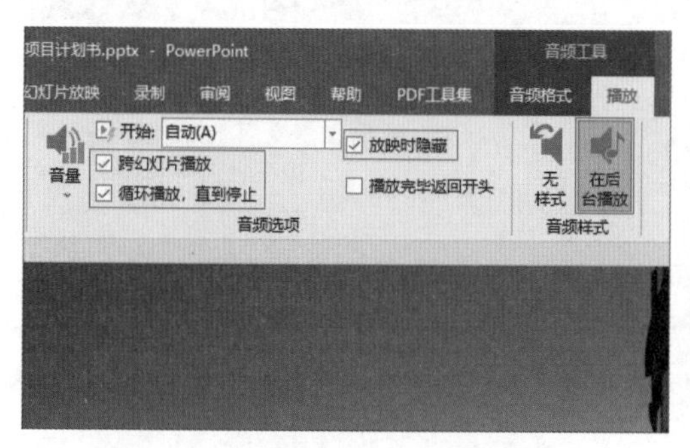

图 9-61 设置音频文件播放格式

图 9-62 播放幻灯片试听音频

05 在插入录制音频的幻灯片中选择“声音”图标，选择“播放”选项，在“编辑”组中设置“渐强”微调框数值为“01.00”，设置“渐弱”微调框数值为“00.50”，如图 9-63 所示，可以在声音开始播放和结束时添加淡化持续时间，此时输入的时间值表示淡入淡出效果持续的时间。

06 在“编辑”组中单击“剪裁音频”按钮，打开“剪裁音频”对话框。在该对话框中拖曳绿色的“起始时间”滑块和“终止时间”滑块设置音频的开始时间和终止时间，单击“确定”按钮后，滑块之间的音频将保留，而滑块之外的音频即被裁剪掉，如图 9-64 所示。

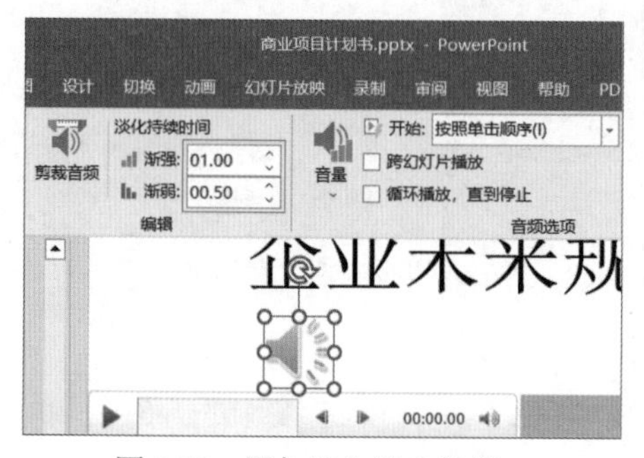

图 9-63 添加淡入淡出效果

图 9-64 剪裁音频

07 单击音频播放控制栏中的“播放”按钮▶，开始播放音频，播放至指定位置时，可单击“暂停”按钮‖暂停播放音频，然后选择“播放”选项卡，在“书签”组中单击“添加书签”按钮，如图 9-65 所示。

08 此时，在暂停处添加了一个黄色的小圆点，书签可以将暂停位置进行标记，如图 9-66 所示。

图 9-65　单击“添加书签”按钮

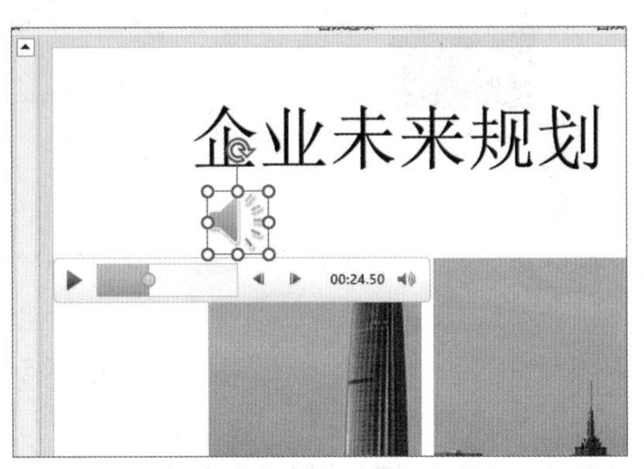

图 9-66　添加书签

9.2.3　在幻灯片中添加视频

01 选择第 5 张幻灯片，选择“插入”选项卡，在“媒体”组中单击“视频”下拉按钮，在弹出的下拉列表中选择“此设备”命令，如图 9-67 所示。

02 打开“插入视频文件”对话框，选择视频文件“视频.MP4”，然后单击“插入”按钮，如图 9-68 所示。

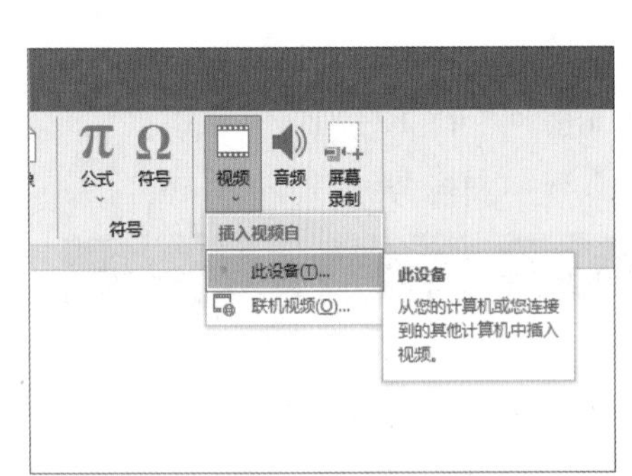

图 9-67　选择“此设备”命令

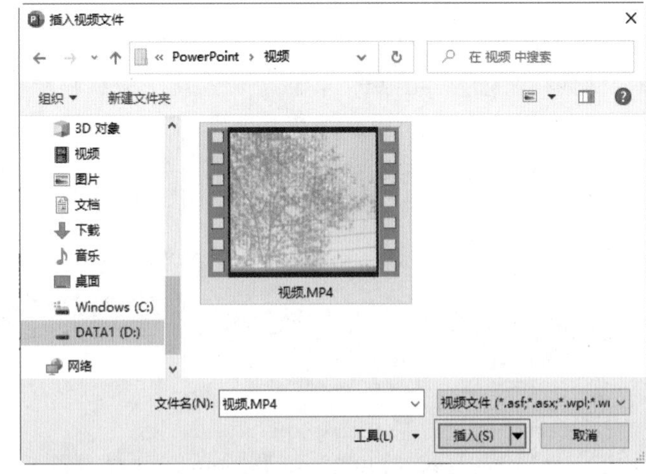

图 9-68　“插入视频文件”对话框

03 返回幻灯片中，可以看到插入的视频效果如图 9-69 所示。

04 打开“视频格式”选项卡，在“视频样式”组中单击“其他”按钮，选择“棱台框架，渐变”样式，如图 9-70 所示。

图 9-69　插入视频文件

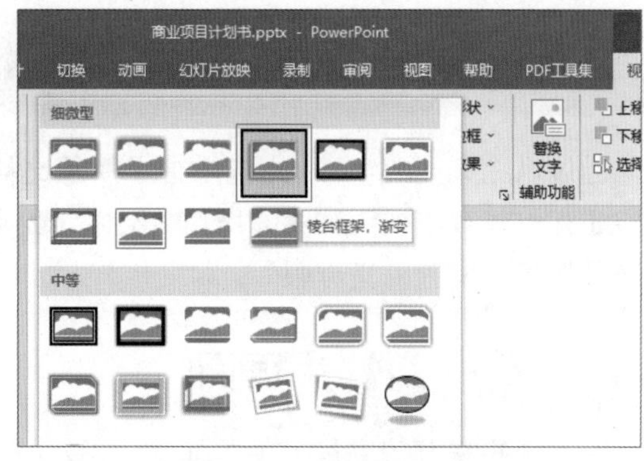

图 9-70　选择视频样式

9.2.4　为视频添加海报框架

01 默认情况下，视频显示首帧画面，用户可以为幻灯片中的视频添加预览图片，选择第 17 张幻灯片，选择视频图标，选择“视频格式”选项卡，在“调整”组中单击“海报框架”按钮，在弹出的下拉列表中选择“文件中的图像”命令，如图 9-71 所示。

02 打开“插入图片”对话框，选择“来自文件”选项，如图 9-72 所示。

图 9-71　选择“文件中的图像”命令

图 9-72　选择“来自文件”选项

03 打开“插入图片”对话框，选择图片文件“视频封面.jpg”，然后单击“插入”按钮，如图 9-73 所示。

04 返回幻灯片中，可以看到所选的图片被设置为视频的海报框架，如图 9-74 所示，单击工具条中的“播放”按钮，视频开始播放，海报框架图片瞬间消失。

图 9-73　选择首帧图片

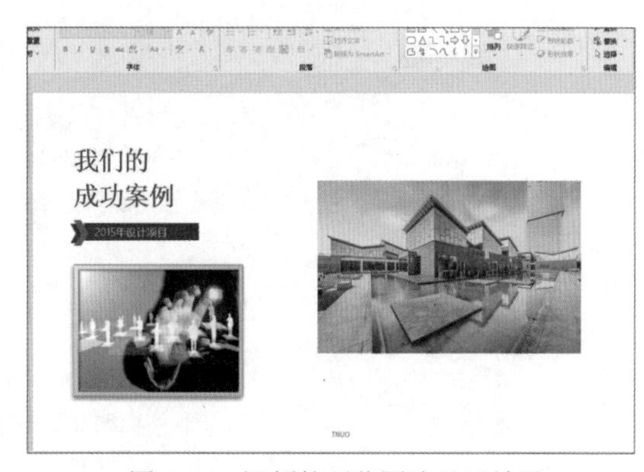

图 9-74　视频的预览图片显示效果

9.3 演示文稿技巧

通过以上案例的学习，用户掌握了演示文稿中幻灯片的基础操作、添加音频和视频的方法，另外还有一些实用技巧在实际操作中会经常使用到，下面将为用户讲解“统一幻灯片页面”“录制屏幕”和“设置讲义母版”。

9.3.1 统一幻灯片页面

有时用户需要设置幻灯片页面大小和方向来满足日常工作中的需求，利用 PowerPoint 内置的多种不同纸张大小，可以快速统一幻灯片页面。

选择“设计”选项卡，在“自定义”组中单击“幻灯片大小”按钮，在弹出的下拉列表中选择“自定义幻灯片大小”命令，如图 9-75 所示。打开“幻灯片大小”对话框，单击“幻灯片大小”下拉按钮，选择“全屏显示 (16:9)”选项，然后在“幻灯片”选项组中选中“纵向”单选按钮，再单击“确定”按钮，如图 9-76 所示。

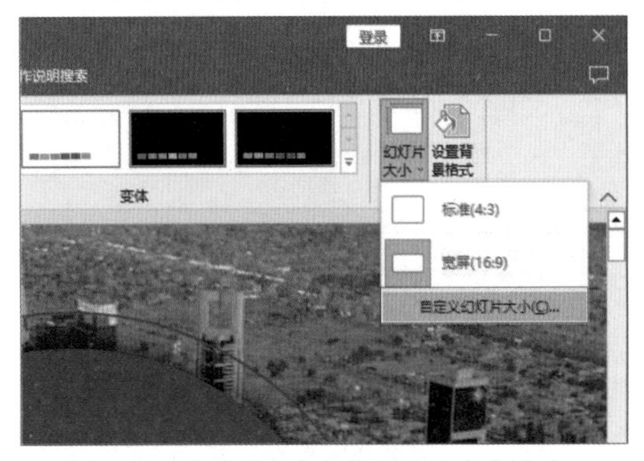

图 9-75 选择“自定义幻灯片大小”命令

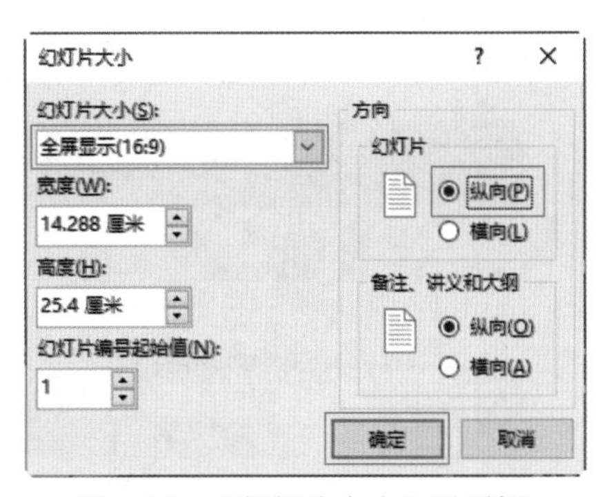

图 9-76 “幻灯片大小”对话框

此时，可看到整个演示文稿中的幻灯片被设置为纵向方向，如图 9-77 所示。

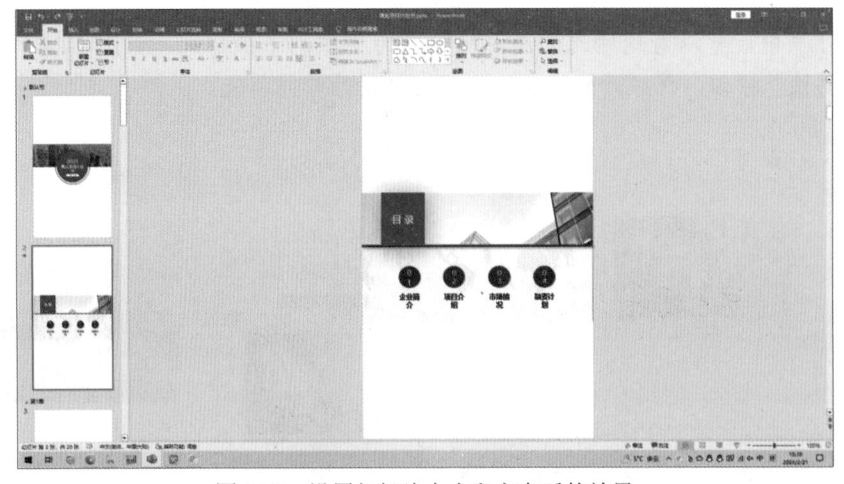

图 9-77 设置幻灯片大小和方向后的效果

9.3.2　录制屏幕

PowerPoint 2019 除了能添加文字、图片，以及音频和视频等，还具有屏幕录制功能，用户可以在屏幕上指定录制区域，录制完成的视频将自动插入幻灯片中。

用户可以选择“录制”选项卡，在“自动播放媒体”组中单击“屏幕录制”按钮，如图 9-78 所示，此时在屏幕的顶端会出现录屏工具栏，在工具栏中单击“选择区域”按钮，按住左键并进行拖曳，在屏幕上绘制矩形录屏区域，如图 9-79 所示。

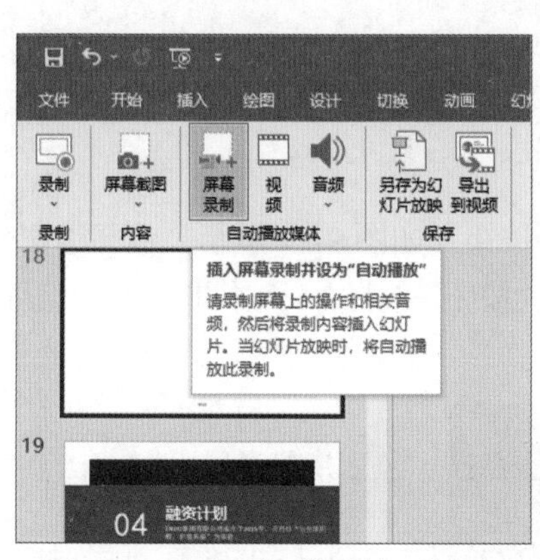

图 9-78　单击“屏幕录制”按钮

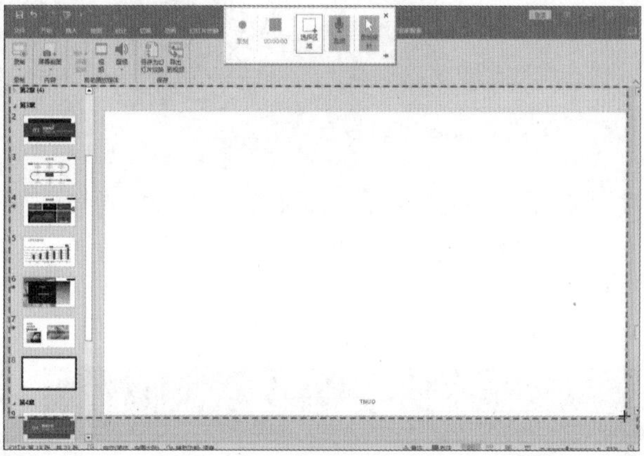

图 9-79　绘制矩形录屏区域

然后单击“录制”按钮，如图 9-80 所示，或者按 Win+Shift+R 快捷键，录屏区域中的操作即可被录制下来。完成录制后，按 Win+Shift+Q 快捷键即可停止屏幕录制，录屏视频将被直接插入当前幻灯片中，如图 9-81 所示。

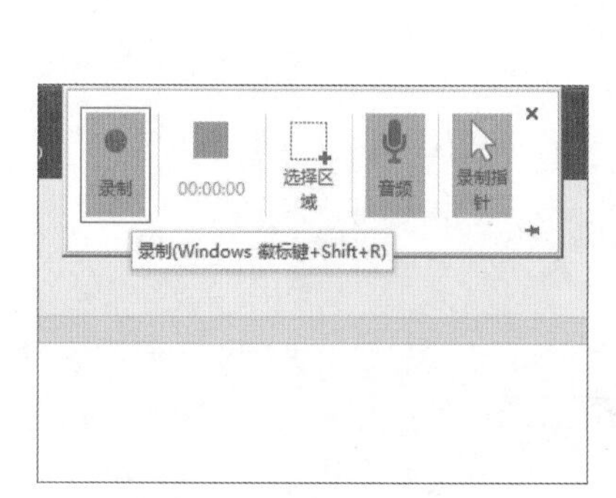

图 9-80　单击“录制”按钮

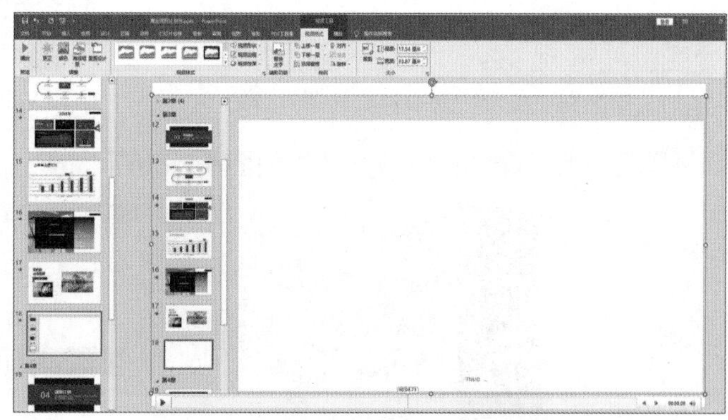

图 9-81　录屏视频将插入当前幻灯片中

9.3.3　设置讲义母版

使用讲义母版可以编辑幻灯片打印时的版式，如 1 张、2 张、3 张、4 张、6 张或 9 张，然后将其打印在一张纸上，用户不仅能够节约打印时间，还能节省纸张。

选择“视图”选项卡，在“母版视图”组中单击“讲义母版”按钮，如图 9-82 所示。选择“讲义母版”选项卡，在“页面设置”组中单击“每页幻灯片数量”下拉按钮，在打开的下拉列表中选择“4 张幻灯片”选项，然后取消选中“页脚”和“页码”复选框，如图 9-83 所示。

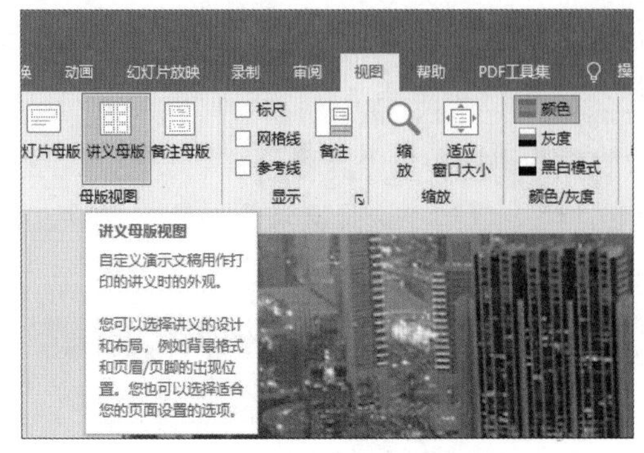

图 9-82　单击“讲义母版”按钮

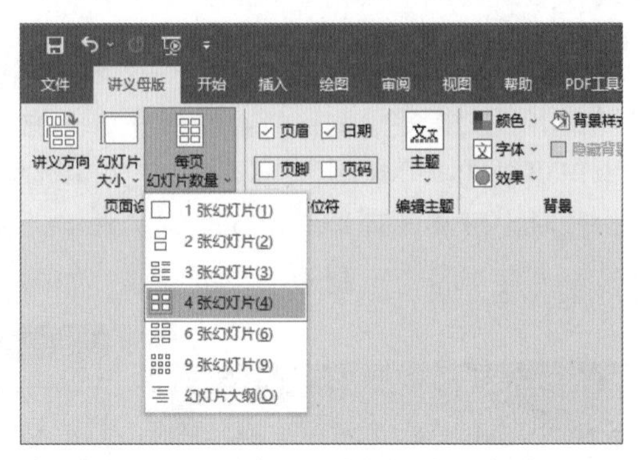

图 9-83　选择“4 张幻灯片”选项

设置完成后，在“关闭”组中单击“关闭母版视图”按钮，如图 9-84 所示。选择“文件”选项卡，然后选择“打印”选项卡，单击“整页幻灯片”下拉按钮，选择“4 张水平放置的幻灯片”选项，如图 9-85 所示。

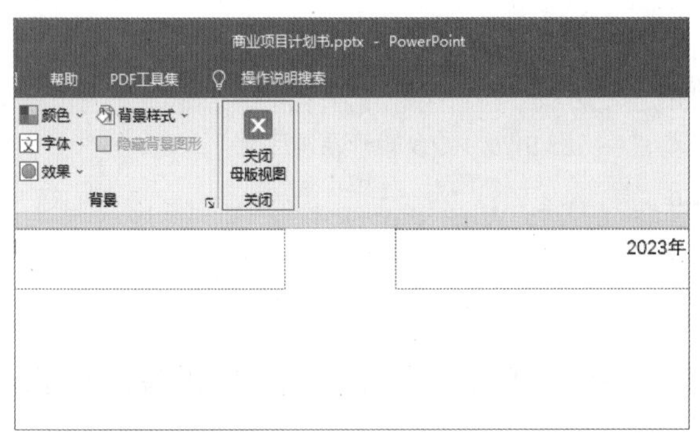

图 9-84　单击“关闭母版视图”按钮

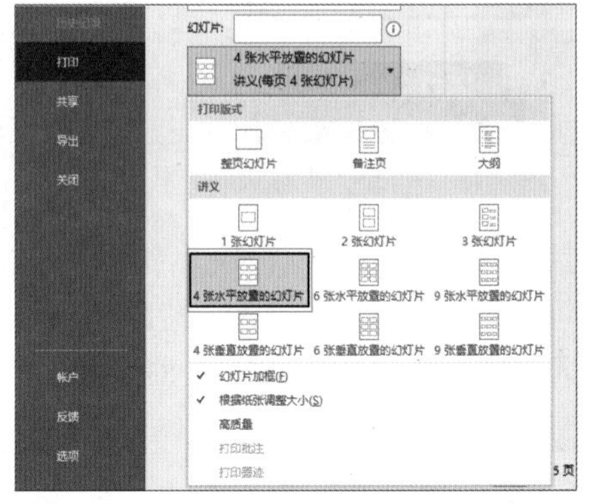

图 9-85　选择“4 张水平放置的幻灯片”选项

设置完成后，此时打印预览效果如图 9-86 所示。

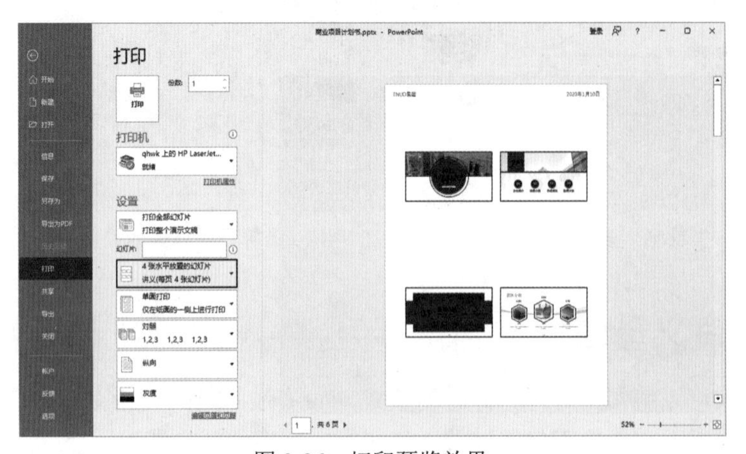

图 9-86　打印预览效果

第 10 章 PowerPoint 动画效果设置

本章导读

图文并茂的演示文稿中包含了许多信息内容，用户通常会添加动画效果来提升演示文稿的表现力，使静态的演示文稿看起来更加生动、活泼。明确动画效果在演示文稿中的作用，并适度地使用动画效果，可以引导观众更好地理解内容中的逻辑关系，更加准确地把握重点信息。本章将通过年终晚会 PPT 实例，为用户讲解幻灯片动画的使用技巧。

10.1　为年终晚会 PPT 设置动画

在制作演示文稿时，通常会为幻灯片添加动画效果以达到吸睛效果。PowerPoint 提供了 4 种类型的预设动画效果，包括进入动画、强调动画、退出动画和路径动画效果。本节将通过如图 10-1 所示的年终晚会 PPT 案例，讲解如何制作幻灯片动画以及设置动画效果等。

图 10-1　年终晚会 PPT

10.1.1　添加幻灯片切换效果

01 启动 PowerPoint 2019，打开“年终晚会.pptx”演示文稿，选择第 1 张幻灯片，选择“切换”选项卡，在“切换到此幻灯片”组中单击“其他”按钮，在弹出的列表的“华丽”组中选择“涟漪”动画，如图 10-2 所示。

02 选择“切换”选项卡，在“预览”组中单击“预览”按钮，如图 10-3 所示，或者按 Shift+F5 快捷键从当前页放映幻灯片。

图 10-2　添加“涟漪”动画效果

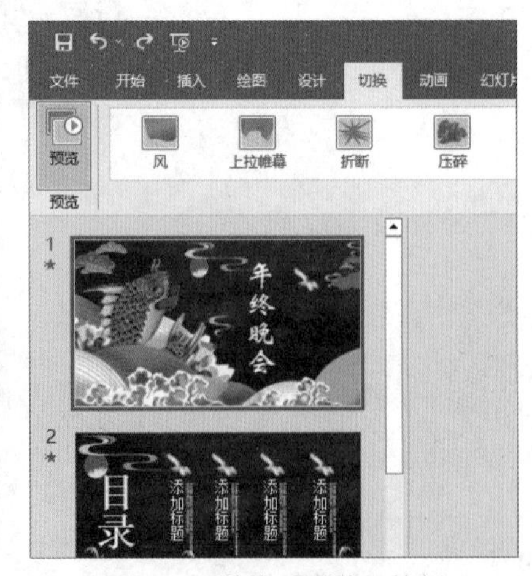

图 10-3　单击“预览”按钮

03 此时即可播放“涟漪”切换效果，如图 10-4 所示。

04 选择第 2 张幻灯片，在“切换到此幻灯片”组中单击“其他”按钮，在“细微”组中选择“擦除”选项，如图 10-5 所示。

图 10-4　预览“涟漪”切换效果

图 10-5　添加擦除动画效果

05 此时可播放“擦除”切换效果，如图 10-6 所示，按照步骤 **04** 的方法为其他的幻灯片添加切换效果。

06 用户若要将该效果应用到所有的幻灯片中，可以选择“切换”选项卡，在“计时”组中单击“应用到全部”按钮，如图 10-7 所示。

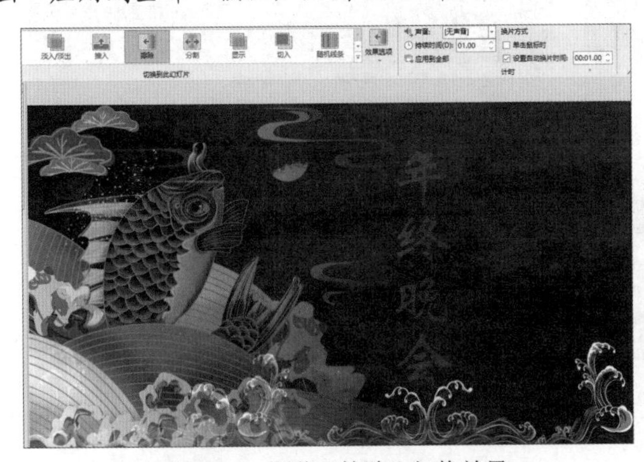

图 10-6　预览“擦除”切换效果

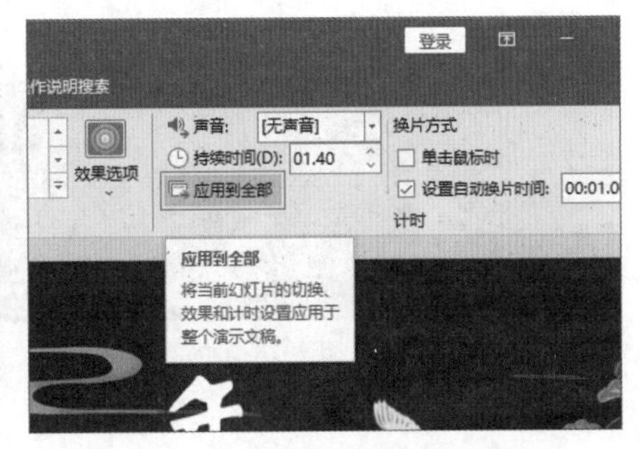

图 10-7　单击“应用到全部”按钮

10.1.2　设置幻灯片切换效果

01 选择第 2 张幻灯片，然后选择“切换”选项卡，在“切换到此幻灯片”组中单击“效果选项”下拉按钮，在弹出的下拉列表中选择“从右下部”选项，如图 10-8 所示。

02 在“计时”组中单击“声音”下拉按钮，选择“微风”选项，如图 10-9 所示。

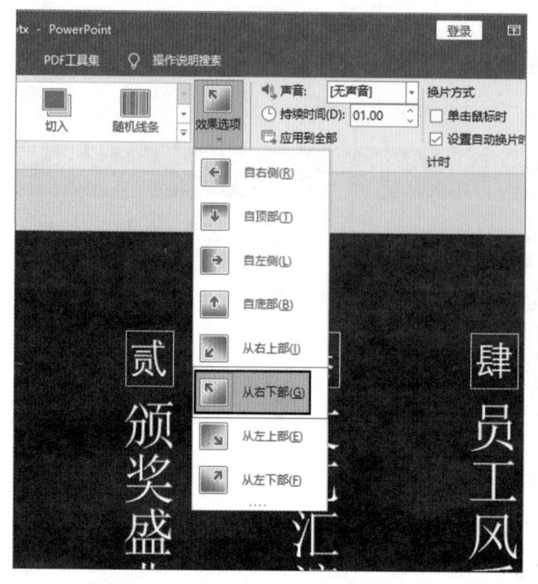

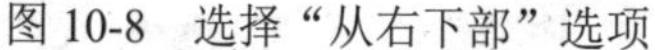
图 10-8　选择“从右下部”选项

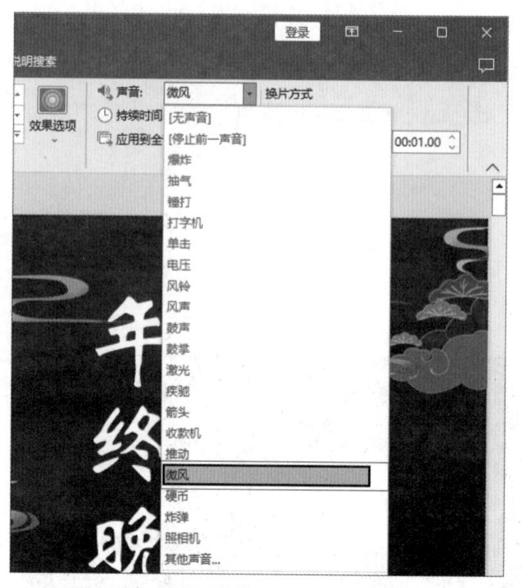

图 10-9　设置切换动画的声音效果

03 在“计时”组中，设置“持续时间”微调框数值为“02.00”，然后选中“单击鼠标时”复选框，如图 10-10 所示，可以设置切换动画的持续时间。

04 用户若想自动切换幻灯片，可以选择第 2 张幻灯片，在“计时”组中，取消选中“单击鼠标时”复选框，然后选中“设置自动换片时间”复选框，设置微调框数值为“00:15.00”，如图 10-11 所示。

图 10-10　设置持续时间

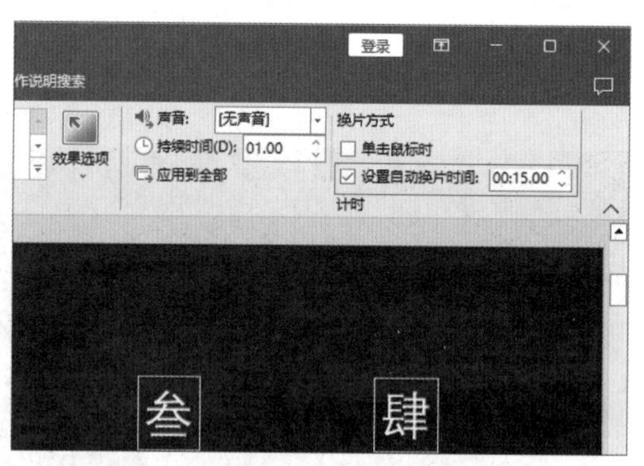

图 10-11　设置自动换片间隔时间

10.1.3　设置进入动画效果

01 选择第 3 张幻灯片，按 Ctrl 键加选“壹章回”和“年度回顾”文本框，然后选择“动画”选项卡，在“动画”组中单击“其他”按钮，在弹出的列表的“进入”组中选择“浮入”选项，如图 10-12 所示，为所选对象添加一个“浮入”效果的进入动画。

02 选择幻灯片右侧的红色鲤鱼图片，在“高级动画”组中单击“添加动画”下拉按钮，在弹出的下拉列表中选择“更多进入效果”命令，如图 10-13 所示。

图 10-12　添加“浮入”动画

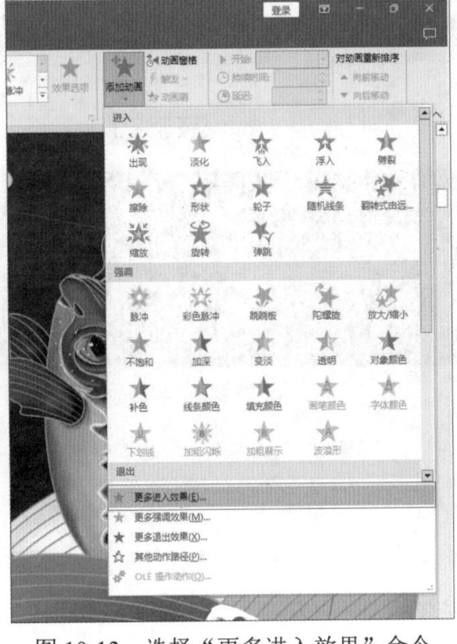

图 10-13　选择“更多进入效果”命令

03 打开“添加进入效果”对话框，在“温和”组中选择“上浮”选项，再选中“预览效果”复选框，然后单击“确定”按钮，如图 10-14 所示，即可在幻灯片中实时预览动画效果。

04 按 Ctrl 键加选“壹章回”文本框和红色鲤鱼图片，如图 10-15 所示。

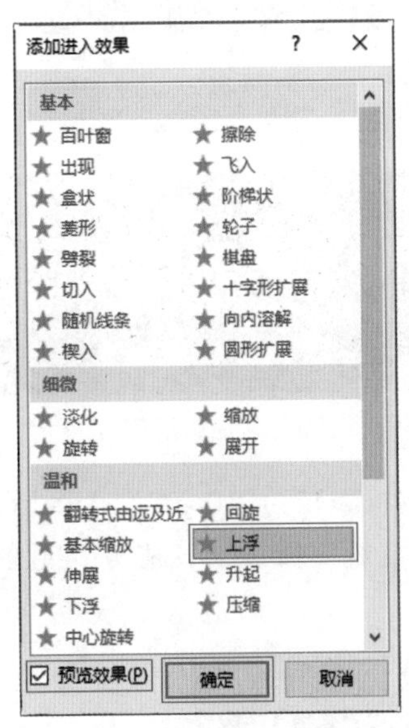

图 10-14　设置“添加进入效果”对话框

图 10-15　选择文本框和图片

05 选择“切换”选项卡，在“计时”组中单击“开始”下拉按钮，选择“与上一动画同时”选项，如图 10-16 所示。

06 选择“年度回顾”文本框，在“计时”组中单击“开始”下拉按钮，选择“上一动画之后”选项，设置“持续时间”微调框数值为“01.00”，设置“延迟”微调框数值为“00.50”，如图 10-17 所示。

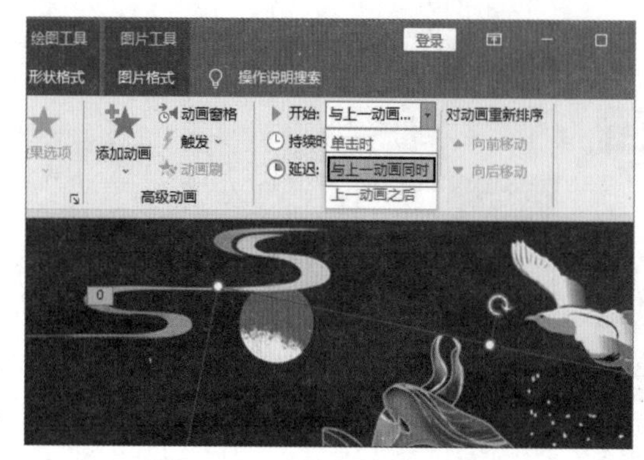

图 10-16　选择开始播放顺序

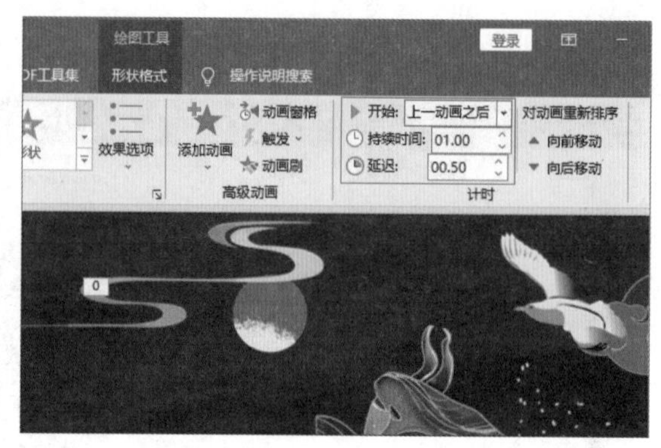

图 10-17　设置动画延迟播放时间

10.1.4　设置强调动画效果

01 选择第 4 张幻灯片，按 Ctrl 键加选“2015”文本框和“2017”文本框，然后选择“动画”选项卡，在“动画”组中选择“强调”|“放大 / 缩小”选项，如图 10-18 所示，为所选对象添加一个“放大 / 缩小”效果的强调动画。

02 选择“2017”文本框，在“切换”选项卡的“计时”组中设置“延迟”微调框数值为“02.00”，如图 10-19 所示。

图 10-18　添加“放大 / 缩小”动画

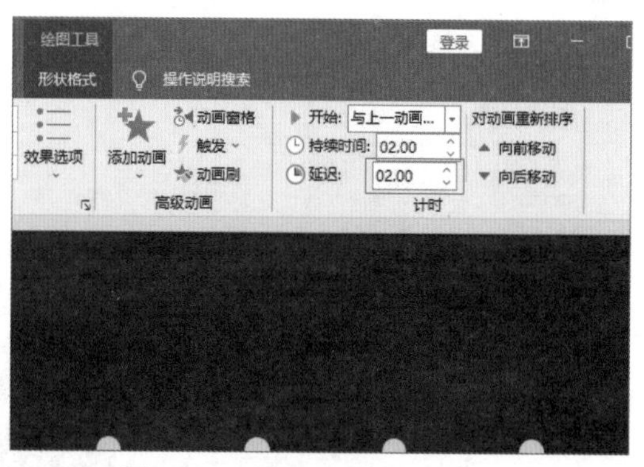

图 10-19　设置动画延迟播放时间

03 选择“2019”文本框，在“计时”组中设置“延迟”微调框数值为“04.00”，如图 10-20 所示。按照步骤 02 同样的方法选择“2021”文本框，设置“延迟”微调框数值为“06.00”，选择“2023”文本框，设置微调框数值为“08.00”。

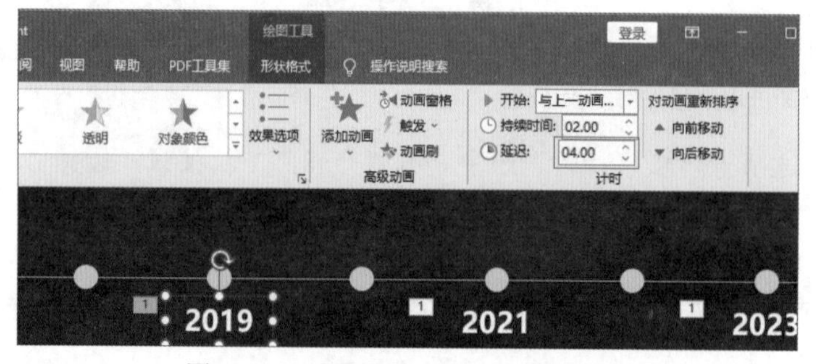

图 10-20　继续设置动画延迟播放时间

10.1.5　设置退出动画效果

01 选择第 7 张幻灯片中的图表，然后选择“动画”选项卡，在“动画”组中选择“退出”|“劈裂”选项，如图 10-21 所示。

02 在“动画”组中单击“效果选项”下拉按钮，在弹出的下拉列表中选择“中央向上下展开”选项，如图 10-22 所示。

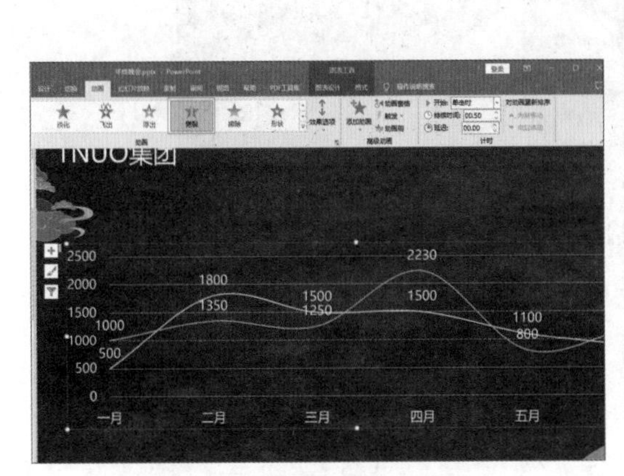

图 10-21　添加“劈裂”动画

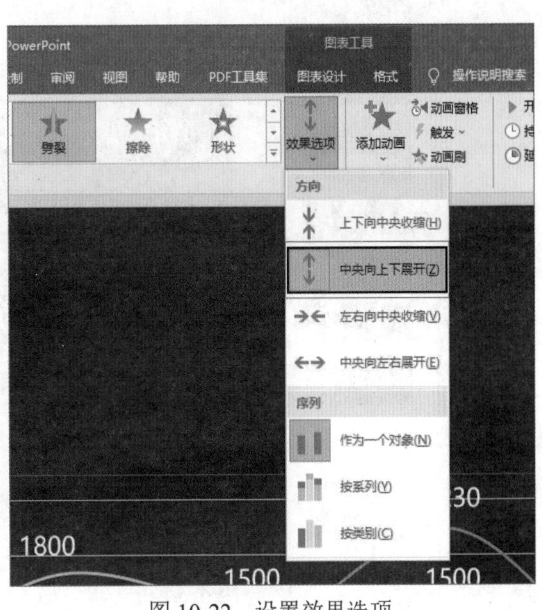

图 10-22　设置效果选项

10.1.6　设置动作路径动画效果

01 选择第 6 张幻灯片中的扇子图片，如图 10-23 所示。

02 选择“动画”选项卡，在“动画”组中单击“其他”按钮，选择“动作路径”|“直线”选项，如图 10-24 所示。

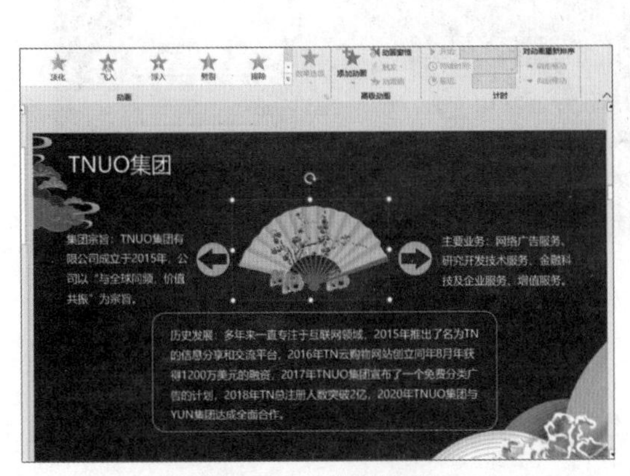

图 10-23　选择图片

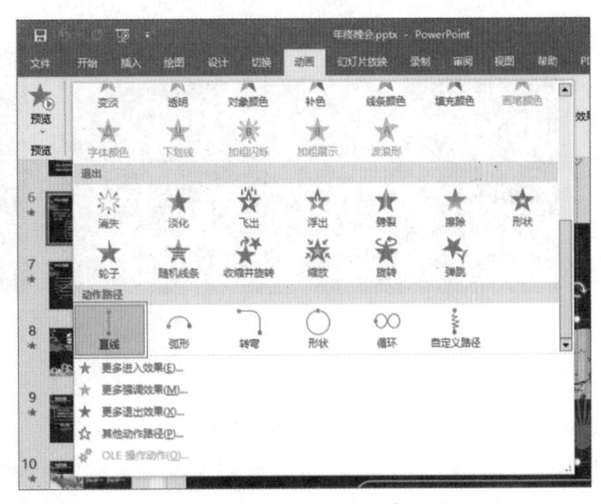

图 10-24　添加“直线”动画

03 选择扇子图片，单击路径动画中的绿色顶点并按 Shift 键，向上拖曳至如图 10-25 所示的位置，设置路径动画的开始位置。

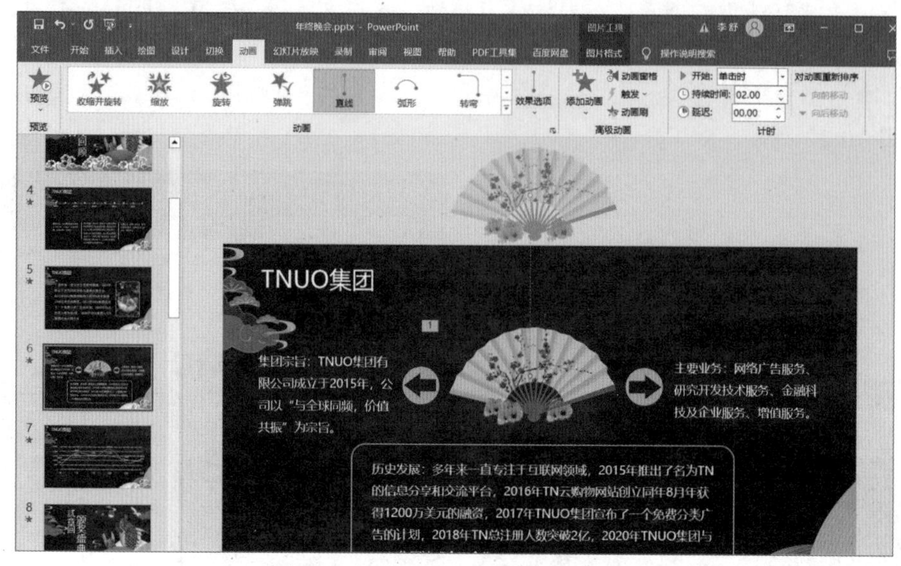

图 10-25　设置路径动画的开始位置

10.1.7　设置其他动画效果

01 选择第 6 张幻灯片中的两个箭头形状，选择“动画”选项卡，在“动画”组中选择“进入”|“擦除”选项，如图 10-26 所示。

02 选择左侧的箭头形状，在“动画”组中单击“效果选项”下拉按钮，在打开的下拉列表中选择“自右侧”选项，如图 10-27 所示。

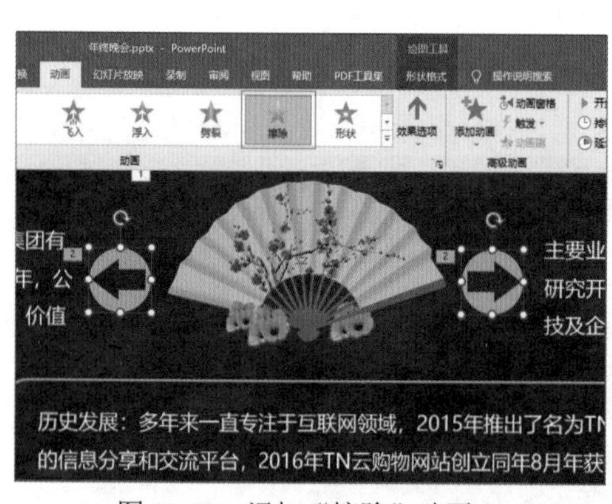

图 10-26　添加“擦除”动画

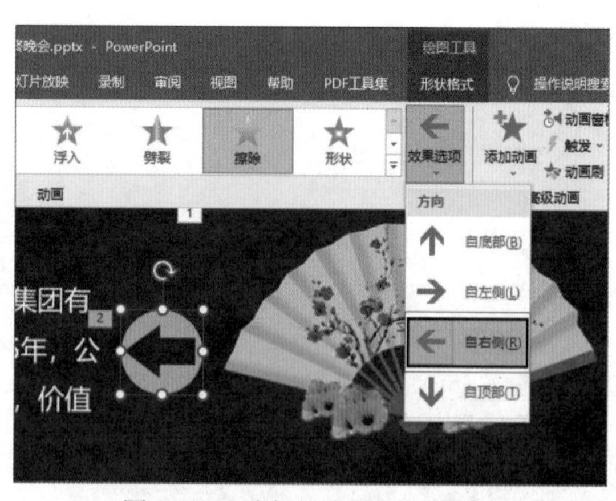

图 10-27　选择“自右侧”选项

03 选择右侧的箭头形状，在“动画”组中单击“效果选项”下拉按钮，在打开的下拉列表中选择“自左侧”选项，如图 10-28 所示。

04 选择幻灯片中所有的文本框，在“动画”组中选择“进入”|“阶梯状”选项，如图 10-29 所示。

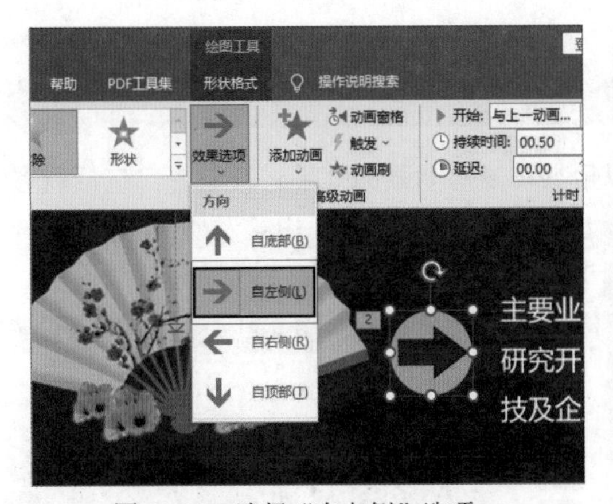

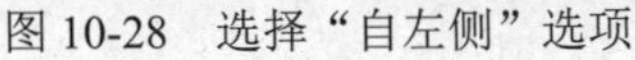
图 10-28 选择“自左侧”选项

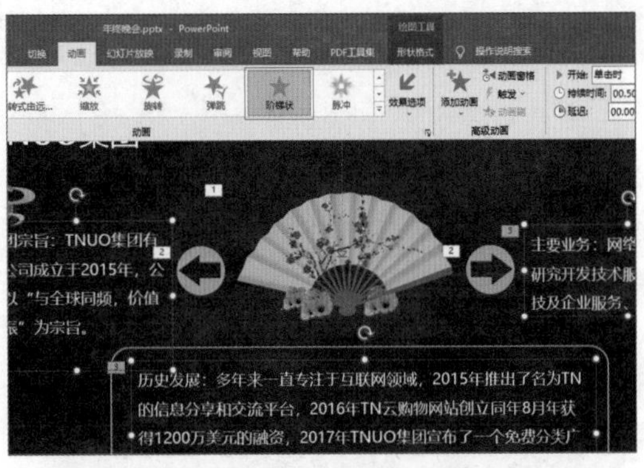

图 10-29 添加“阶梯状”动画

05 选择圆角矩形形状，在“动画”组中选择“强调”|“线条颜色”选项，如图 10-30 所示。

06 在“动画”组中单击“效果选项”下拉按钮，在弹出的下拉列表中选择“白色，背景 1”选项，如图 10-31 所示。

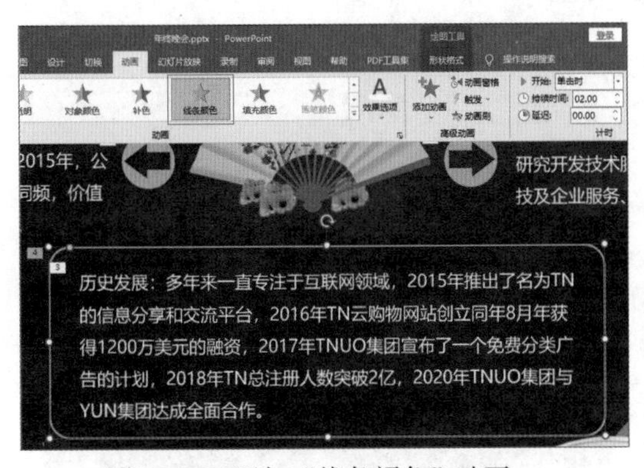

图 10-30 添加“线条颜色”动画

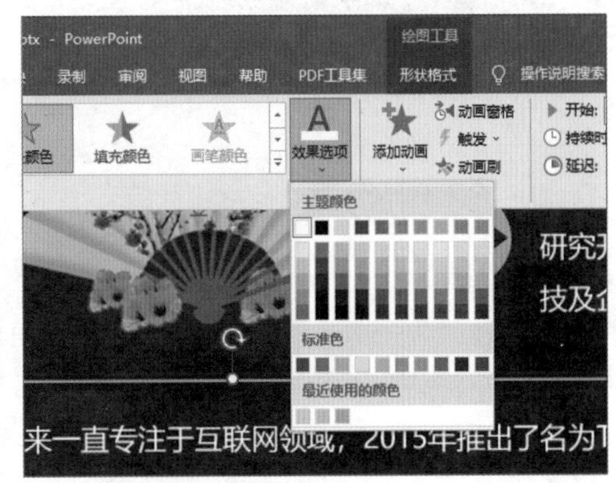

图 10-31 选择强调效果填充颜色

07 选择第 17 张幻灯片右侧的圆形图片，在“动画”组中选择“退出”|“旋转”选项，如图 10-32 所示。

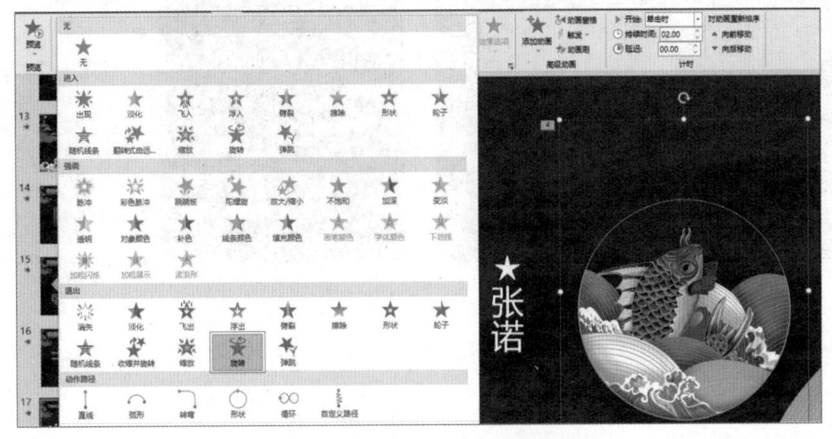

图 10-32 添加“旋转”动画

10.2 控制年终晚会 PPT 的动画播放

在演示文稿中添加完动画效果后，用户可以根据需要对动画的效果进行设置，包括设置动画选项，调整动画播放顺序，为动画添加声音，设置播放时间等，并使用触发器控制动画播放，本节将通过如图 10-33 所示的年终晚会 PPT 案例讲解如何控制演示文稿中的动画播放。

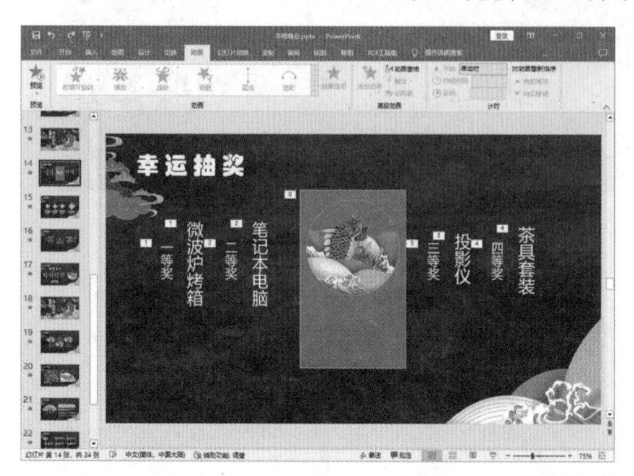

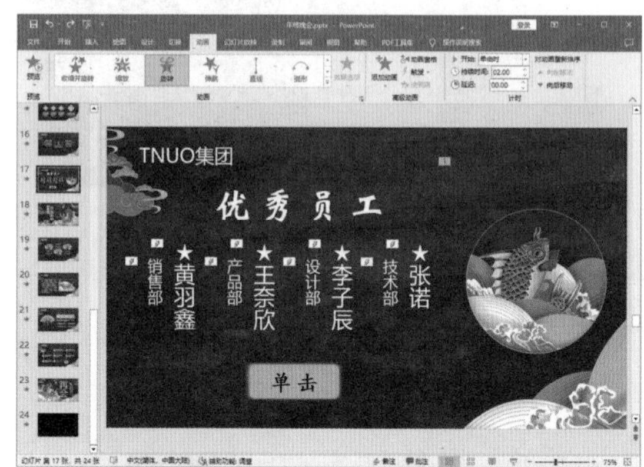

图 10-33 控制年终晚会 PPT 的动画播放

10.2.1 设置动画播放顺序

01 选择第 14 张幻灯片中的矩形形状，如图 10-34 所示。

02 选择“动画”选项卡，在“高级动画”组中单击“动画窗格”按钮，在演示文稿右侧打开“动画窗格”窗格，然后在“计时”组中单击“向前移动”按钮，如图 10-35 所示。

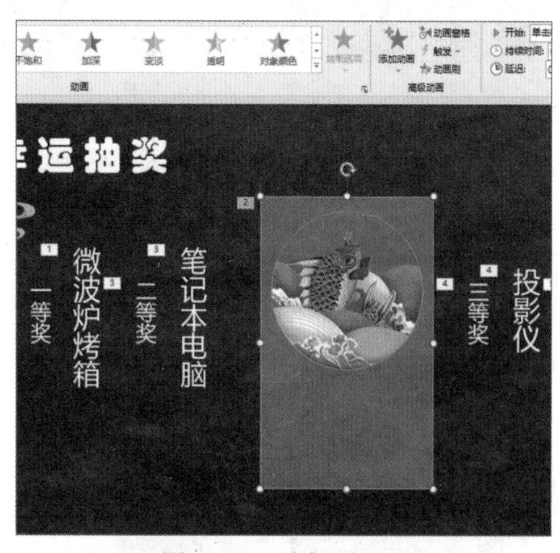

图 10-34 选择图形

图 10-35 单击“向前移动”按钮

03 此时可以看到长方体形状的动画顺序移至第 1 位，如图 10-36 所示。

04 在“动画窗格”窗格中选择第 1 组动画，右击并从弹出的快捷菜单中选择“计时”命令，如图 10-37 所示。

图 10-36 调整动画顺序

图 10-37 选择“计时”命令

05 打开“跷跷板”对话框，单击“期间”下拉按钮，选择“快速(1 秒)”选项，再单击“重复”下拉按钮，选择“直到下一次单击”选项，然后单击“确定”按钮，如图 10-38 所示。

06 在“高级动画”组中单击“动画窗格”按钮，如图 10-39 所示。

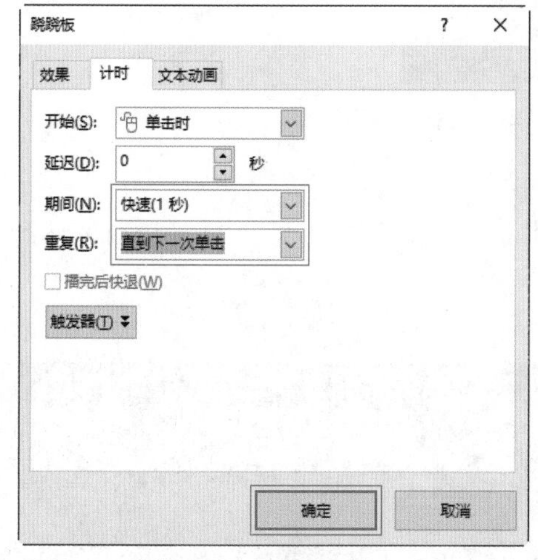

图 10-38 设置计时

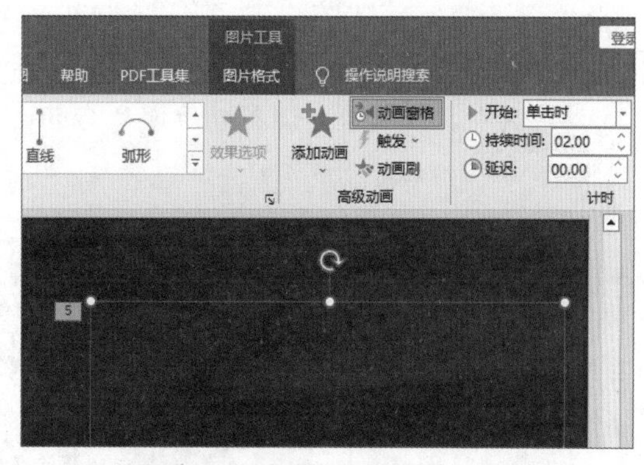

图 10-39 单击“动画窗格”按钮

07 在“动画窗格”窗格中选择第 4 组动画，将其向下拖曳至第 5 组动画之后，如图 10-40 所示。

08 此时，原来的第 4 组动画移到下一组动画之后，调整为第 5 组动画，如图 10-41 所示。

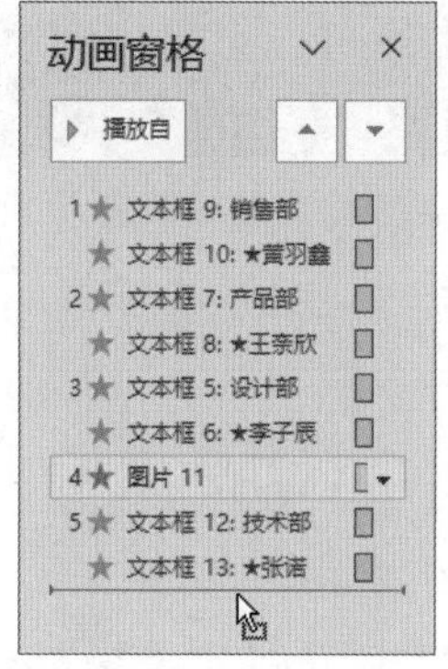

图 10-40 调整动画顺序

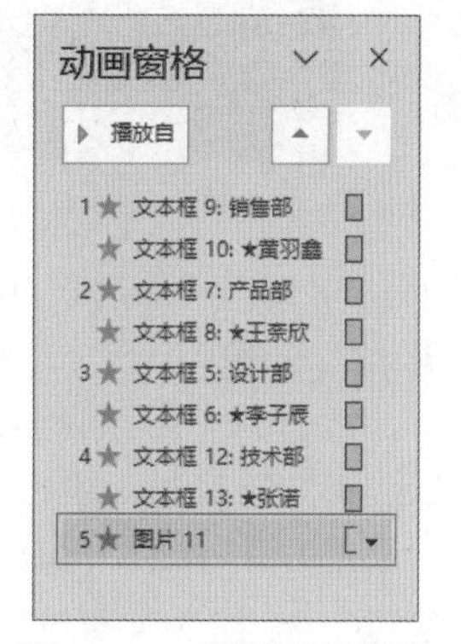

图 10-41 调整后的顺序

09 设置完成后，按 Shift+ F5 快捷键从当前页放映幻灯片，动画显示效果如图 10-42 所示。

10 选择第 2 组至第 4 组动画，右击并选择“从上一项开始”命令，如图 10-43 所示。

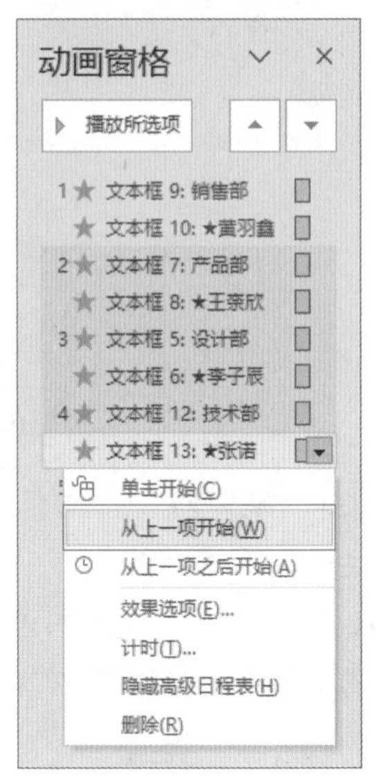

图 10-42　放映动画

图 10-43　选择“从上一项开始”命令

11 此时三组动画合并为一组动画，如图 10-44 所示。

12 返回幻灯片中，可以看到调整动画顺序后的文本框左上角的数字变为 1，如图 10-45 所示。

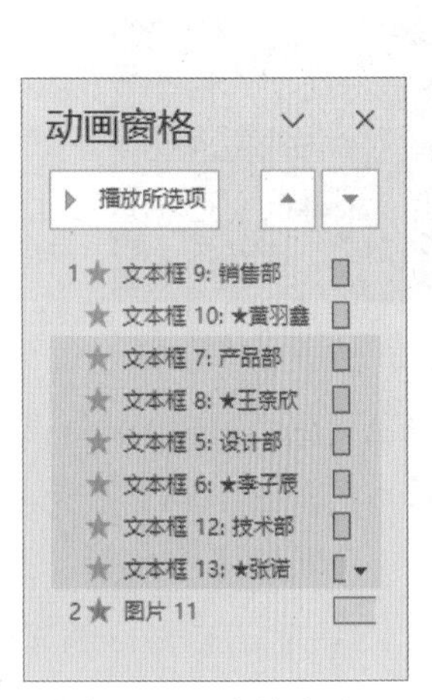

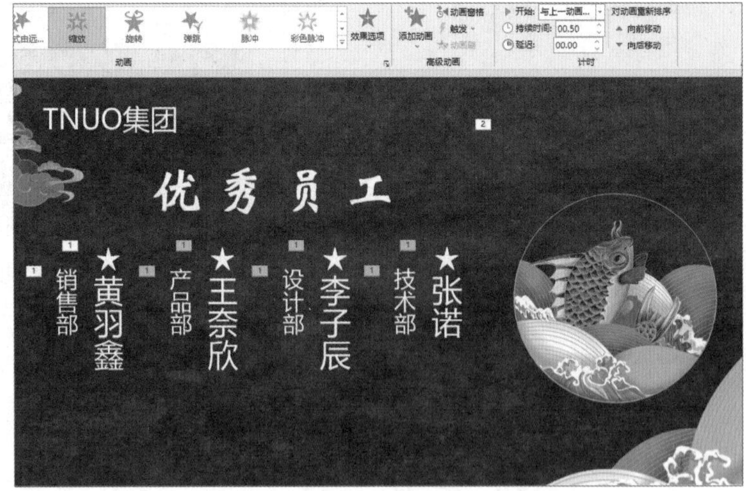

图 10-44　合并动画

图 10-45　合并动画效果

10.2.2　为动画添加声音

01 选择第 14 张幻灯片中的矩形形状，在“动画窗格”窗格中选择第 1 组动画，右击并从弹出的快捷菜单中选择“效果选项”命令，如图 10-46 所示。

02 打开“跷跷板”对话框，单击“声音”下拉按钮，选择“风铃”选项，再单击按钮，通过拖曳滑块调节动画的音量，然后单击“确定”按钮，如图 10-47 所示，放映幻灯片时即可听到动画播放的“风铃”声音。

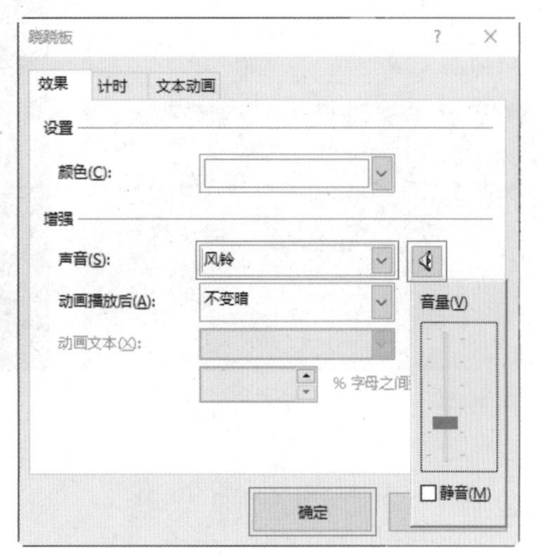

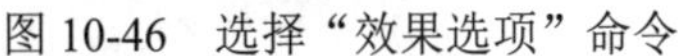

图 10-46　选择“效果选项”命令　　　图 10-47　设置声音效果

10.2.3　设置播放时间

01 选择第 14 张幻灯片中的矩形形状，如图 10-48 所示。

02 选择“动画”选项卡，在“计时”组中单击“开始”下拉按钮，从弹出的下拉列表中选择“与上一动画同时”选项，如图 10-49 所示。

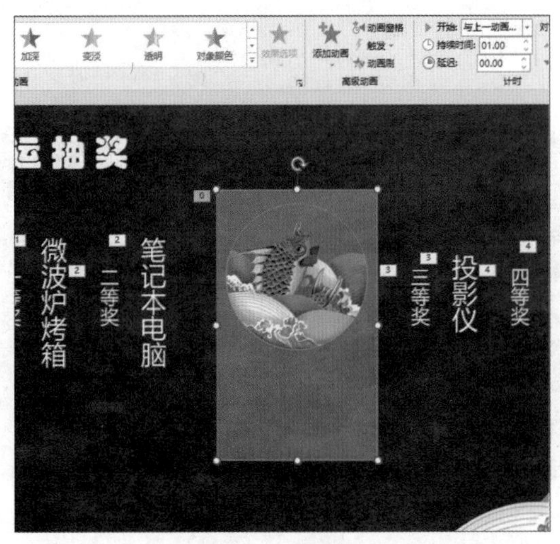

图 10-48　选择矩形形状

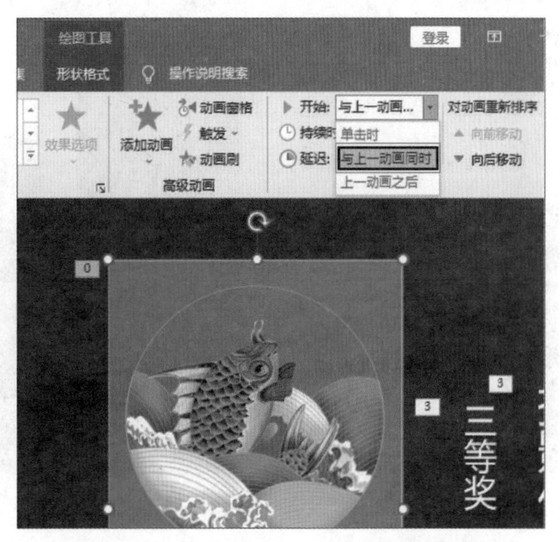

图 10-49　选择“与上一动画同时”选项

03 在“计时”组中设置“持续时间”微调框数值为“02.00”，设置“延迟”微调框数值为“00.50”，如图 10-50 所示。

04 按 Shift+F5 快捷键从当前页放映幻灯片，动画显示效果如图 10-51 所示。

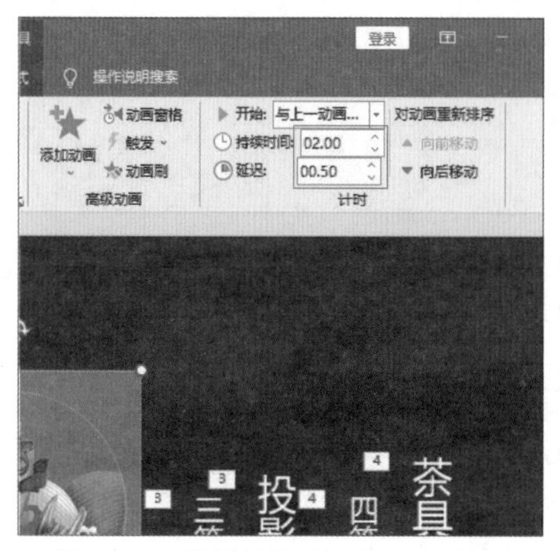

图 10-50　设置持续时间和延迟时间

图 10-51　查看动画效果

10.2.4　设置动画触发器

01 选择第 17 张幻灯片，选择“插入”选项卡，在“插图”组中单击“形状”下拉按钮，在弹出的下拉列表中选择“矩形：圆角”选项，如图 10-52 所示。

02 在幻灯片的下方按住左键并进行拖曳，绘制一个圆角矩形形状，如图 10-53 所示。

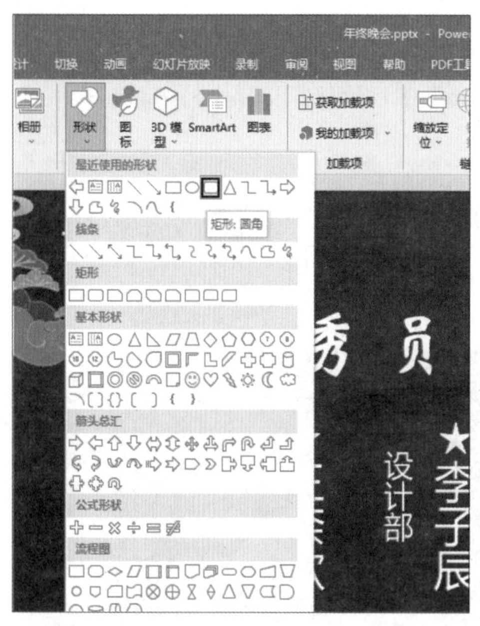

图 10-52　选择“矩形：圆角”形状

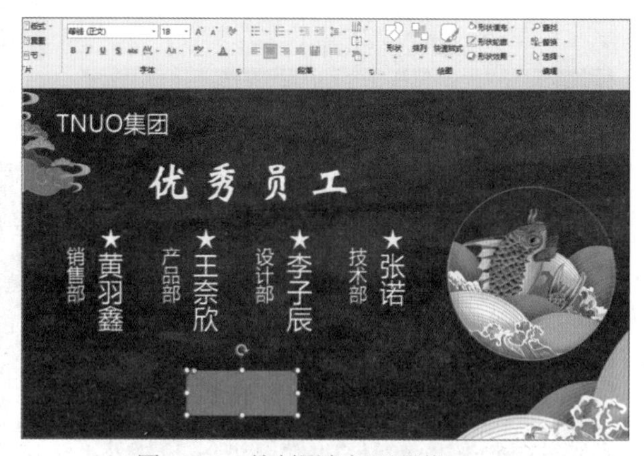

图 10-53　绘制圆角矩形形状

03 在“文本”组中单击“文本框”按钮，绘制一个文本框并输入“单击”，得到的按钮最终效果如图 10-54 所示。

04 选择“动画窗格”窗格中的第 2 组动画，然后选择“动画”选项卡，在“高级动画”组中单击“触发”下拉按钮，选择“通过单击”|“矩形：圆角 15”选项，如图 10-55 所示。

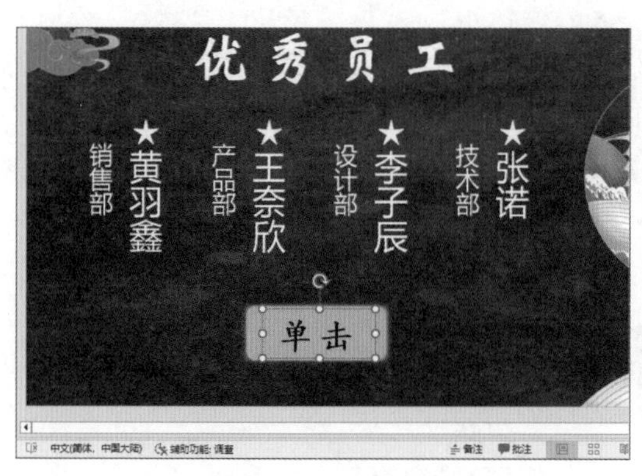

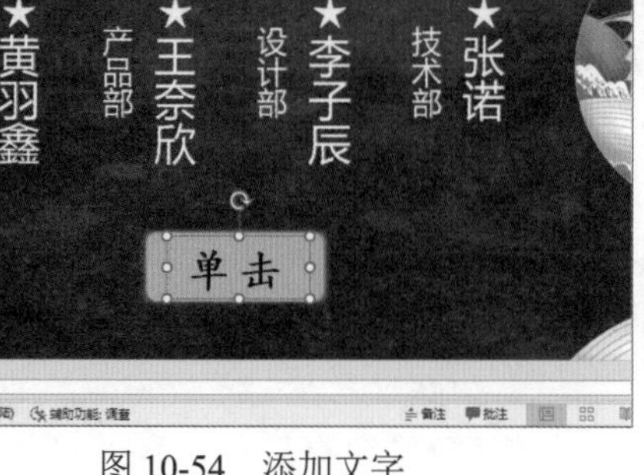

图 10-54 添加文字

图 10-55 设置触发

05 返回幻灯片中，此时可以看到幻灯片中的文本框左上方出现了图标，如图 10-56 所示，说明该对象的动画添加了触发器。

06 按 Shift+F5 快捷键从当前页放映幻灯片，然后单击圆角矩形形状，即可播放动画，动画显示效果如图 10-57 所示。

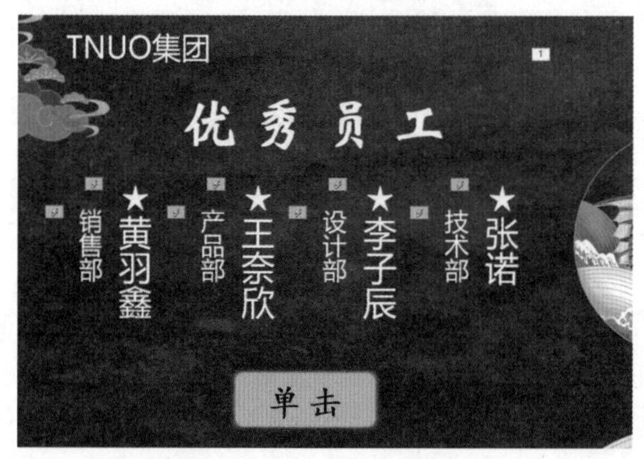

图 10-56 添加触发器后的效果

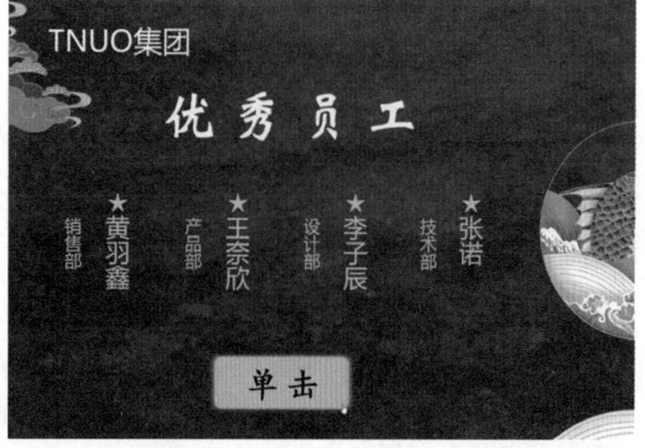

图 10-57 单击“单击”按钮

10.3 演示文稿中添加动画的技巧

通过以上案例的学习，用户掌握了在演示文稿中添加幻灯片动画、设置动画效果以及控制动画播放等操作，另外还有一些实用技巧在实际操作中会经常使用到，下面将为用户讲解“实现不间断动画”“为切换效果添加自选声音”“实现为同一个对象添加多个动画”技巧。

10.3.1 实现不间断动画

默认情况下，在幻灯片中添加的动画只播放一次，无法满足用户在实际工作中的需要，下面将为用户介绍如何在当前幻灯片中使动画不间断地进行播放，直至切换到下一张幻灯片。

打开“年终晚会.pptx”演示文稿，选择需要设置动画效果的对象，选择“动画”选项卡，在“高级动画”组中单击“动画窗格”按钮，在“动画窗格”窗格中选择第 1 组动画，右击并选择“计时”命令，如图 10-58 所示。

打开“旋转”对话框，该对话框用于设置“旋转”动画的效果和计时。选择“计时”选项卡，单击“重复”下拉按钮，在打开的下拉列表中选择“直到幻灯片末尾”选项，然后单击“确定”按钮，如图 10-59 所示。按 F5 键从头开始放映幻灯片，在幻灯片放映时，该动画将一直播放，直至切换到下一张幻灯片。

图 10-58　选择“计时”命令

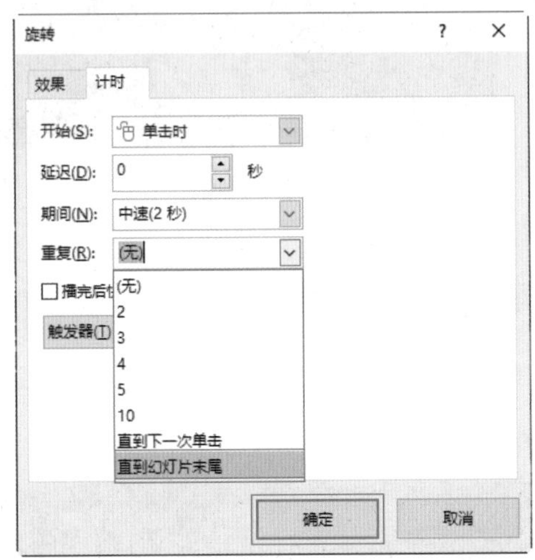

图 10-59　选择“直到幻灯片末尾”选项

10.3.2　为切换效果添加自选声音

用户可以选择本地计算机中不同格式的声音文件，如 mp3、wav、mid 等。选择需要设置切换效果声音的幻灯片，选择“切换”选项卡，在“计时”组中单击“声音”下拉按钮，从打开的下拉列表中选择“其他声音”选项，如图 10-60 所示。打开“添加音频”对话框，选择“音乐.mp3”声音文件，然后单击“确定”按钮即可，如图 10-61 所示。

图 10-60　选择“其他声音”选项

图 10-61　“添加音频”对话框

10.3.3　实现为同一个对象添加多个动画

在演示文稿中，用户可以为同一个对象添加多个动画来制作想要的动画效果，下面将为用户介绍进行对象动画叠加的方法。

在幻灯片中选择如图 10-62 所示的图片，然后选择“动画”选项卡，在“动画”组中选择“进入”|“轮子”选项，如图 10-63 所示。

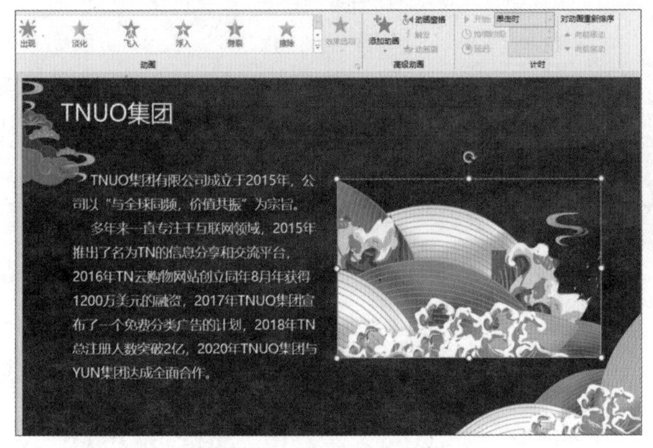

图 10-62　选择图片

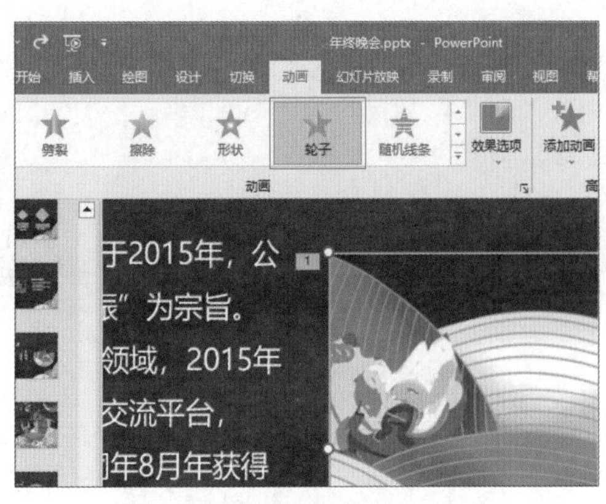

图 10-63　添加“轮子”动画

第 1 段动画添加完成后，在“高级动画”组中单击“添加动画”下拉按钮，选择“退出”|“擦除”选项，如图 10-64 所示，将其应用于所选对象。在“计时”组中，单击“开始”下拉按钮，选择“上一动画之后”选项，如图 10-65 所示，设置完成后按 Shift+F5 快捷键从当前页放映幻灯片，添加的两段动画将会依次连续播放，无须单击鼠标。

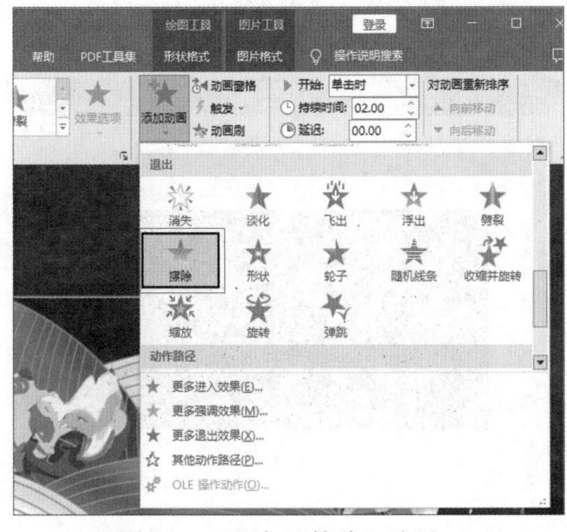

图 10-64　添加“擦除”动画

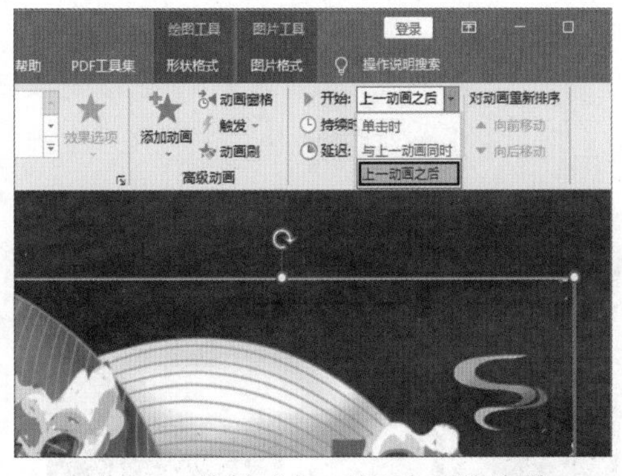

图 10-65　选择“上一动画之后”选项

10.3.4　制作滚动字幕效果

用户合理地利用 PowerPoint 中提供的动画效果，可以制作出相当漂亮的动画。接下来将为用户介绍如何在 PowerPoint 中制作滚动字幕效果。

在幻灯片中右击并从弹出的快捷菜单中选择“设置背景格式”命令，如图 10-66 所示，在演示文稿的右侧打开“设置背景格式”窗格，单击“颜色”下拉按钮，选择“黑色，文字 1”选项，如图 10-67 所示，设置幻灯片的背景颜色。

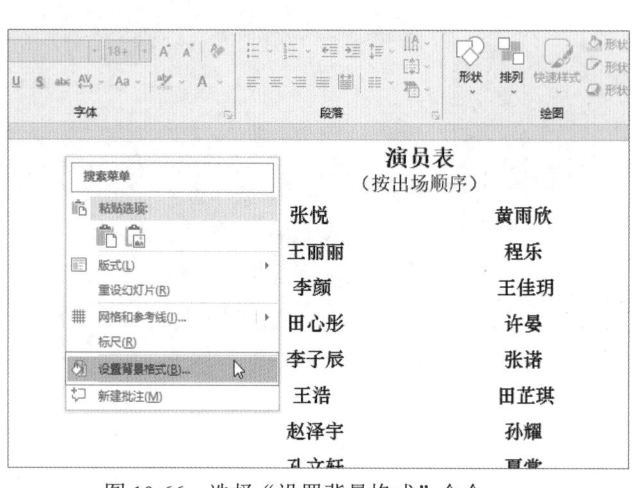

图 10-66　选择“设置背景格式”命令

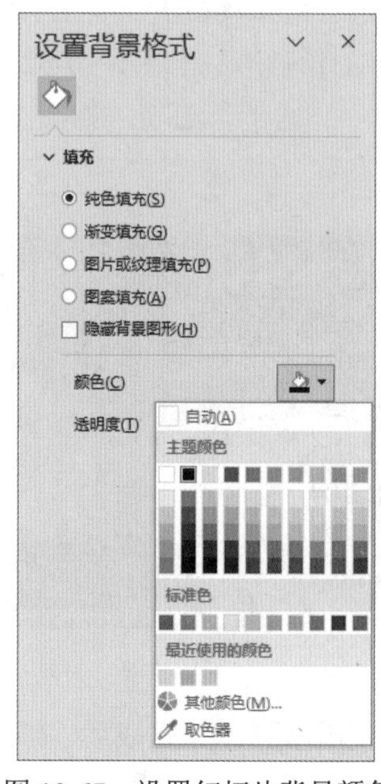

图 10-67　设置幻灯片背景颜色

设置完成后，全选文本框中的文本，然后选择“开始”选项卡，在“字体”组中单击“颜色”下拉按钮，选择“白色，背景 1”选项，如图 10-68 所示，再选择文本框，将其向下拖曳至幻灯片下方，如图 10-69 所示。

图 10-68　设置文字格式

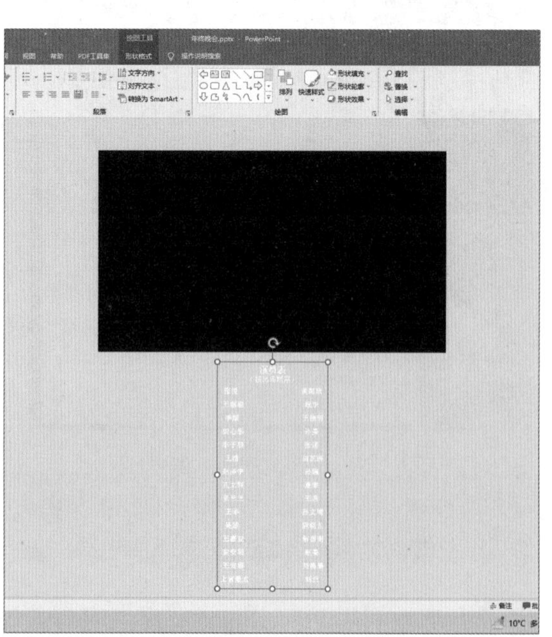

图 10-69　设置文本框位置

选择“动画”选项卡，在“动画”组中单击“其他”按钮▾，在弹出的下拉列表中选择“动作路径”|“直线”选项，如图 10-70 所示，单击“效果选项”下拉按钮，选择“上”选项，如图 10-71 所示。

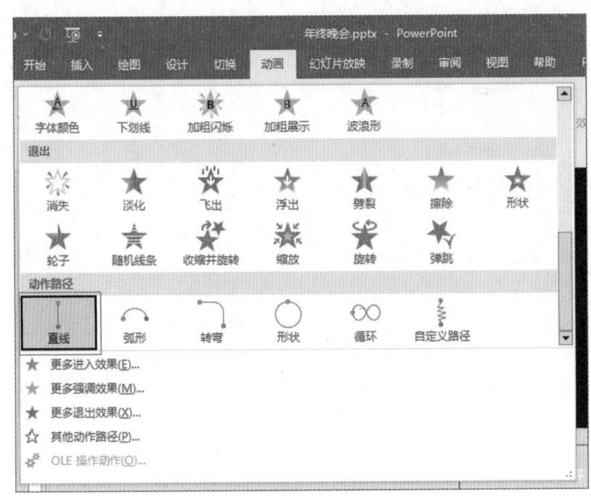

图 10-70　添加“直线”动画

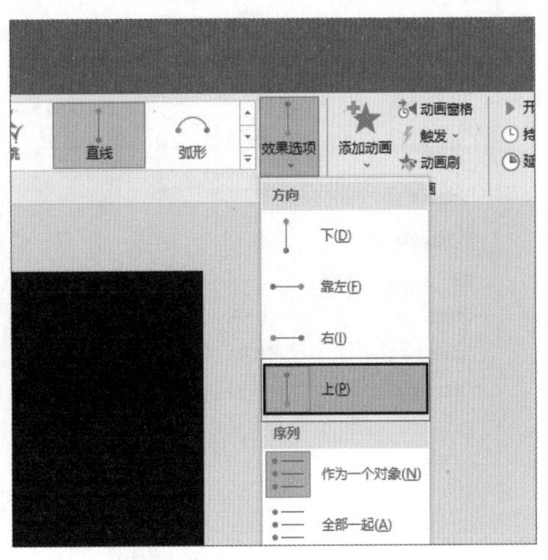

图 10-71　选择“上”选项

单击路径动画中的红色顶点并按 Shift 键，向上拖曳至幻灯片上方，如图 10-72 所示，设置路径动画的终点，然后在“高级动画”组中单击“动画窗格”按钮，在“动画窗格”窗格中选择第 1 组动画，右击并选择“效果选项”命令，如图 10-73 所示。

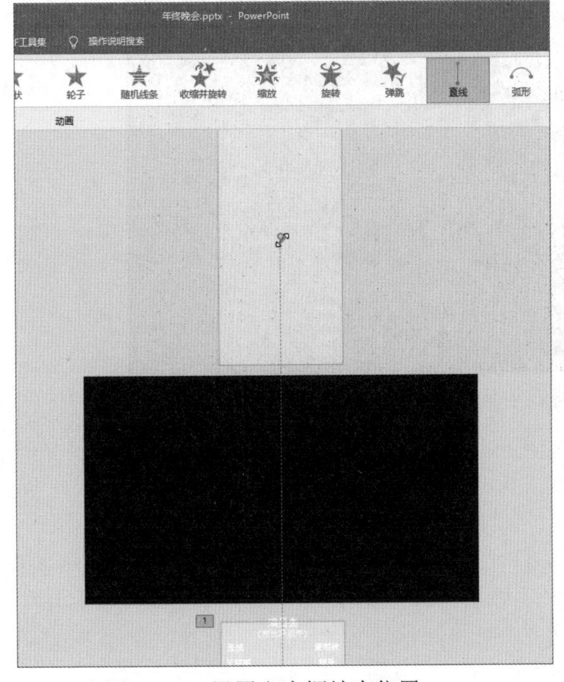

图 10-72　设置文本框结束位置

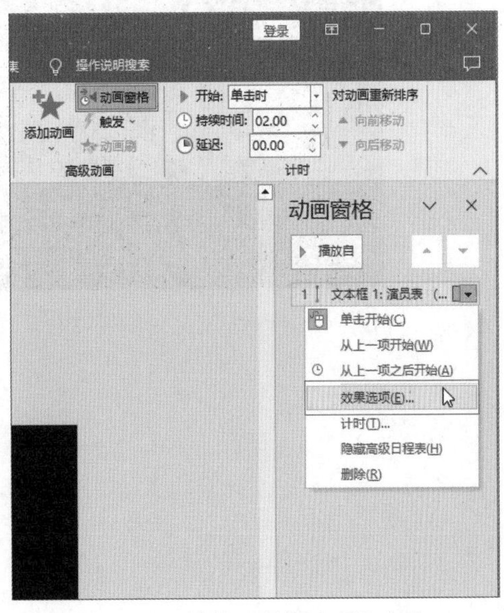

图 10-73　选择“效果选项”命令

打开“向上”对话框，在“效果”选项卡中设置“平滑开始”为“0 秒”，设置“平滑结束”为“0 秒”，如图 10-74 所示；在“计时”选项卡中，单击“开始”下拉按钮，选择“与上一动画同时”选项，设置“期间”为“30”，然后单击“确定”按钮，如图 10-75 所示。

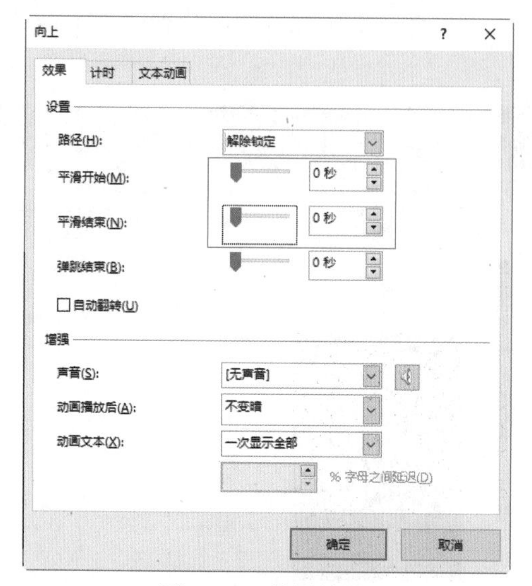

图 10-74　设置效果

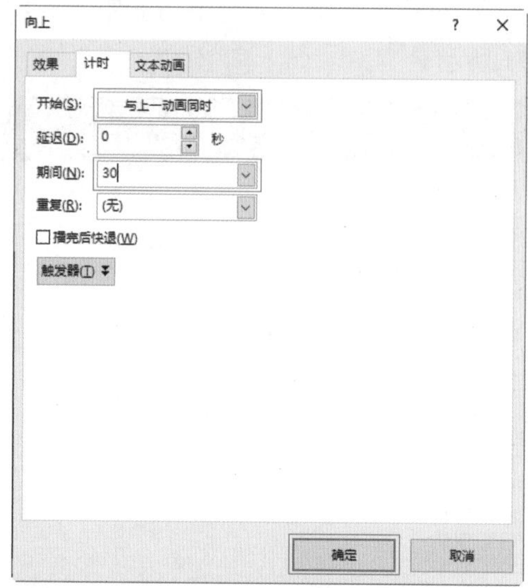

图 10-75　设置计时

设置完成后，按 Shift+F5 快捷键从当前页放映幻灯片，字幕滚动效果如图 10-76 所示。

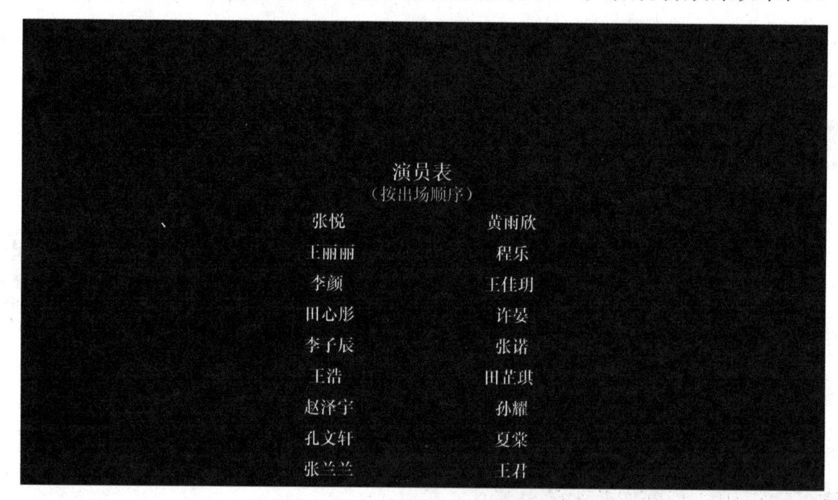

图 10-76　查看字幕滚动效果

第 11 章
PowerPoint 放映和发布

本章导读

演示文稿不仅向观众展示了信息，还提供了交互功能，用户可以根据需要设定播放模式。想要制作一份优质的演示文稿，确保放映过程流畅自如的同时能够清晰地传达信息，熟悉幻灯片的放映设置是很重要的。通过打包和发布演示文稿，便于与其他用户共享不同类型的演示文稿。本章将以“项目营销策划案 PPT”为例，为用户讲解幻灯片的交互设计、放映和发布。

11.1 设计交互式项目营销策划案 PPT

在演示文稿中添加完动画效果后，用户可以根据需要对动画的效果进行设置，包括给演示文稿添加超链接，设置屏幕提示信息，更改超链接颜色，取消超链接文本的下画线、为演示文稿添加动作按钮等操作。本节将通过如图 11-1 所示的“项目营销策划案 .pptx”案例讲解如何创建交互式演示文稿。

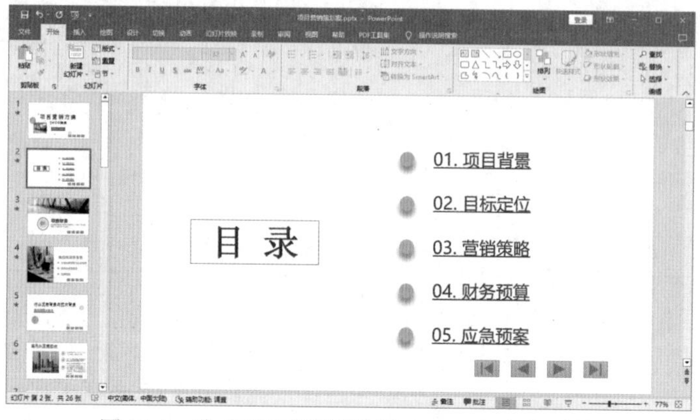

图 11-1 给“项目营销策划案.pptx”添加超链接

11.1.1 给 PPT 添加超链接

01 启动 PowerPoint 2019，打开“项目营销策划案.pptx”演示文稿，选择第 2 张幻灯片，然后选择“01. 项目背景”文本框，选择“插入”选项卡，在“链接”组中单击“链接”按钮，如图 11-2 所示。

02 打开“插入超链接”对话框，在“链接到”列表框中单击“本文档中的位置”按钮，在“请选择文档中的位置”列表框中选择第 4 张幻灯片，然后单击“确定”按钮，如图 11-3 所示。

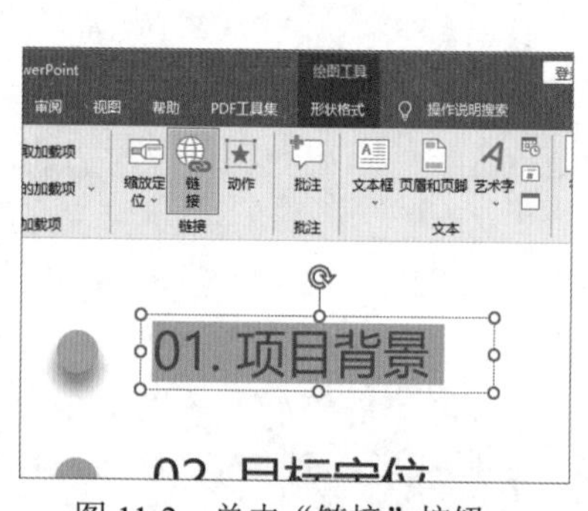

图 11-2 单击“链接”按钮

图 11-3 选择链接到的幻灯片

03 返回演示文稿中，此时可以看到所选文本应用了超链接样式，显示结果如图 11-4 所示。

04 按照步骤 **01** 到步骤 **03** 的方法设置其他目录页中文本的超链接，将其分别链接到相应的幻灯片中，结果如图 11-5 所示。

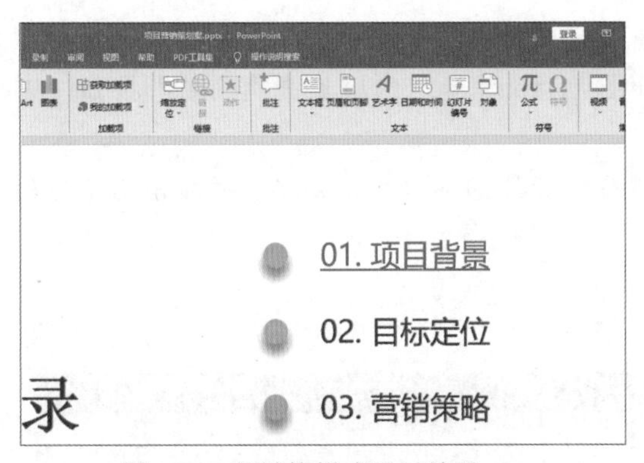

图 11-4　超链接样式显示结果

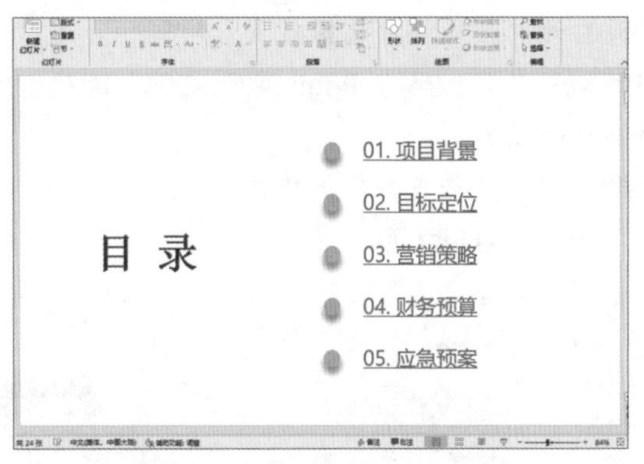

图 11-5　设置其他文本的超链接

05 选择第 2 张幻灯片，按 Shift+F5 快捷键从当前页放映幻灯片，将光标放置到“01. 项目背景”文本上，当指针呈手形时单击文本链接，如图 11-6 所示。

06 即可自动跳转至“我们的项目背景”幻灯片进行放映，如图 11-7 所示。

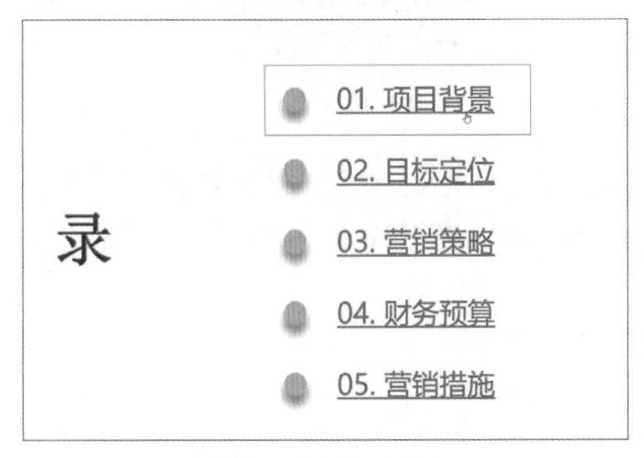

图 11-6　单击超链接

图 11-7　自动跳转至目标幻灯片

07 选择第 5 张幻灯片中的“商业项目计划书”文本，在“链接”组中单击“链接”按钮，如图 11-8 所示。

08 打开“插入超链接”对话框，单击“现有文件或网页”按钮，在右侧单击“当前文件夹”按钮，在“查找范围”下拉列表中选择演示文稿的所在位置，再选择目标演示文稿“商业项目计划书.pptx”，如图 11-9 所示，然后单击“书签”按钮。

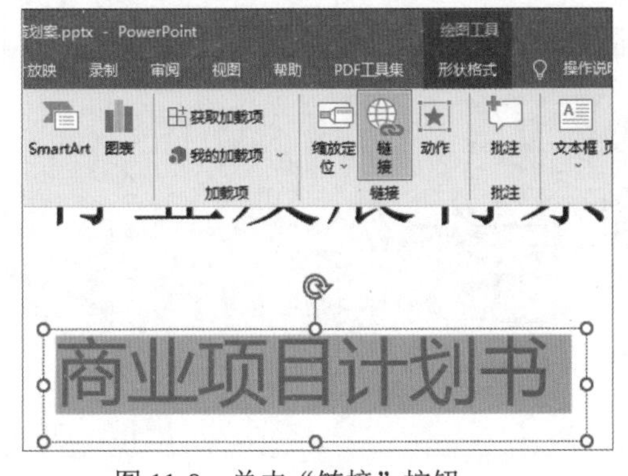

图 11-8　单击“链接”按钮

图 11-9　选择要链接到的演示文稿

09 打开“在文档中选择位置”对话框，在“请选择文档中原有的位置”列表框中选择现有文档的幻灯片“1.PowerPoint 演示文稿”选项，如图 11-10 所示，然后单击“确定”按钮，完成超链接的添加。

10 按 Ctrl 键并单击超链接，即可自动弹出“商业项目计划书”演示文稿，并显示第 1 张幻灯片，如图 11-11 所示。

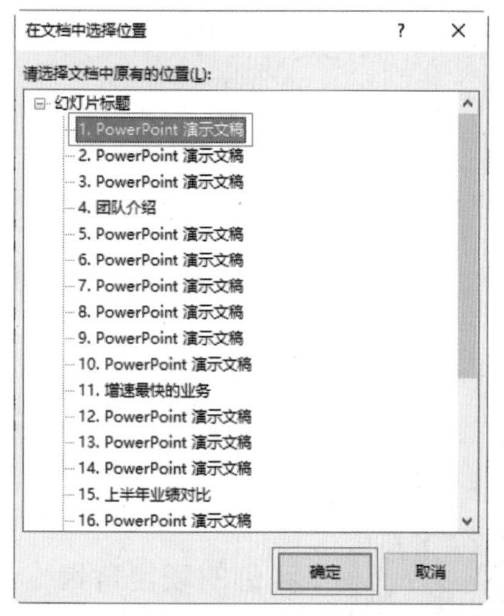

图 11-10　选择链接到的指定幻灯片

图 11-11　弹出链接的演示文稿

11.1.2　设置屏幕提示信息

01 选择第 5 张幻灯片，选择文本“商业项目计划书”，右击并从弹出的快捷菜单中选择“编辑链接”命令，如图 11-12 所示。

02 打开“编辑超链接”对话框，单击“屏幕提示”按钮，如图 11-13 所示。

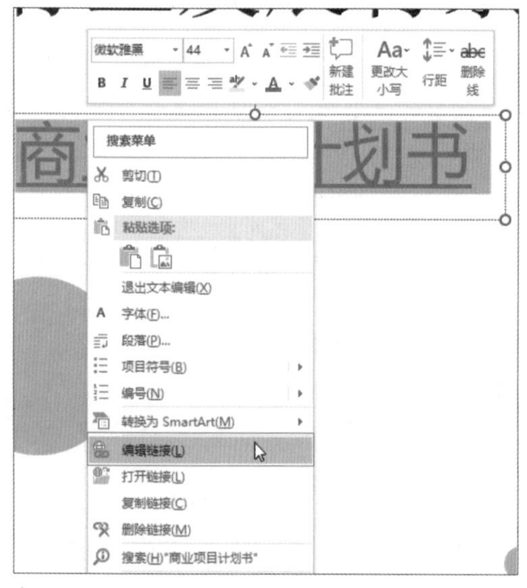

图 11-12　选择“编辑链接”命令

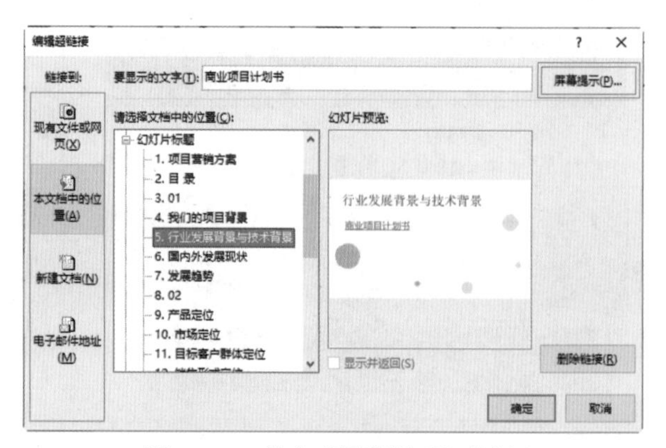

图 11-13　单击“屏幕提示”按钮

03 打开“设置超链接屏幕提示”对话框，在“屏幕提示文字”文本框中输入提示文本“跳转到商业项目计划书演示文稿中”，单击“确定”按钮，如图 11-14 所示。

04 将光标放置到超链接文本上，可以看到更改屏幕提示文本后的效果，如图 11-15 所示。

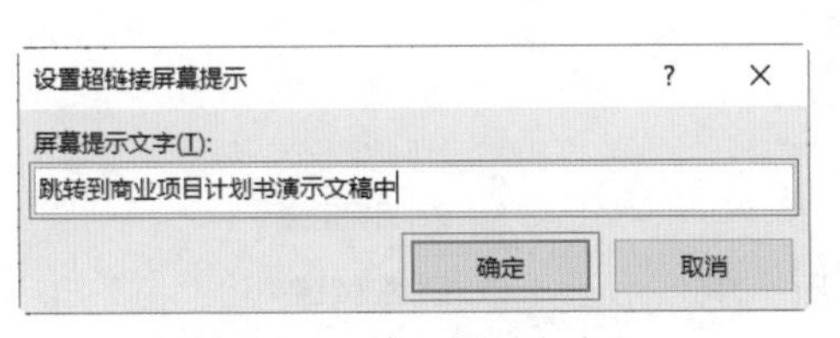

图 11-14　输入提示文本

图 11-15　显示更改后的屏幕提示文本

11.1.3　更改超链接颜色

01 选择第 2 张幻灯片，然后选择“设计”选项卡，在“变体”组中单击“其他”按钮，然后选择“颜色”|“自定义颜色”命令，如图 11-16 所示。

02 打开“新建主题颜色”对话框，在“主题颜色”选项组中显示了当前主题的文字、背景等颜色配色方案，单击“超链接”颜色下拉按钮，在弹出的颜色列表框中选择“深蓝”选项，如图 11-17 所示。

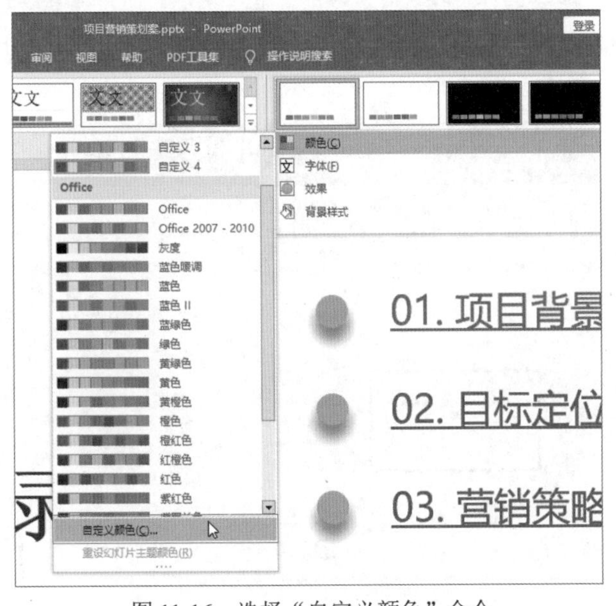

图 11-16　选择“自定义颜色”命令

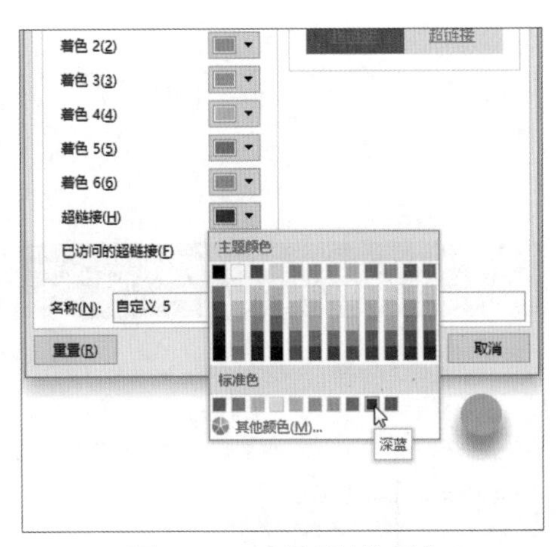

图 11-17　选择超链接颜色

03 单击“已访问的超链接”颜色下拉按钮，选择“橙色”选项，然后单击“保存”按钮，如图 11-18 所示。

04 返回幻灯片中，可以看到当前主题的超链接和已访问的超链接外观颜色已更改为自定义的颜色，如图 11-19 所示。

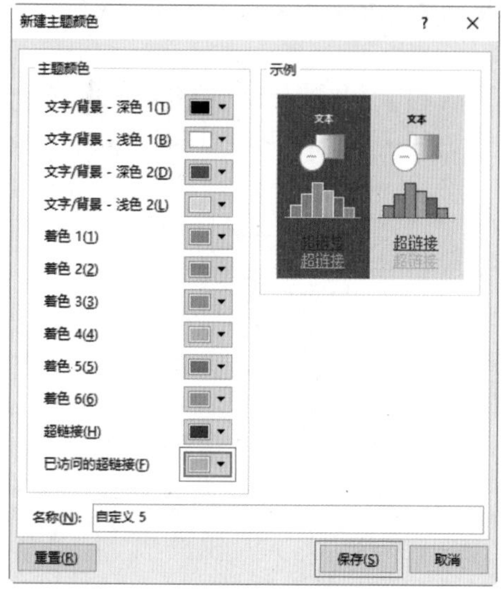

图 11-18　选择已访问的超链接颜色

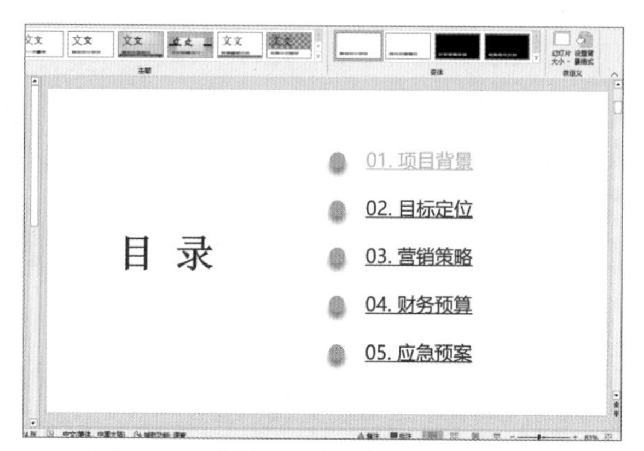

图 11-19　查看已更改的超链接外观颜色

11.1.4　为 PPT 添加动作按钮

01 选择“视图”选项卡，在“母版视图”组中单击“幻灯片母版”按钮，如图 11-20 所示。

02 选择一个由幻灯片第 1~24 使用的版式，然后选择“插入”选项卡，在“插图”组中单击“形状”按钮，在弹出的下拉列表中选择“动作按钮：后退或前一项”选项，如图 11-21 所示，在幻灯片中合适的位置按住左键并进行拖曳，绘制动作按钮。

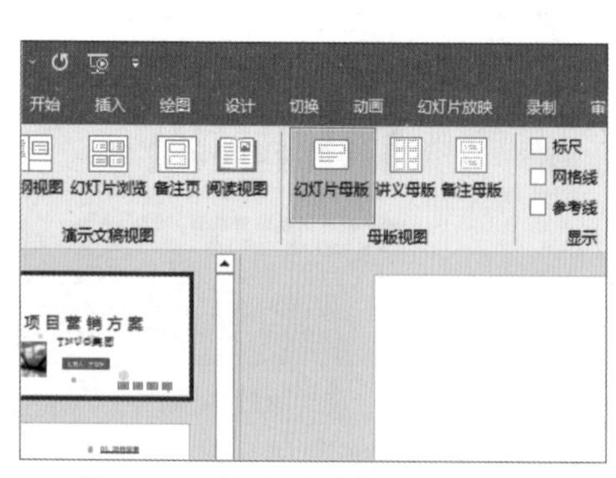

图 11-20　单击“幻灯片母版”按钮

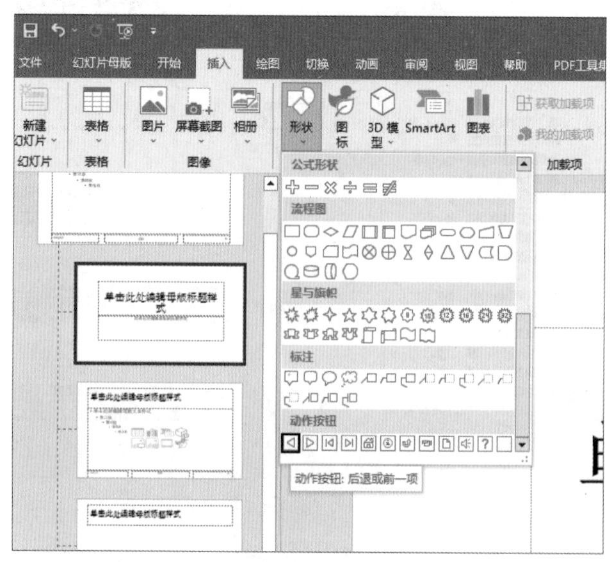

图 11-21　选择“动作按钮：后退或前一项”选项

03 释放左键，打开“操作设置”对话框，保持默认设置，然后单击“确定”按钮，如图 11-22

所示。

04 设置完成后，幻灯片中的动作按钮显示结果如图 11-23 所示。

图 11-22　设置“操作设置”对话框

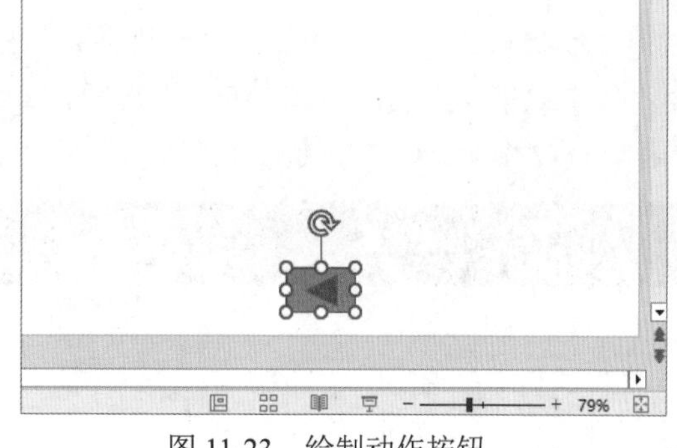

图 11-23　绘制动作按钮

05 在“插图”组中单击“形状”按钮，选择“动作按钮：转到开头”选项，如图 11-24 所示，在幻灯片中合适的位置按住左键绘制动作按钮。

06 释放左键，打开“操作设置”对话框，保持默认设置，然后单击“确定”按钮，如图 11-25 所示。

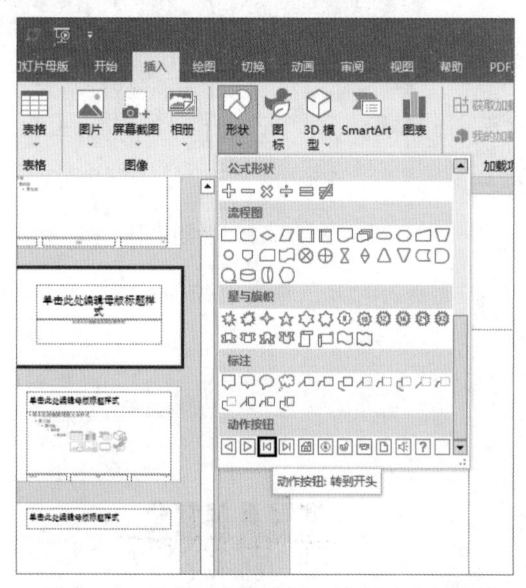

图 11-24　选择“动作按钮：转到开头”选项

图 11-25　设置“操作设置”对话框

07 绘制完成后，幻灯片中的动作按钮显示结果如图 11-26 所示。

08 按照步骤 **02** 到步骤 **06** 的方法绘制其余的动作按钮，绘制完成后，幻灯片中的动作按钮显示结果如图 11-27 所示。

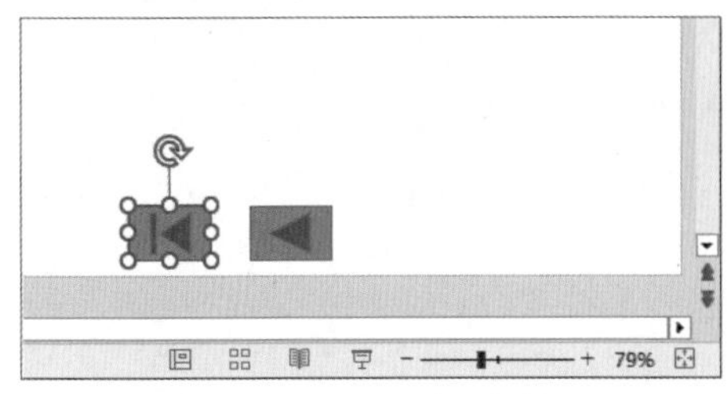

图 11-26　继续绘制动作按钮

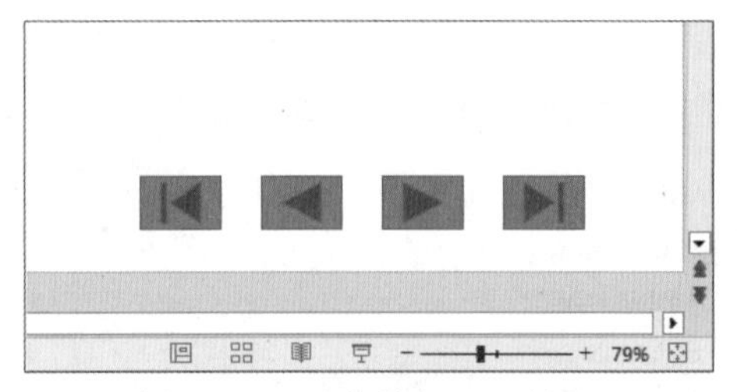

图 11-27　动作按钮显示结果

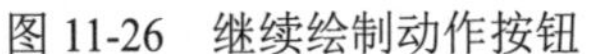

09 选择“形状格式”选项卡，在“形状样式”组中单击“其他”按钮，在“主题样式”组中选择“细微效果 - 蓝色，强调颜色 1”选项，如图 11-28 所示，修改动作按钮的主题样式。

10 选择“幻灯片母版”选项卡，在“关闭”组中单击“关闭母版视图”按钮，如图 11-29 所示。

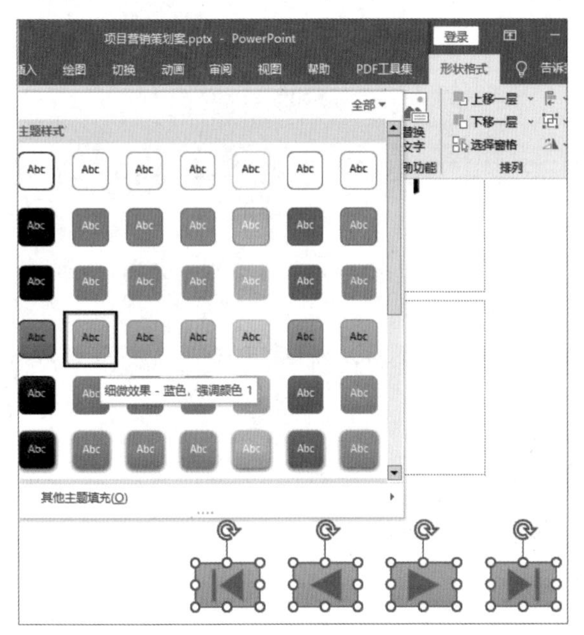

图 11-28　设置形状样式

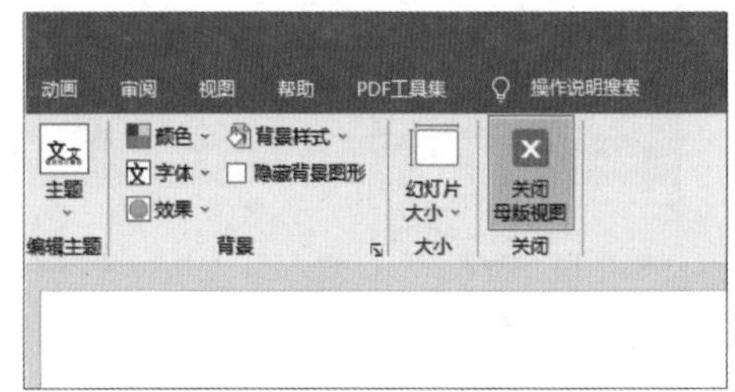

图 11-29　单击“关闭母版视图”按钮

11 返回演示文稿中，按 Shift+F5 快捷键从当前页放映幻灯片，单击“动作按钮：转到结尾”按钮，如图 11-30 所示。

12 此时，即可跳转到最后一页幻灯片，如图 11-31 所示。

图 11-30　单击“动作按钮：转到结尾”按钮

图 11-31　跳转到最后一页幻灯片

11.2　设置项目营销策划案 PPT 的放映

在不同的场合用户需要根据当时的场景来选择相应的放映模式，包括设置放映方式和类型、预演幻灯片、录制幻灯片、放映时的设置、使用演示者视图等操作。本节将通过如图 11-32 所示的“项目营销策划案 PPT”案例讲解如何设置幻灯片的放映。

图 11-32　设置幻灯片的放映

11.2.1　设置放映方式和类型

01 选择“幻灯片放映”选项卡，在“设置”组中单击“设置幻灯片放映”按钮，如图 11-33 所示。

02 打开“设置放映方式”对话框，在“放映选项”选项组中选中“循环放映，按 Esc 键终止”复选框，在“放映幻灯片”选项组中选中“从：到：”单选按钮，设置“从”微调框数值为“1”，设置“到”微调框数值为“7”，然后单击“确定”按钮，如图 11-34 所示。

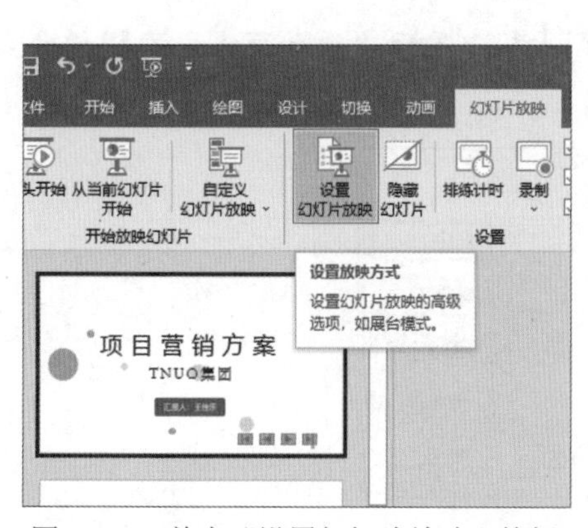

图 11-33　单击“设置幻灯片放映”按钮

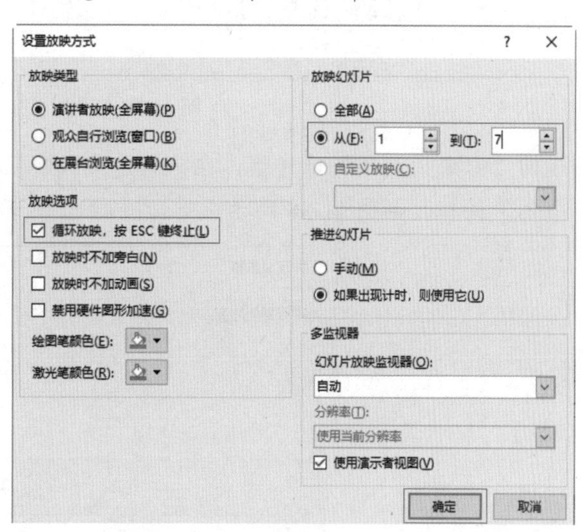

图 11-34　设置“设置放映方式”对话框

03 在“开始放映幻灯片”组中单击“自定义幻灯片放映”下拉按钮，在弹出的下拉列表中选择“自定义放映”命令，如图 11-35 所示。

04 打开“自定义放映”对话框，单击“新建”按钮，如图 11-36 所示。

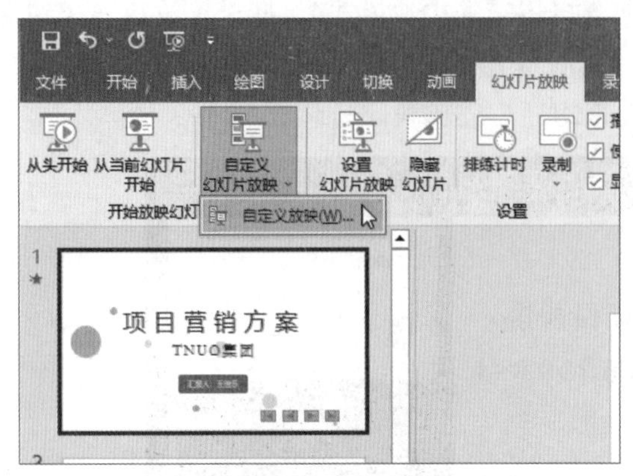

图 11-35　选择“自定义放映”命令

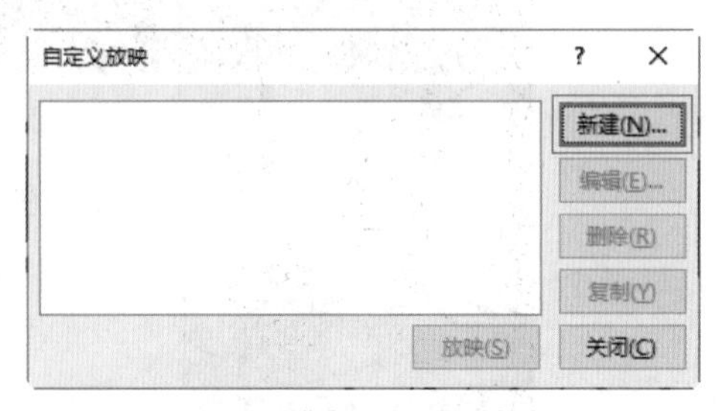

图 11-36　单击“新建”按钮

05 打开“定义自定义放映”对话框，在“幻灯片放映名称”文本框中输入“项目营销方案”，在“在演示文稿中的幻灯片”列表框中选择第 3 张、第 8 张和第 13 张幻灯片，然后单击“添加”按钮，将 3 张幻灯片添加到“在自定义放映中的幻灯片”列表框中，再单击“确定”按钮，如图 11-37 所示。

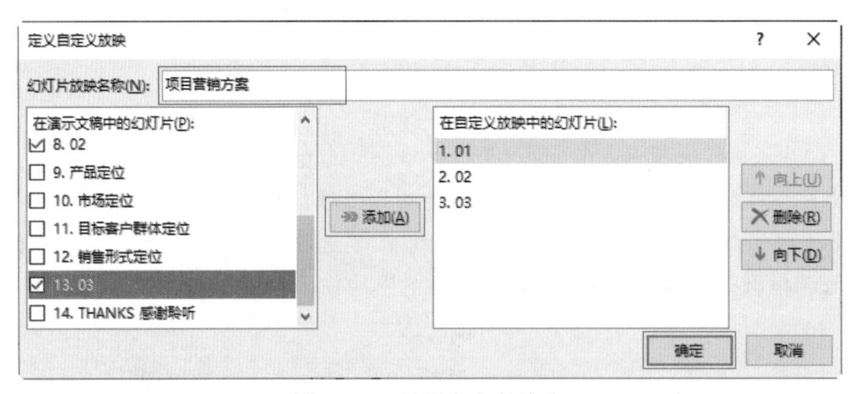

图 11-37　设置自定义放映

06 返回“自定义放映”对话框，在“自定义放映”列表框中显示“项目营销方案”，然后单击“关闭”按钮，如图 11-38 所示。

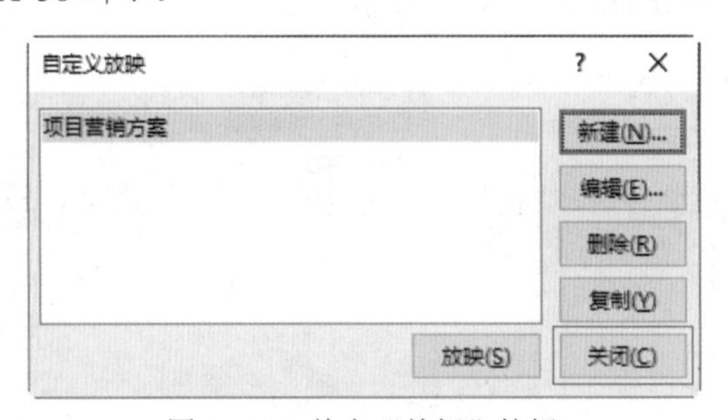

图 11-38　单击“关闭”按钮

07 在“设置”组中单击“设置幻灯片放映”按钮，打开“设置放映方式”对话框，在“放映类型”选项组中选中“观众自行浏览(窗口)”单选按钮，在“放映幻灯片”选项组中选中“自定义放映”单选按钮，从下拉列表中选择“项目营销方案”选项，然后单击“确定”按钮，如图 11-39 所示，即可使用该放映类型。

08 此时观众可以在显示的放映窗口中自行浏览，放映效果如图 11-40 所示。

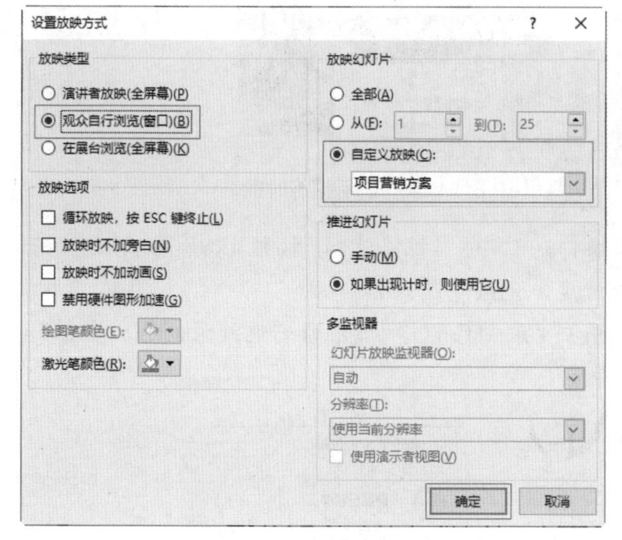

图 11-39 设置放映方式

图 11-40 放映效果

11.2.2 预演幻灯片

01 打开“幻灯片放映”选项卡，在“设置”组中单击“排练计时”按钮，如图 11-41 所示。

02 此时将进入排练计时状态，打开的“录制”工具栏将开始计时，若显示当前幻灯片中内容的时间足够，可以单击“下一项”按钮➔，如图 11-42 所示。

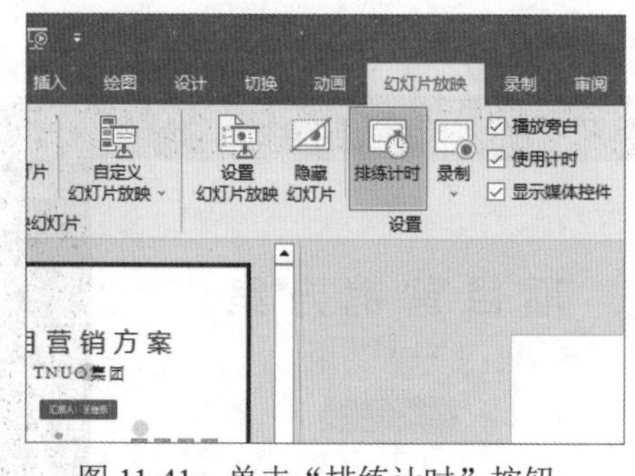

图 11-41 单击“排练计时”按钮

图 11-42 单击“下一项”按钮

03 当幻灯片中所有内容完成计时后，将打开提示对话框，单击“是”按钮即可保留计时，如图 11-43 所示。

04 选择“视图”选项卡，在“演示文稿视图”组中单击“幻灯片浏览”按钮，可以看到每张幻灯片下方均显示各自的排练时间，如图 11-44 所示。

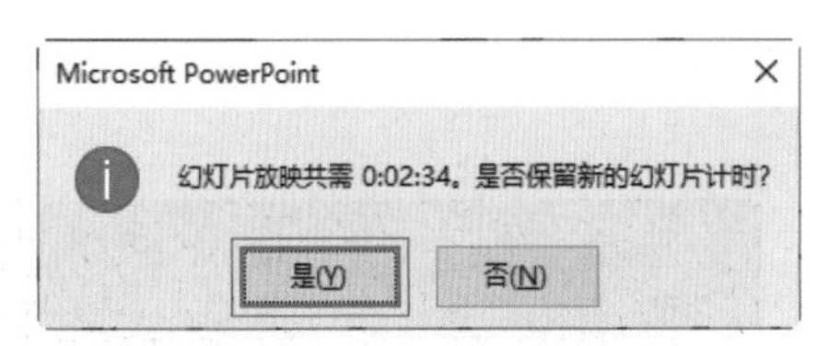

图 11-43　单击“是”按钮

图 11-44　显示排练时间

05 若在录制过程中需要对幻灯片进行编辑操作，可单击“暂停录制”按钮 ⏸，如图 11-45 所示，即可暂停录制，同时保留当前的录制状态和进度，无须重新录制。

06 弹出 Microsoft PowerPoint 提示框，提示用户“录制已暂停”，准备好继续录制后，单击“继续录制”按钮，如图 11-46 所示，即可继续录制。

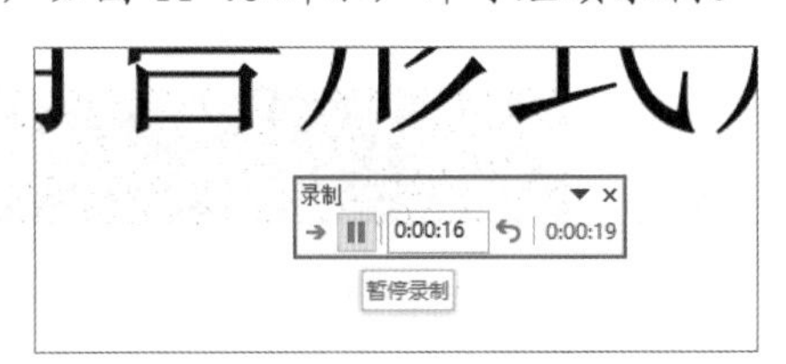

图 11-45　单击“暂停录制”按钮

图 11-46　单击“继续录制”按钮

11.2.3　录制幻灯片

01 选择“幻灯片放映”选项卡，在“设置”组中单击“录制”下拉按钮，在弹出的下拉列表中选择“从头开始”选项，如图 11-47 所示。

02 即可打开“PowerPoint 演示者视图”窗口，如图 11-48 所示。

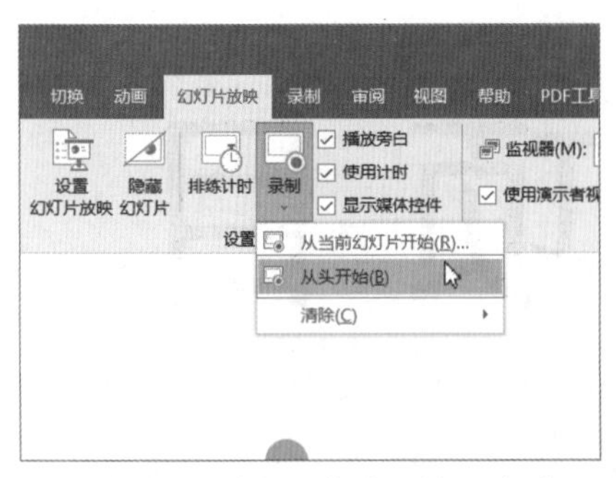

图 11-47　选择“从头开始”选项

图 11-48　打开“PowerPoint 演示者视图”窗口

03 单击窗口左上角的“录制”按钮，如图 11-49 所示，即可进行录制。

04 此时，界面中会弹出 3 秒倒计时，如图 11-50 所示，等待结束后开始录制。

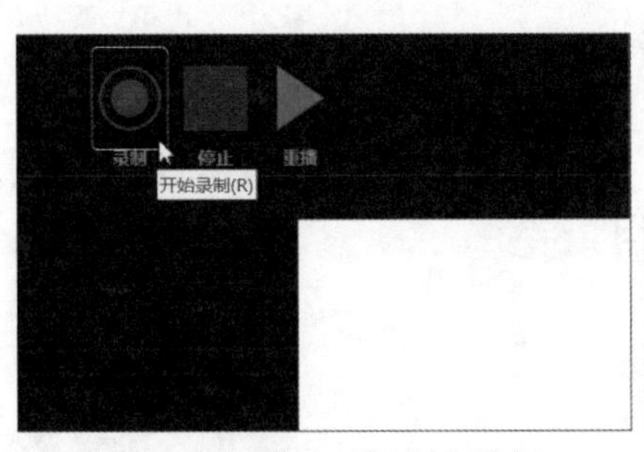

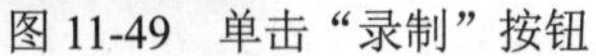

图 11-49　单击"录制"按钮

图 11-50　等待录制

05 录制结束后，单击窗口左上角的"停止"按钮，如图 11-51 所示，停止录制。

06 返回幻灯片中，即可显示录制时间和播放控制栏，如图 11-52 所示。

图 11-51　单击"停止"按钮

图 11-52　显示录制时间和播放控制栏

11.2.4　放映时的设置

01 选择"幻灯片放映"选项卡，在"开始放映幻灯片"组中单击"从头开始"按钮，如图 11-53 所示，或者直接按 F5 键，从第一张幻灯片开始放映演示文稿。

02 进入全屏模式放映幻灯片，若想跳转到其他的幻灯片，可以右击并从弹出的快捷菜单中选择"查看所有幻灯片"命令，如图 11-54 所示。

图 11-53　单击"从头开始"按钮

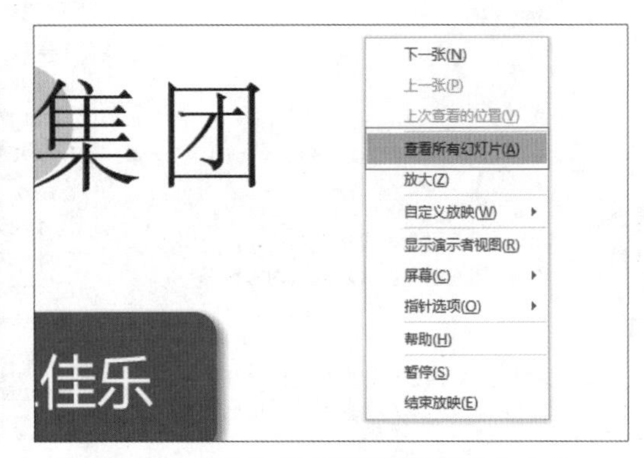

图 11-54　选择"查看所有幻灯片"命令

03 在弹出的界面中选择第 2 张幻灯片，如图 11-55 所示。

04 此时，即可跳转到第 2 张幻灯片，如图 11-56 所示。

图 11-55　选择要跳转到的幻灯片

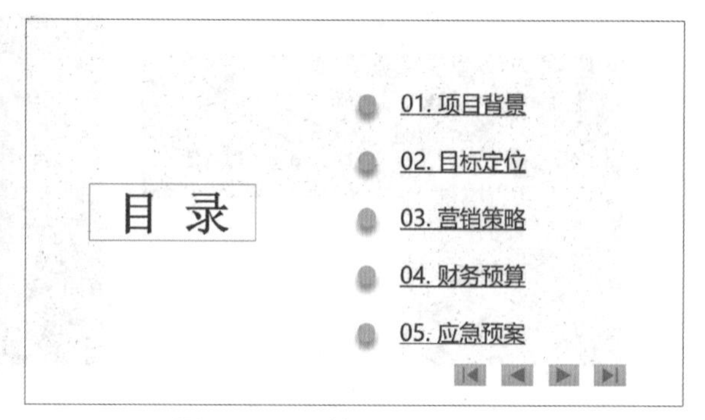

图 11-56　跳转到第 2 张幻灯片

05 选择第 4 张幻灯片，在“开始放映幻灯片”组中单击“从当前幻灯片开始”按钮，如图 11-57 所示，或者直接按 Shift+ F5 快捷键。

06 立即进入幻灯片放映状态，并从第 4 张幻灯片开始放映，如图 11-58 所示。

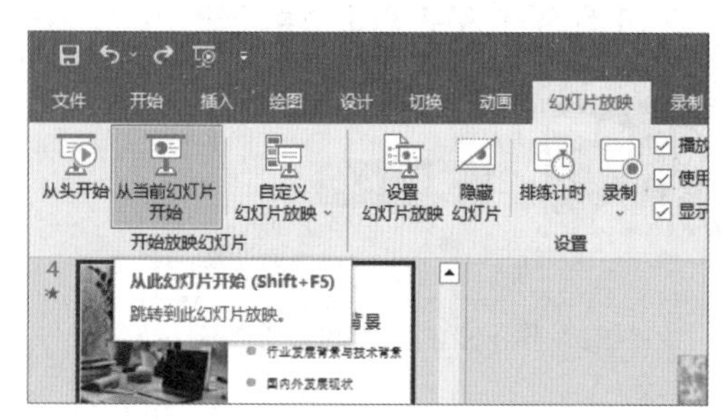

图 11-57　单击“从当前幻灯片开始”按钮

图 11-58　从第 4 张幻灯片开始放映

07 放映到第 6 张幻灯片时，在放映的幻灯片上按 Ctrl 键并左击，此时光标变成激光笔样式，移动光标，将其指向观众需要注意的内容上，如图 11-59 所示。

08 在“设置”组中单击“设置幻灯片放映”按钮，打开“设置放映方式”对话框，在“激光笔颜色”下拉列表中选择颜色，如图 11-60 所示，用户可以更改其颜色。

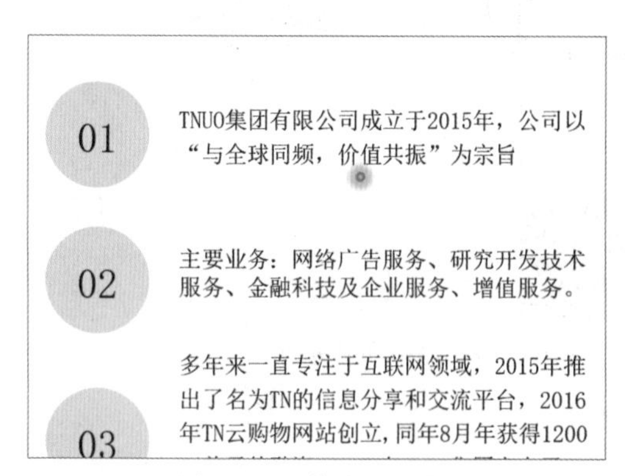

图 11-59　激光笔样式

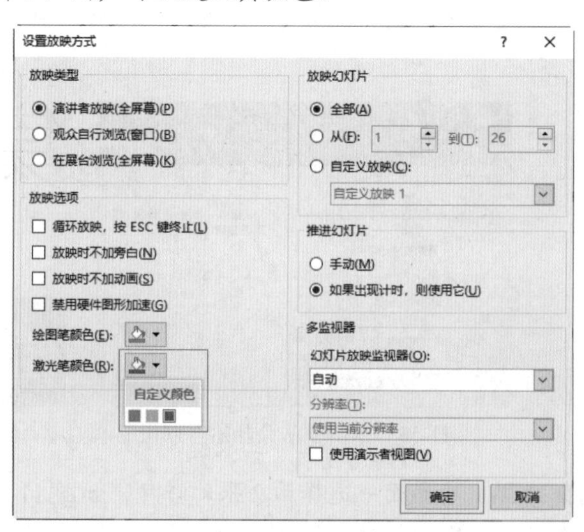

图 11-60　选择激光笔颜色

09 在放映的幻灯片上右击并从弹出的快捷菜单中选择“指针选项”|“墨迹颜色”|“橙色”命令，如图 11-61 所示。

10 此时，在幻灯片中将显示一个橙色的小点(默认使用笔)，按住左键不放并拖曳，即可为幻灯片中的重点内容添加标记，如图 11-62 所示。

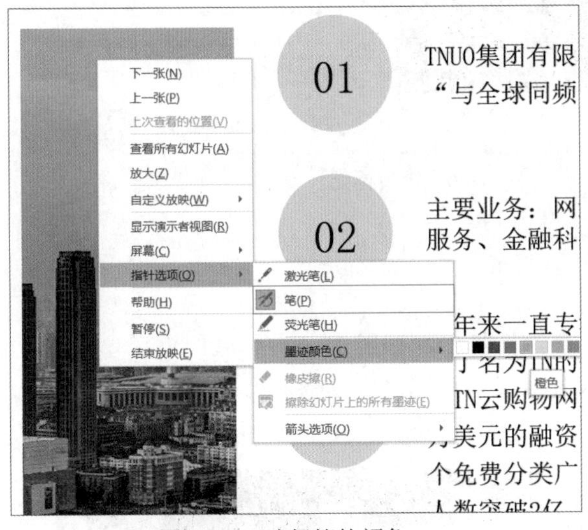

图 11-61　选择笔的颜色

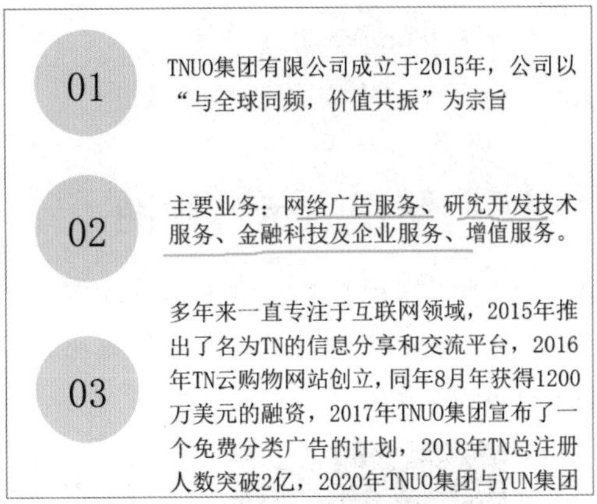

图 11-62　使用笔添加标记

11 荧光笔的使用方法与笔相似，也是在放映的幻灯片上右击并选择“指针选项”|“荧光笔”命令，如图 11-63 所示。

12 此时幻灯片中将显示一个橙色的小方块，按住左键不放并拖曳，即可为幻灯片中的重点内容添加标记，如图 11-64 所示。

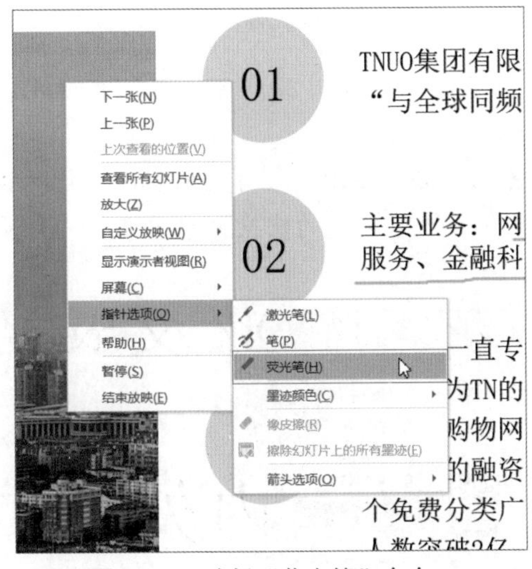

图 11-63　选择“荧光笔”命令

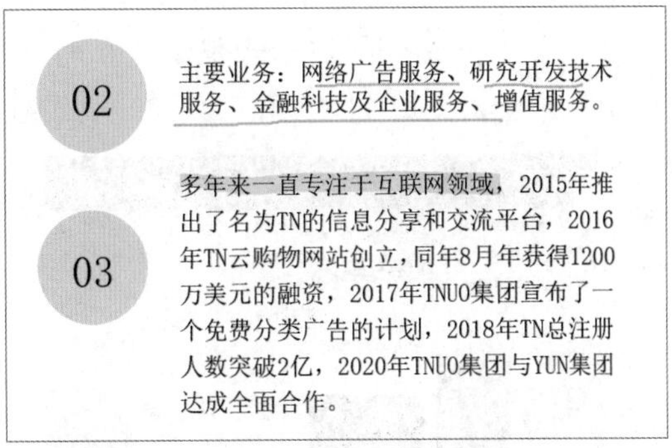

图 11-64　使用荧光笔添加标记

13 幻灯片播放完毕后，单击退出放映状态，系统将弹出 Microsoft PowerPoint 对话框询问用户是否保留在放映时所做的墨迹注释，若要保留，单击“保留”按钮即可，如图 11-65 所示。

14 此时绘制的标记将保留在幻灯片中，如图 11-66 所示。

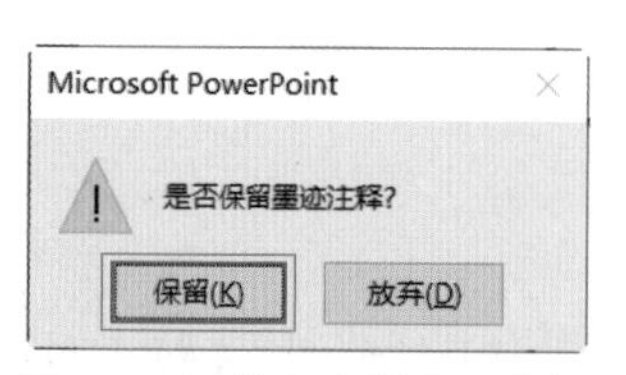

图 11-65　单击“保留”按钮

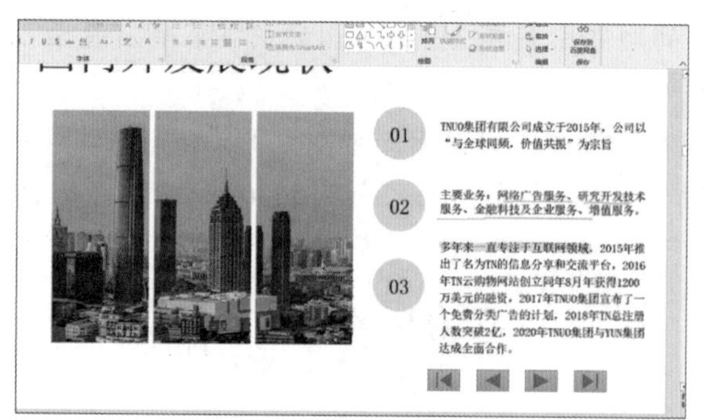
图 11-66　查看标记

11.2.5　使用演示者视图

01 选择第 6 张幻灯片，单击幻灯片下方的“备注”按钮，如图 11-67 所示。

02 在演示文稿下方打开“备注”窗格，输入备注文本内容“自动播放幻灯片，无须操控”，如图 11-68 所示。

图 11-67　单击“备注”按钮

图 11-68　输入备注内容

03 选择“幻灯片放映”选项卡，在“监视器”组中选中“使用演示者视图”复选框，如图 11-69 所示。

04 按 F5 键开始播放幻灯片，此时选择的监视器将会全屏幕显示幻灯片的内容，而计算机屏幕上却会显示 PowerPoint 演示者视图。在幻灯片中右击并从弹出的快捷菜单中选择“显示演示者视图”命令，如图 11-70 所示。

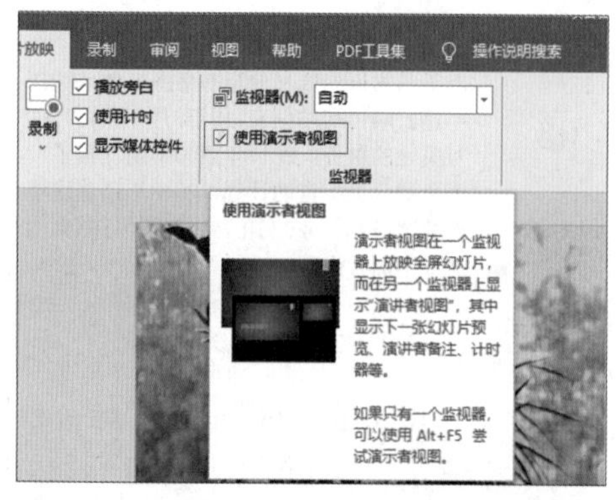

图 11-69　选中“使用演示者视图”复选框

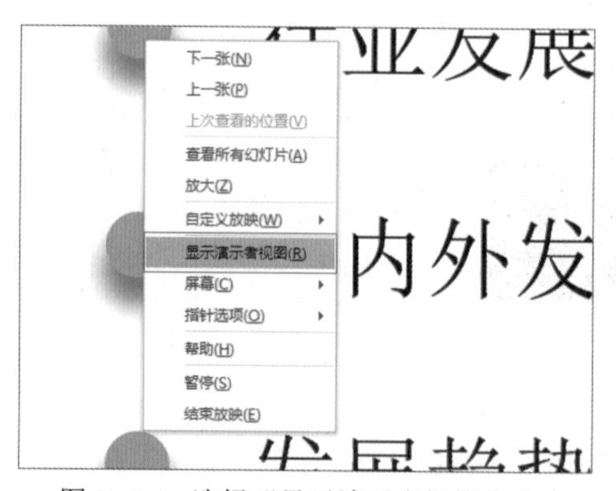

图 11-70　选择“显示演示者视图”命令

05 进入演示者视图状态后，可以看到幻灯片的备注、播放时间和幻灯片预览图等。通过使用控制台上的命令可以方便地实现对幻灯片放映的控制，最终显示效果如图 11-32 所示。

11.3　打包与发布项目营销策划案 PPT

用户可以将制作完成的演示文稿进行打包和发布，将链接、视频、音频、字体等内容复制到同一个文件夹，便于在其他计算机上进行播放，无须重新插入链接。用户还可以将演示文稿发布为 PDF/XPS、图形、视频等多种形式。本节将讲解如何打包和发布项目营销策划案 PPT，如图 11-71 所示。

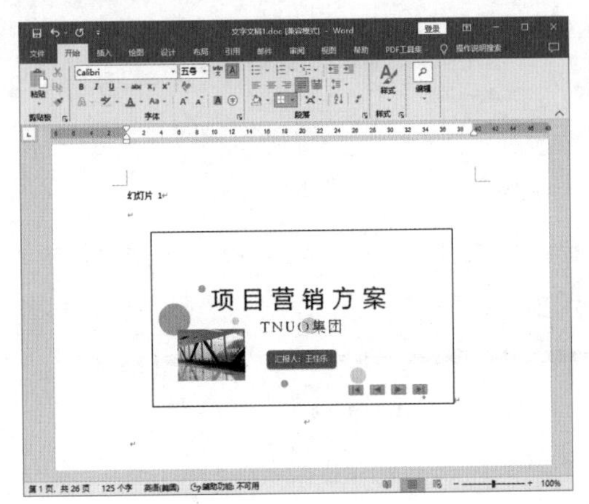

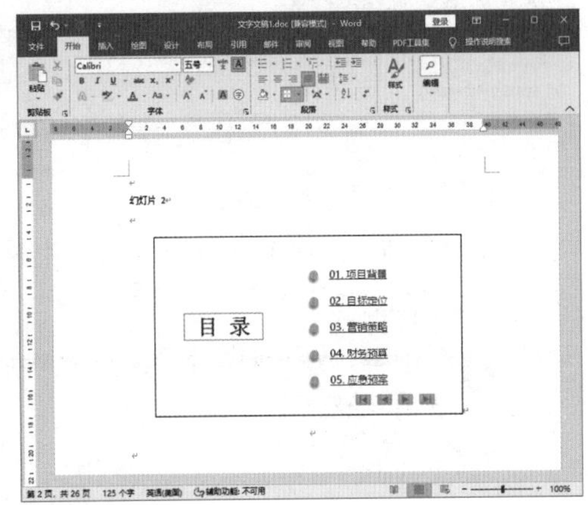

图 11-71　发布项目营销策划案 PPT

11.3.1　打包演示文稿

01 选择"文件"选项卡，从弹出的界面中选择"导出"命令，在中间的"导出"窗格中选择"将演示文稿打包成 CD"选项，然后在右侧窗格中单击"打包成 CD"按钮，如图 11-72 所示。

02 打开"打包成 CD"对话框，在"将 CD 命名为"文本框中输入"项目营销策划案"，然后单击"复制到文件夹"按钮，如图 11-73 所示。

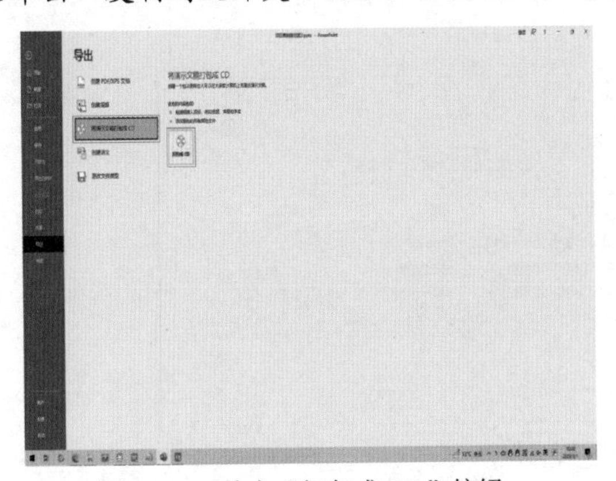

图 11-72　单击"打包成 CD"按钮

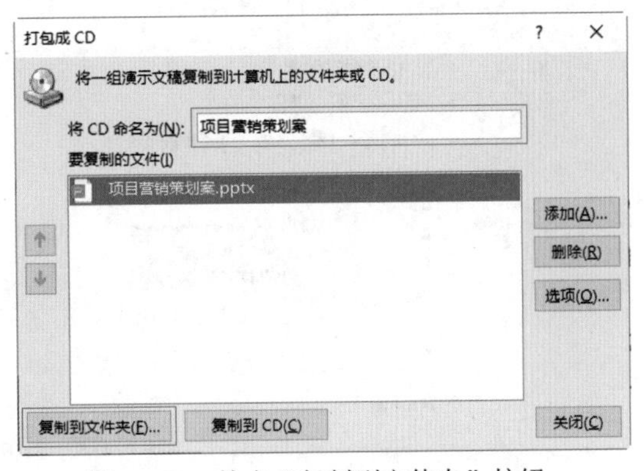

图 11-73　单击"复制到文件夹"按钮

03 打开“复制到文件夹”对话框，输入文件夹名称，单击“浏览”按钮，如图 11-74 所示。

04 打开“选择位置”对话框，设置文件夹保存位置，然后单击“选择”按钮，如图 11-75 所示，返回“复制到文件夹”对话框，单击“确定”按钮。

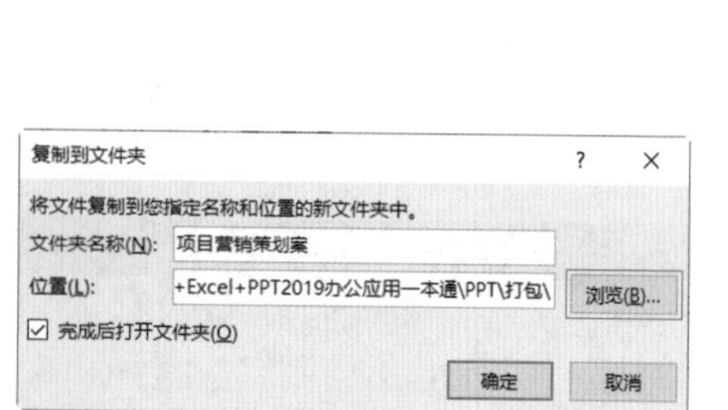

图 11-74 “复制到文件夹”对话框

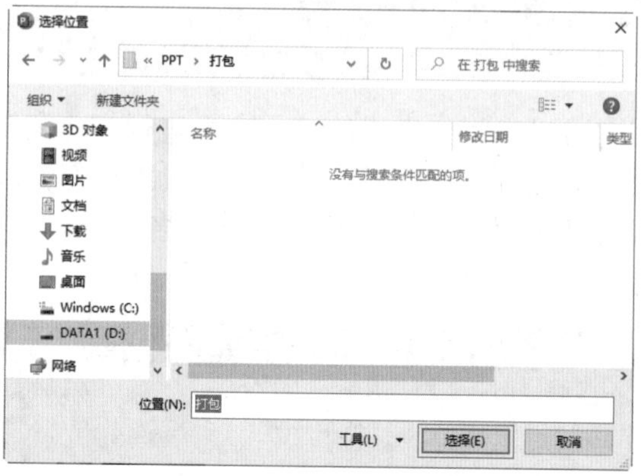

图 11-75 单击“选择”按钮

05 弹出提示对话框，询问用户是否要在包中包含链接文件，单击“是”按钮，如图 11-76 所示。

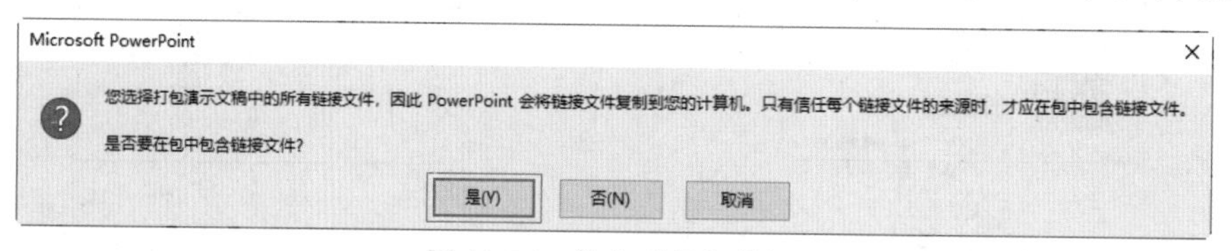

图 11-76 单击“是”按钮

06 随后弹出提示对话框询问用户是否继续，单击“继续”按钮，如图 11-77 所示。

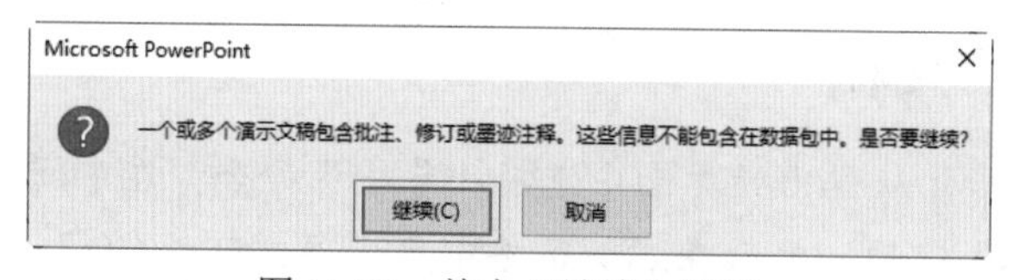

图 11-77 单击“继续”按钮

07 复制完成后，将会自动打开文件夹并显示复制内容，其中 AUTORUN 文件用于使打包的演示文稿自动放映，如图 11-78 所示。

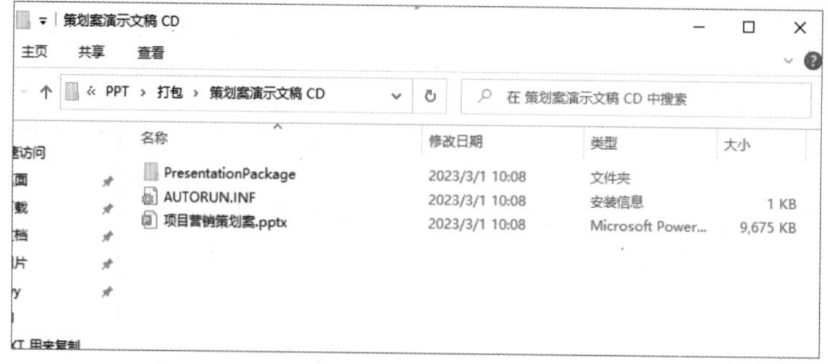

图 11-78 打包后的文件夹

11.3.2　压缩演示文稿

01 选择“文件”选项卡，从弹出的界面中选择“另存为”命令，在中间的“另存为”窗格中选择“浏览”选项，如图 11-79 所示。

02 打开“另存为”对话框，单击“工具”下拉按钮，在弹出的下拉列表中选择“压缩图片”选项，如图 11-80 所示。

图 11-79　选择“浏览”选项

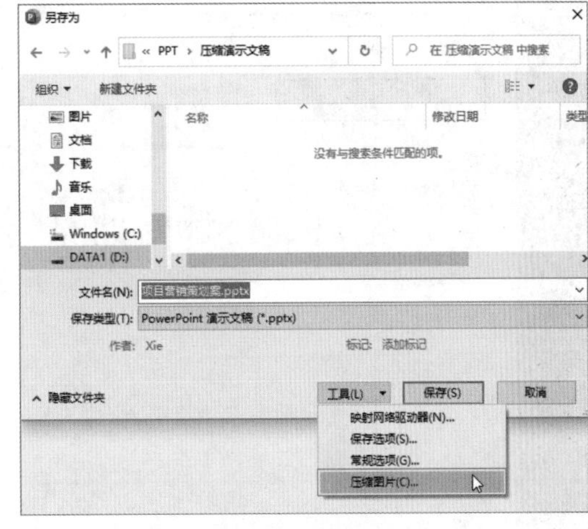

图 11-80　选择“压缩图片”选项

03 打开“压缩图片”对话框，在“压缩选项”选项组中选中“删除图片的剪裁区域”复选框，在“分辨率”选项组中选中“电子邮件 (96 ppi): 尽可能缩小文档以便共享”单选按钮，如图 11-81 所示，单击“确定”按钮。

04 返回“另存为”对话框，输入名称，然后单击“保存”按钮，保存成功后，可以查看压缩之后的文件大小，如图 11-82 所示。

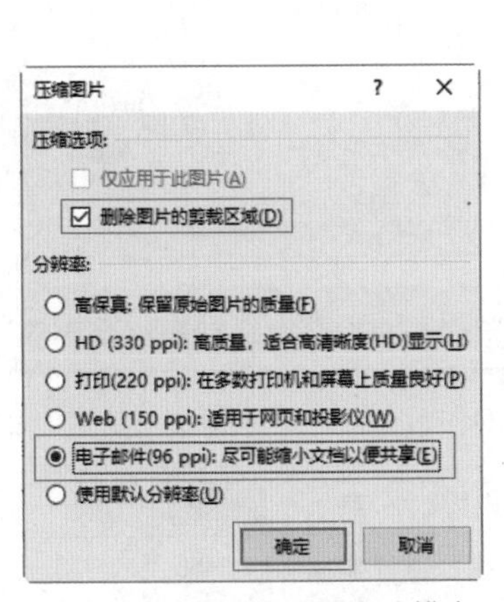

图 11-81　设置压缩选项和分辨率

图 11-82　幻灯片压缩后的结果

11.3.3 发布为 PDF/XPS 格式

01 单击“文件”选项卡，从弹出的界面中选择“导出”命令，在中间的“导出”窗格中选择“创建 PDF/XPS 文档”选项，然后在右侧窗格中单击“创建 PDF/XPS”按钮，如图 11-83 所示。

02 打开“发布为 PDF 或 XPS”对话框，设置文档的保存路径，在“文件名”文本框中输入“项目营销策划案”，然后单击“选项”按钮，如图 11-84 所示。

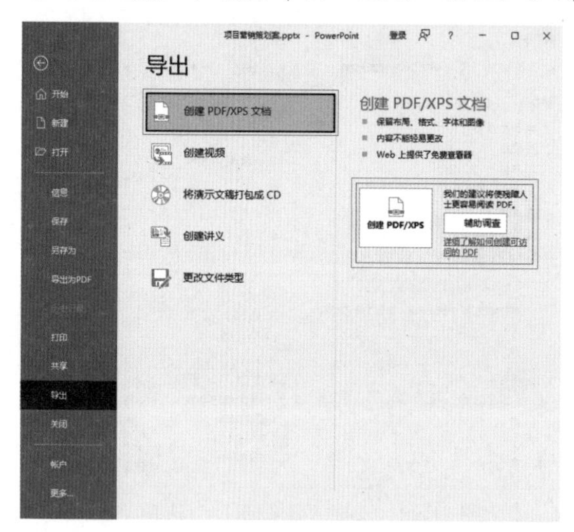

图 11-83　单击“创建 PDF/XPS 文档”按钮

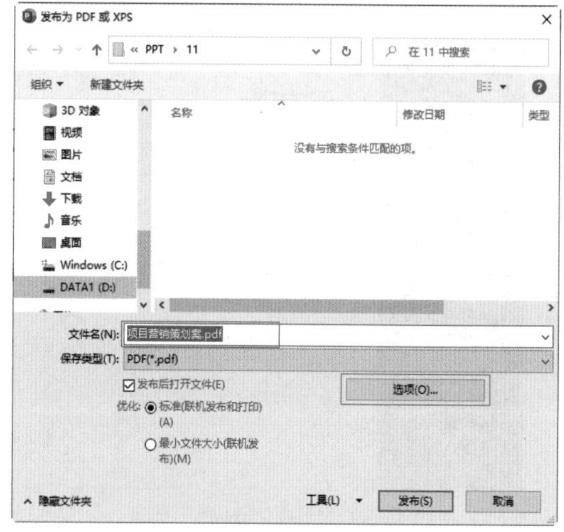

图 11-84　单击“选项”按钮

03 打开“选项”对话框，在“发布选项”选项组中选中“幻灯片加框”复选框，保持其他默认设置，然后单击“确定”按钮，如图 11-85 所示。

04 返回“发布为 PDF 或 XPS”对话框，在“保存类型”下拉列表中选择 PDF 选项，然后单击“发布”按钮，如图 11-86 所示。

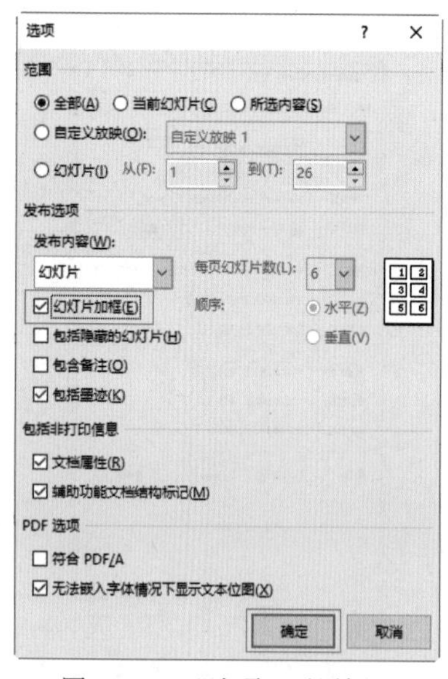

图 11-85　“选项”对话框

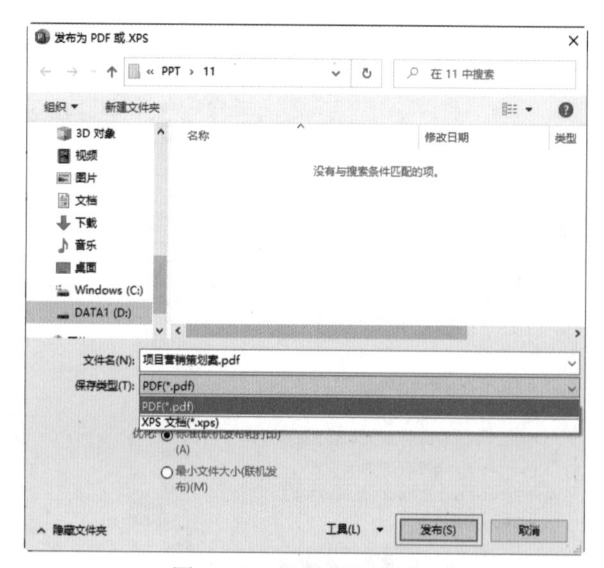

图 11-86　设置保存类型

05 发布完成后，将会自动打开发布为 PDF 格式的文档，如图 11-87 所示。

图 11-87　发布为 PDF 格式

11.3.4　发布为图形文件

01 单击“文件”选项卡，从弹出的界面中选择“导出”命令，在中间的“导出”窗格中选择“更改文件类型”选项，然后在右侧“更改文件类型”窗格的“图片文件类型”组中选择“PNG 可移植网络图形格式”选项，单击“另存为”按钮，如图 11-88 所示。

02 打开“另存为”对话框，设置保存路径和文件名，然后单击“保存”按钮，如图 11-89 所示。

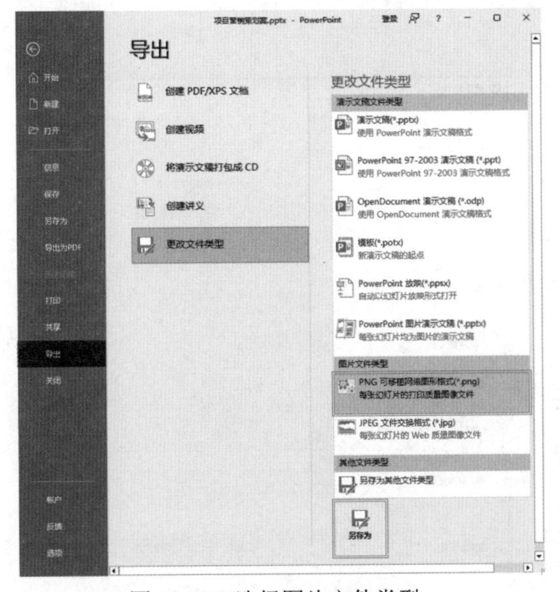

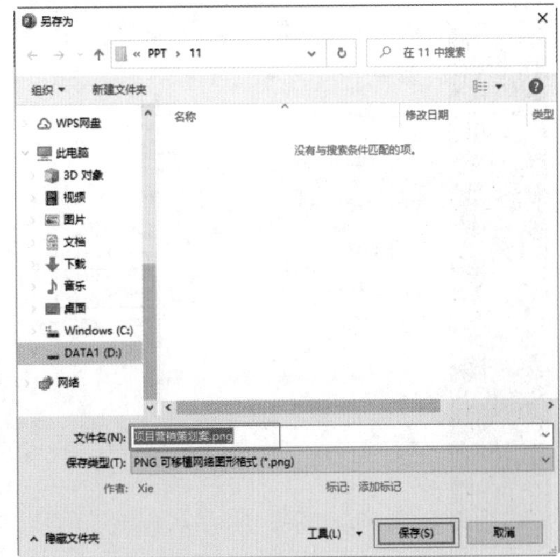

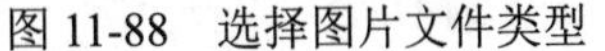

图 11-88　选择图片文件类型　　　　图 11-89　保存文件

03 此时系统会弹出提示对话框，供用户选择输出为图片文件的幻灯片范围，单击“所有幻灯片”按钮，如图 11-90 所示。

04 输出完成后，将自动弹出提示框，提示用户每张幻灯片都以独立的方式保存到文件夹中，单击“确定”按钮，打开文件夹，即可查看输出的图片，如图 11-91 所示。

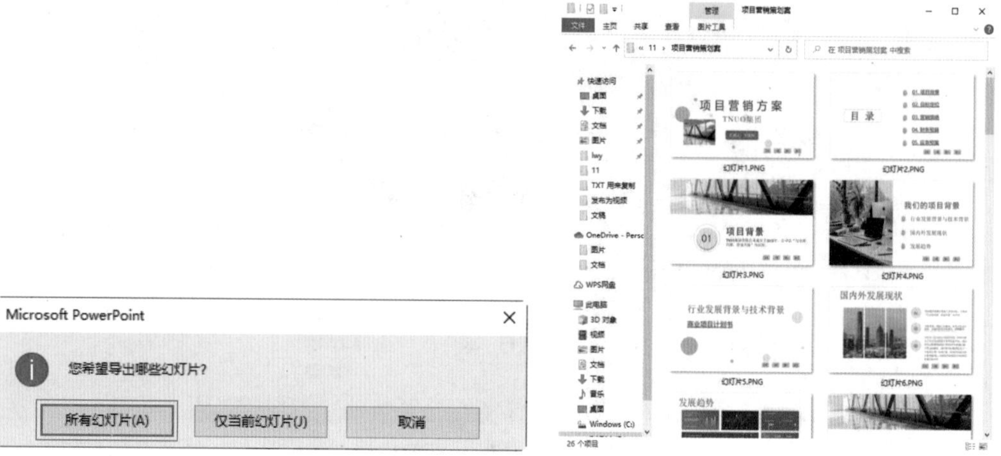

图 11-90　单击“所有幻灯片”按钮　　　　图 11-91　查看图片

11.3.5　发布为视频文件

01 选择“文件”选项卡，从弹出的界面中选择“导出”命令，在中间的“导出”窗格中选择“创建视频”选项，然后在右侧的“创建视频”窗格中选择“使用录制的计时和旁白”选项，单击“创建视频”按钮，如图 11-92 所示。

02 打开“另存为”对话框，设置视频文件的名称和保存路径，然后单击“保存”按钮，如图 11-93 所示。

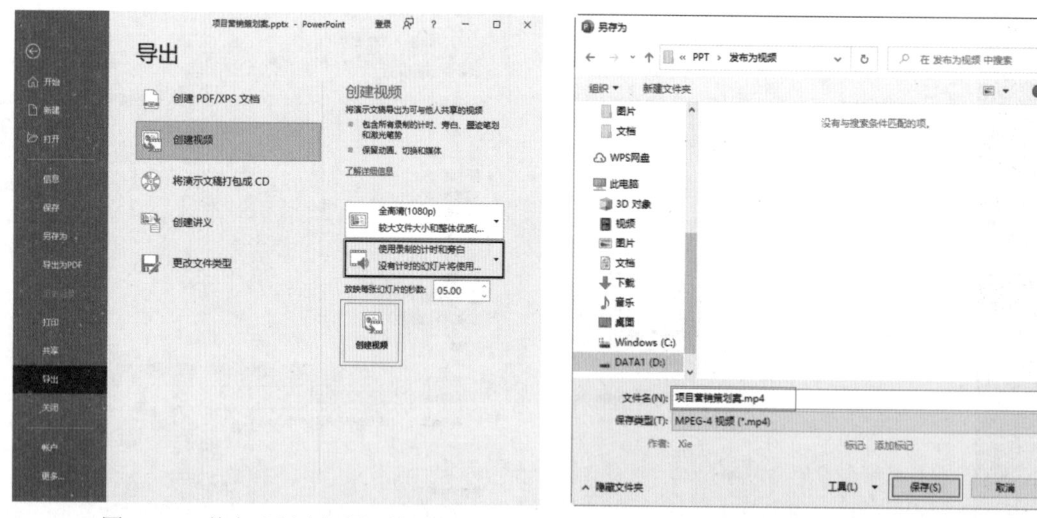

图 11-92　单击“创建视频”按钮　　　　图 11-93　保存文件

03 此时 PowerPoint 窗口下方的任务栏中可查看制作视频的进度，如图 11-94 所示。

04 制作完毕后，打开视频存放路径，双击视频文件，即可使用计算机中的视频播放器来播放该视频，显示结果如图 11-95 所示。

图 11-94　查看进度

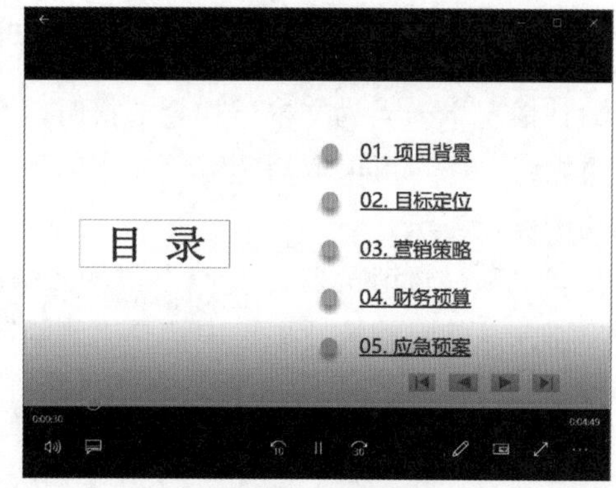

图 11-95　播放视频

11.3.6　发布为讲义

01 选择“文件”选项卡，从弹出的界面中选择“导出”命令，在中间的“导出”窗格中选择“创建讲义”选项，然后在右侧窗格中单击“创建讲义”按钮，如图 11-96 所示。

02 打开“发送到 Microsoft Word”对话框，选中“备注在幻灯片下”和“粘贴”单选按钮，然后单击“确定”按钮，如图 11-97 所示。

03 发布成功后，将自动在 Word 中打开发布的内容，版式最终结果如图 11-71 所示。

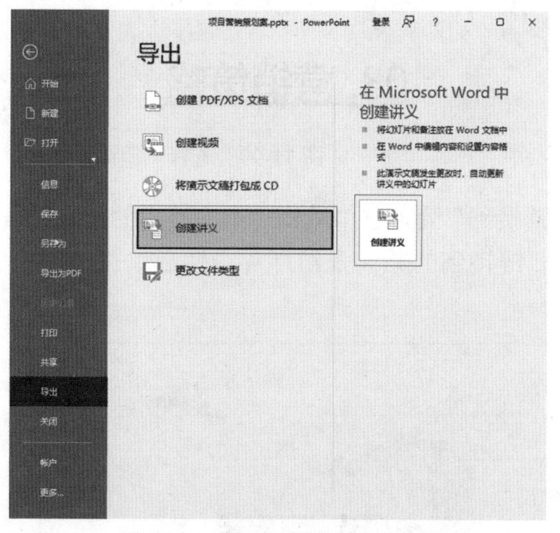

图 11-96　单击“创建讲义”按钮

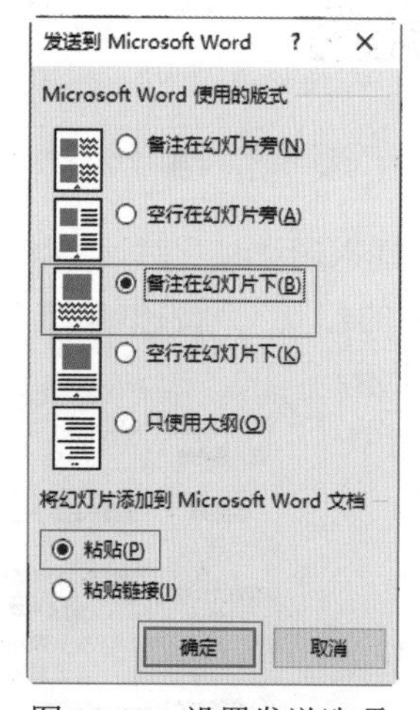

图 11-97　设置发送选项

11.4　演示文稿技巧

通过以上案例的学习，用户掌握了设计交互式演示文稿、设置演示文稿的放映，以及打包与发布演示文稿等操作，另外还有一些实用技巧在演示文稿的实际操作中会经常使用到，下面将为用户讲解“取消超链接文本的下画线”“隐藏和显示幻灯片”和“切换幻灯片放映方式”技巧。

11.4.1 取消超链接文本的下画线

默认情况下，当为文本添加超链接时，系统会自动为文本应用当前主题的超链接样式，且包括下画线。用户可以取消超链接文本的下画线，创建没有下画线的超链接，下面将为读者介绍具体的操作方法。

打开“项目营销策划案.pptx”演示文稿，选择第2张幻灯片，选择文本“02. 目标定位”，然后右击并从弹出的快捷菜单中选择“删除链接”命令，如图11-98所示，删除原来的超链接。再选择“02. 目标定位”文本框，右击并选择“超链接”命令，如图11-99所示。

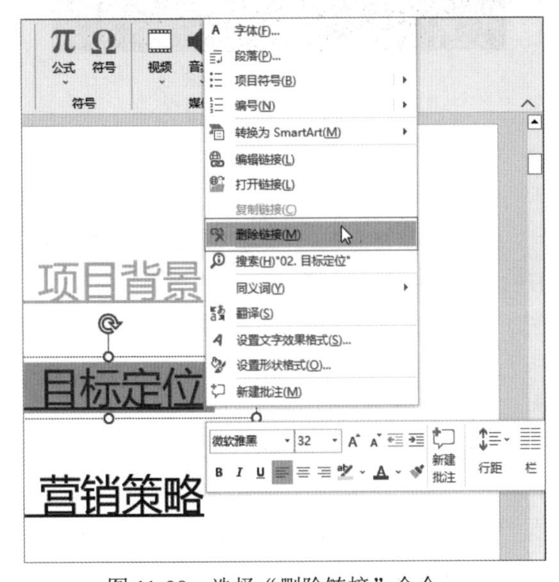

图 11-98　选择“删除链接”命令

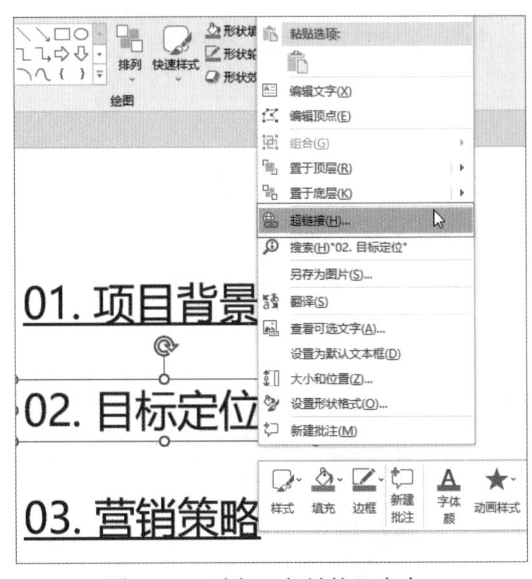

图 11-99　选择“超链接”命令

打开“插入超链接”对话框，在“链接到”列表框中单击“本文档中的位置”按钮，在“请选择文档中的位置”列表框中选择需要链接到的第8张幻灯片，然后单击“确定”按钮，如图11-100所示。

图 11-100　选择链接到的幻灯片

即可为文本框对象添加超链接，此时则不会应用超链接文本样式，且不会显示下画线，如图 11-101 所示。

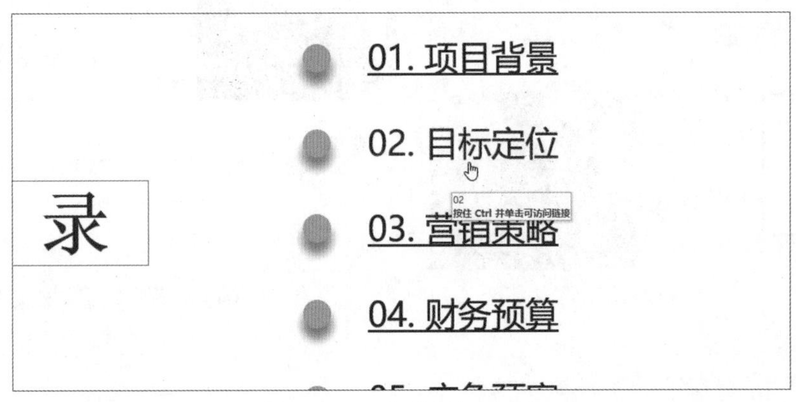

图 11-101　查看文本超链接

单击该文本框超链接，即可跳转到第 8 张幻灯片，如图 11-102 所示。

图 11-102　跳转到第 8 张幻灯片

11.4.2　隐藏和显示幻灯片

在放映演示文稿时，用户可以对不需要放映的幻灯片进行隐藏，这样在放映时，被隐藏的幻灯片将不会放映，下面将为读者介绍具体的操作方法。

启动 PowerPoint 2019 并打开演示文稿，在“幻灯片”窗格中选择幻灯片，再选择“幻灯片放映”选项卡，在“设置”组中单击“隐藏幻灯片”按钮，如图 11-103 所示。此时，被选择的幻灯片即被隐藏，在放映演示文稿时该幻灯片不会被播放。

当“隐藏幻灯片”按钮处于激活状态时，“幻灯片窗格”中该幻灯片编号会被划掉以表示其处于隐藏状态，如图 11-104 所示。如果要取消这种状态，再次单击“隐藏幻灯片”按钮，取消该按钮的激活状态。

图 11-103　单击“隐藏幻灯片”按钮

图 11-104　隐藏所选择的幻灯片

11.4.3　切换幻灯片放映方式

除了本章介绍的幻灯片放映方式之外，用户还可以设置定时放映或者连续放映，下面将为读者介绍具体的操作方法。

选择要设置切换时间的幻灯片，选择“切换”选项卡，在“计时”组中选中“单击鼠标时”复选框，如图 11-105 所示，则用户需要在放映时单击，或者按 Enter 键和空格键切换到下一张幻灯片。若用户想让演示文稿自动放映，可以在“计时”组中选中“设置自动换片时间”复选框，并输入换片时间，如图 11-106 所示，为每张幻灯片设置切换时间，在放映时，即可按照设置的时间切换幻灯片。

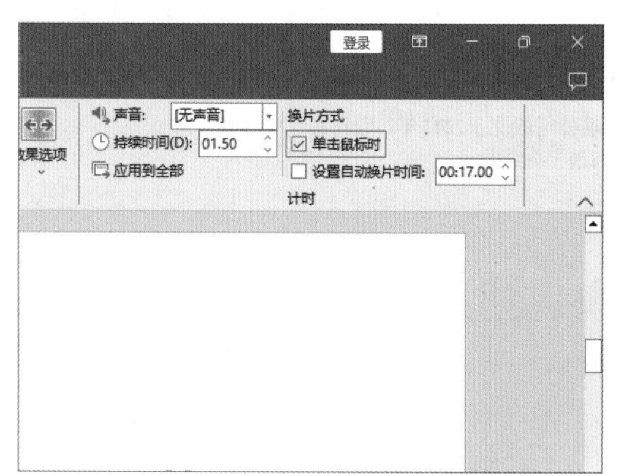

图 11-105　选中“单击鼠标时”复选框

图 11-106　设置自动放映

第 12 章
三组件融合办公

本章导读

通过前几章的学习，用户已经熟悉了 Word、Excel 和 PowerPoint 三组件的操作方法。在日常工作中，用户还可以结合三个组件来完成工作内容。本章将为用户讲解三组件综合实例、Word 与 Excel 的融合办公、Word 与 PowerPoint 的融合办公、PowerPoint 与 Excel 的融合办公操作。

12.1 三组件综合实例

在实际办公过程中，用户经常会遇到三个组件相互协作办公的情况，在进行相互协作办公之前，本节将通过“工作计划汇总报告文档”“夏季服装销量工作表”和“工作计划汇总报告演示文稿”三个案例，帮助用户巩固三组件的使用方法。

12.1.1 制作工作计划汇总报告文档

使用 Word 2019 制作一个如图 12-1 所示的工作计划汇总报告文档，帮助用户加深所学的 Word 文档综合知识。

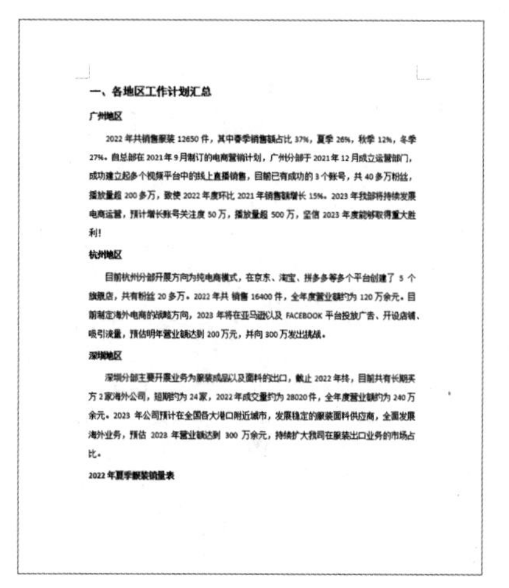
一、各地区工作计划汇总

广州地区

2022 年共销售服装 12650 件，其中春季销售额占比 37%，夏季 26%，秋季 12%，冬季 27%。自总部在 2021 年 9 月制订的电商营销计划，广州分部于 2021 年 12 月成立运营部门，成功建立起多个视频平台中的线上直播销售，目前已有成功的 3 个账号，共 40 多万粉丝，播放量超 200 多万，致使 2022 年度环比 2021 年销售额增长 15%。2023 年我部将持续发展电商运营，预计增长账号关注度 50 万，播放量超 500 万，坚信 2023 年度能够取得重大胜利！

杭州地区

目前杭州分部开展方向为纯电商模式，在京东、淘宝、拼多多等多个平台创建了 5 个旗舰店，共有粉丝 20 多万。2022 年共 销售 16400 件，全年度营业额约为 120 万余元。目前制定海外电商的战略方向，2023 年将在亚马逊以及 FACEBOOK 平台投放广告、开设店铺、吸引流量，预估明年营业额达到 200 万元，并向 300 万发出挑战。

深圳地区

深圳分部主要开展业务为服装成品以及面料的出口，截止 2022 年终，目前共有长期买方 2 家海外公司，短期约为 24 家，2022 年成交量约为 28020 件，全年度营业额约为 240 万余元。2023 年公司预计在全国各大港口附近城市，发展稳定的服装面料供应商，全面发展海外业务，预估 2023 年营业额达到 300 万余元，持续扩大我司在服装出口业务的市场占比。

2022 年夏季服装销量表

图 12-1 工作计划汇总报告文档

01 启动 Word 2019，在打开的启动界面中选择“空白文档”选项，然后选择“文件”选项卡，从弹出的界面中选择“另存为”命令，在中间的“另存为”窗格中选择“浏览”选项，如图 12-2 所示。

02 打开“另存为”对话框，在“文件名”文本框中输入“工作计划汇总报告.docx”，然后单击“保存”按钮，如图 12-3 所示。

图 12-2 选择“浏览”选项

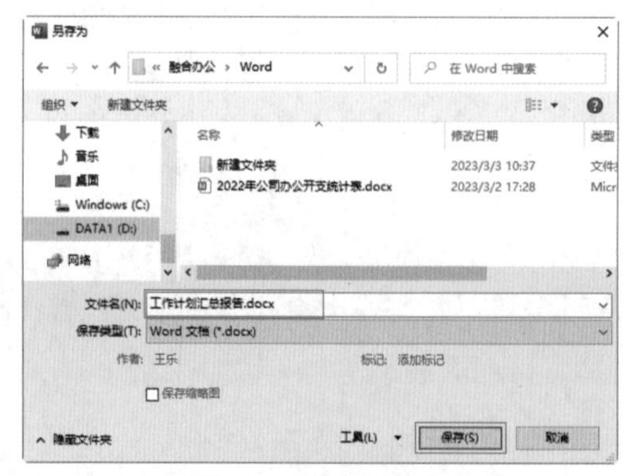

图 12-3 保存文件

03 选择“插入”选项卡，在“页面”组中单击“封面”下拉按钮，在弹出的下拉列表中选择“离子(深色)”选项，如图 12-4 所示。

04 插入封面后，在自带的文本框中输入文本内容，结果如图 12-5 所示。

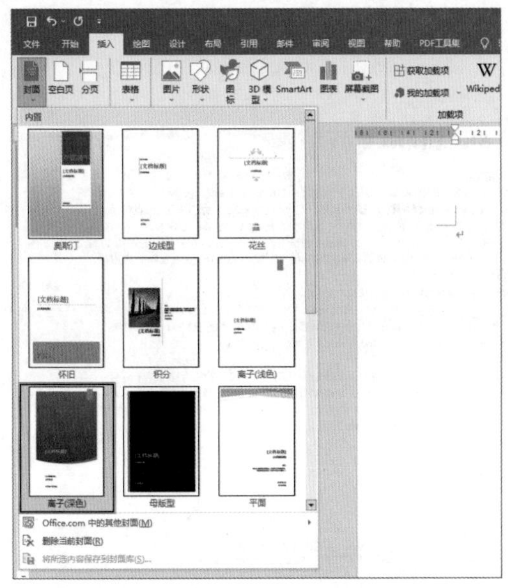

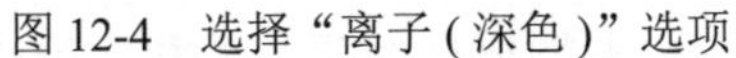
图 12-4　选择“离子(深色)”选项　　图 12-5　输入文本内容

05 打开“工作计划汇总报告.txt”记事本，按 Ctrl+A 快捷键全选文本内容，如图 12-6 所示，然后按 Ctrl+C 快捷键复制所选内容。

06 将光标定位到 Word 文档的第二页开头，按 Ctrl+V 快捷键粘贴内容到 Word 文档中，选择第一行标题文本，选择“开始”选项卡，在“字体”组中单击“字体”下拉按钮，选择“黑体”选项，单击“字号”下拉按钮，选择“四号”选项，单击“加粗”按钮 B，如图 12-7 所示，然后在“段落”组中单击“对话框启动器”按钮 。

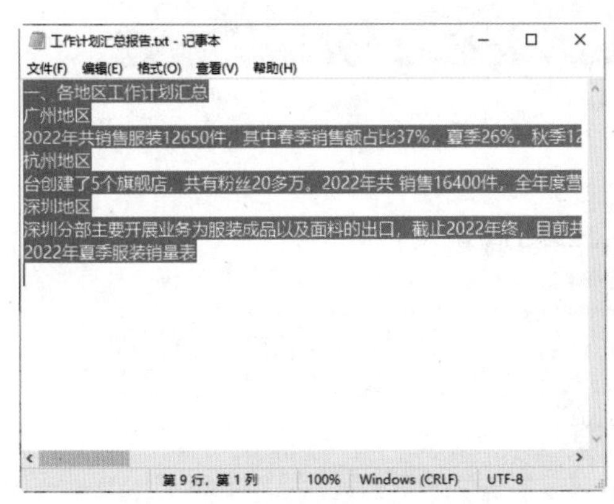

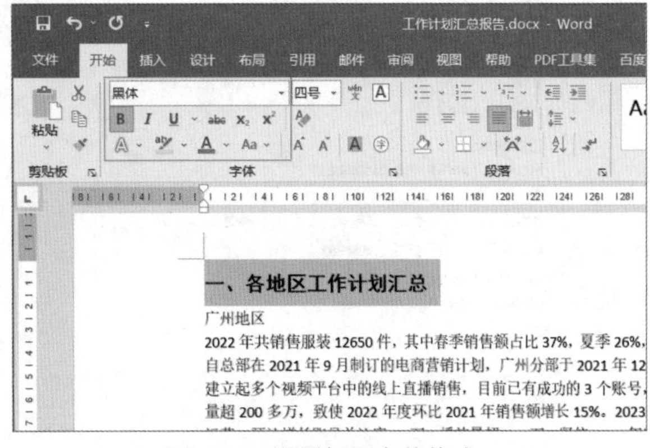

图 12-6　复制文本　　图 12-7　设置标题字体格式

07 打开“段落”对话框，在“间距”选项组中设置“段前”为“0.5 行”，设置“段后”为“0.5 行”，然后单击“确定”按钮，如图 12-8 所示。

08 选择需要设置大纲级别的标题，如图 12-9 所示，在“段落”组中单击“对话框启动器”按钮 。

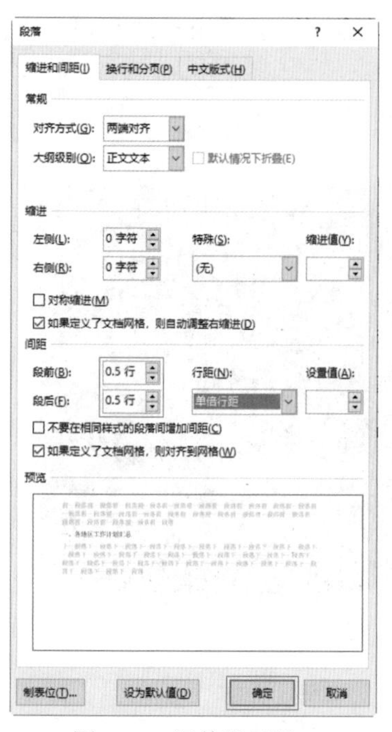

图 12-8 调整段间距

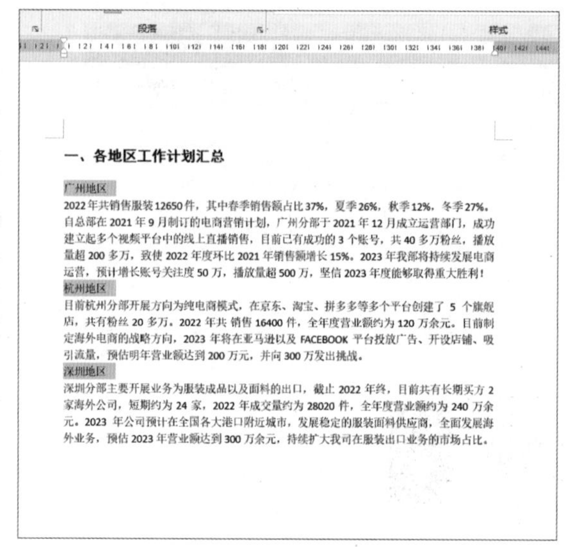

图 12-9 选择文本

09 打开“段落”对话框，在“常规”选项组中单击“大纲级别”下拉按钮，选择“2 级”选项，在“间距”选项组中设置“段前”和“段后”为“0.5 行”，然后单击“确定”按钮，如图 12-10 所示。

10 返回文档中，在“字体”组中单击“加粗”按钮 B，如图 12-11 所示。

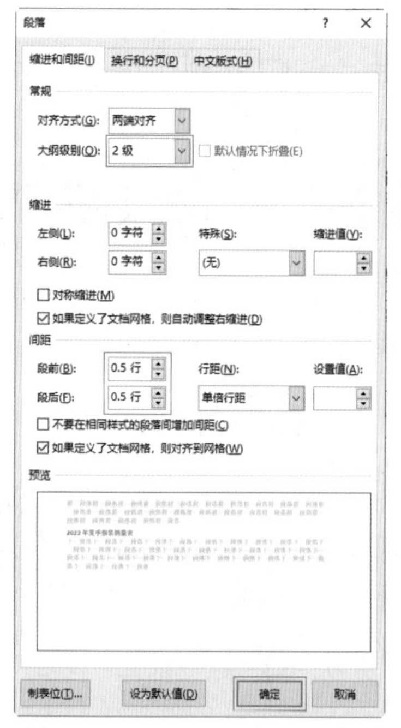

图 12-10 设置“段落”对话框

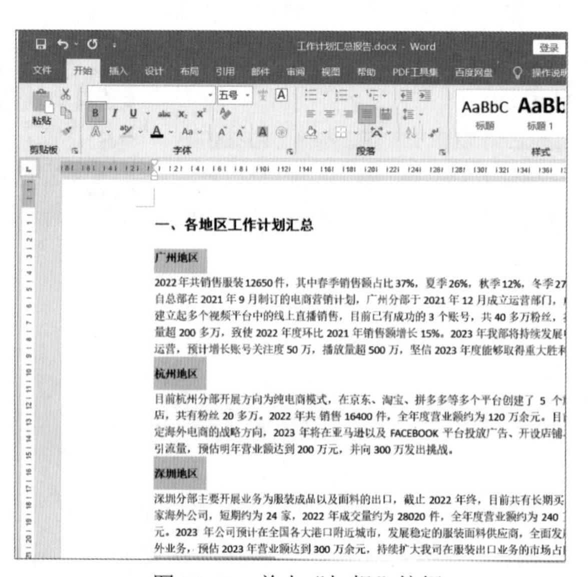

图 12-11 单击“加粗”按钮

11 选择正文内容，在“段落”组中单击“对话框启动器”按钮，打开“段落”对话框，在“缩进”选项组中单击“特殊”下拉按钮，选择“首行”选项，设置“缩进值”为“2 字符”，在“间距”选项组中单击“行距”下拉按钮，选择“1.5 倍行距”选项，然后单击“确定”按钮，如图 12-12 所示。

12 设置完成后，正文内容显示结果如图 12-13 所示。

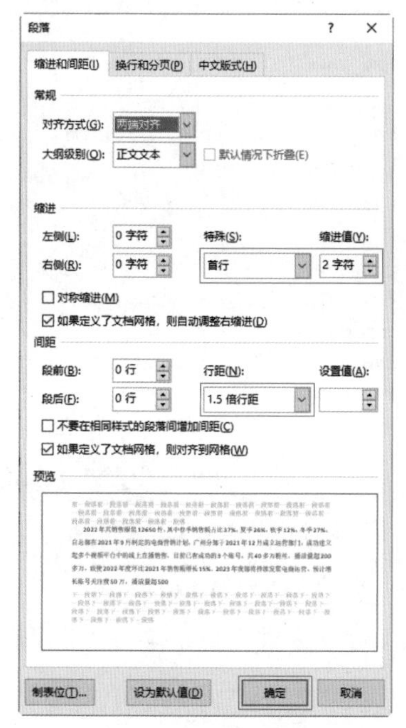

图 12-12　设置首行缩进和行距

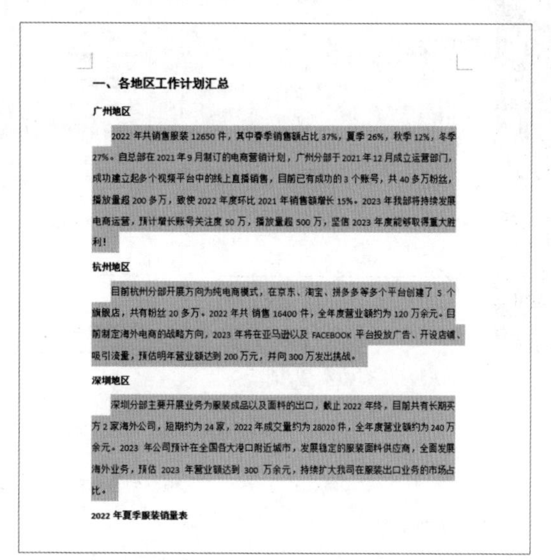

一、各地区工作计划汇总

广州地区

2022 年共销售服装 12650 件，其中春季销售额占比 37%，夏季 26%，秋季 12%，冬季 27%。自总部在 2021 年 9 月制订的电商营销计划，广州分部于 2021 年 12 月成立运营部门，成功建立起多个视频平台中的线上直播销售，目前已有成功的 3 个账号，共 40 多万粉丝，播放量超 200 多万，致使 2022 年度环比 2021 年销售额增长 15%。2023 年我部将持续发展电商运营，预计增长账号关注度 50 万，播放量超 500 万，坚信 2023 年度能够取得重大胜利！

杭州地区

目前杭州分部开展方向为纯电商模式，在京东、淘宝、拼多多等多个平台创建了 5 个旗舰店，共有粉丝 20 多万。2022 年共 销售 16400 件，全年度营业额约为 120 万余元。目前制定海外电商的战略方向，2023 年将在亚马逊以及 FACEBOOK 平台投放广告、开设店铺、吸引流量，预估明年营业额达到 200 万元，并向 300 万发出挑战。

深圳地区

深圳分部主要开展业务为服装成品以及面料的出口，截止 2022 年终，目前共有长期买方 2 家海外公司，短期约为 24 家，2022 年成交量约为 28020 件，全年度营业额约为 240 万余元。2023 年公司预计在全国各大港口附近城市，发展稳定的服装面料供应商，全面发展海外业务，预估 2023 年营业额达到 300 万余元，持续扩大我司在服装出口业务的市场占比。

2022 年夏季服装销量表

图 12-13　正文内容显示结果

12.1.2　制作夏季服装销量工作表

使用 Excel 2019 制作一张如图 12-14 所示的夏季服装销量工作表，帮助用户加深所学的 Excel 工作簿综合知识。

2022年夏季服装销量表

编号	产品名称	分类	小类	地区	价格(元)	销量(件)
10560	长袖白T恤	女装	T恤	杭州	285	98
10581	粉红衬衫	女装	T恤	深圳	88	324
20281	白衬衫	男装	衬衫	杭州	88	289
10582	红色衬衫	女装	雪纺	广州	75	620
20286	黑色衬衫	男装	衬衫	杭州	96	450
10583	灰色衬衫	女装	雪纺	广州	85	315
20832	纯白衬衫	男装	衬衫	深圳	201	92
10585	绿色T恤	女装	T恤	广州	70	584
10561	粉红短袖T恤	女装	T恤	深圳	189	123
20835	格子T恤	男装	T恤	杭州	286	157
10587	新款粉红衬衫	女装	衬衫	杭州	105	99
20282	黄黑衬衫	男装	衬衫	杭州	80	364
10755	短袖花格衬衫	女装	衬衫	广州	80	581

图 12-14　夏季服装销量工作表

01 启动 Excel 2019，在打开的启动界面中选择“空白工作簿”选项，创建一个工作簿，然后选择“文件”选项卡，从弹出的界面中选择“另存为”命令，在中间的“另存为”窗格中选择“浏览”选项，如图 12-15 所示。

02 打开“另存为”对话框，在“文件名”文本框中输入“2022 年夏季服装销量表 .xlsx”，然后单击“保存”按钮，如图 12-16 所示。

图 12-15 选择“浏览”选项

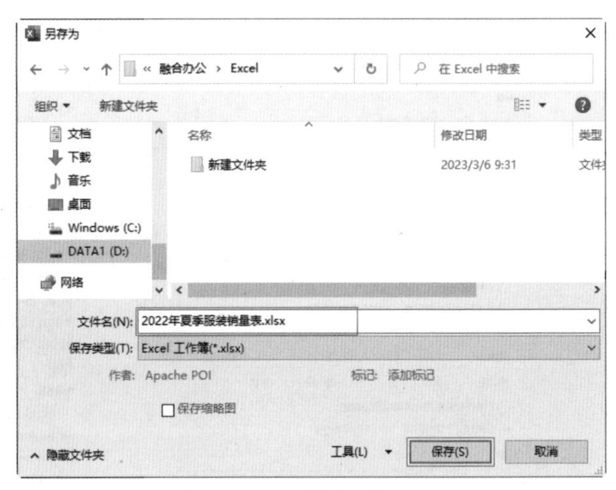

图 12-16 保存文件

03 工作簿保存完成后，在 A2:G15 单元格区域中输入数据，如图 12-17 所示。

04 选择 A1:G1 单元格区域，选择“开始”选项卡，在“对齐方式”组中单击“合并后居中”按钮，如图 12-18 所示。

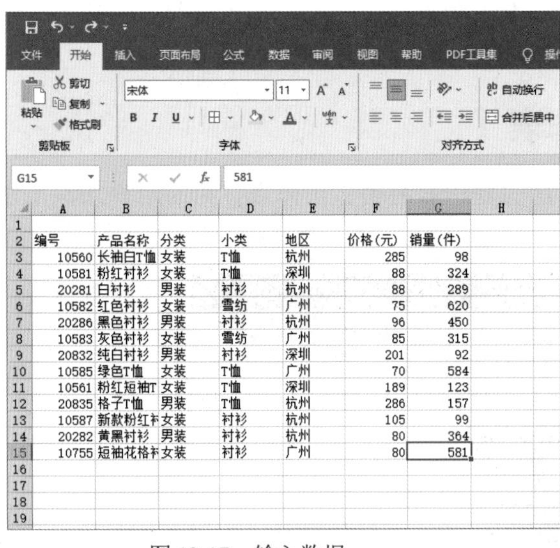

图 12-17 输入数据

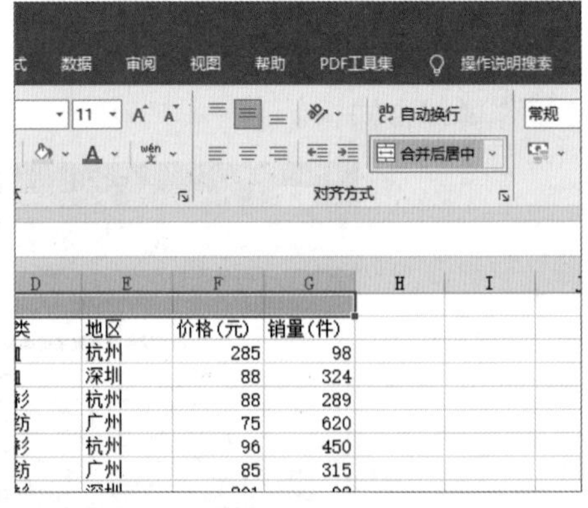

图 12-18 单击“合并后居中”按钮

05 选择 A1 单元格，在“单元格”组中单击“格式”下拉按钮，在弹出的下拉列表中选择“行高”命令，如图 12-19 所示。

06 打开“行高”对话框，在“行高”文本框中输入“38”，然后单击“确定”按钮，如图 12-20 所示。

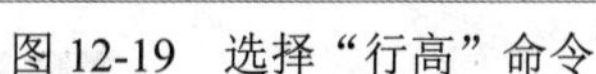
图 12-19　选择“行高”命令

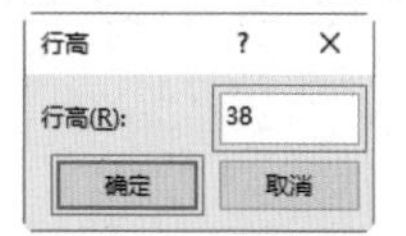

图 12-20　设置行高

07 在 A1 单元格中输入标题文本，然后选择“开始”选项卡，在“字体”组中设置字体为“微软雅黑”、字号为“18”，单击“加粗”按钮 B，如图 12-21 所示。

08 选择 A2:G15 单元格区域，在“对齐方式”组中单击“居中”按钮，如图 12-22 所示。

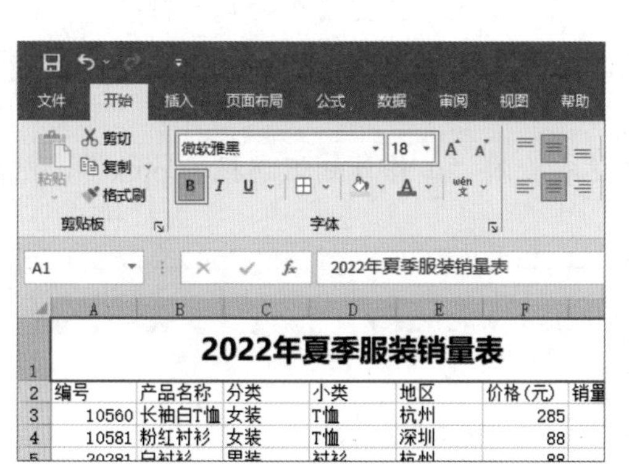

图 12-21　设置标题文字格式

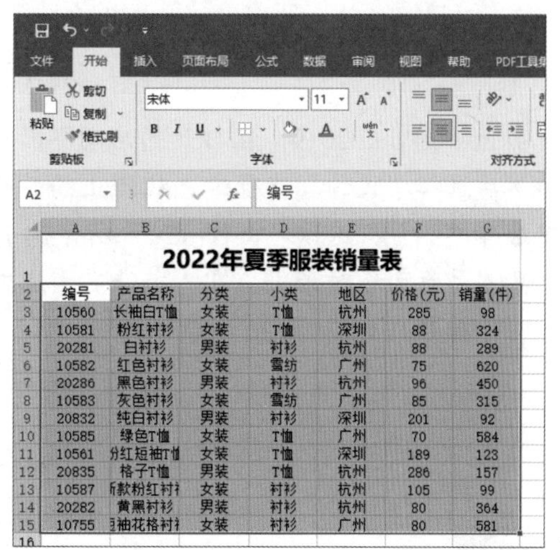

图 12-22　单击“居中”按钮

09 选择 A1:G15 单元格区域，在“字体”组中单击“边框”下拉按钮，在弹出的下拉列表中选择“所有框线”选项，如图 12-23 所示。

10 设置完成后，表格最终显示结果如图 12-14 所示。

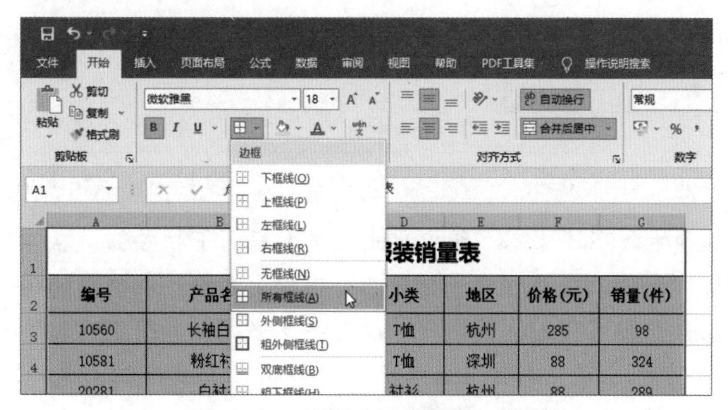

图 12-23　选择“所有框线”选项

12.1.3 制作工作计划汇总报告演示文稿

使用 PowerPoint 2019 制作一个如图 12-24 所示的工作计划汇总报告演示文稿，帮助用户加深所学的 PowerPoint 演示文稿综合知识。

图 12-24 工作计划汇总报告演示文稿

01 启动 PowerPoint 2019，在打开的启动界面中选择“空白演示文稿”选项，默认插入一张幻灯片，然后选择“文件”选项卡，从弹出的界面中选择“另存为”命令，在中间的“另存为”窗格中选择“浏览”选项，如图 12-25 所示。

02 打开“另存为”对话框，在“文件名”文本框中输入“工作计划汇总报告.pptx”，然后单击“保存”按钮，如图 12-26 所示。

图 12-25 选择“浏览”选项

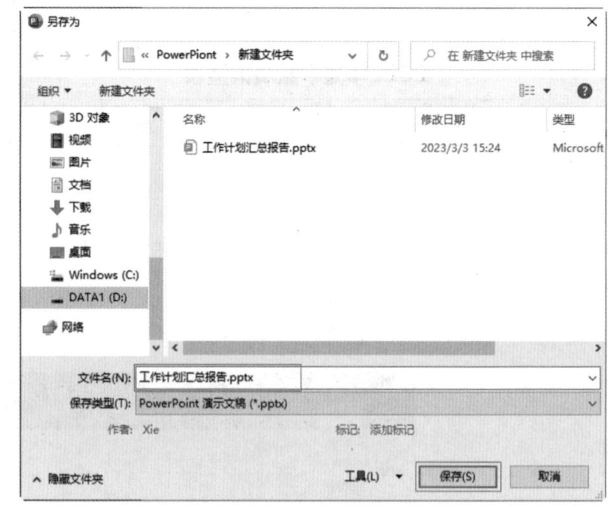

图 12-26 保存文件

03 选择“插入”选项卡，在“文本”组中单击“文本框”下拉按钮，在弹出的下拉列表中选择“绘制横排文本框”选项，在幻灯片中创建两个横排文本框，在创建的两个文本框中分别输入“工作计划汇总报告”和“TNUO 集团”并设置字体格式，如图 12-27 所示。

04 选择“插入”选项卡，在“插图”组中单击“形状”下拉按钮，选择“椭圆”选项，如图 12-28 所示，按住左键并进行拖曳，绘制一个椭圆形状。

图 12-27　输入文本并设置字体格式

图 12-28　选择“椭圆”选项

05 选择“形状格式”选项卡，在“形状样式”组中单击“形状填充”下拉按钮，选择“其他填充颜色”命令，如图 12-29 所示。

06 打开“颜色”对话框，在“十六进制”文本框中输入“#97C4E9”，然后单击“确定”按钮，如图 12-30 所示。

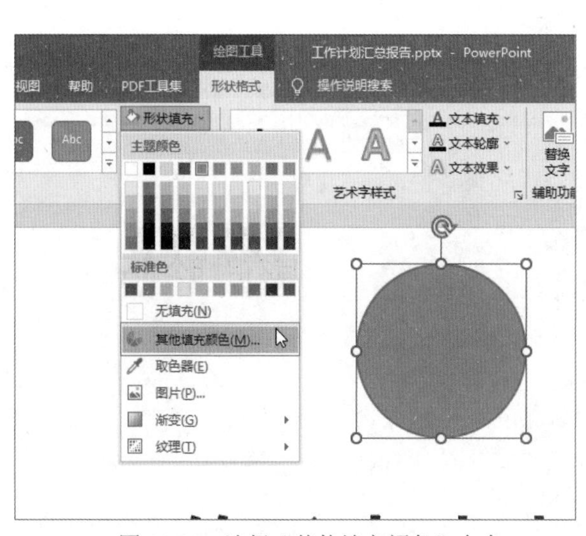

图 12-29　选择“其他填充颜色”命令

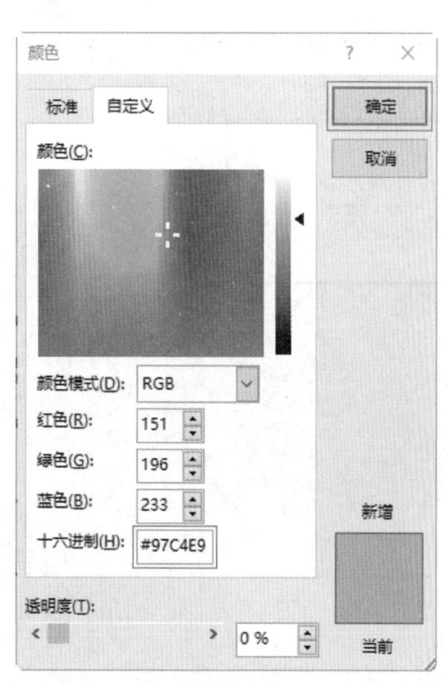

图 12-30　设置“颜色”对话框

07 再次选择椭圆形状，然后单击“形状轮廓”下拉按钮，选择“无轮廓”命令，如图 12-31 所示。

08 按照步骤 04 到步骤 07 的方法，制作出其余的椭圆形状，并设置其比例和位置，结果如图 12-32 所示。

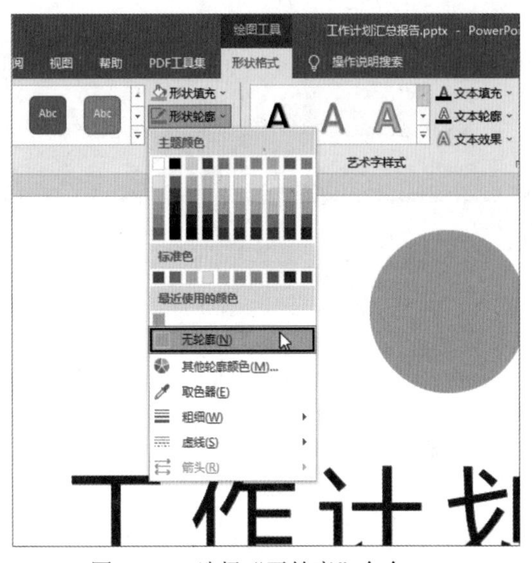

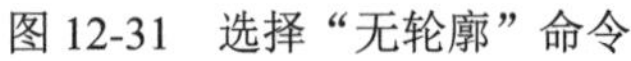
图 12-31　选择“无轮廓”命令

图 12-32　制作其余的椭圆形状

09 选择“插入”选项卡，在“插图”组中单击“形状”下拉按钮，选择“矩形：圆角”选项，如图 12-33 所示。

10 在幻灯片中，按住左键并进行拖曳，绘制一个圆角矩形形状，按照步骤 **05** 到步骤 **07** 的方法设置圆角矩形的形状格式，如图 12-34 所示。

图 12-33　选择“矩形：圆角”选项

图 12-34　设置圆角矩形形状格式

11 选择“插入”选项卡，在“文本”组中单击“文本框”下拉按钮，选择“绘制横排文本框”选项，如图 12-35 所示。

12 在幻灯片中单击创建一个横排文本框，并且插入点光标位于文本框中，直接输入文本，如图 12-36 所示。

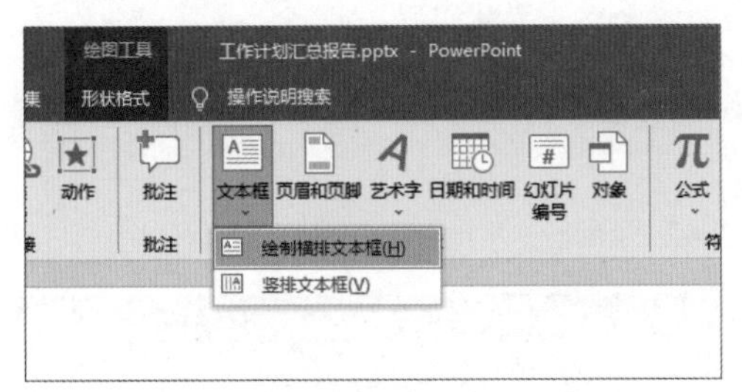

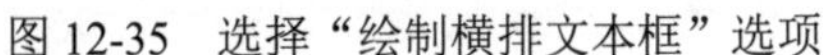

图 12-35　选择“绘制横排文本框”选项　　　图 12-36　输入文本

13 按 Ctrl+A 快捷键选择封面页中的所有内容，然后按 Ctrl+C 快捷键复制内容，再按 Ctrl+M 快捷键新建一页幻灯片作为封底页，按 Ctrl+V 快捷键进行粘贴，最后删除文本框内的文字，重新输入新的文字，如图 12-37 所示。

14 选择文本“THANKS”，选择“开始”选项卡，在“字体”组中单击“加粗”按钮 B，如图 12-38 所示。

图 12-37　重新输入文字　　　图 12-38　单击“加粗”按钮

15 选择文本“感谢聆听”，在“字体”组中单击“对话框启动器”按钮，打开“字体”对话框，选择“字符间距”选项卡，单击“间距”下拉按钮，选择“加宽”选项，设置“度量值”为“8 磅”，然后单击“确定”按钮，如图 12-39 所示。

16 返回幻灯片中，字体格式的显示结果如图 12-40 所示。

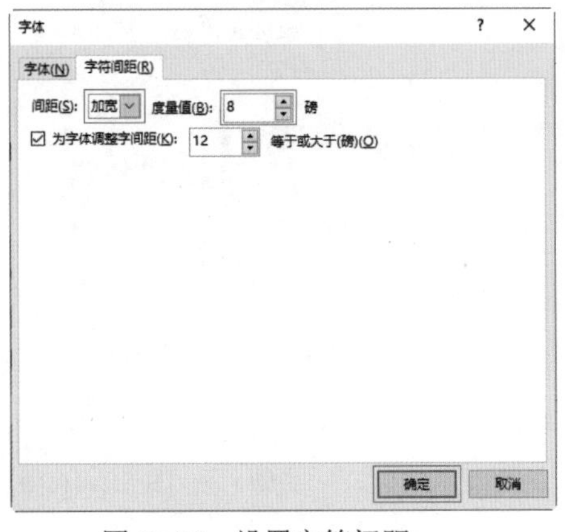

图 12-39　设置字符间距　　　图 12-40　字体格式显示结果

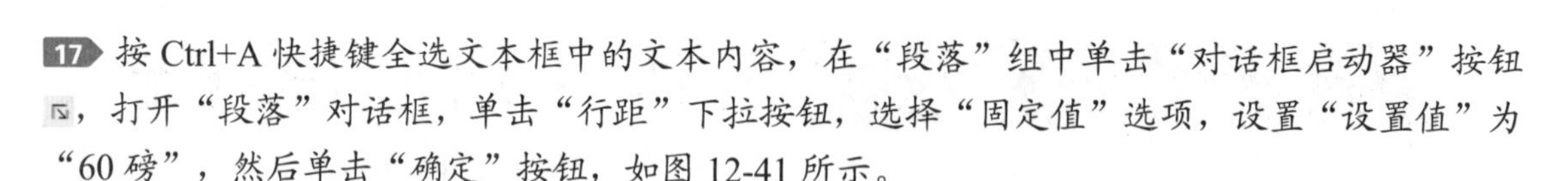

17 按 Ctrl+A 快捷键全选文本框中的文本内容，在“段落”组中单击“对话框启动器”按钮 ，打开“段落”对话框，单击“行距”下拉按钮，选择“固定值”选项，设置“设置值”为“60 磅”，然后单击“确定”按钮，如图 12-41 所示。

18 返回幻灯片中，文本段落的显示结果如图 12-42 所示。

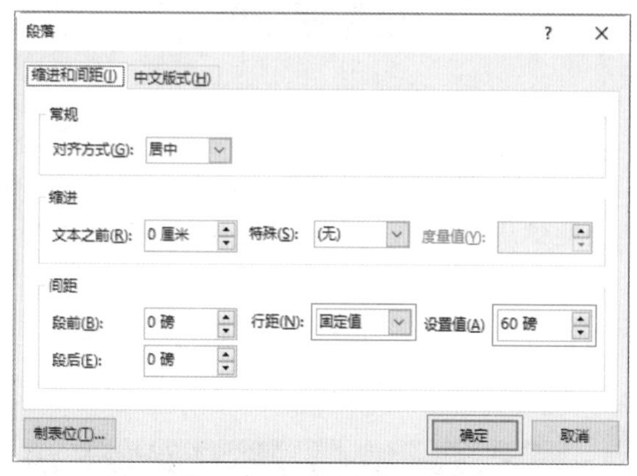

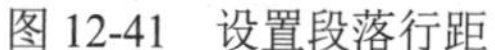
图 12-41 设置段落行距

图 12-42 文本段落显示结果

19 将光标放置在文本上，右击并从弹出的快捷菜单中选择“设置文字效果格式”命令，如图 12-43 所示。

20 在演示文稿右侧打开“设置形状格式”窗格，选择“文本填充与轮廓”选项卡，选中“渐变填充”单选按钮，然后单击“停止点 2”按钮，并设置“颜色”属性，如图 12-44 所示。

图 12-43 选择“设置文字效果格式”命令

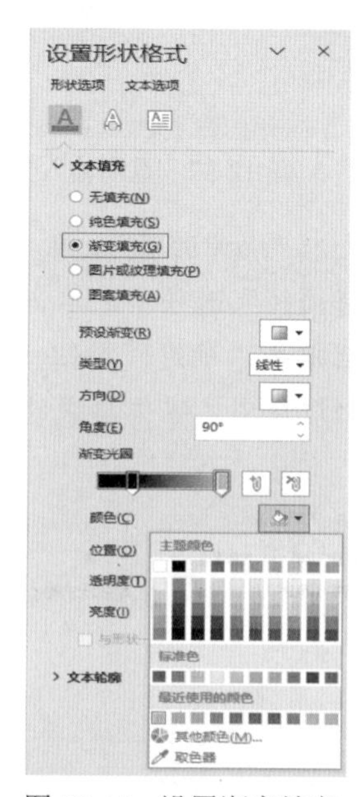

图 12-44 设置渐变填充

21 返回幻灯片中，即可看到文字显示出渐变的效果，如图 12-45 所示。

22 选择“开始”选项卡，在“幻灯片”组中单击“新建幻灯片”按钮，如图 12-46 所示，新建一张幻灯片。

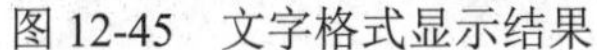
图 12-45　文字格式显示结果

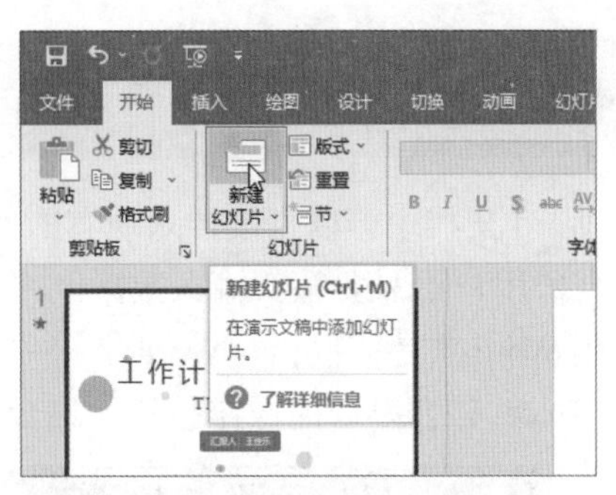

图 12-46　单击“新建幻灯片”按钮

23 在新建的幻灯片中插入一个横排文本框，在文本框中输入文本“目录”，并设置其文字格式。然后选择文本框，选择“形状格式”选项卡，在“形状样式”组中单击“形状轮廓”下拉按钮，选择“浅灰色，背景 2，浅色 50%”选项，如图 12-47 所示。

24 按照步骤 10 到步骤 12 的方法，分别插入椭圆形状和横排文本框，制作目录页中的其余内容，如图 12-48 所示。

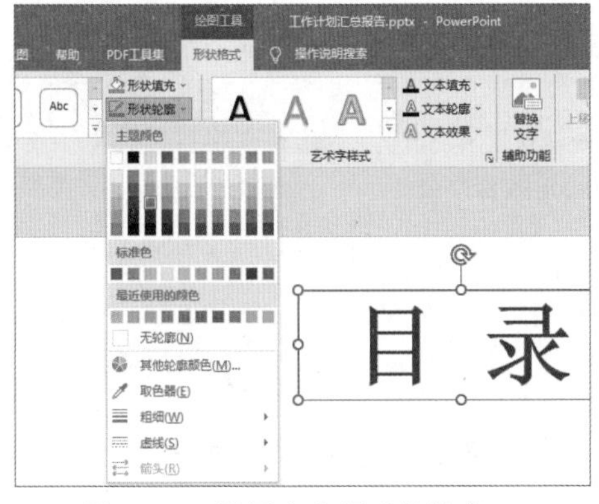

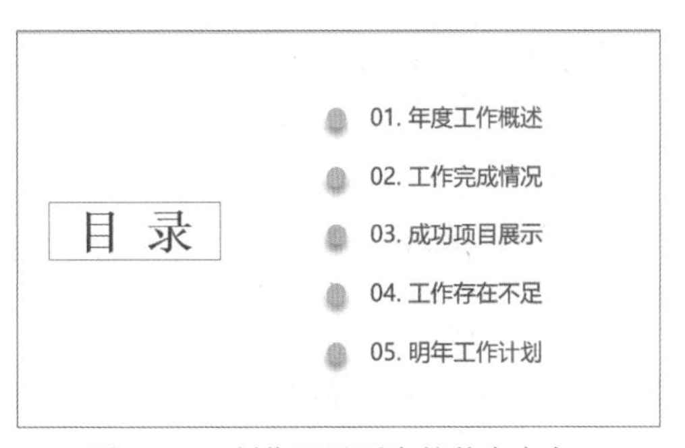

图 12-47　设置文本框形状轮廓　　　图 12-48　制作目录页中的其余内容

25 按照同样的方法，完成其他内容页的设计，结果如图 12-49 所示。

图 12-49　其他内容页的显示结果

26 制作完成后，工作计划汇总报告演示文稿的最终显示结果如图 12-24 所示。

12.2 Word 与 Excel 的融合办公

在 Word 文档中可以直接插入现有的 Excel 表格，或者在 Word 文档中直接粘贴 Excel 表格中的数据，用户不需要重新输入数据，并且设置链接到文件后，在 Excel 中修改的数据可以同步更新到 Word 文档。同样，Word 文档中的内容也可以粘贴进 Excel 表格中。本节将主要讲解 Word 与 Excel 融合办公的操作技巧，融合办公效果图如图 12-50 所示。

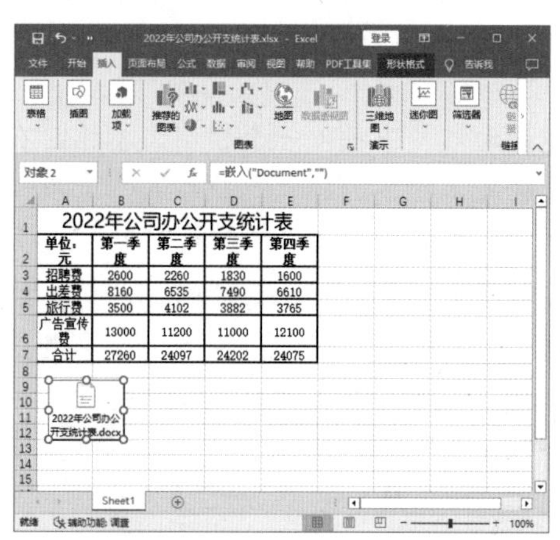

图 12-50　Word 与 Excel 融合办公

12.2.1　在 Word 中插入 Excel 表格

01 启动 Word 2019，打开“工作计划汇总报告.docx”文档，将光标插入点放置在要导入 Excel 表格的位置，选择“插入”选项卡，在“文本”组单击“对象”下拉按钮，在弹出的下拉列表中选择“对象”命令，如图 12-51 所示。

02 打开“对象”对话框，在该对话框中单击“浏览”按钮，如图 12-52 所示。

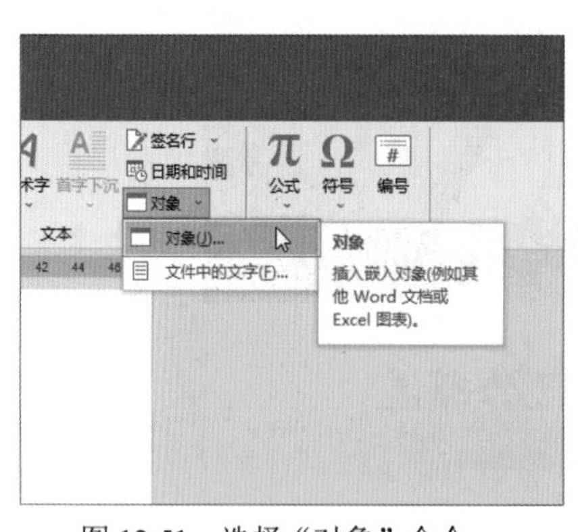

图 12-51　选择“对象”命令

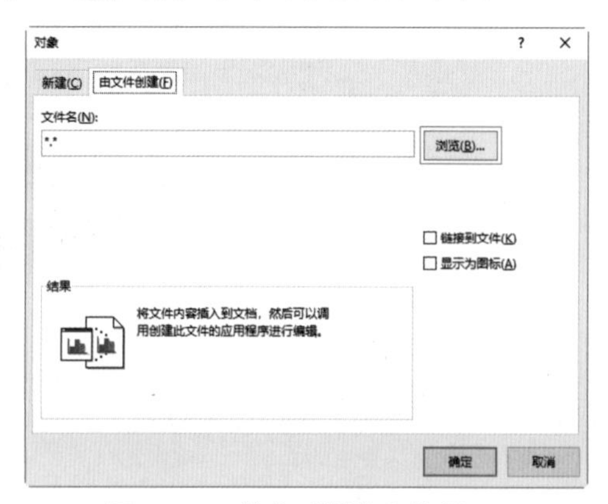

图 12-52　单击“浏览”按钮

03 打开“浏览”对话框，选择“2022 年夏季服装销量表.xlsx”，然后单击“确定”按钮，如图 12-53 所示。

04 返回“对象”对话框，选中“链接到文件”复选框，如图 12-54 所示，然后单击“确定”按钮。

图 12-53　选择 Excel 文件

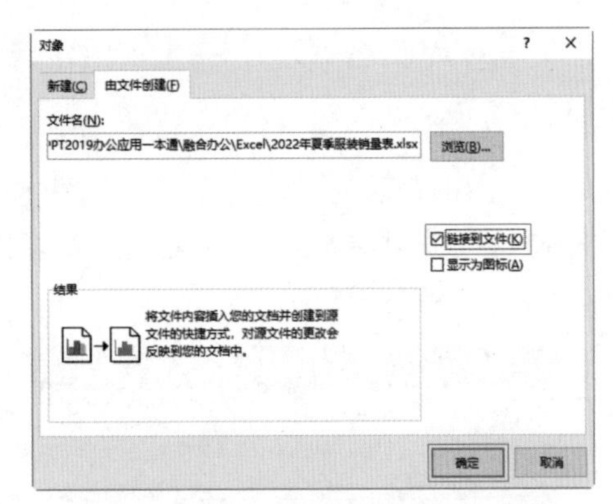

图 12-54　选中“链接到文件”复选框

05 返回文档中，此时在光标插入点处显示“2022 年夏季服装销量表”Excel 表格内容，如图 12-55 所示。

06 双击 Word 中导入的工作表，即可打开链接到的工作簿。若要更改工作表中的数据，如将 G3 单元格中的数据更改为“98”，如图 12-56 所示。

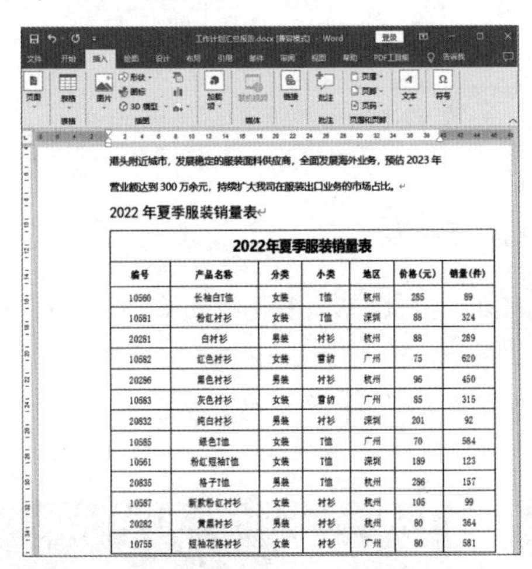

图 12-55　插入表格

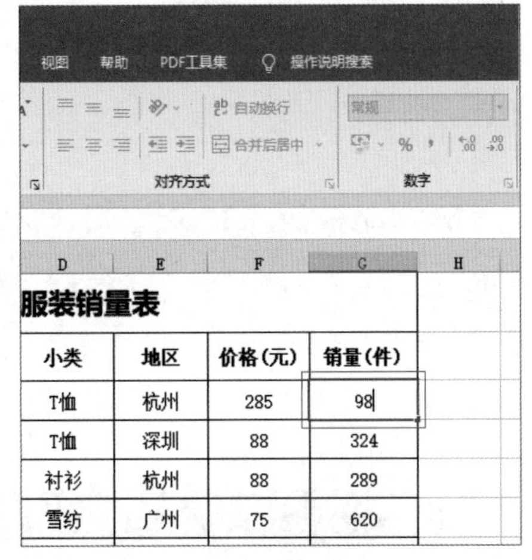

图 12-56　更改数据

07 返回文档中，可以看到 Word 中的表格数据发生了相应的改变，如图 12-57 所示。

港头附近城市，发展稳定的服装面料供应商，全面发展海外业务，预估 2023 年

营业额达到 300 万余元，持续扩大我司在服装出口业务的市场占比。

2022 年夏季服装销量表

2022年夏季服装销量表						
编号	产品名称	分类	小类	地区	价格(元)	销量(件)
10560	长袖白T恤	女装	T恤	杭州	285	98
10581	粉红衬衫	女装	T恤	深圳	88	324
20281	白衬衫	男装	衬衫	杭州	88	289
10582	红色衬衫	女装	雪纺	广州	75	620
20286	黑色衬衫	男装	衬衫	杭州	96	450

图 12-57　Word 中的数据发生改变

12.2.2　在 Word 中引用 Excel 表格

01 启动 Excel 2019，打开“2022 年夏季服装销量表.xlsx”工作簿，选择要引用的 A2:E15 单元格区域，按 Ctrl+C 快捷键复制数据，如图 12-58 所示。

02 在 Word 文档中将光标插入点定位到要粘贴数据的位置，按 Ctrl+V 快捷键粘贴数据，如图 12-59 所示。

2022年夏季服装销量表

编号	产品名称	分类	小类	地区	价格(元)	销量(件)
10560	长袖白T恤	女装	T恤	杭州	285	98
10581	粉红衬衫	女装	T恤	深圳	88	324
20281	白衬衫	男装	衬衫	杭州	88	289
10582	红色衬衫	女装	雪纺	广州	75	620
20286	黑色衬衫	男装	衬衫	杭州	96	450
10583	灰色衬衫	女装	雪纺	广州	85	315
20832	纯白衬衫	男装	衬衫	深圳	201	92
10585	绿色T恤	女装	T恤	广州	70	584
10561	粉红短袖T恤	女装	T恤	深圳	189	123
20835	格子T恤	男装	T恤	杭州	286	157
10587	新款粉红衬衫	女装	衬衫	杭州	105	99
20282	黄黑衬衫	男装	衬衫	杭州	80	364
10755	短袖花格衬衫	女装	衬衫	广州	80	581

图 12-58　复制 Excel 数据

2022 年夏季服装销量表

编号	产品名称	分类	小类	地区
10560	长袖白 T 恤	女装	T 恤	杭州
10581	粉红衬衫	女装	T 恤	深圳
20281	白衬衫	男装	衬衫	杭州
10582	红色衬衫	女装	雪纺	广州
20286	黑色衬衫	男装	衬衫	杭州
10583	灰色衬衫	女装	雪纺	广州
20832	纯白衬衫	男装	衬衫	深圳
10585	绿色 T 恤	女装	T 恤	广州
10561	粉红短袖 T 恤	女装	T 恤	深圳
20835	格子 T 恤	男装	T 恤	杭州
10587	新款粉红衬衫	女装	衬衫	杭州
20282	黄黑衬衫	男装	衬衫	杭州
10755	短袖花格衬衫	女装	衬衫	广州

图 12-59　将数据粘贴到 Word 中

12.2.3　将 Word 文档转换为 Excel 表格

01 打开“2022 年公司办公开支统计表.docx”文档，选择 Word 中的表格，按 Ctrl+C 快捷键对其进行复制，如图 12-60 所示。

02 打开“2022 年公司办公开支统计表.xlsx”工作簿，选择 A1 单元格，按 Ctrl+V 快捷键粘贴数据，如图 12-61 所示。

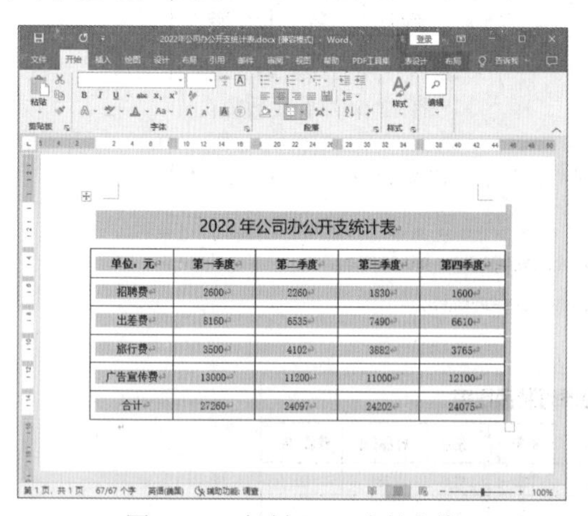

2022 年公司办公开支统计表

单位：元	第一季度	第二季度	第三季度	第四季度
招聘费	2600	2260	1830	1600
出差费	8160	6535	7490	6610
旅行费	3500	4102	3882	3765
广告宣传费	13000	11200	11000	12100
合计	27260	24097	24202	24075

图 12-60　复制 Word 中的表格

2022年公司办公开支统计表

单位：元	第一季度	第二季度	第三季度	第四季度
招聘费	2600	2260	1830	1600
出差费	8160	6535	7490	6610
旅行费	3500	4102	3882	3765
广告宣传费	13000	11200	11000	12100
合计	27260	24097	24202	24075

图 12-61　将 Word 中的表格粘贴至 Excel 中

03 如果用户想使插入 Excel 中的 Word 文档可以随原始文件的变化而变化，需要使用插入功能。选择“插入”选项卡，在“文本”组中单击“对象”按钮，如图 12-62 所示。

04 打开“对象”对话框，选择“由文件创建”选项卡，单击“浏览”按钮，如图 12-63 所示。

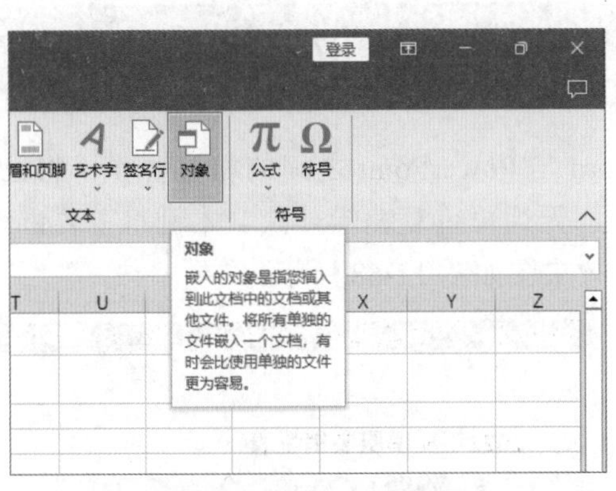

图 12-62　单击“对象”按钮

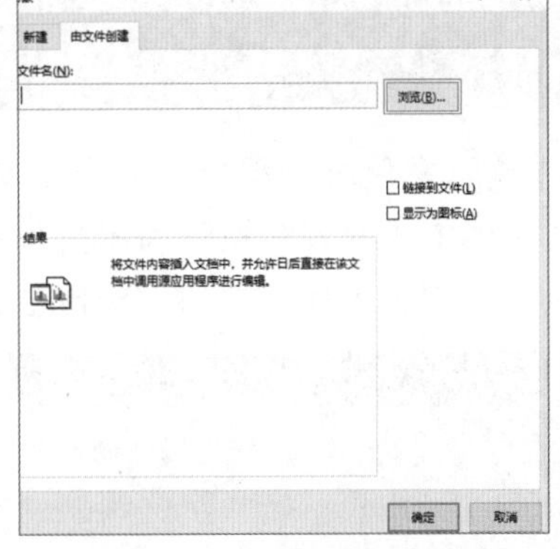

图 12-63　单击“浏览”按钮

05 打开“浏览”对话框，选择“2022 年公司办公开支统计表.docx”文档，然后单击“插入”按钮，如图 12-64 所示。

06 返回“对象”对话框后，选中“链接到文件”复选框，然后单击“确定”按钮，如图 12-65 所示。

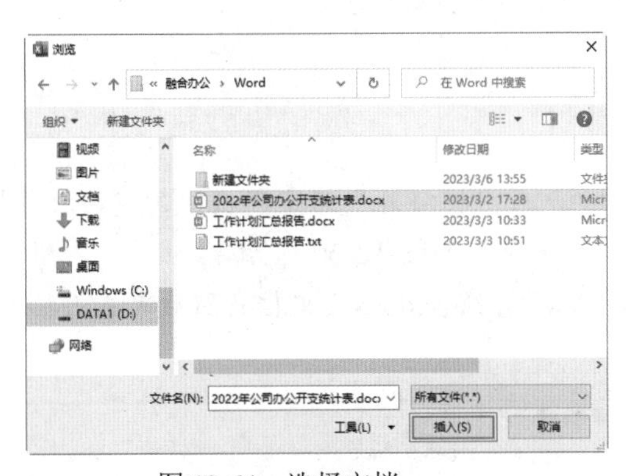

图 12-64　选择文档

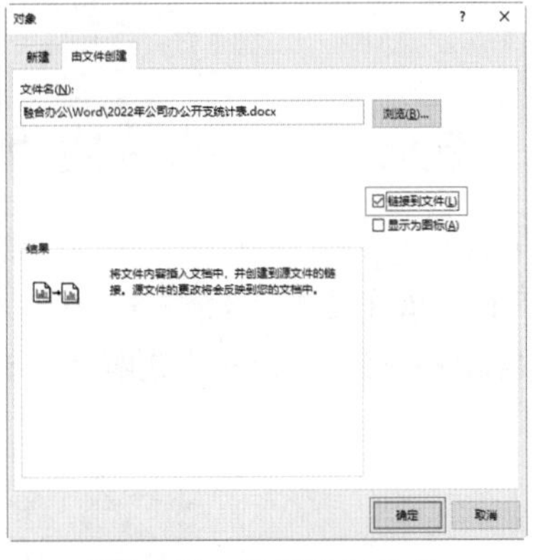

图 12-65　选择插入方式

07 返回工作簿中，即可插入 Word 文档中的表格，显示结果如图 12-66 所示。

08 双击工作簿中的表格，系统自动打开所链接到的“2022 年公司办公开支统计表 .docx”文档，如图 12-67 所示。

图 12-66　插入 Word 文档中的表格

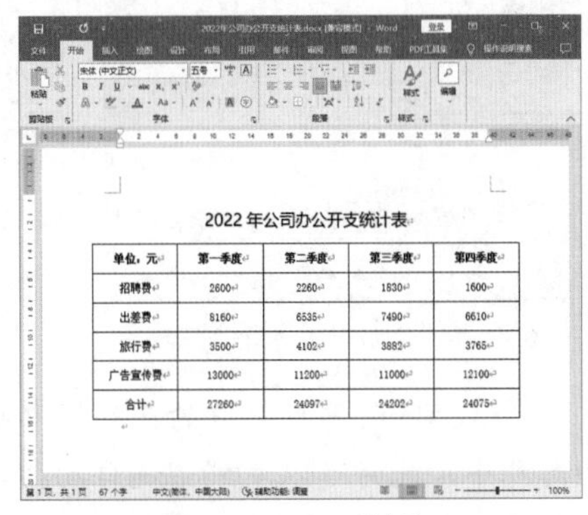

单位：元	第一季度	第二季度	第三季度	第四季度
招聘费	2600	2260	1830	1600
出差费	8160	6535	7490	6610
旅行费	3500	4102	3882	3765
广告宣传费	13000	11200	11000	12100
合计	27260	24097	24202	24075

图 12-67　打开链接

12.3 Word 与 PowerPoint 的融合办公

在制作演示文稿时，用户可以通过 Word 与 PowerPoint 之间的相互协作，将已经编辑完成的 Word 文档中的内容转换到演示文稿中，无须再重复编辑一次。本例将主要讲解 Word 与 PowerPoint 融合办公的操作技巧，融合办公效果图如图 12-68 所示。

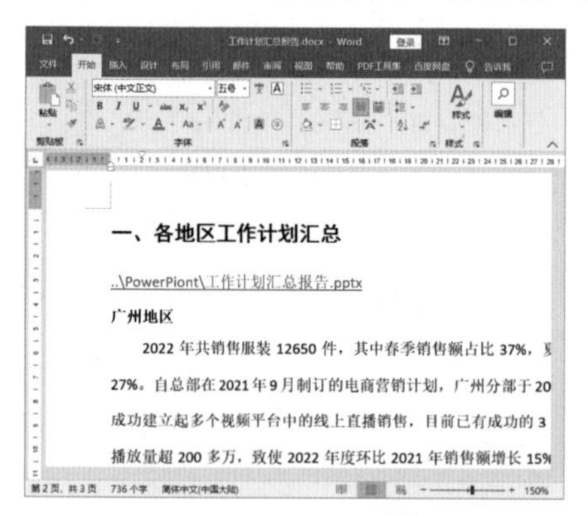

2022年夏季服装销量表

编号	产品名称	分类	小类	地区	价格(元)	销量(件)
10560	长袖白T恤	女装	T恤	杭州	285	98
10581	粉红衬衫	女装	T恤	深圳	88	324
20281	白衬衫	男装	衬衫	杭州	88	289
10582	红色衬衫	女装	雪纺	广州	75	620
20286	黑色衬衫	男装	衬衫	杭州	96	450
10583	灰色衬衫	女装	雪纺	广州	85	315
20832	纯白衬衫	男装	衬衫	深圳	201	92
10585	绿色T恤	女装	T恤	广州	70	584
10561	粉红短袖T恤	女装	T恤	深圳	189	123
20835	格子T恤	男装	T恤	杭州	286	157
10587	新款粉红衬衫	女装	衬衫	杭州	105	99
20282	黄黑衬衫	男装	衬衫	杭州	80	364
10755	短袖花格衬衫	女装	衬衫	广州	80	581

图 12-68　Word 与 PowerPoint 融合办公

12.3.1　将 Word 文档转换为 PPT

01 选择第 24 张幻灯片，选择“开始”选项卡，在“幻灯片”组中单击“新建幻灯片”按钮，在弹出的下拉列表中选择“幻灯片 (从大纲)”命令，如图 12-69 所示，

02 打开“插入大纲”对话框，选择“工作计划汇总报告.docx”文档，然后单击“插入”按钮，如图 12-70 所示。

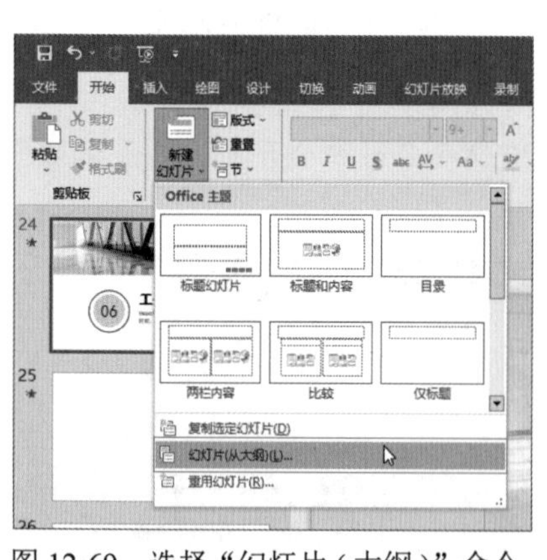

图 12-69　选择“幻灯片 (大纲)”命令

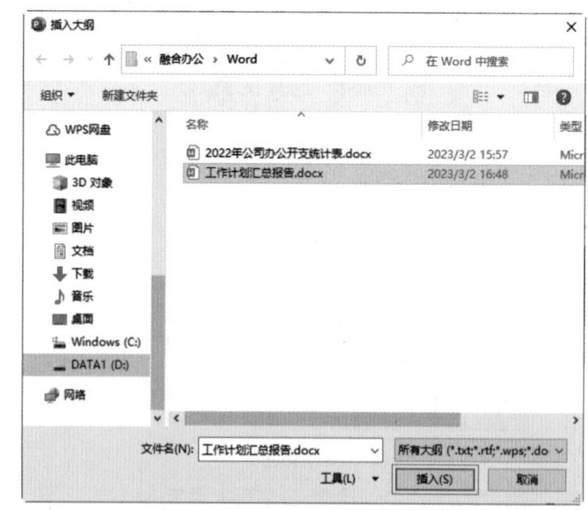

图 12-70　选择 Word 文档

03 此时，在 PowerPoint 窗口下方的任务栏中可查看插入文档的进度，如图 12-71 所示。

04 返回幻灯片中，此时可以看到系统自动插入了 Word 文档中的内容，并将标题显示在标题占位符中，如图 12-72 所示。

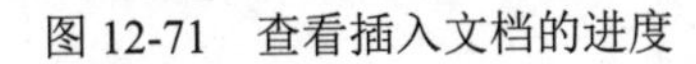

图 12-71　查看插入文档的进度

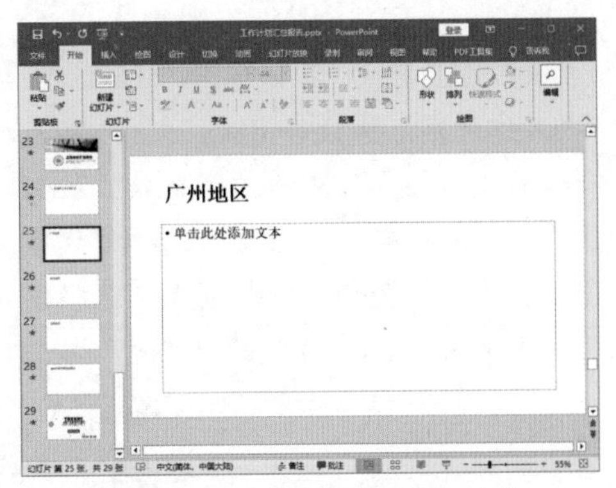

图 12-72　在幻灯片中插入内容

05 打开“工作计划汇总报告”Word 文档，选择如图 12-73 所示的文本，然后按 Ctrl+C 快捷键对其进行复制。

06 打开“工作计划汇总报告”演示文稿，选择第 26 张幻灯片，将插入点放置到标题占位符中，按 Ctrl+V 快捷键粘贴正文内容，如图 12-74 所示，或选择“粘贴”|“保留源格式”选项。

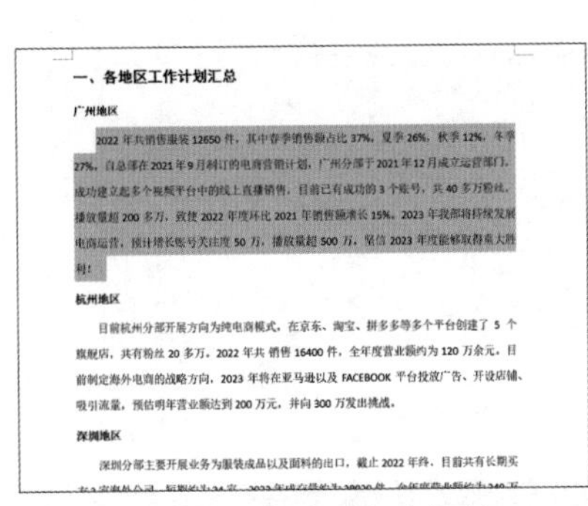

图 12-73　选择文本并复制

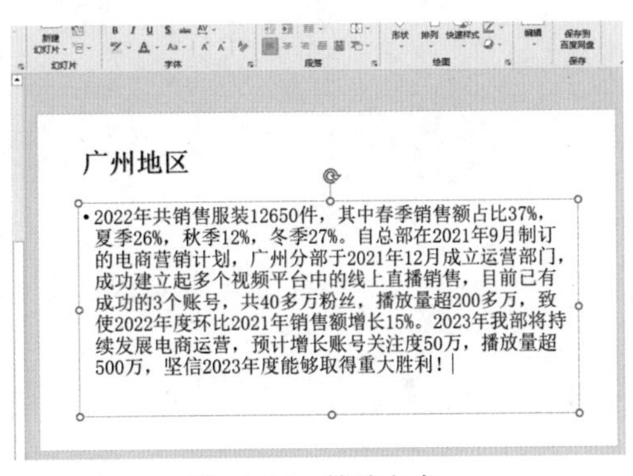

图 12-74　粘贴文本

07 在 Word 中选择要复制的内容，如图 12-75 所示，按 Ctrl+C 快捷键返回幻灯片中，将光标插入点定位在要粘贴的占位符中。

08 如果需要粘贴表格，同样在 Word 中选中表格并进行复制后，在对应的幻灯片中粘贴到占位符中即可，此时表格自动应用当前幻灯片的主题效果，如图 12-76 所示。

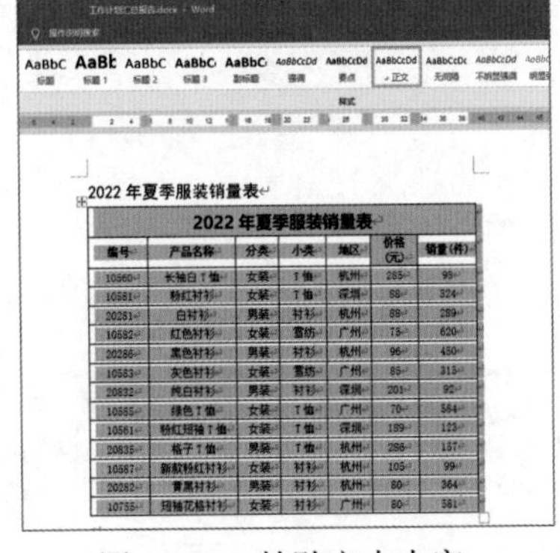

图 12-75　粘贴文本内容

图 12-76　粘贴表格

12.3.2　将演示文稿链接到 Word 文档中

01 打开“工作计划汇总报告.docx”文档，将光标插入点定位在要插入超链接的位置，然后在“插入”选项卡的“链接”组中单击“链接”按钮，如图 12-77 所示。

02 打开“插入超链接”对话框，选择“现有文件或网页”选项，然后在右侧选择“当前文件夹”选项，在“查找范围”下拉列表中选择演示文稿的所在位置，再选择目标演示文稿“工作计划汇总报告.pptx”，然后单击“确定”按钮，如图 12-78 所示。

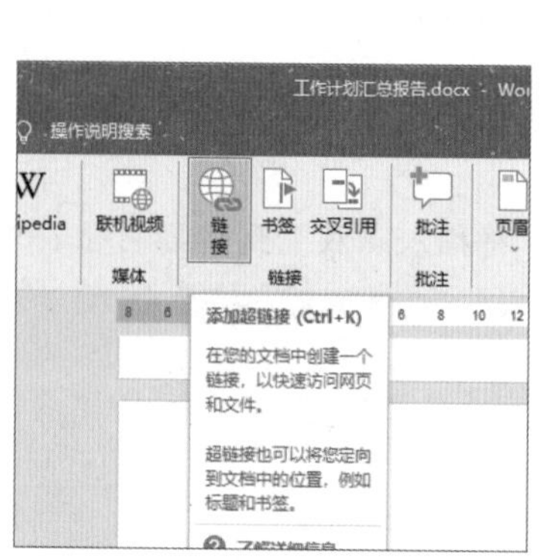

图 12-77　单击“链接”按钮

图 12-78　选择并插入演示文稿

03 返回文档中，此时在光标插入点所在处插入了一个名为“工作计划汇总报告.pptx”的超链接，如图 12-79 所示。

04 按 Ctrl 键并单击该超链接，系统自动打开所链接到的演示文稿，如图 12-80 所示。

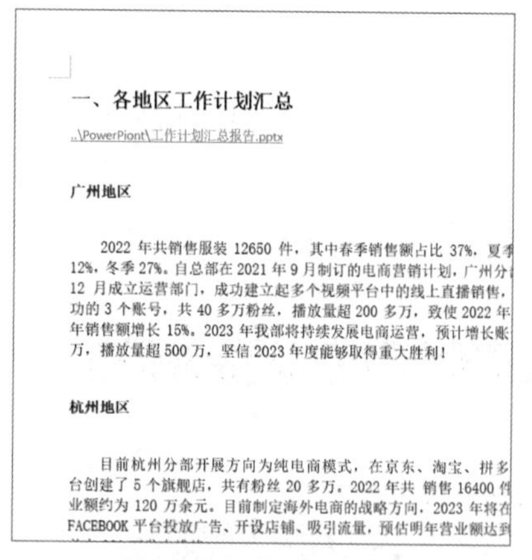

一、各地区工作计划汇总

..\PowerPiont\工作计划汇总报告.pptx

广州地区

2022 年共销售服装 12650 件，其中春季销售额占比 37%，夏季 12%，冬季 27%。自总部在 2021 年 9 月制订的电商营销计划，广州分 12 月成立运营部门，成功建立起多个视频平台中的线上直播销售，功的 3 个账号，共 40 多万粉丝，播放量超 200 多万，致使 2022 年年销售额增长 15%。2023 年我部将持续发展电商运营，预计增长账万，播放量超 500 万，坚信 2023 年度能够取得重大胜利！

杭州地区

目前杭州分部开展方向为纯电商模式，在京东、淘宝、拼多台创建了 5 个旗舰店，共有粉丝 20 多万，2022 年共 销售 16400 件业额约为 120 万余元。目前制定海外电商的战略方向，2023 年将在 FACEBOOK 平台投放广告、开设店铺、吸引流量，预估明年营业额达到

图 12-79　插入超链接

图 12-80　打开演示文稿

12.4　PowerPoint 与 Excel 的融合办公

在制作演示文稿时，用户有时需要将制作完成的 Excel 表格数据插入幻灯片中，或者

需要在 Excel 表格中插入演示文稿的链接，以打开想要展示的演示文稿。本节将主要讲解 PowerPoint 与 Excel 融合办公的操作技巧，融合办公效果图如图 12-81 所示。

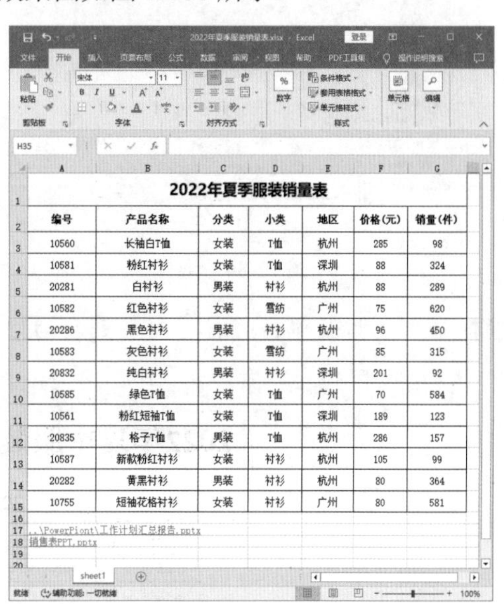

2022年夏季服装销量表

编号	产品名称	分类	小类	地区	价格(元)	销量(件)
10560	长袖白T恤	女装	T恤	杭州	285	98
10581	粉红衬衫	女装	T恤	深圳	88	324
20281	白衬衫	男装	衬衫	杭州	88	289
10582	红色衬衫	女装	雪纺	广州	75	620
20286	黑色衬衫	男装	衬衫	杭州	96	450
10583	灰色衬衫	女装	雪纺	广州	85	315
20832	纯白衬衫	男装	衬衫	深圳	201	92
10585	绿色T恤	女装	T恤	广州	70	584
10561	粉红短袖T恤	女装	T恤	深圳	189	123
20835	格子T恤	男装	T恤	杭州	286	157
10587	新款粉红衬衫	女装	衬衫	杭州	105	99
20282	黄黑衬衫	男装	衬衫	杭州	80	364
10755	短袖花格衬衫	女装	衬衫	广州	80	581

图 12-81　PowerPoint 与 Excel 融合办公

12.4.1　在 PPT 中插入工作簿

01 打开“项目营销策划案 .pptx”演示文稿，选择第 26 张幻灯片，选择“插入”选项卡，在“文本”组中单击“对象”按钮，如图 12-82 所示。

02 打开“插入对象”对话框，选中“由文件创建”单选按钮，再单击“浏览”按钮，如图 12-83 所示。

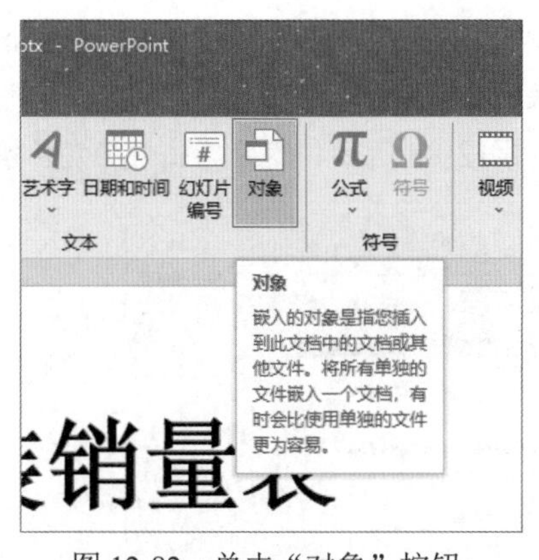

图 12-82　单击“对象”按钮

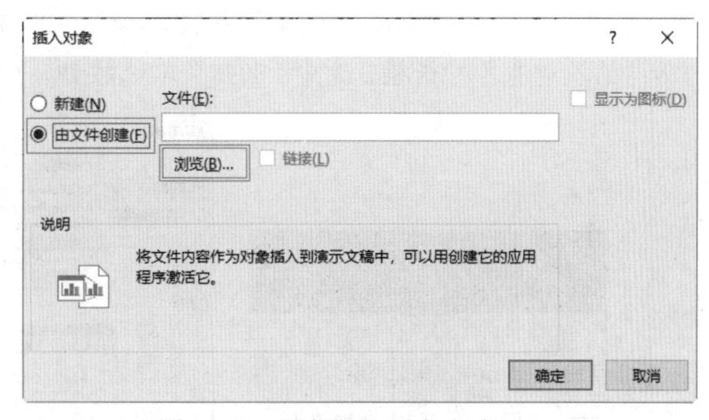

图 12-83　选择插入对象方式

03 打开“浏览”对话框，选择“2022 年夏季服装销量表.xlsx”工作簿，然后单击“确定”按钮，如图 12-84 所示。

04 返回“插入对象”对话框，选中“链接”复选框，如图 12-85 所示，然后单击“确定”按钮。

图 12-84　选择文件

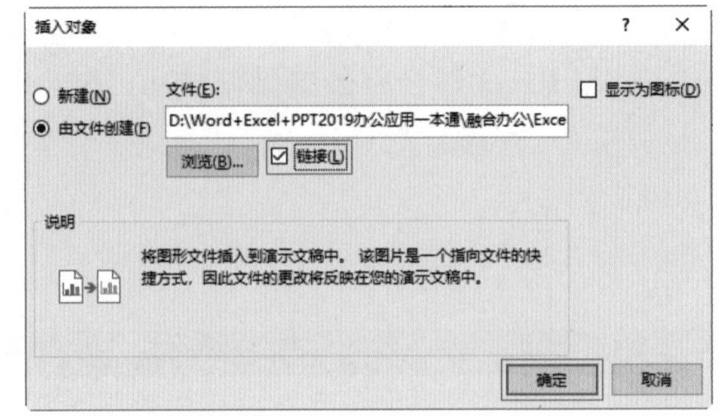

图 12-85　选中“链接”复选框

05 返回幻灯片中，此时可以看到在幻灯片中插入了“2022 年夏季服装销量表.xlsx”工作簿，如图 12-86 所示。

2022年夏季服装销量表

编号	产品名称	分类	小类	地区	价格(元)	销量(件)
10560	长袖白T恤	女装	T恤	杭州	285	98
10581	粉红衬衫	女装	T恤	深圳	88	324
20281	白衬衫	男装	衬衫	杭州	88	289
10582	红色衬衫	女装	雪纺	广州	75	620
20286	黑色衬衫	男装	衬衫	杭州	96	450
10583	灰色衬衫	女装	雪纺	广州	85	315
20832	纯白衬衫	男装	衬衫	深圳	201	92
10585	绿色T恤	女装	T恤	广州	70	584

图 12-86　在幻灯片中插入工作簿

12.4.2　在 PPT 中插入新建工作表

01 打开“项目营销策划案.pptx”演示文稿，选择需要插入 Excel 工作表的幻灯片，选择“插入”选项卡，在“文本”组中单击“对象”按钮，如图 12-87 所示。

02 打开“插入对象”对话框，选中“新建”单选按钮，如图 12-88 所示，然后单击“确定”按钮。

图 12-87　单击“对象”按钮

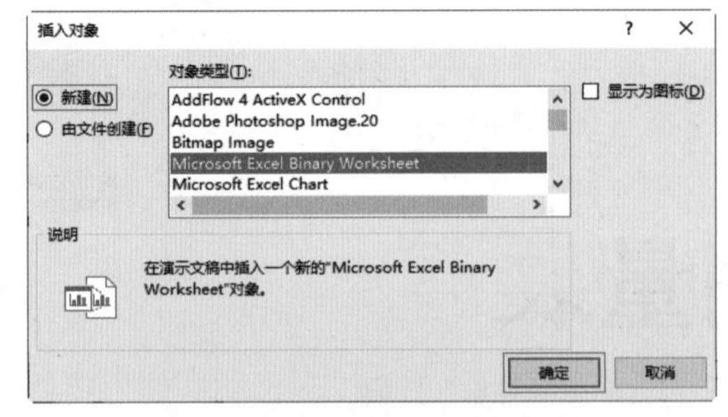

图 12-88　选中“新建”单选按钮

03 返回幻灯片中，此时在该幻灯片中插入了一个空白的 Excel 工作表，工作表呈编辑状态，如图 12-89 所示。

04 在空白工作表中输入需要的数据，如同在 Excel 中一样，用户可以在输入数据后适当调整文字大小、行列宽度等，并拖动四周的控制点，调整表格的大小，隐藏多余的空白单元格，调整完毕后单击幻灯片的空白处退出编辑状态，效果如图 12-90 所示。

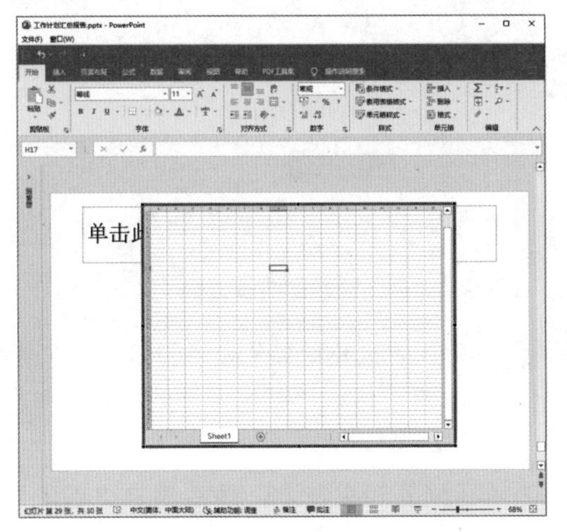

图 12-89　插入空白工作表

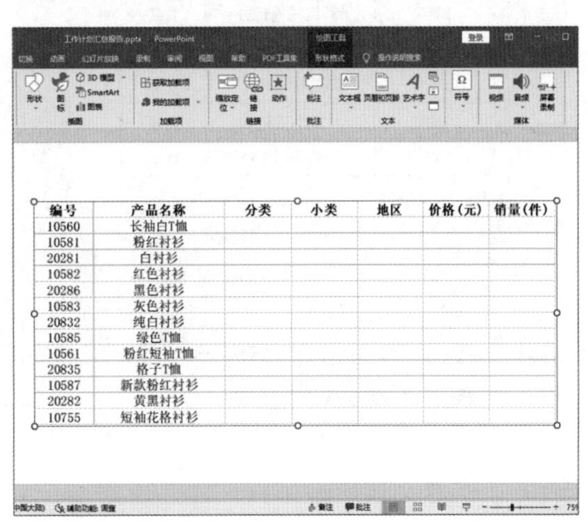

编号	产品名称	分类	小类	地区	价格(元)	销量(件)
10560	长袖白T恤					
10581	粉红衬衫					
20281	白衬衫					
10582	红色衬衫					
20286	黑色衬衫					
10583	灰色衬衫					
20832	纯白衬衫					
10585	绿色T恤					
10561	粉红短袖T恤					
20835	格子T恤					
10587	新款粉红衬衫					
20282	黄黑衬衫					
10755	短袖花格衬衫					

图 12-90　幻灯片调整后的效果

12.4.3　在工作簿中插入 PPT 链接

01 打开“2022 年夏季服装销量表”工作簿，选择 A17 单元格，然后选择“插入”选项卡，在“链接”组中单击“链接”按钮，如图 12-91 所示。

02 打开“插入超链接”对话框，选择“现有文件或网页”选项，然后在右侧选择“当前文件夹”选项，在“查找范围”下拉列表中选择演示文稿的所在位置，再选择目标演示文稿“工作计划汇总报告.pptx”，然后单击“确定”按钮，如图 12-92 所示。

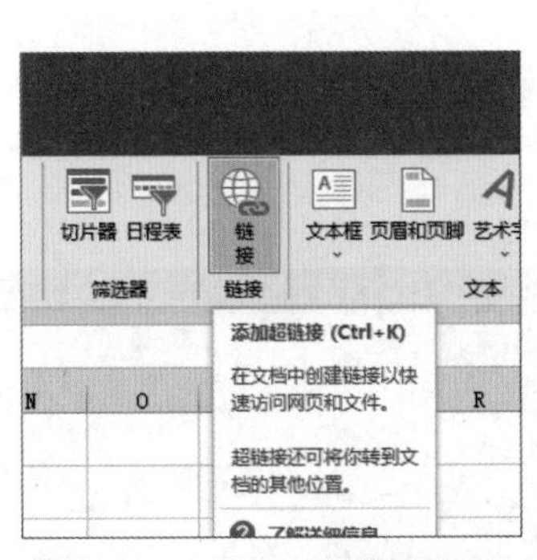

图 12-91　单击“链接”按钮

图 12-92　选择并插入演示文稿

03 返回工作表中，此时在 A17 单元格中插入了一个名为“工作计划汇总报告.pptx”的超链接，如图 12-93 所示，按 Ctrl 键并单击该超链接。

04 系统自动打开所链接到的“工作计划汇总报告”演示文稿，在该演示文稿中可详细浏览内容，如图 12-94 所示。

图 12-93　插入超链接

图 12-94　打开链接的演示文稿

05 此外还可以在 Excel 中新建一个演示文稿的链接，打开“插入超链接”对话框，在“链接到”列表框中选择“新建文档”选项，在“新建文档名称”文本框中输入“销售表 PPT”，选中“开始编辑新文档”单选按钮，然后单击“更改”按钮，如图 12-95 所示。

06 打开“新建文档”对话框，设置新建演示文稿的保存位置和文件名，然后单击“确定”按钮，如图 12-96 所示。

图 12-95　单击“更改”按钮

图 12-96　“新建文档”对话框

07 返回“插入超链接”对话框，然后单击“确定”按钮，如图 12-97 所示。

08 此时，系统自动新建一个名为“销售表 PPT”演示文稿，用户可以添加幻灯片对其进行编辑，如图 12-98 所示。

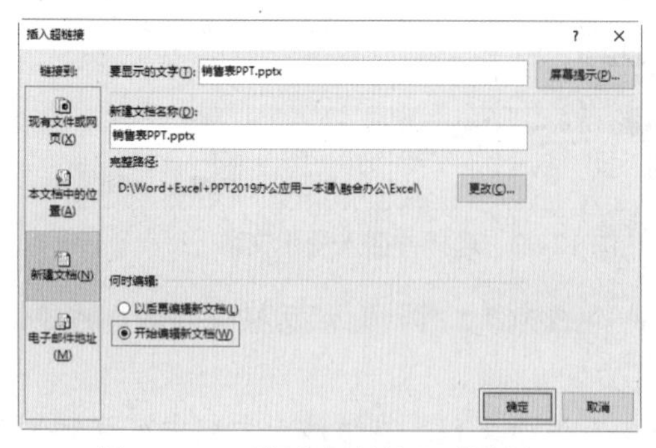

图 12-97　“插入超链接”对话框

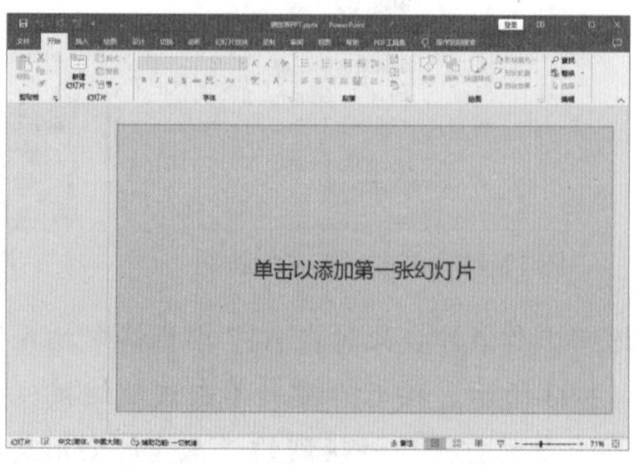

图 12-98　新建演示文稿效果